Mecânica dos materiais

Tradução da 8ª edição norte-americana

Dados Internacionais de Catalogação na Publicação (CIP)
(Câmara Brasileira do Livro, SP, Brasil)

Gere, James M.
  Mecânica dos materiais / James M. Gere, Barry J. Goodno ; tradução Roberto Enrique Torrejon ; revisão técnica Demetrio C. Zachariadis. - São Paulo : Cengage Learning, 2017.

  Título original: Mechanics of materials.
  Bibliografia.
  ISBN 978-85-221-2413-8
  1. Materiais 2. Mecânica 3. Resistência dos materiais I. Goodno, Barry J. II. Título.

10-09362   CDD-620.1123

Índice para catálogo sistemático:
1. Mecânica dos materiais : Engenharia : Tecnologia
620.1123

Mecânica dos materiais

Tradução da 8ª edição norte-americana

James M. Gere
Professor emérito da Stanford University

Barry J. Goodno
Professor do Georgia Institute of Technology

Tradução
Roberto Enrique Torrejon

Revisão Técnica
Demetrio C. Zachariadis
Engenheiro Naval, Mestre em Engenharia Naval, Doutor em Engenharia Mecânica. Professor do Departamento de Engenharia Mecânica da Escola Politécnica da Universidade de São Paulo.

Austrália • Brasil • México • Cingapura • Reino Unido • Estados Unidos

Mecânica dos materiais – Tradução da 8ª edição norte-americana
3ª edição brasileira

James M. Gere
Barry J. Goodno

Gerente editorial: Noelma Brocanelli

Editora de desenvolvimento: Salete Del Guerra

Editora de aquisição: Guacira Simonelli

Supervisora de produção gráfica: Fabiana Alencar Albuquerque

Especialista em direitos autorais: Jenis Oh

Título Original: Mechanics of materials. Eight edition

ISBN 10: 978-1-111-57774-2
ISBN 13: 1-111-57774-9

Tradução da 7ª edição: Luiz Fernando de Castro Paiva e All Tasks

Tradução da 8ª edição (trechos novos): Roberto Enrique Torrejon

Revisão técnica da 7ª edição: Marco Lucio Bittencourt e Demetrio C. Zachariadis

Revisão técnica da 8ª edição: Demetrio C. Zachariadis

Revisões: Vero Verbo Serviços Editoriais

Diagramação: Cia. Editorial

Desing da capa: Buono Disegno

Imagem da capa: elwynn/Shutterstock

© 2018 Cengage Learning

Todos os direitos reservados. Nenhuma parte deste livro poderá ser reproduzida, sejam quais forem os meios empregados, sem a permissão por escrito da Editora. Aos infratores aplicam-se as sanções previstas nos artigos 102, 104, 106, 107 da Lei nº 9.610, de 19 de fevereiro de 1998.

Esta editora empenhou-se em contatar os responsáveis pelos direitos autorais de todas as imagens e de outros materiais utilizados neste livro. Se porventura for constatada a omissão involuntária na identificação de algum deles, dispomo-nos a efetuar, futuramente, os possíveis acertos.

A Editora não se responsabiliza pelo funcionamento dos links contidos neste livro que possam estar suspensos.

Para informações sobre nossos produtos, entre em contato pelo telefone
0800 11 19 39
Para permissão de uso de material desta obra, envie seu pedido para **direitosautorais@cengage.com**

© 2018 Cengage Learning. Todos os direitos reservados.
ISBN 13: 978-85-221-2413-8
ISBN 10: 85-221-2413-2

Cengage Learning
Condomínio E-Business Park
Rua Werner Siemens, 111 – Prédio 11 – Torre A – Conjunto 12
Lapa de Baixo – CEP 05069-900 – São Paulo – SP
Tel.: (11) 3665-9900 Fax: 3665-9901
SAC: 0800 11 19 39
Para suas soluções de curso e aprendizado, visite
www.cengage.com.br

Impresso no Brasil
Printed in Brazil
3. ed. – 2017

Sumário

Sobre os autores IX

Prefácio XI

Símbolos XV

1 Tração, compressão e cisalhamento 1
- 1.1 Introdução à mecânica dos materiais 2
- 1.2 Revisão de estática 3
- 1.3 Tensão e deformação normais 24
- 1.4 Propriedades mecânicas dos materiais 33
- 1.5 Elasticidade, plasticidade e fluência 40
- 1.6 Elasticidade linear, lei de Hooke e coeficiente de Poisson 46
- 1.7 Tensão e deformação de cisalhamento 51
- 1.8 Tensões e cargas admissíveis 61
- 1.9 Dimensionamento para cargas axiais e cisalhamento puro 67
- Resumo e revisão do capítulo 72
- Problemas 74

2 Membros carregados axialmente 83
- 2.1 Introdução 84
- 2.2 Variações nos comprimentos de membros carregados axialmente 84
- 2.3 Variações no comprimento de barras não uniformes 93
- 2.4 Estruturas estaticamente indeterminadas 100
- 2.5 Efeitos térmicos, erros de montagem ou fabricação e pré-deformações 110
- 2.6 Tensões em seções inclinadas 125
- 2.7 Energia de deformação 136
- *2.8 Carregamento cíclico e fadiga 146
- *2.9 Concentrações de tensão 148
- Resumo e revisão do capítulo 155
- Problemas 157

3 Torção 163
- 3.1 Introdução 164
- 3.2 Deformações de torção de uma barra circular 164
- 3.3 Barras circulares de materiais elásticos lineares 167
- 3.4 Torção não uniforme 177
- 3.5 Tensões e deformações em cisalhamento puro 187
- 3.6 Relação entre os módulos de elasticidade E e G 193
- 3.7 Transmissão de potência por eixos circulares 194
- 3.8 Membros de torção estaticamente indeterminados 198

3.9 Energia de deformação em torção e cisalhamento puro 201
Resumo e revisão do capítulo 208
Problemas 210

4 Forças cortantes e momentos fletores 215

4.1 Introdução 216
4.2 Tipos de vigas, cargas e reações 216
4.3 Forças cortantes e momentos fletores 222
4.4 Relações entre cargas, forças cortantes e momentos fletores 231
4.5 Diagramas de força cortante e momento fletor 234
Resumo e revisão do capítulo 246
Problemas 247

5 Tensões em vigas (tópicos básicos) 249

5.1 Introdução 250
5.2 Flexão pura e flexão não uniforme 250
5.3 Curvatura de uma viga 251
5.4 Deformações longitudinais em vigas 253
5.5 Tensões normais em vigas (materiais elásticos lineares) 257
5.6 Projetos de vigas para tensões de flexão 269
5.7 Vigas não prismáticas 277
5.8 Tensões de cisalhamento em vigas de seção transversal retangular 280
5.9 Tensões de cisalhamento em vigas de seção transversal circular 288
5.10 Tensões de cisalhamento em almas de vigas com flanges 291
*5.11 Vigas construídas e fluxo de cisalhamento 297
*5.12 Vigas com carregamentos axiais 301
*5.13 Concentração de tensões em flexão 306
Resumo e revisão do capítulo 309
Problemas 311

6 Análise de tensão e deformação 315

6.1 Introdução 316
6.2 Estado plano de tensões 316
6.3 Tensões principais e tensões de cisalhamento máximas 323
6.4 Círculo de Mohr para estado plano de tensões 330
6.5 Lei de Hooke para estado plano de tensões 343
6.6 Tensão triaxial 348
6.7 Estado plano de deformações 352
Resumo e revisão do capítulo 364
Problemas 366
Alguns problemas de revisão adicionais 372

7 Deflexões de vigas 375

7.1 Introdução 376
7.2 Equações diferenciais da curva de deflexão 376
7.3 Deflexões pela integração da equação do momento fletor 381
7.4 Deflexões pela integração da equação da força de cisalhamento e da equação de carregamento 390
7.5 Método da superposição 395
7.6 Método da área do momento 402
7.7 Vigas não prismáticas 410
7.8 Energia de deformação da flexão 414
*7.9 Teorema de Castigliano 418

*7.10 Deflexões produzidas por impacto   429
*7.11 Efeitos da temperatura   431
Resumo e revisão do capítulo   433
Problemas   434

8 Vigas estaticamente indeterminadas   439

8.1 Introdução   440
8.2 Tipos de vigas estaticamente indeterminadas   440
8.3 Análises pelas equações diferenciais da curva de deflexão   443
8.4 Método da superposição   449
Resumo e revisão do capítulo   460
Problemas 461

9 Colunas   463

9.1 Introdução   464
9.2 Flambagem e estabilidade   464
9.3 Colunas com extremidades apoiadas por pinos   471
9.4 Colunas com outras condições de apoio   480
Resumo e revisão do capítulo   489
Problemas   490

Índice remissivo

Sobre os autores

JAMES MONROE GERE 1925–2008

James Monroe Gere, Professor Emérito de Engenharia Civil da Universidade de Stanford, faleceu em Portola Valley, CA, em 30 de janeiro de 2008. Jim Gere nasceu em 14 de junho de 1925, em Syracuse, NY. Entrou para a Unidade Aérea das Forças Armadas dos EUA, aos 17 anos, em 1942, servindo na Inglaterra, França e Alemanha. Após a guerra, obteve os títulos de bacharel e mestre em Engenharia Civil pelo Rensselaer Polytechnic Institute em 1949 e 1951, respectivamente. Trabalhou como instrutor e mais tarde como Pesquisador Associado para o Instituto Rensselaer entre 1949 e 1952. Foi escolhido como um dos primeiros bolsistas da NSF (National Science Foundation) e escolheu estudar em Stanford. Obteve seu título de Ph.D. em 1954 e foi-lhe oferecida uma posição de docente em Engenharia Civil, dando início a uma carreira de 34 anos, engajando seus estudantes em assuntos desafiadores em mecânica e engenharia estrutural e de terremotos. Ocupou as posições de Chefe de Departamento e Reitor Associado de Engenharia e, em 1974, foi o cofundador do Centro de Engenharia de Terremotos John A. Blume, em Stanford. Em 1980, Jim Gere tornou-se também o principal fundador do Comitê de Stanford de Preparação para Terremotos, que recomendou aos membros do campus cercar e fortalecer equipamentos de escritório, mobília e outros itens que poderiam levar a um risco de morte em caso de terremoto. Neste mesmo ano, foi convidado como um dos primeiros estrangeiros a estudar a cidade de Tangshan, na China, devastada por um terremoto. Jim aposentou-se de Stanford em 1988, mas continuou a ser um dos membros mais importantes da comunidade, já que oferecia seu tempo voluntariamente para orientar estudantes e guiá-los nas várias viagens de campo à região de terremotos da Califórnia.

Jim Gere era conhecido por seu comportamento extrovertido, sua alegre personalidade e sorriso admirável, seu vigor e sua habilidade como educador em Engenharia Civil. Escreveu nove livros sobre vários temas da engenharia, começando em 1972 com Mecânica dos Materiais, um livro inspirado por seu professor e mentor Stephen P. Timoshenko. Seus outros livros bastante conhecidos e utilizados em cursos de engenharia em todo o mundo incluem: Theory of Elastic Stability, escrito em conjunto com S. Timoshenko; Matrix Analysis of Framed Structures e Matrix Algebra for Engineers, ambos escritos em conjunto com W. Weaver; Moment Distribution; Earthquake Tables: Structural and Construction Design Manual, escrito em conjunto com H. Krawinkler, e Terra Non Firma: Understanding and Preparing for Earthquakes, escrito em conjunto com H. Shah.

Respeitado e admirado pelos estudantes, docentes e funcionários da Universidade de Stanford, o professor Gere sempre sentiu que a oportunidade de trabalhar com e estar a serviço de pessoas jovens dentro e fora da classe era uma das suas maiores alegrias. Ele percorria frequentemente e visitava regularmente os parques nacionais de Yosemite e Grand Canyon. Fez mais de 20 subidas ao Half Dome, em Yosemite, assim como a "trilha de John Muir", de até 81 quilômetros em um dia. Em 1986, caminhou até o campo base do Monte Everest, salvando a vida de um companheiro de viagem. James era um corredor ativo e completou a maratona de Boston aos 48 anos, com um tempo de 3h13min.

James Gere será lembrado durante muito tempo por todos que o conheceram como um homem atencioso e carinhoso, cujo bom humor otimista tornou aspectos da vida cotidiana ou do trabalho mais fáceis de suportar. Seu último projeto (inacabado e agora sendo continuado por sua filha Susan, de Palo Alto) era um livro baseado nas memórias escritas de seu bisavô, um coronel do 122o Batalhão de Nova York na Guerra Civil.

BARRY J. GOODNO

Ph.D. em Engenharia Civil, M.S. em Engenharia Estrutural e B.S. em Engenharia Civil, Barry Goodno é professor da Escola de Engenharia Civil e Ambiental do Georgia Institute of Technology desde 1974. É membro da ASCE (Sociedade Americana de Engenheiros Civis) e do SEI e ocupou vários cargos de liderança na ASCE. Foi presidente do Structural Engineering Institute (SEI) da ASCE. É presidente do ASCE-SEI Technical Activities Division (TAD) Executive Committee, e ex-presidente da ASCE-SEI Awards Committee. Em 2002, o Dr. Goodno recebeu o Prêmio SEI Dennis L. Tewksbury pelo excelente serviço prestado à ASCE-SEI. Ele também ocupou vários cargos de liderança no Mid-America Earthquake Center (MAE) financiado pela NSF e dirigiu o MAE Memphis Test Bed Project. O dr. Goodno realizou pesquisas, foi professor em cursos de pós-graduação e publicou extensivamente nas áreas de engenharia de terremoto e dinâmica estrutural durante sua permanência na Georgia Tech.

Prefácio

A **mecânica dos materiais** é uma disciplina básica da engenharia que, junto com a **estática**, deve ser compreendida por todos os interessados na resistência e no desempenho físico de estruturas, sejam estas feitas pelo homem ou naturais. No nível universitário, a estática é usualmente ensinada no segundo ano e é um pré-requisito para o curso de mecânica dos materiais. Tanto a estática como a mecânica dos materiais são necessárias para a maioria dos estudantes que estão se especializando em engenharia mecânica, estrutural, civil, biomédica, petrolífera, nuclear, aeronáutica e aeroespacial. Além disso, muitos alunos de diversos campos, como ciência dos materiais, engenharia industrial, arquitetura e engenharia agrícola também acham útil estudar a mecânica dos materiais.

UM PRIMEIRO CURSO EM MECÂNICA DE MATERIAIS

Em muitos programas universitários de engenharia hoje, tanto a estática quanto a mecânica dos materiais são disciplinas ensinadas em variados cursos de engenharia, conforme listados antes. Todos os principais tópicos devem ser apresentados aos alunos para que estejam bem preparados para os níveis mais avançados exigidos pelos programas de graduação. Um pré-requisito essencial para o sucesso em um curso de mecânica de materiais é uma base sólida em estática, o que inclui não só a compreensão e os conceitos fundamentais, mas também proficiência na aplicação das leis de equilíbrio estático para a solução de problemas tanto bi quanto tridimensionais.

Esta edição começa com uma nova seção de revisão da estática em que são abordadas as leis de condições de equilíbrio e de vinculação, passando pelos tipos de forças aplicadas e as tensões internas resultantes, todas baseadas e derivadas de um diagrama de corpo livre devidamente desenhado.

Exemplos e problemas estão incluídos no final de cada capítulo para ajudar o aluno a rever a análise de treliças planas e espaciais, eixos em torção, vigas e estruturas planas e espaciais e para reforçar conceitos fundamentais aprendidos no curso básico.

Muitos professores gostam de apresentar a teoria básica de, digamos, flexão de vigas, por isso, recomendamos, então, que sejam usados exemplos do mundo real para motivar o interesse do estudante no assunto flexão da viga, dimensionamento de vigas etc. Em muitos casos, as estruturas dos prédios do *campus* oferecem acesso fácil a vigas, armações e conexões aparafusadas que podem ser detalhados em palestras, ou podem ser propostos problemas, como lição de casa, para encontrar reações em suportes, forças e momentos em membros estruturais e tensões nas conexões. Além disso, o estudo das causas das falhas nas estruturas e componentes também oferece a oportunidade para o processo de aprendizagem dos alunos a partir de projetos reais e até mesmo erros antigos de engenharia.

Os problemas disponíveis nesta oitava edição baseiam-se em componentes ou estruturas e são acompanhados de fotografias para demonstrar os problemas reais ao lado do modelo simplificado de mecânica e dos diagramas de corpo livre para serem utilizado na sua análise.

Um número crescente de universidades está usando, por exemplo, o aplicativo Google Sala de Aula em seus cursos de graduação em matemática, física e engenharia e as muitas fotos e gráficos foram aprimoradas para se adequar a essa tecnologia.

ESTRUTURA DO LIVRO

Os principais tópicos abordados neste livro são a análise e o projeto de membros estruturais sujeitos à tração, compressão, torção e flexão, incluindo os conceitos já mencionados. Outros tópicos importantes são as transformações tensão e deformação, cargas e esforços combinados, deflexões de vigas e estabilidade das colunas. Alguns tópicos adicionais especializados incluem o seguinte: concentrações de tensões, cargas dinâmicas e de impacto, membros não prismáticos, flexão de vigas de dois materiais (ou vigas compostas), tensões máximas em vigas, abordagens baseadas em energia para calcular desvios de vigas, e vigas estaticamente indeterminadas.

Para facilitar o aprendizado, cada capítulo começa com um tópico Visão Geral que destaca os principais tópicos a serem abordados e fecha com o tópico Resumo e Revisão em que os pontos-chave, bem como as principais fórmulas matemáticas apresentadas no capítulo estão listadas para uma revisão rápida.

Algumas das características notáveis desta oitava edição, que foram acrescentadas bem como atualizadas para atender às necessidades de um curso moderno em mecânica são as seguintes:

- Esta edição reúne os temas mais importantes abordados nos cursos oferecidos por escolas de engenharia em geral, tornando a obra mais objetiva para atender aos requisitos básicos da área.
- Revisão de estática - Foi adicionada uma nova seção intitulada *Revisão de estática* no Capítulo 1. A nova Seção 1.2 inclui quatro exemplos de problemas que ilustram o cálculo de reações de suporte internos resultantes para vigas de estruturas planas e espaciais. Problemas apresentados no fim do capítulo apresentam ao aluno estruturas bi e tridimensionais a serem utilizadas como prática, revisão ou problemas de atribuição de tarefas de casa de diferentes dificuldades.
- A seção *Resumo e revisão* do capítulo inclui agora as equações-chave apresentadas no capítulo. Esta seção servirá como uma revisão de tópicos e equações-chave apresentados em cada capítulo.
- Há maior ênfase nas equações de equilíbrio, constitutivas e nos de compatibilidade entre tensões e deformações nos exercícios resolvidos; analogamente, os problemas resolvidos apresentados no final de cada capítulo foram atualizados para apresentar de forma ordenada a aplicação dessas equações.
- Os apêndices A, B, C e D estão disponíveis no site da Cengage, na página do livro.

MATERIAL COMPLEMENTAR

No site da Cengage (www.cengage.com.br), na página do livro, estão disponibilizados para professores e alunos os **apêndices** A, B, C e D referenciados no decorrer do livro. Apenas para os professores, estão disponíveis os seguintes materiais de apoio: Slides em Power Point® com as figuras apresentadas nos capítulos e respostas aos problemas apresentados no final de cada capítulo, como material de apoio para complementação de aula.

EXEMPLOS

Os conceitos teóricos são todos ilustrados por exemplos de como podem ser aplicados na prática.

Algumas novas imagens foram incluídas para mostrar as estruturas atuais de engenharia ou para reforçar a relação entre a teoria e a prática.

Aconselha-se que tanto os conceitos como os exemplos sejam iniciados com modelos analíticos simplificados da estrutura ou componente e o diagrama (s) de corpo livre associado para auxiliar o estudante na compreensão e aplicação da teoria relevante na análise de engenharia do sistema. Em alguns exemplos, a apresentação gráfica dos resultados foi adicionada para melhorar a compreensão do aluno.

PROBLEMAS

Em qualquer curso de mecânica, a resolução de problemas é muito importante para a aprendizagem. Este livro oferece centenas de problemas para serem feitos em casa e discutidos em sala de aula. Eles estão no final de cada capítulo e seguem uma ordem de dificuldade crescente.

UNIDADES

O Sistema Internacional de Unidades (SI) é utilizado em todos os exemplos e problemas. Tabelas contendo propriedades de perfis de aço estrutural nos sistemas SI pode ser encontrado no Apêndice C, que está no site da Cengage, na página do livro. Essas tabelas podem ser úteis na solução das análises de vigas, exemplos de projetos e problemas de final de capítulo do Capítulo 5.

S. P. TIMOSHENKO (1878–1972) E J. M. GERE (1925–2008)

Muitos leitores reconhecerão o nome de Stephen P. Timoshenko – provavelmente o mais famoso e ilustre nome no campo da mecânica aplicada. Timoshenko contribuiu com novas ideias e conceitos e se tornou famoso tanto por seus conhecimentos como por seus ensinamentos. Através de seus inúmeros livros, operou uma profunda mudança no ensino da mecânica, não apenas nos Estados Unidos, mas em qualquer lugar onde a mecânica é ensinada. Timoshenko foi professor e mentor de James Gere e motivou a primeira edição deste livro, que escreveu e publicou em 1972; a segunda e cada edição subsequente deste livro foram escritas por James Gere no curso de sua longa e distinta carreira como autor, educador e pesquisador na Universidade de Stanford. James Gere começou como estudante de doutorado em Stanford em 1952 e aposentou-se como professor da mesma universidade, em 1988, tendo escrito este e outros oito reconhecidos e respeitados livros sobre mecânica e engenharia estrutural e de terremotos. Permaneceu ativo em Stanford como Professor Emérito até o seu falecimento, em janeiro de 2008.

AGRADECIMENTOS

Agradecer a todos que de alguma maneira contribuíram para este livro é obviamente impossível, mas tenho uma grande dívida para com meus antigos professores de Stanford, especialmente meu mentor, amigo e autor principal, James M. Gere.

Tenho também uma dívida com os vários professores de mecânica de materiais em várias instituições pelo mundo que deram feedback positivo e críticas construtivas sobre o texto; a todos os revisores do livro, meu agradecimento. Seus conselhos resultaram em melhorias significativas no conteúdo e na didática a cada edição.

Meus agradecimentos aos revisores que forneceram comentários específicos para a oitava edição:

Jonathan Awerbuch, Drexel University
Henry N. Christiansen, Brigham Young University
Remi Dingreville, NYU—Poly
Apostolos Fafitis, Arizona State University
Paolo Gardoni, Texas A & M University
Eric Kasper, California Polytechnic State University, San Luis Obispo
Nadeem Khattak, University of Alberta
Kevin M. Lawton, University of North Carolina, Charlotte
Kenneth S. Manning, Adirondack Community College
Abulkhair Masoom, University of Wisconsin—Platteville
Craig C. Menzemer, University of Akron
Rungun Nathan, The Pennsylvania State University, Berks
Douglas P. Romilly, University of British Columbia
Edward Tezak, Alfred State College
George Tsiatis, University of Rhode Island
Xiangwu (David) Zeng, Case Western Reserve University
Mohammed Zikry, North Carolina State University

Agradeço também a meus colegas da Engenharia Estrutural e Mecânica do Georgia Institute of Technology, muitos dos quais forneceram valiosos conselhos sobre vários aspectos quanto da revisão e de inclusões nesta edição. É um privilégio trabalhar e aprender com esses educadores em interações e discussões quase diárias sobre engenharia estrutural e mecânica no contexto

da pesquisa e educação superior. Estendo meus agradecimentos a ex-estudantes que ajudaram na formatação deste texto nas várias edições. Por fim, agradeço o excelente trabalho de German Rojas, PhD., PEng., que conferiu cuidadosamente a solução de muitos dos novos exemplos e problemas de fim de capítulo.

Os aspectos de edição e produção do livro sempre estiveram em mãos habilidosas e experientes, graças ao pessoal talentoso e inteligente da Cengage Learning. Seus objetivos eram iguais aos meus – produzir a melhor nova edição possível, não comprometendo nenhum aspecto do livro.

As pessoas com quem tive contato pessoal na Cengage Learning são Christopher Carson, Diretor Executivo, Global Publishing Program, Christopher Shortt, Editor, Global Engineering Program, Randall Adams e Swati Meherishi, Editores de Aquisições, que forneceram orientação ao longo do projeto; Hilda Gowans, Editor de Desenvolvimento Sênior, Engenharia, que sempre esteve disponível para fornecer Informação e encorajamento; Kristiina Paul, pesquisa iconográfica e autorizações; Andrew Adams que criou a capa para o livro; e Lauren Betsos, Global Marketing Manager, que desenvolveu material promocional para apoio do texto. Gostaria de agradecer especialmente o trabalho Rose Kernan, da RPK Editorial Services, e sua equipe, que editou o manuscrito e gerenciou todo o processo de produção. A todos, expresso meus sinceros agradecimentos pelo trabalho bem feito. Tem sido um prazer trabalhar com você em uma base quase diária para produzir esta oitava edição do texto.

Sou um profundo apreciador da paciência e encorajamento propiciados pela minha família, especialmente minha esposa, Lana, durante este projeto.

Por fim, estou honrado e extremamente satisfeito de estar envolvido nesse esforço, a convite de meu mentor e amigo de 38 anos, Jim Gere, cujo livro está seguindo rumo à marca de 40 anos de publicação. Eu estou também comprometido com a excelência contínua deste texto e recebo de bom grado todos os comentários e sugestões, em inglês, através do email: bgoodno@ce.gatech.edu.

BARRY J. GOODNO
Atlanta, Georgia

Símbolos

A	área
A_f, A_w	área do flange; área da alma
a, b, c	dimensões, distâncias
C	centroide, força compressiva, constante de integração
c	distância da linha neutra para a superfície externa de uma viga
D	diâmetro
d	diâmetro, dimensão, distância
E	módulo de elasticidade
E_r, E_t	módulo de elasticidade reduzido; módulo de elasticidade tangente
e	excentricidade, dimensão, distância, variação do volume unitário (dilatação)
F	força
f	fluxo de cisalhamento, fator de forma para flexão plástica, flexibilidade, frequência (Hz)
f_T	flexibilidade torcional de uma barra
G	módulo de elasticidade no cisalhamento
g	aceleração da gravidade
H	altura, distância, força horizontal ou reação, cavalo-vapor*
h	altura, dimensão
I	momento de inércia (ou segundo momento) de uma figura plana
I_x, I_y, I_z	momentos de inércia com relação aos eixos x, y e z
I_{x1}, I_{y1}	momentos de inércia com relação aos eixos x_1 e y_1 (eixos girados)
I_{xy}	produto de inércia com relação aos eixos xy
I_{x1y1}	produto de inércia com relação aos eixos $x_1 y_1$ axes (eixos girados)
I_P	momento de inércia polar
I_1, I_2	momentos principais de inércia
J	constante de torção
K	fator de concentração de tensão, módulo de elasticidade volumétrico, fator de comprimento efetivo para uma coluna
k	constante da mola, rigidez, símbolo para $\sqrt{P/EI}$
k_T	rigidez torcional de uma barra
L	comprimento, distância
L_E	comprimento efetivo de uma coluna
ln, log	logaritmo natural (base e); logaritmo comum (base 10)
M	momento fletor, binário, massa
M_P, M_Y	momento plástico para uma viga; momento de escoamento para uma viga
m	momento por comprimento unitário (ou por unidade de comprimento) massa por comprimento unitário
N	força axial
n	fator de segurança, integral, revoluções por minuto (rpm)
O	origem das coordenadas

---

* Um asterisco próximo ao número de uma seção indica um tópico especializado ou avançado. Um asterisco próximo de um número de problema indica o grau de dificuldade na solução.

O'	centro de curvatura
P	força, carga concentrada, potência
P_{adm}	carga admissível (ou carga de trabalho)
P_{cr}	carga crítica para uma coluna
P_P	carga plástica para uma estrutura
P_r, P_t	carga de módulo reduzido e carga de módulo tangente para uma coluna
P_Y	força de escoamento para uma estrutura
p	pressão (força por unidade de área)
Q	força, carga concentrada, primeiro momento de uma área plana
q	intensidade de carga distribuída (força por distância unitária)
R	reação, raio
r	raio, raio de giração ($r = \sqrt{I/A}$)
S	módulo de seção da seção transversal de uma viga, centro de cisalhamento
s	distância, distância ao longo de uma curva
T	força de tração, conjugado de torção ou torque, temperatura
T_P, T_Y	torque plástico; torque de escoamento
t	espessura, tempo, intensidade de torque (torque por distância unitária)
t_f, t_w	espessura de flange; espessura da alma
U	energia de deformação
u	densidade de energia de deformação (energia de deformação por volume unitário ou por unidade de volume)
u_r, u_t	módulo de resistência; módulo de rigidez
V	força de cisalhamento, volume, força vertical ou reação
v	deflexão de uma viga, velocidade
v', v'' etc.	dv/dx, d^2v/dx^2 etc.
W	força, peso, trabalho
w	carga por área unitária (força por área unitária ou por unidade de área)
x, y, z	eixos retangulares (origem no ponto O)
x_c, y_c, z_c	eixos retangulares (origem no centroide C)
$\bar{x}, \bar{y}, \bar{z}$	coordenadas do centroide
Z	módulo plástico da seção transversal de uma viga
α	ângulo, coeficiente de expansão térmica, razão adimensional
β	ângulo, razão adimensional, constante de mola, rigidez
β_R	rigidez rotacional de uma mola
γ	deformação de cisalhamento, peso específico (peso por volume unitário ou por unidade de volume)
$\gamma_{xy}, \gamma_{yz}, \gamma_{zx}$	deformações de cisalhamento nos planos xy, yz e zx
$\gamma_{x_1y_1}$	deformação de cisalhamento com relação aos eixos x_1y_1 (eixos girados)
γ_θ	deformação de cisalhamento para eixos inclinados
δ	deflexão de uma viga, deslocamento, alongamento de uma barra ou de uma mola
ΔT	diferencial de temperatura
δ_P, δ_Y	deslocamento plástico, deslocamento de escoamento
ε	deformação normal
$\varepsilon_x, \varepsilon_y, \varepsilon_z$	deformações normais nas direções x, y e z
$\varepsilon_{x1}, \varepsilon_{y1}$	deformações normais nas direções x_1 e y_1 (eixos girados)
ε_θ	deformação normal para eixos inclinados
$\varepsilon_1, \varepsilon_2, \varepsilon_3$	deformações normais principais
ε'	deformação lateral em tensão uniaxial
ε_T	deformação térmica
ε_Y	deformação de escoamento
θ	ângulo, ângulo de rotação do eixo da viga, taxa de torção de uma barra em torção (ângulo de torção por comprimento unitário)
θ_p	ângulo a um plano principal ou a um eixo principal

θ_s	ângulo a um plano de tensão de cisalhamento máxima	
κ	curvatura ($\kappa = 1/\rho$)	
λ	distância, redução da curvatura	
ν	coeficiente de Poisson	
ρ	raio de curvatura ($\rho = 1/\kappa$), distância radial em coordenadas polares, densidade em massa (massa por volume unitário)	
σ	tensão normal	
$\sigma_x, \sigma_y, \sigma_z$	tensões normais nos planos perpendiculares aos eixos to x, y e z	
σ_{x1}, σ_{y1}	tensões normais nos planos perpendiculares aos eixos $x_1 y_1$ (eixos girados)	
σ_θ	tensão normal em um plano inclinado	
$\sigma_1, \sigma_2, \sigma_3$	tensões normais principais	
σ_{adm}	tensão admissível (ou tensão de trabalho)	
σ_{cr}	tensão crítica para uma coluna ($\sigma_{cr} = P_{cr}/A$)	
σ_{pl}	tensão de limite proporcional	
σ_r	tensão residual	
σ_T	tensão térmica	
σ_U, σ_Y	tensão máxima (ou última, ou limite); tensão de escoamento	
τ	tensão de cisalhamento	
$\tau_{xy}, \tau_{yz}, \tau_{zx}$	tensões de cisalhamento nos planos perpendiculares aos eixos x, y e z e atuando paralelo aos eixos y, z e x	
τ_{x1y1}	tensão de cisalhamento em um plano perpendicular ao eixo x_1 e atuando paralelo ao eixo y_1 (eixos girados)	
τ_θ	tensão de cisalhamento em um plano inclinado	
τ_{adm}	tensão admissível (ou tensão de trabalho) no cisalhamento	
τ_U, τ_Y	tensão máxima ou limite no cisalhamento; tensão de escoamento no cisalhamento	
ϕ	ângulo, ângulo de torção de uma barra na torção	
ψ	ângulo, ângulo de rotação	
ω	velocidade angular, frequência angular ($\omega = 2\pi f$)	

ALFABETO GREGO

A	α	Alfa	N	ν	Nu ou ni
B	β	Beta	Ξ	ξ	Xi ou csi
Γ	γ	Gama	O	o	Ômicron
Δ	δ	Delta	Π	π	Pi
E	ε	Épsilon	P	ρ	Rô
Z	ζ	Zeta	Σ	σ	Sigma
H	η	Eta	T	τ	Tau
Θ	θ	Teta	Y	υ	Ípsilon
I	ι	Iota	Φ	ϕ	Fi
K	κ	Capa	X	χ	Chi ou qui
Λ	λ	Lambda	Ψ	ψ	Psi
M	μ	Mu ou mi	Ω	ω	Ômega

CAPÍTULO 1

Tração, compressão e cisalhamento

VISÃO GERAL DO CAPÍTULO

No Capítulo 1, somos apresentados à mecânica dos materiais, que examina as **tensões**, **deformações** e **deslocamentos** resultantes de cargas axiais aplicadas no centroide das seções transversais de barras de diversos materiais. Depois de uma breve revisão de conceitos básicos apresentados em estática, aprenderemos sobre a **tensão normal (σ)** e a **deformação normal (ε)** em materiais utilizados em aplicações estruturais; em seguida, aprenderemos a identificar as propriedades principais de diversos materiais, tais como os módulos de elasticidade (E), limite elástico (σ_y) e tensões máximas (σ_u) de gráficos de tensão (σ) versus deformação (ε). Também traçaremos tensões de cisalhamento (τ) *versus* deformação de cisalhamento (γ) e identificaremos os módulos de elasticidade no cisalhamento (G). Se esses materiais trabalham apenas na faixa linear, tensão e deformação são relacionadas pela Lei de Hooke para tensão e deformação normais ($\sigma = E \cdot \varepsilon$) e também para tensão e deformação de cisalhamento ($\tau = G \cdot \gamma$). Veremos que modificações nas dimensões laterais e no volume dependem do coeficiente de Poisson (ν). As propriedades dos materiais E, G e ν, na verdade, estão diretamente relacionadas umas às outras e não são independentes do material.

A reunião de barras para formar estruturas (como treliças) leva à consideração das tensões médias de cisalhamento (τ) e de contato ou esmagamento (σ_b) em suas relações, assim como a tensão normal atuando na área líquida da seção transversal (se tensionada) ou na da área total da seção transversal (se em compressão). Se restringirmos as tensões máximas para valores **admissíveis**, por meio de fatores de segurança, podemos identificar os níveis permitidos de cargas axiais para sistemas simples, como cabos e barras. **Fatores de segurança** relacionam a resistência real dos membros da estrutura com a resistência exigida e consideram diversas incertezas, como variações nas propriedades dos materiais e probabilidade de sobrecarga acidental. Por último, consideraremos o **dimensionamento**: o processo interativo através do qual a dimensão apropriada dos membros da estrutura é determinada para atender aos **requisitos de resistência** e **rigidez** de estrutura específica sujeita a uma diversidade de cargas diferentes.

O Capítulo 1 está organizado da seguinte forma:

- **1.1** Introdução à mecânica dos materiais 2
- **1.2** Revisão de estática 3
- **1.3** Tensão e deformação normais 24
- **1.4** Propriedades mecânicas dos materiais 33
- **1.5** Elasticidade, plasticidade e fluência 40
- **1.6** Elasticidade linear, lei de Hooke e coeficiente de Poisson 46
- **1.7** Tensão e deformação de cisalhamento 51
- **1.8** Tensões e cargas admissíveis 61
- **1.9** Dimensionamento para cargas axiais e cisalhamento puro 67
  Resumo e revisão do capítulo 72
  Problemas 74

1.1 Introdução à mecânica dos materiais

A **mecânica dos materiais** é um ramo da mecânica aplicada que lida com o comportamento de corpos sólidos sujeitos a diversos tipos de carregamento. Outros nomes para esse campo de estudo são *resistência dos materiais e mecânica de corpos deformáveis*. Os corpos sólidos considerados neste livro incluem barras com carregamentos axiais, eixos em torção, vigas em flexão e colunas em compressão.

O principal objetivo da mecânica dos materiais é determinar as tensões, deformações e deslocamentos em estruturas e seus componentes devido à ação de cargas sobre eles. Se pudermos determinar essas quantidades para todos os valores das cargas, até as que causam falha, teremos uma noção completa do comportamento mecânico dessas estruturas.

Um entendimento do comportamento mecânico é essencial para o projeto seguro de todos os tipos de estruturas, como aviões e antenas, prédios e pontes, máquinas e motores ou navios e espaçonaves. Por isso, a mecânica dos materiais é uma disciplina básica em vários campos da engenharia. A estática e a dinâmica são também essenciais, mas esses assuntos lidam, principalmente, com as forças e movimentos associados com partículas e corpos rígidos. No entanto, a maioria dos problemas na mecânica de materiais começa com a análise das forças externas e internas que atuam sobre um corpo deformável estável. Primeiro definiremos as cargas que atuam sobre o corpo, juntamente com as suas condições de apoio, em seguida, determinaremos as forças de reação nos apoios e forças internas em seus membros ou elementos utilizando as leis básicas de equilíbrio estático (desde que seja estaticamente determinado). Um diagrama de corpo livre bem construído é uma parte essencial do processo de realização de uma análise estática adequada de uma estrutura. Na mecânica dos materiais vamos um passo além, ao examinar tensões e deformações dentro de corpos reais, isto é, corpos de dimensões finitas que deformam sob cargas. Para determinar as tensões e as deformações, utilizamos as propriedades físicas dos materiais, bem como várias leis teóricas e conceitos técnicos. Mais tarde, veremos que a mecânica de materiais proporciona informações essenciais adicionais, com base nas deformações do corpo, para nos permitir resolver os chamados problemas estaticamente indeterminados (não é possível se estiver utilizando somente as leis da estática).

As análises teóricas e os resultados experimentais têm igual importância na mecânica dos materiais. Utilizamos a teoria para deduzir fórmulas e equações prevendo o comportamento mecânico, mas essas expressões não podem ser utilizadas em projetos práticos, a menos que as propriedades físicas dos materiais sejam conhecidas. Tais propriedades estão disponíveis somente após experimentos cuidadosamente conduzidos em laboratório. Além disso nem todos os problemas práticos são contornáveis apenas com a análise teórica e, em tais casos, testes físicos são necessários.

O desenvolvimento histórico da mecânica dos materiais é uma combinação fascinante de teoria e experimento – em alguns casos, a teoria apontou o caminho para resultados úteis, e o experimento também o fez em outros. Pessoas famosas, como Leonardo da Vinci (1452–1519) e Galileu Galilei (1564–1642), conduziram experimentos para determinar a resistência de fios, barras e vigas, embora não tenham desenvolvido teorias adequadas (pelos padrões atuais) para explicar o resultado de seus testes. Em contraste, o famoso matemático Leonhard Euler (1707–1783) desenvolveu a teoria matemática de colunas e calculou a carga crítica de uma coluna em 1744, muito antes que qualquer evidência experimental existisse para mostrar a significância de seus resultados. Sem testes apropriados para apoiar suas teorias, os resultados de Euler permaneceram inúteis por mais de cem anos, embora hoje sejam a base para o projeto e análise da maioria das colunas.

Problemas

Ao estudar a mecânica dos materiais, você perceberá que seus esforços são divididos naturalmente em duas partes: na primeira, o entendimento do desenvolvimento lógico dos conceitos e, na segunda, a aplicação desses conceitos em situações práticas. A primeira é realizada pelo estudo das deduções, discussões e exemplos que aparecem em cada capítulo e a segunda é acompanhada pela resolução de problemas no final dos capítulos. Alguns problemas são de natureza numérica e outros são simbólicos (ou algébricos).

Uma vantagem dos *problemas numéricos* é que as magnitudes de todas as quantidades são evidentes em cada estágio dos cálculos, fornecendo dessa forma uma oportunidade de julgar se os valores são razoáveis ou não. A principal vantagem dos *problemas simbólicos* é que eles levam a fórmulas de emprego geral. Uma fórmula mostra as variáveis que afetam os resultados finais; por exemplo, uma quantidade pode realmente ser cancelada da solução, um fato que não seria evidente em uma solução numérica. Uma solução algébrica também mostra a maneira como cada variável afeta o resultado, como quando uma variável aparece no numerador e outra no denominador. Além disso, uma solução simbólica fornece a oportunidade de checar as dimensões em cada estágio do trabalho.

Finalmente, a razão mais importante para resolver algebricamente é obter uma fórmula geral que pode ser usada em vários problemas diferentes. Em contraste, uma solução numérica aplica-se apenas a um conjunto de circunstâncias. Como os engenheiros devem conhecer ambas as formas de solução, você encontrará uma mistura de problemas numéricos e algébricos ao longo deste livro.

Os problemas numéricos exigem que você trabalhe com unidades de medida específicas, este livro utiliza o Sistema Internacional de Unidades (SI).

Todos os problemas aparecem no final de cada capítulo, numerados e com a indicação da seção à qual pertencem. Neste livro os resultados numéricos finais são geralmente apresentados com três dígitos significativos, quando um número começa com os dígitos de 2 a 9; e com quatro dígitos, quando um número começa com o dígito 1. Valores intermediários são frequentemente armazenados com dígitos adicionais para evitar a perda de precisão numérica decorrente do arredondamento de números.

1.2 Revisão de estática

No curso preparatório para estática, é estudado o *equilíbrio* de corpos rígidos influenciados por uma variedade de forças diferentes e suportados ou vinculados de tal forma que o corpo está estável e em repouso. Como resultado, um corpo adequadamente vinculado não pode sofrer movimento de corpo rígido devido à aplicação de forças estáticas. O aluno desenhou *diagramas de corpo livre* de todo o corpo, ou de partes fundamentais do corpo e, em seguida, aplicou as *equações de equilíbrio* para encontrar momentos e forças externas de reação ou momentos e forças internas em pontos críticos. Nesta seção, vamos analisar as equações básicas de equilíbrio estático e aplicá-las para a solução de estruturas ilustrativas (bi e tridimensionais), utilizando ambas as operações: escalar e vetorial (assumiremos a aceleração e a velocidade do corpo como sendo zero). A maioria dos problemas na mecânica de materiais requer uma análise estática como o primeiro passo, de modo que todas as forças que atuam sobre o sistema e provoquem sua deformação sejam conhecidas. Uma vez que todas as forças externas e internas de interesse forem encontradas, seremos capazes de prosseguir com a avaliação de tensões, deformações e deflexões de barras, eixos, vigas e colunas em capítulos posteriores.

Equações de equilíbrio

A força resultante R e o momento resultante M de *todas* as forças e momentos que atuam em cada corpo rígido ou deformável em equilíbrio são nulos. A soma dos momentos pode ser feita em relação a qualquer ponto arbitrário. As equações de equilíbrio resultantes podem ser expressas *vetorialmente* como:

$$R = \Sigma F = 0 \tag{1.1}$$

$$M = \Sigma M = \Sigma(r \times F) = 0 \tag{1.2}$$

em que F é um dos vetores de forças que atuam sobre o corpo e r é um vetor posição a partir do ponto em relação ao qual os momentos são calculados até um ponto da linha de ação de F. Muitas vezes, é conveniente escrever as equações de equilíbrio em *forma escalar* usando um sistema de coordenadas Cartesianas retangulares, tanto em duas dimensões (x, y) ou três dimensões (x, y, z), como:

$$\Sigma F_x = 0 \quad \Sigma F_y = 0 \quad \Sigma M_z = 0 \tag{1.3}$$

A Equação (1.3) pode ser usada para problemas bidimensionais ou planos, mas em três dimensões são necessárias equações de três forças e de três momentos:

$$\Sigma F_x = 0 \quad \Sigma F_y = 0 \quad \Sigma F_z = 0 \tag{1.4}$$

$$\Sigma M_x = 0 \quad \Sigma M_y = 0 \quad \Sigma M_z = 0 \tag{1.5}$$

Se o número de forças desconhecidas é igual ao número de equações de equilíbrio independentes, estas equações são suficientes para resolver todas as reações desconhecidas ou forças internas no corpo, e o problema é referido como *estaticamente determinado* (desde que o corpo seja estável). Se o corpo ou estrutura é limitada por vínculos adicionais (ou redundantes), é *estaticamente indeterminada* e não é possível uma solução que utilize somente as leis de equilíbrio estático. Para as estruturas estaticamente indeterminadas, também temos de examinar as deformações da estrutura, como será discutido nos capítulos seguintes.

Figura 1.1

Estrutura de armação plana

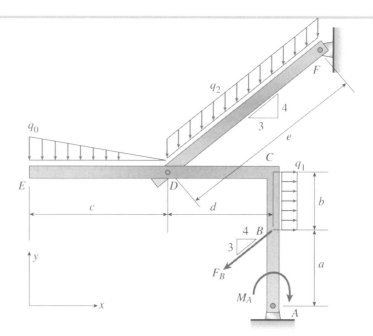

Forças aplicadas

Cargas externas aplicadas a um corpo ou estrutura podem ser tanto forças ou momentos concentrados ou distribuídos. Por exemplo, a força F_B (com unidades de libras, lb ou newtons, N) na Figura 1.1 é uma carga pontual ou concentrada aplicada no ponto B no corpo, enquanto o momento M_A é um momento concentrado ou momento de binário (com unidades em lb-ft ou N · m) atuando no ponto A. Forças distribuídas podem agir paralelamente ou ortogonalmente sobre um membro e podem ter intensidade constante, como a linha de carga normal q_1 no membro BC (Figura 1.1) ou a linha de carga q_2 atuando na direção $-y$ no membro inclinado DF; q_1 e q_2 têm unidades de intensidade de força (lb/ft ou N/m). Cargas distribuídas também podem ter uma variação linear (ou outra) com alguma intensidade de pico q_0 (como no elemento ED na Figura 1.1). Pressões em superfícies p (com unidades em lb/ft^2 ou Pa), como a atuação do vento sobre uma placa sinalizadora (Figura 1.2), atuando sobre uma região definida de um corpo. Por último, uma força de corpo w (com as unidades de força por unidade de volume, lb/ft^3 ou N/m^3), sendo o próprio peso distribuído da placa ou do poste na Figura 1.2, atuando ao longo do volume do corpo e pode ser substituído pelo peso W do componente atuando no centro de gravidade (c. g.) da placa (W_s) ou do poste (W_p). De fato, qualquer carga distribuída (linha, superfície ou força de campo) pode ser substituída por uma força estaticamente equivalente no centro de redução* da carga distribuída quando o equilíbrio estático geral é avaliado usando as equações (1.1) a (1.5).

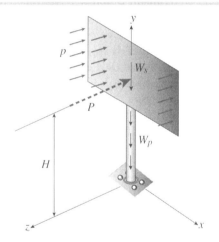

Figura 1.2

Vento no sinal

Diagramas de Corpo Livre

Um Diagrama de Corpo Livre (DCL) é parte essencial da análise estática de um corpo rígido ou deformável. Todas as forças que atuam sobre o corpo, ou de uma parte que o compõe, devem ser exibidas no DCL para obter uma solução correta do equilíbrio estático. Isto inclui forças e momentos aplicados, forças e momentos de reação e forças de conexão entre componentes individuais. Por exemplo, um DCL *geral* da estrutura plana da Figura 1.1 se mostra na Figura 1.3; todas as forças aplicadas e de reação são mostradas neste DCL e as cargas concentradas estaticamente equivalentes são mostradas para todas as cargas distribuídas. As forças estaticamente equivalentes F_{q0}, F_{q1} e F_{q2}, cada uma atuante no centro de redução da carga distribuída correspondente, são usadas na equação de equilíbrio final para representar as cargas distribuídas q_0, q_1 e q_2, respectivamente.

---

* O centro de redução das forças paralelas é denominado centro de gravidade no caso de forças de campo gravitacional.

Em seguida, a estrutura plana foi desmembrada na Figura 1.3b, de modo que DCL's *separados* podem ser desenhados para cada parte da estrutura, expondo assim as forças no pino de conexão em D (D_x, D_y). Ambos DCL's devem mostrar todas as forças aplicadas bem como as forças de reação A_x e A_y na junta do pino de suporte (ou, articulação) A e F_x e F_y na junta do pino de suporte F. As forças transmitidas entre elementos da armação EDC e DF no pino de conexão D devem ser determinadas para que a interação adequada entre esses dois elementos seja contabilizada na análise estática.

A estrutura reticulada plana da Figura 1.1 será analisada no Exemplo 1.2 para encontrar as forças nas juntas A e F e também as forças no pino de conexão na junta D usando as equações de equilíbrio (1.1) a (1.3). Os DCL's apresentados nas Figuras 1.3a e 1.3b são parte essencial no processo de solução. Uma *convenção de sinais de estática* é normalmente utilizada na solução de reações de suportes; forças atuando nas direções positivas do eixo de coordenadas são assumidas positivas e a regra da mão direita é usada para vetores de momentos.

Forças reativas e condições de apoio

A vinculação adequada do corpo ou estrutura é essencial para que as equações de equilíbrio sejam satisfeitas. Suportes em número suficiente e o arranjo adequado deles é condição para evitar o movimento do corpo rígido, sob a ação das forças estáticas. Uma força de reação em um suporte é representada por uma única seta com um traço inclinado (ver Figura 1.3) enquanto que um momento reativo em um suporte é mostrado como uma seta dupla ou curva com um traço. Forças e momentos de reação geralmente resultam da ação das forças aplicadas dos tipos descritos acima (isto é, concentrada, distribuída e as forças de superfície do corpo).

Diversas condições diferentes de suportes podem ser adotadas dependendo se o problema é 2D ou 3D. Suportes A e F na estrutura de armação plana 2D mostrada na Figura 1.1 e na Figura 1.3 são suportes de pino, enquanto a base da estrutura do sinal na Figura 1.2 pode ser considerada como sendo um suporte fixo ou engastamento. Algumas das idealizações mais comumente utilizadas para suportes 2D e 3D, bem como interligações entre os membros ou elementos de uma estrutura, são ilustrados na Tabela 1.1. A restrição ou transmissão de forças e momentos, associados com cada tipo de suporte ou conexão, são apresentados na terceira coluna da tabela (estes não são DCL's, no entanto). As forças de reação e momentos para a estrutura de placa de sinalização 3D na Figura 1.2 são mostrados no DCL na Figura 1.4a; apenas reações R_y, R_z e M_x são não nulas, porque a estrutura da placa e carga de vento são simétricas em relação ao plano yz. Se a placa for excêntrica em relação ao poste (Figura 1.4b), somente a reação R_x é igual a zero para o caso de carga do vento na direção $-z$.

Forças internas (resultantes de esforço)

Em nosso estudo da mecânica dos materiais, vamos investigar as deformações dos membros ou elementos que compõem a estrutura deformável. A fim de calcular as deformações dos membros, é preciso primeiro encontrar as forças e momentos internos (ou seja, as resultantes de tensões internas) em pontos-chave ao longo dos membros de toda a estrutura. Na verdade, muitas vezes vão-se criar representações gráficas da força axial interna, momento de torção, força cortante e momento fletor ao longo do eixo de cada membro do corpo de modo que podemos facilmente identificar os pontos críticos ou regiões dentro da estrutura. O primeiro passo é o de fazer uma seção de corte perpendicular ao eixo de cada membro, de modo que um DCL pode ser desenhado, que mostre as forças internas de interesse. Por

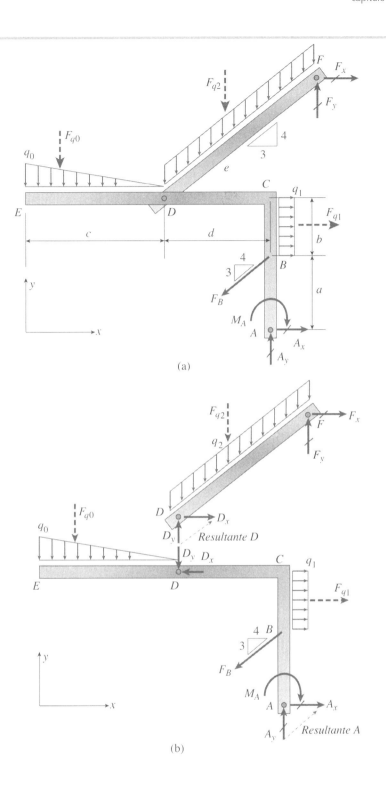

Figura 1.3

(a) DCL geral da estrutura de armação plana da Figura 1.1, e (b) Diagramas de Corpo Livre separados das partes de A até E, e DF da estrutura de armação plana na Figura 1.1

exemplo, se é feito um corte na parte superior do membro BC na armação plana da Figura 1.1, a *força interna axial* (N_c), a *força cortante* (V_c) e *momento fletor* (M_c) na junção C, podem ser expostos como se mostra na última linha da Tabela 1.1. A Figura 1.5 mostra dois cortes adicionais feitos através dos membros ED e DF na armação plana; os DCL's resultantes podem agora ser usados para encontrar N, V e M em membros ED e DF na armação plana. As tensões resultantes de N, V e M são geralmente consideradas tangencialmente ou ortogonalmente ao membro em consideração (isto é, são usados sistemas de eixos locais ou intrínsecos aos membros) e uma convenção de *sinais de deformação* (por exemplo, a tensão é positiva, a

Tabela 1.1

Forças de reação e de conexão em análise estática 2D ou 3D

Tipo de suporte vínculo ou conexão	Esboço simplificado do suporte ou conexão	Forças e momentos reativos ou esforços de conexão
(1) Suporte de rolete ou apoio simples – horizontal, vertical ou inclinado  Ponte com o apoio do rolete (The Earthquake Engineering Online Archive)	 Suporte de rolete horizontal (restrições de movimento em ambos os sentidos $+y$ e $-y$) Suportes de roletes verticais Suporte de rolete girado ou inclinado 	(a) Suporte de roletes bidimensional (b) suporte de rolete tridimensional 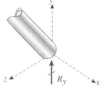
(2) Articulação (pino ou rótula)  Ponte com articulação (pino ou rótula) (© Barry Goodno)  Suporte de Pino em ponte de treliça antiga (Cortesia de Joel Kerkhoff, P. Eng.)	Articulação F da Figura 1.1 	(a) Suporte de pino bidimensional 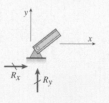 (b) Suporte de pino tridimensional 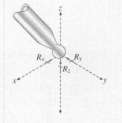

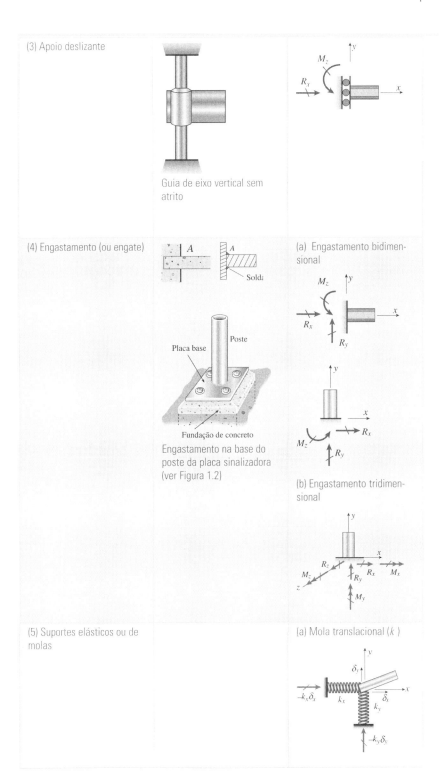

Tabela 1.1 (continuação)

		(b) Mola rotacional (ou torcional) (k_r) $M_z = -k_r \theta_z$
(6) Conexão pinada (das Figuras 1.1 e 1.3) Conexão pinada em ponte antiga (© Barry Goodno)	Conexão pinada em D entre os membros da EDC e DF na armação plana (Figura 1.1)	
(7) Conexão com guia (*conexão distinta da que é mostrada nas Figuras 1.1 e 1.3*)	Conexão alternativa de guia em D na armação plana (Note que a armação plana na Figura 1.1 fica instável se esta conexão de guia é usada em vez de um pino no D.)	
(8) Conexão rígida (*forças internas e momento em membros ligados em C da armação plana na Figura 1.1*)	Conexão rígida em C na armação plana	

compressão é negativa) é utilizado na sua solução. Nos próximos capítulos, veremos como essas (e outras) tensões resultantes internas são usadas para calcular as tensões na seção transversal.

Os exemplos seguintes são apresentados como uma revisão da aplicação das equações de equilíbrio estático na determinação das reações externas e forças internas em treliças, vigas, eixos circulares e estruturas reticuladas. Primeiro, é considerada uma **estrutura de treliça** e são revistas as soluções escalares e vetoriais para as forças reativas. Em seguida, as forças dos membros são calculadas usando o *método dos nós*. DCL's adequadamente desenhados são vistos como essenciais para todo o processo da resolução. O segundo exemplo envolve uma análise estática da **estrutura de viga** para encontrar as reações e as forças internas em uma seção particular ao longo

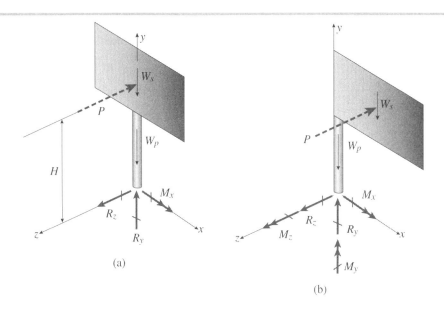

Figura 1.4

(a) DCL de estrutura de sinal simétrico (b) DCL de estrutura de sinal excêntrico

da viga. No terceiro exemplo, são calculados os momentos de torção reativos e internos de um **eixo de seção variável**. E, finalmente, o quarto exemplo apresenta a solução da **estrutura plana** discutido aqui. Os valores numéricos são atribuídos às forças aplicadas e dimensões da estrutura e, em seguida, são calculadas as reações externas, as forças no pino D e forças internas selecionadas na estrutura.

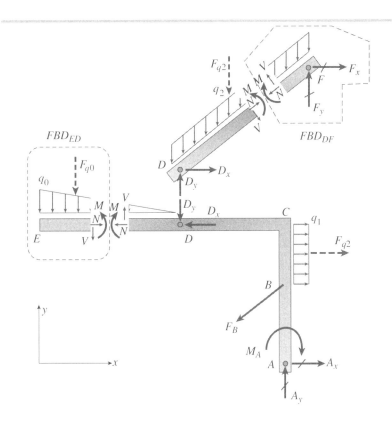

Figura 1.5

DCL`s para resultantes de tensões internas em ED e DF

• • • Exemplo 1.1

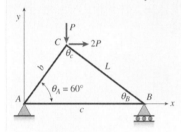

Figura 1.6

Exemplo 1.1: Análise estática de treliça plana para cargas conjuntas

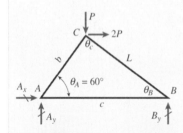

Figura 1.7

Exemplo 1.1: DCL da treliça plana

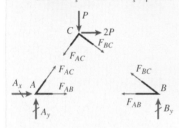

Figura 1.8

Exemplo 1.1: DCL de cada articulação da treliça plana

A treliça plana mostrada na Figura 1.6 é suportada por uma articulação em A e tem um suporte de rolete em B. Cargas nodais 2P e −P são aplicadas na junção C. Encontre reações de apoio nas articulações A e B, em seguida, determine as forças nos membros AB, AC e BC. Use as propriedades numéricas dadas abaixo.

Dados numéricos:

$$P = 160 \text{ kN} \quad L = 3 \text{ m} \quad \theta_A = 60° \quad b = 2,2 \text{ m}$$

Solução

(1) Use a lei dos senos para encontrar ângulos θ_B e θ_C, e, em seguida, encontre o comprimento (c) do membro AB.
(2) Desenhe o DCL, em seguida, use equações de equilíbrio na forma escalar [Equação (1.3)] para encontrar as reações do apoio.
(3) Encontre as forças dos membros usando o método dos nós.
(4) Repita a solução para as reações do suporte usando vetores.
(5) Resolva as reações do apoio e forças dos membros para uma versão 3D deste a treliça plana (2D).

(1) Use a lei dos senos para encontrar ângulos θ_B, θ_C, e em seguida, encontre o comprimento (c) do membro AB.

$$\theta_B = \arcsen\left(\frac{b}{L}\sen(\theta_A)\right) = 39,426° \text{ então } \theta_C = 180° - (\theta_A + \theta_B) = 80,574°$$

$$\text{e } c = L\left(\frac{\sen(\theta_C)}{\sen(\theta_A)}\right) = 3,417 \text{ m} \quad \text{ou} \quad c = b\cos(\theta_A) + L\cos(\theta_B) = 3,417 \text{ m}$$

Note que a **lei de cossenos**, também poderia ser usada:

$$c = \sqrt{b^2 + L^2 - 2bL\cos(\theta_C)} = 3,417 \text{ m}$$

(2) Desenhe o DCL (Figura 1.7), em seguida, use as equações de equilíbrio na forma escalar [Equação (1.3)] para encontrar as reações do apoio.

Note que a **treliça plana é estaticamente** determinada uma vez que existem (m + r = 6) incógnitas (em que m = número de forças de membro e r = número de reações), mas existem (2j = 2 × 3 = 6) equações de estática a partir do método dos nós (em que j = número de articulações)

Use equações de equilíbrio na forma escalar para encontrar as reações do apoio.

Some os momentos em relação a A para obter a reação B_y:

$$B_y = \frac{[Pb\cos(\theta_A) + (2P)b\sen(\theta_A)]}{c} = 230 \text{ kN}$$

Some as forças na direção y para obter A_y:

$$A_y = P - B_y = -70 \text{ kN}$$

Soma forças na direção x para obter A_x:

$$A_x = -2P = -320 \text{ kN}$$

(3) Encontre as forças dos membros usando o método dos nós.

Desenhe DCL's de cada articulação ou nó (Figura 1.8), em seguida, some as forças nas direções x e y para encontrar as forças dos membros. Some as forças na direção y na junção A:

$$F_{AC} = \frac{-A_y}{\sen(\theta_A)} = 80,7 \text{ kN}$$

Some as forças na direção x na junção A:

• • Exemplo 1.1 *Continuação*

$$F_{AB} = -A_x - F_{AC}\cos(\theta_A) = 280 \text{ kN}$$

Some as forças na direção *y* na junção *B*:

$$F_{BC} = \frac{-B_y}{\text{sen}(\theta_B)} \quad F_{BC} = -362 \text{ kN}$$

Verifique o equilíbrio na junção C. (Primeiro na direção *x*, então, na direção *y*.)

$$-F_{AC}\cos(\theta_A) + F_{BC}\cos(\theta_B) + 2P = 0 \quad -F_{AC}\text{sen}(\theta_A) - F_{BC}\text{sen}(\theta_B) - P = 0$$

(4) Repita a solução para as reações do suporte usando vetores (mostrar os componentes *x*, *y*, *z* em formato vetorial).

Posição dos vetores para *B* e *C* desde *A*:

$$r_{AB} = \begin{pmatrix} c \\ 0 \\ 0 \end{pmatrix} = \begin{pmatrix} 3{,}4173 \\ 0 \\ 0 \end{pmatrix} \text{m} \quad r_{AC} = \begin{pmatrix} b\cos(\theta_A) \\ b\,\text{sen}(\theta_A) \\ 0 \end{pmatrix} = \begin{pmatrix} 1{,}1 \\ 1{,}9053 \\ 0 \end{pmatrix} \text{m}$$

Vetores de força em *A*, *B* e *C*:

$$A = \begin{pmatrix} A_x \\ A_y \\ 0 \end{pmatrix} \quad B = \begin{pmatrix} 0 \\ B_y \\ 0 \end{pmatrix} \quad C = \begin{pmatrix} 2P \\ -P \\ 0 \end{pmatrix}$$

Some momentos sobre o ponto *A*, então iguale cada expressão a zero:

$$M_A = r_{AB} \times B + r_{AC} \times C = \begin{pmatrix} 0 \\ 0 \\ 3{,}417 \text{ m } B_y - 785{,}7 \text{ m kN} \end{pmatrix}$$

então $B_y = \dfrac{785{,}7}{3{,}417} = 230 \text{ kN}$

$$\text{ou}\ldots \left| \begin{pmatrix} i & j & k \\ c & 0 & 0 \\ 0 & B_y & 0 \end{pmatrix} \right| + \left| \begin{pmatrix} i & j & k \\ \dfrac{b}{2} & b\dfrac{\sqrt{3}}{2} & 0 \\ 2P & -P & 0 \end{pmatrix} \right| = -785{,}68 \text{ k kN}\cdot\text{m} + 3{,}4173 \text{ m } B_y \text{ k}$$

Agora some as forças e iguale cada expressão a zero:

$$A + B + C = \begin{pmatrix} A_x + 320 \text{ kN} \\ A_y + B_y - 160 \text{ kN} \\ 0 \end{pmatrix} \quad \text{então } A_x = -320 \text{ kN}$$

$$A_y = 160 - B_y = -70 \text{ kN}$$

As reações A_x, A_y e B_y são as mesmas resultantes da abordagem da solução escalar.

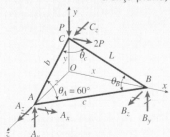

Figura 1.9

Exemplo 1.1: DCL da treliça espacial (versão estendida da treliça plana)

(5) Calcule as reações de apoio e forças dos membros para uma versão 3D desta treliça plana (2D).

Para criar uma treliça espacial a partir de uma treliça plana, mova a junção *A* ao longo do eixo *z* uma distância *z*, mantendo *B* no eixo *x* e restringindo *C* para deixar uma distância *y* ao longo do eixo *y* (ver Figura 1.9.); mantenha os comprimentos dos membros (*L*, *b*, *c*) e ângulos (θ_A, θ_B, θ_C) nos valores usados na treliça plana. Aplique cargas nodais 2*P* e $-P$ na junção *C*. Adicione um pino 3D em *A*, duas restrições em *B* (B_y, B_z) e uma contenção em *C* (C_z).

Note que a **treliça espacial é estaticamente determinada** uma vez que existem ($m + r = 9$) incógnitas (em que m = número de forças dos membros e r = número de reações), mas existem ($3j = 3 \times 3 = 9$) equa-

> ### • • Exemplo 1.1 *Continuação*

ções de estática a partir do método de articulações (em que j = número de articulações).

Primeiro, encontre as projeções x, y e z dos membros ao longo dos eixos de coordenadas. Em seguida, encontre os ângulos *OBC*, *OBA* e *OAC* em cada plano.

$$x = \sqrt{\frac{L^2 - b^2 + c^2}{2}} = 2{,}81408 \text{ m} \qquad y = \sqrt{\frac{L^2 + b^2 - c^2}{2}} = 1{,}03968 \text{ m}$$

$$z = \sqrt{\frac{-L^2 + b^2 + c^2}{2}} = 1{,}93883 \text{ m}$$

$$OBC = \text{arctg}\left(\frac{y}{x}\right) = 20{,}277° \qquad OBA = \text{arctg}\left(\frac{z}{x}\right) = 34{,}566°$$

$$OAC = \text{arctg}\left(\frac{y}{z}\right) = 28{,}202°$$

Desenhe o DCL completo (ver Figura 1.9), em seguida, use uma *solução escalar* para encontrar as reações e as forças dos membros.

(1) Some momentos em torno de uma linha que passa por *A*, a qual é paralela ao eixo *Y* (isto vai isolar a reação B_z, dando uma equação com uma incógnita):

$$B_z x + (2P)z = 0 \qquad B_z = -2P\frac{z}{x} = -220 \text{ kN}$$

Isto tem como base uma convenção de sinais de estática, de modo que o sinal negativo significa que a força B_z atua na direção $-z$.

(2) Some momentos em torno do eixo *z* para encontrar B_y, em seguida, some as forças na direção *y* para obter A_y:

$$B_y = \frac{2P(y)}{x} = 118{,}2 \text{ kN} \quad \text{então} \quad A_y = P - B_y = 41{,}8 \text{ kN}$$

(3) Some os momentos em torno do eixo *x* para encontrar C_z:

$$C_z = \frac{A_y z}{y} = 77{,}9 \text{ kN}$$

(4) Some as forças nas direções *x* e *z* para obter A_x e A_z:

$$A_x = -2P = -320 \text{ kN} \qquad A_z = -C_z - B_z = 142{,}6 \text{ kN}$$

(5) Por fim, use o método dos nós para encontrar as forças dos membros (a convenção para sinais de deformação é usada aqui então: positivo (+) significa tração e negativo (−) significa compressão).

Some as forças na direção *x* na junção *A*:

$$\frac{x}{c} F_{AB} + A_x = 0 \qquad F_{AB} = \frac{-c}{x} A_x \qquad F_{AB} = 389 \text{ kN}$$

Some as forças na direção *y* na junção *A*:

$$\frac{y}{b} F_{AC} + A_y = 0 \qquad F_{AC} = \frac{b}{y}(-A_y) \qquad F_{AC} = -88{,}4 \text{ kN}$$

Some as forças na direção *y* na junção *B*:

$$\frac{y}{L} F_{BC} + B_y = 0 \qquad F_{BC} = \frac{-L}{y} B_y \qquad F_{BC} = -341 \text{ kN}$$

Recalcule reações para a treliça espacial, utilizando vetores.

Encontre os vetores de posição (*r*) e respectivos versores (*e*) desde a junção *A* até as junções *B* e *C*:

• • • Exemplo 1.1 - *Continuação*

$$r_{AB} = \begin{pmatrix} x \\ 0 \\ -z \end{pmatrix} \quad e_{AB} = \frac{r_{AB}}{|r_{AB}|} = \begin{pmatrix} 0{,}823 \\ 0 \\ -0{,}567 \end{pmatrix}$$

$$r_{AC} = \begin{pmatrix} 0 \\ y \\ -z \end{pmatrix} \quad e_{AC} = \frac{r_{AC}}{|r_{AC}|} = \begin{pmatrix} 0 \\ 0{,}473 \\ -0{,}881 \end{pmatrix}$$

Some momentos em relação ao ponto A, então iguale cada expressão a zero:

$$M_A = r_{AB} \times B + r_{AC} \times C$$

$$M_A = r_{AB} \times \begin{pmatrix} 0 \\ B_y \\ B_z \end{pmatrix} + r_{AC} \times \begin{pmatrix} 2P \\ -P \\ C_z \end{pmatrix}$$

$$= \begin{pmatrix} 1{,}9388\ m\ B_y + 1{,}0397\ m\ C_z - 310{,}21\ kN \cdot m \\ -2{,}8141\ m\ B_z - 620{,}43\ kN \cdot m \\ 2{,}8141\ m\ B_y - 332{,}7\ kN \cdot m \end{pmatrix}$$

ou $\left| \begin{pmatrix} i & j & k \\ x & 0 & -z \\ 0 & B_y & B_z \end{pmatrix} \right| = 1{,}9388\ m\ B_y\ i - 2{,}8141\ m\ B_z\ j + 2{,}8141\ m\ B_y\ k$

e $\left| \begin{pmatrix} i & j & k \\ 0 & y & -z \\ 2P & -P & C_z \end{pmatrix} \right| = 1{,}0397\ m\ C_z\ i - 310{,}21\ kN \cdot m\ i$

$$- 620{,}43\ kN \cdot m\ j - 332{,}7\ kN \cdot m\ k$$

Tomando coeficientes de *j* e resolvendo:

$$B_z = \frac{620{,}43}{-2{,}8141} = -220\ kN$$

Tomando coeficientes de *k* e resolvendo:

$$B_y = \frac{332{,}7}{2{,}8141} = 118{,}2\ kN$$

Tomando coeficientes de *i* e resolvendo:

$$C_z = \frac{310{,}21 - 1{,}9388\ B_y}{1{,}0397} = 77{,}9\ kN$$

Complete a solução somando forças e igualando a zero:

$$\begin{pmatrix} A_x \\ A_y \\ A_z \end{pmatrix} + \begin{pmatrix} 0 \\ B_y \\ B_z \end{pmatrix} + \begin{pmatrix} 2P \\ -P \\ C_z \end{pmatrix} = \begin{pmatrix} A_x + 320{,}0\ kN \\ A_y - 41{,}8\ kN \\ A_z - 142{,}6 \end{pmatrix}$$

$$A_x = -320\ kN \quad A_y = 41{,}8\ kN \quad A_z = 142{,}6\ kN$$

As reações A_x, A_y, A_z e por B_y, B_z são as mesmas da abordagem da solução escalar.

• • • Exemplo 1.2

A estrutura de uma viga com apoios simples mostrada na Figura 1.10 é submetida a um momento M_A na extremidade A apoiada em pino, uma carga inclinada F_B aplicada no ponto B e uma carga uniforme com intensidade q_1 no segmento do membro BC. Encontre reações de apoio nas articulações A e C, em seguida, calcule as forças internas no ponto médio de BC. Utilize diagramas de corpo livre adequadamente desenhados em sua solução.

Figura 1.10
Exemplo 1.2: Análise estática de viga para reações do apoio

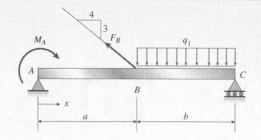

Dados numéricos (Newtons e metros):

$$a = 3\,\text{m} \quad b = 2\,\text{m}$$
$$M_A = 380\,\text{N} \cdot \text{m} \quad F_B = 200\,\text{N} \quad q_1 = 160\,\text{N/m}$$

Solução

(1) Desenhe o DCL completo da viga. A determinação das forças de reação em A e C deve começar com um desenho adequado do DCL completo da viga (Figura 1.11). O DCL mostra todas as forças aplicadas e reativas.

Figura 1.11
Exemplo 1.2: DCL da viga

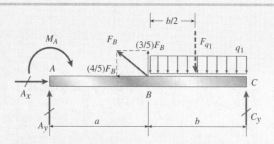

(2) Determine as forças concentradas estaticamente equivalentes. Forças distribuídas são substituídas pelos seus equivalentes estáticos (F_{q1}) e os componentes da força concentrada inclinada em B também podem ser calculados:

$$F_{q1} = q_1 b = 320\,\text{N} \quad F_{Bx} = \frac{4}{5} F_B = 160\,\text{N} \quad F_{By} = \frac{3}{5} F_B = 120\,\text{N}\;\;\Leftarrow$$

(3) Some os momentos em relação a A para encontrar a força de reação C_y. Esta estrutura é estaticamente determinada porque há três equações disponíveis a partir da estática ($\Sigma F_x = 0$, $\Sigma F_y = 0$ e $\Sigma M = 0$), e três incógnitas de reação (A_x, A_y, C_y). É conveniente iniciar a análise estática usando $\Sigma M_A = 0$, porque podemos isolar uma equação com uma incógnita e, em seguida, encontrar facilmente a reação C_y. É usada a convenção de sinais de estática (ou seja, a regra da mão direita ou "Conteurclokwise" é positiva).

$$C_y = \frac{1}{(a+b)}\left[M_A - F_{By}a + F_{q1}\left(a + \frac{b}{2}\right)\right] = 260\,\text{N}\;\;\Leftarrow$$

Exemplo 1.2 *Continuação*

(4) Some as forças nas direções *x* e *y* para encontrar as forças de reação em *A*. Agora que conhecemos C_y, podemos concluir a análise de equilíbrio para encontrar A_x e A_y usando $\Sigma F_x = 0$ e $\Sigma F_y = 0$. Então, podemos encontrar a força de reação resultante em A, utilizando os componentes A_x e A_y:

Some as forças na direção *x*: $A_x - F_{Bx} = 0 \quad A_x = F_{Bx} \quad A_x = 160 \text{ N}$

Some as forças na direção *y*: $A_y + F_{By} + C_y - F_{q1} = 0$
$$A_y = -F_{By} - C_y + F_{q1} \quad A_y = -60 \text{ N}$$

Força resultante em *A*: $A = \sqrt{A_x^2 + A_y^2} \quad A = 171 \text{ N}$

(5) Encontre as forças e momentos internos no ponto médio do segmento do membro *BC*. Agora que as forças de reação em *A* e *C* são conhecidas, podemos cortar uma seção através da viga a meio caminho entre *B* e *C*, criando DCL's do lado esquerdo e do lado direito (Figura 1.12). As forças de seção N_c (axial) e V_c (cortante), bem como o momento (M_c) estão expostos e podem ser calculados utilizando a estática. Cada DCL pode ser usado para encontrar N_c, V_c e M_c; as forças internas e os momentos calculados N_c, V_c e M_c serão os mesmos.

Cálculos com base no **DCL esquerdo**:

$\Sigma F_x = 0 \quad N = F_{Bx} - A_x = 0 \text{ N}$

$\Sigma F_y = 0 \quad V = A_y + F_{By} - q_1\left(\dfrac{b}{2}\right) = -100 \text{ N}$

$\Sigma M = 0 \quad M = M_A + A_y\left(a + \dfrac{b}{2}\right) + F_{By}\left(\dfrac{b}{2}\right) - q_1\left(\dfrac{b}{2}\right)\left(\dfrac{b}{4}\right) = 180 \text{ N} \cdot \text{m}$

Cálculos com base no **DCL direito**

$\Sigma F_x = 0 \quad N = 0$

$\Sigma F_y = 0 \quad V = q_1\left(\dfrac{b}{2}\right) - C_y = -100 \text{ N}$

$\Sigma M = 0 \quad M = C_y\left(\dfrac{b}{2}\right) - q_1\left(\dfrac{b}{2}\right)\left(\dfrac{b}{4}\right) = 180 \text{ N} \cdot \text{m}$

As forças internas computadas (*N* e *V*) e o momento interno (*M*) são os mesmos e podem ser determinados usando quer o DCL à esquerda, quer o DCL à direita. Isto se aplica para qualquer corte feito através da viga em qualquer ponto ao longo do seu comprimento. Posteriormente, criaremos parcelas ou diagramas que mostrem a variação de *N*, *V* e *M* ao longo do comprimento da viga. Estes diagramas serão muito úteis no projeto de vigas, porque eles mostram explicitamente as regiões críticas da viga em que *N*, *V* e *M* alcançam valores máximos.

Figura 1.12

Exemplo 1.2: DCLs esquerdo e direito da viga

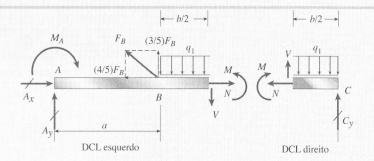

••• Exemplo 1.3

Um eixo circular escalonado isto é de seção variável, é fixado em A e tem três engrenagens que transmitem os torques mostrados na Figura 1.13. Encontre o torque de reação em A, em seguida, encontre os momentos de torção internos nos segmentos *AB*, *BC* e *CD*. Utilize diagramas de corpo livre adequadamente desenhados na sua solução.

Figura 1.13
Exemplo 1.3: Eixo circular de seção variável sob tração

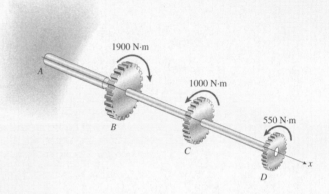

Solução

(1) **Desenhar o DCL completo da estrutura do eixo.** O eixo em balanço é estaticamente determinado. A determinação do momento reativo em *A*, tem de começar com um desenho adequado do DCL completo da estrutura (Figura 1.14). O DCL mostra todos os torques aplicados e reativos.

Figura 1.14
Exemplo 1.3: DCL de eixo completo

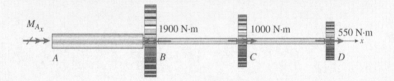

(2) **Some os momentos em torno do eixo x para encontrar o momento de reação M_{Ax}.** Esta estrutura é estaticamente determinada porque há uma equação estática disponível a partir de ($\Sigma M_x = 0$) e uma reação desconhecida (M_{Ax}). É usada a convenção de sinais da estática (ou seja, a regra da mão direita ou CCW é positivo).

$$M_{Ax} - 1900 \text{ N} \cdot \text{m} + 1000 \text{ N} \cdot \text{m} + 550 \text{ N} \cdot \text{m} = 0$$

$$M_{Ax} = -(-1900 \text{ N} \cdot \text{m} + 1000 \text{ N} \cdot \text{m} + 550 \text{ N} \cdot \text{m})$$

$$= 350 \text{ N} \cdot \text{m}$$

O resultado calculado para M_{Ax} é positivo, de modo que o vetor de reação do momento está na direção positiva *x*, como assumido.

(3) **Encontre os momentos de torção internos em cada segmento do eixo.** Agora que o momento de reação M_{Ax} é conhecido, podemos cortar uma seção através do eixo de cada segmento criando DCL's esquerdo e direito (Figura 1.15). Em seguida, momentos internos de torção podem ser calculados usando a estática. Cada DCL pode ser utilizado; o momento de torção interna calculado será o mesmo.

Encontre o torque interno T_{AB} (Figura 1.15a)

• • Exemplo 1.3 Continuação

Figura 1.15a

Exemplo 1.3: DCLs à esquerda e à direita do eixo para cada segmento

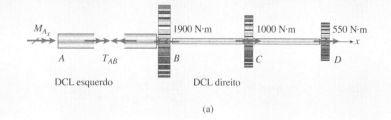

(a)

DCL esquerdo:
$T_{AB} = -M_{Ax} = -350$ N·m

DCL direito:
$T_{AB} = -1900$ N·m $+ 1000$ N·m
$+ 550$ N·m $= -350$ N·m

Encontre o torque interno T_{BC} (Figura 1.15b).

Figura 1.15b

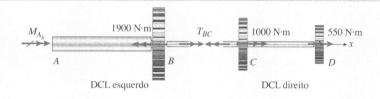

(b)

DCL esquerdo:
$T_{BC} = -M_{Ax} + 1900$ N·m
$= 1550$ N·m

DCL direito:
$T_{BC} = 1000$ N·m $+ 550$ N·m
$= 1550$ N·m

Encontre o torque interno T_{CD} (Figura 1.15c).

Figura 1.15c

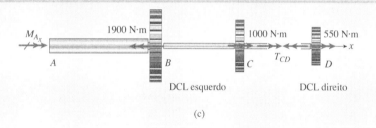

(c)

DCL esquerdo:
$T_{CD} = -M_{Ax} + 1900$ N·m
$- 1000$ N·m $= 550$ N·m

DCL direito:
$T_{CD} = 550$ N·m

Em cada segmento, os momentos de torção internos calculados usando o lado esquerdo ou direito dos DCLs são os mesmos.

• • • Exemplo 1.4

A estrutura plana da Figura 1.16 é uma versão modificada da que é mostrada na Figura 1.1. Inicialmente, o membro DF foi substituído por um suporte de rolete em D. Um momento M_A é aplicado na extremidade A suportada por pino, e uma carga F_B é aplicada no ponto B. Uma carga uniforme com intensidade q_1 atua sobre o membro BC, e uma carga distribuída de forma linear com pico de intensidade q_0 é aplicado para baixo no membro ED. Encontre as reações de apoio em A e D, em seguida, determine as forças internas na parte superior do membro BC. Use as propriedades numéricas dadas. Como passo final, remova o rolete em D, insira o membro DF (como mostrado na Figura 1.1) e reanalise a estrutura para encontrar as forças de reação em A e F.

Figura 1.16

Exemplo 1.4: Análise estática de estrutura plana para reações dos suportes

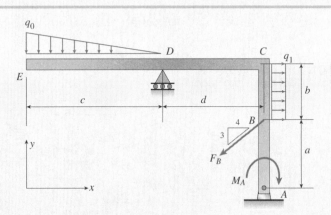

Dados numéricos (Newtons e metros):

$a = 3\,m \quad b = 2\,m \quad c = 6\,m \quad d = 2{,}5\,m$

$M_A = 380\,N \cdot m \quad F_B = 200\,N \quad q_0 = 80\,N/m \quad q_1 = 160\,N/m$

Solução

(1) Desenhe o DCL completo da estrutura. A solução para as forças de reação em A e D tem de começar com um desenho adequado do DCL completo da estrutura (Figura 1.17). O DCL mostra todas as forças aplicadas e reativas.

Figura 1.17

Exemplo 1.4: DCL da estrutura plana

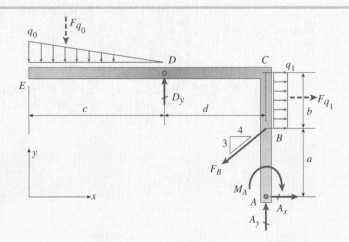

● ● ● Exemplo 1.4 - *Continuação*

(2) Determine as forças concentradas estaticamente equivalentes. As forças distribuídas são substituídas por seus equivalentes estáticos (F_{q0} e F_{q1}). Os componentes da força concentrada inclinada em B também podem ser calculados:

$$F_{q0} = \frac{1}{2} q_0 c = 240 \text{ N} \qquad F_{q1} = q_1 b = 320 \text{ N}$$

$$F_{Bx} = \frac{4}{5} F_B = 160 \text{ N} \qquad F_{By} = \frac{3}{5} F_B = 120 \text{ N}$$

(3) Some os momentos em relação a A para encontrar a força de reação D_y. Esta estrutura é estaticamente determinada porque há três equações disponíveis a partir da estática ($\Sigma F_x = 0$, $\Sigma F_y = 0$ e $\Sigma M = 0$) e três incógnitas de reação (A_x, A_y, D_y). É conveniente iniciar a análise estática usando $\Sigma M_A = 0$, porque podemos isolar uma equação com uma incógnita e, em seguida, encontrar facilmente a reação D_y.

$$D_y = \frac{1}{d}\left[-M_A + F_{Bx}a - F_{q1}\left(a + \frac{b}{2}\right) + F_{q0}\left(d + \frac{2}{3}c\right)\right] = 152 \text{ N}$$

(4) Some as forças nas direções x e y para encontrar as forças de reação em A. Agora que conhecemos D_y, podemos encontrar A_x e A_y usando $\Sigma F_x = 0$ e $\Sigma F_y = 0$ e, em seguida, encontrar a força de reação resultante em A, utilizando os componentes A_x e A_y.

Forças somadas na direção x: $A_x - F_{Bx} + F_{q1} = 0 \quad A_x = F_{Bx} - F_{q1}$

$$A_x = -160 \text{ N}$$

Forças somadas na direção y: $A_y - F_{By} + D_y - F_{q0} = 0 \quad A_y = F_{By} - D_y + F_{q0}$

$$A_y = 208 \text{ N}$$

Força resultante em A: $A = \sqrt{A_x^2 + A_y^2} \qquad A = 262 \text{ N}$

(5) Encontre as forças e momentos internos no topo do membro BC. Agora que as forças de reação em A e D são conhecidas, podemos cortar uma seção através da estrutura logo abaixo do nó C, criando DCLs superior e inferior (Figura 1.18). As forças da seção N_c (axial) e V_c (cortante), bem

Figura 1.18

Exemplo 1.4: DCLs superior e inferior da armação plana

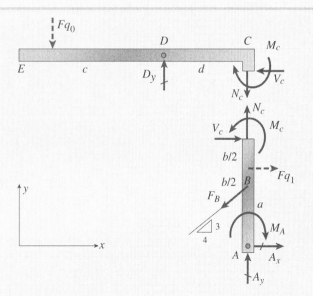

Exemplo 1.4 - *Continuação*

como o momento da seção (M_c) estão expostos e podem ser calculados utilizando a estática. O DCL também pode ser usado para encontrar N_c, V_c e M_c; as tensões resultantes calculadas N_c, V_c e M_c serão as mesmas.

Cálculos baseados no **DCL superior**:

$$\Sigma F_x = 0 \qquad V_c = 0$$
$$\Sigma F_y = 0 \qquad N_c = D_y - F_{q0} = -88 \text{ N}$$
$$\Sigma M_c = 0$$

$$M_c = -D_y d + F_{q0}\left(d + \frac{2}{3}c\right) = 1180 \text{ N} \cdot \text{m}$$

Cálculos baseados no **DCL inferior**:

$$\Sigma F_x = 0 \qquad V_c = -F_{q1} + F_{Bx} - A_x = 0$$
$$\Sigma F_y = 0 \qquad N_c = F_{By} - A_y = -88 \text{ N}$$
$$\Sigma M_c = 0$$

$$M_c = -F_{q1}\frac{b}{2} + F_{Bx}b - A_x(a + b) + M_A = 1180 \text{ N} \cdot \text{m}$$

(6) Remova o rolete em *D*, insira o membro *DF* (como mostrado na Figura 1.1) e reanalise a estrutura para encontrar as forças de reação em *A* e *F*. O membro *DF* está conectado a *EDC* em *D* por um pino, tem uma articulação em *F* e suporta uma carga uniforme q_2 na direção $-y$. Veja as Figuras 1.3a e 1.3b para os DCLs requeridos na solução. Note que agora existem quatro forças de reação desconhecidas (A_x, A_y, F_x e F_y), mas apenas três equações de equilíbrio disponíveis ($\Sigma F_x = 0$, $\Sigma F_y = 0$, $\Sigma M = 0$) para uso com o DCL completo na Figura 1.3a. Para encontrar outra equação, teremos de separar a estrutura no pino de conexão em D para tirar proveito do fato de que o momento em D é conhecido por ser zero (efeitos de fricção são assumidos como sendo insignificantes); Podemos então usar $\Sigma M_D = 0$, quer para o DCL superior ou inferior na Figura 1.3b, para desenvolver mais uma equação independente da estática. Lembre-se que é utilizada aqui uma **convenção de sinais de estática** para todas as equações de equilíbrio.

Dimensões e cargas para o novo membro *DF*:

$$e = 5 \text{ m} \quad e_x = \frac{3}{5}e = 3 \text{ m} \quad e_y = \frac{4}{5}e = 4 \text{ m}$$

$$q_2 = 180 \text{ N/m} \quad F_{q2} = q_2 e = 900 \text{ N}$$

Primeiro, escreva as equações de equilíbrio do DCL de toda a estrutura (ver Figura 1.3a).

(a) Some as forças na direção *x* de todo o DCL:

$$A_x + F_x - F_{Bx} + F_{q1} = 0 \qquad \text{(a)}$$

(b) Some as forças na direção *y* de todo o DCL:

$$A_y + F_y - F_{q0} - F_{q2} - F_{By} = 0 \qquad \text{(b)}$$

> **Exemplo 1.4 -** *Continuação*

(c) Some momentos em relação a *A* **de todo o DCL**:

$$-M_A - F_{q1}\left(a + \frac{b}{2}\right) - F_x(a + b + e_y) + F_y(e_x - d) + F_{Bx}a$$
$$+ F_{q0}\left(d + \frac{2}{3}c\right) + F_{q2}\left(d - \frac{e_x}{2}\right) = 0$$

então $\quad -F_x(a + b + e_y) + F_y(e_x - d) = M_A + F_{q1}\left(a + \frac{b}{2}\right)$
$$- \left[F_{Bx}a + F_{q0}\left(d + \frac{2}{3}c\right) + F_{q2}\left(d - \frac{e_x}{2}\right)\right] \quad \text{(c)}$$

Em seguida, escreva outra equação de equilíbrio do DCL superior na Figura 1.3b.

(d) Some momentos em relação a *D* **do DCL superior**:

$$-F_x e_y + F_y e_x - F_{q2}\frac{e_x}{2} = 0 \quad \text{então} \quad -F_x e_y + F_y e_x = F_{q2}\frac{e_x}{2} \quad \text{(d)}$$

Resolvendo as equações (c) e (d) para F_x e F_y, temos:

$$\begin{pmatrix}F_x \\ F_y\end{pmatrix} = \begin{bmatrix}-(a + b + e_y) & e_x - d \\ -e_y & e_x\end{bmatrix}^{-1}$$

$$\begin{bmatrix}M_A + F_{q1}\left(a + \frac{b}{2}\right) - \left[F_{Bx}a + F_{q0}\left(d + \frac{2}{3}c\right) + F_{q2}\left(d - \frac{e_x}{2}\right)\right] \\ F_{q2}\frac{e_x}{2}\end{bmatrix} = \begin{pmatrix}180,6 \\ 690,8\end{pmatrix} \text{N}$$

Agora, substituindo as soluções para F_x e F_y nas Equações (a) e (b) para encontrar as reações A_x e A_y:

$A_x = -(F_x - F_{Bx} + F_{q1})$ $\qquad A_x = -340{,}6$ N

$A_y = -F_y + F_{q0} + F_{q2} + F_{By}$ $\qquad A_y = 569{,}2$ N

A força resultante em *A* é: $A = \sqrt{A_x^2 + A_y^2} \qquad A = 663$ N

Some os momentos em relação a *D* **no DCL inferior** como uma verificação; o DCL inferior está em equilíbrio, conforme necessário:

$$F_{q0}\left(\frac{2}{3}c\right) + F_{q1}\frac{b}{2} - F_{Bx}b - F_{By}d - M_A + A_x(a + b) + A_y d = 0$$

(7) **Finalmente, calcule a força resultante na conexão de pino em *D*.** Use o somatório de forças no DCL superior para encontrar as componentes D_x e D_y, em seguida, encontre a resultante *D* (ver Figura 1.3b).

$\Sigma F_x = 0 \qquad\qquad D_x = -F_x = -180{,}6$ N

$\Sigma F_y = 0 \qquad\qquad D_y = -F_y + F_{q2} = 209{,}2$ N

A força resultante em *D* é: $D = \sqrt{D_x^2 + D_y^2} = 276$ N.

1.3 Tensão e deformação normais

Agora que o equilíbrio estático foi estabelecido e calculamos todas as forças de reação requeridas e forças internas associadas com o corpo deformável, estamos prontos para examinar ações internas mais de perto. Os conceitos fundamentais na mecânica dos materiais são **tensão** e **deformação**. Esses conceitos podem ser ilustrados em suas formas mais elementares considerando uma barra prismática sujeita a forças axiais. Uma **barra prismática** é um membro estrutural reto, com a mesma seção transversal ao longo de seu comprimento, e uma **força axial** é uma carga direcionada ao longo do eixo do membro, resultando em tração ou compressão na barra. São mostrados exemplos na Figura 1.19, em que a barra do reboque é um membro prismático em tração e o suporte de trem de pouso é um membro em compressão. Outros exemplos são os membros de uma ponte de treliça, barras de conexão de um motor de automóvel, raios de rodas de bicicleta, colunas em prédios e suportes de asa em pequenos aviões.

Figura 1.19

Membros estruturais submetidos a carregamentos axiais (a barra do reboque está em tração e o suporte de trem de pouso está em compressão)

Trem de pouso   Barra de reboque

Para fins de discussão, vamos considerar a barra do reboque da Figura 1.19 e isolar um segmento dela como um corpo livre (Figura 1.20a). Quando traçamos esse diagrama de corpo livre, desconsideramos o peso da barra e assumimos que as únicas forças atuantes são as forças axiais P nas extremidades. A seguir, consideramos duas vistas da barra: a primeira mostra a mesma barra *antes* de as cargas serem aplicadas (Figura 1.20b) e a segunda mostrando-a *após* a aplicação das cargas (Figura 1.2c). Observe que o comprimento original da barra é denotado pela letra L e o aumento no comprimento devido às cargas é denotado pela letra grega δ (delta).

As ações internas na barra são expostas se fizermos um corte imaginário através da barra na seção *mn* (Figura 1.20c). Como essa seção é tomada perpendicularmente ao eixo longitudinal da barra, é chamada de **seção transversal**.

Agora isolamos a porção da barra à esquerda da seção transversal *mn* como um corpo livre (Figura 1.20d). Na extremidade direita desse corpo livre (seção *mn*), mostramos a ação da porção removida da barra (isto é, a parte à direita da seção *mn*) sobre a parte remanescente. Essa ação consiste em tensões distribuídas de forma contínua agindo sobre toda a seção transversal e a força axial P atuando na seção transversal é a resultante dessas tensões. (A força resultante é mostrada com uma linha tracejada na Figura 1.20d).

A **tensão** é dada em unidades de força por unidades de área e é referida pela letra grega σ (sigma). Genericamente, as tensões σ que atuam em uma superfície plana podem ser uniformes por toda a área ou podem variar em intensidade de um ponto para outro. Admitimos que a tensões que atuam sobre a seção transversal *mn* (Figura 1.20d) estão *uniformemente distribuídas* sobre a área. Então a resultante dessas tensões deve ser igual à magnitude da tensão multiplicada pela área da seção transversal A da barra, ou seja, $P = \sigma A$. Dessa forma, obtemos a seguinte expressão para a magnitude das tensões:

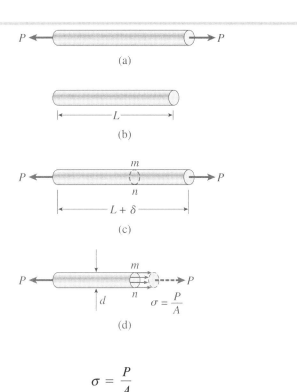

Figura 1.20

Barra prismática em tração:
(a) diagrama de corpo livre de um segmento da barra,
(b) segmento da barra antes do carregamento, (c) segmento da barra após o carregamento e
(d) tensões normais na barra

$$\sigma = \frac{P}{A} \tag{1.6}$$

Essa equação fornece a intensidade de tensão uniforme em uma barra prismática, carregada axialmente e de seção transversal arbitrária.

Quando a barra é esticada pelas forças P, temos **tensões de tração**; se as forças têm seus sentidos invertidos, fazendo com que a barra seja comprimida, obtemos **tensões de compressão**. Visto que as tensões agem em uma direção perpendicular à superfície de corte, são chamadas de **tensões normais**. Dessa forma, tensões normais podem ser de tração ou de compressão. Posteriormente, na Seção 1.7, iremos encontrar outro tipo de tensão, chamada tensão de cisalhamento, que age paralelamente à superfície.

Quando uma **convenção de sinais** é necessária para tensões normais, é comum definir as tensões de tração como positivas e as tensões de compressão como negativas.

Como a tensão normal σ é obtida dividindo a força axial pela área da seção transversal, ela tem **unidades** de força por unidade de área.

Em unidades SI, a força é expressa em newtons (N) e a área em metros quadrados (m^2). Consequentemente, a tensão tem unidades de newtons por metro quadrado (N/m^2), isto é, pascals (Pa). Entretanto, o pascal é uma unidade tão pequena de tensão que é necessário trabalhar com múltiplos grandes, geralmente o megapascal (MPa). Embora não seja recomendado no SI, você às vezes encontrará a tensão expressa em newtons por milímetro quadrado (N/mm^2), que é uma unidade igual ao megapascal (MPa).

Limitações

A equação $\sigma = P/A$ é válida somente se a tensão estiver uniformemente distribuída sobre a seção transversal da barra. Essa condição é realizada se a força axial P agir através do centroide da área da seção transversal, como demonstrado mais adiante nesta seção. Quando a carga P não age no centroide, tem-se a flexão da barra, e uma análise mais complexa é necessária (veja as Seções 5.12 e 11.5). Entretanto é assumido neste livro (como na prática comum) que as forças axiais são aplicadas nos centroides das seções transversais, a menos que o contrário seja afirmado especificamente.

A condição de tensão uniforme representada na Figura 1.20d existe ao longo de todo o comprimento da barra, exceto próximo às extremidades. A distribuição de tensão na extremidade de uma barra depende de como a carga P é transmitida para a barra. Se ocorrer de a carga ser distribuída uniformemente sobre a extremidade, então o padrão de tensão na extremidade será igual ao de todo o resto da barra. Entretanto, é mais usual a tensão ser transmitida através de um pino ou parafuso, produzindo altas tensões localizadas chamadas de concentrações de tensão.

Figura 1.21

Biela de aço submetida a cargas de tração P

Uma possibilidade é ilustrada pela biela mostrada na Figura 1.21. Nesse exemplo, as cargas P são transmitidas à barra por pinos que passam através dos furos (biela) nas extremidades da barra. Dessa forma, as forças mostradas nas figuras são, na verdade, as resultantes das pressões produzidas entre os pinos e a biela, e a distribuição de tensão ao redor dos furos é bastante complicada. Entretanto, quando saímos das extremidades em direção ao meio da barra, a distribuição de tensão gradualmente se aproxima da distribuição uniforme representada na Figura 1.2d.

Como uma regra prática, a fórmula $\sigma = P/A$ pode ser usada com boa precisão em qualquer ponto dentro de uma barra prismática que esteja no mínimo tão longe da concentração de tensão quanto a maior dimensão lateral da barra. Em outras palavras, a distribuição de tensão na biela de aço da Figura 1.3 é uniforme a distâncias b ou maiores das extremidades aumentadas, em que b é a largura da barra, e a distribuição de tensão na barra prismática da Figura 1.20 é uniforme a distâncias d ou maiores das extremidades, em que d é o diâmetro da barra (Figura 1.20d). Discussões mais detalhadas sobre concentrações de tensão produzidas por cargas axiais serão feitas na Seção 2.10.

De fato, mesmo quando a tensão não é distribuída uniformemente, a equação $\sigma = P/A$ pode ainda ser útil porque fornece a tensão normal média na seção transversal.

Deformação normal

Como já foi observado, uma barra reta mudará de comprimento quando carregada axialmente, tornando-se mais comprida quando em tração e mais curta quando em compressão. Por exemplo, considere novamente a barra prismática da Figura 1.20. O alongamento δ dessa barra (Figura 1.20c) é o resultado cumulativo do estiramento de todos os elementos do material através do volume da barra. Vamos considerar que o material é o mesmo em qualquer ponto da barra. Logo, se consideramos metade da barra (comprimento $L/2$), ela terá um alongamento igual a $\delta/2$ e, se consideramos um quarto da barra, ela terá um alongamento igual a $\delta/4$.

Em geral, o alongamento de um segmento é igual ao seu comprimento dividido pelo comprimento total L e multiplicado pelo alongamento total δ. Por isso, uma unidade de comprimento da barra terá um alongamento igual a $1/L \times \delta$. Essa quantia é chamada de *alongamento por unidade de comprimento*, ou **deformação**, e é denotada pela letra grega ε (épsilon). Vemos que a deformação é dada pela equação:

$$\varepsilon = \frac{\delta}{L} \tag{1.7}$$

Se a barra está em tração, a deformação é chamada de **deformação de tração**, representando um alongamento ou estiramento do material. Se a barra está em compressão, a deformação é denominada **deformação de compressão** e a barra encurta. A deformação de tração é usualmente tomada como positiva e a deformação de compressão, negativa. A deformação ε é chamada de **deformação normal** porque está associada com tensões normais.

Como a deformação normal é a razão entre dois comprimentos, ela é uma **quantidade adimensional**, isto é, não tem unidades. Por isso, a deformação é expressa simplesmente como um número, independente de qualquer sistema de unidades. Valores numéricos de deformação são usualmente muito pequenos, porque barras feitas de materiais estruturais sofrem apenas pequenas mudanças no comprimento quando carregadas.

Como exemplo, considere uma barra de aço tendo comprimento L igual a 2,0 m. Quando carregada pesadamente em tração, essa barra poderia alongar 1,4 mm, o que significa que a deformação é:

$$\varepsilon = \frac{\delta}{L} = \frac{1{,}4\,\text{mm}}{2{,}0\,\text{m}} = 0{,}0007 = 700 \times 10^{-6}$$

Na prática, as unidades originais de δ e L são por vezes incluídas na própria deformação, e então a deformação é registrada em formas como mm/m, μm/m e m/m. Por exemplo, a deformação e na ilustração anterior poderia ser dada como 700 μm/m ou 700×10^{-6} m/m. A deformação às vezes é expressa também como uma porcentagem, especialmente quando as deformações são grandes (no exemplo anterior, a deformação é 0,07%).

Deformação e tensão uniaxiais

As definições de tensão normal e deformação normal são baseadas puramente em considerações estáticas e geométricas, o que significa que as Equações (1.6) e (1.7) podem ser usadas para cargas de qualquer magnitude e para qualquer material. A principal exigência é que a deformação da barra seja uniforme ao longo de seu volume que, por sua vez, exige que a barra seja prismática, que as cargas ajam através do centroide das seções transversais e que o material seja **homogêneo** (isto é, o mesmo ao longo de todas as partes da barra). O estado resultante de tensão e deformação é denominado **deformação e tensão uniaxial** (embora deformação lateral exista como discutido na Seção 1.6 abaixo).

Discussões aprofundadas sobre tensão uniaxial, incluindo tensões em outras direções além da longitudinal da barra, serão dadas mais adiante na Seção 2.6. No Capítulo 7, também analisaremos estados de tensão mais complexos, tais como tensão biaxial e tensão plana.

Linha de ação de forças axiais para uma distribuição de tensão uniforme

Por toda a discussão anterior de tensão e deformação em uma barra prismática, assumimos que a tensão normal estava distribuída uniformemente sobre a seção transversal. Agora demonstraremos que essa condição é atingida se a linha de ação das forças axiais agir através do centroide da área da seção transversal.

Considere uma barra prismática, de seção transversal arbitrária, submetida a forças axiais P que produzem tensões distribuídas uniformes σ (Figura 1.22a). Seja p_1 o ponto na seção transversal onde a linha de ação das forças intercepta a seção transversal (Figura 1.22b). Definimos um conjunto de eixos xy no plano da seção transversal e denotamos as coordenadas do ponto p_1 por $\bar{x}$ e $\bar{y}$. Para determinar essas coordenadas, observamos que os momentos M_x e M_y da força P sobre os eixos x e y, respectivamente, devem ser iguais aos momentos correspondentes das tensões uniformemente distribuídas.

Os momentos da força P são:

$$M_x = P\bar{y} \quad M_y = -P\bar{x} \qquad (1.8\text{a,b})$$

em que um momento é considerado positivo quando seu vetor (usando a regra da mão direita) age na direção positiva do eixo correspondente.*

Os momentos das tensões distribuídas são obtidos integrando-se sobre a área da seção transversal A. A força diferencial agindo em um elemento de área dA (Figura 1.22b) é igual a σdA. Os momentos dessa força elementar sobre os eixos x e y são $\sigma y dA$ e $-\sigma x dA$, respectivamente, nos quais x e y denotam as coordenadas do elemento dA. Os momentos totais são obtidos integrando-se sobre a área de seção transversal:

$$M_x = \int \sigma y dA \quad M_y = -\int \sigma x dA \qquad (1.8c,d)$$

Essas expressões dão os momentos produzidos pelas tensões σ.

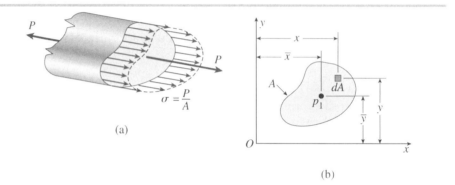

Figura 1.22
Distribuição de tensão uniforme em uma barra prismática: (a) forças axiais P e (b) seção transversal da barra

Agora, igualamos os momentos M_x e M_y causados pela força P (Equações 1.8a,b) com os momentos obtidos das tensões distribuídas (Equações 1.8c,d):

$$P\bar{y} = \int \sigma y dA \quad P\bar{x} = -\int \sigma x dA$$

Como as tensões σ são uniformemente distribuídas, sabemos que elas são constantes sobre a área da seção transversal A e podem ser colocadas fora do sinal de integração. Sabemos também que s é igual a P/A. Portanto, obtemos as seguintes fórmulas para as coordenadas do ponto p_1:

$$\bar{y} = \frac{\int y dA}{A} \quad \bar{x} = \frac{\int x dA}{A} \qquad (1.9a,b)$$

Essas equações são as mesmas que definem as coordenadas do centroide de uma área (veja Equações 12.3a e b no Capítulo 12). Por isso, chegamos agora a uma importante conclusão: *para haver tração ou compressão uniforme em uma*

---

* Para visualizar a regra da mão direita, imagine que você agarra um eixo de coordenadas com sua mão direita, de forma que os dedos passem ao redor do eixo e o polegar aponte para a direção positiva do eixo. Então, um momento é positivo se agir ao redor do eixo na mesma direção que seus dedos.

barra prismática, a força axial deve agir através do centroide da área da seção transversal. Como explicado anteriormente, sempre assumimos que essas condições são satisfeitas, a menos que o contrário seja especificamente afirmado.

Os exemplos seguintes ilustram o cálculo de tensões e deformações em barras prismáticas. No primeiro exemplo desconsideramos o peso da barra e, no segundo, o incluímos (é comum omitir o peso da estrutura quando resolvemos problemas de livro-texto, a menos que sejamos especificamente instruídos para incluí-lo).

• • • Exemplo 1.5

Figura 1.23

Exemplo 1.5: Análise de tensão de tubulação suspendida em dois níveis

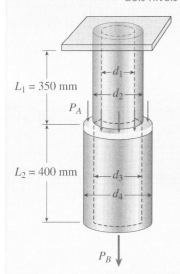

Um tubo oco circular de nylon (ver Figura 1.23) suporta uma carga P_A = 7800 N, que está uniformemente distribuída em torno de uma placa de tampa na parte superior do tubo inferior. Uma segunda carga P_B é aplicada na parte inferior. Os diâmetros interior e exterior das partes superior e inferior do tubo são d_1 = 51 mm, d_2 = 60 mm, d_3 = 57 mm e d_4 = 63 mm respectivamente. O tubo superior tem um comprimento L_1 = 350 mm; O comprimento do tubo inferior é L_2 = 400 mm. Negligenciar o peso próprio dos tubos.

(a) Encontre P_B de modo que a tensão de tração na parte superior seja de 14,5 MPa. Qual é a tensão resultante na parte inferior?
(b) Se P_A permanece inalterado, encontre o novo valor de P_B para que as partes superior e inferior tenham a mesma tensão de tração.
(c) Encontre a deformação por tração nos segmentos de tubo superior e inferior para as cargas na parte (b), se o alongamento do segmento de tubo superior é conhecido como sendo 3,56 mm e o deslocamento para baixo da parte inferior do tubo é 7,63 mm.

Dados numéricos:

d_3 = 57 mm d_4 = 63 mm d_1 = 51 mm d_2 = 60 mm P_A = 7800 N

L_1 = 350 mm L_2 = 400 mm

Solução

(a) **Encontre P_B, de modo que a tensão na parte superior seja de 14,5 MPa. Qual é a tensão resultante na parte inferior? Negligencie o peso próprio em todos os cálculos.**

Use as dimensões indicadas para calcular as áreas de seção transversal dos tubos da parte superior (segmento 1) e inferior (segmento 2) (notamos que A_1 é 1,39 vezes A_2). A tensão no segmento 1 é conhecida como sendo de 14,5 MPa.

$$A_1 = \frac{\pi}{4}(d_2^2 - d_1^2) = 784{,}613 \text{ mm}^2 \qquad A_2 = \frac{\pi}{4}(d_4^2 - d_3^2) = 565{,}487 \text{ mm}^2$$

A força de tração axial no tubo superior é a soma das cargas P_A e P_B. Escreva uma expressão para σ_1 em termos de ambas cargas, em seguida, resolver para P_B:

$$\sigma_1 = \frac{P_A + P_B}{A_1}$$

onde σ_1 = 14,5 MPa   então $P_B = \sigma_1 A_1 - P_A$ = 3577 N

Exemplo 1.5 - *Continuação*

Com P_B agora conhecido, a tensão de tração axial no segmento inferior pode ser calculada como:

$$\sigma_2 = \frac{P_B}{A_2} = 6{,}33 \text{ MPa}$$

(b) Se P_A permanece inalterado, encontre o novo valor de P_B para que as partes superior e inferior tenham a mesma tensão de tração.

Então $P_A = 7800$ N. Escreva expressões para as tensões normais nos segmentos superiores e inferiores, equiparar essas expressões e, em seguida, resolver para P_B.

Tensão normal de tração no segmento superior:

$$\sigma_1 = \frac{P_A + P_B}{A_1}$$

Tensão normal de tração no segmento inferior:

$$\sigma_2 = \frac{P_B}{A_2}$$

Igualar essas expressões para tensões σ_1 e σ_2 e resolver para o P_B solicitado:

$$P_B = \frac{\dfrac{P_A}{A_1}}{\left(\dfrac{1}{A_2} - \dfrac{1}{A_1}\right)} = 20.129 \text{ N}$$

Assim, para as tensões serem iguais nos segmentos de tubo superior e inferior, o novo valor da carga de P_B é 2,58 vezes o valor da carga P_A.

(c) Encontre as tensões de tração nos segmentos de tubos superior e inferior para as cargas da parte (b).

O *alongamento* do segmento de tubo superior é $\delta_1 = 3{,}56$ mm. Assim, a deformação de tração no segmento do tubo superior é:

$$\varepsilon_1 = \frac{\delta_1}{L_1} = 1{,}017 \times 10^{-2}$$

O *deslocamento* para baixo da parte inferior do tubo é $\delta = 7{,}63$ mm. Assim, o alongamento resultante do segmento de tubo inferior é $\delta_2 = \delta - \delta_1 = 4{,}07$ milímetros e a deformação de tração no segmento de tubo inferior é:

$$\varepsilon_2 = \frac{\delta_2}{L_2} = 1{,}017 \times 10^{-2}$$

Nota: Como foi explicado anteriormente, a deformação é uma quantidade adimensional e não são necessárias unidades. Para maior clareza, no entanto, as unidades muitas vezes são dadas, neste exemplo, pode ser escrito como 1017×10^{-6} m/m ou 1017 μm/m.

• • • Exemplo 1.6

Um conjunto de suporte semicircular é usado para apoiar uma escada de aço em um prédio de escritórios. Hastes de aço estão ligadas a cada um dos dois suportes com uma manilha e pino; a extremidade superior da haste é fixada a uma viga transversal perto do telhado. Fotografias dos suportes de fixação e da haste de suporte são mostradas na Figura 1.24. O peso da escada e quaisquer ocupantes do edifício que estão usando a escada é estimado para resultar em uma força de 4800 N em cada haste de gancho.

(a) Obter uma *fórmula para a máxima tensão* σ_{max} na haste, tendo em conta o peso da própria haste.
(b) Calcule a *tensão máxima na haste* em MPa usando propriedades numéricas $L_r = 12$ m, $d_r = 20$ mm, $F_r = 4800$ N (note que a densidade de peso γ_r do aço é 77,0 kN/m3 [da Tabela B-1 no Apêndice B]*).

Figura 1.24a

Exemplo 1.6: Hastes de gancho apoiando escada de aço

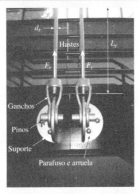

Componentes da conexão com haste e gancho. (© Barry Goodno)

Figura 1.24b

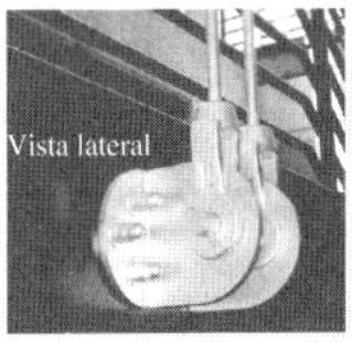

Vista lateral da haste e gancho.
(© Barry Goodno)

Figura 1.24c

Haste conectada à viga transversal no telhado.
(© Barry Goodno)

Dados numéricos:

$$L_r = 12 \text{ m} \quad d_r = 20 \text{ mm} \quad \gamma_r = 77 \text{ kN/m}^3 \quad F_r = 4800 \text{ N}$$

---

* Lembre-se de que este apêndice e os demais mencionados no livro estão na página do livro, no site da Cengage.

Exemplo 1.6 - *Continuação*

Solução

(a) Obter uma fórmula para a máxima tensão σ_{max} na haste, tendo em conta o peso da própria haste.

A máxima força axial F_{max} na haste ocorre na extremidade superior e é igual à força F_r na haste devido aos pesos da escada e dos ocupantes combinado mais o peso W_r da própria haste. A última é igual à densidade do peso γ_r do aço vezes o volume V_r da haste, ou:

$$W_r = \gamma_r(A_r L_r) \qquad (1.10)$$

em que A_r é a área da seção transversal da haste. Portanto, a **fórmula para a tensão máxima** [a partir da Equação (1.16)] fica:

$$\sigma_{max} = \frac{F_{max}}{A_r} \quad \text{or} \quad \sigma_{max} = \frac{F_r + W_r}{A_r} = \frac{F_r}{A_r} + \gamma_r L_r \qquad (1.11)$$

(b) Calcule a tensão máxima na haste em MPa usando propriedades numéricas.

Para calcular a tensão máxima, substituímos valores numéricos na equação anterior. A área da secção transversal $A_r = \pi d_r^2/4$, em que $d_r = 20$ mm e a densidade do peso γ_r de aço é 77,0 kN/m3 (da Tabela B-1 no Apêndice B).

Assim:

$$A_r = \frac{\pi d_r^2}{4} = 314 \text{ mm}^2 \quad F_r = 4800 \text{ N}$$

A tensão normal na haste devido ao peso da escada é:

$$\sigma_{escada} = \frac{F_r}{A_r} = 15,3 \text{ MPa}$$

e a tensão normal adicional na parte superior da haste em função do peso da própria haste é:

$$\sigma_{rod} = \gamma_r L_r = 0,924 \text{ MPa}$$

Assim, a **tensão máxima normal no topo da haste** é a soma destas duas tensões normais:

$$\sigma_{max} = \sigma_{escada} + \sigma_{haste} \quad \sigma_{max} = 16,2 \text{ MPa} \qquad (1.12)$$

Note que:

$$\frac{\sigma_{haste}}{\sigma_{escada}} = 6,05\%$$

Neste exemplo, o peso da haste contribui com cerca de 6% para a tensão máxima e não deve ser tomada em consideração.

1.4 Propriedades mecânicas dos materiais

O projeto de máquinas e estruturas, de forma que elas funcionem corretamente, exige que entendamos o comportamento **mecânico dos materiais** que estão sendo usados. Comumente, a única maneira de determinar como os materiais se comportam quando submetidos a cargas é executar experimentos em laboratório. O procedimento usual é colocar pequenos corpos de prova do material em máquinas de teste, aplicar as cargas e então medir as deformações resultantes (como mudanças no comprimento e no diâmetro). A maioria dos laboratórios de teste de materiais é equipada com máquinas capazes de carregar corpos de prova em uma variedade de formas, incluindo os carregamentos estáticos e dinâmicos em tração ou compressão.

Uma **máquina de teste de tração** típica é mostrada na Figura 1.25. O corpo de prova é colocado entre as duas garras grandes da máquina de teste e então carregado em tração. Sistemas de medida armazenam as deformações, e o controle automático e os sistemas de processamento de dados (à esquerda na foto) tabelam e registram graficamente os resultados.

Uma visão mais detalhada do corpo de **prova de teste de tração** é ilustrada na Figura 1.26. As extremidades do corpo de prova circular são aumentadas onde elas se encaixam nas garras, de forma que a falha não ocorra próximo às garras. Uma falha nas extremidades não produziria a informação desejada sobre o material porque a distribuição de tensão próxima às garras não é uniforme, como explicado na Seção 1.3. Em um corpo de prova projetado corretamente, a falha ocorrerá na porção prismática do corpo de prova onde a distribuição de tensão é uniforme e a barra é submetida apenas à tração pura. Essa situação é mostrada na Figura 1.26, na qual o corpo de prova de aço fraturou sob a carga. O instrumento à esquerda, preso por dois braços ao corpo de prova, é um **extensômetro**, que mede o alongamento durante o carregamento.

Para que os resultados dos testes sejam comparáveis, as dimensões dos corpos de teste e os métodos de aplicação das cargas devem ser padronizados. Uma das maiores organizações de padronização no Reino Unido é a British Standards Institution. Nos Estados Unidos, a American Society for Testing

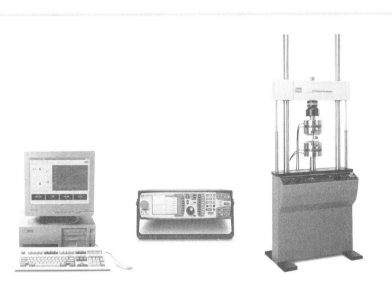

Figura 1.25

Máquina de teste de tração com sistema automático de processamento de dados (Cortesia da MTS Systems Corporation)

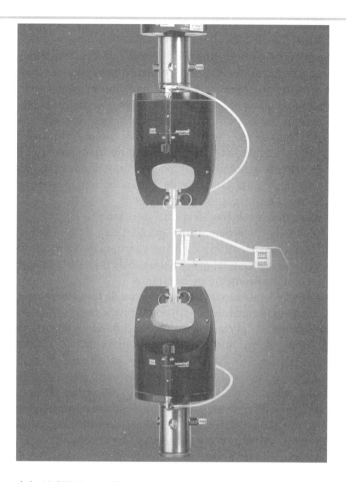

Figura 1.26

Corpo de prova típico de teste de tração com extensômetro preso; o corpo de prova fraturou em tração. (Cortesia da MTS Systems Corporation)

and Materials (ASTM) publica especificações e padrões para materiais e testes. Outras organizações de padronização são a American Standards Association (ASA) e o National Institute of Standards and Technology (NIST). Organizações similares existem em outros países, como a ABNT, no Brasil.

O corpo de prova de tensão-padrão da ASTM tem um diâmetro de 12,8 mm e um **comprimento-padrão** de 50,8 mm entre as marcas de medição, que são os pontos onde os braços do extensômetro são presos ao corpo de prova (veja Figura 1.26). Quando o corpo de prova é puxado, a carga axial é medida e registrada automaticamente pela leitura de um mostrador. O alongamento sobre o comprimento-padrão é medido simultaneamente por medidores mecânicos do tipo mostrado na Figura 1.8 ou medidores de deformação por resistência elétrica.

Em um **teste estático**, a carga é aplicada lentamente e a taxa precisa de carregamento não é de interesse, porque não afeta o comportamento do corpo de prova. Entretanto, em um **teste dinâmico**, a carga é aplicada rapidamente e, às vezes, de maneira cíclica. Como a natureza de uma carga dinâmica afeta as propriedades dos materiais, a taxa de carregamento também deve ser medida.

Testes de compressão de metais são comumente feitos em pequenos corpos de prova na forma de cubos ou cilindros circulares. Por exemplo, os cubos podem ter 50 mm de lado e os cilindros podem ter diâmetros de 25 mm e comprimentos de 25 a 300 mm. Tanto a carga quanto o encurtamento do corpo de prova podem ser medidos. O encurtamento deve ser medido sobre um comprimento-padrão menor que o comprimento total do corpo de prova para eliminar os efeitos da extremidade.

O concreto é testado na compressão em todos os projetos de construção importantes para assegurar que a resistência requerida foi obtida. Um corpo de prova de concreto-padrão tem diâmetro de 152 mm, comprimento de 305 mm e 28 dias de idade (a idade do concreto é importante porque ele ganha resistência enquanto cura). Corpos de prova similares, mas de alguma forma menores, são usados quando se realizam testes de compressão em rochas (Figura 1.27).

Diagramas de tensão-deformação

Os resultados dos testes geralmente dependem das dimensões do corpo de prova sendo testado. Uma vez que é improvável que projetemos estruturas com partes do mesmo tamanho que os corpos de prova, é preciso expressar os resultados dos testes de forma que possam ser aplicados a membros de qualquer tamanho. Um modo simples de atingir esse objetivo é converter os resultados dos testes em tensões e deformações.

A tensão axial σ em um corpo de prova é calculada dividindo a carga axial P pela área de seção transversal A (Equação 1.6). Quando a área inicial do corpo de prova é usada nos cálculos, a tensão é chamada de **tensão nominal** (outros nomes são *tensão convencional* e *tensão de engenharia*). Um valor mais exato da tensão axial, chamado **tensão verdadeira**, pode ser calculado usando a área real da barra na seção transversal onde a falha ocorre. Uma vez que a área real em um teste de tração é sempre menor que a área inicial (como ilustrado na Figura 1.26), a tensão verdadeira é maior que a tensão nominal.

A deformação axial média e no corpo de prova é encontrada dividindo-se o alongamento medido δ entre as marcas de medida pelo comprimento-padrão L (veja Figura 1.26 e Equação 1.7). Se o comprimento inicial for usado no cálculo (por exemplo, 50 mm), então a **deformação nominal** é obtida. Como a distância entre as marcas de medida aumenta enquanto a carga de tração é aplicada, podemos calcular a **deformação verdadeira** (ou *deformação natural*) em qualquer valor da carga usando a distância real entre as marcas de medida.

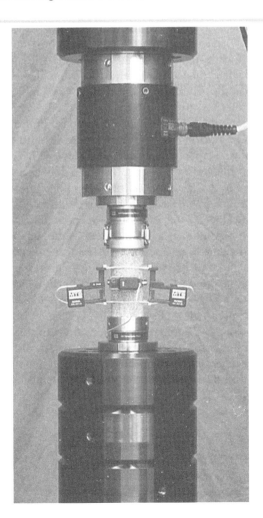

Figura 1.27

Amostra de rocha sendo testada em compressão (Cortesia da MTS Systems Corporation)

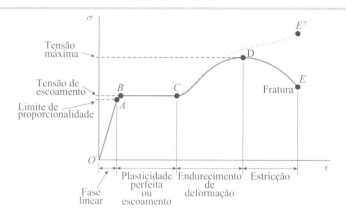

Figura 1.28

Diagrama de tensão-deformação para um aço estrutural típico em tração (sem escala)

Em tração, a deformação verdadeira é sempre menor que a deformação nominal. Entretanto, para a maioria das aplicações de engenharia, a tensão nominal e a deformação nominal são adequadas, como é explicado posteriormente nesta seção.

Após executar um teste de tração ou compressão e determinar a tensão e a deformação em várias magnitudes da carga, podemos criar um diagrama de tensão *versus* deformação. Tal **diagrama de tensão-deformação** é uma característica do material em particular sendo testado e contém informação importante sobre as propriedades mecânicas e o tipo de comportamento.*

O primeiro material que iremos discutir é o **aço estrutural**, também conhecido como *aço mole* ou *aço de baixo teor de carbono*. O aço estrutural é um dos metais mais amplamente utilizados e é encontrado em prédios, pontes, guindastes, navios, torres, veículos e outros tipos de construções. Um diagrama de tensão-deformação para um aço estrutural típico em tração é mostrado na Figura 1.28. As deformações são mostradas no eixo horizontal, e as tensões no eixo vertical. (A fim de mostrar todas as características importantes desse material, o eixo de deformações na Figura 1.28 não é desenhado em escala.)

O diagrama começa com uma linha reta da origem O ao ponto A, o que quer dizer que a relação entre tensão e deformação nessa região inicial não é apenas *linear*, mas também *proporcional*.** Além do ponto A, a proporcionalidade entre tensão e deformação não mais existe; dessa forma, a tensão em A é chamada de **limite de proporcionalidade**. Para aços de baixo teor de carbono, esse limite está no intervalo de 210 a 350 MPa, mas aços de alta resistência (com maior conteúdo de carbono e outras ligas) podem ter limites de proporcionalidade de mais de 550 MPa. A inclinação da linha de O até A é chamada de **módulo de elasticidade**. Como a inclinação tem unidades de tensão dividida por deformação, o módulo de elasticidade tem as mesmas unidades da tensão (o módulo de elasticidade será discutido posteriormente na Seção 1.6).

Com um aumento na tensão além do limite de proporcionalidade, a deformação começa a aumentar mais rapidamente para cada incremento de tensão. Consequentemente, a curva de tensão-deformação tem uma inclinação cada vez menor até, no ponto B, a curva começar a ficar horizontal (veja Figura 1.28). Começando nesse ponto, um alongamento considerável do corpo de prova ocorre sem um aumento notável da força de tração (de B até C). Esse fenômeno é conhecido como **escoamento** do material, e o ponto B é chamado de **ponto de escoamento**. A tensão correspondente é conhecida como **tensão de escoamento** do aço.

---

* Diagramas de tensão-deformação foram originados por Jacob Bernoulli (1654–1705) e J. V. Poncelet (1788–1867).
** Duas variáveis são chamadas de proporcionais se a razão entre elas se mantiver constante. Por isso, uma relação proporcional pode ser representada por uma linha que passa através da origem. No entanto, uma relação proporcional não é igual a uma relação linear. Embora uma relação proporcional seja linear, o inverso não é necessariamente verdadeiro, porque uma relação representada por uma reta que não passa pela origem é linear, mas não proporcional. A expressão geralmente usada "diretamente proporcional" é sinônimo de "proporcional".

Na região entre *B* e *C* (Figura 1.28), o material fica **perfeitamente plástico**, o que significa que ele se deforma sem um aumento na carga aplicada. O alongamento de um corpo de prova de aço mole na região perfeitamente plástica é tipicamente 10 a 15 vezes o alongamento que ocorre na região linear (entre o início do carregamento e o limite de proporcionalidade). A presença de deformações muito grandes na região plástica (e além dela) é a razão pela qual não traçamos esse diagrama em escala.

Após passar pelas grandes deformações que ocorrem durante o escoamento na região *BC*, o aço começa a **recuperação** (ou encruamento). Durante a recuperação, o material passa por mudanças em sua estrutura cristalina, que resulta em um aumento da resistência do material para mais deformação. O alongamento do corpo de prova nessa região exige um aumento na carga de tração, e por isso o diagrama de tensão-deformação tem uma inclinação positiva de *C* até *D*. A carga em dado momento atinge seu valor máximo, e a tensão correspondente (no ponto *D*) é chamada de **tensão normal máxima**. Um maior estiramento da barra é na verdade acompanhado por uma redução na carga, e a fratura finalmente ocorre em um ponto tal como *E* na Figura 1.28.

A tensão de escoamento e a tensão normal máxima do material são também chamadas de **resistência de escoamento** e **resistência máxima**, respectivamente. **Resistência** é um termo genérico que se refere à capacidade de uma estrutura de resistir a cargas. Por exemplo, a resistência de escoamento de uma viga é a magnitude da carga exigida para causar escoamento na viga e a resistência última de uma treliça é a carga máxima que ela pode suportar, isto é, a carga de falha. Entretanto, quando conduzimos um teste de tração de determinado material, definimos a capacidade dele de suportar cargas pelas tensões no corpo de prova em vez das cargas totais agindo no corpo de prova. Como resultado, a resistência de um material é usualmente dada como uma tensão.

Quando um corpo de prova é estirado, uma **contração lateral** ocorre, como mencionado anteriormente. A diminuição resultante na área da seção transversal é pequena demais para ter um efeito observável nos valores calculados das tensões até próximo ao ponto *C* na Figura 1.28, mas além desse ponto a redução na área começa a alterar o formato da curva. Nas vizinhanças da tensão normal máxima, a redução na área da barra fica claramente visível e uma pronunciada **estricção** da barra ocorre (veja Figuras 1.26 e 1.29).

Se a área real da seção transversal real na parte mais estreita da estricção for usada para calcular a tensão, a **curva real de tensão-deformação** (a linha tracejada *CE'* na Figura 1.28) é obtida. A carga total que a barra pode suportar de fato diminui depois que a tensão máxima é atingida (como mostrado pela curva *DE*), mas essa redução é devida à diminuição na área da barra e não a uma perda na resistência do material. Na realidade, o material sustenta um aumento na tensão verdadeira até a fratura (ponto E'). Como é esperado que a maioria das estruturas funcione em tensões abaixo do limite de proporcionalidade, a curva **convencional de tensão-deformação** *OABCDE*, que é baseada na área de seção transversal original do corpo de prova e é fácil de ser determinada, fornece informação satisfatória para uso em projetos de engenharia.

O diagrama da Figura 1.28 mostra as características gerais da curva de tensão-deformação para o aço mole, mas suas proporções não são realistas porque, como já mencionado, a deformação que ocorre de *B* até *C* pode ser dez vezes ou mais a deformação que ocorre de O até A. Além disso, as deformações de *C* até *E* são muitas vezes maiores que aquelas de *B* até *C*. As relações corretas estão retratadas na Figura 1.30, que mostra um diagrama de tensão-deformação para o aço mole feito em escala. Nessa figura, as deformações do ponto zero até o ponto A são tão pequenas em comparação com as deformações do ponto *A* até o ponto *E* que elas não podem ser vistas, e a parte inicial do diagrama parece ser uma linha vertical.

A presença de um ponto de escoamento claramente definido, seguido de grandes deformações plásticas, é uma característica importante do aço estrutu-

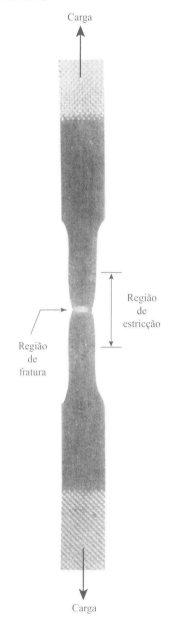

Figura 1.29

Estricção de uma barra de aço mole em tração (© Barry Goodno)

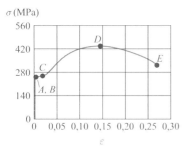

Figura 1.30

Diagrama de tensão-deformação para um aço estrutural típico em tração (em escala)

ral que às vezes é utilizada em projetos práticos (veja, por exemplo, as discussões de comportamento elastoplástico nas Seções 2.12 e 6.10). Metais como o aço estrutural, que sofrem grandes deformações *permanentes* antes da fratura, são chamados de **dúcteis**. Por exemplo, a ductilidade é a propriedade que possibilita a uma barra de aço ser dobrada em um arco circular ou ser esticada até um fio sem quebrar. Uma característica desejável de materiais dúcteis é que ocorram distorções visíveis se as cargas ficarem grandes demais, fornecendo dessa forma uma oportunidade de tomar ações corretivas antes que ocorra uma fratura real. Materiais que possuem comportamento dúctil também são capazes de absorver grandes quantidades de energia de deformação antes de fraturar.

O aço estrutural é uma liga de ferro contendo cerca de 0,2% de carbono e por isso é classificado como um aço de baixo teor de carbono. Ao aumentar a quantidade de carbono, o aço torna-se menos dúctil, porém mais forte (maior tensão de escoamento e maior tensão normal máxima). As propriedades físicas do aço são também afetadas pelo tratamento térmico, pela presença de outros materiais e por processos de manufatura como a laminação. Outros materiais que se comportam de maneira dúctil (sob certas condições) incluem o alumínio, cobre, magnésio, chumbo, molibdênio, níquel, latão, bronze, metal monel, náilon e teflon.

Embora possam ter uma ductilidade considerável, as **ligas de alumínio** tipicamente não têm um ponto de escoamento claramente definido, como mostrado pelo diagrama de tensão-deformação da Figura 1.31. Entretanto, elas têm uma região linear inicial com um limite de proporcionalidade reconhecível. Ligas produzidas para finalidades estruturais têm limites de proporcionalidade no intervalo de 70 a 410 MPa e tensões normais máximas no intervalo de 140 a 550 MPa.

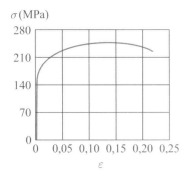

Figura 1.31

Diagrama de tensão-deformação típico para uma liga de alumínio

Quando um material como o alumínio não tem um ponto de escoamento óbvio e ainda sofre grandes deformações depois que o limite de proporcionalidade é excedido, uma tensão de escoamento *arbitrária* pode ser determinada pelo **método de equivalência**. Uma linha é traçada no diagrama de tensão-deformação paralela à porção linear inicial da curva (Figura 1.32), mas deslocada a partir de alguma deformação padrão, tal como 0,002 (ou 0,2%). A interseção da linha de equivalência com a curva de tensão-deformação (ponto A na figura) define a tensão de escoamento. Como essa tensão é determinada por uma regra arbitrária e não é uma propriedade física inerente do material, deve ser distinguida da tensão de escoamento verdadeira referindo-se a ela como **tensão de escoamento equivalente**. Para um material como o alumínio, a tensão de escoamento equivalente está ligeiramente acima do limite de proporcionalidade. No caso do aço estrutural, com sua transição abrupta da região linear para a região de estiramento plástico, a tensão equivalente é essencialmente a mesma que a tensão de escoamento e a tensão limite de proporcionalidade.

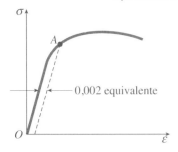

Figura 1.32

Tensão de escoamento arbitrária determinada pelo método de equivalência

A borracha mantém uma relação linear entre tensão e deformação até deformações relativamente grandes (quando comparada com metais). A deformação no limite de proporcionalidade pode ser tão grande quanto 0,1 ou 0,2 (10% ou 20%). Além do limite de proporcionalidade, o comportamento depende do tipo de borracha (Figura 1.33). Alguns tipos de borracha mole podem estirar bastante sem falhar, atingindo várias vezes o seu comprimento original. O material eventualmente oferece resistência cada vez maior à carga, e a curva de tensão-deformação desloca-se para cima de forma marcante. Você pode sentir facilmente esse comportamento característico esticando uma tira circular de borracha com suas mãos. (Note que embora a borracha exiba deformações muito grandes, ela não é um material dúctil porque as deformações não são permanentes. Ela é, de fato, um material elástico; veja Seção 1.5.)

A ductilidade de um material em tração pode ser caracterizada pelo seu alongamento e pela redução na área de seção transversal onde a fratura ocorre. O **alongamento percentual** é definido como se segue:

$$\text{Alongamento percentual} = \frac{L_1 - L_0}{L_0}(100) \quad (1.13)$$

em que L_0 é o comprimento de medição original e L_1 é a distância entre as marcas de medição na fratura. Como o alongamento não é uniforme sobre o comprimento do corpo de prova, mas concentrado na região de estricção, o alongamento percentual depende do comprimento de medição. Por isso, ao fornecer o alongamento percentual, o comprimento de medição deve ser sempre fornecido. Para um comprimento de medição de 50 mm, o aço pode ter um alongamento que varia de 3% a 40%, dependendo da composição; no caso de aço estrutural, valores de 20% ou 30% são comuns. O alongamento de ligas de alumínio varia de 1% a 45%, dependendo da composição e do tratamento.

A **redução percentual na área** mede a quantia de estricção que ocorre e é definida a seguir:

$$\text{Redução percentual na área} = \frac{A_0 - A_1}{A_0}(100) \quad (1.14)$$

em que A_0 é a área de seção transversal original e A_1 é a área final na seção de fratura. Para aços dúcteis, a redução atinge cerca de 50%.

Materiais que falham em tração em valores relativamente baixos de deformação são classificados como **frágeis**. Exemplos são concreto, pedra, ferro fundido, vidro, cerâmica e uma variedade de ligas metálicas. Materiais frágeis falham com apenas um pequeno alongamento após o limite de proporcionalidade ser excedido (a tensão no ponto A na Figura 1.34). Além disso, a redução na área é insignificante e, dessa forma, a tensão de fratura nominal (ponto B) é a mesma que a tensão normal máxima real. Aços com alto teor de carbono apresentam tensões de escoamento muito altas – acima de 700 MPa em alguns casos –, mas se comportam de uma maneira frágil e a fratura ocorre em um pequeno percentual de alongamento.

O vidro comum é um material frágil quase ideal porque exibe quase nenhuma ductilidade. A curva de tensão-deformação para o vidro em tração é essencialmente uma reta, com a falha ocorrendo antes que qualquer escoamento aconteça. A tensão normal máxima é cerca de 70 MPa para certos tipos de vidros em placa, mas grandes variações existem, dependendo do tipo de vidro, do tamanho do corpo de prova e da presença de defeitos microscópicos. As **fibras de vidro** podem desenvolver resistências enormes e tensões máximas acima de 7 GPa podem ser atingidas.

Muitos tipos de **plásticos** são usados para fins estruturais por causa do seu pequeno peso, resistência à corrosão e boas propriedades de isolante elétrico. Suas propriedades mecânicas variam tremendamente, com alguns plásticos sendo frágeis e outros dúcteis. Ao usar plásticos em projetos, é importante perceber que suas propriedades são fortemente afetadas por mudanças de temperatura e passagem do tempo. Por exemplo, a tensão normal máxima de alguns plásticos é diminuída pela metade com o aumento da temperatura de 10° C para 50° C. Um plástico carregado também pode estirar gradualmente durante o tempo até não ser mais utilizável. Por exemplo, uma barra de cloreto de polivinil submetida a uma carga de tração que inicialmente produz uma deformação de 0,005 pode ter essa deformação duplicada após uma semana, mesmo que a carga permaneça constante (esse fenômeno, conhecido como fluência, é discutido na próxima seção).

As tensões máximas de tração para os plásticos estão geralmente no intervalo de 14 a 350 MPa e os pesos específicos variam de 8 a 14 kN/m³. Um tipo de náilon tem uma tensão máxima de 80 MPa e pesa apenas 11 kN/m³, apenas 12% mais pesado que a água. Por causa de seu baixo peso, a razão resistência-peso para o náilon é mais ou menos a mesma que para o aço estrutural.

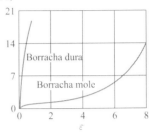

Figura 1.33

Curvas de tensão-deformação para dois tipos de borracha em tração

Figura 1.34

Diagrama de tensão-deformação típico para um material frágil mostrando o limite de proporcionalidade (ponto A) e a tensão de fratura (ponto B)

Um material de **filamento reforçado** consiste em um material base (ou matriz) em que filamentos de alta resistência, fibras ou tiras são encravados. O material composto resultante tem uma resistência muito maior que a do material base. Como exemplo, o uso de fibras de vidro pode mais que duplicar a resistência de uma matriz plástica. Os compósitos são amplamente usados em aviões, barcos, foguetes e veículos espaciais em que altas resistências e pesos baixos são necessários.

Compressão

As curvas de tensão-deformação para materiais em compressão diferem daquelas para tensão. Metais dúcteis, tais como aço, alumínio e cobre, têm limites de proporcionalidade de compressão muito próximos daqueles de tração, e as regiões iniciais dos seus diagramas tensão-deformação em tração e compressão são aproximadamente as mesmas. Entretanto, depois que o escoamento começa, o comportamento é totalmente diferente. Em um teste de tração, o corpo de prova é esticado, a estricção pode ocorrer, e por último acontece a fratura. Quando o material é comprimido, seus lados são abaulados para fora e tomam uma forma de barril, porque o atrito entre o corpo de prova e as placas nas extremidades previnem a expansão lateral. Aumentando a carga, o corpo de prova é achatado e oferece uma resistência bastante aumentada a encurtamentos posteriores (o que significa que a curva de tensão-deformação fica bastante escarpada). Essas características estão ilustradas na Figura 1.35, que mostra um diagrama de tensão-deformação de compressão para o cobre. Como a área de seção transversal real de um corpo de prova testado em compressão é maior que a área inicial, a tensão verdadeira em um teste de compressão é menor que a tensão nominal.

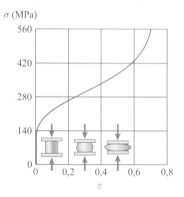

Figura 1.35

Diagrama de tensão-deformação para cobre em compressão

Materiais frágeis carregados em compressão tipicamente têm uma região linear seguida por uma região em que o encurtamento aumenta a uma taxa levemente maior que a da carga. As curvas de tensão-deformação para compressão e tração geralmente têm formatos similares, mas as tensões normais máximas em compressão são maiores que aquelas em tração. Diferente dos materiais dúcteis, que achatam quando são comprimidos, os materiais frágeis realmente se quebram na carga máxima.

Tabelas de propriedades mecânicas

As propriedades dos materiais estão listadas nas tabelas do Apêndice B, na página do livro, no site da Cengage. Os dados nas tabelas são típicos para esses materiais e adequados para resolver problemas neste livro. Entretanto, as propriedades dos materiais e as curvas de tensão-deformação variam bastante, até para o mesmo material, por causa dos diferentes processos de manufatura, composições químicas, defeitos internos, temperatura e muitos outros fatores.

Por essas razões, os dados obtidos do Apêndice B (ou outras tabelas de natureza similar) não devem ser usados para engenharia específica ou para fins de projeto. Em vez disso, os fabricantes ou fornecedores de materiais devem ser consultados para informações sobre um produto em particular.

1.5 Elasticidade, plasticidade e fluência

Os diagramas de tensão-deformação fornecem o comportamento de materiais de engenharia quando estes são carregados em tração ou compressão, como descrito na seção anterior. Para ir um passo além, vamos considerar agora o que acontece quando a carga é removida e o material é *descarregado*.

Assuma, por exemplo, que apliquemos uma carga a um corpo de prova em tração, de forma que a tensão e a deformação vão da origem O ao ponto A na curva de tensão-deformação da Figura 1.36a. Suponha ainda que, quando a carga é removida, o material siga exatamente a mesma curva de volta à origem O.

Essa propriedade de um material, pela qual ele retorna às suas dimensões originais após o descarregamento, é chamada de **elasticidade**, e o material é considerado elástico. Note que a curva de tensão-deformação de O até A não precisa ser linear para que o material seja elástico.

Agora suponha que carreguemos esse mesmo material com maior intensidade, de forma que o ponto B seja atingido na curva de tensão-deformação (Figura 1.36b). Quando ocorre o descarregamento do ponto B, o material segue a linha BC no diagrama. Essa linha de descarregamento é paralela à porção inicial da curva de carregamento; isto é, a linha BC é paralela a uma tangente à curva de tensão-deformação na origem. Quando o ponto C é atingido, a carga foi totalmente removida, mas a **deformação residual**, ou *deformação permanente*, representada pela linha OC, permanece no material. Como consequência, a barra sendo testada torna-se mais longa do que era antes do carregamento. Esse alongamento residual da barra é chamado de **assentamento permanente**. Da deformação total OD desenvolvida durante o carregamento de O até B, a deformação CD foi elasticamente recuperada e a deformação OC permanece como deformação permanente. Dessa forma, durante o descarregamento a barra retorna parcialmente à sua forma original e, assim, o material é considerado **parcialmente elástico**.

Entre os pontos A e B na curva de tensão-deformação (Figura 1.36b), deve haver um ponto antes do qual o material é elástico e além do qual o material é parcialmente elástico. Para achar esse ponto, carregamos o material com algum valor de tensão e então removemos a carga. Se não houver nenhum assentamento permanente (isto é, se o alongamento da barra retornar a zero), então o material é totalmente elástico até o valor da tensão selecionado.

Esse processo de carregamento e descarregamento pode ser repetido sucessivamente com valores maiores de tensão. Por fim, uma tensão será atingida, na qual nem toda a deformação é recuperada. Por meio desse procedimento, é possível determinar a tensão no limite superior da região elástica como, por exemplo, a tensão no ponto E nas Figuras 1.36a e b. A tensão nesse ponto é conhecida como o **limite elástico** do material.

Muitos materiais, incluindo a maioria dos metais, têm regiões lineares no começo de suas curvas de tensão-deformação (como exemplo veja as Figuras 1.28 e 1.31). A tensão no limite superior dessa região linear é o limite de proporcionalidade, como explicado na seção anterior. O limite elástico é geralmente o mesmo, ou ligeiramente maior, que o limite de proporcionalidade. Por isso, para muitos materiais é dado o mesmo valor numérico para os dois limites. No caso de um aço mole, a tensão de escoamento é também muito próxima ao limite de proporcionalidade, de forma que, para fins práticos, a tensão de escoamento, o limite elástico e o limite de proporcionalidade são assumidos iguais. É claro que essa situação não se aplica a todos os materiais. A borracha é um exemplo excelente de um material que é elástico muito além do limite de proporcionalidade.

A característica de um material pela qual ele sofre deformações inelásticas além da deformação no limite elástico é conhecida como **plasticidade**. Dessa forma, na curva de tensão-deformação da Figura 1.36a, temos uma região elástica seguida por uma região plástica. Quando grandes deformações ocorrem em um material dúctil carregado na região plástica, dizemos que o material sofreu uma **deformação plástica**.

Recarregamento de um material

Se o material permanecer dentro do intervalo elástico, ele pode ser carregado, descarregado e carregado novamente sem mudança significativa do seu comportamento. Entretanto, quando carregado no intervalo plástico, a estrutura interna do material é alterada e suas propriedades mudam. Por exemplo, já observamos que uma deformação permanente existe no corpo de prova após o descarregamento da região plástica (Figura 1.36b). Agora suponha que o

Figura 1.36

Diagramas de tensão-deformação ilustrando (a) comportamento elástico e (b) comportamento parcialmente elástico

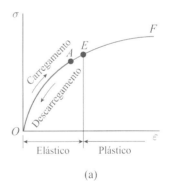

(a)

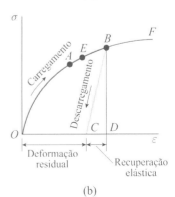

(b)

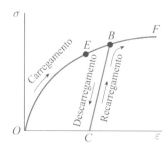

Figura 1.37

Recarregamento de um material e aumento dos limites elástico e de proporcionalidade

material seja recarregado após tal descarregamento (Figura 1.37). O novo carregamento começa no ponto C no gráfico e continua até o ponto B, ponto em que o descarregamento começou durante o primeiro ciclo de carregamento. O material então segue a curva de tensão-deformação anterior, em direção ao ponto F. Dessa forma, para o segundo carregamento, podemos imaginar que temos uma nova curva de tensão-deformação com origem em C.

Durante o segundo carregamento, o material se comporta de uma maneira elástica linear de C até B, com a inclinação da linha CB sendo a mesma que a inclinação da tangente à curva de carregamento anterior na origem O. O limite de proporcionalidade está agora no ponto B, que é uma tensão maior que o limite elástico anterior (ponto E). Dessa forma, ao estirar um material como o aço ou o alumínio até o intervalo inelástico ou plástico, as *propriedades do material são modificadas* – aumenta-se a região elástica linear e elevam-se os limites de proporcionalidade e elástico. Entretanto, a ductilidade é reduzida porque no "novo material" a quantidade de escoamento além do limite elástico (de B até F) é menor que no material original (de E até F).*

Fluência

Os gráficos de tensão-deformação anteriormente descritos foram obtidos de testes de tração envolvendo carregamento estático e descarregamento dos corpos de prova, e a passagem do tempo não entrou em nossas discussões. Entretanto, quando carregado por longos períodos de tempo, alguns materiais desenvolvem deformações adicionais e dizemos que eles **fluem**.

Esse fenômeno pode se manifestar sob diversas formas. Por exemplo, suponha que uma barra vertical (Figura 1.38a) é lentamente carregada por uma força P, produzindo um alongamento igual a δ_0. Vamos assumir que o carregamento e o alongamento correspondente ocorram durante um intervalo de tempo t_0 (Figura 1.38b). Subsequente ao tempo t_0, a carga permanece constante. Entretanto, devido à fluência, a barra pode aumentar seu comprimento gradualmente, como mostrado na Figura 1.38b, mesmo que a carga não se modifique. Esse comportamento ocorre com muitos materiais, embora algumas vezes a mudança seja pequena demais para ser relevante.

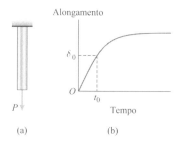

Figura 1.38

Fluência em uma barra sob carregamento constante

Como outra manifestação de fluência, considere um fio que é esticado entre dois suportes imóveis de forma que tenha uma tensão de tração inicial σ_0 (Figura 1.39). Mais uma vez, iremos denotar como t_0 o tempo durante o qual o cabo é esticado. Com o passar do tempo, a tensão no cabo diminui gradualmente, por fim atingindo um valor constante, embora os suportes nas extremidades do cabo não tenham se mexido. Esse processo é chamado de **relaxação** do material.

A fluência é usualmente mais importante em altas temperaturas que em temperaturas comuns e por isso deve ser considerada em projetos de motores, caldeiras e outras estruturas que operam em temperaturas elevadas por longos períodos de tempo. Entretanto, materiais como o aço, concreto e madeira fluem ligeiramente mesmo em temperaturas atmosféricas. Por exemplo, a fluência do concreto sob longos períodos de tempo pode criar ondulações nos pisos das pontes por causa do envergamento entre os suportes. (Uma solução é construir o piso com uma **inclinação** superior, que é um deslocamento inicial sobre a horizontal, de forma que, quando ocorra a fluência, o arco seja nivelado à posição horizontal.)

Figura 1.39

Relaxamento da tensão em um cabo sob deformação constante

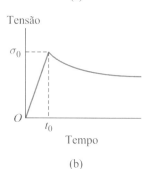

---

* O estudo do comportamento material sob várias condições de carregamento e ambientais é um importante ramo da mecânica aplicada. Para informações de engenharia mais detalhadas sobre materiais, consulte um livro-texto dedicado exclusivamente a esse assunto.

Exemplo 1.7

O componente de uma máquina desliza ao longo de uma barra horizontal em A e se movimenta em uma guia vertical em B. O componente é representado como uma barra rígida AB (comprimento $L = 1,5$ m, peso $W = 4,5$ kN) com suporte de rolete em A e B (negligenciar atrito). Quando não estiver em utilização, o componente da máquina é suportado por um fio único, (diâmetro $d = 3,5$ mm), com uma extremidade ligada a A e a outra extremidade presa em C (ver Figura 1.40). O fio é feito de uma liga de cobre; a relação tensão-deformação para o fio é:

$$\sigma(\varepsilon) = \frac{124{,}000\,\varepsilon}{1 + 240\,\varepsilon} \qquad 0 \leq \varepsilon \leq 0{,}03 \quad (\sigma \text{ em MPa})$$

(a) Traçar um diagrama de tensão-deformação do material; o que é o módulo de elasticidade E (GPa)? Calcule o 0,2% de deformação padrão do limite de elasticidade (MPa).
(b) Encontre a força de tração T (kN)) no fio.
(c) Encontre a tensão axial normal ε e alongamento δ (mm) do fio.
(d) Encontre a deformação permanente do fio se todas as forças forem removidas.

Figura 1.40

Exemplo 1.7: Barra rígida sustentada por fio de liga de cobre

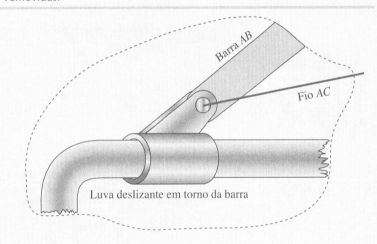

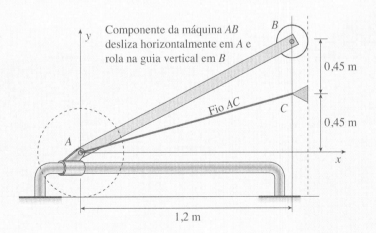

Exemplo 1.7 - Continuação

Solução

(a) Trace um diagrama de tensão-deformação do material. Quanto é o 0,2% de deformação padrão do limite de elasticidade (MPa)?

Trace um gráfico da função $\sigma(\varepsilon)$ para valores de deformação entre 0 e 0,03 (Figura 1.41). A tensão em deformação $\varepsilon = 0,03$ é 454 MPa.

$$\sigma(\varepsilon) = \frac{124.000\,\varepsilon}{1 + 240\,\varepsilon} \quad \varepsilon = 0, 0,001, \ldots, 0,03$$

$$\sigma(0) = 0 \quad \sigma(0,03) = 454 \text{ MPa}$$

Figura 1.41

Exemplo 1.7: Curva tensão-deformação para o fio de liga de cobre

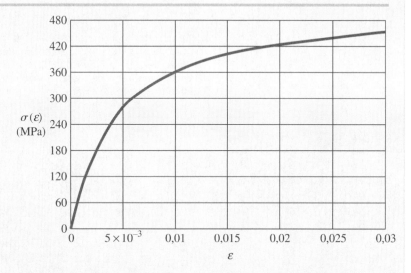

A inclinação da tangente à curva de tensão-deformação na deformação $\varepsilon = 0$ é o módulo de elasticidade E (ver Figura 1.42). Tome a derivada de $\sigma(\varepsilon)$ para obter a inclinação da tangente à curva ε_y, e avaliar a derivada na deformação $\varepsilon = 0$ para encontrar E

$$E(\varepsilon) = \frac{d}{d\varepsilon}\sigma(\varepsilon) \rightarrow \frac{124.000}{(240\varepsilon + 1)^2}$$

$$E = E(0) \quad E = 124.000 \text{ MPa} = 124 \text{ GPa}$$

Em seguida, encontrar uma expressão para o limite de deformação ε_y, o ponto em que os 0,2% da linha de deformação padrão cruza a curva de tensão-deformação (ver Figura 1.42). Substitua a expressão de ε_y na expressão de $\sigma(\varepsilon)$ e, em seguida, resolver para o limite de elasticidade $\sigma(\varepsilon_y) = \sigma_y$:

$$\varepsilon_y = 0,002 + \frac{\sigma_y}{E} \quad \text{e} \quad \sigma(\varepsilon_y) = \sigma_y \quad \text{ou} \quad \sigma_y = \frac{124.000\,\varepsilon_y}{1 + 240\,\varepsilon_y}$$

Reorganizando a equação em termos de σ_y dá:

$$\sigma_y^2 + \left(\frac{E}{500}\right)\sigma_y - \frac{E^2}{120.000} = 0$$

Resolvendo esta equação quadrática para o 0,2% da compensação do limite de elasticidade σ_y dá $\sigma_y = 255$ MPa.
O limite de deformação pode ser calculado como:

$$\varepsilon_y = 0,002 + \frac{\sigma_y}{E(\text{GPa})} = 4,056 \times 10^{-3}$$

Exemplo 1.7 - *Continuação*

Figura 1.42

Exemplo 1.7: Módulo de elasticidade E, 0,2% da linha de compensação e limite de tensão σ_y e deformação ε_y do fio de liga de cobre

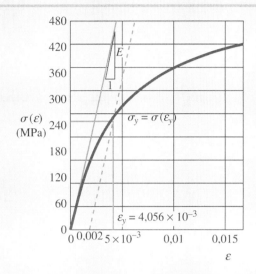

(b) Use estática para localizar a força de tensão T (kN) no fio; Recordamos que o peso da barra é W = 4.5 kN.

Encontre o ângulo entre o eixo x e a posição de fixação do cabo em C:

$$\alpha_C = \arctan\left(\frac{0{,}45}{1{,}2}\right) = 20{,}556°$$

Some os momentos em torno de A para obter uma equação e uma incógnita. A reação B_x atua à esquerda:

$$B_x = \frac{-W(0{,}6 \text{ m})}{0{,}9 \text{ m}} = -3 \text{ kN}$$

Em seguida, some as forças na direção x para encontrar a força do cabo T_C:

$$T_C = \frac{-B_x}{\cos(\alpha_C)} \quad T_C = 3{,}2 \text{ kN}$$

(c) Encontre a tensão axial normal ε e o alongamento δ (mm) do fio.

Calcule a tensão normal, em seguida, encontre a deformação associada do fio a partir da curva tensão-deformação (ou a partir da equação de $\sigma(\varepsilon)$). O alongamento do fio é a deformação vezes o comprimento do fio.

O diâmetro do fio, a área transversal e o comprimento são:

$$d = 3{,}5 \text{ mm} \quad A = \frac{\pi}{4}d^2 = 9{,}6211 \text{ mm}^2$$

$$L_C = \sqrt{(1{,}2 \text{ m})^2 + (0{,}45 \text{ m})^2} = 1{,}282 \text{ m}$$

Podemos agora calcular a tensão e deformação no fio e o alongamento do fio.

$$\sigma_C = \frac{T_C}{A} = 333 \text{ MPa}$$

Note que a tensão no fio excede o deslocamento limite de elasticidade aparente de 0,2% de 255 MPa. A tensão normal correspondente pode ser encontrada a partir do diagrama $\sigma(\varepsilon)$ ou reorganizando a equação $\sigma(\varepsilon)$ para dar:

Exemplo 1.7 - Continuação

Então $\varepsilon(\sigma_C) = \varepsilon_C$, ou $\varepsilon_C = \dfrac{\sigma_C}{124\ \text{GPa} - 240\sigma_C} = 7{,}556 \times 10^{-3}$

Finalmente, o alongamento do fio é:

$$\delta_C = \varepsilon_C L_C = 9{,}68\ \text{mm}$$

(d) Encontre a deformação permanente do fio se todas as forças forem removidas.

Se a carga for removida do fio, a tensão no fio irá retornar a zero seguindo a linha de descarga BC na Figura 1.43 (ver também a Figura 1.36b). A **recuperação de deformação elástica** pode ser calculada como:

$$\varepsilon_{er} = \dfrac{\sigma_C}{E} = 3{,}895 \times 10^{-4}$$

Assim, a **deformação residual** é a diferença entre a deformação total (ε_C) e a recuperação de deformação elástica (ε_{er}) como:

$$\varepsilon_{res} = \varepsilon_C - \varepsilon_{er} = 7{,}166 \times 10^{-3}$$

Finalmente, o **alongação permanente** do fio é o produto da tensão residual e o comprimento do fio:

$$P_{set} = \varepsilon_{res} L_C = 9{,}184\ \text{mm}$$

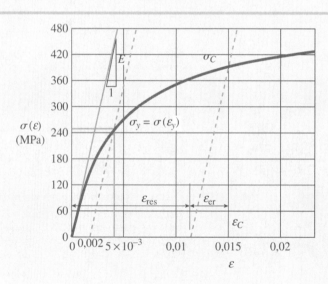

Figura 1.43

Deformação residual (ε_{res}) e a deformação de recuperação elástica (ε_{er}) do fio de liga de cobre no Exemplo 1.7

1.6 Elasticidade linear, lei de Hooke e coeficiente de Poisson

Muitos materiais estruturais, incluindo a maioria dos metais, madeira, plásticos e cerâmicas comportam-se elástica e linearmente quando inicialmente carregados. Consequentemente, suas curvas de tensão-deformação começam com uma reta passando através da origem. Um exemplo é a curva de tensão-deformação para aço estrutural (Figura 1.28), onde a região da origem O ao limite de proporcionalidade (ponto A) é linear e elástica. Outros exemplos são as regiões abaixo de ambos os limites elásticos e de proporcionalidade nos gráficos para alumínio (Figura 1.31), materiais frágeis (Figura 1.34) e cobre (Figura 1.35).

Quando um material comporta-se elasticamente e também exibe uma relação linear entre tensão e deformação, é chamado de **elástico linear**. Esse tipo de comportamento é extremamente importante em engenharia por uma razão óbvia – ao projetar estruturas e máquinas que funcionem nessa região, evitamos deformações permanentes devido ao escoamento.

Lei de Hooke

A relação linear entre tensão e deformação para uma barra em tração ou compressão simples é expressa pela equação:

$$\sigma = E\varepsilon \qquad (1.15)$$

em que σ é a tensão axial, ε é a deformação axial e E é uma constante de proporcionalidade conhecida como **módulo de elasticidade** do material. O módulo de elasticidade é a inclinação do diagrama de tensão-deformação na região elástica linear, como mencionado anteriormente na Seção 1.4. Uma vez que a deformação é adimensional, as unidades de E são as mesmas que as unidades de tensão. Unidades típicas de E são os pascals (ou múltiplos deste), em unidades SI.

A equação $\sigma = E\varepsilon$ é usualmente chamada de **lei de Hooke**, em homenagem ao famoso cientista inglês Robert Hooke (1635–1703). Hooke foi o primeiro a investigar cientificamente as propriedades elásticas dos materiais e testou diversos materiais, como metal, madeira, pedra, osso e nervo. Ele mediu o estiramento de longos cabos suportando pesos e observou que os alongamentos "sempre seguem as mesmas proporções uns em relação aos outros que os pesos que os causaram seguem". Dessa forma, Hooke estabeleceu a relação linear entre as cargas aplicadas e os alongamentos resultantes.

A Equação 1.15 é na verdade uma versão simplificada da lei de Hooke, porque relaciona apenas as tensões e deformações longitudinais desenvolvidas em tração e compressão simples de uma barra (*tensão uniaxial*). Para lidar com estados de tensão mais complexos, como aqueles encontrados na maioria das estruturas e máquinas, devemos usar equações expandidas da lei de Hooke (veja Seções 7.5 e 7.6).

O módulo de elasticidade tem valores relativamente altos para materiais muito rígidos, como metais estruturais. O aço tem um módulo de aproximadamente 210 GPa; para o alumínio, valores ao redor de 73 GPa são típicos. Materiais mais flexíveis têm um módulo mais baixo – os valores para plásticos variam de 0,7 a 14 GPa. Alguns valores representativos de E estão listados na Tabela B.2, Apêndice B. Para a maioria dos materiais, o valor de E em compressão é quase o mesmo em tração.

O módulo de elasticidade é geralmente denominado **módulo de Young** devido a outro cientista inglês, Thomas Young (1773–1829). Em conexão com uma investigação de tração e compressão de barras prismáticas, Young introduziu a ideia de um "módulo de elasticidade". Entretanto, seu módulo não era o mesmo que usamos hoje em dia, porque envolvia propriedades da barra, bem como do material.

Coeficiente de Poisson

Quando uma barra prismática é carregada em tração, o alongamento axial é acompanhado por uma **contração lateral** (isto é, contração normal à direção da carga aplicada). Essa mudança na forma está ilustrada na Figura 1.44, onde a parte (a) mostra a barra antes do carregamento e a parte (b) a mostra após o carregamento. Na parte (b), as linhas pontilhadas representam a forma da barra antes do carregamento.

A contração lateral é facilmente vista esticando-se um elástico de borracha, mas nos metais as mudanças nas dimensões laterais (na região elástica linear) são geralmente pequenas demais para serem visíveis. Entretanto, elas podem ser detectadas por sistemas de medição sensíveis.

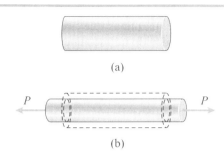

Figura 1.44

Alongamento axial e contração lateral de uma barra prismática em tração: (a) barra antes do carregamento e (b) barra após o carregamento (as deformações da barra estão bastante exageradas)

A **deformação lateral** ε' em qualquer ponto na barra é proporcional à deformação axial ε no mesmo ponto se o material é linearmente elástico. A razão dessas deformações é uma propriedade do material conhecida como coeficiente ou **razão de Poisson**. Esse coeficiente adimensional, usualmente denotado pela letra grega v (nu), pode ser expresso pela equação

$$v = -\frac{\text{deformação lateral}}{\text{deformação axial}} = -\frac{\varepsilon'}{\varepsilon} \qquad (1.16)$$

O sinal negativo foi inserido na equação para compensar o fato de que as deformações lateral e axial normalmente têm sinais contrários. Por exemplo, a deformação axial em uma barra em tração é positiva e a deformação lateral é negativa (porque a largura da barra diminui). Na compressão, temos a situação oposta, com a barra ficando mais curta (deformação axial negativa) e mais larga (deformação lateral positiva). Por isso, para materiais comuns, o coeficiente de Poisson terá um valor positivo.

Quando o coeficiente de Poisson para um material é conhecido, podemos obter a deformação lateral a partir da deformação axial da seguinte forma:

$$\varepsilon' = -v\varepsilon \qquad (1.17)$$

Quando usamos as equações (1.16) e (1.17), devemos sempre ter em mente que elas se aplicam apenas a uma barra em tensão uniaxial, isto é, uma barra para a qual a única tensão é a normal σ na direção axial.

O coeficiente de Poisson é assim chamado por conta do famoso matemático francês Siméon Denis Poisson (1781–1840), que tentou calcular essa razão por uma teoria molecular de materiais. Para materiais isotrópicos, Poisson encontrou $v = 1/4$. Cálculos mais recentes baseados em modelos melhores de estrutura atômica forneceram $v = 1/3$. Ambos os valores são próximos a valores reais medidos, que estão no intervalo de 0,25 a 0,35 para a maioria dos metais e outros materiais. Materiais com valor do coeficiente de Poisson extremamente baixo incluem a cortiça, para o qual n é praticamente zero, e o concreto, para o qual *n* é ao redor de 0,1 ou 0,2. Um limite superior teórico para o coeficiente de Poisson é 0,5, como será explicado mais tarde na Seção 7.5. A borracha fica próxima desse valor limite.

Uma tabela dos coeficientes de Poisson para vários materiais no intervalo elástico linear é dada no Apêndice B (veja a Tabela B.2). Para a maioria das aplicações, o coeficiente de Poisson é assumido como o mesmo tanto em tração como em compressão.

Quando as deformações em um material tornam-se grandes, o coeficiente de Poisson muda. Por exemplo, no caso de aço estrutural, o coeficiente torna-se quase 0,5 quando ocorre escoamento plástico. Dessa forma, o coeficiente de Poisson permanece constante apenas no intervalo elástico linear. Quando o comportamento do material é não linear, a razão da deformação lateral em relação à axial é geralmente chamada de *razão de contração*. É claro que, no caso especial de comportamento elástico linear, a razão de contração é a mesma que a razão ou coeficiente de Poisson.

Limitações

Para determinado material, o coeficiente de Poisson permanece constante ao longo do intervalo elástico linear, como explicado anteriormente. Por isso, em qualquer ponto dado na barra prismática da Figura 1.44, a deformação lateral permanece proporcional à deformação axial quando a carga aumenta ou diminui. Entretanto, para dado valor de carga (o que significa que a deformação axial é constante ao longo da barra), condições adicionais devem ser encontradas no caso em que as deformações laterais devem ser as mesmas ao longo de toda a barra.

Primeiro, o material deve ser **homogêneo**, isto é, deve ter a mesma composição (e, dessa forma, as mesmas propriedades elásticas) em todos os pontos. Entretanto, ter um material homogêneo não quer dizer que as propriedades elásticas em determinado ponto sejam as mesmas em todas as *direções*. Por exemplo, o módulo de elasticidade poderia ser diferente nas direções axial e lateral, como no caso de uma estaca de madeira. Por isso, uma segunda condição para a uniformidade nas deformações laterais é que as propriedades elásticas devem ser as mesmas em todas as direções *perpendiculares* ao eixo longitudinal. Quando as condições anteriores são satisfeitas, como ocorre geralmente no caso dos metais, a deformação lateral em uma barra prismática submetida à tração uniforme será a mesma em todos os pontos na barra e a mesma em todas as direções laterais.

Os materiais que possuem as mesmas propriedades em todas as direções (seja axial, lateral ou qualquer outra) são chamados de **isotrópicos**. Se as propriedades diferem em várias direções, o material é **anisotrópico** (ou **aelotrópico**).

Neste livro, todos os exemplos e problemas serão solucionados com a suposição de que o material é linearmente elástico, homogêneo e isotrópico, a menos que o contrário seja especificamente afirmado.

Figura 1.44 (Repetida)

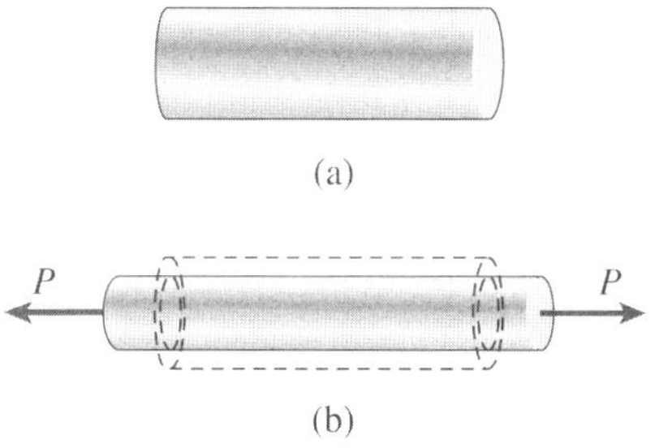

• • • Exemplo 1.8

Figura 1.45

Exemplo 1.8: tubo de plástico comprimido dentro de tubo de ferro fundido

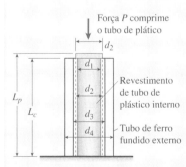

Um tubo de plástico oco circular (comprimento L_p, diâmetros interno e externo d_1, d_2, respectivamente; ver Figura 1.45) é inserido como um revestimento no interior de um tubo de ferro fundido (comprimento L_c, diâmetros interno e externo d_3, d_4, respectivamente).

(a) Deduza uma fórmula para o comprimento inicial necessário L_p do tubo de plástico, de modo que, quando ele for comprimido por uma força P, o comprimento final de ambos tubos seja o mesmo e também, ao mesmo tempo, o diâmetro externo final da tubo de plástico seja igual ao diâmetro interno do tubo de ferro fundido.
(b) Usando os dados numéricos dados abaixo, encontre o comprimento inicial L_p (m) e espessura final t_p (mm) para o tubo de plástico.
(c) Qual é a força de compressão necessária P (N)? Quais são as tensões normais finais (MPa) em ambos tubos?
(d) Compare os volumes iniciais e finais (mm³) do tubo de plástico.

Dados numéricos e propriedades de seção transversal do tubo:

$$L_c = 0{,}25 \text{ m} \quad E_c = 170 \text{ GPa} \quad E_p = 2{,}1 \text{ GPa} \quad v_c = 0{,}3 \quad v_p = 0{,}4$$

$$d_1 = 109{,}8 \text{ mm} \quad d_2 = 110 \text{ mm} \quad d_3 = 110{,}2 \text{ mm}$$

$$d_4 = 115 \text{ mm} \quad t_p = \frac{d_2 - d_1}{2} = 0{,}1 \text{ mm}$$

As áreas transversais iniciais dos tubos de plástico e de ferro fundido são:

$$A_p = \frac{\pi}{4}(d_2^2 - d_1^2) = 34{,}526 \text{ mm}^2 \quad A_c = \frac{\pi}{4}(d_4^2 - d_3^2) = 848{,}984 \text{ mm}^2$$

Exemplo 1.8 Continuação

(a) Deduza uma fórmula para o comprimento inicial necessário L_p do tubo de plástico.

A deformação lateral, que resulta da compressão do tubo de plástico tem de fechar o intervalo $(d_3 - d_2)$ entre o tubo de plástico e a superfície interna do tubo de ferro fundido. A deformação lateral extensional necessária é positiva (aqui, $(\varepsilon_{lat} = \varepsilon')$:

$$\varepsilon_{lat} = \frac{d_3 - d_2}{d_2} = 1,818 \times 10^{-3}$$

O acompanhamento da deformação *compressiva* normal no tubo de plástico é obtido usando a Equação (1.17), que requer a razão de Poisson para o tubo de plástico e também a deformação lateral necessária:

$$\varepsilon_p = \frac{-\varepsilon_{lat}}{v_p} \text{ or } \varepsilon_p = \frac{-1}{v_p}\left(\frac{d_3 - d_2}{d_2}\right) = -4,545 \times 10^{-3}$$

Podemos agora usar a deformação compressiva normal ε_p para calcular o encurtamento δ_{p1} do tubo de plástico como:

$$\delta_{p1} = \varepsilon_p L_p$$

Ao mesmo tempo, a redução necessária do tubo de plástico (de modo que ele irá ter o mesmo comprimento final, igual ao do tubo de ferro fundido) é:

$$\delta_{p2} = -(L_p - L_c)$$

Agora, igualando δ_{p1} e δ_{p2} nos leva à fórmula para o comprimento inicial requerido L_p do tubo de plástico:

$$L_p = \frac{L_c}{1 + \varepsilon_p} \quad \text{ou} \quad L_p = \frac{L_c}{1 - \dfrac{d_3 - d_2}{v_p d_2}}$$

(b) Agora substitua os dados numéricos para encontrar o comprimento inicial L_p, a alteração na espessura Δt_p e a espessura final t_p do tubo de plástico.

Como esperado, o L_p é maior do que o comprimento do tubo de ferro fundido, $L_c = 0,25$ m, e a espessura do tubo de plástico comprimido aumenta em Δt_p:

$$L_p = \frac{L_c}{1 - \left(\dfrac{d_3 - d_2}{v_p d_2}\right)} = 0,25114 \text{ m}$$

$$\Delta t_p = \varepsilon_{lat} t_p = 1,818 \times 10^{-4} \text{ mm} \quad \text{so} \quad t_{pf} = t_p + \Delta t_p = 0,10018 \text{ mm}$$

(c) Em seguida, encontre a força compressiva requerida P e as tensões normais finais em ambos os tubos.

A verificação da tensão compressiva normal no tubo de plástico, calculada usando a Lei de Hooke [Equação (1.15)], mostra que está bem abaixo da tensão máxima de plásticos selecionados (ver Tabela B-3, Apêndice B); esta é também a tensão normal final no tubo de plástico:

$$\sigma_p = E_p \varepsilon_p = -9,55 \text{ MPa}$$

A força descendente necessária para comprimir o tubo de plástico é:

$$P_{reqd} = \sigma_p A_p = -330 \text{ N}$$

As tensões inicial e final no tubo de ferro fundido são zero porque nenhuma força é aplicada ao tubo de ferro fundido.

> **• • Exemplo 1.8** *Continuação*

(d) Por último, compare os volumes iniciais e finais do tubo de plástico.

A área de seção transversal inicial do tubo de plástico é:

$A_p = 34{,}526 \text{ mm}^2$

A área da seção transversal final do tubo de plástico é:

$A_{pf} = \dfrac{\pi}{4}[d_3^2 - (d_3 - 2t_{pf})^2] = 34{,}652 \text{ mm}^2$

O volume inicial do tubo de plástico é:

$V_{pinit} = L_p A_p = 8.671 \text{ mm}^3$

e o volume final do tubo de plástico é:

$V_{pfinal} = L_c A_{pf}$ or $V_{pfinal} = 8.663 \text{ mm}^3$

A proporção do volume inicial ao final revela poucas mudanças:

$\dfrac{V_{pfinal}}{V_{pinit}} = 0{,}99908$

Nota: Os resultados numéricos obtidos neste exemplo demonstram que as alterações dimensionais em materiais estruturais sob condições de carga normais são extremamente pequenas. Apesar da sua pequenez, as alterações nas dimensões podem ser importantes em certos tipos de análise (tais como a análise de estruturas estaticamente indeterminadas) e na determinação experimental de tensões e deformações.

1.7 Tensão e deformação de cisalhamento

Nas seções anteriores, discutimos os efeitos de tensões normais produzidas por cargas axiais agindo em barras retas. Essas tensões são chamadas de "tensões normais" porque agem em direções *perpendiculares* à superfície do material. Agora iremos considerar outro tipo de tensão, chamada de **tensão de cisalhamento**, que age *tangencialmente* à superfície do material.

Como ilustração da ação de tensões de cisalhamento, considere a conexão parafusada mostrada na Figura 1.46a. Essa conexão consiste em uma barra achatada A, uma junta C e um parafuso B que passa através dos buracos na barra e na junta. Sob a ação de forças de tração P, a barra e a junta pressionarão o parafuso, e as tensões de contato, chamadas de **tensões de esmagamento**, serão criadas. Além disso, a barra e a junta tendem a *cisalhar* o parafuso, isto é, cortá-lo, e essa tendência é resistida por tensões de cisalhamento no parafuso. Como exemplo, considere o suporte de uma passarela de pedestres elevada mostrado na fotografia.

Suporte diagonal de uma passarela de pedestres elevada, mostrando uma junta e um pino em cisalhamento duplo (© Barry Goodno)

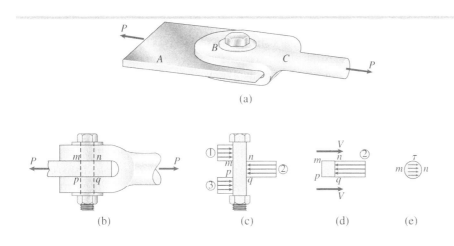

Figura 1.46

Conexão parafusada em que o parafuso é carregado por cisalhamento duplo

Para mostrar mais claramente as ações das tensões de esmagamento e cisalhamento, vamos olhar esse tipo de conexão em uma vista lateral esquemática (Figura 1.46b). Com essa vista em mente, desenhamos um diagrama de corpo livre do parafuso (Figura 1.46c). As tensões de esmagamento exercidas pela junta contra o parafuso aparecem no lado esquerdo do diagrama de corpo livre e são marcadas com 1 e 3. As tensões da barra aparecem do lado direito e são marcadas com 2. A distribuição das tensões de esmagamento é difícil de se determinar, por isso é comum assumir que as tensões são uniformemente distribuídas. Baseados na suposição de distribuição uniforme, podemos calcular uma tensão de **esmagamento média** σ_b dividindo a força de contato total F_b pela área de contato (ou de suporte) A_b:

$$\sigma_b = \frac{F_b}{A_b} \tag{1.18}$$

A **área de contato** é definida como a área projetada da superfície de contato curva. Por exemplo, considere as tensões de esmagamento chamadas de 1. A área projetada A_b onde elas agem é um retângulo com uma altura igual à espessura da junta e uma largura igual ao diâmetro do parafuso. A força de contato F_b, representada pelas tensões chamadas de 1, é igual a $P/2$. As mesmas área e força aplicam-se às tensões chamadas de 3.

Agora considere as tensões de esmagamento entre a barra achatada e o parafuso (as tensões chamadas de 2). Para essas tensões, a área de contato A_b é um retângulo com altura igual à espessura da barra achatada e a largura é igual ao diâmetro do parafuso. A força de contato correspondente F_b é igual à carga P.

O diagrama de corpo livre da Figura 1.46c mostra que existe uma tendência de cisalhar o parafuso ao longo das seções transversais mn e pq. A partir de um diagrama de corpo livre da porção $mnpq$ do parafuso (veja Figura 1.46d), vemos que forças de cisalhamento V agem sobre as superfícies cortadas do parafuso. Neste exemplo em particular, há dois planos de cisalhamento (mn e pq), e dizemos que o parafuso está sob **cisalhamento duplo**. Em cisalhamento duplo, cada uma das forças de cisalhamento é igual à metade da carga total transmitida pelo parafuso, isto é, $V = P/2$.

As forças de cisalhamento são as resultantes das tensões de cisalhamento distribuídas sobre a área da seção transversal do parafuso. Por exemplo, as tensões de cisalhamento agindo na seção transversal mn são mostradas na Figura 1.46e. Essas tensões agem paralelamente à superfície cortada. A distribuição exata das tensões não é conhecida, mas elas são maiores perto do centro e nulas em certas regiões das bordas. Como indicado na Figura 1.46e, as tensões de cisalhamento são geralmente denotadas pela letra grega τ (tau).

Uma conexão parafusada sob cisalhamento simples é mostrada na Figura 1.47a, onde a força axial P na barra metálica é transmitida à flange da coluna de aço através de um parafuso. Uma vista transversal da coluna (Figura 1.47b) mostra a conexão com mais detalhes. Um esquema do parafuso (Figura 1.47c) mostra a distribuição assumida das tensões de esmagamento agindo no parafuso. Como já mencionado, a distribuição real dessas tensões de esmagamento é muito mais complexa do que foi mostrado na figura. Além disso, as tensões de esmagamento também são desenvolvidas contra as superfícies da cabeça do parafuso e da arruela. Dessa forma, a Figura 1.47c *não* é um diagrama de corpo livre – apenas as tensões de esmagamento idealizadas agindo na perna do parafuso são mostradas na figura.

Cortando o parafuso transversalmente na seção mn, obtemos o diagrama mostrado na Figura 1.47d, que inclui a força de cisalhamento V (igual à carga P) agindo na seção transversal do parafuso. Como já mencionado, essa força de cisalhamento é a resultante das tensões de cisalhamento que agem sobre a área de seção transversal do parafuso.

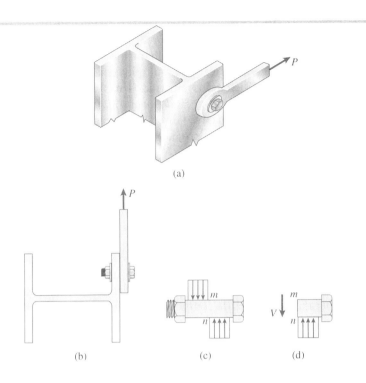

Figura 1.47

Conexão parafusada em que o parafuso é carregado em cisalhamento simples

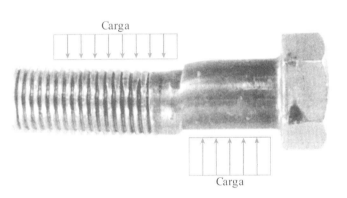

Figura 1.48

Falha de um parafuso em cisalhamento simples

A deformação de um parafuso carregado quase à ruptura em cisalhamento simples é mostrada na Figura 1.48 (compare com a Figura 1.47c).

Nas discussões anteriores sobre conexões parafusadas, desconsideramos o **atrito** (produzido pelo aperto dos parafusos) entre os elementos conectados. A presença de atrito significa que parte da carga deve-se a forças de atrito, reduzindo assim as cargas nos parafusos. Uma vez que as forças de atrito não são confiáveis e difíceis de medir, é uma prática comum pecar a favor da segurança e omiti-las dos cálculos.

A **tensão de cisalhamento média** na área de seção transversal de um parafuso é obtida dividindo-se a força de cisalhamento total V pela área A da seção transversal na qual ela age:

$$\tau_{\text{média}} = \frac{V}{A} \tag{1.19}$$

No exemplo da Figura 1.46, que mostra um parafuso em cisalhamento simples, a força de cisalhamento V é igual à carga P e a área A é a área da seção transversal do parafuso. Entretanto, no exemplo da Figura 1.46, em que o parafuso está em cisalhamento duplo, a força de cisalhamento V é igual a $P/2$.

Da Equação (1.19), vemos que as tensões de cisalhamento, como as tensões normais, representam a intensidade da força, ou força por unidade de área. Dessa forma, as **unidades** de tensão de cisalhamento são as mesmas que aquelas para tensão normal, ou seja, pascals, ou múltiplos dele, em unidades SI.

Os carregamentos distribuídos mostrados nas Figuras 1.46 e 1.47 são exemplos de **cisalhamento direto** (ou *cisalhamento simples*) nos quais as tensões de cisalhamento são criadas pela ação direta de forças tentando cortar o material. Cisalhamento direto surge no projeto de parafusos, pinos, rebites, soldas e juntas coladas.

As tensões de cisalhamento também surgem de maneira direta quando membros são submetidos à tração, torção e flexão, como será discutido nas Seções 2.6, 3.3 e 5.8, respectivamente.

Igualdade de tensões de cisalhamento em planos perpendiculares

Para obter uma visão mais complexa da ação de tensões de cisalhamento, vamos considerar um pequeno elemento de material na forma de um paralelepípedo retangular com lados de comprimento a, b e c nas direções x, y, z, respectivamente (Figura 1.49).* As faces posterior e anterior desse elemento estão livres de tensão.

Agora assuma que a tensão de cisalhamento τ_1 esteja uniformemente distribuída sobre a face direita, que tem área bc. Para que o elemento esteja em equilíbrio na direção y, a força de cisalhamento total $\tau_1 bc$, agindo na extremidade direita, deve ser balanceada por uma força igual, mas com direção oposta, na face da extremidade esquerda. Uma vez que as áreas dessas duas faces são iguais, as tensões de cisalhamento nas duas faces devem ser iguais.

As forças $\tau_1 bc$, agindo nas faces extremas esquerda e direita (Figura 1.49), formam um binário, cujo momento sobre o eixo z tem magnitude $\tau_1 abc$, agindo no sentido anti-horário na figura.** Para que haja um equilíbrio, é necessário que esse momento seja balanceado por momentos criados por tensões de cisalhamento iguais, mas opostas, nas faces superior e inferior do elemento. Denotando as tensões nas faces superior e inferior como τ_2, vemos que as forças de cisalhamento horizontal correspondentes são iguais a $\tau_2 ac$. Essas forças formam um binário de momentos $\tau_2 abc$ no sentido horário. Do equilíbrio de momentos do elemento sobre o eixo z, vemos que $\tau_1 abc$ é igual a $\tau_2 abc$, ou

$$\tau_1 = \tau_2 \qquad (1.20)$$

Dessa forma, as magnitudes das quatro tensões de cisalhamento atuando no elemento são iguais, como mostrado na Figura 1.50a.

Em resumo, chegamos às seguintes observações gerais a respeito de tensões de cisalhamento agindo em um elemento retangular:

1. Tensões de cisalhamento em faces opostas (e paralelas) são iguais em magnitude e opostas em direção.

2. Tensões de cisalhamento em faces adjacentes (e perpendiculares) de um elemento são iguais em magnitude e têm direções tais que, ou ambas as tensões convergem (ie, apontam) para a linha de interseção das faces, ou divergem da aresta de interseção das faces.

Essas observações foram obtidas para um elemento submetido apenas a tensões de cisalhamento (sem tensões normais), como ilustrado nas Figuras 1.49

---

* Um paralelepípedo é um prisma cujas bases são paralelogramos; dessa forma, um paralelepípedo tem seis faces, cada qual sendo um paralelogramo. Faces opostas são paralelas e paralelogramos idênticos. Um paralelepípedo retangular tem todas as faces na forma de retângulos.
** Um binário consiste em duas forças paralelas iguais em magnitude e opostas em direção.

e 1.50. Esse estado de tensão é chamado de cisalhamento puro e será discutido mais adiante com mais detalhes (Seção 3.5).

Para a maioria das aplicações, as conclusões anteriores permanecem válidas mesmo quando as tensões normais agem nas faces do elemento. A razão é que as tensões normais nas faces opostas de um elemento pequeno usualmente são iguais em magnitude e opostas em direção; dessa forma não alteram as equações de equilíbrio usadas para sustentar as conclusões anteriores.

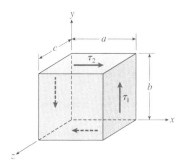

Figura 1.49

Pequeno elemento de material submetido a tensões de cisalhamento

Deformação de cisalhamento

Tensões de cisalhamento agindo em um elemento de material (Figura 1.50a) são acompanhadas por *deformações de cisalhamento*. Como uma ferramenta para visualizar essas deformações, notamos que as tensões de cisalhamento não têm tendência de alongar ou encurtar o elemento nas direções x, y e z – em outras palavras, os comprimentos dos lados do elemento não mudam. Em vez disso, as tensões de cisalhamento produzem uma mudança na forma do elemento (Figura 1.50b). O elemento original, que é um paralelepípedo retangular, é deformado em um paralelepípedo oblíquo e as faces anterior e posterior formam losangos.*

Por causa dessa deformação, os ângulos entre as faces laterais mudam. Por exemplo, os ângulos nos pontos q e s, que eram $\pi/2$ antes da deformação, foram reduzidos por um pequeno ângulo γ em $\pi/2 - \gamma$ (Figura 1.50b). Ao mesmo tempo, os ângulos nos pontos p e r são aumentados em $\pi/2 + \gamma$. O ângulo g é uma medida de **distorção**, ou mudança na forma, do elemento e é chamado de deformação de cisalhamento. Como a **deformação de cisalhamento** é um ângulo, é usualmente medida em graus ou radianos.

Figura 1.50

Elemento de material submetido a tensões e deformações de cisalhamento

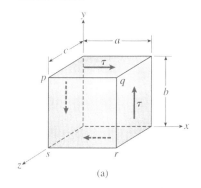

Convenções de sinais para deformações e tensões de cisalhamento

Como ferramenta para estabelecer convenções para deformações e tensões de cisalhamento, precisamos de um esquema para identificar as várias faces de um elemento de tensão (Figura 1.50). Daqui em diante, nos referiremos às faces orientadas para as direções positivas dos eixos como as faces positivas do elemento. Em outras palavras, uma face positiva tem sua normal externa voltada para a direção positiva dos eixos coordenados. As faces contrárias são as faces negativas. Desta forma, na Figura 1.50a, a extremidade direita, anterior e superior são as faces positivas x, y e z, respectivamente, e as faces opostas são as faces negativas x, y e z.

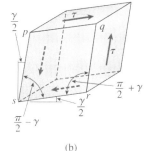

Usando a terminologia descrita no parágrafo anterior, podemos estabelecer a convenção de sinais para tensões de cisalhamento da seguinte maneira:

Uma tensão de cisalhamento agindo em uma face positiva de um elemento é positiva se age na direção positiva de um dos eixos coordenados e negativa se age na direção negativa de um eixo. Uma tensão de cisalhamento agindo em uma face negativa de um elemento é positiva se age na direção negativa de um eixo e negativa se age em uma direção positiva.

Assim, todas as tensões de cisalhamento mostradas na Figura 1.50a são positivas.

A convenção de sinais para a deformação de cisalhamento é a seguinte:

A deformação de cisalhamento em um elemento é positiva quando o ângulo entre duas faces positivas (ou duas faces negativas) é reduzido. A deformação é negativa quando se aumenta o ângulo entre duas faces positivas (ou duas negativas).

---

* Um **ângulo oblíquo** pode ser agudo ou obtuso, mas não é um ângulo reto. Um romboide é um paralelogramo com ângulos oblíquos e lados adjacentes distintos (um losango é um paralelogramo com ângulos oblíquos e todos os quatro lados iguais).

Assim, as deformações na Figura 1.50b são positivas, e vemos que tensões de cisalhamento positivas são acompanhadas por deformações de cisalhamento positivas.

Lei de Hooke em cisalhamento

As propriedades de um material sob cisalhamento podem ser determinadas experimentalmente a partir de ensaios de cisalhamento direto ou de ensaios de torção. Os ensaios de torção são conduzidos em tubos circulares, produzindo assim um estado de cisalhamento puro, como explicado mais adiante na Seção 3.5. Dos resultados desses testes, podemos traçar diagramas de **tensão-deformação para cisalhamento** (isto é, diagramas de tensão de cisalhamento τ por deformação de cisalhamento γ). Esses diagramas são similares em forma aos diagramas de ensaios de tração (σ por ε) para os mesmos materiais, embora sejam diferentes em magnitude.

Dos diagramas de tensão-deformação, podemos obter propriedades dos materiais como o limite de proporcionalidade, módulo de elasticidade, tensão de escoamento e tensão máxima. Essas propriedades no cisalhamento ficam geralmente em torno da metade dos valores obtidos para as mesmas propriedades na tração. Por exemplo, a tensão de escoamento para aço estrutural em cisalhamento é de 0,5 a 0,6 vezes a tensão de escoamento em tração.

Para muitos materiais, a parte inicial do diagrama de tensão-deformação para cisalhamento é uma reta através da origem, exatamente como na tração. Para essa região elástica linear, a tensão de cisalhamento e a deformação de cisalhamento são proporcionais e, por isso, temos a seguinte equação para a **lei de Hooke em cisalhamento**:

$$\tau = G\gamma \tag{1.21}$$

em que G é o **módulo de elasticidade para cisalhamento** (também chamado de *módulo de rigidez*).

O módulo de cisalhamento G tem as mesmas unidades que o módulo de tração E, ou seja, psi ou ksi em unidades USCS e pascals (ou múltiplos dele) em unidades SI. Para o aço doce, os valores típicos de G são 75 GPa; para ligas de alumínio, os valores típicos são 28 GPa. Valores adicionais estão listados na Tabela B.2, Apêndice B.

O módulo de elasticidade para tração e cisalhamento está relacionado da seguinte maneira:

$$G = \frac{E}{2(1 + \nu)} \tag{1.22}$$

em que ν é o coeficiente de Poisson. A relação, que será tratada mais adiante na Seção 3.6, mostra que E, G e ν não são propriedades elásticas independentes do material. Como o valor do coeficiente de Poisson para materiais comuns está entre zero e meio, vemos, da Equação (1.22), que G deve ser de um terço a um meio de E.

Os exemplos a seguir ilustram algumas análises típicas envolvendo os efeitos de cisalhamento. O Exemplo 1.9 trata das tensões de cisalhamento em uma placa, o Exemplo 1.10 trata de tensões cortantes e de cisalhamento em pinos e parafusos e o Exemplo 1.11 envolve o cálculo de tensões e deformações de cisalhamento em um elastômero submetido a forças horizontais de cisalhamento.

Exemplo 1.9

Uma prensa usada para fazer furos em placas de aço é mostrada na Figura 1.51a. Assuma que uma prensa com diâmetro $d = 20$ mm é usada para fazer um furo em uma placa de 8 mm, como mostrado na vista transversal (Figura 1.51b).

Se uma força $P = 110$ kN é necessária para criar o furo, qual é a tensão de cisalhamento média na placa e a tensão de compressão média na prensa?

Figura 1.51

Exemplo 1.9: Fazendo um furo em uma placa de aço

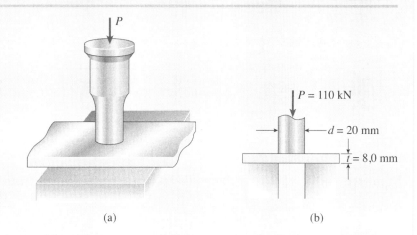

(a)   (b)

Solução

A tensão de cisalhamento média na placa é obtida dividindo-se a força P pela área de cisalhamento da placa. A área de cisalhamento A_s é igual à circunferência do furo vezes a espessura da placa, ou

$$A_s = \pi d t = \pi(20 \text{ mm})(8{,}0 \text{ mm}) = 502{,}7 \text{ mm}^2$$

em que d é o diâmetro da prensa e t é a espessura da placa. Por isso, a tensão de cisalhamento média na placa é

$$\tau_{\text{média}} = \frac{P}{A_s} = \frac{110 \text{ kN}}{502{,}7 \text{ mm}^2} = 219 \text{ MPa} \quad \Longleftarrow$$

A tensão de compressão média na prensa é:

$$\sigma_c = \frac{P}{A_{\text{prensa}}} = \frac{P}{\pi d^2/4} = \frac{110 \text{ kN}}{\pi(20 \text{ mm})^2/4} = 350 \text{ MPa} \quad \Longleftarrow$$

em que A_{prensa} é a área de seção transversal da prensa.

Nota: Essa análise é bem idealizada porque estamos desconsiderando efeitos de impacto que ocorrem quando uma prensa é batida contra a placa (a inclusão de tais efeitos exige métodos avançados de análise que estão além do alcance da mecânica dos materiais)

• • Exemplo 1.10

Figura 1.52a

Exemplo 1.10: Conexão de placa semicircular para escada de aço

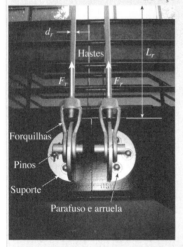

Componentes da conexão excêntrica de haste sustentadora. (© Barry Goodno)

Um conjunto de suporte semicircular é usado para apoiar uma escada de aço em um prédio de escritórios. O desenho em questão, descrito como uma *concepção excêntrica* utiliza dois suportes em forma de L separados, tendo uma forquilha e uma haste de sustentação de aço cada um para suportar a escada (ver Figura 1.52). Fotos do suporte de fixação e da haste sustentadora são mostrados abaixo (ver também **Exemplo 1.6**).

O projetista da escadaria quis considerar também um *desenho simétrico do suporte*. O desenho simétrico utiliza uma única haste sustentadora ligada por um pino e forquilha a um suporte em forma de T no qual os dois suportes separados em L estão ligados ao longo de um eixo vertical (ver Figuras 1.52c e d). Nesta concepção, o momento excêntrico da força da haste em relação ao eixo z é eliminado.

Na *concepção simétrica*, o peso da escada, da própria ligação e quaisquer ocupantes do edifício que estão usando a escada, é estimado para resultar numa força $F_r = 9600$ N na haste sustentadora única. Use valores numéricos para as dimensões de componentes de conexão a seguir indicados. Determine as seguintes tensões na conexão simétrica.

(a) A tensão de cisalhamento média no plano nos parafusos 1 a 6.
(b) A tensão de contato entre o pino da forquilha e o suporte.
(c) A tensão entre a forquilha e o pino.
(d) As forças nos parafusos na direção z, nos parafusos 1 e 4 devido ao momento em torno do eixo x, e a tensão normal resultante nos parafusos 1 e 4.
(e) A tensão de contato entre o suporte e as arruelas nos parafusos 1 e 4.
(f) A tensão de cisalhamento através do suporte nos parafusos 1 e 4.

Figura 1.52b

Vista lateral da haste sustentadora e suporte da conexão excêntrica (© Barry Goodno)

Figura 1.52c

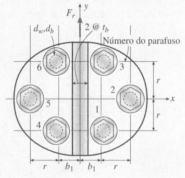

Parafusos 1 a 6 no desenho do suporte simétrico

Figura 1.52d

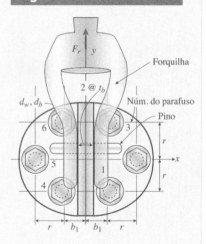

Forquilha e pino em desenho de suporte simétrico

Dados numéricos:

$$b_1 = 40 \text{ mm} \quad r = 50 \text{ mm} \quad t_b = 12 \text{ mm} \quad d_w = 40 \text{ mm}$$

$$d_b = 18 \text{ mm} \quad d_{pin} = 38 \text{ mm} \quad t_c = 14 \text{ mm}$$

$$e_z = 150 \text{ mm} \quad d_r = 40 \text{ mm} \quad F_r = 9600 \text{ N}$$

Solução

Como ponto de partida, notamos que a tensão de tração normal na haste sustentadora é calculada como a força na haste (F_r) dividida pela área da seção transversal da haste:

Exemplo 1.10 *Continuação*

$$\sigma_{rod} = \frac{F_r}{A_r} = \frac{9600\,N}{\frac{\pi}{4}(40\,mm)^2} = 7{,}64\,MPa$$

Agora, consideramos como é distribuída a força F_r na haste para os vários componentes da ligação (isto é, forquilha, pino, suporte e parafusos), resultando em normal, de cisalhamento e tensões de rolamento na conexão.

(a) A tensão de cisalhamento média nos parafusos 1 a 6 no plano é igual à força na haste dividida pela soma das áreas de seção transversal dos seis parafusos. Isto é baseado na suposição de que cada parafuso transporte a mesma fração da força total (ver Figura 1.52e.):

$$\tau_{bolt} = \frac{F_r}{6A_{bolt}} = \frac{9600\,N}{6\left[\frac{\pi}{4}(18\,mm)^2\right]} = 6{,}29\,MPa \;\blacktriangleleft$$

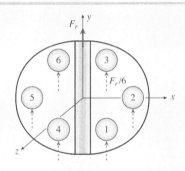

Figura 1.52e
Força de cisalhamento em cada parafuso no plano

(b) A tensão de contato entre o pino da forquilha e o suporte é mostrada na Figura 1.52f. O pino pressiona a porção central do suporte que tem uma espessura duas vezes a espessura da placa do suporte (t_b) e faz com que a tensão de rolamento seja calculada como segue:

$$\sigma_{b1} = \frac{F_r}{d_{pin}(2t_b)} = \frac{9600\,N}{(38\,mm)(2 \times 12\,mm)} = 10{,}53\,MPa \;\blacktriangleleft$$

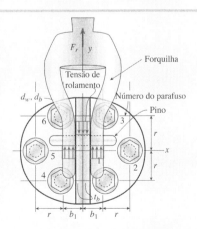

Figura 1.52f
Tensões de contato entre o pino e o suporte

Exemplo 1.10 Continuação

Figura 1.52g

A força da haste é aplicada na distância e_z da placa traseira do suporte (© Barry Goodno)

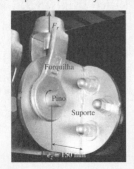

Figura 1.52h

O momento M_x pode ser convertido em dois pares de forças, cada uma igual a $F_z \times 2r$, que atuam sobre os pares de parafusos 1-3 e 4-6

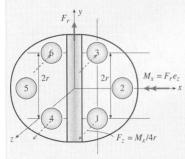

(c) O contato entre a forquilha e o pino em dois locais (ver Figura 1.52f) faz com que a **tensão de contato entre a forquilha e o pino** seja calculada como a força da haste dividida por duas vezes a espessura da forquilha (t_c) vezes o diâmetro do pino:

$$\sigma_{b2} = \frac{F_r}{d_{pino}(2t_c)} = \frac{9600 \text{ N}}{(38 \text{ mm})(2)(14 \text{ mm})} = 9,02 \text{ MPa}$$

(d) Embora o suporte da conexão seja simétrico com respeito ao plano yz, a força da haste F_r é aplicada a uma distância e_z = 150 mm a partir da placa de trás (ver Figura 1.52g). Isso resulta em um momento em torno do eixo x: $M_x = F_r \times e_z$ que pode ser convertido em dois pares de forças, cada uma igual a $F_z \times 2r$, nos **pares de parafuso** 1,3 e 4-6. A força de **tensão resultante em parafusos 1 e 4** é calculada como:

$$F_z = \frac{M_x}{4r} = \frac{F_r e_z}{4r} = \frac{9600 \text{ N}(150 \text{ mm})}{4(50 \text{ mm})} = 7,2 \text{ kN}$$

Aqui, assumimos que o momento $F_r \times e_z$ atua sobre o eixo x, o que elimina os parafusos 2 e 5, porque eles se encontram ao longo do eixo x (Figura 1.52h). Usando a força F_z, agora podemos calcular a tensão normal em parafusos 1 e 4 como:

$$\sigma_1 = \sigma_4 = \frac{F_z}{\frac{\pi}{4} d_b^2} = \frac{7,2 \text{ kN}}{\frac{\pi}{4}(18 \text{ mm})^2} = 28,3 \text{ MPa}$$

Note que os parafusos são susceptíveis de ser pré-tensionados de modo que a tensão calculada σ_1 ou σ_4 é, de fato, o aumento de tensão nos parafusos 1 e 4, respectivamente, e a diminuição na tensão nos parafusos 3 e 6, respectivamente, devido ao momento M_x. Também, note que a concepção do suporte simétrico elimina o momento de torção sobre o eixo z ($M_z = F_r \times e_x$) resultante da aplicação da força da haste a uma distância e_x a partir do centro de gravidade do grupo de parafusos na concepção do suporte excêntrico.

(e) Agora que conhecemos a força F_z atuando sobre os parafusos 1 e 4, podemos calcular a **tensão de contato entre o suporte e a arruela** nos parafusos 1 e 4. A área de contato é a área da forma de anel da arruela de modo que a tensão de contato é:

$$\sigma_{b3} = \frac{F_z}{\frac{\pi}{4}(d_w^2 - d_b^2)} = \frac{7,2 \text{ kN}}{\frac{\pi}{4}[(40 \text{ mm})^2 - (18 \text{ mm})^2]} = 7,18 \text{ MPa}$$

(f) Finalmente, a **tensão de cisalhamento** nos parafusos 1 e 4, é a força F_z dividida pela circunferência da arruela vezes a espessura do suporte:

$$\tau = \frac{F_z}{\pi d_w t_b} = \frac{7,2 \text{ kN}}{\pi(40 \text{ mm})(12 \text{ mm})} = 4,77 \text{ MPa}$$

1.8 Tensões e cargas admissíveis

A engenharia foi descrita como a *aplicação da ciência no cotidiano da vida*. Para cumprir essa missão, os engenheiros projetam uma variedade quase infinita de objetos para servir às necessidades básicas da sociedade. Dentre essas necessidades, incluem-se casas, agricultura, transporte, comunicações e muitos outros aspectos da vida moderna. Fatores a serem considerados no projeto incluem funcionalidade, resistência, aparência, economia e efeitos ambientais. Entretanto, ao se estudar a mecânica dos materiais, nosso principal interesse no projeto é a **resistência**, ou seja, a *capacidade do objeto de suportar ou transmitir cargas*. Objetos que devem sustentar cargas incluem prédios, máquinas, contêineres, caminhões, aviões, navios e muitos outros. Por simplicidade, vamos nos referir a todos esses objetos como **estruturas**; dessa forma, *uma estrutura é qualquer objeto que deve suportar ou transmitir cargas*.

Fatores de segurança

Se a falha estrutural deve ser evitada, as cargas que a estrutura é capaz de suportar devem ser maiores que as cargas às quais a estrutura será submetida quando utilizada. Como resistência é a capacidade de uma estrutura de resistir cargas, o critério anterior pode ser reafirmado: *a resistência real de uma estrutura deve exceder a resistência exigida*. A razão da resistência real em relação à resistência exigida é chamada de **fator de segurança** n:

$$\text{Fator de segurança } n = \frac{\text{Resistência real}}{\text{Resistência exigida}} \qquad (1.23)$$

Naturalmente o fator de segurança deve ser maior que 1,0, a fim de se evitar falhas. Dependendo das circunstâncias, fatores de segurança ligeiramente acima de 1,0 até quase 10 são usados.

A incorporação de fatores de segurança no projeto não é um procedimento simples, porque tanto a resistência como a falha têm muitos significados diferentes. A resistência pode ser medida pela capacidade de se carregar carga de uma estrutura, ou pode ser medida como a tensão no material. A falha pode significar fratura ou colapso total de uma estrutura ou pode indicar que as deformações tornaram-se tão grandes que a estrutura não é mais capaz de cumprir sua função. Este último tipo de falha pode ocorrer mesmo a cargas muito menores que aquelas que realmente causam colapso.

A determinação do fator de segurança deve levar em consideração os seguintes problemas: probabilidade de sobrecarregamento acidental da estrutura por cargas que excedem as cargas de projeto; tipos de cargas (estáticas ou dinâmicas); se as cargas são aplicadas apenas uma vez ou repetidamente; o quão exatamente as cargas são conhecidas; possibilidades de falha por fadiga; imprecisões na construção; variabilidade na qualidade do trabalho humano; variações nas propriedades dos materiais; deterioração devido à corrosão ou outros efeitos ambientais; precisão dos métodos de análise; se a falha é gradual (ampla advertência) ou repentina (sem advertência); consequências da falha (pequeno dano ou catástrofe) e outras considerações. Se o fator de segurança é muito baixo, a probabilidade de falha será alta e a estrutura será inaceitável. Se o fator é muito grande, a estrutura apresentará um desperdício de material e talvez seja inaplicável para suas funções (por exemplo, pode ser muito pesada).

Por causa dessas complexidades e incertezas, os fatores de segurança devem ser determinados em uma base probabilística. Eles geralmente são estabelecidos por grupos de engenheiros experientes que escrevem as normas e especificações usados pelos projetistas e algumas vezes são até mesmo definidos em lei. As provisões de normas e especificações devem fornecer níveis razoáveis de segurança sem custos incoerentes.

No projeto de aviões, é comum falar em margem de segurança em vez de fator de segurança. A **margem de segurança** é definida como o fator de segurança menos um:

$$\text{Margem de segurança} = n - 1 \tag{1.24}$$

Margem de segurança é geralmente expressa como uma porcentagem, de forma que o valor dado acima é multiplicado por 100. Dessa forma, uma estrutura tendo uma resistência real que é 1,75 vez a resistência exigida tem um fator de segurança de 1,75 e uma margem de segurança de 0,75 (ou 75%). Quando a margem de segurança é reduzida a zero ou menos, a estrutura (presumidamente) vai falhar.

Tensões admissíveis

Fatores de segurança são definidos e implementados de várias formas. Para muitas estruturas, é importante que o material permaneça dentro do intervalo elástico linear, para evitar deformações permanentes quando as cargas são removidas. Sob essas condições, o fator de segurança é estabelecido em relação ao escoamento da estrutura. O escoamento começa quando a tensão de escoamento é alcançada em *qualquer* ponto dentro da estrutura. Por isso, aplicando um fator de segurança em relação à tensão de escoamento (ou resistência ao escoamento), obtemos uma **tensão admissível** (ou *tensão de trabalho*) que não deve ser excedida em nenhum ponto na estrutura. Dessa forma,

$$\text{Tensão admissível} = \frac{\text{Tensão de escoamento}}{\text{Fator de segurança}} \tag{1.25}$$

ou, para tração e cisalhamento, respectivamente,

$$\sigma_{\text{adm}} = \frac{\sigma_Y}{n_1} \quad \text{e} \quad \tau_{\text{adm}} = \frac{\tau_Y}{n_2} \tag{1.26a,b}$$

em que σ_Y e τ_Y são as tensões de escoamento e n_1 e n_2 são os fatores correspondentes de segurança. No projeto de edifícios, um fator típico de segurança em relação ao escoamento em tração é 1,67; dessa forma, um aço mole tendo uma tensão de escoamento de 250 Mpa tem uma tensão admissível de 150 MPa.

Algumas vezes o fator de segurança é aplicado à **tensão máxima** em vez da tensão de escoamento. Esse método é aplicável para materiais frágeis, como concreto e alguns plásticos, e para materiais sem uma tensão de escoamento claramente definida, como madeira e aços de alta resistência. Nesses casos as tensões admissíveis em tração e cisalhamento são:

$$\sigma_{\text{adm}} = \frac{\sigma_U}{n_3} \quad \text{e} \quad \tau_{\text{adm}} = \frac{\tau_U}{n_4} \tag{1.27a,b}$$

em que σ_U e τ_U são as tensões máximas (ou resistências máximas). Os fatores de segurança em relação à tensão máxima de um material são geralmente maiores que aqueles baseados em resistência de escoamento. No caso do aço mole, um fator de segurança de 1,67 em relação ao escoamento corresponde a um fator de aproximadamente 2,8 em relação à tensão máxima.

Cargas admissíveis

Depois que a tensão admissível foi estabelecida para um material e uma estrutura em particular, a **carga admissível** nessa estrutura pode ser determinada. A relação entre a carga admissível e a tensão admissível depende do tipo de estrutura. Neste capítulo, estamos preocupados apenas com os tipos mais elementares de estruturas, ou seja, barras em tração ou compressão e pinos (ou parafusos) em cisalhamento direto e cortante.

Nesses tipos de estruturas, as tensões são uniformemente distribuídas (ou pelo menos *assumimos* que o são) sobre uma área. Por exemplo, no caso de uma barra em tração, a tensão é uniformemente distribuída sobre a área de seção transversal assumindo que a força axial resultante age através do centroide da seção transversal. O mesmo é verdadeiro para uma barra em compressão caso a barra não envergue. No caso de um pino submetido a cisalhamento, apenas consideramos a tensão de cisalhamento média na seção transversal, o que equivale a assumir que a tensão de cisalhamento é uniformemente distribuída. Similarmente, consideramos apenas um valor médio da tensão cortante agindo na área projetada do pino.

Por isso, nos quatro casos anteriores a **carga admissível** (também chamada de *carga permitida* ou *carga de segurança*) é igual à tensão admissível multiplicada pela área sobre a qual ela age:

$$\text{Carga admissível} = (\text{Tensão admissível})(\text{área}) \qquad (1.28)$$

Para barras em *tração* e *compressão puras* (sem flambagem), essa equação se torna:

$$P_{adm} = \sigma_{adm} A \qquad (1.29)$$

em que σ_{adm} é a tensão normal permitida e A é a área de seção transversal da barra. Se há um furo na barra, a **área remanescente** normalmente será usada quando a barra estiver em tração. A área remanescente é a área de seção transversal total menos a área removida pelo buraco. Para compressão, a área total pode ser usada se o furo for preenchido por um parafuso ou um pino que possa transmitir as tensões de compressão.

Para pinos em *cisalhamento puro*, a Equação (1.30) torna-se:

$$P_{adm} = \tau_{adm} A \qquad (1.30)$$

em que τ_{adm} é a tensão de cisalhamento permitida e A é a área sobre a qual as tensões de cisalhamento agem. Se o pino está em cisalhamento simples, a área é a de seção transversal do pino; em cisalhamento duplo, é duas vezes a área de seção transversal.

Finalmente, a carga permitida baseada na *cortante* é:

$$P_{adm} = \sigma_b A_b \qquad (1.31)$$

em que σ_b é a tensão cortante admissível e A_b é a área projetada do pino ou outra superfície sobre a qual as tensões cortantes agem.

O exemplo a seguir ilustra como as cargas admissíveis são determinadas quando as tensões admissíveis para o material são conhecidas.

Exemplo 1.11

Uma barra de aço, servindo como um "cabide" vertical para sustentar máquinas pesadas em uma fábrica, é vinculada a um suporte pela conexão parafusada mostrada na Figura 1.53. A parte principal do cabide tem seção transversal retangular com largura $b_1 = 38$ mm e espessura $t = 13$ m. Duas cantoneiras (espessura $t_c = 9,5$ mm) estão presos a um suporte superior por meio de parafusos 1 e 2, cada um com um diâmetro de 12 mm; cada parafuso tem uma arruela com um diâmetro $d_w = 28$ mm. A parte principal do sustentador é ligada às cantoneiras por um único parafuso (parafuso 3 na Figura1.53a) com um diâmetro $d = 25$ mm. O "cabide" tem uma seção transversal retangular com uma largura $b_1 = 38$ mm e uma espessura $t = 13$ mm, mas na conexão aparafusada, o "cabide" é ampliado para uma largura $b_2 = 75$ mm. Determine o *valor admissível da carga de tração P* no parafuso baseado nas quatro considerações a seguir:

(a) A **tensão de tração admissível** na parte principal do cabide é de 110 MPa.
(b) A tensão de tração admissível no cabide na **seção transversal do furo do parafuso 3** é de 75 MPa (a tensão permitida nessa seção é menor por causa das concentrações de tensão ao redor do furo).
(c) A **tensão de contato admissível** entre o cabide e o parafuso 3 é igual a 180 MPa.
(d) A **tensão de cisalhamento admissível** no parafuso 3 é de 45 MPa.
(e) A **tensão normal admissível** nos parafusos 1 e 2 é de 160 MPa.
(f) A **tensão de rolamento admissível entre a arruela e a cantoneira** nos parafusos 1 ou 2 é de 65 MPa.
(g) A **tensão de cisalhamento admissível** através da cantoneira nos parafusos 1 e 2 é de 35 MPa.

Figura 1.53

Exemplo 1.11: Sustentador vertical sujeito a uma carga de tração *P*: (a) Vista frontal da conexão parafusada, e (b) vista lateral da conexão.

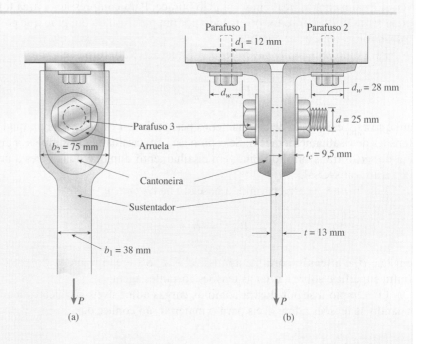

Propriedades numéricas:

$t_c = 9,5$ mm $t = 13$ mm $b_1 = 38$ mm $b_2 = 75$ mm

$d_1 = 12$ mm $d = 25$ mm $d_w = 28$ mm

$\sigma_a = 110$ MPa $\sigma_{a3} = 75$ MPa $\sigma_{ba3} = 180$ MPa $\tau_{a3} = 45$ MPa

$\tau_{a1} = 35$ MPa $\sigma_{a1} = 160$ MPa $\sigma_{ba1} = 65$ MPa

Exemplo 1.11 Continuação

Solução

(a) A **carga admissível** P_a baseada na **tensão na parte principal do cabide** Figura 1.54c é igual à tensão admissível em tração vezes a área de seção transversal do cabide (Equação 1.29):

$$P_a = \sigma_a b_1 t = (110 \text{ MPa})(38 \text{ mm} \times 13 \text{ mm}) = 54,3 \text{ kN}$$

Uma carga maior que esse valor vai sobrecarregar a parte principal do cabide, isto é, a tensão real excederá a tensão admissível, reduzindo dessa forma o fator de segurança.

(b) Na **seção transversal do cabide através do buraco do parafuso** (Figura 1.54d), devemos fazer um cálculo similar, mas com uma tensão admissível e uma área diferentes. A área de seção transversal remanescente, isto é, a área que permanece depois que o buraco é perfurado através da barra, é igual à largura remanescente multiplicada pela espessura. A largura líquida é igual à largura total b_2 menos o diâmetro d do parafuso. Dessa forma, a equação para a **carga admissível** P_b nessa seção é:

$$P_b = \sigma_{a3}(b_2 - d)t = (75 \text{ MPa})(75 \text{ mm} - 25 \text{ mm})(13 \text{ mm}) = 48,8 \text{ kN}$$

(c) A carga admissível baseada na **compressão entre o cabide e o parafuso** é igual à tensão de esmagamento admissível vezes a área de contato. A área de contato é a projeção da área de contato real, que é igual ao diâmetro do parafuso vezes a espessura do cabide. Por isso, a carga admissível (Equação 1.31) é

$$P_c = \sigma_{ba3} dt = 58,5 \text{ kN} = (180 \text{ MPa})(25 \text{ mm})(13 \text{ mm}) = 58,5 \text{ kN}$$

Figura 1.53c

Figura 1.53d
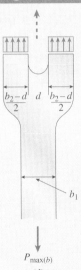

Figura 1.53e
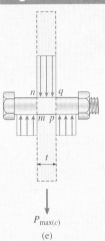

(d) Finalmente, a carga admissível P_d baseada no cisalhamento no parafuso é igual à tensão de cisalhamento admissível multiplicada pela área de cisalhamento (Equação 1.30). A área de cisalhamento é duas vezes a área do parafuso porque o parafuso está em cisalhamento duplo; dessa forma:

$$P_d = 2\tau_{a3}\left(\frac{\pi}{4}d^2\right) = 2(45 \text{ MPa})\left[\frac{\pi}{4}(25 \text{ mm})^2\right] = 44,2 \text{ kN}$$

Exemplo 1.11 Continuação

Figura 1.53f

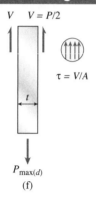
(f)

(e) A **tensão normal admissível** nos parafusos 1 e 2 é de 160 MPa. Cada parafuso carrega a metade da carga aplicada P (ver Figura 1.53g). A carga total admissível P_e é o produto da tensão normal admissível no parafuso e a soma das áreas de seção transversal dos parafusos 1 e 2:

$$P_e = \sigma_{a1}(2)\left(\frac{\pi}{4}d_1^2\right) = (160 \text{ MPa})(2)\left[\frac{\pi}{4}(12 \text{ mm})^2\right] = 36,2 \text{ kN} \blacktriangleleft$$

(f) A **tensão de contato permitida entre a arruela e a cantoneira** nos parafusos 1 ou 2 é de 65 MPa. Cada parafuso (1 ou 2) carrega a metade da carga aplicada P (ver Figura 1.53h). A área de contato aqui é a forma de anel circular da arruela (a arruela é assumida para caber confortavelmente contra o parafuso). A carga total permissível P_f é a tensão de contato admissível sobre a arruela vezes o dobro da área da arruela:

Figura 1.53g

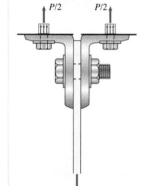
(g)

$$P_f = \sigma_{ba1}(2)\left[\frac{\pi}{4}(d_w^2 - d_1^2)\right] = (65 \text{ MPa})(2)\left\{\frac{\pi}{4}[(28 \text{ mm})^2 - (12 \text{ mm})^2]\right\}$$
$$= 65,3 \text{ kN}$$

(g) A **tensão de cisalhamento admissível** através da cantoneira nos parafusos 1 e 2 é de 35 MPa. Cada parafuso (1 ou 2) carrega a metade da carga aplicada P (ver Figura 1.53i). A área de cisalhamento em cada parafuso é igual à circunferência do furo ($\pi \times d_w$) vezes a espessura do grampo angular (t_c).

A carga total admissível P_g é a tensão de cisalhamento admissível vezes o dobro da área de cisalhamento:

$$P_g = \tau_{a1}(2)(\pi d_W t_c) = (35 \text{ MPa})(2)(\pi \times 28 \text{ mm} \times 9,5 \text{ mm}) = 58,5 \text{ kN}$$

Descobrimos agora as cargas de tração admissível no sustentador com base nas sete condições dadas. Comparando os sete resultados anteriores, vemos que o **menor valor da carga é** $P_{adm} = 36,2$ kN. Essa carga, que é baseada em **tensão normal nos parafusos 1 e 2** [ver parte (e) acima], é a carga de tração admissível no sustentador.

Poderíamos refinar a análise para continuar, considerando o próprio peso do conjunto sustentador inteiro (ver Exemplo 1.6).

Figura 1.53h

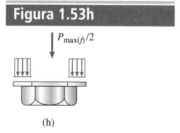
(h)

Figura 1.53i

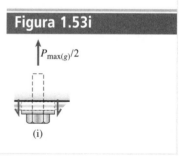
(i)

1.9 Dimensionamento para cargas axiais e cisalhamento puro

Na seção anterior, discutimos a determinação de cargas admissíveis para estruturas simples, e nas demais seções anteriores, vimos como determinar as tensões, os deslocamentos e as deformações de barras. A determinação de tais quantidades é conhecida como **análise**. No contexto de mecânica dos materiais, a análise consiste em determinar a resposta de estruturas a cargas, mudanças de temperatura e outras ações físicas. Por resposta de uma estrutura queremos dizer tensões, deslocamentos e deformações produzidas pelas cargas.

A resposta também se refere à capacidade de uma estrutura de suportar cargas; por exemplo, a carga admissível em uma estrutura é uma forma de resposta.

Uma estrutura é dita *conhecida* (ou *dada*) quando temos uma descrição física completa dela, isto é, quando conhecemos todas as suas *propriedades*. As propriedades das estruturas incluem os tipos de membros e como são arranjados, as dimensões de todos os membros, os tipos de suportes e onde estão localizados, os materiais usados e as propriedades dos materiais. Dessa forma, ao analisar uma estrutura, *as propriedades são dadas e as respostas devem ser determinadas*.

O processo inverso é chamado **dimensionamento**. Ao dimensionar uma estrutura, *devemos determinar as suas propriedades para que ela suporte as cargas e realize suas devidas funções*. Por exemplo, um problema comum de dimensionamento em engenharia é determinar o tamanho de um membro para suportar dadas cargas. Dimensionar uma estrutura é geralmente um processo muito mais longo e difícil do que analisá-la – de fato, analisar uma estrutura, em geral mais de uma vez, é tipicamente parte do processo de dimensionamento.

Nesta seção, trataremos do dimensionamento em sua forma mais elementar, calculando os tamanhos exigidos de membros de tração simples e de compressão, bem como de pinos e parafusos carregados em cisalhamento. Nesses casos o processo de dimensionamento é bem simples. Conhecendo as cargas a serem transmitidas e as tensões admissíveis nos materiais, podemos calcular as áreas exigidas de membros através da seguinte relação geral (compare com a Equação 1.28):

$$\text{Área exigida} = \frac{\text{Carga a ser transmitida}}{\text{Tensão admitida}} \quad (1.32)$$

Essa equação pode ser aplicada a qualquer estrutura em que as tensões estejam uniformemente distribuídas sobre a área (o uso dessa equação para encontrar o tamanho de uma barra em tração e o tamanho de um pino em cisalhamento é ilustrado no Exemplo 1.13, que vem a seguir).

Em adição às considerações de **resistência**, como exemplificado pela Equação (1.32), no dimensionamento de uma estrutura é provável o envolvimento da **rigidez** e **estabilidade**. Rigidez refere-se à capacidade da estrutura de resistir a mudanças na forma (por exemplo, resistir a estiramento, flexão ou torção), e estabilidade refere-se à capacidade da estrutura de resistir ao envergamento sob tensões de compressão. Limitações na rigidez são às vezes necessárias para prevenir deformações excessivas, como grandes deflexões de uma viga, que poderiam interferir com seu desempenho. Envergamento é a principal consideração no dimensionamento de colunas, que são membros de compressão finos (Capítulo 11).

Outra parte do processo de dimensionamento é a **otimização**, que é a tarefa de dimensionar a melhor estrutura para atingir determinado objetivo, como um peso mínimo. Por exemplo, pode haver muitas estruturas que suportarão uma dada carga, mas em algumas circunstâncias a melhor estrutura será a mais leve. Naturalmente, objetivos como peso mínimo devem sempre ser balanceados com outras considerações gerais, incluindo os aspectos estéticos, econômicos, ambientais, políticos e técnicos do projeto de dimensionamento particular.

Ao analisar ou dimensionar uma estrutura, nos referimos às forças que agem nela como **cargas** ou **reações**. Cargas são forças ativas aplicadas à estrutura por alguma causa externa, como gravidade, pressão da água, vento e movimento do solo por terremoto. Reações são forças passivas induzidas nos suportes da estrutura – suas magnitudes e direções são determinadas pela natureza da própria estrutura. Dessa forma, reações devem ser calculadas como parte da análise, ao passo que as cargas são conhecidas com antecedência.

O Exemplo 1.13, a seguir, começa por uma revisão de **diagramas de corpo livre** e estática elementar e termina com o dimensionamento de uma barra em tração e um pino em cisalhamento direto.

Ao desenhar diagramas de corpo livre é muito útil distinguir reações de cargas ou outras forças aplicadas. Um esquema comum é colocar um traço através da seta ou fazer um tracejado para representar uma força reativa, como ilustrado na Figura 1.54 no exemplo que segue.

• • • Exemplo 1.12

A estrutura de cabo e tubo *ABCD* mostrada na Figura 1.54 tem suporte de pino nos pontos *A* e *D*, que têm 1,8 m de distância. O membro *ABC* é um tubo de aço e o membro *BDC* é um cabo contínuo que passa sobre uma polia sem atrito em D. Uma placa pesando 6,6 kN é suspenso na barra *ABC* nos pontos *E* e *F*.

Determine o diâmetro exigido dos pinos em *A*, *B*, *C* e *D*, se a tensão de cisalhamento admissível é de 45 MPa. Além disso, **encontre as áreas transversais necessárias da barra *ABC* e cabo *BDC*** se as **tensões admissíveis em tensão e compressão** são 124 MPa e 69 MPa, respectivamente. (A tensão de compressão admissível é menor por causa da possibilidade de uma instabilidade de flambagem.)

(*Nota*: Os pinos nos suportes estão em cisalhamento duplo. Além disso, considere apenas o peso da placa; desconsiderar os pesos dos membros *BDC* e *ABC*.)

Figura 1.54

Exemplo 1.12: Tubo sustentado por cabo *ABC* carregando sinal de peso *W*

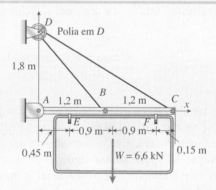

Solução

O primeiro passo da solução total é encontrar as forças de reação no suporte e a força de tração no cabo contínuo BDC. Estas quantidades são encontradas através da aplicação das leis da estática e diagramas de corpo livre (ver Seção 1.2). Uma vez que as forças de reação e do cabo são conhecidas, podemos encontrar as forças axiais no membro *ABC* e as forças de cisalhamento em pinos em *A*, *B*, *C* e *D*. Podemos, então, encontrar os tamanhos necessários do membro *ABC* e dos pinos em *A*, *B*, *C* e *D*.

Reações: Começamos com um *diagrama de corpo livre de toda a estrutura* (Figura 1.55), que mostra todas as forças aplicadas e de reação. Usamos a convenção de sinais de estática para que todos os componentes da reação sejam inicialmente mostrados nas direções positivas coordenadas.

Exemplo 1.12 Continuação

Figura 1.55

Exemplo 1.12: Diagrama de corpo livre de toda a estrutura

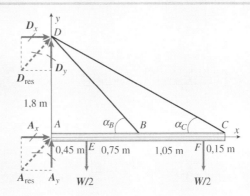

Somando momentos em relação ao ponto D (momentos sentido anti-horário são positivos) resulta:

$$\Sigma M_D = 0 \quad A_x(1,8\text{ m}) - \frac{W}{2}(0,45\text{ m} + 2,25\text{ m}) = 0 \quad \text{ou} \quad A_x = \frac{6,6\text{ kN}}{2}\left(\frac{2,7\text{ m}}{1,8\text{ m}}\right)$$
$$= 4,95\text{ kN}$$

Em seguida, **some forças na direção x**:

$$\Sigma F_x = 0 \quad A_x + D_x = 0 \quad \text{or} \quad D_x = -A_x = -4,95\text{ kN}$$

O sinal negativo significa que D_x atua na direção x negativa.

Somando forças na direção x na junção D nos dará a força no cabo contínuo *BDC*.

Primeiro calcule os ângulos α_B e α_C (ver Figura 1.55):

$$\alpha_B = \text{arctg}\left(\frac{1,8}{1,2}\right) = 56,31° \quad \alpha_C = \text{arctg}\left(\frac{1,8}{2,4}\right) = 36,87°$$

Agora $\Sigma F_x = 0$ na junção *D*:

$$D_x + T(\cos(\alpha_B) + \cos(\alpha_C)) = 0 \quad \text{so} \quad T = \frac{-D_x}{(\cos(\alpha_B) + \cos(\alpha_C))}$$

$$\text{ou} \quad T = \frac{-(-4,95\text{ kN})}{(\cos(\alpha_B) + \cos(\alpha_C))} = 3,65\text{ kN}$$

Agora, encontre a reação vertical na polia *D*, onde $T_B = T_C$ porque o cabo é um cabo contínuo (ver Figura 1.56)

$$D_y = T(\text{sen}(\alpha_B) + \text{sen}(\alpha_C)) = 5,23\text{ kN}$$

O sinal de adição significa que D_y atua na direção y positiva.

Assim, o produto resultante em *D* é:

$$D_{res} = \sqrt{D_x^2 + D_y^2} = 7,2\text{ kN}$$

Em seguida, somar as forças na direção y no diagrama completo de corpo livre para obter A_y:

$$\Sigma F_y = 0 \quad A_y + D_y - W = 0 \quad \text{então} \quad A_y = -D_y + W = 1,37\text{ kN}$$

O resultado em *A* é:

$$A_{res} = \sqrt{A_x^2 + A_y^2} = 5,14\text{ kN}$$

Exemplo 1.12 Continuação

Figura 1.56
Diagrama de corpo livre da junção D

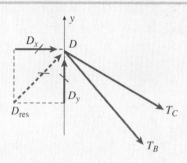

Como uma verificação final, confirme o equilíbrio usando o diagrama de corpo livre do tubo **ABC** (ver Figura 1.57, onde $T_B = T_C$ porque o cabo é um cabo contínuo). As forças irão somar zero e a soma dos momentos sobre A é zero:

ΣF_x: $A_x - T\cos(\alpha_B) - T\cos(\alpha_C) = 0$

ΣF_y: $A_y - W + T\operatorname{sen}(\alpha_B) + T\operatorname{sen}(\alpha_C) = 0$

ΣM_A: $T\operatorname{sen}(\alpha_B)(0{,}45\text{ m} + 0{,}75\text{ m}) + T\operatorname{sen}(\alpha_C)(2{,}4\text{ m}) -$

$$\frac{W}{2}(0{,}45\text{ m} + 2{,}25\text{ m}) = 0$$

Figura 1.57
Diagrama de corpo livre do membro ABC

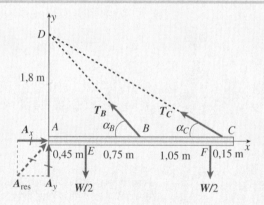

Determine as forças de cisalhamento nos pinos (todos estão em duplo cisalhamento) e o **diâmetro exigido de cada pino**. Agora que as forças de reação e do cabo são conhecidas, podemos identificar as forças de cisalhamento nos pinos em A, B, C e D e, em seguida, encontrar o tamanho exigido de cada pino.

Pino em A:

$$A_{pinoA} = \frac{A_{res}}{2\,\tau_{adm}} = \frac{5{,}14\text{ kN}}{2(45\text{ MPa})} = 57{,}1\text{ mm}^2$$

então $d_{pinoA} = \sqrt{\dfrac{4}{\pi}(57{,}1\text{ mm}^2)} = 8{,}53\text{ mm}$

Exemplo 1.12 *Continuação*

Pino em *B*:

$$A_{pinoB} = \frac{T}{2\tau_{adm}} = \frac{3,65 \text{ kN}}{2(45 \text{ MPa})} = 40,6 \text{ mm}^2$$

$$\text{então } d_{pinoB} = \sqrt{\frac{4}{\pi}(40,6 \text{ mm}^2)} = 7,19 \text{ mm}$$

Pino em*C*:
A força resultante em *C* é a mesma que em B, de modo que o pino em *C* terá o mesmo diâmetro que em *B*.
Pino na polia em *D*:

$$A_{pinoD} = \frac{D_{res}}{2\tau_{adm}} = \frac{7,2 \text{ kN}}{2(45 \text{ MPa})} = 80 \text{ mm}^2$$

$$\text{então } d_{pinoD} = \sqrt{\frac{4}{\pi}(80 \text{ mm}^2)} = 10,09 \text{ mm}$$

Determine a força axial no cabo *BDC* e a *área de seção transversal do cabo necessária*. Aqui usamos a tensão calculada para *T* e a maior tensão axial admissível para membros em tensão:

$$A_{cabo} = \frac{T}{\sigma_{admT}} = \frac{3,65 \text{ kN}}{69 \text{ MPa}} = 52,9 \text{ mm}^2$$

Determine a força axial no tubo *ABC* e a *área de seção transversal do tubo necessária*. Podemos usar diagramas de corpo livre de porções do membro *ABC* para calcular a força de compressão axial *N* nos segmentos *AB* e *BC* (como discutido na Seção 1.2). Para o segmento AB, a força $N_{AB} = -4,95$ kN, enquanto no segmento BC, $N_{BC} = -2,92$ kN. A força maior N_{AB} prevalece. Agora, temos de usar a tensão axial admissível reduzida para a compressão, então a área requerida é:

$$A_{tubo} = \frac{4,95 \text{ kN}}{\sigma_{admC}} = \frac{4,95 \text{ kN}}{69 \text{ MPa}} = 71,7 \text{ mm}^2$$

Notas: Neste exemplo, nós intencionalmente omitimos o peso da estrutura tubo-cabo dos cálculos. No entanto, uma vez que os tamanhos dos membros são conhecidos, os seus pesos podem ser calculados e incluídos nos diagramas de corpo livre dados.

Quando os pesos das barras estão incluídos, a concepção do membro *ABC* torna-se mais complicada. Não só devido ao seu próprio peso, mas também por causa do peso da placa, o membro ABC é uma *viga* submetida à flexão e a cisalhamento transversal, bem como a compressão axial. O projeto de tais membros deve esperar até que estudemos tensões em vigas (Capítulo 5), onde uma viga com cargas axiais é discutida em tópico separado (ver a Seção 5.12). Como as forças de compressão aumentam, a possibilidade de instabilidade lateral (ou flambagem) do tubo ABC também se torna uma preocupação; vamos investigar isso no Capítulo 11.

Na prática, outras cargas além dos pesos da estrutura e placa teriam que ser considerados antes de tomar uma decisão final sobre os tamanhos dos tubos, cabos e pinos. Cargas que poderiam ser importantes incluem cargas de vento, cargas de terremoto e os pesos dos objetos que podem ter de ser apoiados temporariamente pela estrutura.

Finalmente, se os cabos BD e CD forem cabos separados (em vez de um cabo contínuo, como na análise anterior, onde $T_B = T_C$), as forças T_B e T_C nos dois cabos não seriam iguais em magnitude. A estrutura seria agora estaticamente indeterminada e as forças do cabo e as reações em A não poderiam ser determinadas usando as equações de equilíbrio estático sozinhas. Vamos considerar problemas deste tipo no Capítulo 2, Seção 2.4.

RESUMO E REVISÃO DO CAPÍTULO

No Capítulo 1, estudamos as propriedades mecânicas dos materiais de construção. Calculamos tensões e deformações normais em barras carregadas por cargas axiais centroidais e também tensões e deformações de cisalhamento (assim como tensões de esmagamento) em conexões de pino usadas na montagem de estruturas simples, tais como treliças. Definimos também níveis admissíveis de tensão a partir de fatores adequados de segurança e utilizamos esses valores para definir cargas admissíveis que poderiam ser aplicadas às estruturas.

Alguns dos conceitos mais importantes neste capítulo são:

1. O objetivo principal da mecânica de materiais é determinar as **tensões, deformações e deslocamentos** em estruturas e seus componentes devido às cargas que atuam sobre eles. Esses componentes incluem barras com cargas axiais, eixos em torção, vigas em flexão e colunas em compressão.

2. Barras prismáticas submetidas a cargas de tração ou compressão atuando no centroide de suas seções transversais (para evitar flexão) experimentam **tensões** (σ) e **deformações normais** (ε)

$$\sigma = \frac{P}{A}$$

$$\varepsilon = \frac{\delta}{L}$$

e extensão ou contração proporcionais a seus comprimentos. Essas tensões e deformações são **uniformes**, exceto quando em regiões próximas dos pontos de aplicação de carga, nos quais altas tensões localizadas, ou **tensões concentradas**, ocorrem.

3. Investigamos o **comportamento mecânico** de vários materiais e colocamos em gráficos os diagramas de tensão-deformação resultantes, que trazem informações importantes sobre o material. Materiais **dúcteis** (como o aço doce) têm uma relação inicial linear entre tensões e deformações normais (até o limite proporcional) e são ditos **linearmente elásticos**, com tensões e deformações relacionadas pela **lei de Hooke**

$$\sigma = E\varepsilon$$

Eles também têm um ponto de escoamento bem definido. Outros materiais dúcteis (como as ligas de alumínio) não têm um ponto de escoamento claramente definido, então uma tensão de escoamento arbitrária pode ser definida através do **método do desvio**.

4. Materiais que falham sob tração em valores relativamente baixos de deformação (como concreto, rocha, ferro fundido, vidro cerâmico e uma variedade de ligas metálicas) são classificados como **frágeis**. Materiais frágeis falham com apenas um pequeno alongamento após o limite proporcional.

5. Se o material continua dentro do intervalo elástico, ele pode ser carregado, descarregado e recarregado sem alteração significante de comportamento. Entretanto, quando carregado no intervalo plástico, a estrutura interna do material é alterada e suas propriedades se modificam. O comportamento de carregamento e descarregamento dos materiais depende das propriedades **elásticas** e **plásticas** do material, como o **limite elástico** e a possibilidade de **deformação permanente** (deformação residual) no

material. Carregamento sustentado ao longo do tempo pode levar à **fluência** e ao **relaxamento**.

6. O alongamento axial de barras carregadas em tração é acompanhado por contração lateral; a razão entre a deformação lateral e a deformação normal é conhecida como **coeficiente de Poisson** (v).

$$v = -\frac{\text{deformação lateral}}{\text{deformação normal}} = -\frac{\varepsilon'}{\varepsilon}$$

O coeficiente de Poisson permanece constante durante todo o intervalo elástico linear, contanto que o material seja homogêneo e isotrópico. A maioria dos exemplos e problemas no livro será resolvida a partir da premissa de que os materiais são linearmente elásticos, homogêneos e isotrópicos.

7. Tensões **normais** (σ) atuam perpendicularmente à superfície do material e **tensões de cisalhamento** (τ) atuam tangencialmente à superfície. Investigamos conexões parafusadas entre placas nas quais os parafusos eram submetidos tanto a cisalhamento simples como duplo e também a tensões de esmagamento médias ($\tau_{\text{média}}$)

$$\tau_{\text{média}} = \frac{V}{A}$$

As tensões de **esmagamento** (σ_b) atuam na projeção retangular área projetada (A_b) da superfície de contato curvada real entre o parafuso e a placa.

$$\sigma_b = \frac{F_b}{A_b}$$

8. Observamos um elemento do material que recebeu tensões e deformações de cisalhamento para estudar um estado de tensão chamado de **cisalhamento puro**. Vimos que a tensão de cisalhamento (γ) é uma medida da distorção ou modificação na forma do elemento pelo cisalhamento puro. Analisamos a lei de Hooke no cisalhamento, na qual a tensão de cisalhamento (τ) se relaciona à deformação de cisalhamento pelo módulo de elasticidade do cisalhamento G.

$$\tau = G\gamma$$

Observamos que E e G estão relacionados e, portanto, não são propriedades elásticas independentes do material.

$$G = \frac{E}{2(1 + v)}$$

9. **Resistência** é a capacidade de uma estrutura ou componente de suportar ou transmitir cargas. **Fatores de segurança** relacionam resistência real dos membros estruturais com a exigida e compensam, acomodam, suprem uma variedade de incertezas, como variações nas propriedades do material, grandezas ou distribuição de carregamento incertos, probabilidade de sobrecarga acidental e assim por diante. Por causa dessas incertezas, os fatores de segurança (n_1, n_2, n_3, n_4) devem ser determinados através métodos probabilísticos.

10. Escoamento e tensões máximas podem ser divididos por fatores de segurança para produzir valores admissíveis para o uso no dimensionamento. Para materiais **dúcteis**,

$$\sigma_{adm} = \frac{\sigma_Y}{n_1}, \qquad \tau_{adm} = \frac{\tau_Y}{n_2}$$

enquanto que para materiais **frágeis**,

$$\sigma_{adm} = \frac{\sigma_U}{n_3}, \qquad \tau_{adm} = \frac{\tau_U}{n_4}.$$

Um valor típico de n_1 e n_2 é 1,67 enquanto que n_3 e n_4 podem ser 2,8.

Para um membro conectado por pino em **tensão** axial, a carga admissível depende da tensão admissível vezes a área apropriada (por exemplo, área da seção transversal líquida para barras que recebem cargas de tração centroidal, área da seção transversal do pino para pinos em cisalhamento e área projetada para parafusos pressionados). Se a barra está em **compressão**, a área da seção transversal líquida não precisa ser usada, mas a flambagem pode ser uma consideração importante.

11. Por último, consideramos o **dimensionamento**, o processo interativo pelo qual o tamanho apropriado dos membros estruturais é determinado para atender a uma variedade de **exigências de tensão e rigidez** para uma determinada estrutura particular submetida a diversas cargas diferentes. No entanto, a incorporação de fatores de segurança no dimensionamento não é um assunto simples, pois resistência e falha têm vários significados

PROBLEMAS – CAPÍTULO 1

Revisão de estática

1.2-1 Os segmentos AB e BC da viga ABC são conectados por um pino a uma pequena distância à direita do apoio B (ver figura). Cargas axiais atuam em A e no meio do vão de AB. Um momento concentrado é aplicado em B.
(a) Encontre reações nos suportes A, B e C.
(b) Encontre os esforços internos resultantes N, V e M em $x = 4,5$ m.

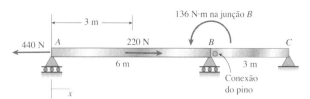

PROB. 1.2-1

1.2-2 Os segmentos AB e BCD de uma viga $ABCD$ são conectados por pinos em $x = 4$m. A viga está apoiada em um suporte deslizante em A e nos suportes de roletes C e D (ver figura). Uma carga triangularmente distribuída com pico de intensidade de 80 N/m atua sobre BC. Um momento concentrado é aplicado na junção B.
(a) Encontre reações nos suportes A, C e D.
(b) Encontre as tensões internas resultantes N, V e M em $x = 5$ m.
(c) Repita as partes (a) e (b) para o caso de o suporte de roletes em C ser substituído por uma mola de rigidez linear $k_y = 200$ kN/m (ver figura).

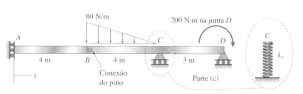

PROB. 1.2-2

1.2-3 Considere a treliça plana com um pino de suporte na junção 3 e um suporte de roletes vertical na junção 5 (ver figura).
(a) Encontre reações nas junções suportadas 3 e 5.
(b) Encontre forças axiais nos membros da treliça 11 e 13.

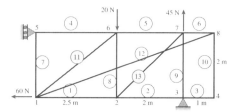

PROB. 1.2-3

1.2-4 Uma treliça espacial tem suportes nas três dimensões nas junções O, B e C. Uma carga P é aplicada na junção A e age em direção ao ponto Q. As coordenadas de todas as juntas são dadas em metros (ver figura).
(a) Encontre as componentes da força de reação B_x, B_z, e O_z.
(b) Encontre a força axial no membro da treliça AC.

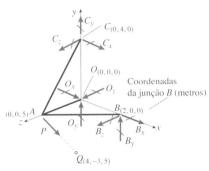

PROB. 1.2-4

1.2-5 Um eixo escalonado ABC consistindo de dois segmentos circulares sólidos é submetido a torques de T_1 e T_2 agindo em sentidos opostos, como mostrado na figura. O maior segmento da haste tem um diâmetro $d_1 = 58$ mm e um comprimento $L_1 = 0{,}75$ m; o segmento menor tem um diâmetro $d_2 = 44$ mm e um comprimento $L_2 = 0{,}5$ m. Os torques são $T_1 = 2400$ N·m e $T_2 = 1130$ N·m.

(a) Encontre o torque de reação T_A no suporte A.

(b) Encontre o torque interno $T(x)$ em dois locais: $x = L_1/2$ e $x = L_1 + L_2/2$. Mostrar estes torques internos nos diagramas de corpo livre (DCL's) desenhados adequadamente.

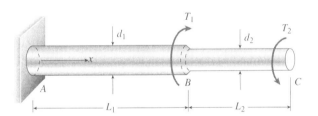

PROB. 1.2-5

1.2-6 Um eixo escalonado ABC consistindo de dois segmentos circulares sólidos é submetido a um torque uniformemente distribuído t_1 atuando sobre o segmento 1, e um torque concentrado T_2 aplicado em C, como mostrado na figura. O segmento 1 do eixo tem um diâmetro $d_1 = 57$ mm e comprimento $L_1 = 0{,}75$ m; o segmento 2 tem um diâmetro $d_2 = 44$ mm e comprimento $L_2 = 0{,}5$ m. A intensidade de torque $t_1 = 3100$ N·m/m e $T_2 = 1100$ N·m.

(a) Encontre o torque de reação T_A no suporte A.

(b) Encontre o torque interno $T(x)$ em dois locais: $x = L_1/2$ e at $x = L_1 + L_2/2$. Mostrar estes torques internos nos diagramas de corpo livre (DCL's) desenhados adequadamente.

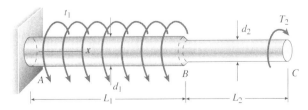

PROB. 1.2-6

1.2-7 Uma armação plana é vinculada nas extremidades A e C, como mostrado na figura. Os membros AB e BC são conectados por um pino em B. Uma carga lateral triangularmente distribuída com uma intensidade de pico de 1300 N/m atua sobre AB. Um momento concentrado é aplicado em C.

(a) Encontre reações nos vínculos A e C.

(b) Encontre os esforços internos resultantes N, V e M em $x = 1{,}0$ m na coluna AB.

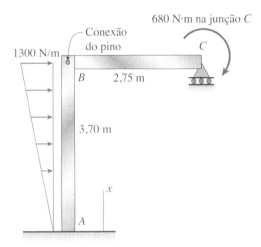

PROB. 1.2-7

1.2-8 Uma armação plana com suportes de pino em A e E tem um cabo ligado em C, que corre por uma polia sem atrito em F (ver figura). A força do cabo é conhecida e igual a 2,25 kN.

(a) Encontre reações nos suportes A e E.

(b) Encontre as tensões internas resultantes N, V e M no ponto H.

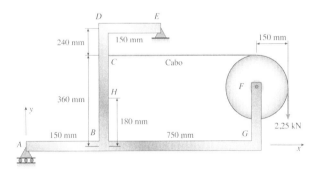

PROB. 1.2-8

1.2-9 Um freio de veículos especiais é preso em O, (quando é aplicada a força de frenagem P_1 – ver a figura). A força $P_1 = 220$ N se situa num plano que é paralelo ao plano xz e é aplicada em C segundo a linha normal BC. A força $P_2 = 180$ N é aplicada em B na direção $-y$.

(a) Encontre reações no suporte O.

(b) Encontre os esforços internos resultantes N, V, T, e M no ponto médio do segmento OA.

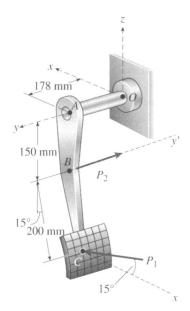

PROB. 1.2-9

Tensão normal e deformação

1.3-1 Um poste circular vazado ABC (veja a figura) sustenta uma carga $P_1 = 7{,}5$ kN agindo no topo. Uma segunda carga P_2 está uniformemente distribuída ao redor do chanfro em B. Os diâmetros e as espessuras das partes superior e inferior do poste são $d_{AB} = 32$ mm, $t_{AB} = 12$ mm, $d_{BC} = 57$ mm e $t_{BC} = 9$ mm, respectivamente.

(a) Calcule a tensão normal σ_{AB} na parte superior do poste.

(b) Se for desejável que a parte inferior do poste tenha a mesma tensão de compressão que a parte superior, qual deveria ser a magnitude da carga P_2?

(c) Se P_1 permanece a 7,5 kN e P_2 for agora colocado em 10 kN lb, qual nova espessura de BC resultará na mesma tensão compressora em ambas as partes?

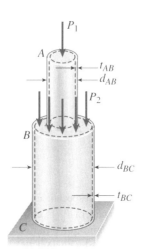

PROB. 1.3-1

1.3-2 Uma força P de 70 N é aplicada por um ciclista ao freio dianteiro de uma bicicleta (P é a resultante de uma pressão distribuída por igual). Enquanto o pivô do freio está em A, a tração T se desenvolve no cabo de 460 mm de comprimento ($A_e = 1{,}075$ mm^2) que se alonga em $\delta = 0{,}214$ mm. Encontre a tensão normal s e a deformação e no cabo de freio.

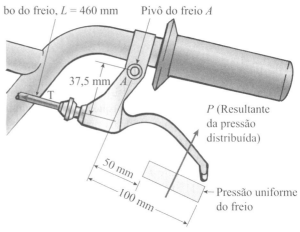

PROB. 1.3-2

1.3-3 Um tubo circular de alumínio de comprimento $L = 420$ mm é carregado em compressão por forças P (veja a figura). O segmento sólido de comprimento $2L/3$ tem um diâmetro de 60 mm. Os diâmetros externo e interno têm 60 mm e 50 mm, respectivamente. Um medidor de deformação é colocado na superfície externa da barra para medir deformações normais na direção longitudinal.

(a) Se a deformação medida é $\varepsilon_h = 470 \times 10^{-6}$, qual é o encurtamento ε_s da barra? (*Dica*: A deformação no segmento sólido é igual à do segmento oco, multiplicado pela razão entre a área do segmento oco e a do segmento de sólido).

(b) Qual é o encurtamento geral δ da barra?

(c) Se a tensão de compressão na barra não pode exceder 48 MPa, qual é o valor máximo admissível da carga P?

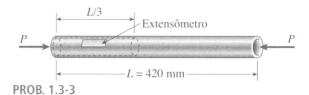

PROB. 1.3-3

1.3-4 Um longo muro de sustentação é escorado por vigas de madeira dispostas em um ângulo de 30° e sustentado por blocos de concreto, como mostrado na primeira parte da figura. As vigas são espaçadas uniformemente por uma distância de 3 m.

Para fins de análise, o muro e as vigas estão idealizados como mostra a segunda parte da figura. Note que assumimos que a base do muro e as extremidades das vigas estão apoiadas. Assumimos que a pressão exercida pelo solo no muro é distribuída de forma triangular, e a força resultante agindo em um comprimento de 3 m do muro é $F = 190$ kN.

Se cada viga tem uma área de seção transversal de 150 mm $\times$ 150 mm, qual é a tensão de compressão σ_c nas vigas?

Se cada viga tem uma área de seção transversal de 150 mm × 150 mm, qual é a tensão de compressão σ_c nas vigas?

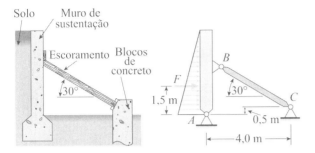

PROB. 1.3-4

1.3-5 A porta da caçamba de uma caminhonete suporta uma caixa (W_C = 900 N), como mostra a figura. A porta pesa W_T = 270 N e é suportada por dois cabos (apenas um é mostrado na figura). Cada cabo tem uma área de seção transversal efetiva de A_e = 11 mm².

(a) Encontre a força de tração T e a tensão normal s em cada cabo.

(b) Se cada cabo se alonga δ = 0,42 mm devido ao peso da caixa e da porta, qual é a tensão média no cabo?

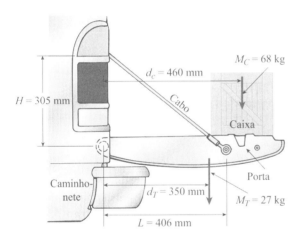

PROB. 1.3-5

(© Barry Goodno)

Propriedades mecânicas e diagramas de tensão–deformação

1.4-1 Imagine que um cabo de aço longo está pendurado verticalmente em um balão de grandes altitudes.

(a) Qual é o maior comprimento que ele pode ter (em metros) sem escoar se o aço escoa a 260 MPa?

(b) Se o mesmo cabo está pendurado em um navio no mar, qual é o maior comprimento? (Obtenha os pesos específicos do aço e da água do mar na Tabela B.1, Apêndice B)

1.4-2 Um corpo de plástico é testado em tração em temperatura ambiente (veja a figura), produzindo os dados de tensão-deformação listados na tabela da próxima página.

Construa a curva de tensão-deformação e determine o limite de proporcionalidade, o módulo de elasticidade (a inclinação da parte inicial da curva de tensão-deformação) e a tensão de escoamento para uma deformação de 0,2%. O material é dúctil ou frágil?

DADOS DE TENSÃO-DEFORMAÇÃO PARA O PROBLEMA 1.4-2

Tensão (MPa)	Deformação
8,0	0,0032
17,5	0,0073
25,6	0,0111
31,1	0,0129
39,8	0,0163
44,0	0,0184
48,2	0,0209
53,9	0,0260
58,1	0,0331
62,0	0,0429
62,1	Fratura

PROB. 1.4-2

Elasticidade e plasticidade

1.5-1 Uma barra de aço estrutural, com o diagrama de tensão-deformação mostrado na figura, tem um comprimento de 1,5 m. A tensão de escoamento do aço é de 290 MPa e a inclinação da parte linear inicial da curva de tensão-deformação (módulo de elasticidade) é de 207 GPa. A barra é carregada axialmente até ter um alongamento de 7,6 mm, e então a carga é removida.

Como o comprimento final da barra compara-se com o inicial? (*Sugestão*: Use os conceitos ilustrados na Figura 1.36b.)

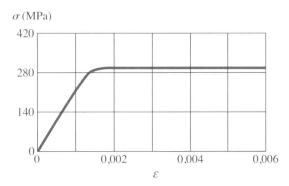

PROB. 1.5-1

1.5-2 Uma barra circular de liga de magnésio tem 750 mm de comprimento. O diagrama de tensão-deformação para o material é mostrado na figura. A barra é carregada em tração para um alongamento de 6,0 mm, e então a carga é removida.

(a) Qual é a configuração permanente da barra?

(b) Se a carga for recarregada, qual será o limite de proporcionalidade? (*Sugestão*: Use os conceitos ilustrados nas Figuras 1.36b e 1.37.)

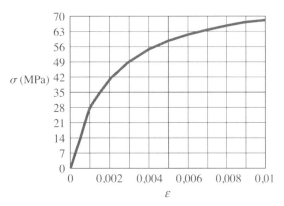

PROB. 1.5-2

Lei de Hooke e coeficiente de Poisson

Quando resolver problemas da Seção 1.6, assuma que o material se comporta elasticamente de maneira linear.

1.6-1 Uma barra de aço de alta resistência usada em um grande guindaste tem diâmetro $d = 50$ mm (veja a figura). O aço tem módulo de elasticidade $E = 200$ GPa e coeficiente de Poisson $\nu = 0,3$. Por causa de exigências de folgas, o diâmetro da barra é limitado a 50,025 mm quando a barra é comprimida por forças axiais.

Qual é a maior carga de compressão P_{max} que é permitida?

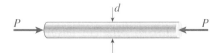

PROB. 1.6-1

1.6-2 Uma barra circular de 10 mm de diâmetro é feita de liga de alumínio 7075-T6 (veja a figura). Quando a barra é estirada por forças axiais P, seu diâmetro diminui em 0,016 mm.

Encontre a magnitude da carga P. (Obtenha as propriedades dos materiais do Apêndice B.)

PROB. 1.6-2

1.6-3 Uma barra de polietileno com diâmetro $d_1 = 70$ mm é colocada dentro de um tubo de aço que tem diâmetro interno $d_2 = 70,2$ mm (veja a figura). A barra de polietileno é então comprimida por uma força axial P.

Para qual valor da força P o espaço entre a barra de polietileno e o tubo de aço será preenchido? (Para o polietileno, assuma $E = 1,4$ GPa e $= 0,4$).

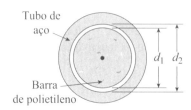

PROB. 1.6-3

Tensão e deformação de cisalhamento

1.7-1 Uma cantoneira de espessura $t = 19$ mm é fixado ao rebordo de uma coluna por dois parafusos de 16 mm de diâmetro (veja a figura). Uma carga distribuída uniformemente age na face superior do suporte com uma pressão $p = 1,9$ MPa. A face superior do suporte tem comprimento $L = 200$ mm e largura $b = 75$ mm.

Determine a pressão cortante média σ_b entre o suporte e os parafusos e a tensão de cisalhamento média $\tau_{média}$ nos parafusos. (Desconsidere o atrito entre o suporte e a coluna.)

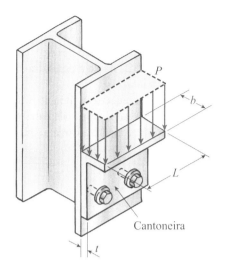

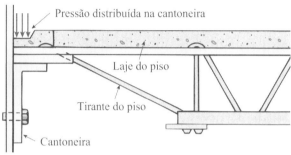

PROB. 1.7-1

1.7-2 Membros da treliça que sustentam um teto estão conectados a uma placa de suporte de espessura de 26 mm através de um pino de 22 mm de diâmetro, como mostrado na figura e na foto. As duas placas de extremidade nos membros da treliça têm 14 mm de espessura cada.
(a) Se a carga $P = 80$ kN, qual é a maior tensão de esmagamento agindo nos pinos?
(b) Se a tensão de cisalhamento máxima para os pinos é de 190 MPa, qual força P_{ult} é necessária para causar falha dos pinos sob cisalhamento?

(Desconsidere o atrito entre as placas.)

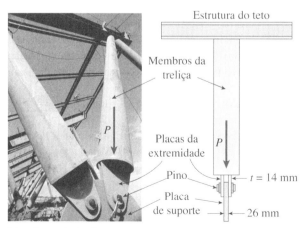

Membros da treliça sustentam um teto
(Vince Streano/Getty Images)

PROB. 1.7-2

1.7-3 Uma plataforma elastomérica consistindo em duas placas de aço fixadas a um elastômero de cloroprene (uma borracha artificial) é submetida a uma força de cisalhamento V durante um teste de carregamento estático (veja a figura). A plataforma tem dimensões $a = 125$ mm e $b = 240$ mm, e o elastômero tem espessura $t = 50$ mm. Quando a força V é igual a 12 kN, a placa superior desloca-se lateralmente por 8,0 mm em relação à placa inferior.

Qual é o módulo de elasticidade por cisalhamento G do cloroprene?

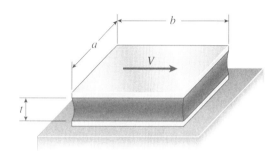

PROB. 1.7-3

1.7-4 Um esteio de aço simples AB, com diâmetro $d_s = 8$ mm, sustenta o capô do motor de massa de 20 kg de um veículo. O capô pivota sobre dobradiças em C e D [veja as partes (a) e (b) da figura]. O esteio tem uma extremidade curvada em círculo e é conectado a um parafuso em A cujo diâmetro é $d_b = 10$ mm. O esteio AB situa-se em um plano vertical.

(a) Encontre a força do esteio F_s e a tensão normal média σ no esteio.
(b) Encontre a tensão média de cisalhamento $\tau_{média}$ no parafuso em A.
(c) Encontre a tensão de esmagamento média σ_b no parafuso em A.

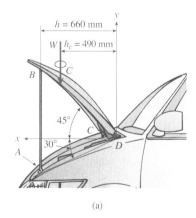

(a)

PROB. 1.7-4 (continua)

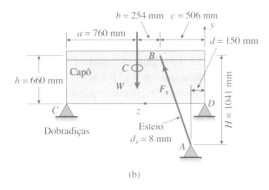

PROB. 1.7-4

Cargas admissíveis

1.8-1 Uma barra de seção transversal circular rígida é carregada em tração por forças P (veja a figura). A barra tem comprimento $L = 380$ mm e diâmetro $d = 6$ mm. O material é uma liga de magnésio com módulo de elasticidade $E = 42,7$ GPa. A tensão admissível em tração é $\sigma_{adm} = 89,6$ MPa, e o alongamento da barra não deve exceder 0,8 mm.

Qual é o valor admissível das forças P?

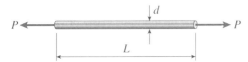

PROB. 1.8-1

1.8-2 Um torque T_0 é transmitido entre dois eixos conectados por flanges por meio de dez parafusos de 20 mm (veja a figura e a foto). O diâmetro da circunferência do parafuso é $d = 250$ mm.

Se a tensão de cisalhamento admissível nos parafusos é 85 MPa, qual é o torque máximo permitido? (Desconsidere o atrito entre os flanges.)

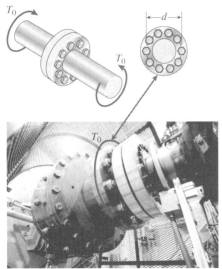

Conexão do eixo de acionamento em um motor de propulsão de navio (Cortesia de American Superconductor)

PROB. 1.8-2

1.8-3 Uma amarra no deque de um veleiro consiste em uma barra dobrada parafusada em ambas as extremidades, como mostra a figura. O diâmetro d_B da barra é de 6 mm, o diâmetro d_W das arruelas é de 22 mm e a espessura t do deque de fibra de vidro é de 10 mm.

Se a tensão de cisalhamento na fibra de vidro é 2,1 MPa, e a pressão de esmagamento admissível entre a arruela e a fibra de vidro é 3,8 MPa, qual é a carga admissível P_{adm} na amarra?

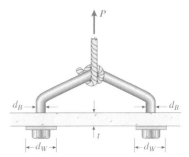

PROB. 1.8-3

1.8-4 Uma barra de metal AB de peso W é suspensa por um sistema de cabos de aço dispostos como mostrado na figura. O diâmetro dos cabos é de 2 mm e a tensão de escoamento do aço é de 45 MPa.

Determine o peso máximo permitido W_{max} para um fator de segurança de 1,9 em relação ao escoamento.

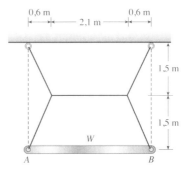

PROB. 1.8-4

1.8-5 Uma barra rígida de seção transversal circular (diâmetro d) tem um furo de diâmetro $d/5$ perfurado lateralmente através do centro da barra (veja a figura). A tensão de tração média admissível na seção transversal remanescente da barra é σ_{adm}.

(a) Obtenha uma fórmula para a carga admissível P_{adm} que a barra pode suportar em tração.

(b) Calcule o valor de P_{adm} se a barra é feita de latão com diâmetro $d = 45$ mm e $\sigma_{adm} = 83$ MPa.

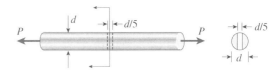

PROB. 1.8-5

1.8-6 O pistão de um motor é fixado a uma biela AB, que por sua vez é conectada a um braço de manivela BC (veja a figura). O pistão desliza dentro do cilindro sem atrito e é submetido a uma força P (considerada constante) enquanto se move para a direita na figura. A biela, que tem área diâmetro d e comprimento L, é fixada em ambas as extremidades por pinos. O braço de manivela gira em torno do eixo C com o pino em B movendo-se em um círculo de raio R. O eixo em C, que é sustentado por mancais, exerce um momento resistivo M contra o braço da manivela.

(a) Obtenha uma fórmula para a força máxima permitida P_{adm}, baseada em uma tensão de compressão admissível sc na biela.

(b) Calcule a força P_{adm} para os seguintes dados: $\sigma_c = 160$ MPa, $d = 9{,}00$ mm e $R = 0{,}28L$.

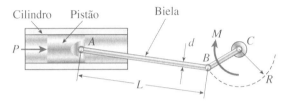

PROB. 1.8-6

Dimensionamento para cargas axiais e cisalhamento direto

1.9-1 Um tubo de alumínio é necessário para transmitir uma força de tração axial $P = 148$ kN [veja a parte (a) da figura]. A espessura da parede do tubo é de 6 mm.

(a) Qual é o diâmetro exterior mínimo exigido d_{min} se a tensão de tração admissível é 84 MPa?

(b) Repita a parte (a) como se o tubo tivesse um furo de diâmetro $d/10$ na metade do comprimento [veja as partes (b) e (c) da figura].

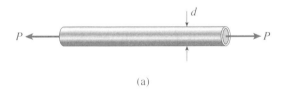

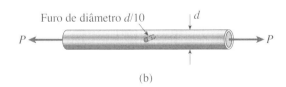

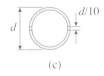

PROB. 1.9-1

1.9-2 Um cano de liga de cobre, de tensão de escoamento $\sigma_Y = 290$ MPa, deverá suportar uma carga de tração axial $P = 1.500$ kN [veja a parte (a) da figura]. Um fator de segurança de 1,8 contra o escoamento deve ser aplicado.

(a) Se a espessura t do cano é de um oitavo de seu diâmetro externo, qual é o diâmetro externo mínimo exigido d_{min}?

(b) Repita a parte (a) como se o tubo tivesse um furo de diâmetro $d/10$ perfurado através de todo o tubo como mostrado na figura [parte (b)].

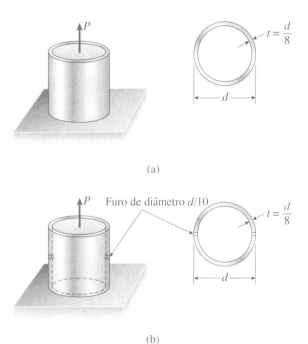

PROB. 1.9-2

1.9-3 Uma viga horizontal AB, com dimensões de seção transversal ($b = 19$ mm) $\times$ ($h = 200$ mm), é sustentada por um esteio inclinado CD e carrega uma carga de $P = 12$ kN na junta B [veja a parte (a) da figura]. O esteio, que consiste em duas barras de espessura $5b/8$ cada, é conectado à viga por um parafuso que passa por três barras que se encontram na junta C [veja a parte (b) da figura].

(a) Se a tensão de tração admissível no parafuso é de 90 MPa, qual é o diâmetro mínimo exigido d_{min} do parafuso C?

(b) Se a tensão de esmagamento admissível no parafuso é de 130 MPa, qual é o diâmetro mínimo exigido d_{min} do parafuso C?

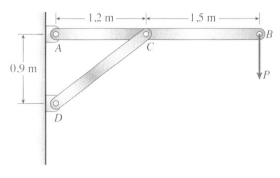

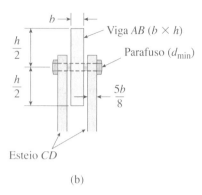

PROB. 1.9-3

1.9-4 Um cilindro circular pressurizado tem uma placa de cobertura selada, fixada com parafusos de aço (veja a figura). A pressão p do gás no cilindro é de 1.900 kPa, o diâmetro interno D do cilindro é de 250 mm, e o diâmetro d_B dos parafusos é de 12 mm.

Se a tensão de tração admissível nos parafusos é de 70 MPa, encontre o número n de parafusos necessários para fixar a cobertura.

1.9-5 Um poste tubular de diâmetro externo d_2 é mantido erguido por dois cabos assentados com tensores (veja a figura). Os cabos são tensionados girando-se os tensores, produzindo dessa forma tensão nos cabos e compressão no poste. Ambos os cabos estão tensionados com uma força de tração de 110 kN. O ângulo entre os cabos e o chão é de 60°, e a tensão de compressão admissível no poste é $\sigma_c = 35$ MPa.

Se a espessura da parede do poste é de 15 mm, qual é o valor mínimo permitido do diâmetro externo d_2?

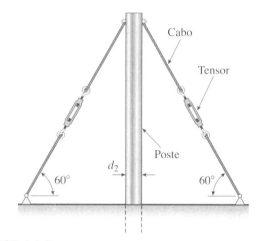

PROB. 1.9-5

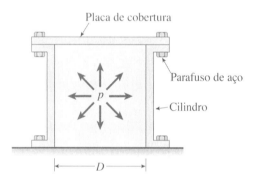

PROB. 1.9-4

CAPÍTULO 2

Membros carregados axialmente

VISÃO GERAL DO CAPÍTULO

No Capítulo 2, consideraremos diversos aspectos dos membros carregados axialmente, começando pela determinação da variação no comprimento causada por cargas (Seções 2.2 e 2.3). O cálculo da **variação dos comprimentos** é um ingrediente essencial na análise das estruturas estaticamente indeterminadas, tópico que apresentaremos na Seção 2.4. Se um membro é estaticamente indeterminado, devemos considerar as equações de equilíbrio estático junto com as equações de compatibilidade (que dependem das **relações de força-deslocamento**) para resolver qualquer incógnita de interesse, como reações de apoio ou forças axiais internas nos membros. Variações nos comprimentos devem ser calculadas sempre que necessário para limitar os deslocamentos de uma estrutura, por razões estéticas ou funcionais. Na Seção 2.5, discutiremos os **efeitos da temperatura** no comprimento de uma barra e introduziremos os conceitos de tensão térmica e deformação térmica. Também incluída nesta seção está a discussão dos efeitos de erros de **montagem e pré-deformação**. Uma visão geral sobre as tensões em barras carregadas axialmente será apresentada na Seção 2.6, em que discutiremos as **tensões em seções inclinadas** (como distintas das **seções transversais**) das barras. Embora apenas tensões normais atuem na seção transversal de barras carregadas axialmente, tensões normais e de cisalhamento atuam nas seções inclinadas. Tensões em seções inclinadas de membros carregados axialmente serão investigadas como um primeiro passo em direção a uma consideração mais completa dos **estados de tensão plana** nos últimos capítulos. Introduziremos então diversos tópicos adicionais importantes na mecânica dos materiais, a saber, energia de deformação (Seção 2.7). Embora tais assuntos sejam discutidos no contexto dos membros com cargas axiais, as discussões fornecem os fundamentos para a aplicação destes conceitos a outros elementos estruturais, como barras em torção e vigas em flexão.

O Capítulo 2 está organizado da seguinte forma:

- **2.1** Introdução 84
- **2.2** Variações nos comprimentos de membros carregados axialmente 84
- **2.3** Variações no comprimento de barras não uniformes 93
- **2.4** Estruturas estaticamente indeterminadas 100
- **2.5** Efeitos térmicos, erros de montagem ou fabricação e pré-deformações 110
- **2.6** Tensões em seções inclinadas 125
- **2.7** Energia de deformação 136
- *__2.8__ Carregamento cíclico e fadiga 146
- *__2.9__ Concentrações de tensão 148
  Resumo e revisão do capítulo 155
  Problemas 157

2.1 Introdução

Componentes estruturais submetidos apenas à tensão ou compressão são chamados de **membros carregados axialmente**. Barras sólidas com eixos longitudinais retos são o tipo mais comum, embora cabos e molas espirais também suportem cargas axiais. Como exemplos, podemos citar barras de treliça, hastes de conexão em motores, aros em rodas de bicicleta, colunas em prédios e suportes em armações de motores de avião. O comportamento de tensão-deformação de tais membros foi discutido no Capítulo 1, em que também obtivemos equações para as tensões agindo em seções transversais ($\sigma = P/A$) e para as deformações em direções longitudinais ($\varepsilon = \delta/L$).

2.2 Variações nos comprimentos de membros carregados axialmente

Para determinar as variações nos comprimentos de membros carregados axialmente, é conveniente começar pela **mola espiral** (Figura 2.1). Essas molas são usadas em vários tipos de máquinas e dispositivos – por exemplo, existem dúzias delas em qualquer veículo.

Quando uma carga é aplicada ao longo do eixo de uma mola, como mostrado na Figura 2.1, a mola é alongada ou encurtada, dependendo do sentido da aplicação da carga. Se a carga age para fora da mola, ela sofre alongamento e dizemos que está carregada em *tração*. Se a carga age para dentro da mola, dizemos que ela está em *compressão*. Porém, não se deve dizer que as espiras individuais da mola estão submetidas a tensões de compressão ou tração; em vez disso, as espiras agem basicamente em cisalhamento direto e torção. Entretanto, o alongamento ou o encurtamento total de uma mola é análogo ao comportamento de uma barra em tração ou compressão, e por isso a mesma terminologia é usada.

Figura 2.1

Mola submetida a uma carga axial P

Molas

O alongamento de uma mola aparece na Figura 2.2, cuja parte superior mostra a mola em seu **comprimento natural** L (também chamado de *comprimento não tensionado, comprimento relaxado ou comprimento livre*) e a parte inferior mostra os efeitos de se aplicar uma carga de tração. Sob a ação da força P, o comprimento da mola aumenta em um valor δ, e seu comprimento final é $L + \delta$. Se o material da mola é elástico linear, a carga e o alongamento serão proporcionais:

$$P = k\delta \quad \delta = fP \quad (2.1a,b)$$

sendo k e f constantes de proporcionalidade.

A constante k é chamada de **rigidez** da mola e é definida como a força exigida para produzir uma unidade de alongamento, isto é, $k = P/\delta$. Similarmente, a constante f é conhecida como **flexibilidade** e é definida como o alongamento produzido por uma carga de valor unitário, isto é, $f = \delta/P$. Embora tenhamos usado uma mola em tração nessa discussão, é óbvio que as Equações (2.1a) e (2.1b) também se aplicam para molas em compressão.

Da discussão anterior, está claro que a rigidez e a flexibilidade estão reciprocamente relacionadas:

$$k = \frac{1}{f} \quad f = \frac{1}{k} \quad (2.2a,b)$$

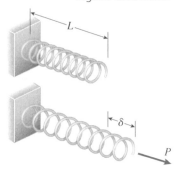

Figura 2.2

Alongamento de uma mola carregada axialmente

A flexibilidade de uma mola pode ser facilmente determinada medindo-se o alongamento produzido por uma carga conhecida, e a rigidez pode ser calculada a partir da Equação (2.2a). Outros termos para a rigidez e a flexibilidade de uma mola são **constante da mola** e **compliância**, respectivamente.

As propriedades da mola dadas pelas Equações (2.1) e (2.2) podem ser usadas na análise e no dimensionamento de vários dispositivos mecânicos envolvendo molas, como será posteriormente descrito no Exemplo 2.1.

Barras prismáticas

As barras carregadas axialmente sofrem alongamento sob cargas de tração e encurtamento sob cargas de compressão, exatamente como as molas. Para analisar esse comportamento, consideremos a barra prismática mostrada na Figura 2.3. Uma **barra prismática** é um membro estrutural com um eixo longitudinal retilíneo e uma seção transversal constante ao longo de seu comprimento. Embora usemos geralmente barras circulares em nossas ilustrações, devemos ter em mente que membros estruturais podem apresentar uma variedade de formas de seção transversal, como aquelas mostradas na Figura 2.4.

O **alongamento** δ de uma barra prismática submetida a uma carga de tração P é mostrada na Figura 2.5. Se a carga age através do centroide da seção transversal da extremidade, a tensão normal uniforme nas seções transversais longe das extremidades é dada pela fórmula $\sigma = P/A$, em que A é a área de seção transversal. Além disso, se a barra é feita de um material homogêneo, a deformação axial é $\varepsilon = \delta/L$, em que δ é o alongamento e L é o comprimento da barra.

Vamos também assumir que o material é **elástico linear**, o que significa que ele segue a lei de Hooke. A tensão e a deformação longitudinal estão relacionadas pela equação $\sigma = E\varepsilon$, em que E é o módulo de elasticidade. Combinando essas relações básicas, obtemos a seguinte equação para o alongamento da barra:

$$\delta = \frac{PL}{EA} \qquad (2.3)$$

Figura 2.3
Barra prismática de seção transversal circular

Figura 2.4
Seções transversais típicas de membros estruturais

Seções transversais sólidas

Seções transversais vazadas ou tubulares

Seções transversais de perfis padronizados

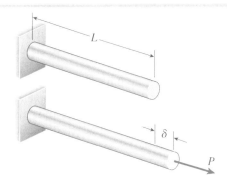

Figura 2.5
Alongamento de uma barra prismática em tração

Essa equação mostra que o alongamento é diretamente proporcional à carga P e ao comprimento L e inversamente proporcional ao módulo de elasticidade E e à área de seção transversal A. O produto EA é conhecido como **rigidez axial** da barra.

Embora a Equação (2.3) tenha sido formulada a partir de um membro em tração, ela se aplica muito bem a um membro em compressão – nesse caso δ representaria o encurtamento da barra. Geralmente sabemos por observação se um membro ficou mais longo ou mais curto; entretanto, há ocasiões em que uma **convenção de sinal** é necessária (por exemplo, ao analisar uma barra estaticamente indeterminada). Quando isso ocorre, o alongamento é usualmente tomado como positivo, e o encurtamento, como negativo.

A variação no comprimento de uma barra é em geral muito pequena se comparada ao seu comprimento, principalmente quando o material é um metal estrutural, como o aço ou o alumínio. Como exemplo, considere um suporte de alumínio de 2 m de comprimento e submetido a uma tensão de compressão moderada de 48 MPa. Se o módulo de elasticidade é de 72 GPa, o encurtamento do suporte (da Equação 2.3, com P/A substituído por σ) é $\delta = 0{,}0013$ m. Consequentemente, a razão da variação no comprimento em relação ao comprimento original é 0,0013/2, ou 1/1500, e o comprimento final é 0,999 vezes o comprimento original. Sob condições normais similares a essas, poderíamos usar o comprimento original de uma barra (em vez do comprimento final) nos cálculos.

A rigidez e a flexibilidade de uma barra prismática são definidas do mesmo modo que para uma mola. A rigidez é a força necessária para produzir um alongamento unitário, ou P/δ, e a flexibilidade é o alongamento devido a uma carga unitária, ou δ/P. Dessa forma, da Equação (2.3) vemos que a **rigidez** e a **flexibilidade** de uma barra prismática são, respectivamente,

$$k = \frac{EA}{L} \qquad f = \frac{L}{EA} \qquad (2.4\text{a,b})$$

Rigidez e flexibilidade de membros estruturais, incluindo aquelas dadas pelas Equações (2.4a) e (2.4b), têm papel especial na análise de grandes estruturas por métodos computacionais.

Cabos

Cabos são usados para transmitir grandes forças de tração, por exemplo, levantar ou puxar objetos pesados e elevadores, equilibrar torres e sustentar pontes suspensas. Diferentemente de molas e barras prismáticas, os cabos não resistem à compressão. Além disso, eles têm pequena resistência à flexão e, por isso, podem ser curvos ou retilíneos. Todavia, um cabo é considerado um membro carregado axialmente porque é submetido apenas a forças de tração. Como as forças de tração em um cabo são direcionadas ao longo do eixo, elas podem variar em direção e intensidade, dependendo da configuração do cabo.

Os cabos são construídos com um grande número de fios enrolados em uma forma particular. Embora muitas configurações sejam possíveis, dependendo de como o cabo será usado, um tipo comum de cabo, mostrado na Figura 2.6, é formado por seis *cordões* enrolados de forma helicoidal em torno de um cordão central. Cada cordão, por sua vez, é construído com vários fios, também enrolados de forma helicoidal. Por essa razão, os cabos são geralmente chamados de cabos de **arame torcido**.

A área de seção transversal de um cabo é igual à soma das áreas de seção transversal de cada um dos fios que formam o cabo e é chamada de **área efetiva** ou **área metálica**. É menor que a área de um círculo com o mesmo diâmetro que o cabo porque existem espaços entre cada um dos fios. Por exemplo, a área de seção transversal de um cabo de 25 mm de diâmetro é de apenas 300 mm², ao passo que a área de um círculo de 25 mm de diâmetro seria de 491 mm².

Sob a mesma carga de tração, o alongamento de um cabo é maior que o alongamento de uma barra sólida de mesmo material e de mesma área de seção transversal metálica, porque os fios em um cabo "esmagam-se" da mesma maneira que as fibras em uma corda. Dessa forma, o módulo de elasticidade (chamado de **módulo efetivo**) de um cabo é menor que o módulo de elasticidade do material do qual ele é feito. O módulo efetivo de cabos de aço está em torno de 140 GPa, ao passo que o aço propriamente dito tem um módulo de elasticidade de aproximadamente 210 GPa.

Cabos de aço numa polia
(© Barsik/Dreamstime.com)

Figura 2.6

Disposição típica de fibras e fios em um cabo de aço
(Tom Grundy/Shutterstock)

Ao determinar o **alongamento** de um cabo através da Equação (2.3), o módulo efetivo deve ser usado para E, e a área efetiva deve ser usada para A.

Na prática, as dimensões da seção transversal e outras propriedades dos cabos são fornecidas pelos fabricantes. Entretanto, para uso na resolução de problemas neste livro (*nunca* para aplicações de engenharia), listamos as propriedades de um tipo específico de cabo na Tabela 2.1. Note que a *última coluna* contém a carga máxima, que é a carga que causaria a ruptura do cabo. A *carga admissível* é obtida através da carga máxima, aplicando-se um fator de segurança que pode variar entre 3 e 10, dependendo de como o cabo será usado. Os fios individuais em um cabo são geralmente feitos de aço de alta resistência, e a tensão de tração calculada pode chegar a valores tão altos quanto 1.400 MPa.

Os exemplos a seguir ilustram técnicas para analisar dispositivos simples contendo molas e barras. As soluções exigem o uso de diagramas de corpo livre, equações de equilíbrio e equações para variações no comprimento. Os problemas no final do capítulo fornecem exemplos adicionais.

Tabela 2.1
Propriedades de cabos de aço*

Diâmetro nominal	Peso aproximado	Área efetiva	Carga máxima
mm	N/m	mm²	kN
12	6,1	76,7	102
20	13,9	173	231
25	24,4	304	406
32	38,5	481	641
38	55,9	697	930
44	76,4	948	1.260
50	99,8	1.230	1.650

* Válidos apenas para resolução de problemas neste livro.

••• Exemplo 2.1

Uma armação rígida ABC de perfil L consiste em um braço horizontal AB (comprimento b = 280 mm) e um braço vertical BC (comprimento c = 250 mm) e está presa por um pino no ponto B, como mostrado na Figura 2.7a. O pino está fixo na armação externa BCD, que fica em uma bancada de laboratório. A posição do ponteiro em C é controlada por uma mola (rigidez k = 750 N/m) afixada a uma haste com rosca. A posição da haste com rosca é ajustada girando-se a porca serrilhada.

O passo das *roscas* (isto é, a distância de uma rosca para a próxima) é p = 1,6 mm, o que significa que uma revolução completa da porca moverá a barra com a mesma intensidade. Inicialmente, quando não há peso no braço, a porca é girada até que o apontador na extremidade do braço BC esteja diretamente sobre a marca de referência na barra mais externa.

(a) Se um peso W = 9 N é colocado no braço em A, **quantas revoluções da porca são necessárias** para trazer o apontador de volta para a marca? (Deformações das partes de metal do dispositivo podem ser desconsideradas, pois são desprezíveis se comparadas à variação no comprimento da mola.)

(b) Se uma mola de *rotação* de rigidez $k_r = Kb^2/4$ é adicionada em B, quantas rotações da porca são necessárias agora? (A mola de rotação fornece uma rigidez k_r no momento (N·m/radiano) para rotações angulares da unidade ABC.)

• • • Exemplo 2.1 *Continuação*

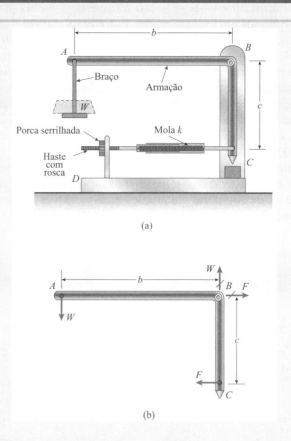

Figura 2.7
Exemplo 2.1: (a) Laboratório em pequena escala e (b) livre de perfil *L* em laboratório em pequena escala *ABC*

Solução

(a) Use uma armação em *L* com mola translacional única *k*.

A inspeção do instrumento (Figura 2.7a) mostra que o peso *W* agindo para baixo fará o ponteiro em *C* mover-se para a direita. Quando o ponteiro se move para a direita, o comprimento da mola sofre um acréscimo, o qual podemos determinar pela força na mola.

Para determinar a força na mola, construímos um diagrama de corpo livre da armação *ABC* (Figura 2.7b). Neste diagrama, W representa a força aplicada pelo suporte e F representa a força aplicada pela mola. As reações no pino estão indicadas com traços através das setas (veja a discussão das reações nas Seções 1.2 e 1.9).

Calculando o momento em relação ao ponto *B*, temos

$$F = \frac{Wb}{c} \quad \text{(a)}$$

O alongamento correspondente da mola (da Equação 2.1a) é:

$$\delta = \frac{F}{k} = \frac{Wb}{ck} \quad \text{(b)}$$

Para trazer o ponteiro de volta à marca, devemos girar a porca o suficiente para mover a haste com rosca para a esquerda em uma quantidade igual ao alongamento da mola. Uma vez que cada volta completa da porca move a haste em uma distância igual ao passo *p*, o movimento total da haste é igual a *np*, em que *n* é o número de voltas. Dessa forma, obtemos uma fórmula para encontrar o número necessário da porca *n*, como:

$$np = \delta = \frac{Wb}{ck} \quad \text{então} \quad n = \frac{Wb}{ckp} \quad \text{(c, d)}$$

Resultados numéricos. Substituímos os dados numéricos na Equação (d), para encontrar o número necessário de voltas da porca *n*:

• • • Exemplo 2.1 *Continuação*

$$n = \frac{Wb}{ckp} = \frac{9\,\text{N}(280\text{ mm})}{250\text{ mm}\left(750\dfrac{\text{N}}{\text{m}}\right)(1{,}6\text{ mm})} = 8{,}4 \text{ voltas}$$

Esse resultado mostra que, se rotacionarmos a porca em nove revoluções, a haste com rosca irá se mover para a esquerda em uma quantidade igual ao alongamento da mola causado pela carga de 9 N, dessa forma retornando o ponteiro à marca de referência.

(b) Use uma armação em *L* com mola translacional *k* e mola rotacional k_r.
A mola rotacional em *B* (Figura 2.7c) proporciona uma resistência adicional na forma de um momento em *B* ao movimento do ponteiro em *C*. É necessário um novo diagrama de corpo livre. Se aplicarmos uma *pequena* rotação θ na junção *B*, as forças e os momentos resultantes são mostrados na Figura 2.7d. Somando momentos em torno de *B*, obtemos:

$$Fc + k_r\theta = Wb \quad \text{ou} \quad kc^2\theta + k_r\theta = Wb \quad \text{(e, f)}$$

Resolvendo para a rotação θ, obtemos:

$$\theta = \frac{Wb}{kc^2 + k_r} = \frac{Wb}{k\left(c^2 + \dfrac{b^2}{4}\right)} \quad \text{(g)}$$

Figura 2.7 (Continuação)

Exemplo 2.1: (c) Laboratório em pequena escala com acréscimo de mola torcional em *B*, e (d) Diagrama de corpo livre da armação *ABC* com acréscimo de mola torcional em *B* e uma *pequena* rotação θ aplicada em *B*.

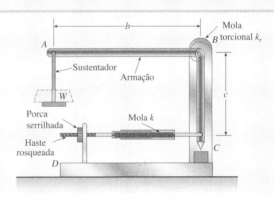

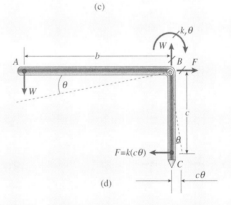

A força *F* na mola linear é agora:

$$F = k(c\theta) = kc\left[\frac{Wb}{k\left(c^2 + \dfrac{b^2}{4}\right)}\right] \quad \text{ou} \quad F = \frac{Wbc}{\left(c^2 + \dfrac{b^2}{4}\right)} \quad \text{(h)}$$

Assim, o alongamento da mola linear é:

Exemplo 2.1 Continuação

$$\delta = np = \frac{F}{k} = \frac{Wbc}{k\left(c^2 + \dfrac{b^2}{4}\right)}$$

e o número necessário de voltas da porca é:

$$n = \frac{Wbc}{kp\left(c^2 + \dfrac{b^2}{4}\right)}$$

então, $n = \dfrac{(9\,\text{N})(280\,\text{mm})(250\,\text{mm})}{\left(750\,\dfrac{\text{N}}{\text{m}}\right)(1{,}6\,\text{mm})\left[(250\,\text{mm})^2 + \dfrac{(280\,\text{mm})^2}{4}\right]} = 6{,}4$ voltas ←

A combinação de uma mola linear anexada à haste rosqueada e uma mola torcional em B resulta num sistema com uma rigidez maior do que aquela que tem apenas uma mola de translação. Assim, o ponteiro em C se move menos sob a carga W, de modo que menos voltas são necessárias para recentralizar o ponteiro.

Exemplo 2.2

O dispositivo na Figura 2.8a consiste em uma viga horizontal ABC sustentada por duas barras verticais BD e CE. A barra CE é fixada por pinos em ambas as extremidades, mas a barra BD está fixada na fundação pela extremidade inferior. A distância de A até B é 450 mm e de B até C é 225 mm. As barras BD e CE têm comprimentos de 480 mm e 600 mm, respectivamente, e suas áreas de seção transversal são 1.020 mm^2 e 520 mm^2, respectivamente. As barras são feitas de aço, tendo módulo de elasticidade $E = 205$ GPa.

Considerando que a viga ABC seja rígida, determine o seguinte:

(a) Encontre a máxima carga admitida P_{max} se o deslocamento do ponto A estiver limitado a 1,0 mm.
(b) Se $P = 25$ kN, qual é a área de seção transversal necessária da barra CE de modo que o deslocamento no ponto A seja igual a 1,0 mm?

Solução

(a) Determine a carga máxima admissível P_{max}.

Para encontrar o deslocamento do ponto A, precisamos conhecer os deslocamentos dos pontos B e C. Por isso, devemos encontrar as variações nos comprimentos das barras BD e CE, usando a equação geral $\delta = PL/EA$ (Equação 2.3).

Começamos pelos cálculos das forças nas barras através de um diagrama de corpo livre da viga (Figura 2.8b). Como a barra CE está presa por pinos em ambas as extremidades, é um membro de "força dupla" e transmite apenas uma força vertical F_{CE} à viga. Entretanto, a barra BD pode transmitir tanto uma força vertical F_{BD} quanto uma força horizontal H. Do equilíbrio da viga ABC na direção horizontal, vemos que a força horizontal é nula.

Duas equações adicionais de equilíbrio nos permitem expressar as forças F_{BD} e F_{CE} em termos da carga P. Dessa forma, calculando o momento em relação ao ponto B e então somando as forças na direção vertical, obtemos:

$$F_{CE} = 2P \qquad F_{BD} = 3P \tag{a}$$

Observe que a força F_{CE} age para baixo na barra ABC e a força F_{BD} age para cima. Por isso, o membro CE está em tração e o membro BD está em compressão.

O encurtamento do membro BD é:

Exemplo 2.2 Continuação

Figura 2.8

Exemplo 2.2: Viga horizontal ABC sustentada por duas barras verticais

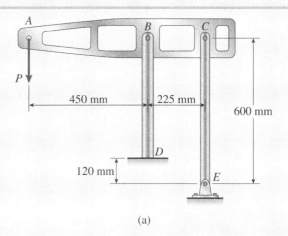

(a)

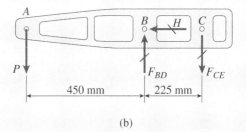

(b)

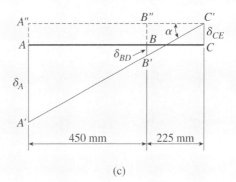

(c)

$$\delta_{BD} = \frac{F_{BD}L_{BD}}{EA_{BD}}$$

$$= \frac{(3P)(480 \text{ mm})}{(205 \text{ GPa})(1020 \text{ mm}^2)} = 6{,}887P \times 10^{-6} \text{ mm } (P = \text{newtons}) \quad \textbf{(b)}$$

Observe que o encurtamento δ_{BD} é dado em milímetros e que a carga P está expressa em newtons.

De forma similar, o estiramento de CE é:

$$\delta_{CE} = \frac{F_{CE}L_{CE}}{EA_{CE}}$$

$$= \frac{(2P)(600 \text{ mm})}{(205 \text{ GPa})(520 \text{ mm}^2)} = 11{,}26P \times 10^{-6} \text{ mm } (P = \text{newtons}) \quad \textbf{(c)}$$

Novamente, o deslocamento é expresso em milímetros e a carga P em newtons. Conhecendo as mudanças nos comprimentos das duas barras, podemos encontrar agora o deslocamento do ponto A.

Diagrama de deslocamento. Um diagrama de deslocamento mostrando a posição relativa dos pontos A, B e C está desenhado na

Exemplo 2.2 Continuação

Figura 2.8c. A linha *ABC* representa o alinhamento inicial dos três pontos. Depois que a carga *P* é aplicada, o membro *BD* encurta-se pela quantidade δ_{BD} e o ponto *B* move-se para *B'*. O membro *CE* alonga-se pela quantidade δ_{CE} e o ponto C se move para *C'*. Como a viga *ABC* foi considerada rígida, os pontos *A'*, *B'* e *C'* estão em uma linha reta.

Para maior clareza, os deslocamentos estão altamente exagerados no diagrama. Na realidade, a linha *ABC* rotaciona em um ângulo muito pequeno para sua nova posição *A'B'C'* (veja a Observação 2 ao final deste exemplo).

Usando semelhança de triângulos, podemos agora encontrar as relações entre os deslocamentos nos pontos *A*, *B* e *C*. Dos triângulos *A'A"C'* e *B'B"C'*, obtemos

$$\frac{A'A''}{A''C'} = \frac{B'B''}{B''C'} \quad \text{ou} \quad \frac{\delta_A + \delta_{CE}}{450 + 225} = \frac{\delta_{BD} + \delta_{CE}}{225} \quad \text{(d)}$$

Figura 2.8 (Repetida)

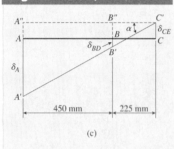

(c)

em que todos os termos são expressos em milímetros.

Substituindo δ_{BD} e δ_{CE} das Equações (b) e (c) temos

$$\frac{\delta_A + 11{,}26P \times 10^{-6}}{450 + 225} = \frac{6{,}887P \times 10^{-6} + 11{,}26P \times 10^{-6}}{225}$$

Finalmente, substituímos δ_A pelo seu valor limite de 1,0 mm e resolvemos a equação para a carga *P*. O resultado é

$$P = P_{max} = 23.200 \text{ N (ou 23,2 kN)}$$

Quando a carga atinge esse valor, o deslocamento para baixo no ponto *A* é igual a 1,0 mm.

Observação 1: Uma vez que a estrutura comporta-se de maneira elástica linear, os deslocamentos são proporcionais à intensidade da carga. Por exemplo, se a carga é igual à metade de P_{max}, isto é, $P = 11{,}6$ kN, o deslocamento para baixo do ponto *A* é igual a 0,5 mm.

Observação 2: Para verificar nossa premissa de que a linha *ABC* rotaciona em um ângulo bem pequeno, podemos calcular o ângulo de rotação α do diagrama de deslocamento (Figura 2.8c) da seguinte maneira:

$$\text{tg } \alpha = \frac{A'A''}{A''C'} = \frac{\delta_A + \delta_{CE}}{675 \text{ mm}} \quad \text{(e)}$$

O deslocamento δ_A do ponto *A* é 1,0 mm, e o alongamento δ_{CE} da barra *CE* é encontrado pela Equação (c) substituindo-se $P = 23.200$ N; o resultado é $\delta_{CE} = 0{,}261$ mm. Portanto, da Equação (e) obtemos:

$$\text{tg } \alpha = \frac{1{,}0 \text{ mm} + 0{,}261 \text{ mm}}{675 \text{ mm}} = \frac{1{,}261 \text{ mm}}{675 \text{ mm}} = 0{,}001868$$

da qual $\alpha = 0{,}11°$. Esse ângulo é tão pequeno que, se tentássemos desenhar o diagrama de deslocamento em escala, não seríamos capazes de distinguir entre a linha inicial *ABC* e a linha rotacionada *A'B'C'*.

Dessa forma, ao trabalhar com diagramas de deslocamento, geralmente podemos considerar os deslocamentos como quantidades bem pequenas, simplificando dessa forma a geometria. Nesse exemplo pudemos assumir que os pontos *A*, *B* e *C* moveram-se apenas verticalmente; por outro lado, se os deslocamentos fossem grandes, teríamos de considerar que eles se movem ao longo de trajetórias curvilíneas.

(b) Determine a área de seção transversal necessária da barra *CE*.

Se $P = 25$ kN, qual é a área de seção transversal necessária da barra *CE* de modo que o deslocamento no ponto *A* seja igual a 1,0 mm?

Começamos com a relação de deslocamentos na Equação (d):

$$\frac{\delta_A + \delta_{CE}}{450 \text{ mm} + 225 \text{ mm}} = \frac{\delta_{BD} + \delta_{CE}}{225 \text{ mm}} \quad \textbf{(d repetida)}$$

em seguida, substituímos o valor numérico necessário para δ_A e as expressões de força-deslocamento das Equações (b) e (c), obtendo:

> • • • **Exemplo 2.2** *Continuação*
>
> $$\frac{\delta_A + \left(\dfrac{F_{CE} L_{CE}}{EA_{CE}}\right)}{450 \text{ mm} + 225 \text{ mm}} = \frac{\left(\dfrac{F_{BD} L_{BD}}{EA_{BD}}\right) + \left(\dfrac{F_{CE} L_{CE}}{EA_{CE}}\right)}{225 \text{ mm}} \quad \text{(f)}$$
>
> Depois de substituir expressões para F_{BD} e F_{CE} a partir da Equação (a), podemos resolver a Equação (f) para A_{CE} e obter a expressão:
>
> $$A_{CE} = \frac{4 A_{BD} L_{CE} P}{A_{BD} E \delta_A - 9 L_{BD} P} \quad \text{(g)}$$
>
> Substituindo os valores numéricos, descobrimos que a área de seção transversal necessária da barra *CE* para assegurar que o ponto *A* se desloque 1,0 mm sob uma carga aplicada $P = 25$ kN é:
>
> $$A_{CE} = \frac{4(1020 \text{ mm}^2)(600 \text{ mm})(25 \text{ kN})}{(1020 \text{ mm}^2)(205 \text{ GPa})(1,0 \text{ mm}) - 9(480 \text{ mm})(25 \text{ kN})} = 605 \text{ mm}^2 \quad \leftarrow$$
>
> A carga aplicada na parte (b) de $P = 25$ kN é maior do que $P_{max} = 23{,}2$ kN na parte (a), de modo que a área em corte transversal de *CE* é maior (como esperado).

2.3 Variações no comprimento de barras não uniformes

Quando uma barra prismática de material elástico linear é carregada apenas nas extremidades, podemos obter a variação em seu comprimento por meio da equação $\delta = PL/EA$, como está descrito na seção anterior. Nesta seção veremos como esta mesma equação pode ser usada em situações mais gerais.

Barras com carregamento axial em ponto intermediário

Suponha, por exemplo, que uma barra prismática é carregada por uma ou mais cargas axiais agindo em pontos intermediários ao longo do eixo (Figura 2.9a). Podemos determinar a variação no comprimento dessa barra somando algebricamente os alongamentos e os encurtamentos dos segmentos individuais. O procedimento é o seguinte:

1. Identifique os segmentos da barra (segmentos *AB*, *BC* e *CD*) como segmentos 1, 2 e 3, respectivamente.
2. Determine as forças axiais internas N_1, N_2 e N_3 nos segmentos 1, 2 e 3, respectivamente, através dos diagramas de corpo livre das Figuras 2.9b, c e d. Note que as forças axiais internas estão denotadas pela letra *N* para distingui-las das forças externas *P*. Considerando as forças na direção vertical, obtemos as seguintes expressões para as forças axiais:

$$N_1 = -P_B + P_C + P_D \quad N_2 = P_C + P_D \quad N_3 = P_D$$

Ao escrever essas equações, usamos a convenção de sinal dada na seção anterior (forças axiais internas são positivas quando em tração, e negativas quando em compressão).

3. Determine as mudanças nos comprimentos dos segmentos através da Equação (2.3):

$$\delta_1 = \frac{N_1 L_1}{EA} \quad \delta_2 = \frac{N_2 L_2}{EA} \quad \delta_3 = \frac{N_3 L_3}{EA}$$

na qual L_1, L_2 e L_3 são os comprimentos dos segmentos e *EA* é a rigidez axial da barra.

Figura 2.9

(a) Barra com cargas externas agindo em pontos intermediários; (b), (c) e (d) diagramas de corpo livre mostrando as forças axiais internas N_1, N_2 e N_3

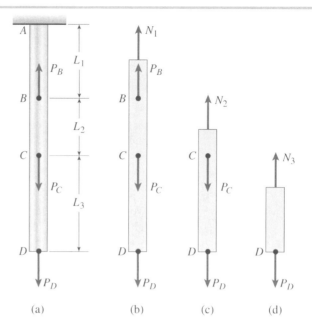

4. Some δ_1, δ_2 e δ_3 para obter δ, a variação de comprimento de toda a barra:

$$\delta = \sum_{i=1}^{3} \delta_i = \delta_1 + \delta_2 + \delta_3$$

Como já explicado, as variações nos comprimentos devem ser somadas, algebricamente, considerando-se os alongamentos positivos e os encurtamentos negativos.

Barras formadas por segmentos prismáticos

Essa mesma aproximação geral pode ser usada quando a barra consiste em vários segmentos prismáticos, cada um com forças axiais, dimensões e materiais diferentes (Figura 2.10). A variação no comprimento pode ser obtida através da equação

$$\delta = \sum_{i=1}^{n} \frac{N_i L_i}{E_i A_i} \quad (2.5)$$

em que o índice i indica os vários segmentos da barra e n é o número total de segmentos. Observe, especialmente, que N_i não é uma carga externa, mas a força axial no segmento i.

Figura 2.10

Barra formada por segmentos prismáticos com forças axiais, dimensões e materiais diferentes

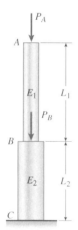

Barra com variações contínuas de cargas ou dimensões

Algumas vezes, a força axial N e a área da seção transversal A variam continuamente ao longo do eixo de uma barra, como ilustrado pela barra afilada da Figura 2.11a. Essa barra não apenas tem uma área de seção transversal variando continuamente, mas também uma força axial variando continuamente. Nessa ilustração, a carga consiste em duas partes, uma força P_B agindo na extremidade B da barra e forças distribuídas $p(x)$ agindo ao longo do eixo (uma força distribuída tem unidade de força por distância, como libras por polegada ou newtons por metro). Uma carga axial distribuída pode ser produzida por fatores como forças centrífugas, forças de atrito ou o peso de uma barra pendurada em uma direção vertical.

Nessas condições, não podemos mais usar a Equação (2.5) para obter a variação no comprimento. Em vez disso, devemos determinar a variação no comprimento de um elemento diferencial da barra e então integrar sobre o comprimento da barra.

Escolhemos um elemento diferencial a uma distância x da extremidade esquerda da barra (Figura 2.11a). A força axial interna $N(x)$ agindo nessa seção transversal (Figura 2.11b) pode ser determinada pelo equilíbrio usando-se o segmento AC ou o segmento CB como um corpo livre. Em geral, essa força é uma função de x. Conhecendo as dimensões da barra, podemos expressar a área de seção transversal $A(x)$ em função de x.

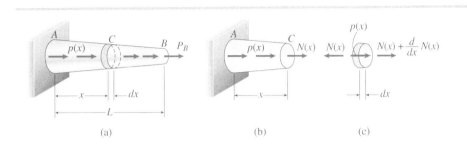

Figura 2.11

Barra com área de seção transversal e força axial variáveis

O alongamento $d\delta$ do elemento diferencial (Figura 2.11c) pode ser obtido através da equação $\delta = PL/EA$, substituindo-se P por $N(x)$, L por dx e A por $A(x)$, da seguinte maneira:

$$d\delta = \frac{N(x)dx}{EA(x)} \quad (2.6)$$

O alongamento de toda a barra é obtido integrando-se sobre o comprimento:

$$\delta = \int_0^L d\delta = \int_0^L \frac{N(x)dx}{EA(x)} \quad (2.7)$$

Se as expressões para $N(x)$ e $A(x)$ não forem por demais complexas, a integral pode ser desenvolvida analiticamente e uma fórmula para δ pode ser obtida, como ilustrado mais adiante no Exemplo 2.4. Entretanto, se uma integração formal é difícil ou impossível, um método numérico deve ser usado.

Limitações

As Equações (2.5) e (2.7) aplicam-se apenas a barras feitas de materiais elásticos lineares, como mostrado pela presença do módulo de elasticidade E nas fórmulas. A fórmula $\delta = PL/EA$ foi obtida usando-se a suposição de que a distribuição de tensão é uniforme sobre toda seção transversal (porque é baseada na fórmula $\sigma = P/A$). Essa suposição é válida para barras prismáticas, mas não para barras afiladas, e, por isso, a Equação (2.7) fornece resultados satisfatórios para uma barra afilada apenas se o ângulo entre os lados da barra forem pequenos.

Como ilustração, se o ângulo entre os lados de uma barra for 20°, a tensão calculada pela expressão $\sigma = P/A$ (em uma seção transversal selecionada arbitrariamente) será 3% menor que a tensão exata para aquela mesma seção transversal (calculada por métodos mais avançados). Para ângulos menores, o erro será ainda menor. Consequentemente, podemos dizer que a Equação (2.7) será satisfatória se o ângulo de afilamento for pequeno. Se o afilamento for grande, serão necessários métodos de análise mais precisos.

Os exemplos a seguir ilustram a determinação das variações nos comprimentos de barras não uniformes.

• • • Exemplo 2.3

Uma barra vertical de aço ABC é sustentada por um pino em sua extremidade superior e carregada por uma força P_1 em sua extremidade inferior (Figura 2.12a). Uma viga horizontal BDE é presa por um pino à barra vertical na junção B e sustentada no ponto D. A viga está submetida a uma força P_2 na extremidade E.

A parte superior da barra vertical (segmento AB) tem comprimento $L_1 = 500$ mm e área de seção transversal $A_1 = 160$ mm²; a parte inferior (segmento BC) tem comprimento $L_2 = 750$ mm e área $A_2 = 100$ mm². O módulo de elasticidade E do aço é de 200 GPa. As partes esquerda e direita da viga BDE têm comprimentos $a = 700$ mm e $b = 625$ mm, respectivamente.

(a) Calcule o deslocamento vertical δ_C no ponto C se a carga $P_1 = 10$ kN e a carga $P_2 = 25$ kN (desconsidere os pesos da barra e da viga).
(b) Onde no segmento DE deveria ser aplicada a carga P_2 se o deslocamento vertical δ_C deve ser igual a 0,25 mm?
(c) Se a carga P_2 é uma vez mais aplicada em E, qual seria o novo valor da área de seção transversal A_2 necessário para que o deslocamento vertical, δ_C fosse igual a 0,17 mm?

Figura 2.12

Exemplo 2.3: Mudança no comprimento de uma barra não uniforme (barra ABC)

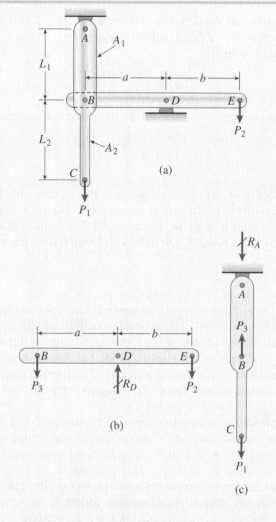

Solução
(a) Determine o deslocamento vertical no ponto C.
Forças axiais na barra ABC. Da Figura 2.12a, vemos que o deslocamento vertical do ponto C é igual à mudança no comprimento da barra ABC. Por isso, devemos encontrar as forças axiais em ambos os segmentos dessa barra.

Exemplo 2.3 Continuação

A força axial N_2 no segmento inferior é igual à carga P_1. A força axial N_1 no segmento superior pode ser encontrada se conhecermos a reação vertical em A ou a força aplicada na barra pela viga. Esta última pode ser encontrada através de um diagrama de corpo livre da viga (Figura 2.12b), no qual a força agindo na viga (da barra vertical) é denotada P_3 e a reação vertical no suporte D é denotada R_D. Nenhuma força horizontal age entre a barra e a viga, como pode ser visto por um diagrama de corpo livre da própria barra vertical (Figura 2.12c). Por isso, não há nenhuma reação horizontal no suporte D da viga.

Calculando o momento em relação ao ponto D para o diagrama de corpo livre da viga (Figura 2.12b), temos

$$P_3 = \frac{P_2 b}{a} = \frac{25 \text{ kN}(625 \text{ mm})}{700 \text{ mm}} = 22{,}3 \text{ kN} \qquad (a)$$

Essa força age para baixo na viga (Figura 2.12b) e para cima na barra vertical (Figura 2.12c).

Agora podemos determinar a reação para baixo no suporte A (Figura 2.12c):

$$R_A = P_3 - P_1 = 22{,}3 \text{ kN} - 10 \text{ kN} = 12{,}3 \text{ kN} \qquad (b)$$

A porção superior da barra vertical (segmento AB) está submetida a uma força axial de compressão N_1 igual a R_A, ou 12,3 kN. O segmento inferior (segmento BC) suporta uma força axial de tração N_2 igual a P_1, ou 10 kN.

Observação: Como alternativa para os cálculos anteriores, podemos obter a reação R_A a partir de um diagrama de corpo livre de toda a estrutura (em vez de um diagrama de corpo livre da viga BDE).

Variação no comprimento. Com a tração considerada positiva, a Equação (2.5) nos dá

$$\delta = \sum_{i=1}^{n} \frac{N_i L_i}{E_i A_i} = \frac{N_1 L_1}{E A_1} + \frac{N_2 L_2}{E A_2} \qquad (c)$$

$$= \frac{-12{,}3 \text{ kN}(500 \text{ mm})}{200 \text{ GPa}(160 \text{ mm}^2)} + \frac{10 \text{ kN}(750 \text{ mm})}{200 \text{ GPa}(100 \text{ mm}^2)}$$

$$= -0{,}192 \text{ mm} + 0{,}375 \text{ mm} = 0{,}183 \text{ mm}$$

em que δ é a mudança no comprimento da barra ABC. Uma vez que δ é positivo, a barra sofre alongamento. O deslocamento do ponto C é igual à mudança no comprimento da barra:

$$\delta_C = 0{,}183 \text{ mm}$$

O deslocamento está para baixo.

(b) Determine a localização da carga P_2 no segmento DE.

Carga P_2 está agora posicionada a certa distância x para a direita do ponto D (ver Figura 2.12d.):

$$\Sigma M_D = 0 \qquad P_3 = \frac{P_2 x}{a} \qquad (d)$$

Da Equação (b), temos: $R_A = P_3 - P_1$.

A força de compressão axial em AB é R_A, e a força de tração axial em BC é P_1, então a partir da Equação (c), o deslocamento para baixo na junção C é:

$$\delta_C = \frac{-(P_3 - P_1)L_1}{EA_1} + \frac{P_1 L_2}{EA_2} \qquad (e)$$

Substituindo a expressão para P_3 da Equação (d) e resolvendo para x temos:

$$\delta_C = \frac{-\left[\left(\frac{P_2 x}{a}\right) - P_1\right]L_1}{EA_1} + \frac{P_1 L_2}{EA_2} \qquad (f)$$

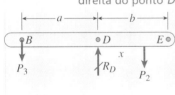

Figura 2.12 (continuação)

Exemplo 2.3: (d) Carga P_2 a alguma distância x para a direita do ponto D

• • • Exemplo 2.3 Continuação

e

$$x = \frac{a(A_1 L_2 P_1 + A_2 L_1 P_1 - A_1 A_2 E \delta_C)}{A_2 L_1 P_2} \quad (g)$$

Finalmente, insira valores numéricos e resolva para a distância x:

$$x = \frac{700 \text{ mm}[(160 \text{ mm}^2)(750 \text{ mm})(10 \text{ kN}) + (100 \text{ mm}^2)(500 \text{ mm})(10 \text{ kN}) - (160 \text{ mm}^2)(100 \text{ mm}^2)(200 \text{ GPa})(0{,}25 \text{ mm})]}{(100 \text{ mm}^2)(500 \text{ mm})(25 \text{ kN})} = 504 \text{ mm}$$

(c) Determine a nova área transversal A_2.

Agora a carga P_2 é aplicada mais uma vez na junção E, então, a força P_3 é obtida a partir da Equação (a) e a Equação (f) revisada é:

$$\delta_C = \frac{-\left[\left(\dfrac{P_2 b}{a}\right) - P_1\right] L_1}{E A_1} + \frac{P_1 L_2}{E A_2} \quad (h)$$

Agora podemos resolver para a área transversal A_2 em termos de outras variáveis da estrutura:

$$A_2 = \frac{L_2 P_1}{E\left[\delta_C - \dfrac{L_1\left(P_1 - \dfrac{P_2 b}{a}\right)}{A_1 E}\right]} \quad (i)$$

A substituição de valores numéricos na Equação (i) fornece a área necessária da barra BC se $\delta_C = 0{,}17$ mm sob as cargas aplicadas P_1 e P_2:

$$A_2 = \frac{(750 \text{ mm})(10 \text{ kN})}{(200 \text{ GPa})\left[(0{,}17 \text{ mm}) - \dfrac{(500 \text{ mm})\left[10 \text{ kN} - \dfrac{(25 \text{ kN})(625 \text{ mm})}{(700 \text{ mm})}\right]}{(160 \text{ mm}^2)(200 \text{ GPa})}\right]}$$

$$= 103{,}4 \text{ mm}^2$$

Como esperado, a área da seção transversal A_2 deve aumentar, de modo que o deslocamento vertical em C é reduzido a partir do calculado na Equação (c).

• • • Exemplo 2.4

Uma barra afilada AB de seção transversal circular sólida e comprimento L (Figura 2.13a) é suportada na extremidade B e submetida a uma carga de tração P na extremidade livre A. Os diâmetros da barra nas extremidades A e B são d_A e d_B, respectivamente.

Determine o alongamento da barra devido à carga P, considerando que o ângulo de afilamento seja pequeno.

••• Exemplo 2.4 Continuação

Figura 2.13

Exemplo 2.4: Alteração no comprimento de uma barra afilada de seção transversal circular sólida

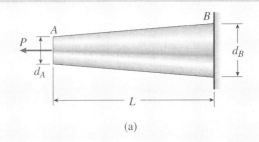

(a)

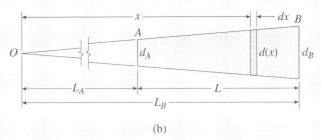

(b)

Solução

A barra analisada neste exemplo tem uma força axial constante (igual à carga P) por todo o seu comprimento. No entanto, a área de seção transversal varia continuamente de uma extremidade à outra. Por isso, devemos usar integração (veja Equação 2.7) para determinar a mudança no comprimento.

Área de seção transversal. O primeiro passo na solução é obter uma expressão para a área de seção transversal $A(x)$ em qualquer seção transversal da barra. Para este fim, devemos estabelecer uma origem para a coordenada x. Uma possibilidade é colocar a origem das coordenadas na extremidade livre A da barra. Entretanto, a integração a ser realizada será um pouco simplificada se definirmos a origem das coordenadas prolongando os lados da barra afilada até eles se encontrarem no ponto O, como mostrado na Figura 2.13b.

As distâncias L_A e L_B da origem O até as extremidades A e B, respectivamente, são da razão de

$$\frac{L_A}{L_B} = \frac{d_A}{d_B} \tag{a}$$

obtida pela semelhança de triângulos na Figura 2.13b. Da semelhança de triângulos também obtemos a variação do diâmetro $d(x)$ em função da distância x da origem em relação ao diâmetro d_A na extremidade menor da barra:

$$\frac{d(x)}{d_A} = \frac{x}{L_A} \quad \text{ou} \quad d(x) = \frac{d_A x}{L_A} \tag{b}$$

Por isso, a área de seção transversal a uma distância x da origem é

$$A(x) = \frac{\pi [d(x)]^2}{4} = \frac{\pi d_A^2 x^2}{4 L_A^2} \tag{c}$$

Variação do comprimento. Agora, substituímos a expressão para $A(x)$ na Equação (2.7) e obtemos o alongamento δ:

$$\delta = \int \frac{N(x)dx}{EA(x)} = \int_{L_A}^{L_B} \frac{P dx(4 L_A^2)}{E(\pi d_A^2 x^2)} = \frac{4 P L_A^2}{\pi E d_A^2} \int_{L_A}^{L_B} \frac{dx}{x^2} \tag{d}$$

Realizando a integração e substituindo os limites, obtemos

• • • Exemplo 2.4 Continuação

$$\delta = \frac{4PL_A^2}{\pi E d_A^2}\left[-\frac{1}{x}\right]_{L_A}^{L_B} = \frac{4PL_A^2}{\pi E d_A^2}\left(\frac{1}{L_A} - \frac{1}{L_B}\right) \quad (e)$$

Essa expressão para δ pode ser simplificada notando-se que

$$\frac{1}{L_A} - \frac{1}{L_B} = \frac{L_B - L_A}{L_A L_B} = \frac{L}{L_A L_B} \quad (f)$$

Desta forma, a equação para δ fica

$$\delta = \frac{4PL}{\pi E d_A^2}\left(\frac{L_A}{L_B}\right) \quad (g)$$

Finalmente, substituímos $L_A/L_B = d_A/d_B$ (veja a Equação a) e obtemos

$$\delta = \frac{4PL}{\pi E d_A d_B} \quad \text{⬅} \quad (2.8)$$

Essa fórmula fornece o alongamento de uma barra afilada de seção transversal circular sólida. Substituindo os valores numéricos, podemos determinar a variação no comprimento para qualquer barra em particular.

Observação 1: Um engano comum é considerar que o alongamento de uma barra afilada pode ser determinado calculando-se o alongamento de uma barra prismática que tenha a mesma área de seção transversal que a área de seção transversal mediana de uma barra afilada. Um exame da Equação (2.8) mostra que essa ideia não é válida.

Observação 2: A fórmula anterior para barras afiladas (Equação 2.8) pode ser reduzida ao caso especial de uma barra prismática substituindo-se $d_A = d_B = d$. O resultado é

$$\delta = \frac{4PL}{\pi E d^2} = \frac{PL}{EA}$$

que sabemos estar correto.

Uma fórmula geral como a Equação (2.8) deve ser, sempre que possível, averiguada verificando-se se ela sempre se reduz a resultados conhecidos para casos especiais. Se a redução não produzir um resultado correto, a fórmula inicial está errada. Se um resultado correto for obtido, a fórmula inicial pode ainda estar incorreta, mas sua confiabilidade aumenta. Em outras palavras, esse tipo de averiguação é uma condição necessária, mas não suficiente para a validade da fórmula inicial.

2.4 Estruturas estaticamente indeterminadas

As molas, as barras e os cabos que discutimos nas seções anteriores têm uma característica em comum – suas reações e forças internas podem ser determinadas a partir unicamente de diagramas de corpo livre e equações de equilíbrio. Estruturas desse tipo são classificadas como **estaticamente determinadas**. Em especial, devemos notar que as forças em uma estrutura estaticamente determinada podem ser encontradas sem levar em conta as propriedades dos materiais. Considere, por exemplo, a barra AB mostrada na Figura 2.14. Os cálculos para as forças axiais em ambas as partes da barra, bem como para a reação R na base, independem do material do qual a barra é feita.

A maioria das estruturas é mais complexa que a barra da Figura 2.14, e suas reações e forças internas não podem ser encontradas apenas através da estática. Essa situação é ilustrada na Figura 2.15, que mostra a barra AB fixada em *ambas* as extremidades. Agora, há duas reações verticais (R_A e R_B), mas apenas uma equação de equilíbrio – a equação da somatória das forças na direção vertical. Uma vez que essa equação contém duas incógnitas, ela não é suficiente para encontrar as reações. As estruturas desse tipo são classificadas como **estaticamente indeterminadas**. Para analisar tais estruturas, devemos complementar as equações de equilíbrio com equações adicionais de deslocamentos da estrutura.

Para vermos como uma estrutura estaticamente indeterminada é analisada, considere o exemplo da Figura 2.16a. A barra prismática AB está fixada em suportes rígidos em ambas as extremidades e é carregada axialmente por uma força P em um ponto intermediário C. Como discutiu-se anteriormente, as reações R_A e R_B não podem ser encontradas apenas através da estática, porque há somente uma **equação de equilíbrio** disponível:

$$\Sigma F_{\text{vert}} = 0 \quad R_A - P + P_B = 0 \qquad (2.9)$$

É preciso uma equação adicional para encontrarmos as duas reações desconhecidas.

A equação adicional é baseada na observação de que uma barra com ambas as extremidades fixadas não apresenta variação no comprimento. Se separamos a barra de seus suportes (Figura 2.16b), obtemos uma barra livre em ambas as extremidades e carregada pelas três forças, R_A, R_B e P. Essas forças fazem a barra sofrer uma variação δ_{AB} de comprimento, que deve ser igual a zero:

$$\delta_{AB} = 0 \qquad (2.10)$$

Essa equação, chamada de **equação de compatibilidade**, expressa o fato de que a variação no comprimento da barra deve ser compatível com as condições nos suportes.

Para resolver as Equações (2.9) e (2.10), devemos agora expressar a equação de compatibilidade em termos das forças desconhecidas R_A e R_B. As relações entre as forças que agem em uma barra e suas variações de comprimento são conhecidas como **relações de força-deslocamento**. Essas relações têm várias formas, dependendo das propriedades do material. Se o material é elástico linear, a equação $\delta = PL/EA$ pode ser usada para obter as relações de força-deslocamento.

Vamos supor que a barra da Figura 2.16 tenha área de seção transversal A e seja feita de um material com módulo E. Então, as variações nos comprimentos dos segmentos superior e inferior da barra são, respectivamente,

$$\delta_{AC} = \frac{R_A a}{EA} \qquad \delta_{CB} = -\frac{R_B b}{EA} \qquad (2.11\text{a,b})$$

em que o sinal de menos indica o encurtamento da barra. As Equações (2.11a) e (2.11b) são as relações de força-deslocamento.

Estamos agora prontos para resolver simultaneamente os três conjuntos de equações (a equação de equilíbrio, a equação de compatibilidade e as relações de força-deslocamento). Nessa ilustração, começamos combinando as relações de força-deslocamento com a equação de compatibilidade:

$$\delta_{AB} = \delta_{AC} + \delta_{CB} = \frac{R_A a}{EA} - \frac{R_B b}{EA} = 0 \qquad (2.12)$$

Note que essa equação contém as duas reações como incógnitas.

O próximo passo é resolver simultaneamente a equação de equilíbrio (Equação 2.9) e a equação anterior (Equação 2.12). Os resultados são

Figura 2.14
Barra estaticamente determinada

Figura 2.15
Barra estaticamente indeterminada

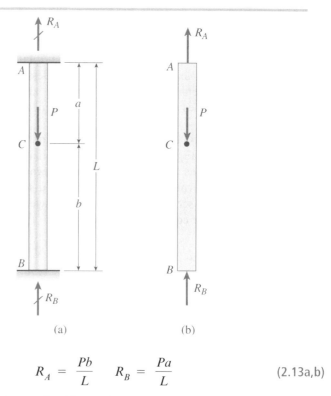

Figura 2.16
Análise de uma barra estaticamente indeterminada

$$R_A = \frac{Pb}{L} \quad R_B = \frac{Pa}{L} \quad (2.13a,b)$$

Com essas reações conhecidas, todas as outras quantidades de força e deslocamento podem ser determinadas. Suponha, por exemplo, que desejemos encontrar o deslocamento para baixo δ_C do ponto C. Esse deslocamento é igual ao alongamento do segmento AC:

$$\delta_C = \delta_{AC} = \frac{R_A a}{EA} = \frac{Pab}{LEA} \quad (2.14)$$

Podemos também encontrar as tensões nos dois segmentos da barra diretamente através das forças axiais (por exemplo, $\sigma_{AC} = R_A/A = Pb/AL$).

Comentários gerais

Da discussão anterior, vemos que a análise de uma estrutura estaticamente indeterminada envolve a formulação e a resolução de equações de equilíbrio, equações de compatibilidade e relações de força-deslocamento. As equações de equilíbrio relacionam as cargas que agem na estrutura às forças incógnitas (que podem ser reações ou forças internas), e as equações de compatibilidade expressam restrições aos deslocamentos da estrutura. As relações de força-deslocamento são expressões que usam dimensões e propriedades dos membros estruturais para relacionar forças e deslocamentos desses membros. No caso de barras carregadas axialmente que se comportam de maneira elástica linear, as relações são baseadas na equação $\delta = PL/EA$. Finalmente, todos os três conjuntos de equações podem ser resolvidos simultaneamente para as forças e deslocamentos desconhecidos.

Na literatura de engenharia, vários termos são usados para as condições expressas por equilíbrio, compatibilidade e equações de força-deslocamento. As equações de equilíbrio são também conhecidas como equações *estáticas* ou *cinéticas*; as equações de compatibilidade são algumas vezes chamadas de equações *geométricas*, equações *cinemáticas* ou equações de *deformações compatíveis*; e as relações de força-deslocamento são geralmente chamadas de *relações constitutivas* (porque lidam com a *constituição*, ou as propriedades físicas, dos materiais).

Para as estruturas relativamente simples discutidas neste capítulo, o método de análise anterior é adequado. Entretanto, estratégias mais formalizadas são necessárias para estruturas complexas. Dois métodos utilizados habitualmente, o *método da flexibilidade* (também chamado de *método da força*) e o *método da rigidez* (também chamado de *método do deslocamento*), são descritos em detalhes em livros de análise estrutural. Embora esses métodos sejam normalmente usados para estruturas grandes e complexas, que exigem a solução simultânea de centenas e/ou, às vezes, de milhares de equações, ainda são baseados nos conceitos descritos anteriormente, isto é, equações de equilíbrio, equações de compatibilidade e relações de força-deslocamento.*

Os dois exemplos a seguir ilustram a metodologia para analisar estruturas estaticamente indeterminadas consistindo em membros carregados axialmente.

• • Exemplo 2.5

Uma barra *rígida* horizontal ABC está presa na extremidade A e apoiada por dois fios (BD e CD) nos pontos B e C (Figura 2.17). Uma carga vertical P atua no final C da barra. A barra tem um comprimento 2b, e os fios BD e CD têm comprimentos L_1 e L_2, respectivamente. Além disso, o fio BD tem um diâmetro d_1 e módulo de elasticidade E_1; o fio CD tem um diâmetro d_2 e um módulo E_2.

(a) Obtenha fórmulas para a carga admissível P se as tensões admissíveis nos fios BD e CD, respectivamente, são σ_1 e σ_2. (Desconsidere o peso da barra e dos cabos).

(b) Calcule a carga admissível P para as seguintes condições: o fio BD é feito de alumínio, com um módulo de $E_1 = 72$ GPa e um diâmetro $d_1 = 4,2$ mm. O fio CD é feito de magnésio com um módulo $E_2 = 45$ GPa e um diâmetro $d_2 = 3,2$ mm. As tensões admissíveis nos fios de alumínio e magnésio são $\sigma_1 = 200$ MPa e $\sigma_2 = 172$ MPa, respectivamente. As dimensões são $a = 1,8$ m e $b = 1,2$ m na Figura 2.17.

Figura 2.17

Exemplo 2.5: (a) Análise de uma estrutura cabo-barra estaticamente indeterminada, (b) diagrama de corpo livre da barra ABC, e (c) o alongamento do fio BD

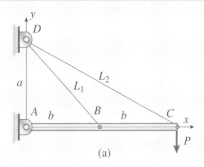

(a)

Solução

(a) Determine as fórmulas para a carga admissível P.

Equação de equilíbrio. Começamos a análise pelo desenho de um diagrama de corpo livre da barra ABC (Figura 2.17b). Neste diagrama, T_1 e T_2 são as forças de tração desconhecidas nos cabos e A_x e A_y são as componentes horizontais e verticais de reação no suporte A. Veremos imediatamente que a estrutura é estaticamente indeterminada, porque existem quatro forças desconhecidas (T_1, T_2, A_x e A_y), mas apenas três equações independentes de equilíbrio.

Tomando momentos em torno do ponto A (com momentos sentido anti-horário sendo positivos) produz-se:

---

* Do ponto de vista histórico, possivelmente, Euler, em 1774, foi o primeiro a analisar um sistema estaticamente indeterminado; ele considerou o problema de uma mesa rígida com quatro pernas apoiada em uma fundação elástica. O trabalho seguinte foi feito pelo matemático e engenheiro francês L. M. H. Navier, que, em 1825, afirmou que reações estaticamente indeterminadas poderiam ser encontradas levando-se apenas em conta a elasticidade da estrutura. Navier resolveu problemas de apoios e vigas estaticamente indeterminados.

• • • Exemplo 2.5 Continuação

Figura 2.17 (Continuação)

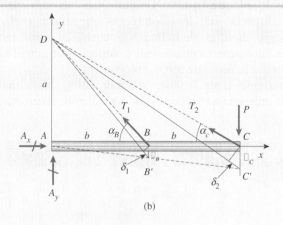

(b)

$$\Sigma M_A = 0 \quad T_1(b)\,\text{sen}\,(\alpha_B) + T_2(2b)\,\text{sen}\,(\alpha_C) - P(2b) = 0 \quad \text{(a)}$$
$$\text{ou} \quad T_1\,\text{sen}\,(\alpha_B) + 2T_2\,\text{sen}\,(\alpha_C) = 2P$$

As outras duas equações, obtidas pela soma das forças na direção horizontal e somando forças na direção vertical, não são de benefício imediato para encontrar T_1 e T_2, porque introduzem incógnitas adicionais A_x e A_y.

Equação de compatibilidade. Para obter uma equação relacionada com os deslocamentos, observa-se que a carga P provoca a rotação da barra ABC ao redor do suporte de pino em A, esticando desse modo os fios. Os deslocamentos resultantes são mostrados no diagrama da Figura 2.17b, onde a linha ABC representa a posição original da barra rígida e a linha $AB'C'$ representa a posição alterada. Os deslocamentos verticais descendentes Δ_B e Δ_C são usados para encontrar os alongamentos δ_1 e δ_2 dos fios. Como estes deslocamentos são muito pequenos, a barra é movida por um ângulo muito pequeno (mostrado muito exagerado na figura) e podemos fazer cálculos no pressuposto de que os pontos B e C se movimentem verticalmente para baixo (em vez de se mover ao longo dos arcos de círculos).

Figura 2.17 (Continuação)

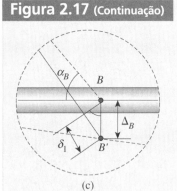

(c)

Uma vez que as distâncias horizontais AB e BC são iguais, obtém-se a relação geométrica entre os deslocamentos verticais:

$$\Delta_C = 2\Delta_B \quad \text{(b)}$$

Esta é a equação de *compatibilidade* que nos permite encontrar outra relação entre as duas forças de cabo, uma vez que temos substituído as relações força-deslocamento.

Em primeiro lugar, utilizando a geometria* (ver Figura 2.17c), podemos relacionar os deslocamentos verticais para o alongamento do fio como

$$\delta_1 = \Delta_B\,\text{sen}\,(\alpha_B) \quad \text{e} \quad \delta_2 = \Delta_C\,\text{sen}\,(\alpha_C) \quad \text{(c,d)}$$

$$\Delta_C = \frac{\delta_2}{\text{sen}\,(\alpha_C)} \quad \text{e} \quad 2\Delta_B = 2\frac{\delta_1}{\text{sen}\,(\alpha_B)} \quad \text{(e,f)}$$

ou

---

* Poderíamos também usar o produto escalar de Δ_B $(-j)$ e um vetor unitário $n = (\cos(\alpha_B)i - \text{sen}(\alpha_B)j)$ ao longo da linha DB para encontrar δ_1 e também o produto escalar de Δ_C $(-j)$ e um vetor unitário $n = (\cos(\alpha_C)i - \text{sen}(\alpha_C)j)$ ao longo da linha DC para encontrar δ_2.

••• Exemplo 2.5 Continuação

$$\delta_2 = 2\left(\frac{\operatorname{sen}(\alpha_C)}{\operatorname{sen}(\alpha_B)}\right)\delta_1 \qquad (g)$$

Relações força-deslocamento. Uma vez que os fios se comportam de forma linear elástica, seus prolongamentos podem ser expressos em termos de forças desconhecidas T_1 e T_2 por meio das seguintes expressões:

$$\delta_1 = \left(\frac{L_1}{E_1 A_1}\right)T_1 = f_1 T_1 \quad \text{e} \quad \delta_2 = \left(\frac{L_2}{E_2 A_2}\right)T_2 = f_2 T_2 \qquad (h,i)$$

onde f_1 e f_2 são as flexibilidades dos fios *BD* e *CD*, respectivamente, e as áreas transversais dos fios são:

$$A_1 = \frac{\pi d_1^2}{4} \qquad A_2 = \frac{\pi d_2^2}{4} \qquad (j,k)$$

Solução de equações. Resolveremos agora simultaneamente os três conjuntos de equações (equilíbrio, compatibilidade e força-deslocamento) para encontrar as forças dos fios T_1 e T_2. Em primeiro lugar, inserimos as equações de força-deslocamento [Equações (h, i)] na equação de compatibilidade [Equação (g)]:

$$\delta_2 = 2\left(\frac{\operatorname{sen}(\alpha_C)}{\operatorname{sen}(\alpha_B)}\right)\delta_1 = f_2 T_2 = 2\left(\frac{\operatorname{sen}(\alpha_C)}{\operatorname{sen}(\alpha_B)}\right)f_1 T_1 \qquad (l)$$

Resolvendo para T_2, temos: $\quad T_2 = 2\left(\dfrac{\operatorname{sen}(\alpha_C)}{\operatorname{sen}(\alpha_B)}\right)\left(\dfrac{f_1}{f_2}\right)T_1 \qquad (m)$

Inserindo esta expressão de T_2 na equação de equilíbrio [Equação (a)] e resolvendo para rendimentos de T_1:

$$T_1 = \left(\frac{f_2 \operatorname{sen}(\alpha_B)}{f_2 \operatorname{sen}(\alpha_B)^2 + 4f_1 \operatorname{sen}(\alpha_C)^2}\right)(2P) \qquad (n)$$

e

$$T_2 = \left(\frac{f_1 \operatorname{sen}(\alpha_C)}{f_2 \operatorname{sen}(\alpha_B)^2 + 4f_1 \operatorname{sen}(\alpha_C)^2}\right)(4P) \qquad (o)$$

Carga admissível P. Agora que a análise estaticamente indeterminada está concluída e as forças nos fios são conhecidas, podemos determinar o valor admissível da carga *P*. A tensão σ_1 no fio *BD* e a σ_2 no fio *CD* são facilmente obtidas a partir das forças [Equações (n) e (o)]:

$$\sigma_1 = \frac{T_1}{A_1} = \left(\frac{f_2 \operatorname{sen}(\alpha_B)}{f_2 \operatorname{sen}(\alpha_B)^2 + 4f_1 \operatorname{sen}(\alpha_C)^2}\right)\left(2\frac{P}{A_1}\right)$$

$$\sigma_2 = \frac{T_2}{A_2} = \left(\frac{f_1 \operatorname{sen}(\alpha_C)}{f_2 \operatorname{sen}(\alpha_B)^2 + 4f_1 \operatorname{sen}(\alpha_C)^2}\right)\left(4\frac{P}{A_2}\right)$$

Podemos resolver cada uma dessas equações para um valor admissível de carga *P* que depende tanto da tensão admissível σ_1 ou σ_2; o controle do menor valor de carga *P*:

Exemplo 2.5 Continuação

$$P_1 = \frac{\sigma_1 A_1}{2}\left(\frac{f_2 \operatorname{sen}(\alpha_B)^2 + 4f_1 \operatorname{sen}(\alpha_C)^2}{f_2 \operatorname{sen}(\alpha_B)}\right) \quad \Longleftarrow (2.15a)$$

$$P_2 = \frac{\sigma_2 A_2}{4}\left(\frac{f_2 \operatorname{sen}(\alpha_B)^2 + 4f_1 \operatorname{sen}(\alpha_C)^2}{f_1 \operatorname{sen}(\alpha_C)}\right) \quad \Longleftarrow (2.15b)$$

(b) Encontre o valor numérico da carga admissível P.

Utilizando os dados numéricos e as equações anteriores, obtemos os valores numéricos:

$$A_1 = \frac{\pi}{4}d_1^2 = \frac{\pi}{4}(4{,}2 \text{ mm})^2 = 13{,}85442 \text{ mm}^2$$

$$A_2 = \frac{\pi}{4}d_2^2 = \frac{\pi}{4}(3{,}2 \text{ mm})^2 = 8{,}04248 \text{ mm}^2$$

$$L_1 = \sqrt{a^2 + b^2} = \sqrt{(1{,}8 \text{ m})^2 + (1{,}2 \text{ m})^2} = 2{,}16333 \text{ m}$$

$$L_2 = \sqrt{a^2 + (2b)^2} = \sqrt{(1{,}8 \text{ m})^2 + (2{,}4 \text{ m})^2} = 3 \text{ m}$$

$$\alpha_B = \operatorname{tg}^{-1}\left(\frac{a}{b}\right) = 56{,}31°$$

$$\alpha_C = \operatorname{tg}^{-1}\left(\frac{a}{2b}\right) = 36{,}87°$$

$$f_1 = \frac{L_1}{E_1 A_1} = \frac{2{,}16333 \text{ m}}{(72 \text{ GPa})(13{,}85442 \text{ mm}^2)} = 2{,}16871 \times 10^{-3} \frac{\text{mm}}{\text{N}}$$

$$f_2 = \frac{L_2}{E_2 A_2} = \frac{3 \text{ m}}{(45 \text{ GPa})(8{,}04248 \text{ mm}^2)} = 8{,}28932 \times 10^{-3} \frac{\text{mm}}{\text{N}}$$

Substituindo estes valores numéricos nas Equações (2.15a e b), obtemos:

$$P_1 = \frac{\sigma_1 A_1}{2}\left(\frac{f_2 \operatorname{sen}(\alpha_B)^2 + 4f_1 \operatorname{sen}(\alpha_C)^2}{f_2 \operatorname{sen}(\alpha_B)}\right) = 1780 \text{ N}$$

$$P_2 = \frac{\sigma_2 A_2}{4}\left(\frac{f_2 \operatorname{sen}(\alpha_B)^2 + 4f_1 \operatorname{sen}(\alpha_C)^2}{f_1 \operatorname{sen}(\alpha_C)}\right) = 2355 \text{ N}$$

O primeiro resultado baseia-se na tensão admissível σ_1 do fio de alumínio e o segundo baseia-se na tensão admissível σ_2 do fio de magnésio. A carga admissível é o menor dos dois valores:

$$P_{adm} = 1780 \text{ N} \quad \Longleftarrow$$

Nesta carga, a força T_1 no fio de alumínio é 2771 N e a tensão no fio de alumínio é de 200 MPa (tensão admissível σ_1), enquanto a força T_2 no fio de magnésio é 1.045 N e a tensão no fio de magnésio é (1780/2355)(172 MPa) = 130 MPa. Como esperado, esta tensão é inferior à tensão admissível $\sigma_2 = 172$ MPa.

• • • Exemplo 2.6

Um cilindro circular sólido S, feito de aço, está encerrado em um tubo circular vazado de cobre C (Figuras 2.18a e b). O cilindro e o tubo são comprimidos entre as placas rígidas de uma máquina de teste por forças de compressão P. O cilindro de aço tem área de seção transversal A_s e módulo de elasticidade E_s, o tubo de cobre tem área A_c e módulo E_c, e ambos têm comprimento L.

Determine as seguintes quantidades: (a) as forças de compressão P_s no cilindro de aço e P_c no tubo de cobre; (b) as tensões de compressão correspondentes σ_s e σ_c e (c) o encurtamento δ do conjunto.

Figura 2.18

Exemplo 2.6: Análise de uma estrutura estaticamente indeterminada

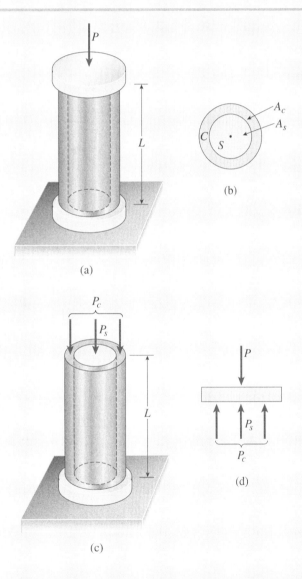

Solução

(a) *Forças de compressão no cilindro de aço e no tubo de cobre.* Começamos removendo a placa superior do conjunto para expor as forças de compressão P_s e P_c agindo no cilindro de aço e no tubo de cobre, respectivamente (Figura 2.18c). A força P_s é a resultante das tensões distribuídas sobre a seção transversal do cilindro de aço, e a força P_c é a resultante das tensões agindo sobre a seção transversal do tubo de cobre.

• • • Exemplo 2.6 *Continuação*

Equação de equilíbrio. Um diagrama de corpo livre da placa superior é mostrado na Figura 2.18d. Essa placa está sujeita à força *P* e às forças de compressão desconhecidas P_s e P_c; dessa forma, a equação de equilíbrio é

$$\Sigma F_{\text{vert}} = 0 \qquad P_s + P_c - P = 0 \tag{f}$$

Figura 2.18 (Repetida)

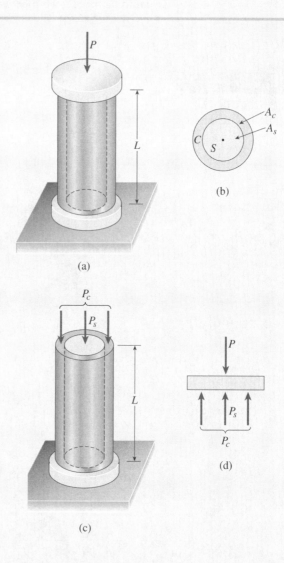

Essa equação, que é a única equação de equilíbrio não trivial disponível, contém duas incógnitas. Por isso, concluímos que a estrutura é estaticamente indeterminada.

Equação de compatibilidade. Como as placas na extremidade são rígidas, o cilindro de aço e o tubo de cobre devem se encurtar na mesma quantidade. Denotando-se os encurtamentos das partes de aço e de cobre por δ_s e δ_c, respectivamente, obtemos a seguinte equação de compatibilidade:

$$\delta_s = \delta_c \tag{g}$$

Relações de força-deslocamento. As variações nos comprimentos do cilindro e do tubo podem ser obtidas a partir da equação geral $\delta = PL/EA$. Por isso, neste exemplo, as relações de força-deslocamento são

Exemplo 2.6 Continuação

$$\delta_s = \frac{P_s L}{E_s A_s} \quad \delta_c = \frac{P_c L}{E_c A_c} \quad \text{(h,i)}$$

Solução das equações. Agora resolvemos simultaneamente os três conjuntos de equações. Primeiro, substituímos as relações de força-deslocamento na equação de compatibilidade, que nos fornece

$$\frac{P_s L}{E_s A_s} = \frac{P_c L}{E_c A_c} \quad \text{(j)}$$

Esta equação expressa a condição de compatibilidade em termos das forças desconhecidas.

Depois, resolvemos simultaneamente a equação de equilíbrio (Equação f) e a equação anterior de compatibilidade (Equação j) e obtemos as forças axiais no cilindro de aço e no tubo de cobre:

$$P_s = P\left(\frac{E_s A_s}{E_s A_s + E_c A_c}\right) \quad P_c = P\left(\frac{E_c A_c}{E_s A_s + E_c A_c}\right) \quad \text{(2.16a,b)}$$

Essas equações mostram que as forças de compressão nas partes de aço e de cobre são diretamente proporcionais às suas respectivas rigidezes axiais e inversamente proporcionais à soma delas.

(b) *Tensões de compressão no cilindro de aço e no tubo de cobre.* Conhecendo as forças axiais, podemos agora obter as tensões de compressão nos dois materiais:

$$\sigma_s = \frac{P_s}{A_s} = \frac{PE_s}{E_s A_s + E_c A_c} \quad \sigma_c = \frac{P_c}{A_c} = \frac{PE_c}{E_s A_s + E_c A_c} \quad \text{(2.17a,b)}$$

Perceba que a razão σ_s/σ_c das tensões é igual à razão E_s/E_c do módulo de elasticidade, mostrando que, em geral, o material "mais rígido" sempre tem a maior tensão.

(c) *Encurtamento do conjunto.* O encurtamento δ de todo o conjunto pode ser obtido a partir da Equação (h) ou da Equação (i). Desta forma, substituindo as forças (das Equações 2.16a e b), obtemos

$$\delta = \frac{P_s L}{E_s A_s} = \frac{P_c L}{E_c A_c} = \frac{PL}{E_s A_s + E_c A_c} \quad \text{(2.18)}$$

Esse resultado mostra que o encurtamento do conjunto é igual à carga total dividida pela soma da rigidez das duas partes (lembre-se da Equação 2.4a que a rigidez de uma barra carregada axialmente é $k = EA/L$).

Solução alternativa das equações. Em vez de substituir as relações de força-deslocamento (Equações h e i) na equação de compatibilidade, poderíamos novamente escrever essas relações na forma

$$P_s = \frac{E_s A_s}{L}\delta_s \quad P_c = \frac{E_c A_c}{L}\delta_c \quad \text{(k,l)}$$

> • • • **Exemplo 2.6** *Continuação*

e substituí-las na equação de equilíbrio (Equação f)

$$\frac{E_s A_s}{L}\delta_s + \frac{E_c A_c}{L}\delta_c = P \qquad (m)$$

Essa equação expressa a condição de equilíbrio em termos dos deslocamentos desconhecidos. Então, resolvemos simultaneamente a equação de compatibilidade (Equação g) e a equação anterior, obtendo dessa forma os deslocamentos:

$$\delta_s = \delta_c = \frac{PL}{E_s A_s + E_c A_c} \qquad (n)$$

que está de acordo com a Equação (2.18). Finalmente, substituímos a expressão (n) nas Equações (k) e (l) e obtemos as forças de compressão P_s e P_c (veja Equações 2.16a e b).

Observação: O método alternativo de resolver as equações é uma versão simplificada do método de análise da rigidez (ou do deslocamento), e o primeiro método de resolver as equações é uma versão simplificada do método de análise da flexibilidade (ou da força). Os nomes desses dois métodos surgem a partir do fato de que a Equação (m) tem deslocamentos como incógnitas e rigidezes como coeficientes (veja Equação 2.4a), ao passo que a Equação (j) tem as forças como incógnitas e as flexibilidades como coeficientes (veja Equação 2.4b).

2.5 Efeitos térmicos, erros de montagem ou fabricação e pré-deformações

Cargas externas não são as únicas fontes de tensões e deformações em uma estrutura. Outras fontes incluem *efeitos térmicos* que surgem de diferenças de temperatura, *erros de montagem ou fabricação* resultantes de imperfeições na construção e *pré-deformações* produzidas por deformações iniciais. Outros casos ainda são os assentamentos (ou movimentos) de apoios, cargas inerciais resultantes de movimentos acelerados e fenômenos naturais como terremotos.

Efeitos térmicos, erros de montagem ou fabricação e pré-deformações, geralmente encontrados em sistemas mecânicos e estruturais, serão descritos nesta seção. Como regra geral, eles são muito mais importantes no projeto de estruturas estaticamente indeterminadas do que nas estaticamente determinadas.

Efeitos térmicos

Variações na temperatura produzem expansão ou contração de materiais estruturais, resultando em **deformações** e **tensões térmicas**. Uma ilustração simples da expansão térmica é mostrada na Figura 2.19, em que o bloco do material pode mover-se sem restrições e, por isso, é livre para expandir-se. Quando o bloco é aquecido, todo elemento do material sofre deformações térmicas em todas as direções e, consequentemente, as dimensões do bloco aumentam. Se tomarmos o canto A como um ponto de referência fixo e fizermos o lado AB manter seu alinhamento original, o bloco terá um novo formato designado pelas linhas tracejadas.

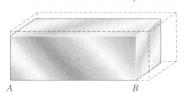

Figura 2.19
Bloco de material submetido a um aumento de temperatura

Para a maioria dos materiais estruturais, a deformação térmica ε_T é proporcional à variação de temperatura ΔT, isto é,

$$\varepsilon_T = \alpha(\Delta T) \tag{2.19}$$

em que α é uma propriedade do material chamada **coeficiente de dilatação térmica**. Uma vez que a deformação é uma quantidade adimensional, o coeficiente de dilatação térmica tem unidades inversas àquelas da variação de temperatura. Em unidades SI, as dimensões de α podem ser expressas por 1/K (o inverso de kelvins) ou 1/°C (o inverso de graus Celsius). O valor de α é o mesmo em ambos os casos, porque a *variação* na temperatura é numericamente a mesma tanto em kelvins quanto em graus Celsius. Valores típicos de α estão listados na Tabela B.4 do Apêndice B.

Quando uma **convenção de sinal** é necessária para deformações térmicas, em geral assumimos que a expansão é positiva e a contração é negativa.

Para demonstrar a importância relativa de deformações térmicas, vamos comparar deformações térmicas com deformações induzidas por cargas da seguinte maneira: suponha que temos uma barra carregada axialmente com deformações longitudinais dadas pela equação $\varepsilon = \sigma/E$, em que σ é a tensão e E é o módulo de elasticidade. Então suponha que temos uma barra idêntica submetida a uma variação de temperatura ΔT, o que significa que a barra tem deformações térmicas dadas pela Equação (2.19). Equacionando as duas deformações, tem-se a equação

$$\sigma = E\alpha(\Delta T)$$

A partir desta equação, podemos calcular a tensão axial σ que produz a mesma deformação que a variação de temperatura ΔT. Por exemplo, considere uma barra de aço inoxidável com $E = 210$ GPa e $\alpha = 17 \times 10^{-6}/°C$. Um cálculo rápido de σ a partir da equação anterior mostra que uma variação de temperatura de 60 °C produz a mesma deformação que uma tensão de 214 MPa. Essa tensão está no intervalo de tensões admissíveis típicas para o aço inoxidável. Dessa forma, uma variação relativamente modesta na temperatura produz deformações de mesma intensidade que deformações causadas por cargas comuns, o que mostra que os efeitos de temperatura podem ser importantes em projetos de engenharia.

Materiais estruturais comuns expandem-se quando aquecidos e contraem-se quando resfriados. Por isso, um aumento na temperatura produz uma deformação térmica positiva. Deformações térmicas geralmente são reversíveis, significando que o membro retorna à sua forma original quando sua temperatura retorna ao valor original. Entretanto, algumas ligas metálicas especiais recentemente desenvolvidas não se comportam da maneira comum. Em vez disso, em certos intervalos de temperatura, suas dimensões diminuem quando aquecidas e aumentam quando resfriadas.

A água é também um material incomum do ponto de vista térmico – ela se expande quando aquecida em temperaturas acima de 4 °C e também quando resfriada abaixo de 4 °C. Dessa forma, a água tem sua máxima densidade a 4 °C.

Retornando ao bloco do material mostrado na Figura 2.19, vamos considerar que ele é homogêneo e isotrópico e que o aumento de temperatura ΔT é uniforme ao longo do bloco. Podemos calcular o aumento em *qualquer* dimensão do bloco multiplicando a dimensão inicial pela deformação térmica. Por exemplo, se uma das dimensões é L, então ela aumentará por uma quantidade de

$$\delta_T = \varepsilon_T L = \alpha(\Delta T)L \tag{2.20}$$

A Equação (2.20) é uma **relação de temperatura-deslocamento**, análoga às relações de força-deslocamento descritas na seção anterior. Ela pode ser usada para calcular variações nos comprimentos de membros estruturais submetidos a variações de temperaturas uniformes, tal como o alongamento δ_T da barra prismática mostrada na Figura 2.20. (As dimensões transversais da barra também mudam, mas essas alterações não são mostradas na figura, uma vez que geralmente não têm nenhum efeito nas forças axiais sendo transmitidas pela barra.)

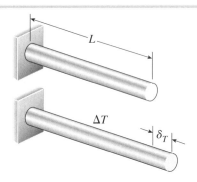

Figura 2.20
Aumento no comprimento de uma barra prismática devido a um aumento uniforme na temperatura (Equação 2.20)

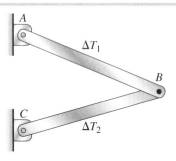

Figura 2.21
Treliça estaticamente determinada com uma variação uniforme de temperatura em cada membro

Podem-se desenvolver forças em treliças estaticamente indeterminadas devido à temperatura e à pré-deformação (Barros & Barros/Getty Imagens)

Nas discussões anteriores sobre deformações térmicas, consideramos que a estrutura não tinha nenhuma restrição e era capaz de expandir-se ou de contrair-se livremente. Essas condições existem quando um objeto repousa em uma superfície livre de atrito ou está pendurado em espaço aberto. Nesses casos, nenhuma tensão é produzida por uma variação uniforme de temperatura ao longo do objeto, embora variações de temperatura não uniformes possam produzir tensões internas. Entretanto, muitas estruturas possuem apoios que previnem a livre expansão e contração; nesse caso, **tensões térmicas** vão se desenvolver mesmo quando a variação de temperatura for uniforme ao longo da estrutura.

Para ilustrar algumas dessas ideias sobre os efeitos térmicos, considere a treliça de duas barras ABC da Figura 2.21 e que a temperatura da barra AB variou em um valor ΔT_1 e a temperatura da barra BC variou em um valor ΔT_2. Como a treliça está estaticamente determinada, ambas as barras estão livres para alongar ou encurtar, resultando em um deslocamento da junta B. Entretanto, não há tensões em nenhuma das barras e nenhuma reação nos suportes. Essa conclusão aplica-se em geral a **estruturas estaticamente determinadas**; isto é, variações de temperatura uniforme nos membros produzem deformações térmicas (e as variações correspondentes nos comprimentos) sem produzir nenhuma tensão correspondente.

Uma estrutura estaticamente indeterminada pode ou não desenvolver tensões de temperatura, dependendo da característica da estrutura e da natureza das variações de temperatura. Para ilustrar algumas das possibilidades, considere a treliça estaticamente indeterminada mostrada na Figura 2.22. Como os apoios dessa estrutura permitem que a junta D se mova em direção horizontal, nenhuma tensão é desenvolvida quando a armação inteira é uniformemente aquecida.

Todos os membros crescem em comprimento de forma proporcional aos seus comprimentos iniciais, e a armação fica ligeiramente maior em tamanho.

Entretanto, se algumas barras são aquecidas e outras não, tensões térmicas vão se desenvolver, porque o arranjo estaticamente indeterminado das barras limita a livre expansão. Para visualizar essa condição, imagine que apenas uma barra está aquecida. Enquanto essa barra fica mais longa, encontra resistência das outras barras; por isso, tensões serão desenvolvidas em todos os membros.

A análise de uma estrutura estaticamente indeterminada com variações de temperatura está baseada nos conceitos discutidos na seção anterior, isto é, equações de equilíbrio, equações de compatibilidade e relações de deslocamento. A principal diferença é que agora usamos relações de temperatura-deslocamento (Equação 2.20) juntamente com as relações de força-deslocamento (como $\delta = PL/EA$) ao fazer a análise. Os dois exemplos a seguir ilustram os procedimentos em detalhes.

Figura 2.22

Treliça estaticamente indeterminada sujeita a variações de temperatura

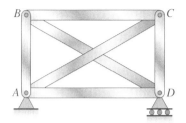

Exemplo 2.7

Uma barra prismática AB de comprimento L, feita de material linearmente elástico está fixada entre suportes imóveis (Figura 2.23a). A barra tem um módulo de elasticidade E e um coeficiente de expansão térmica α.

(a) Se a temperatura da barra for aumentada uniformemente por uma quantidade ΔT, deduza uma fórmula para a tensão térmica σ_T desenvolvida na barra.
(b) Modifique a fórmula da parte (a) se o suporte rígido B for substituído por um suporte elástico que tem uma mola de constante k (Figura 2.23b); supondo que só a barra AB esteja sujeita ao aumento de temperatura uniforme ΔT.
(c) Repita a parte (b), mas agora suponha que a barra seja aquecida de modo não uniforme, de tal modo que o aumento da temperatura a uma distância x de A é dada por $\Delta T(x) = \Delta T_0(1-x^2/L^2)$ (ver Figura 2.23c).

Figura 2.23

(a) Barra estaticamente indeterminada com aumento de temperatura uniforme ΔT, (b) barra estaticamente indeterminada com suporte elástico e aumento da temperatura uniforme ΔT e (c) barra estaticamente indeterminada com suporte elástico e aumento de temperatura não uniforme $\Delta T(x)$

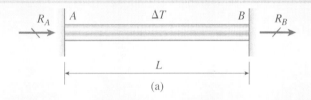

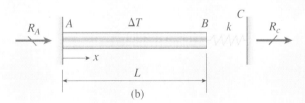

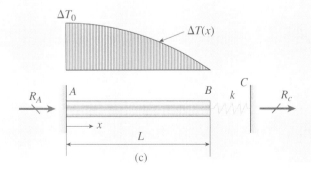

Exemplo 2.7 Continuação

Solução

(a) Determine a tensão térmica na barra fixada em A e B submetida a aumento de temperatura uniforme ΔT

Uma vez que a temperatura aumenta, a barra tende a alongar-se, mas é contida pelos suportes rígidos em A e B. Por conseguinte, as reações R_A e R_B são desenvolvidas nos suportes, e a barra está sujeita a tensões de compressão uniforme.

Equação de equilíbrio. A única equação não trivial de equilíbrio estático é a de que as reações R_A e R_B devem somar zero. Assim, temos uma equação, mas duas incógnitas, que é um *problema estaticamente indeterminado de grau um*:

$$\Sigma F_x = 0 \qquad R_A + R_B = 0 \qquad \text{(a)}$$

Selecionaremos a reação R_B como a *redundante* e usaremos a superposição de duas estruturas "soltas" estaticamente determinadars (Figura 2.23d) para deduzir uma equação adicional: uma equação de compatibilidade. A primeira estrutura solta é submetida ao aumento de temperatura ΔT e, portanto, alonga-se uma quantidade δ_T. A segunda alonga δ_B sob a redundante R_B, que é aplicada como uma carga. Estamos usando uma *convenção estática de sinais*, por isso as forças e os deslocamentos na direção x são considerados positivos

Equação de compatibilidade. A equação de compatibilidade manifesta o fato de a alteração resultante, ou líquida no comprimento da barra ser zero, porque os suportes A e B estão totalmente restritos:

$$\delta_T + \delta_B = 0 \qquad \text{(b)}$$

Figura 2.23 (Continuação)

Exemplo 2.7: (d) Barras estaticamente determinadas com suporte B removido (isto é, estruturas *soltas*)

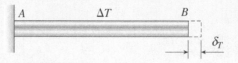

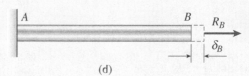

(d)

Relações temperatura-deslocamento e força-deslocamento. O aumento do comprimento da barra devido à temperatura é [Equação (2.20)]:

$$\delta_T = \alpha(\Delta T)L \qquad \text{(c)}$$

onde α é o coeficiente de expansão térmica do material. O aumento do comprimento da barra, devido à força desconhecida R_B aplicada, é obtido a partir da relação força-deslocamento:

$$\delta_B = R_B\left(\frac{L}{EA}\right) = R_B f_{AB} \qquad \text{(d)}$$

em que E é o módulo de elasticidade, A é a área transversal da barra e f_{AB} é a flexibilidade da barra.

Solução de equações. Substituindo as Equações (c) e (d) na equação de compatibilidade (b) e resolvendo para a redundante R_B dá:

$$R_B = \frac{-\alpha(\Delta T)L}{f_{AB}} = -EA\alpha(\Delta T) \qquad \text{(e)}$$

● ● Exemplo 2.7 Continuação

E da equação de equilíbrio Equação (a), temos:

$$R_A = -R_B = EA\alpha(\Delta T) \quad \text{(f)}$$

Usando a convenção estática de sinais, agora sabemos que R_B está na direção negativa de x, enquanto R_A está na direção positiva de x. Como passo final, calculamos a tensão de compressão na barra (supondo que a ΔT seja positiva e, por conseguinte, um aumento da temperatura) sendo:

$$\sigma_T = \frac{R_A}{A} = E\alpha(\Delta T) \quad \longleftarrow \text{(g)}$$

Nota 1: Neste exemplo, as reações são independentes do comprimento da barra, e a tensão é independente do comprimento e da área de seção transversal [ver as Equações (f) e (g)]. Assim, mais uma vez, vemos a utilidade de uma solução simbólica, porque estas características importantes do comportamento da barra não se podem observar em uma solução puramente numérica.

Nota 2: Quando determinamos o alongamento térmico da barra [Equação (c)], consideramos que o material era homogêneo e o aumento da temperatura foi uniforme em todo o volume da barra. Além disso, quando determinamos o aumento do comprimento devido à força de reação [Equação (d)], consideramos o comportamento linearmente elástico do material. Estas limitações devem estar sempre em mente quando escrevermos equações, como as Equações (c) e (d).

Nota 3: A barra neste exemplo tem zero deslocamento longitudinal, não só nas extremidades fixas, mas também em cada seção transversal. Assim, **não há deformações axiais nesta barra** e temos a situação especial de *tensões longitudinais sem deformações longitudinais*. É claro que existem deformações transversais na barra, tanto da mudança de temperatura como da compressão axial.

(b) Determine a tensão térmica na barra fixada em A com suporte elástico em B e submetida à mudança de temperatura uniforme ΔT.

A estrutura na Figura 2.23b é estaticamente indeterminada de grau um; portanto, selecionamos a reação R_C como a redundante e mais uma vez usamos a sobreposição de duas estruturas soltas para resolver o problema.

Em primeiro lugar, o **equilíbrio estático** da estrutura indeterminada original requer que:

$$R_A + R_C = 0 \quad \text{(h)}$$

enquanto a **compatibilidade de deslocamentos** na junção C para as duas estruturas soltas é expressa como:

$$\delta_T + \delta_C = 0 \quad \text{(i)}$$

Na primeira estrutura solta, aplicamos a mudança de temperatura uniforme ΔT para a barra AB somente, então:

$$\delta_T = \alpha(\Delta T)L \quad \text{(c, repetida)}$$

Note que a mola se desloca na direção x positiva, mas não está deformada pela mudança de temperatura. Em seguida, a redundante R_C é aplicada à extremidade da mola na segunda estrutura solta, resultando no deslocamento na direção x positiva. Tanto a barra AB como a mola

> • • **Exemplo 2.7** *Continuação*

estão submetidas à força R_C, de modo que o deslocamento total em C é a soma dos alongamentos da barra e da mola:

$$\delta_C = R_C\left(\frac{L}{EA}\right) + \frac{R_C}{k} = R_C(f_{AB} + f) \quad \text{(j)}$$

onde $f = 1/k$ é a flexibilidade da mola. Substituindo as equações temperatura-deslocamento [Equação (c)] e força-deslocamento [Equação (j)] na equação de compatibilidade [Equação (i)], e então resolvendo para a redundante R_C dá:

$$R_C = \frac{-\alpha(\Delta T)L}{f_{AB} + f} = \frac{-\alpha(\Delta T)L}{\dfrac{L}{EA} + \dfrac{1}{k}} \quad \text{ou} \quad R_C = -\left[\frac{EA\alpha(\Delta T)}{1 + \dfrac{EA}{kL}}\right] \quad \text{(k)}$$

Em seguida, a partir da equação de equilíbrio [Equação (h)], vemos que

$$R_A = -R_C = \frac{EA\alpha(\Delta T)}{1 + \dfrac{EA}{kL}} \quad \text{(l)}$$

Lembrando que estamos usando uma convenção para sinais de estática, então R_A é a força de reação na direção x positiva, enquanto que R_C é a força de reação na direção x negativa. Finalmente, a tensão de compressão na barra é:

$$\sigma_T = \frac{R_A}{A} = \frac{E\alpha(\Delta T)}{1 + \dfrac{EA}{kL}} \quad \Longleftarrow \text{(m)}$$

Note que *se a rigidez da mola k tende para o infinito*, a Equação (l) transforma-se na Equação (f) e a Equação (m) torna-se a Equação (g). Com efeito, o uso de uma mola infinitamente rígida traz o suporte rígido de volta de C para B.

(c) Determine a tensão térmica na barra fixada em A com suporte elástico em B e submetida a mudanças de temperatura *não uniformes*.

A estrutura da Figura 2.23c é estaticamente indeterminada de grau um. Assim, mais uma vez, selecionamos a reação R_C como a redundante e, como nas partes (a) e (b), utilizamos a superposição de duas estruturas soltas para resolver o problema estaticamente indeterminado de grau um (Figuras 2.23e, f).

Figura 2.23 (Continuação)

Exemplo 2.7: (e) Barra estaticamente determinada com o suporte C removido (ou seja, a estrutura *liberada*), sob um aumento de temperatura não uniforme

Figura 2.23 (Continuação)

Exemplo 2.7: (f) Barra estaticamente determinada com suporte C removido (ou seja, estrutura *liberada*), sob a aplicação da força R_C.

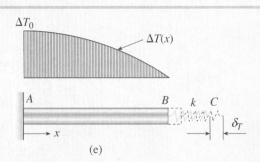

Exemplo 2.7 Continuação

A equação de *equilíbrio estático* para toda a estrutura é a Equação (h), e a equação de *compatibilidade* é a Equação (i). Em primeiro lugar, resolvemos para o deslocamento δ_T na primeira estrutura liberada (Figura 2.23e) como:

$$\delta_T = \int_0^L \alpha[\Delta T(x)]dx = \int_0^L \alpha\left\{\Delta T_0\left[1 - \left(\frac{x}{L}\right)^2\right]\right\}dx = \frac{2}{3}\alpha(\Delta T_0)L \quad \text{(n)}$$

e δ_C para a segunda estrutura liberada (Figura 2.23f) é a mesma que a Equação (j) obtendo-se:

$$\delta_C = R_C(f_{AB} + f) \quad \text{(j, repetida)}$$

Substituindo a equação temperatura-deslocamento [Equação (n)] e a equação da força-deslocamento [Equação (j)], na equação de compatibilidade [Equação (i)] dá:

$$R_C = \frac{\dfrac{-2}{3}\alpha(\Delta T_0)L}{f_{AB} + f} = \frac{-2\alpha(\Delta T_0)L}{3\left(\dfrac{L}{EA} + \dfrac{1}{k}\right)} \quad \text{ou} \quad R_C = -\left(\frac{2}{3}\right)\left[\frac{EA\alpha(\Delta T_0)}{1 + \dfrac{EA}{kL}}\right] \quad \text{(o)}$$

A partir da equação de equilíbrio estático [Equação (h)], obtemos:

$$R_A = -R_C = \left(\frac{2}{3}\right)\left[\frac{EA\alpha(\Delta T_0)}{1 + \dfrac{EA}{kL}}\right] \quad \text{(p)}$$

Finalmente, a tensão de compressão na barra sob mudança de temperatura não uniforme $\Delta T(x) = \Delta T_0 (1 - (x/L)^2)$ é:

$$\sigma_T = \frac{R_A}{A} = \left(\frac{2}{3}\right)\left[\frac{E\alpha(\Delta T_0)}{1 + \dfrac{EA}{kL}}\right] \quad \leftarrow \text{(q)}$$

Notamos mais uma vez que o uso de uma mola infinitamente rígida elimina o termo EA/kL da Eq. (q) e fornece a solução para uma barra prismática fixada em A e B sob mudança de temperatura não uniforme $\Delta T(x) = \Delta T_0 (1 - (x/L)^2)$.

••• Exemplo 2.8

Uma luva, na forma de um tubo circular de comprimento L, é colocada em torno de um parafuso circular e presa por arruelas em cada extremidade (Figura 2.24a). A porca é então girada apenas até o ponto de ajuste. A luva e o parafuso são feitos de materiais distintos e têm áreas de seção transversal diferentes (considere que o coeficiente da expansão térmica α_S da luva é maior que o coeficiente α_B do parafuso).

(a) Se a temperatura de todo o conjunto for aumentada em uma quantidade ΔT, qual o valor das tensões σ_S e σ_B desenvolvidas na luva e no parafuso, respectivamente?
(b) Qual é o aumento δ do comprimento L da luva e do parafuso?

Figura 2.24

Exemplo 2.8: Montagem de luva e parafuso com variação de temperatura uniforme ΔT

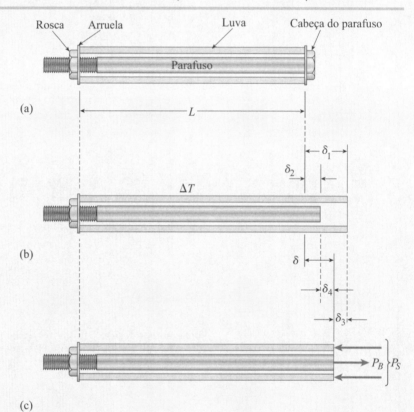

Solução

Como a luva e o parafuso são feitos de diferentes materiais, eles vão alongar em quantidades diferentes quando forem aquecidos e puderem se expandir livremente. Entretanto, quando estão unidos pelo conjunto, a expansão livre não pode ocorrer, e tensões térmicas aparecerão em ambos os materiais. Para encontrar essas tensões, usamos os mesmos conceitos que em qualquer análise estaticamente indeterminada – equações de equilíbrio, equações de compatibilidade e relações de deslocamento. Entretanto, não podemos formular essas equações até que desmontemos a estrutura.

Uma forma simples de cortar a estrutura é remover a cabeça do parafuso, permitindo dessa forma que a luva e o parafuso se expandam livremente sob a variação de temperatura ΔT (Figura 2.24b). Os alongamentos resultantes da luva e do parafuso são denotados por δ_1 e δ_2, respectivamente, e as *relações de temperatura-deslocamento* são:

$$\delta_1 = \alpha_S(\Delta T)L \qquad \delta_2 = \alpha_B(\Delta T)L \qquad \text{(g,h)}$$

Uma vez que α_S é maior que α_B, o alongamento δ_1 é maior que o alongamento δ_2, como mostrado na Figura 2.24b.

As forças axiais na luva e no parafuso devem ser de tal forma que encurtem a luva e estiquem o parafuso até que os comprimentos finais da luva e do parafuso sejam os mesmos. Essas forças são mostradas na Figura 2.24c, em

••• Exemplo 2.8 *Continuação*

que P_S denota a força de compressão na luva e P_B denota a força de tração no parafuso. O encurtamento correspondente δ_3 da luva e o alongamento δ_4 do parafuso são

$$\delta_3 = \frac{P_S L}{E_S A_S} \qquad \delta_4 = \frac{P_B L}{E_B A_B} \qquad \text{(i,j)}$$

em que $E_S A_S$ e $E_B A_B$ são as respectivas rigidezes axiais. As Equações (i) e (j) são as *relações de carga-deslocamento*.

Agora podemos escrever uma *equação de compatibilidade* expressando o fato de que o alongamento final δ é o mesmo tanto para a luva quanto para o parafuso. O alongamento da luva é $\delta_1 - \delta_3$ e do parafuso é $\delta_2 + \delta_4$; por isso,

$$\delta = \delta_1 - \delta_3 = \delta_2 + \delta_4 \qquad \text{(k)}$$

Substituindo as relações de temperatura-deslocamento e carga-deslocamento (Equações g até j) nessa equação, temos

$$\delta = \alpha_S(\Delta T)L - \frac{P_S L}{E_S A_S} = \alpha_B(\Delta T)L + \frac{P_B L}{E_B A_B} \qquad \text{(l)}$$

da qual obtemos

$$\frac{P_S L}{E_S A_S} + \frac{P_B L}{E_B A_B} = \alpha_S(\Delta T)L - \alpha_B(\Delta T)L \qquad \text{(m)}$$

que é uma forma modificada da equação de compatibilidade. Note que ela contém as forças P_S e P_B como incógnitas.

Uma *equação de equilíbrio* é obtida a partir da Figura 2.24c, que é um diagrama de corpo livre da porção do conjunto restante após a remoção da cabeça do parafuso. Somando forças na direção horizontal, temos

$$P_S = P_B \qquad \text{(n)}$$

que expressa o fato óbvio de que a força de compressão na luva é igual à força de tração no parafuso.

Agora resolvemos simultaneamente as Equações (m) e (n) e obtemos as forças axiais na luva e no parafuso

$$P_S = P_B = \frac{(\alpha_S - \alpha_B)(\Delta T)E_S A_S E_B A_B}{E_S A_S + E_B A_B} \qquad (2.21)$$

Ao derivar essa equação, assumimos que a temperatura aumentou e que o coeficiente α_S era maior que o coeficiente α_B. Sob tais circunstâncias, P_S é a força de compressão na luva e P_B é a força de tração no parafuso.

Os resultados serão bem diferentes se a temperatura aumentar, porém o coeficiente α_S for menor que α_B. Sob essas condições, surgirá uma folga entre a cabeça do parafuso e a luva e não haverá tensões em nenhuma porção do conjunto.

(a) *Tensões na luva e no parafuso*. Expressões para as tensões σ_S e σ_B na luva e no parafuso, respectivamente, são obtidas dividindo-se as forças correspondentes pelas áreas apropriadas:

$$\sigma_S = \frac{P_S}{A_S} = \frac{(\alpha_S - \alpha_B)(\Delta T)E_S A_S E_B}{E_S A_S + E_B A_B} \qquad \Longleftarrow (2.22a)$$

$$\sigma_B = \frac{P_B}{A_B} = \frac{(\alpha_S - \alpha_B)(\Delta T)E_S A_S E_B}{E_S A_S + E_B A_B} \qquad \Longleftarrow (2.22b)$$

> **Exemplo 2.8** *Continuação*
>
> Sob as condições admitidas, a tensão σ_S na luva é de compressão e a tensão σ_B no parafuso é de tração. É interessante notar que essas tensões independem do comprimento do conjunto e suas intensidades são inversamente proporcionais às suas respectivas áreas (isto é, $\sigma_S/\sigma_B = A_B/A_S$).
>
> **(b)** *Aumento no comprimento da luva e do parafuso.* O alongamento δ do conjunto pode ser encontrado substituindo P_S ou P_B da Equação (2.21) na Equação (l), obtendo
>
> $$\delta = \frac{(\alpha_S E_S A_S + \alpha_B E_B A_B)(\Delta T)L}{E_S A_S + E_B A_B} \quad \Leftarrow (2.23)$$
>
> Com as fórmulas anteriores disponíveis, podemos prontamente calcular as forças, as tensões e os deslocamentos do conjunto para qualquer valor numérico dado.
>
> *Observação*: Como uma checagem parcial dos resultados, podemos ver se as Equações (2.21), (2.22) e (2.23) se reduzem a valores conhecidos em casos simplificados. Por exemplo, suponha que o parafuso seja rígido e que por isso não seja afetado por variações de temperatura. Podemos representar essa situação fazendo $\alpha_B = 0$ e tornando E_B infinitamente grande, criando dessa forma um conjunto em que a luva é mantida presa entre os apoios rígidos. Substituindo esses valores nas Equações (2.21), (2.22) e (2.23), encontramos
>
> $$P_S = E_S A_S \alpha_S (\Delta T) \quad \sigma_S = E_S \alpha_S (\Delta T) \quad \delta = 0$$
>
> Esses resultados condizem com aqueles do Exemplo 2.7 para uma barra mantida presa entre apoios rígidos.
>
> Como um segundo caso especial, suponha que a luva e o parafuso sejam feitos do mesmo material. Então ambas as partes vão expandir-se livremente e aumentarão de comprimento na mesma quantidade quando a temperatura variar. Nenhuma força ou tensão será desenvolvida. Para ver se as equações obtidas representam esse comportamento, substituímos $\alpha_S = \alpha_B = \alpha$ nas Equações (2.21), (2.22) e (2.23) e obtemos
>
> $$P_S = P_B = 0 \quad \sigma_S = \sigma_B = 0 \quad \delta = \alpha(\Delta T)L$$
>
> que são os resultados esperados.

Erros de montagem ou fabricação e pré-deformações

Suponha que um membro de uma estrutura seja manufaturado com um comprimento levemente diferente do comprimento predefinido. Então o membro não se ajustará na estrutura da forma desejada, e a geometria da estrutura será diferente daquela que foi planejada. Referimo-nos a situações desse tipo como **desajustes**. Algumas vezes, os desajustes são intencionalmente criados, para introduzir deformações na estrutura no momento em que ela é construída. Como essas deformações aparecem antes que qualquer carga seja aplicada à estrutura, elas são chamadas de **pré-deformações**. Acompanhando as pré-deformações estão as pré-tensões, e dizemos que a estrutura é **pré-tensionada**. Exemplos comuns de pré-tensionamentos são aros em rodas de bicicleta (que entrariam em colapso se não fossem pré-tensionados), as cordas pré-tensionadas de raquetes de tênis, peças de máquinas encaixadas a quente e vigas de concreto pré-tensionadas.

Se uma estrutura é **estaticamente determinada**, pequenos desajustes em um ou mais de seus membros não produzirão deformações ou tensões, embora ocorram desvios da configuração teórica da estrutura. Para ilustrar essa afirmação, considere uma estrutura simples consistindo em uma viga horizontal AB sustentada por uma barra vertical CD (Figura 2.25a). Se a barra CD tem exatamente o comprimento correto L, a viga será horizontal no momento em que a estrutura for construída. Entretanto, se a barra for um pouco mais comprida que o desejado, a viga terá um pequeno ângulo com a horizontal. Contudo, não existirão deformações ou tensões, tanto na viga quanto na barra, atribuíveis ao comprimento incorreto da barra. Além disso, se uma carga P age na extremidade da viga (Figura 2.25b), as tensões na estrutura devido àquela carga não serão afetadas pelo comprimento incorreto da barra CD.

Em geral, se uma estrutura é estaticamente determinada, a presença de pequenos desajustes produzirá pequenas variações na geometria, mas nenhuma deformação ou tensão. Dessa forma, os efeitos de um desajuste são similares àqueles de uma variação de temperatura.

A situação será bem diferente se a estrutura for **estaticamente indeterminada**, porque ela não estará livre para se adaptar aos desajustes (da mesma forma que não estará livre para se ajustar a certos tipos de variação de temperatura). Para ilustrar isso, considere uma viga apoiada por duas barras verticais (Figura 2.26a). Se ambas as barras têm exatamente o comprimento correto L, a estrutura pode ser montada sem deformações ou tensões, e a viga estará na posição horizontal.

Suponha, entretanto, que a barra CD seja ligeiramente mais comprida do que o comprimento preestabelecido. Então, para montar a estrutura, a barra CD deve ser comprimida por forças externas (ou a barra EF esticada por forças externas), as barras devem ser ajustadas no lugar e as forças externas devem ser retiradas. Como resultado, a viga vai se deformar e rotacionar, a barra CD estará em compressão e a barra EF estará em tração. Em outras palavras, pré-deformações existirão em todos os membros e a estrutura estará pré-tensionada, mesmo que nenhuma carga externa esteja agindo. Se uma carga P fosse aplicada agora (Figura 2.26b), deformações e tensões adicionais seriam produzidas.

A análise de uma estrutura estaticamente indeterminada com desajustes e pré-deformações procede da mesma maneira geral daquela descrita para cargas e variações de temperatura. Os ingredientes básicos da análise são equações de equilíbrio, equações de compatibilidade, relações de força-deslocamento e (se for o caso) relações de temperatura-deslocamento. A metodologia é demonstrada no Exemplo 2.9.

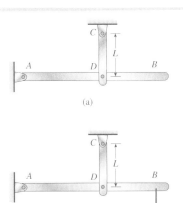

Figura 2.25

Estrutura estaticamente determinada com um pequeno desajuste

Figura 2.26

Estrutura estaticamente indeterminada com um pequeno desajuste

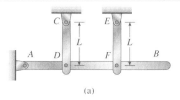

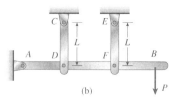

Parafusos e tensores

Pré-tensionar uma estrutura exige que uma ou mais de suas peças sejam estendidas ou comprimidas a partir de seus comprimentos teóricos. Uma forma simples de produzir uma variação no comprimento é apertar um parafuso ou um tensor. No caso do **parafuso** (Figura 2.27), cada volta da porca fará com que ela se movimente ao longo do parafuso por uma distância p da rosca (chamada de *passo* das roscas). Dessa forma, a distância δ percorrida pela rosca é

$$\delta = np \qquad (2.24)$$

em que n é o número de revoluções da porca (não necessariamente um valor inteiro). Dependendo de como a estrutura é arranjada, girar a rosca pode estender ou comprimir um membro.

No caso do **tensor de dupla ação** (Figura 2.28) existem dois parafusos nas extremidades. Como roscas de sentidos contrários são usadas em cada uma das extremidades, o dispositivo alonga-se ou encurta-se quando o tensor é rotacionado. Cada volta inteira do tensor faz com que ele percorra uma distância p ao longo de cada parafuso, em que p é o passo das roscas. Por isso, se o tensor for apertado por uma volta, os parafusos se aproximarão por uma distância $2p$ e o efeito é de encurtar o dispositivo por $2p$. Para n voltas, temos

$$\delta = 2np \qquad (2.25)$$

Tensores são geralmente inseridos em cabos e então apertados, criando dessa forma tração inicial nos cabos, como ilustrado no próximo exemplo.

Figura 2.27

O *passo* das roscas é a distância de uma rosca a outra

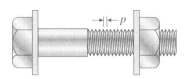

Figura 2.28

Tensor de dupla ação (Cada volta completa do tensor alonga ou encurta o cabo em $2p$, em que p é o passo das roscas do parafuso.)

• • • Exemplo 2.9

A montagem mecânica mostrada na Figura 2.29a consiste em um tubo de cobre, uma placa rígida na extremidade do tubo e dois cabos de aço com tensores. A folga é retirada dos cabos rotacionando-se os tensores até que a montagem esteja firme, mas sem tensões iniciais. (Mais adiante, ao apertar os tensores, uma condição de pré-tensão será produzida, em que os cabos estarão em tração e o tubo estará em compressão.)

(a) Determine as forças no tubo e nos cabos (Figura 2.29a) quando o tensor é apertado *n* voltas.
(b) Determine o encurtamento do tubo.

Figura 2.29

Exemplo 2.9: Conjunto estaticamente indeterminado com um tubo de cobre em compressão e dois cabos de aço em tração

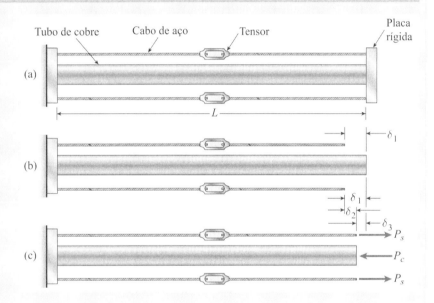

Solução

Começamos a análise pela remoção da placa na extremidade direita do conjunto, de forma que os cabos e o tubo estejam livres para variar o comprimento (Figura 2.29b). Rotacionar os tensores através de *n* voltas encurtará os cabos na distância

$$\delta_1 = 2np \quad \text{(o)}$$

como mostrado na Figura 2.29b.

As forças de tração nos cabos e a força de compressão no tubo devem ser tais que alonguem os cabos e encurtem o tubo até que seus comprimentos finais sejam os mesmos. Essas forças são mostradas na Figura 2.29c, em que P_s denota a força de tração em um dos cabos de aço e P_c denota a força de compressão no tubo de cobre. O alongamento de um cabo devido à força P_s é

$$\delta_2 = \frac{P_s L}{E_s A_s} \quad \text{(p)}$$

em que $E_s A_s$ é a rigidez axial e *L* é o comprimento do cabo. A força de compressão P_c no tubo de cobre faz com que ele se encurte em

$$\delta_3 = \frac{P_c L}{E_c A_c} \quad \text{(q)}$$

• • • Exemplo 2.9 Continuação

em que $E_c A_c$ é a rigidez axial do tubo. As Equações (p) e (q) são as **relações carga-deslocamento**.

O encurtamento final de um dos cabos é igual ao encurtamento δ_1, causado ao se rotacionar o tensor, menos o alongamento δ_2, causado pela força P_s. Esse encurtamento final do cabo deve ser igual ao encurtamento δ_3 do tubo:

$$\delta_1 - \delta_2 = \delta_3 \tag{r}$$

que é a *equação de compatibilidade*.

Substituindo a relação do tensor (Equação o) e as relações carga-deslocamento (Equações p e q) nas equações anteriores, temos

$$2np - \frac{P_s L}{E_s A_s} = \frac{P_c L}{E_c A_c} \tag{s}$$

ou

$$\frac{P_s L}{E_s A_s} + \frac{P_c L}{E_c A_c} = 2np \tag{t}$$

que é uma forma modificada da equação de compatibilidade. Note que ela contém P_s e P_c como incógnitas.

A partir da Figura 2.29c, que é um diagrama de corpo livre do conjunto com a placa da extremidade removida, obtemos a seguinte equação de equilíbrio:

$$2P_s = P_c \tag{u}$$

(a) *Forças nos cabos e no tubo*. Agora resolvemos simultaneamente as Equações (t) e (u) e obtemos as forças axiais nos cabos de aço e no tubo de cobre, respectivamente:

$$P_s = \frac{2np E_c A_c E_s A_s}{L(E_c A_c + 2E_s A_s)} \quad P_c = \frac{4np E_c A_c E_s A_s}{L(E_c A_c + 2E_s A_s)} \quad \longleftarrow (2.26\text{a,b})$$

Lembre-se de que as forças P_s são as forças de tração e que a força P_c é de compressão. Se desejado, as tensões σ_s e σ_c no aço e no cobre podem ser agora obtidas, dividindo-se as forças P_s e P_c pelas áreas de seção transversal A_s e A_c, respectivamente.

(b) *Encurtamento do tubo*. A diminuição no comprimento do tubo é a quantidade δ_3 (veja a Figura 2.29 e a Equação q):

$$\delta_3 = \frac{P_c L}{E_c A_c} = \frac{4np E_s A_s}{E_c A_c + 2E_s A_s} \quad \longleftarrow (2.27)$$

Com as fórmulas anteriores disponíveis, podemos prontamente calcular forças, tensões e deslocamentos da montagem em qualquer conjunto de valores numéricos fornecidos.

2.6 Tensões em seções inclinadas

Em nossas discussões anteriores sobre tração e compressão em membros carregados axialmente, as únicas tensões que consideramos foram as tensões normais agindo em seções transversais. Essas tensões são ilustradas na Figura 2.30, em que consideramos uma barra AB submetida a cargas axiais P.

Quando a barra é cortada por um plano mn numa seção transversal intermediária (perpendicular ao eixo x), obtemos o diagrama de corpo livre mostrado na Figura 2.30b. As tensões normais agindo sobre a seção podem ser calculadas através da fórmula $\sigma_x = P/A$, desde que a distribuição de tensão seja uniforme sobre toda a área da seção transversal A. Como explicado no Capítulo 1, essa condição existirá se a barra for prismática, o material for homogêneo, a força axial P agir no centroide da área de seção transversal e a seção transversal estiver longe de qualquer concentração de tensão localizada. Logicamente, não existem tensões de cisalhamento agindo na seção cortada, porque ela é perpendicular ao eixo longitudinal da barra.

Por conveniência, geralmente mostramos as tensões em uma vista bidimensional da barra (Figura 2.30c), em vez de uma vista tridimensional mais complexa (Figura 2.30b). Entretanto, ao trabalhar com figuras bidimensionais, não podemos esquecer que a barra tem uma espessura perpendicular ao plano da figura. Essa terceira dimensão deve ser considerada ao se fazerem as deduções e os cálculos.

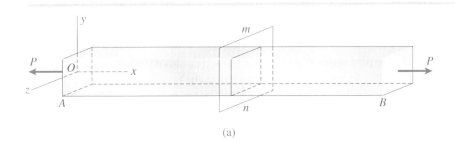

Figura 2.30
Barra prismática em tração, que mostra as tensões agindo na seção transversal mn: (a) barra com forças axiais P, (b) vista tridimensional da barra cortada que mostra as tensões normais e (c) vista bidimensional

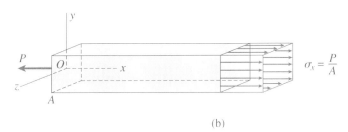

Elementos de tensão

O modo mais útil de representar as tensões na barra da Figura 2.30 é isolar um pequeno elemento do material, como o chamado de C na Figura 2.30c, e então mostrar as tensões agindo em todas as suas faces. Um elemento desse tipo é denominado **elemento de tensão**. O elemento de tensão no ponto C é um pequeno bloco retangular (não importa se é um cubo ou um paralelepípedo retangular) com sua face da extremidade direita sobre a seção transversal mn.

Figura 2.31

Elemento de tensão no ponto C da barra carregada axialmente ilustrada na Figura 2.30c: (a) vista tridimensional do elemento e (b) vista bidimensional do elemento

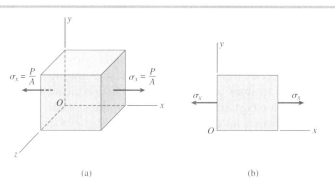

As dimensões de um elemento de tensão são consideradas infinitesimamente pequenas, mas, por clareza, desenhamos o elemento em uma escala maior, como na Figura 2.31a. Nesse caso, as bordas do elemento são paralelas aos eixos x, y e z, e as únicas tensões são as tensões σx agindo nas faces x (lembre-se de que as faces x têm suas normais paralelas ao eixo x). Por ser mais conveniente, geralmente desenhamos uma vista bidimensional do elemento (Figura 2.31b) em vez de uma vista tridimensional.

Tensões em seções inclinadas

O elemento de tensão da Figura 2.31 fornece apenas uma vista limitada das tensões em uma barra carregada axialmente. Para obter uma ilustração mais complexa, precisamos investigar as tensões agindo em **seções inclinadas**, como a seção cortada pelo plano inclinado pq na Figura 2.32a. Como as tensões são as mesmas ao longo de toda a barra, as tensões agindo sobre a seção inclinada devem estar uniformemente distribuídas, como ilustrado nos diagramas de corpo livre da Figura 2.32b (vista tridimensional) e da Figura 2.32c (vista bidimensional). Do equilíbrio de corpo livre sabemos que a resultante das tensões deve ser uma força horizontal P (a resultante está desenhada com uma linha tracejada nas Figuras 2.32b e 2.32c).

Figura 2.32

Barra prismática em tração ilustrando as tensões agindo em uma seção inclinada pq: (a) barra com forças axiais P, (b) vista tridimensional da barra cortada ilustrando as tensões e (c) vista bidimensional

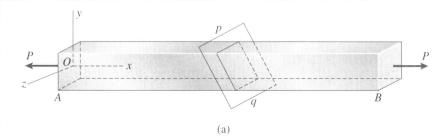

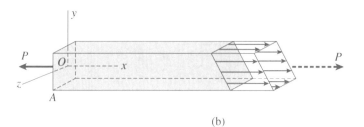

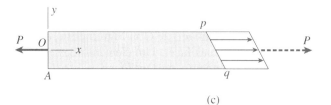

Como requisito inicial, precisamos de um esquema para especificar a **orientação** da seção inclinada *pq*. Um método padrão é especificar o ângulo q entre o eixo *x* e a normal *n* em relação à seção (veja a Figura 2.33a). Dessa forma, o ângulo θ para a seção inclinada mostrada na figura é de aproximadamente 30°. Em contraste, a seção transversal *mn* (Figura 2.30a) tem um ângulo θ igual a zero (porque a normal em relação à seção é o eixo *x*). Para exemplos adicionais, considere o elemento de tensão da Figura 2.31. O ângulo q para a face da extremidade direita é 0, para a face superior é 90° (uma seção longitudinal da barra), para a extremidade esquerda é 180° e para a face inferior é 270° (ou $-90°$).

Vamos retornar à tarefa de encontrar as tensões agindo na seção *pq* (Figura 2.33b). Como já mencionado, a resultante dessas tensões é uma força *P* agindo na direção *x*. Essa resultante pode ser decomposta em duas componentes, uma força normal *N* que é perpendicular ao plano inclinado *pq* e uma força de cisalhamento *V* que é tangencial ao plano *pq*. Essas componentes são

$$N = P \cos \theta \qquad V = P \, \text{sen} \, \theta \qquad (2.28\text{a,b})$$

Estão associadas com as forças *N* e *V* as tensões normais e de cisalhamento distribuídas uniformemente sobre a seção inclinada (Figuras 2.33c e d). A tensão normal é igual à força normal *N* dividida pela área da seção, e a tensão de cisalhamento é igual à força de cisalhamento *V* dividida pela área de seção. Dessa forma, as tensões são

$$\sigma = \frac{N}{A_1} \qquad \tau = \frac{V}{A_1} \qquad (2.29\text{a,b})$$

em que A_1 é a área da seção inclinada, como segue:

$$A_1 = \frac{A}{\cos \theta} \qquad (2.30)$$

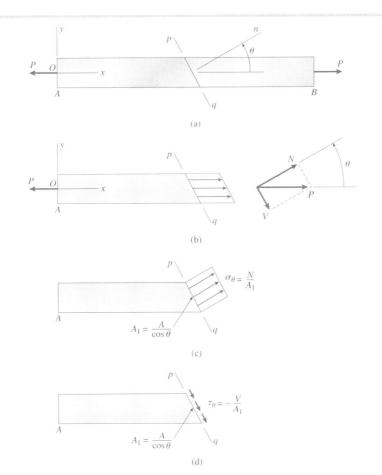

Figura 2.33

Barra prismática em tração que mostra as tensões agindo em uma seção inclinada *pq*

Da forma usual, A representa a área da seção transversal da barra. As tensões σ e τ agem nas direções mostradas nas Figuras 2.33c e d, isto é, nas mesmas direções que a força normal N e a força de cisalhamento V, respectivamente.

Nesse ponto, precisamos estabelecer uma **convenção de notação e sinal** para as tensões agindo em seções inclinadas. Usaremos um subscrito θ para indicar que as tensões agem em uma seção inclinada em um ângulo θ (Figura 2.34), da mesma forma que usamos uma subscrito x para indicar que as tensões agem em uma seção perpendicular ao eixo x (veja Figura 2.30). Tensões normais σ_θ são positivas quando são de tração e tensões de cisalhamento τ_θ são positivas quando tendem a produzir uma rotação no sentido anti-horário, como ilustrado na Figura 2.34.

Figura 2.34

Convenção de sinal para tensões agindo em uma seção inclinada (tensões normais são positivas quando em tração e tensões de cisalhamento são positivas quando tendem a produzir uma rotação no sentido anti-horário)

Para uma barra em tração, a força normal N produz tensões normais positivas σ_θ (veja Figura 2.33c) e a força de cisalhamento V produz tensões de cisalhamento negativas τ_θ (veja Figura 2.33d). Essas tensões são dadas pelas seguintes equações (veja Equações 2.28, 2.29 e 2.30):

$$\sigma_\theta = \frac{N}{A_1} = \frac{P}{A}\cos^2\theta \qquad \tau_\theta = -\frac{V}{A_1} = -\frac{P}{A}\operatorname{sen}\theta\cos\theta$$

Introduzindo a notação $\sigma_x = P/A$, em que σ_x é a tensão normal em uma seção transversal, e usando também as relações trigonométricas

$$\cos^2\theta = \frac{1}{2}(1 + \cos 2\theta) \qquad \operatorname{sen}\theta\cos\theta = \frac{1}{2}(\operatorname{sen} 2\theta)$$

obtemos as seguintes expressões para as **tensões normais e de cisalhamento**:

$$\sigma_\theta = \sigma_x \cos^2\theta = \frac{\sigma_x}{2}(1 + \cos 2\theta) \tag{2.31a}$$

$$\tau_\theta = -\sigma_x \operatorname{sen}\theta\cos\theta = -\frac{\sigma_x}{2}(\operatorname{sen} 2\theta) \tag{2.31b}$$

Essas equações fornecem as tensões atuando em uma seção inclinada orientada em um ângulo θ relativamente ao eixo x (Figura 2.34).

É importante reconhecer que as Equações (2.31a) e (2.31b) foram obtidas apenas através da estática e, por isso, independem do material. Dessa forma, essas equações são válidas para qualquer material, independentemente de ele se comportar de forma linear ou não linear, elástica ou não elástica.

Tensões máximas normal e de cisalhamento

A maneira como as tensões variam quando a seção inclinada é cortada em vários ângulos é ilustrada na Figura 2.35. O eixo horizontal fornece o ângulo θ variando de $-90°$ a $+90°$, e o eixo vertical fornece as tensões σ_θ e τ_θ. Note que um ângulo positivo θ é medido no sentido anti-horário a partir do eixo x (Figura 2.34) e um ângulo negativo é medido no sentido horário.

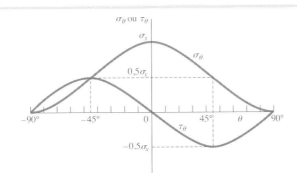

Figura 2.35

Gráfico da tensão normal σ_θ e da tensão de cisalhamento τ_θ *versus* o ângulo θ da seção inclinada (veja Figura 2.34 e Equações 2.31a e b)

Como ilustrado no gráfico, a tensão normal σ_θ é igual a σ_x quando $\theta = 0$. Então, à medida que θ aumenta ou diminui, a tensão normal diminui até que em $\theta = \pm 90°$ ela se torna nula, porque não existem tensões normais em seções cortadas paralelamente ao eixo longitudinal. A **máxima tensão normal** ocorre em $\theta = 0$ e é

$$\sigma_{max} = \sigma_x \qquad (2.32)$$

Notamos também que, quando $\theta = \pm 45°$, a tensão normal é a metade do valor máximo.

A tensão de cisalhamento τ_θ é nula em seções transversais da barra ($\theta = 0$) da mesma forma que em seções longitudinais ($\theta = \pm 90°$). Entre esses extremos, a tensão varia como ilustrado no gráfico, atingindo o maior valor positivo quando $\theta = -45°$ e o maior valor negativo quando $\theta = +45°$. Essas **máximas tensões de cisalhamento** têm a mesma magnitude:

$$\tau_{max} = \frac{\sigma_x}{2} \qquad (2.33)$$

mas tendem a rotacionar o elemento em direções opostas.

As máximas tensões em uma **barra em tração** são ilustradas na Figura 2.36. Dois elementos de tensão são selecionados – o elemento A está orientado em $\theta = 0°$ e o elemento B está orientado em $\theta = 45°$. O elemento A tem as máximas tensões normais (Equação 2.32) e o elemento B tem as máximas tensões de cisalhamento (Equação 2.33). No caso do elemento A (Figura 2.36b), as únicas tensões são as máximas tensões normais (nenhuma tensão de cisalhamento existe em nenhuma das faces).

No caso do elemento B (Figura 2.36c), as tensões normal e de cisalhamento agem em todas as faces (exceto, é claro, nas faces posterior e anterior do elemento). Considere, por exemplo, a face em 45° (a face superior direita). Nessa face, as tensões normal e de cisalhamento (das Equações 2.31a e b) são $\sigma_x/2$ e $-\sigma_x/2$, respectivamente. Dessa forma, a tensão normal é de tração (positiva) e a tensão de cisalhamento age no sentido horário (negativa) contra o elemento. As tensões nas faces remanescentes são obtidas de maneira similar, substituindo-se $\theta = 135°$, $-45°$ e $-135°$ nas Equações (2.31a e b).

Assim, nesse caso especial de um elemento orientado em $\theta = 45°$, as tensões normais em todas as quatro faces são as mesmas (igual a $\sigma_x/2$) e todas as quatro tensões de cisalhamento têm a máxima intensidade (igual a $\sigma_x/2$). Note também que as tensões de cisalhamento agindo em planos perpendiculares são iguais em magnitude e têm direções no sentido da linha de interseção dos planos, ou no sentido contrário à linha de interseção, como foi discutido em detalhes na Seção 1.7.

Se uma barra é carregada em compressão em vez de tração, a tensão σ_x será de compressão e terá um valor negativo. Consequentemente, todas as tensões agindo nos elementos de tensão terão direções opostas àquelas para uma barra em tração. Logicamente, as Equações (2.31a e b) podem ainda ser usadas para os cálculos, simplesmente substituindo-se σ_x como uma quantidade negativa.

Figura 2.36

Figura 2.36 Tensões normal e de cisalhamento agindo em elementos de tensão orientados em $\theta = 0°$ e $\theta = 45°$ para uma barra em tração

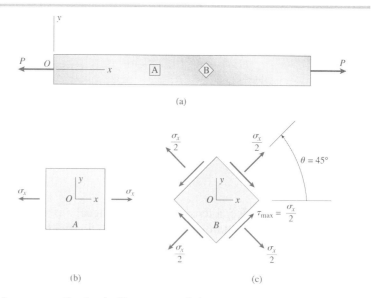

Figura 2.37

Falha de cisalhamento ao longo de um plano de 45° de um bloco de madeira carregado em compressão (Jim Gere)

Embora a tensão de cisalhamento máxima em uma barra carregada axialmente seja apenas metade da máxima tensão normal, a tensão de cisalhamento pode causar falha se o material for muito mais fraco em cisalhamento que em tração. Um exemplo de falha por cisalhamento é ilustrado na Figura 2.37, que mostra um bloco de madeira carregado em compressão que falhou por cisalhamento ao longo de um plano de 45°.

Um tipo similar de comportamento ocorre em aço baixo-carbono carregado em tração. Durante um teste de tração de uma barra achatada de aço baixo-carbono com superfícies polidas, **bandas de escorregamento** visíveis aparecem nos lados da barra a aproximadamente 45° do eixo (Figura 2.38). Essas bandas indicam que o material está falhando sob cisalhamento ao longo dos planos em que a tensão de cisalhamento é máxima. Tais bandas foram observadas pela primeira vez por G. Piobert em 1842 e W. Luders em 1860 (veja Refs. 2.5 e 2.6) e hoje são chamadas de *bandas de Luders ou bandas de Piobert*. Elas começam a aparecer quando a tensão de escoamento é alcançada na barra (ponto *B* na Figura 1.28 da Seção 1.4).

Tensões uniaxiais

O estado de tensão descrito ao longo desta seção é chamado de **tensão uniaxial**, pela razão óbvia de que a barra está submetida à tração ou à compressão simples em apenas uma direção. As orientações mais importantes dos elementos de tensão para tensão uniaxial são $\theta = 0$ e $\theta = 45°$ (Figura 2.36b e c); a pri-

Figura 2.38

Bandas de escorregamento (ou bandas de Luders) em um corpo de prova polido carregado em tração (Jim Gere)

meira tem a máxima tensão normal e a última tem a máxima tensão de cisalhamento. Se seções forem cortadas em outros ângulos, as tensões agindo nas faces dos elementos de tensão correspondentes podem ser determinadas a partir das Equações (2.31a e b), como ilustrado nos Exemplos 2.10 e 2.11 a seguir.

A tensão uniaxial é um caso especial de um estado de tensão mais geral conhecido como tensão plana, descrito em detalhes no Capítulo 7.

• • • Exemplo 2.10

Uma barra de latão prismática com um comprimento $L = 0,5$ m e tendo uma área de seção transversal $A = 1.200$ mm² é comprimida por uma carga axial $P = 90$ kN (Figura 2.39a).

(a) Determine o estado completo de tensão em um corte de seção pq inclinado através da barra em um ângulo $\theta = 25°$ e mostre as tensões em um elemento de tensão orientado corretamente.

(b) Se a barra for agora fixada entre os suportes A e B (Figura 2.39b) e, em seguida, submetida a um aumento de temperatura $\Delta T = 33°C$, a tensão de compressão no plano rs é conhecida por ser 65 MPa. Encontre a tensão de cisalhamento τ_θ sobre o plano rs. Qual é o ângulo θ? (Considere que o módulo de elasticidade $E = 110$ GPa e um coeficiente de expansão térmica $\alpha = 20 \times 10^{-6}/°C$.)

(c) Se a tensão normal admissível é de ± 82 Mpa e a tensão de cisalhamento admissível é de ± 40 MPa, encontre o aumento máximo permitido de temperatura (ΔT) na barra se valores de tensão admissíveis na barra não forem excedidos.

Figura 2.39

Exemplo 2.10: (a) Tensões na seção inclinada pq através da barra; e (b) Tensões na seção inclinada rs através da barra

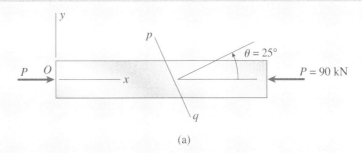

(a)

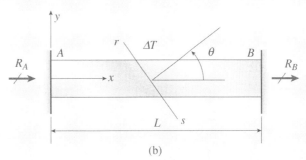

(b)

Solução

(a) **Determine o estado completo de tensão no elemento tensionado alinhado com a seção inclinada pq.**

Para encontrar o estado de tensão na seção inclinada pq, começaremos encontrando a tensão normal de compressão σ_x devido à carga aplicada P:

$$\sigma_x = \frac{-P}{A} = \frac{-90 \text{ kN}}{1200 \text{ mm}^2} = -75 \text{ MPa}$$

Em seguida, encontramos tensões normais e de cisalhamento das Equações (2.31a) e (2.31b) com $\theta = 25°$

Exemplo 2.10 Continuação

$$\sigma_\theta = \sigma_x \cos(\theta)^2 = (-75 \text{ MPa}) \cos(25°)^2 = -61,6 \text{ MPa}$$

$$\tau_\theta = -\sigma_x \sen(\theta) \times \cos(\theta) = -(-75 \text{ MPa}) \sen(25°) \times \cos(25°)$$
$$= 28,7 \text{ MPa}$$

Estas tensões são mostradas atuando sobre a seção inclinada *pq* na Figura 2.39c. A tensão no elemento da **face ab** (Figura 2.39d) está alinhada com a seção *pq*. Note que a tensão normal σ_θ é *negativa* (compressão) e a tensão de cisalhamento τ_θ é *positiva* (sentido anti-horário). Temos agora que usar as Equações (2.31a) e (2.31b) para encontrar as tensões normais e de cisalhamento sobre as restantes três faces do elemento tensionado (ver Figura 2.39d).

Figura 2.39 (Continuação)

Exemplo 2.10: (c) Tensões no elemento de seção inclinada *pq* através da barra; e (d) Estado completo de tensão no elemento de seção inclinada *pq* através da barra

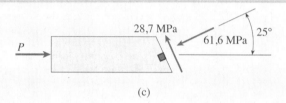

(c)

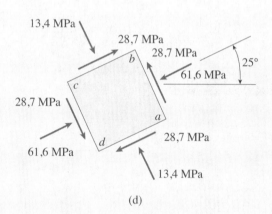

(d)

As tensões normais e de cisalhamento na **face cb** são calculadas utilizando-se ângulo $\theta + 90° = 115°$ nas Equações (2.31a) e (2.31b):

$$\sigma_{cb} = \sigma_x \cos(115°)^2 = (-75 \text{ MPa}) \cos(115°)^2 = -13,4 \text{ MPa}$$

$$\tau_{cb} = -\sigma_x \sen(115°) \cos(115°) = -(-75 \text{ MPa})[\sen(115°) \cos(115°)]$$
$$= -28,7 \text{ MPa}$$

As tensões sobre a **face** oposta **cd** são as mesmas que aquelas da **face ab**, o que pode ser verificado pela substituição de $\theta = 25° + 180° = 205°$ nas Equações (2.31a) e (2.31b). Para a **face ad** substituímos $\theta = 25° - 90° = -65°$ nas Equações (2.31a) e (2.31b). O estado completo de tensão é mostrado na Figura 2.39d.

(b) Determine as tensões normais e de cisalhamento devido ao aumento de temperatura no elemento tensionado alinhado com a seção inclinada *rs*.

Do Exemplo 2.7, sabemos que as reações R_A e R_B (Figura 2.39b), devido ao aumento de temperatura $\Delta T = 33°$ são:

$$R_A = -R_B = EA\alpha(\Delta T) \tag{a}$$

e a resultante da *tensão de compressão* térmica axial é:

$$\sigma_T = \frac{R_A}{A} = E\alpha(\Delta T) \tag{b}$$

Exemplo 2.10 Continuação

Então,

$$\sigma_X = -(110 \text{ GPa})[20 \times 10^{-6}/°C](33°C) = -72,6 \text{ MPa}$$

Uma vez que a tensão de compressão no plano *rs* é conhecida como sendo 65 MPa, podemos encontrar o ângulo θ para o plano inclinado *rs* da Equação (2.31a) como:

$$\theta_{rs} = \cos^{-1}\left(\sqrt{\frac{\sigma_\theta}{\sigma_x}}\right) = \cos^{-1}\left(\sqrt{\frac{-65 \text{ MPa}}{-72,6 \text{ MPa}}}\right) = 18,878°$$

e da Equação (2.31b), podemos encontrar a tensão de cisalhamento τ_θ no plano inclinado *rs*, sendo:

$$\tau_\theta = -\sigma_x(\text{sen}(\theta_{rs})\cos(\theta_{rs})) = -(-72,6 \text{ MPa})\text{ sen }(18,878°)\cos(18,878°)$$
$$= 22,2 \text{ MPa}$$

Figura 2.39 (Continuação)

Exemplo 2.10: (e) Tensões normais e de cisalhamento no elemento de seção inclinada *rs* através da barra

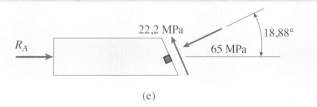

(e)

(c) Determine o aumento máximo permitido de temperatura (ΔT) na barra com base em valores de tensão admissíveis.

A *tensão máxima normal* σ_{max} ocorre em um elemento tensionado inclinado a $\theta = 0$ [Equação (2.32)] então: $\sigma_{max} = \sigma_x$. Se igualamos a tensão térmica a partir da Equação (b) à *tensão normal permissível* $\sigma_a = 82$ MPa, podemos encontrar o valor de ΔT_{max} com base na tensão normal admissível:

$$\Delta T_{max1} = \frac{\sigma_a}{E\alpha} = \frac{82 \text{ MPa}}{(110 \text{ GPa})[20 \times 10^{-6}/°C]} = 37,3°C \quad \text{(c)}$$

A partir da Equação (2.33), vemos que a *máxima tensão de cisalhamento* τ_{max} ocorre em uma seção inclinada de 45° para a qual $\tau_{max} = \sigma_x/2$. Usando o valor dado de tensão de cisalhamento permitida, a $\tau_a = 40$ MPa e a relação entre tensões máximas normais e de cisalhamento na Equação (2.33), podemos calcular um segundo valor para ΔT_{max} como:

$$\Delta T_{max2} = \frac{2\tau_a}{E\alpha} = \frac{2(40 \text{ MPa})}{(110 \text{ GPa})[20 \times 10^{-6}/°C]} = 36,4°C$$

O menor valor do aumento da temperatura prevalece em base a não exceder a tensão de cisalhamento admissível τ_a. Nós poderíamos ter previsto isso porque $\tau_{adm} < \sigma_{adm}/2$.

Exemplo 2.11

Uma barra comprimida, com uma seção transversal quadrada de largura b, deve suportar uma carga $P = 35$ kN (Figura 2.40a). A barra é construída de duas peças do mesmo material que são conectadas por uma junta colada (conhecida como *junta de laço*) ao longo do plano pq, que está a um ângulo $\alpha = 40°$ em relação à vertical. O material é um plástico estrutural para o qual as tensões admissíveis de compressão e de cisalhamento são 7,5 MPa e 4,0 MPa, respectivamente. As tensões admissíveis na junta colada são de 5,2 MPa para compressão e 3,4 MPa para cisalhamento.

Determine a largura mínima b da barra.

Solução

Por conveniência, vamos rotacionar um segmento da barra para uma posição horizontal (Figura 2.40b) equivalente às figuras usadas para derivar das equações para tensões em uma seção inclinada (veja as Figuras 2.33 e 2.34). Com a barra nessa posição, vemos que a normal n ao plano da junta colada (plano pq) faz um ângulo $\beta = 90° - \alpha$, ou $50°$, com o eixo da barra. Uma vez que o ângulo θ é definido como positivo no sentido anti-horário (Figura 2.34), concluímos que $\theta = -50°$ para a junta colada.

A área de seção transversal da barra está relacionada à carga P e à tensão σ_x agindo nas seções transversais pela equação

$$A = \frac{P}{\sigma_x} \tag{a}$$

Por isso, para encontrar a área requerida, devemos determinar o valor de σ_x correspondente a cada uma das quatro tensões admissíveis. Então, o menor valor de σ_x determinará a área requerida. Os valores de σ_x são obtidos arranjando-se novamente as Equações (2.31a e b) da seguinte maneira:

$$\sigma_x = \frac{\sigma_\theta}{\cos^2\theta} \qquad \sigma_x = -\frac{\tau_\theta}{\operatorname{sen}\theta \cos\theta} \tag{2.34a,b}$$

Vamos agora aplicar essas equações à junta colada e ao plástico.

(a) *Valores de σ_x baseados nas tensões admissíveis na junta colada.* Para compressão na junta colada, temos $\sigma_\theta = -5,2$ MPa e $\theta = -50°$. Substituindo na Equação (2.34a), temos

$$\sigma_x = \frac{-5,2 \text{ MPa}}{(\cos(-50°))^2} = -12,6 \text{ MPa} \tag{b}$$

Para o cisalhamento na junta colada, temos uma tensão admissível de 3,4 MPa. No entanto, não é imediatamente evidente se τ_θ é +3,4 MPa ou −3,4 MPa. Uma aproximação é substituir tanto +3,4 MPa quanto −3,4 MPa na Equação (2.34b) e então selecionar o valor de σ_x que for negativo. O outro valor de σ_x será positivo (tração) e não se aplica a essa barra. Outra aproximação é inspecionar a barra (Figura 2.40b) e observar as direções das cargas em que a tensão de cisalhamento agirá no sentido horário no plano pq, o que significa que a tensão de cisalhamento é negativa. Por isso, substituímos $\tau_\theta = -3,4$ MPa e $\theta = -50°$ na Equação (2.34b) e obtemos

$$\sigma_x = -\frac{-3,4 \text{ MPa}}{(\operatorname{sen}(-50°))(\cos(-50°))} = -6,9 \text{ MPa} \tag{c}$$

(b) *Valores de σ_x baseados nas cargas admissíveis no plástico.* A tensão máxima de compressão no plástico ocorre sobre uma seção transversal. Por isso, uma vez que a tensão admissível de compressão é de 7,5 MPa, sabemos imediatamente que

• • • Exemplo 2.11 *Continuação*

Figura 2.40
Exemplo 2.11: Tensões em uma seção inclinada

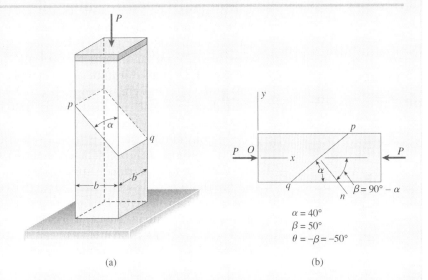

(a)   (b)

$$\sigma_x = -7{,}5 \text{ MPa} \qquad (d)$$

A máxima tensão de cisalhamento ocorre em um plano a 45° e é numericamente igual a $\sigma_x/2$ (veja a Equação 2.33). Uma vez que a tensão admissível de cisalhamento é de 4 MPa, obtemos

$$\sigma_x = -8 \text{ MPa} \qquad (e)$$

Esse mesmo resultado pode ser obtido a partir da Equação (2.34b), substituindo $\tau_\theta = 4$ MPa e $\theta = 45°$.

(c) *Largura mínima da barra.* Comparando os quatro valores de σ_x (Equações b, c, d, e), vemos que o menor é $\sigma_x = -6{,}9$ MPa. Por isso, esse valor governa o dimensionamento. Substituindo na Equação (a) e usando apenas valores numéricos, obtemos a área exigida:

$$A = \frac{35 \text{ kN}}{6{,}9 \text{ MPa}} = 5072 \text{ mm}^2$$

Uma vez que a barra tem uma seção transversal quadrada ($A = b^2$), a largura mínima é

$$b_{min} = \sqrt{A} = \sqrt{5072 \text{ mm}^2} = 71{,}2 \text{ mm}$$

Qualquer largura maior que b_{min} vai assegurar que as tensões admissíveis não sejam excedidas.

2.7 Energia de deformação

A energia de deformação é um conceito fundamental em mecânica aplicada, e seus princípios são amplamente usados para determinar a resposta de máquinas e estruturas a cargas tanto estáticas quanto dinâmicas. Nesta seção, introduzimos o assunto de energia de deformação em sua forma mais simples, considerando apenas membros carregados axialmente submetidos a cargas estáticas. Elementos estruturais mais complexos serão discutidos em capítulos posteriores – barras em torção na Seção 3.9 e vigas em flexão na Seção 9.8. Além disso, o uso de energia de deformação em conexão com cargas dinâmicas será descrito nas Seções 2.8 e 9.10.

Para ilustrar as ideias básicas, vamos considerar novamente uma barra prismática de comprimento L submetida a uma força de tração P (Figura 2.41). Consideramos que a carga é aplicada lentamente, de forma que aumente gradualmente de zero até seu valor máximo P. Essa carga é chamada de **carga estática** porque não há efeitos dinâmicos ou inerciais devido a movimentos. A barra gradualmente se alonga enquanto a carga é aplicada, até que atinge seu máximo alongamento δ no mesmo momento em que a carga atinge seu valor máximo P. Depois, a carga e o alongamento permanecem inalterados.

Figura 2.41

Barra prismática submetida a uma carga aplicada estaticamente

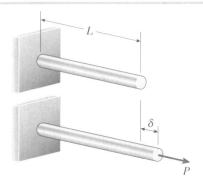

Durante o processo de carregamento, a carga P se move lentamente através da distância δ e realiza certa quantidade de **trabalho**. Para calculá-lo, lembramos, da mecânica elementar, que uma força constante realiza trabalho igual ao produto da força pela distância em que ela se move. No entanto, em nosso caso, a força varia em intensidade, de zero até seu máximo valor P. Para encontrar o trabalho realizado pela carga sob essas condições, precisamos saber a maneira como a força varia. Essa informação é fornecida por um **diagrama de carga-deslocamento**, como o da Figura 2.42. Nesse diagrama, o eixo vertical representa a carga axial e o eixo horizontal representa o alongamento correspondente da barra. A forma da curva depende das propriedades do material.

Vamos denotar por P_1 qualquer valor da carga entre zero e o máximo valor P e por δ_1 o alongamento correspondente da barra. Então um incremento dP_1 na carga produzirá um incremento $d\delta_1$ no alongamento. O trabalho realizado pela carga durante esse incremento no alongamento é o produto da carga pela distância através da qual ela se move, isto é, o trabalho é igual a $P_1 d\delta_1$. Este trabalho é representado na figura pela área da faixa sombreada abaixo da curva carga-deslocamento. O trabalho total realizado pela carga, enquanto ela aumenta de zero ao máximo valor P, é a soma de todas as faixas elementares:

$$W = \int_0^\delta P_1 d\delta_1 \tag{2.35}$$

Em termos geométricos, *o trabalho realizado pela carga é igual à área abaixo da curva carga-deslocamento*.

Quando a carga alonga a barra, deformações são produzidas. A presença dessas deformações aumenta o nível de energia da barra. Por isso, uma nova

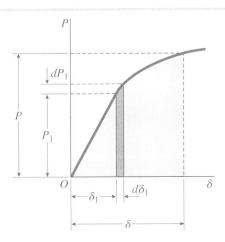

Figura 2.42
Diagrama de carga-deslocamento

quantidade, chamada de **energia de deformação**, é definida como a energia absorvida pela barra durante o processo de carregamento. Do princípio de conservação de energia, sabemos que essa energia de deformação é igual ao trabalho realizado pela carga, desde que nenhuma energia seja adicionada ou subtraída na forma de calor. Por isso,

$$U = W = \int_0^\delta P_1 d\delta_1 \qquad (2.36)$$

em que U é o símbolo para energia de deformação. Algumas vezes, a energia de deformação é chamada de **trabalho interno**, para distingui-la do trabalho externo realizado pela carga.

Trabalho e energia são expressos nas mesmas **unidades**. No sistema SI, a unidade de trabalho e energia é o joule (J), que é igual a um newton metro (1 J = 1 N·m).

Energia de deformação elástica e inelástica

Se a força P (Figura 2.41) for removida lentamente da barra, esta vai encurtar. Se o limite elástico do material não for excedido, a barra retornará ao seu comprimento inicial. Se o limite for excedido, uma *deformação permanente* (veja a Seção 1.5) acontecerá. Dessa maneira, toda ou parte da energia de deformação será recuperada na forma de trabalho. Esse comportamento é ilustrado no diagrama de carga-deslocamento da Figura 2.43. Durante o carregamento, o trabalho realizado pela carga é igual à área abaixo da curva (área $OABCDO$). Quando a carga é removida, o diagrama de carga-deslocamento segue a linha BD, se o ponto B estiver além do limite elástico, e um alongamento OD permanece. Dessa forma, a energia de deformação recuperada durante o descarregamento, chamada de **energia de deformação elástica**, é representada pelo triângulo pintado BCD. A área $OABDO$ representa a energia que é perdida no processo de deformação permanente da barra, conhecida como **energia de deformação inelástica**.

A maioria das estruturas é dimensionada com a expectativa de que o material permanecerá dentro do intervalo elástico sob condições normais de serviço. Vamos considerar que a carga em que a tensão no material atinge o limite elástico é representada pelo ponto A na curva carga-deslocamento (Figura 2.43). Enquanto a carga estiver abaixo desse valor, toda a energia de deformação será recuperada durante o processo de descarregamento e nenhum alongamento permanente restará. Dessa forma, a barra age como uma mola elástica, armazenando e disponibilizando energia enquanto a carga é aplicada e removida.

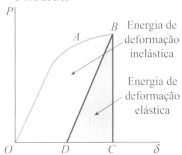

Figura 2.43
Energia de deformação elástica e inelástica

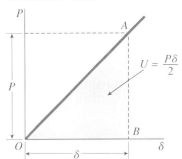

Figura 2.44
Diagrama de carga-deslocamento para uma barra de material elástico linear

Comportamento elástico linear

Vamos considerar que o material da barra segue a lei de Hooke, de forma que a curva carga-deslocamento seja uma linha reta (Figura 2.44). Então a energia de deformação U armazenada na barra (igual ao trabalho W realizado pela carga) é

$$U = W = \frac{P\delta}{2} \qquad (2.37)$$

que é a área do triângulo sombreado OAB na figura.*

A relação entre a carga P e o alongamento δ para uma barra de material elástico linear é dada pela equação

$$\delta = \frac{PL}{EA} \qquad (2.38)$$

Combinando essa equação com a Equação (2.37), podemos expressar a energia de deformação de uma **barra elástica linear** em qualquer uma das seguintes formas:

$$U = \frac{P^2 L}{2EA} \qquad U = \frac{EA\delta^2}{2L} \qquad (2.39a,b)$$

A primeira equação expressa a energia de deformação em função da carga e a segunda, em função do alongamento.

Da primeira equação, vemos que, ao aumentar-se o comprimento de uma barra, aumenta-se a quantidade de energia de deformação, mesmo que a carga permaneça inalterada (porque mais material está sendo deformado pela carga). Por outro lado, aumentando-se o módulo de elasticidade ou a área de seção transversal, a energia de deformação diminui, porque a deformação na barra foi reduzida. Esses conceitos são ilustrados nos Exemplos 2.12 e 2.15.

Podemos escrever equações de energia de deformação para uma **mola elástica linear** análogas às Equações (2.39a) e (2.39b), substituindo a rigidez EA/L da barra prismática pela rigidez k da mola. Dessa maneira,

$$U = \frac{P^2}{2k} \qquad U = \frac{k\delta^2}{2} \qquad (2.40a,b)$$

Outras formas dessas equações podem ser obtidas substituindo k por $1/f$, em que f é a flexibilidade.

Barras não uniformes

A energia de deformação total U de uma barra formada por vários segmentos é igual à soma das energias de deformação de cada um dos segmentos. Por exemplo, a energia de deformação da barra ilustrada na Figura 2.45 é igual à energia de deformação do segmento AB mais a energia de deformação do segmento BC. Esse conceito é expresso em termos gerais pela seguinte expressão:

$$U = \sum_{i=1}^{n} U_i \qquad (2.41)$$

em que U_i é a energia de deformação do segmento i da barra e n é o número de segmentos (esta relação diz se o material se comporta de maneira linear ou não linear).

Agora considere que o material da barra é elástico linear e que a força axial interna é constante dentro de cada segmento. Podemos então usar a Equação

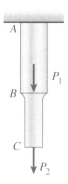

Figura 2.45

Barra formada por segmentos prismáticos com diferentes áreas de seção transversal e diferentes carregamentos axiais

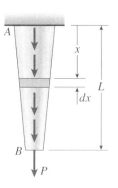

Figura 2.46

Barra não prismática com força axial variando

---

* O princípio de que o trabalho das cargas externas é igual à energia de deformação (para o caso de comportamento elástico linear) foi estabelecido pela primeira vez pelo engenheiro francês B. P. E. Clapeyron (1799–1864) e é conhecido como Teorema de Clapeyro.

(2.39a) para obter as energias de deformação dos segmentos, e a Equação (2.41) fica

$$U = \sum_{i=1}^{n} \frac{N_i^2 L_i}{2E_i A_i} \quad (2.42)$$

em que N_i é a força axial agindo no segmento i e L_i, E_i e A_i são propriedades do segmento i (o uso dessa equação é ilustrado nos Exemplos 2.12 e 2.15 no final desta seção).

Podemos obter a energia de deformação de uma barra não prismática com força axial variando continuamente (Figura 2.46) aplicando a Equação (2.39a) para um elemento diferencial (sombreado na figura) e então integrando ao longo do comprimento da barra:

$$U = \int_0^L \frac{[N(x)]^2 dx}{2EA(x)} \quad (2.43)$$

Nessa equação $N(x)$ e $A(x)$ são a força axial e a área de seção transversal a uma distância x da extremidade da barra (o Exemplo 2.13 ilustra o uso dessa equação).

Comentários

As expressões anteriores para a energia de deformação (Equações 2.39 até 2.43) mostram que essa energia *não* é uma função linear das cargas, nem mesmo quando o material é elástico linear. Dessa forma, é importante perceber que *não podemos obter a energia de deformação de uma estrutura suportando mais de uma carga combinando as energias de deformação obtidas a partir das cargas individuais agindo separadamente.*

No caso da barra não prismática mostrada na Figura 2.45, a energia de deformação total *não* é a soma da energia de deformação devido à carga P_1 e à carga P_2 agindo em separado. Em vez disso, devemos calcular a energia de deformação com todas as cargas agindo simultaneamente, como demonstrado no Exemplo 2.13.

Embora tenhamos considerado apenas os membros em tração nas discussões anteriores sobre energia de deformação, todos os conceitos e as equações aplicam-se a membros em **compressão**. Uma vez que o trabalho realizado por uma carga axial é positivo, desconsiderando-se o fato de a carga causar tração ou compressão, segue que a energia de deformação é sempre uma quantidade positiva. Esse fato é também evidente nas expressões para energia de deformação de barras elásticas lineares (como as Equações 2.39a e 2.39b). Essas expressões são sempre positivas porque os termos de carga e alongamento são elevados ao quadrado.

Energia de deformação é uma forma de **energia potencial** (ou "energia de posição") porque depende das localizações relativas das partículas ou dos elementos que formam um membro. Quando uma barra ou uma mola é comprimida, suas partículas ficam mais próximas; quando ela é esticada, a distância entre as partículas aumenta. Em ambos os casos, a energia de deformação do membro aumenta, quando comparada à sua energia de deformação na posição descarregada.

Deslocamentos causados por uma única carga

O deslocamento de uma estrutura elástica linear suportando apenas uma carga pode ser determinado a partir de sua energia de deformação. Para ilustrar o método, considere um suporte de duas barras (Figura 2.47) carregado por uma força axial P. Nosso objetivo é determinar o deslocamento vertical δ na junta B onde a carga é aplicada.

Quando aplicada lentamente à treliça, a carga P realiza trabalho enquanto se move através do deslocamento vertical δ. Entretanto, não realiza nenhum trabalho enquanto se move lateralmente, isto é, para os lados. Por isso, uma vez que o diagrama de carga-deslocamento é linear (veja a Figura 2.44 e a Equação 2.37), a energia de deformação U armazenada na estrutura, igual ao trabalho realizado pela carga, é

$$U = W = \frac{P\delta}{2}$$

da qual obtemos

$$\delta = \frac{2U}{P} \tag{2.44}$$

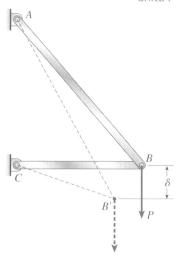

Figura 2.47

Estrutura suportando uma carga única P

Essa equação mostra que, sob certas condições especiais, enumeradas no próximo parágrafo, o deslocamento de uma estrutura pode ser determinado diretamente a partir da energia de deformação.

As condições que devem ser satisfeitas para que se possa usar a Equação (2.44) são as seguintes: (1) a estrutura deve se comportar de maneira elástica linear e (2) apenas uma carga pode agir na estrutura. Por isso, o único deslocamento que pode ser determinado é o correspondente à própria carga (isto é, o deslocamento deve estar na direção da carga e no ponto onde a força é aplicada). Por isso, esse método para encontrar deslocamentos é extremamente limitado em sua aplicação e não é um bom indicador da grande importância dos princípios da energia de deformação em mecânica estrutural. Entretanto, o método fornece uma introdução do uso de energia de deformação (o método será ilustrado mais tarde, no Exemplo 2.14).

Densidade da energia de deformação

Em muitas situações, é conveniente a chamada **densidade de energia de deformação**, definida como a energia de deformação por unidade de volume de material. Expressões para densidade de energia de deformação no caso de materiais elásticos lineares podem ser obtidas através das fórmulas de energia de deformação para barra prismática (Equações 2.39a e b). Uma vez que a energia de deformação da barra está distribuída uniformemente ao longo de seu volume, podemos determinar a densidade da energia de deformação dividindo a energia de deformação total U pelo volume AL da barra. Dessa maneira, a densidade de energia de deformação, denotada pelo símbolo u, pode ser expressa em ambas as formas:

$$u = \frac{P^2}{2EA^2} \qquad u = \frac{E\delta^2}{2L^2} \tag{2.45a,b}$$

Se substituirmos P/A pela tensão σ e δ/L pela deformação ε, obtemos

$$u = \frac{\sigma^2}{2E} \qquad u = \frac{E\varepsilon^2}{2} \tag{2.46a,b}$$

Essas equações fornecem a densidade de energia de deformação em um material elástico linear em termos da tensão normal σ ou da deformação normal ε.

As expressões nas Equações (2.46a e b) têm uma interpretação geométrica simples: são iguais à área $\sigma\varepsilon/2$ do triângulo abaixo do diagrama de tensão-deformação para um material que segue a lei de Hooke ($\sigma = E\varepsilon$). Em situações mais gerais em que o material não segue a lei de Hooke, a densidade de energia de deformação ainda é igual à área abaixo da curva de tensão-deformação, porém, a área deve ser calculada para cada material em particular.

A densidade de energia de deformação tem **unidades** de energia divididas pelo volume. As unidades SI são joules por metro cúbico (J/m³). Uma vez que todas essas unidades reduzem-se a unidades de tensão (lembre-se que 1 J = 1 N·m), podemos ainda usar as unidades como pascals (Pa) para a densidade de energia de deformação.

A densidade de energia de deformação do material, quando ele é tensionado ao limite de proporcionalidade, é chamada de **módulo de resiliência** u_r.

Ele é encontrado substituindo-se o limite de proporcionalidade σ_{pl} na Equação (2.46a):

$$u_r = \frac{\sigma_{pl}^2}{2E} \qquad (2.47)$$

Por exemplo, o aço doce, que apresenta $\sigma_{pl} = 210$ MPa e $E = 210$ GPa, tem um módulo de resiliência $u_r = 149$ kPa. Note que o módulo de resiliência é igual à área abaixo da curva de tensão-deformação até o limite de proporcionalidade. *Resiliência* representa a habilidade de um material absorver e liberar energia dentro do intervalo elástico.

Outra quantidade, chamada de *tenacidade*, refere-se à habilidade de um material absorver energia sem fraturar. O módulo correspondente, chamado de **módulo de tenacidade** u_t, é a densidade de energia de deformação quando o material é tensionado até o ponto de fratura. É igual à área abaixo de toda a curva de tensão-deformação. Quanto maior o módulo de dureza, maior a habilidade do material de absorver energia sem fraturar. Um módulo de dureza alto é, desta forma, importante quando o material é submetido a cargas de impacto (veja a Seção 2.8).

As expressões anteriores para densidade de energia de deformação (Equações 2.45 até 2.47) foram elaboradas para *tensão uniaxial*, isto é, para materiais submetidos apenas à tração ou à compressão. Fórmulas para a densidade de energia de deformação em outros estados de tensão serão apresentadas nos Capítulos 3 e 6.

• • • Exemplo 2.12

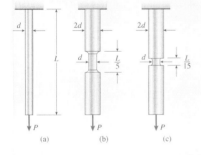

Figura 2.48

Exemplo 2.12: Cálculo da energia de deformação

Três barras circulares com o mesmo comprimento L, mas formas diferentes, estão ilustradas na Figura 2.48. A primeira barra tem diâmetro d ao longo de todo o seu comprimento, a segunda tem diâmetro d ao longo de um quinto do seu comprimento e a terceira tem diâmetro d ao longo de 1/15 do seu comprimento. A segunda e a terceira barras têm diâmetro $2d$ por todo o comprimento restante. Todas as três barras estão submetidas à mesma carga axial P.

Compare as quantidades de energia de deformação armazenada nas barras, considerando comportamento elástico linear (desconsidere os efeitos de concentração de tensão e os pesos das barras).

Solução

(a) *Energia de deformação U_1 da primeira barra*. A energia de deformação da primeira barra é encontrada diretamente a partir da Equação (2.39a):

$$U_1 = \frac{P^2 L}{2EA} \qquad \Longleftarrow \text{(a)}$$

em que $A = \pi d^2/4$.

(b) *Energia de deformação U_2 da segunda barra*. A energia de deformação é encontrada somando-se as energias de deformação nos três segmentos da barra (Equação 2.42). Dessa forma

$$U_2 = \sum_{i=1}^{n} \frac{N_i^2 L_i}{2E_i A_i} = \frac{P^2(L/5)}{2EA} + \frac{P^2(4L/5)}{2E(4A)} = \frac{P^2 L}{5EA} = \frac{2U_1}{5} \qquad \Longleftarrow \text{(b)}$$

que é apenas 40% da energia de deformação da primeira barra. Assim, aumentando-se a área de seção transversal ao longo de parte do comprimento, reduziu-se grandemente a quantidade de energia de deformação que pode ser armazenada na barra.

(c) *Energia de deformação U_3 da terceira barra*. Novamente usando a Equação (2.42), temos

Exemplo 2.12 Continuação

$$U_3 = \sum_{i=1}^{n} \frac{N_i^2 L_i}{2E_i A_i} = \frac{P^2(L/15)}{2EA} + \frac{P^2(14L/15)}{2E(4A)} = \frac{3P^2 L}{20EA} = \frac{3U_1}{10} \quad \text{(c)}$$

A energia de deformação agora diminuiu 30% em relação à energia de deformação da primeira barra.

Observação: Comparando esses resultados, vemos que a energia de deformação diminui, enquanto a porção da barra com maior área aumenta. Se a mesma quantidade de trabalho for aplicada em todas as três barras, produzir-se-á a maior tensão na terceira barra, porque ela tem a menor capacidade de absorção de energia. Se a região que tiver diâmetro *d* for ainda menor, a capacidade de absorção de energia diminuirá ainda mais.

Assim, concluímos que é necessário apenas uma pequena quantidade de trabalho para trazer um alto valor de tensão de tração em uma barra com uma ranhura e, quanto mais estreita a ranhura, mais severa será essa condição. Quando as cargas são dinâmicas e a habilidade de absorver energia é importante, a presença de ranhuras é muito prejudicial.

No caso de cargas estáticas, as tensões máximas são mais importantes que a habilidade de absorver energia. Nesse exemplo, todas as três barras têm a mesma tensão máxima *P/A* (contanto que as concentrações de tensão sejam aliviadas) e, por isso, todas as três barras têm a mesma capacidade de suportar carga, quando esta é aplicada estaticamente.

Exemplo 2.13

Determine a energia de deformação de uma barra prismática suspensa pela sua extremidade superior (Figura 2.49). Considere as seguintes cargas: (a) o peso da barra e (b) o peso da barra mais uma carga *P* na extremidade inferior (suponha um comportamento elástico linear).

Figura 2.49

Exemplo 2.13: (a) Barra suspensa sob a ação de seu peso apenas; e (b) Barra suspensa sob a ação de seu peso mais uma carga *P*

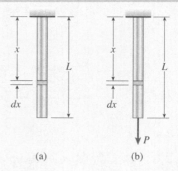

Solução

(a) *Energia de deformação devido ao próprio peso da barra (Figura 2.49a)*. A barra está submetida a uma força axial variável, sendo a força interna igual a zero na extremidade inferior e máxima na extremidade superior. Para determinar a força axial, consideramos um elemento de comprimento *dx* (sombreado na figura) a uma distância *x* da extremidade superior. A força axial interna $N(x)$ agindo nesse elemento é igual ao peso da barra abaixo do elemento:

$$N(x) = \gamma A(L - x) \quad \text{(d)}$$

em que γ é o peso específico do material e *A* é a área de seção transversal da barra. Substituindo na Equação (2.43) e integrando, temos a energia de deformação total:

Exemplo 2.13 Continuação

$$U = \int_0^L \frac{[N(x)]^2\,dx}{2EA(x)} = \int_0^L \frac{[\gamma A(L-x)]^2\,dx}{2EA} = \frac{\gamma^2 A L^3}{6E} \quad \blacktriangleleft \text{ (2.48)}$$

(b) *Energia de deformação devido ao peso mais a carga P (Figura 2.49b).* Nesse caso, a força axial $N(x)$ agindo no elemento é

$$N(x) = \gamma A(L - x) + P \qquad \text{(e)}$$

(compare com a Equação k). Da Equação (2.41), obtemos

$$U = \int_0^L \frac{[\gamma A(L-x) + P]^2\,dx}{2EA} = \frac{\gamma^2 A L^3}{6E} + \frac{\gamma P L^2}{2E} + \frac{P^2 L}{2EA} \quad \blacktriangleleft \text{ (2.49)}$$

Observação: O primeiro termo nessa expressão é o mesmo que para a energia de deformação de uma barra suspensa sob seu próprio peso (Equação 2.48), e o último termo é o mesmo que para a energia de deformação de uma barra submetida apenas a uma força axial P (Equação 2.39a). Entretanto, o termo do meio contém tanto γ quanto P, mostrando que ele depende tanto do peso da barra quanto da intensidade da carga aplicada.

Assim, este exemplo ilustra que a energia de deformação de uma barra submetida a duas cargas não é igual à soma das energias de deformação produzidas pelas cargas individuais agindo separadamente.

Exemplo 2.14

Determine o deslocamento vertical δ_B da junta B do suporte ilustrado na Figura 2.50. Note que a única carga agindo no suporte é uma carga vertical P na junta B. Considere que ambos os membros do suporte têm a mesma rigidez axial EA.

Figura 2.50

Exemplo 2.14: Deslocamento de um suporte sustentando uma única carga P

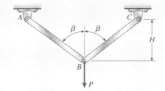

Solução

Uma vez que há apenas uma carga agindo no suporte, podemos encontrar o deslocamento correspondente àquela carga equacionando o trabalho da carga à energia de deformação dos membros. Entretanto, para encontrar a energia de deformação, devemos conhecer as forças nos membros (veja Equação 2.39a).

Do equilíbrio de forças agindo na junta B, vemos que a força axial F em cada barra é

$$F = \frac{P}{2\cos\beta} \qquad \text{(f)}$$

em que β é o ângulo mostrado na figura.

Da geometria do suporte vemos também que o comprimento de cada barra é

$$L_1 = \frac{H}{\cos\beta} \qquad \text{(g)}$$

em que H é a altura do suporte.

• • • Exemplo 2.14 *Continuação*

Podemos agora obter a energia de deformação das duas barras a partir da Equação (2.39a):

$$U = (2)\frac{F^2 L_1}{2EA} = \frac{P^2 H}{4EA \cos^3 \beta} \quad \text{(h)}$$

O trabalho da carga *P* (da Equação 2.37) é

$$W = \frac{P\delta_B}{2} \quad \text{(i)}$$

em que δ_B é o deslocamento para baixo da junta *B*. Equacionando *U* e *W* e resolvendo-os para δ_B, obtemos

$$\delta_B = \frac{PH}{2EA \cos^3 \beta} \quad \Longleftarrow \quad (2.50)$$

Note que encontramos esse deslocamento usando apenas equilíbrio e energia de deformação – não precisamos desenhar um diagrama de deslocamento para a junta *B*.

• • • Exemplo 2.15

O cilindro de uma máquina de ar comprimido é fixado por parafusos que passam através dos flanges do cilindro (Figura 2.51a). Um dos parafusos aparece em detalhe na parte (b) da figura. O diâmetro d da haste do parafuso é igual a 13 mm e o diâmetro da raiz d_r da parte com rosca é igual a 10 mm. O aperto *g* dos parafusos é de 40 mm e a porção de rosca do parafuso está a uma distância *t* = 6,5 mm para dentro do aperto do parafuso. Sob a ação de ciclos repetidos de pressão alta e baixa na câmara, os parafusos podem ocasionalmente se quebrar.

Para diminuir a probabilidade de quebra, os projetistas sugerem duas possíveis modificações: (1) usinar as hastes dos parafusos de tal forma que o diâmetro da haste seja igual ao diâmetro dr, como ilustrado na Figura 2.52a; (2) substituir cada par de parafuso por um único parafuso longo, como ilustrado na Figura 2.52b. Os parafusos longos seriam iguais aos parafusos originais (Figura 2.51b), exceto que o aperto é aumentado a uma distância *L* = 340 mm.

Compare a capacidade de absorção de energia para as três configurações de parafuso: (a) parafusos originais, (b) parafusos com o diâmetro da haste reduzido e (c) parafusos longos. (Suponha comportamento elástico linear e desconsidere os efeitos das concentrações de tensão.)

Figura 2.51

Exemplo 2.15: (a) Cilindro com pistão e parafusos de fixação e (b) detalhe de um parafuso

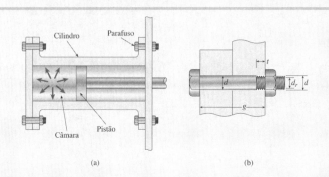

• • • Exemplo 2.15 *Continuação*

Solução

(a) *Parafusos originais*. Os parafusos originais podem ser idealizados como barras formadas por dois segmentos (Figura 2.51b). O segmento esquerdo tem comprimento $g - t$ e diâmetro d, e o segmento direito tem comprimento t e diâmetro d_r. A energia de deformação de um parafuso sob uma carga de tração P pode ser obtida adicionando-se as energias de deformação dos dois segmentos (Equação 2.42)

$$U_1 = \sum_{i=1}^{n} \frac{N_i^2 L_i}{2E_i A_i} = \frac{P^2(g - t)}{2EA_s} + \frac{P^2 t}{2EA_r} \quad (j)$$

em que A_s é a área de seção transversal da haste e A_r é a área de seção transversal na raiz das roscas; dessa forma,

$$A_s = \frac{\pi d^2}{4} \qquad A_r = \frac{\pi d_r^2}{4} \quad (k)$$

Substituindo essas expressões na Equação (j), obtemos a seguinte fórmula para a energia de deformação de um dos quatro parafusos originais:

$$U_1 = \frac{2P^2(g - t)}{\pi E d^2} + \frac{2P^2 t}{\pi E d_r^2} \quad (l)$$

(b) *Parafusos com diâmetro da haste reduzido*. Esses parafusos podem ser idealizados como barras prismáticas com comprimento g e diâmetro d_r (Figura 2.52a). Por isso, a energia de deformação de um parafuso (veja a Equação 2.39a) é

$$U_2 = \frac{P^2 g}{2EA_r} = \frac{2P^2 g}{\pi E d_r^2} \quad (m)$$

A razão das energias de deformação para os casos (1) e (2) é

$$\frac{U_2}{U_1} = \frac{g d^2}{(g - t) d_r^2 + t d^2} \quad (n)$$

ou, substituindo por valores numéricos,

$$\frac{U_2}{U_1} = \frac{(40 \text{ mm})(13 \text{ mm})^2}{(40 \text{ mm} - 6{,}5 \text{ mm})(10 \text{ mm})^2 + (6{,}5 \text{ mm})(13 \text{ mm})^2} = 1{,}52 \quad \Longleftarrow$$

Dessa forma, usando parafusos com diâmetros da haste reduzidos, temos um aumento de 52% na capacidade de absorção de energia do parafuso. Se implementado, este esquema poderia reduzir o número de falhas causadas pelas cargas de impacto.

(c) *Parafusos longos*. Os cálculos para parafusos longos (Figura 2.52b) são os mesmos que para os parafusos originais, exceto que o aperto g é substituído pelo aperto L. Por isso, a energia de deformação de um parafuso longo (compare com a Equação l) é

$$U_3 = \frac{2P^2(L - t)}{\pi E d^2} + \frac{2P^2 t}{\pi E d_r^2} \quad (o)$$

Uma vez que um parafuso longo substitui dois parafusos originais, devemos comparar as energias de deformação tomando a razão de U_3 por $2U_1$, da seguinte maneira:

$$\frac{U_3}{2U_1} = \frac{(L - t) d_r^2 + t d^2}{2(g - t) d_r^2 + 2 t d^2} \quad (p)$$

Substituindo por valores numéricos, temos

$$\frac{U_3}{2U_1} = \frac{(340 \text{ mm} - 6{,}5 \text{ mm})(10 \text{ mm})^2 + (6{,}5 \text{ mm})(13 \text{ mm})^2}{2(40 \text{ mm} - 6{,}5 \text{ mm})(10 \text{ mm})^2 + 2(6{,}5 \text{ mm})(13 \text{ mm})^2} = 3{,}87 \quad \Longleftarrow$$

> **• • • Exemplo 2.15** *Continuação*
>
> Dessa forma, usando parafusos longos temos um aumento na capacidade de absorção de energia de 287% e obtemos maior segurança do ponto de vista da energia de deformação.
>
> *Observação*: Ao projetar parafusos, os projetistas devem também considerar as máximas tensões de tração, máximas tensões de esmagamento, concentrações de tensão e outros fatores.

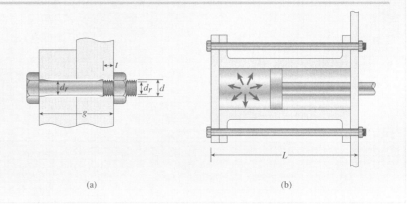

Figura 2.52

Exemplo 2.15: Modificações propostas para os parafusos: (a) Parafuso com diâmetro da haste reduzido e (b) parafuso com comprimento aumentado

2.8 Carregamento cíclico e fadiga

O comportamento de uma estrutura não depende apenas da natureza do material, mas também da característica das cargas. Em algumas situações, as cargas são estáticas – são aplicadas gradualmente, agem por longos períodos de tempo e variam lentamente. Outras cargas são dinâmicas – por exemplo, as cargas de impacto agindo subitamente e as cargas cíclicas agindo por um grande número de ciclos.

Alguns padrões típicos de **cargas cíclicas** são traçados na Figura 2.53. O gráfico (a) mostra uma carga que é aplicada, removida e aplicada novamente, sempre agindo na mesma direção. O gráfico (b) mostra uma carga alternada que muda de direção durante cada ciclo de carregamento, e o gráfico (c) ilustra uma carga flutuante que varia em torno de um valor médio. As cargas cíclicas são normalmente associadas a máquinas, motores, turbinas, geradores, engrenagens, propulsores, peças de avião, peças de automóveis etc. Algumas dessas estruturas são submetidas a milhões (e até mesmo bilhões) de ciclos de carregamento durante sua vida útil.

Uma estrutura submetida a cargas dinâmicas tem maior probabilidade de falhar em tensões mais baixas do que se as mesmas cargas fossem aplicadas estaticamente, em especial quando são repetidas por um grande número de ciclos. Em tais casos, a falha é geralmente causada por **fadiga** ou **fratura progressiva**. Um exemplo cotidiano de uma falha por fadiga é o tensionamento de um clipe de metal até o ponto de ruptura, flexionando-o repetidamente para a frente e para trás. Se o clipe é flexionado apenas uma vez, ele não se quebra. Mas se a carga é revertida, flexionando-se o clipe na direção oposta, e se o ciclo for repetido diversas vezes, o clipe finalmente se quebrará. *Fadiga* pode ser definida como a deterioração de um material sob ciclos repetidos de tensão e deformação, resultando em trincas progressivas que por fim produzirão a fratura.

Em uma típica falha por fadiga, uma trinca microscópica forma-se em um ponto de tensão alta (em geral em uma *concentração de tensão*, a ser discutida na próxima seção) e gradualmente cresce enquanto as cargas forem aplicadas repetidas vezes. Quando a trinca fica tão grande que o material remanescente não consegue resistir às cargas, uma fratura súbita do material ocorre (Figura 2.54). Dependendo da natureza do material, pode-se levar apenas alguns ciclos de carregamentos até centenas de milhões de ciclos para produzir uma fratura.

Figura 2.53

Tipos de cargas repetidas: (a) carga agindo em uma só direção, (b) Carga alternada e reversível e (c) Carga flutuante que varia sobre um valor médio

(a)

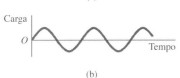
(b)

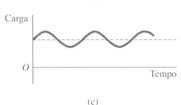
(c)

Figura 2.54

Falha por fadiga de uma barra repetidamente carregada em tração; a trinca se espalha gradualmente sobre a seção transversal até que, de repente, a fratura ocorre (Cortesia da MTS Systems Corporation)

A intensidade da carga que gera uma falha por fadiga é menor que a carga que pode ser suportada estaticamente, como já foi dito antes. Para determinar-se a carga de falha, testes do material devem ser conduzidos. No caso de carregamentos cíclicos, o material é testado em vários níveis de tensão e o número de ciclos até a falha é contado. Por exemplo, um corpo de prova de um material é colocado em uma máquina de teste de fadiga e carregado ciclicamente até certa tensão, digamos σ_1. Os ciclos de carregamento são mantidos até que a falha ocorra, e o número n de ciclos de carregamento até ocorrer a falha é anotado. O teste é então repetido para uma diferente tensão, digamos σ_2. Se σ_2 for maior que σ_1, o número de ciclos até a falha será menor. Se σ_2 for menor que σ_1, o número será maior. Em dado momento, dados suficientes foram acumulados para se traçar uma **curva de resistência**, ou **diagrama S-N**, em que a tensão de ruptura (S) é contraposta ao número (N) de ciclos até a falha (Figura 2.55). O eixo vertical está geralmente em uma escala linear e o eixo horizontal está geralmente em uma escala logarítmica.

A curva de resistência da Figura 2.55 mostra que, quanto menor é a tensão, maior é o número de ciclos para produzir fadiga. Para alguns materiais, a curva tem uma assíntota horizontal conhecida como o **limite de fadiga** ou **limite de duração**. Quando existe, esse limite é a tensão abaixo da qual não acontecerá a falha por fadiga, independentemente de quantas vezes a carga for repetida. O formato exato de uma curva de resistência depende de muitos fatores, incluindo propriedades do material, geometria do corpo de prova, velocidade de ensaio, padrão da carga e condições da superfície do corpo de prova. Os resultados de vários testes de fadiga, feitos em uma grande variedade de materiais e componentes estruturais, estão relatados na literatura de engenharia.

Diagramas S-N típicos para aço e alumínio são ilustrados na Figura 2.56. A ordenada é a tensão de fadiga, expressa como uma porcentagem da tensão última para o material, e a abscissa é o número de ciclos em que a falha ocorreu. Note que o número de ciclos está traçado em uma escala logarítmica. A curva para o aço fica horizontal em torno de 10^7 ciclos, e o limite de fadiga está em torno de 50% da tensão máxima de tração para um carregamento estático comum. O limite de fadiga para o alumínio não é tão definido quanto para o aço, mas uma tensão de 5×10^8 ciclos é um valor típico de fadiga, ou seja, 25% da tensão máxima.

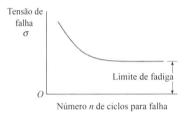

Figura 2.55

Curva de resistência ou diagrama S-N, mostrando o limite de fadiga

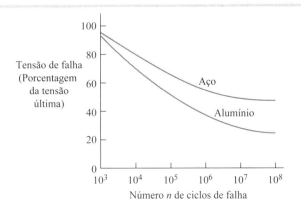

Figura 2.56

Curvas típicas de resistência para aço e alumínio em carregamento alternado (reverso)

Uma vez que a fadiga em geral começa com uma trinca microscópica em um ponto de alta tensão localizada (isto é, em uma concentração de tensão), a condição da superfície do material é extremamente importante. Corpos de prova bem polidos têm limites de resistência maiores. Superfícies ásperas, especialmente aquelas com concentrações de tensão ao redor de furos ou ranhuras, diminuem muito o limite de resistência. A corrosão, que cria pequenas irregularidades de superfície, tem um efeito similar. Para o aço, a corrosão comum pode reduzir o limite de fadiga em mais de 50%.

2.9 Concentrações de tensão

Ao determinar as tensões em barras carregadas axialmente, em geral usamos a fórmula básica $\sigma = P/A$, em que P é a força axial na barra e A é a área de seção transversal. Essa fórmula é baseada na suposição de que a distribuição de tensão é uniforme ao longo da seção transversal. Na verdade, as barras geralmente têm furos, ranhuras, chanfros, rasgos de chaveta, cantos vivos, roscas e outras mudanças abruptas na geometria que criam uma perturbação no padrão uniforme de tensão. Essas descontinuidades na geometria causam altas tensões em regiões bem pequenas da barra, conhecidas como **concentrações de tensão**. As descontinuidades são conhecidas como **amplificadores de tensão**.

As concentrações de tensão também aparecem em pontos de carregamento. Por exemplo, uma carga pode agir sobre uma área bem pequena e produzir altas tensões na região ao redor de seu ponto de aplicação. Um exemplo é uma carga aplicada através de uma conexão por pino; nesse caso, a carga está aplicada sobre a área de contato do pino.

As tensões existentes em concentrações de tensão podem ser determinadas por métodos experimentais ou por métodos avançados de análise, incluindo o método de elementos finitos. Os resultados de tal pesquisa para muitos casos de interesse prático estão disponíveis na literatura de engenharia. Alguns dados típicos de concentração de tensão são apresentados mais adiante nesta seção e também nos Capítulos 3 e 5.

Princípio de Saint-Venant

Para ilustrar a natureza de concentrações de tensão, considere as tensões em uma barra de seção transversal retangular (largura b, espessura t) submetida a uma carga concentrada P na extremidade (Figura 2.57). A tensão de pico diretamente sob a carga pode ser várias vezes a tensão média P/bt, dependendo da área sobre a qual a carga está aplicada. Entretanto, a tensão máxima diminui rapidamente quando nos distanciamos do ponto de aplicação da carga, como ilustrado pelos diagramas de tensão na figura. A uma distância da extremidade da barra igual à largura b da barra, a distribuição de tensão é quase uniforme, e a tensão máxima é apenas um pouco maior em porcentagem do que a tensão média. Esta observação é verdadeira para a maioria das concentrações de tensão, como furos e ranhuras.

Dessa forma, podemos fazer uma afirmação geral de que a equação $\sigma = P/A$ fornece as tensões axiais em uma seção transversal apenas quando esta está pelo menos a uma distância b de qualquer carga concentrada ou de qualquer descontinuidade de forma, em que b é a maior dimensão lateral da barra (tal como o diâmetro ou a largura).

A declaração anterior sobre as tensões em uma barra prismática é parte de uma observação mais geral conhecida como **princípio de Saint-Venant**. Com raras exceções, este princípio aplica-se a corpos elásticos lineares de todos os tipos. Para entender o princípio de Saint-Venant, imagine que temos um corpo com um sistema de cargas agindo sobre uma pequena porção de sua superfície. Por exemplo, suponha que temos uma barra prismática de largura b submetida a um sistema de várias cargas concentradas agindo na extremi-

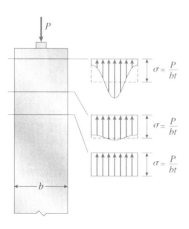

Figura 2.57

Distribuições de tensão próximas da extremidade da barra de seção transversal retangular (largura b, espessura t) submetida a uma carga concentrada P agindo sobre uma pequena área

dade (Figura 2.58a). Para simplificar, assuma que as cargas são simétricas e têm apenas uma resultante vertical.

Depois, considere um sistema de cargas diferente, mas estaticamente equivalente, agindo sobre a mesma pequena região da barra ("estaticamente equivalente" significa que os dois sistemas de carga têm a mesma força resultante e o mesmo momento resultante). Por exemplo, a carga uniformemente distribuída ilustrada na Figura 2.58b é estaticamente equivalente ao sistema de cargas concentradas ilustrado na Figura 2.58a. O princípio de Saint-Venant diz que as tensões no corpo causadas por um dos dois sistemas de carregamento são as mesmas, desde que nos distanciemos da região carregada a uma distância pelo menos igual à maior dimensão da região carregada (distância b em nosso exemplo). Dessa forma, as distribuições de tensão ilustradas na Figura 2.57 são uma ilustração do princípio de Saint-Venant. Logicamente, este "princípio" não é uma lei rigorosa da mecânica, mas uma observação de senso comum baseada em experimentos teóricos e práticos.

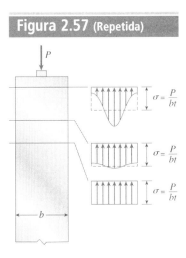

Figura 2.57 (Repetida)

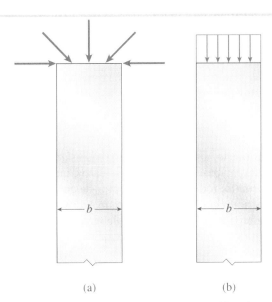

Figura 2.58

Ilustração do princípio de Saint-Venant: (a) sistema de cargas concentradas agindo sobre uma pequena região de uma barra e (b) sistema estaticamente equivalente

O princípio de Saint-Venant tem um grande significado prático no dimensionamento e na análise de barras, vigas, eixos e outras estruturas encontradas na mecânica dos materiais. Como os efeitos de concentrações de tensão são localizados, podemos usar todas as fórmulas padrão de tensão (como $\sigma = P/A$) em seções transversais a uma distância suficiente da fonte de concentração. Perto da fonte, as tensões dependem dos detalhes do carregamento e da forma do membro. Além disso, fórmulas que são aplicáveis a todo o membro, como as fórmulas de alongamentos, deslocamentos e energia de deformação, fornecem resultados satisfatórios mesmo quando concentrações de tensão estiverem presentes. A explicação está no fato de que as concentrações de tensão são localizadas e têm pequeno efeito no comportamento geral de um membro.*

Fatores de concentração de tensão

Vamos considerar alguns casos particulares de concentrações de tensão causadas por descontinuidades na forma de uma barra. Comecemos com uma barra de seção transversal retangular com um furo circular e submetida a uma força de tração P (Figura 2.59a). A barra é relativamente estreita, com sua largura b sendo muito maior que sua espessura t. O furo tem diâmetro d.

---

* O princípio de Saint-Venant tem esse nome por causa de Barré de Saint-Venant (1797–1886), um famoso matemático francês. Aparentemente, o princípio aplica-se geralmente a barras sólidas e vigas, mas não a todas as seções abertas de parede espessa. Para uma discussão das limitações do princípio de Saint-Venant.

Figura 2.59

Distribuição de tensão em uma barra achatada com um furo circular

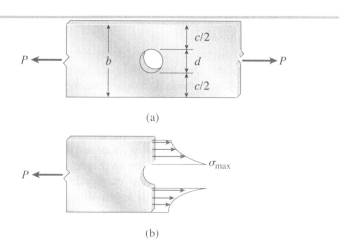

A tensão normal, agindo na seção transversal através do centro do furo, tem a distribuição ilustrada na Figura 2.59b. A tensão máxima σ_{max} ocorre nas bordas do furo e pode ser significativamente maior que a *tensão nominal* $\sigma = P/ct$ na mesma seção transversal (observe que ct é a área remanescente na seção transversal ao furo). A intensidade de uma concentração de tensão é geralmente expressa pela razão da tensão máxima em relação à tensão nominal, chamada de **fator de concentração de tensão** K:

$$K = \frac{\sigma_{max}}{\sigma_{nom}} \quad (2.51)$$

Para uma barra em tração, a tensão nominal é a tensão média baseada na área de seção transversal remanescente. Em outros casos, uma variedade de tensões pode ser usada. Portanto, toda vez que um fator de concentração de tensão for usado, é importante notar cuidadosamente como a tensão nominal está definida.

Um gráfico do fator K de concentração de tensão para uma barra com um furo é dado na Figura 2.60. Se o furo for pequeno, o fator K será igual a 3, o que significa que a tensão máxima é três vezes a tensão nominal. Quando o furo fica maior proporcionalmente à largura da barra, K fica menor e o efeito da concentração não é tão severo.

Figura 2.60

Fator K de concentração de tensão para barras achatadas com furos circulares

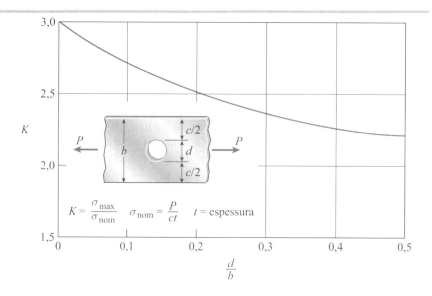

Do princípio de Saint-Venant sabemos que, em distâncias iguais à largura b da barra *em relação* ao furo, em qualquer direção axial, a distribuição de tensão é praticamente uniforme e igual a P dividido pela área de seção transversal total ($\sigma = P/bt$).

Para reduzir os efeitos de concentração de tensões (ver Figura 2.61), *filetes* são usados para arredondar os cantos reentrantes.* Fatores de concentração de tensão para outros dois casos de interesse prático são dados nas Figuras 2.62 e 2.63. Esses gráficos são para barras planas e circulares, respectivamente, que são reduzidas em tamanho, formando um *canto vivo*. Sem os adoçamentos, os fatores de concentração de tensão seriam extremamente altos, como indicado no lado esquerdo de cada gráfico, em que K tende ao infinito quando o ângulo do adoçamento R tende a zero. Em ambos os casos, a tensão máxima acontece na parte menor da barra na região do adoçamento.**

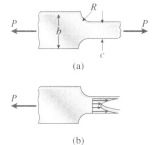

Figura 2.61

Distribuição de tensões em uma barra plana com filetes de ombro.

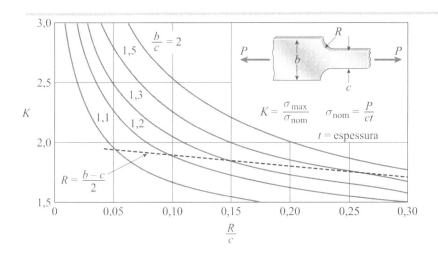

Figura 2.62

Fator K de concentração de tensão para barras achatadas com cantos suavizados. A linha tracejada representa um adoçamento de um quarto de círculo

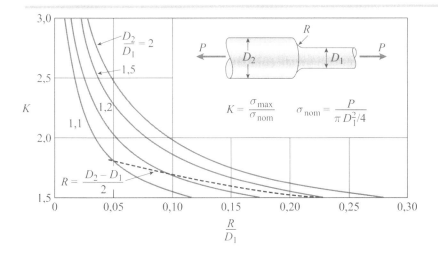

Figura 2.63

Fator K de concentração de tensão para barras circulares com cantos suavizados. A linha tracejada representa um adoçamento de um quarto de círculo

---

* Um *adoçamento* é uma superfície côncava formada onde duas outras superfícies se encontram. Sua função é arredondar um canto vivo brusco.

**Os fatores de concentração de tensão dados nos gráficos são teóricos para barras de material elástico linear.

Dimensionamento para concentrações de tensão

Pela da possibilidade de falhas por fadiga, as concentrações de tensão são especialmente importantes quando o membro é submetido a carregamentos cíclicos. Como explicado na seção anterior, trincas começam no ponto de maior tensão e então se espalham ao longo do material, enquanto a carga é repetida. Em termos práticos, o limite de fadiga (Figura 2.55) é considerado a tensão máxima para o material quando o número de ciclos é extremamente grande. A tensão admissível é obtida aplicando-se um fator de segurança em relação a essa tensão máxima. Então a tensão de pico na concentração de tensão é comparada com a tensão admissível.

Em muitas situações, o uso do valor teórico total do fator de concentração de tensão é rigoroso demais. Testes de fadiga geralmente produzem falha a níveis mais altos de tensão nominal do que aqueles obtidos dividindo-se o limite de fadiga por K. Em outras palavras, um membro estrutural sob carregamento cíclico não é tão sensível a uma concentração de tensão quanto o valor de K indicaria, e um fator de concentração de tensão reduzido é usado com frequência.

Outros tipos de cargas dinâmicas, como cargas de impacto, também exigem que os efeitos de concentração de tensão sejam levados em conta. A menos que estejam disponíveis informações mais precisas, o fator de concentração de tensão total deve ser usado. Membros submetidos a baixas temperaturas também são altamente suscetíveis a falhas em concentrações de tensão; por isso, precauções especiais devem ser tomadas nesses casos.

A relevância das concentrações de tensão quando um membro é submetido a carregamentos estáticos depende do tipo de material. Com materiais dúcteis, como o aço estrutural, uma concentração de tensão em geral pode ser ignorada. A razão é que o material, no ponto de máxima tensão (como ao redor de um furo), cederá e ocorrerá escoamento plástico, reduzindo dessa forma a intensidade da concentração de tensão e produzindo uma distribuição de tensão mais uniforme. Por outro lado, com materiais frágeis (como o vidro), uma concentração de tensão permanecerá até o ponto de fratura. Por isso, podemos generalizar dizendo que, com cargas estáticas e material dúctil, o efeito da concentração de tensão não deve ser muito importante, mas com cargas estáticas e materiais frágeis, o fator de concentração total deve ser considerado.

Concentrações de tensão podem ter sua intensidade reduzida fazendo a proporção das partes de forma adequada. Bons adoçamentos reduzem concentrações de tensão em cantos. Superfícies polidas em pontos de alta tensão, como dentro de um furo, inibem a formação de trincas. Reforços adequados ao redor de furos também podem ter utilidade. Existem muitas outras técnicas para otimizar a distribuição de tensão em um membro estrutural e, desta forma, diminuir o fator de concentração de tensão. Essas técnicas, em geral estudadas em cursos de engenharia de projetos, são extremamente importantes no projeto de aviões, navios e máquinas. Muitas falhas estruturais desnecessárias ocorreram porque projetistas falharam em perceber os efeitos das concentrações de tensão e fadiga.

▼ • • Exemplo 2.16

Uma barra de bronze de seção variável com um furo (Figura 2.67a) tem larguras $b = 9{,}0$ cm e $c = 6{,}0$ cm e uma espessura $t = 1{,}0$ cm. Os filetes têm um raio igual a 0,5 cm e o orifício tem um diâmetro $d = 1{,}8$ cm. A resistência máxima do bronze é de 200 MPa.

(a) Se for necessário um fator de segurança de 2,8, qual será a carga de tração máxima admissível P_{max}?

• • Exemplo 2.16 Continuação

(b) Encontre o diâmetro do furo d_{max} em que os dois segmentos da barra tenham a capacidade de suportar a tração da carga igual àquela da região do filete da barra escalonada.

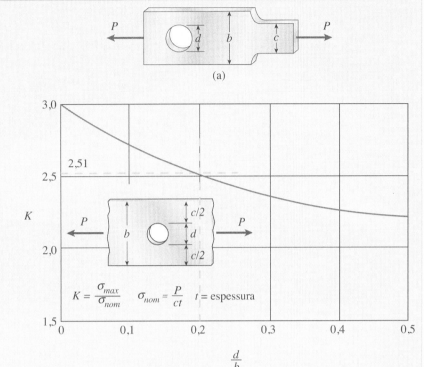

Figura 2.64

Exemplo 2.16: (a) Concentrações de tensões na barra escalonada com um furo; e (b) Seleção do fator K_h utilizando a Figura 2.60

Solução

(a) Determine a carga de tração máxima admissível.

A carga de tração máxima admissível é determinada comparando-se o produto da tensão nominal vezes a área líquida de cada segmento da barra escalonada (isto é, o segmento com o furo e o segmento com os filetes).

Para o segmento da barra de largura b e espessura t e que tem um orifício de diâmetro d, a área de seção transversal líquida é $(b - d)(t)$, e a tensão nominal axial pode ser calculada como:

$$\sigma_1 = \frac{P}{(b-d)t} \quad \text{e} \quad \sigma_1 = \frac{\sigma_{adm}}{K_{furo}} = \frac{\left(\frac{\sigma_U}{FS_U}\right)}{K_{furo}} \quad \textbf{(a,b)}$$

onde a tensão máxima foi definida igual à tensão admissível e o fator de concentração de tensão K_{furo} é obtido a partir da Figura 2.60. Em seguida, igualamos as expressões de tensão nominais nas Equações (a) e (b), e resolvemos para P_{max}:

$$\sigma_1 = \frac{P}{(b-d)t} = \frac{\left(\frac{\sigma_U}{FS_U}\right)}{K_{furo}} \quad \text{então} \quad P_{max\,1} = \frac{\left(\frac{\sigma_U}{FS_U}\right)}{K_{furo}}(b-d)t \quad \textbf{(c)}$$

Usando as propriedades numéricas dadas da barra, vemos que $d/b = 1,8/9,0 = 0,2$, então K_{furo} é de aproximadamente 2,51 a partir da Figura 2.60 (ver Figura 2.64b). Agora podemos calcular a carga de tração admis-

Example 2.16 Continuação

sível na barra escalonada representando concentrações de tensão no furo usando a Equação (c) como:

$$P_{max1} = \frac{\left(\dfrac{200 \text{ MPa}}{2,8}\right)}{2,51}(9,0 \text{ cm} - 1,8 \text{ cm})(1,0 \text{ cm}) = 20,5 \text{ kN} \quad \text{(d)}$$

Em seguida, temos de investigar a capacidade de suportar a carga de tração da barra escalonada no segmento, tendo filetes de raio $R = 0,5$ cm. Seguindo o procedimento que usamos para encontrar P_{max1} nas Equações (a), (b) e (c), encontramos agora:

$$P_{max2} = \frac{\left(\dfrac{\sigma_U}{FS_U}\right)}{K_{filete}}(ct) \quad \text{(e)}$$

O fator de concentração de tensões K_{filete} é obtido a partir da Figura 2.62 usando dois parâmetros: a proporção de raio do filete à de largura reduzida c ($R/c = 0,1$) e a proporção de largura total da barra à de largura reduzida ($b/c = 1,5$). O fator de concentração de tensão é de aproximadamente 2,35 (ver Figura 2.64c.), e assim a carga de tração máxima admissível com base em concentrações de tensão na região do filete da barra é:

$$P_{max2} = \frac{\left(\dfrac{200 \text{ MPa}}{2,8}\right)}{2,35}(6 \text{ cm})(1 \text{ cm}) = 18,24 \text{ kN} \quad \longleftarrow \text{(f)}$$

Comparando as Equações (d) e (f), vemos que o menor valor da carga de tração máxima admissível P_{max2}, que se baseia na concentração de tensões na região do filete da barra escalonada, se controla aqui.

Figura 2.64 (Continuação)

Exemplo 2.16: (c) Seleção do fator K_f utilizando a Figura 2.61

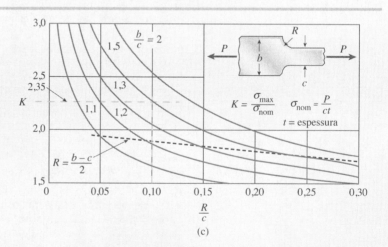

(b) **Determine o diâmetro máximo do furo.**

Comparando as Equações (d) e (f), vemos que o segmento da barra escalonada com um furo tem maior capacidade de carga de tração P_{max} do que o segmento com os filetes. Se aumentar o furo, vamos reduzir a área seccional líquida, $A_{liq} = (b - d)(t)$ (note que a largura b e a espessura t permanecem inalteradas), mas, ao mesmo tempo, vamos reduzir o fator de

▼ ● ● Exemplo 2.16 Continuação

concentração de tensões K_{furo} (ver Figura 2.63), porque a razão d/b aumenta.

Se usarmos o lado direito da Equação (f) em P_{max2} e simplificar a expressão resultante, teremos:

$$\frac{\left(\dfrac{\sigma_U}{FS_U}\right)}{K_{furo}}(b-d)t = P_{max2} \quad \text{ou} \quad \frac{\left(1-\dfrac{d}{b}\right)}{K_{furo}} = \frac{P_{max2}}{\left(\dfrac{\sigma_U}{FS_U}\right)}\left(\frac{1}{bt}\right) \quad \text{(g)}$$

Substituindo-se valores numéricos produz-se o seguinte:

$$\text{Razão} = \frac{\left(1-\dfrac{d}{b}\right)}{K_{furo}} = \frac{18{,}24\text{ kN}}{\left(\dfrac{200\text{ MPa}}{2{,}8}\right)}\left[\frac{1}{9\text{ cm}(1\text{ cm})}\right] = 0{,}284 \quad \text{(h)}$$

Podemos tabular alguns valores do fator de concentração de tensões K_{furo} para valores correspondentes da razão d/b a partir da Figura 2.60 como segue (ver Tabela 2.2), mostrando que a requerida relação d/b situa-se entre 0,3 e 0,4. Várias iterações usando tentativa e erro e os valores a partir da Figura 2.60 revelam que:

Tabela 2.2
Concentração de tensões e valores d/b da Figura 2.60

d/b	K_{furo}	Razão
0,2	2,51	0,32
0,3	2,39	0,29
0,4	2,32	0,26
0,5	2,25	0,22

$$\frac{d}{b} = \frac{2{,}97}{9} = 0{,}33 \quad \text{então} \quad \frac{(1-0{,}33)}{2{,}36} = 0{,}284 \quad \text{então} \quad d_{max} = 2{,}97\text{ cm} \quad \text{(i)}$$

Assim, o diâmetro máximo do furo d_{max} é aproximadamente 3,0 cm, se os dois segmentos da barra escalonada estão com as capacidades de carga de tração iguais.

RESUMO E REVISÃO DO CAPÍTULO

No **Capítulo 2**, investigamos o comportamento de barras carregadas axialmente que recebem cargas distribuídas, como peso próprio, e também mudanças de temperatura e pré-deformações. Desenvolvemos as relações de força-deslocamento para uso no cálculo das mudanças no comprimento de barras sob condições uniformes (isto é, uma força constante sobre seu comprimento total) e não uniformes (isto é, forças axiais e, talvez, também a área da seção transversal variam no comprimento da barra). Depois, foram desenvolvidas as equações de equilíbrio e compatibilidade para estruturas estaticamente indeterminadas em procedimento de sobreposição, levando à solução de todas as forças desconhecidas, tensões etc. Desenvolvemos equações para tensões normais e de cisalhamento em seções inclinadas e, a partir dessas equações, encontramos as tensões máximas normais e de cisalhamento ao longo da barra. Os conceitos mais importantes apresentados no capítulo são os seguintes:

1. O alongamento ou o encurtamento (δ) de barras prismáticas sujeitas a cargas centroidais de tração ou compressão é proporcional à carga (P) e ao comprimento da barra (L) e inversamente proporcional à rigidez axial (EA) da barra; esta relação é chamada **relação de força-deslocamento**.

$$\delta = \frac{PL}{EA}$$

2. Cabos são **elementos apenas de tração**, e um módulo efetivo de elasticidade (E_e) e a área da seção transversal efetiva (A_e) devem ser usados para considerar o efeito de aperto que ocorre quando cabos são colocados sob cargas.

3. A rigidez axial por unidade de comprimento da barra é chamada de **rigidez** (k), e a relação inversa é a **flexibilidade** (f) da barra.

$$\delta = Pf = \frac{P}{k} \quad f = \frac{L}{EA} = \frac{1}{k}$$

4. A soma dos deslocamentos de segmentos individuais de uma barra não prismática é igual ao alongamento ou ao encurtamento da barra inteira (δ).

$$\delta = \sum_{i=1}^{n} \frac{N_i L_i}{E_i A_i}$$

Diagramas de corpo livre são utilizados para encontrar a força axial (N_i) em cada segmento i; se as forças axiais e as áreas da seção transversal variam continuamente, uma expressão integral é necessária.

$$\delta = \int_0^L d\delta = \int_0^L \frac{N(x)dx}{EA(x)}$$

5. Se a estrutura de barras é **estaticamente indeterminada**, equações adicionais (além daquelas disponíveis da estática) são necessárias para calcular forças desconhecidas. **Equações de compatibilidade** são utilizadas para relacionar os deslocamentos da barra às condições de apoio e através disso produzir relações adicionais entre as incógnitas. O uso de uma **sobreposição** de estruturas "aliviadas" (ou estaticamente determinadas) é conveniente para representar a estrutura real da barra estaticamente indeterminada.

6. **Efeitos térmicos** resultam em deslocamentos proporcionais à mudança de temperatura (ΔT) e ao comprimento (L) da barra em estruturas estaticamente determinadas. O coeficiente da expansão térmica (α) do material também é necessário para calcular tensões axiais (ε_T) e deslocamentos (δ_T) axiais devidos aos efeitos térmicos.

$$\varepsilon_T = \alpha(\Delta T) \quad \delta_T = \varepsilon_T L = \alpha(\Delta T)L$$

7. **Desajustes** e **pré-deformações** induzem forças axiais apenas em barras estaticamente indeterminadas.

8. **Tensões máximas normais** (σ_{max}) e de **cisalhamento** (τ_{max}) podem ser obtidas considerando-se um elemento de tensão inclinado para uma barra carregada com forças axiais. A tensão normal máxima ocorre junto ao eixo da barra, mas a tensão de cisalhamento máxima ocorre em uma inclinação de 45° em relação ao eixo da barra. A tensão de cisalhamento máxima é metade da tensão normal máxima.

$$\sigma_{max} = \sigma_x \quad \tau_{max} = \frac{\sigma_x}{2}$$

PROBLEMAS – CAPÍTULO 2

Variações nos comprimentos de membros carregados axialmente

2.2-1 O braço em forma de L $ABCD$ mostrado na figura encontra-se em um plano vertical e rotaciona em torno de um pino horizontal em A. O braço tem área de seção transversal constante e peso total W. Uma mola vertical de rigidez k sustenta o braço no ponto B.

(a) Obtenha a fórmula para o alongamento da mola devido ao peso do braço.

(b) Repita a parte (a) se o suporte de pinos em A for movido para D.

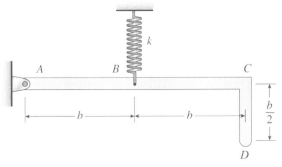

PROB. 2.2-1

2.2-2 Um cabo de aço com diâmetro nominal de 25 mm (veja a Tabela 2.1) é usado em um canteiro de obras para levantar uma seção de uma ponte pesando 38 kN, como ilustrado na figura. O cabo tem um módulo de elasticidade efetivo $E = 140$ GPa.

(a) Se o cabo tem 14 m de comprimento, quanto ele se alongará quando a carga for levantada?

(b) Se o cabo é classificado para uma carga máxima de 70 kN, qual é o fator de segurança em relação a falhas do cabo?

PROB. 2.2-2

2.2-3 Um cabo de aço e um cabo de alumínio têm comprimentos iguais e suportam cargas iguais P (veja a figura). Os módulos de elasticidade para o aço e o alumínio são $E_s = 206$ GPa e $E_a = 76$ GPa, respectivamente.

(a) Se os cabos têm o mesmo diâmetro, qual é a razão do alongamento do cabo de alumínio em relação ao alongamento do cabo de aço?

(b) Se os cabos se alargarem na mesma medida, qual é a razão do diâmetro do cabo de alumínio em relação ao diâmetro do cabo de aço?

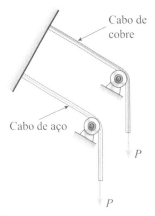

PROB. 2.2-3

2.2-4 Uma válvula de segurança no topo de um tanque contendo vapor sob uma pressão p tem um orifício de descarga de diâmetro d (veja a figura). A válvula está dimensionada para liberar o vapor quando a pressão atingir o valor p_{max}.

Se o comprimento natural da mola é L e sua rigidez é k, qual deve ser a dimensão h da válvula? (Expresse seu resultado como uma fórmula para h.)

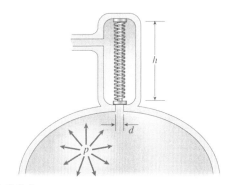

PROB. 2.2-4

2.2-5 A treliça de três barras ABC mostrada na figura tem um vão $L = 3$ m e foi construída com tubos de aço de área de seção transversal $A = 3.900$ mm^2 e módulo de elasticidade $E = 200$ GPa. Cargas idênticas P atuam vertical e horizontalmente na junta C, como mostrado.

(a) se $P = 475$ kN, qual é o deslocamento horizontal na junta B?

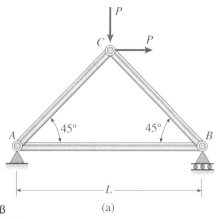

PROB. 2.2-5

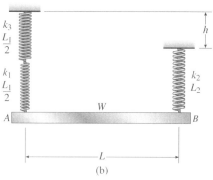

PROB. 2.2-6

Barras não uniformes

2.2-6 Uma barra uniforme AB de peso $W = 25$ N é sustentada por duas molas, como ilustrado na figura. A mola à esquerda tem rigidez $k_1 = 300$ N/m e comprimento natural $L_1 = 250$ mm. As quantidades correspondentes para a mola à direita são $k_2 = 400$ N/m e $L_2 = 200$ mm. A distância entre as molas é $L = 350$ mm, e a mola à direita está suspensa por um suporte que está a uma distância $h = 80$ mm abaixo do suporte da mola à esquerda. Ignore o peso das molas.

(a) Em qual distância x da mola à esquerda [parte (a) da figura] uma carga $P = 18$ N deveria ser colocada para trazer a barra para a posição horizontal?

(b) Se P é agora removida, qual novo valor de k_1 é necessário para que a barra [parte (a) da figura] permaneça em posição horizontal sob o peso W?

(c) Se P é removida e $k_1 = 300$ N/m, qual distância b a mola k_1 deve ser movida para a direita para que a barra [parte (a) da figura] permaneça em posição horizontal sob o peso W?

(d) Se a mola à esquerda é substituída agora por duas molas em série ($k_1 = 300$ N/m, k_3) de comprimento total natural $L_1 = 250$ mm [veja a parte (b) da figura], qual valor de k_3 é necessário para que a barra permaneça em posição horizontal sob o peso W?

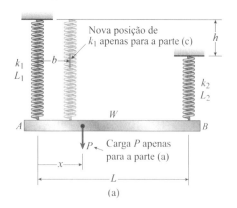

2.3-1 (a) Calcule o alongamento de uma barra de cobre de seção transversal circular sólida com extremidades afiladas quando ela é alongada por cargas axiais de magnitude 14 kN (veja a figura).

O comprimento dos segmentos extremos é de 500 mm e o comprimento do segmento prismático do meio é de 1.250 mm. Os diâmetros nas seções transversais A, B, C e D são 12, 24, 24 e 12 mm, respectivamente, e o módulo de elasticidade é de 120 GPa. (Observação: utilize o resultado do Exemplo 2.4.)

(b) Se o alongamento total da barra não pode exceder 0,635 mm, quais são os diâmetros necessários na B e C? Suponha que diâmetros em A e D permanecem em 12 mm.

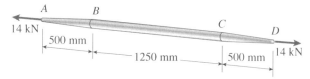

PROB. 2.3-1

2.3-2 Uma barra de alumínio AD (veja a figura) tem uma área de seção transversal de 250 mm² e está carregada por forças $P_1 = 7560$ N, $P_2 = 5340$ N e $P_3 = 5780$ N. Os comprimentos dos segmentos da barra são $a = 1525$ mm, $b = 610$ mm e $c = 910$ mm.

(a) Considerando que o módulo de elasticidade $E = 72$ GPa, calcule a variação no comprimento da barra. A barra sofre alongamento ou encurtamento?

(b) O quanto a carga P_3 deve ser aumentada de forma que a barra não tenha seu comprimento modificado quando as três cargas forem aplicadas?

(c) Se P_3 permanecer em 5780 N, qual a área em corte transversal para o segmento AB vai resultar em nenhuma alteração de comprimento quando todas as cargas forem aplicadas?

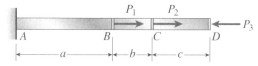

PROB. 2.3-2

Estruturas estaticamente indeterminadas

2.4-1 O conjunto ilustrado na figura consiste em um núcleo de latão (diâmetro $d_1 = 6$ mm) circundado por uma capa de aço (diâmetro interno $d_2 = 7$ mm, diâmetro externo $d_3 = 9$ mm). Uma carga P comprime o núcleo e a capa, que têm comprimento $L = 85$ mm. Os módulos de elasticidade do latão e do aço são $E_b = 100$ GPa e $E_s = 200$ GPa, respectivamente.

(a) Qual o valor da carga P para que o conjunto sofra uma compressão de 0,1 mm?

(b) Se a tensão admissível no aço é 180 MPa e a tensão admissível no latão é 140 MPa, qual é a carga de compressão admissível P_{adm}? (Sugestão: utilize as equações deduzidas no Exemplo 2.6.)

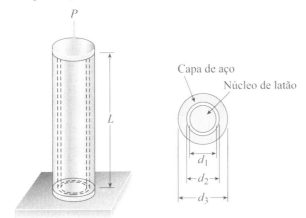

PROB. 2.4-1

2.4-2 Três barras prismáticas, duas de material A e uma do material B, transmitem uma carga de tração P (veja a figura). As duas barras externas (material A) são idênticas. A área da seção transversal da barra intermediária (material B) é 50% maior que a área da seção transversal de uma das barras externas. Além disso, o módulo de elasticidade do material A é duas vezes o de B.

(a) Que fração da carga P é transmitida pela barra intermediária?

(b) Qual é a razão entre a tensão na barra intermediária e a tensão nas barras externas?

(c) Qual é a razão entre o cisalhamento na barra intermediária e o cisalhamento nas barras externas?

PROB. 2.4-2

2.4-3 Uma haste de plástico AB de comprimento $L = 0,5$ m tem um diâmetro $d_1 = 30$ mm (veja a figura). Uma bucha de plástico CD de comprimento $c = 0,3$ m e diâmetro externo $d_2 = 45$ mm está colada de forma segura à haste, de modo que nenhum deslizamento ocorra entre a haste e a bucha. A haste é feita de um acrílico com módulo de elasticidade $E_1 = 3,1$ GPa e a bucha é feita de um polímero com $E_2 = 2,5$ GPa.

(a) Calcule o alongamento δ da haste quando ela é puxada por forças axiais $P = 12$ kN.

(b) Se a bucha for estendida para o comprimento total da haste, qual será o alongamento?

(c) Se a bucha for removida, qual será o alongamento?

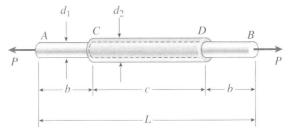

PROB. 2.4-3

2.4-4 Os tubos de alumínio e de aço ilustrados na figura estão engastados nos suportes rígidos nas extremidades A e B e a uma placa rígida C em suas junções. O tubo de alumínio é duas vezes mais comprido que o tubo de aço. Duas cargas P, iguais e simetricamente posicionadas, agem na placa em C.

(a) Obtenha fórmulas para as tensões axiais σ_a e σ_s nos tubos de alumínio e de aço, respectivamente.

(b) Calcule as tensões para os dados a seguir: $P = 50$ kN, área de seção transversal do tubo de alumínio $A_a = 6.000$ mm², área de seção transversal do tubo de aço $A_s = 600$ mm², módulo de elasticidade do alumínio $E_a = 70$ GPa e módulo de elasticidade do aço $E_s = 200$ GPa.

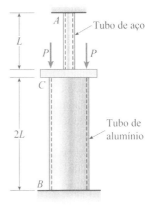

PROB. 2.4-4

2.4-5 Uma barra rígida de peso $W = 800$ N está suspensa por três fios verticais (comprimento $L = 150$ mm, espaçamento $a = 50$ mm): dois de aço e um de alumínio. Os fios também sustentam uma carga P agindo sobre a barra. O diâmetro dos fios de aço é $d_s = 2$ mm e o diâmetro do fio de alumínio é $d_a = 4$ mm. Suponha que $E_s = 210$ Gpa e $E_a = 70$ GPa.

(a) Qual carga P_{adm} pode ser suportada *no ponto médio da barra* ($x = a$) se a tensão admissível nos fios de aço é de 220 MPa e no fio de alumínio é de 80 MPa? [Veja a parte (a) da figura.]

(b) Qual é P_{adm} se a carga é posicionada em $x = a/2$? [Veja a parte (a) da figura.]

(c) Repita (b) acima se o segundo e terceiro fios forem *trocados* como mostra a parte (b) da figura.

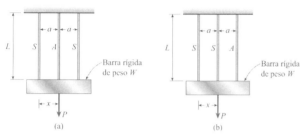

PROB. 2.4-5

Efeitos térmicos

2.5-1 Os trilhos de uma ferrovia estão soldados em suas extremidades (para formar trilhos contínuos e, dessa forma, eliminar o ruído de impacto das rodas) quando a temperatura é 10 °C.

Qual é o valor da tensão de compressão σ produzida nos trilhos quando eles são aquecidos pelo sol até 52 °C, para o coeficiente de expansão térmica $\alpha = 12 \times 10^{-6}/°C$ e o módulo de elasticidade $E = 200$ GPa?

2.5-2 Um tubo de alumínio tem um comprimento de 60 m a uma temperatura de 10 °C. Um tubo de aço adjacente à mesma temperatura é 5 mm mais longo que o tubo de alumínio.

A que temperatura (graus Celsius) o tubo de alumínio será 15 mm mais longo que o tubo de aço? (Suponha que os coeficientes de expansão térmica do alumínio e do aço sejam $\alpha_a = 23 \times 10^{-6}/°C$ e $\alpha_s = 12 \times 10^{-6}/°C$, respectivamente.)

2.5-3 Uma barra rígida de peso $W = 3.560$ N está suspensa por três fios igualmente espaçados, sendo dois de aço e um de alumínio (veja a figura). O diâmetro dos fios é de 3,2 mm. Antes de os fios serem carregados, todos tinham o mesmo comprimento.

Que aumento da temperatura ΔT nos três fios resultará na carga total sendo suportada apenas pelos fios de aço? (Considere $E_s = 205$ GPa, $\alpha_s = 12 \times 10^{-6}/°C$ e $\alpha_a = 24 \times 10^{-6}/°C$.)

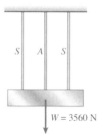

PROB. 2.5-3

Desajustes e pré-deformações

2.5-1 Um fio de aço AB é esticado entre dois suportes rígidos (veja a figura). O valor da pré-tensão inicial no fio é de 42 MPa quando a temperatura é 20 °C.

(a) Qual é o valor da tensão σ no fio quando a temperatura cai para 0 °C?

(b) Para qual valor da temperatura T a tensão será zero? (Considere $\alpha = 14 \times 10^{-6}/°C$ e $E = 200$ GPa.)

PROB. 2.5-1

2.5-2 Uma barra de cobre AB de comprimento 0,635 m e diâmetro de 50 mm está posicionada à temperatura ambiente com uma folga de 0,2 mm entre a extremidade A e uma guia rígida (veja a figura). A barra é sustentada na extremidade B por uma mola elástica com constante de mola $k = 210$ MN/m.

(a) Calcule a tensão de compressão axial σ_c na barra se a temperatura *somente da barra* aumentar 27 °C. (Para o cobre, use $\alpha = 17,5 \times 10^{-6}/°C$ e $E = 110$ GPa.)

(b) Qual é a força na mola? (Desconsidere os efeitos da gravidade.)

(c) Repita (a) se $k \to \infty$.

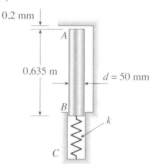

PROB. 2.5-2

2.5-3 Uma barra AB, tendo comprimento L e rigidez axial EA, está engastada na extremidade A (veja a figura). Existe uma pequena folga de dimensão s entre a outra extremidade e a superfície rígida. Uma carga P age na barra no ponto C, localizado a 2/3 do comprimento a partir da extremidade engastada.

Se as reações no "suporte" produzidas pela carga P devem ser iguais em grandeza, qual deve ser o tamanho da folga s?

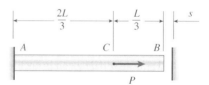

PROB. 2.5-3

Tensões em seções inclinadas

2.6-1 Uma barra de aço de seção transversal retangular (50 mm × 50 mm) suporta uma carga de tração P (veja a figura). As tensões admissíveis em tração e cisalhamento são de 125 MPa e 76 MPa, respectivamente. Determine a máxima carga permitida P_{max}.

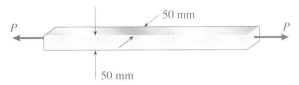

PROB. 2.6-1

2.6-2 Uma haste circular de aço de diâmetro d está submetida a uma força de tração $P = 3,5$ kN (veja a figura). As tensões admissíveis em tração e cisalhamento são de 118 MPa e 48 MPa, respectivamente. Qual é o mínimo diâmetro admissível (d_{min}) para a haste?

PROB. 2.6-2

2.6-3 Um tijolo padrão (dimensões 200 mm × 100 mm × 65 mm) é comprimido por uma força P, como ilustrado na figura. Se a tensão máxima de cisalhamento para o tijolo é de 8 MPa e a tensão máxima de compressão é de 26 MPa, qual o valor da força P_{max} para quebrar o tijolo?

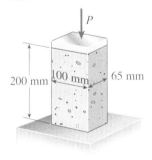

PROB. 2.6-3

2.6-4 Um fio de latão de diâmetro $d = 2,42$ mm é esticado entre suportes rígidos de forma que a força de tração seja $T = 98$ N (veja a figura). O coeficiente de expansão térmica para o fio é $19,5 \times 10^{-6}/°C$ e o módulo de elasticidade é $E = 110$ GPa.

(a) Qual é a máxima queda de temperatura permitida ΔT se a tensão de cisalhamento permitida no fio é de 60 MPa?

(b) A que mudança de temperatura o fio se torna frouxo?

PROB. 2.6-4

2.6-5 Uma barra de cobre com uma seção transversal retangular está engastada sem tensão entre suportes rígidos (veja a figura). Subsequentemente, a temperatura da barra é aumentada em 50 °C.

(a) Determine as tensões em todas as faces do elemento A e B e mostre essas tensões em esboços dos elementos. (Utilize $\alpha = 17,5 \times 10^{-6}/°C$ e $E = 120$ GPa.)

(b) Se a tensão de cisalhamento em B é conhecida por ser 48 MPa em alguma inclinação θ, encontrar o ângulo θ e mostrar as tensões em um esboço de um elemento orientado corretamente.

PROB. 2.6-5

2.6-6 As tensões de tração de 60 MPa e 20 MPa estão agindo nos lados de um elemento de tensão de uma barra em tensão uniaxial, como ilustrado na figura.

(a) Determine o ângulo θ e a tensão de cisalhamento τ_θ e mostre todas as tensões em um esboço do elemento.

(b) Determine a máxima tensão normal σ_{max} e a máxima tensão de cisalhamento τ_{max} no material.

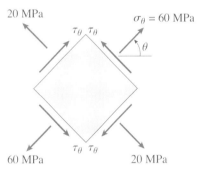

PROB. 2.6-6

Energia de deformação

Ao resolver os problemas da Seção 2.7, assuma que os materiais se comportam de modo elástico linear.

2.7-1 Uma barra prismática AD de comprimento L, área de seção transversal A e módulo de elasticidade E está submetida a cargas $5P$, $3P$ e P agindo nos pontos B, C e D, respectivamente (veja a figura). Os segmentos AB, BC e CD têm comprimento $L/6$, $L/2$ e $L/3$, respectivamente.

(a) Obtenha uma fórmula para a energia de deformação U da barra.

(b) Calcule a energia de deformação se $P = 27$ kN, $L = 130$ cm, $A = 18$ cm² e o material é alumínio com $E = 72$ GPa.

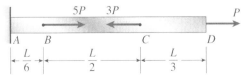

PROB. 2.7-1

2.7-2 Uma barra de seção transversal circular tendo dois diâmetros diferentes d e $2d$ é ilustrada na figura. O comprimento de cada segmento da barra é $L/2$ e o módulo de elasticidade do material é E.

(a) Obtenha uma fórmula para a energia de deformação U da barra devido à carga P.

(b) Calcule a energia de deformação se a carga é $P = 27$ kN, o comprimento é $L = 600$ mm, o diâmetro $d = 40$ mm e o material é latão com $E = 105$ GPa.

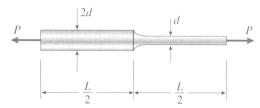

PROB. 2.7-2

2.7-3 A treliça ABC ilustrada na figura está submetida a uma carga horizontal P na junta B. As duas barras são idênticas, com área de seção transversal A e módulo de elasticidade E.

(a) Determine a energia de deformação U do suporte para o ângulo $\beta = 60°$.

(b) Determine o deslocamento horizontal δ_B da junta B equacionando a energia de deformação do suporte para o trabalho realizado pela carga.

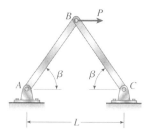

PROB. 2.7-3

CAPÍTULO 3

Torção

VISÃO GERAL DO CAPÍTULO

O Capítulo 3 trata da torção de barras circulares e eixos vazados que sofrem a atuação de momentos de torção. Primeiramente, consideraremos a **torção uniforme**, que se refere aos casos em que o torque é constante ao longo do comprimento de um eixo prismático, enquanto a **torção não uniforme** descreve casos em que o momento de torção e/ou a rigidez de torção da seção transversal variam ao longo do comprimento. Tal como no caso da deformação axial, é necessário relacionar tensão e deformação, assim como carga aplicada e mudanças na forma. Para a torção, lembre-se de que a **lei de Hooke para cisalhamento** afirma que as tensões de cisalhamento, τ, são proporcionais às deformações de cisalhamento, γ, sendo a constante de proporcionalidade G o módulo de elasticidade de cisalhamento. As tensões e as deformações de cisalhamento variam linearmente com o aumento da distância radial na seção transversal, como descrito pela **fórmula de torção**. O ângulo de torção, ϕ, é proporcional ao momento de torção interno e à flexibilidade de torção da barra circular. A maioria das discussões deste capítulo é voltada ao comportamento elástico linear e às pequenas rotações de membros estaticamente determinados. Entretanto, se a barra é **estaticamente indeterminada**, devemos complementar as equações de equilíbrio estático com equações de compatibilidade (que contam com **relações de torque-deslocamento**) para determinar qualquer incógnita de interesse, como momentos aplicados pelos vínculos ou momentos de torção internos. **Tensões em seções inclinadas** serão também investigadas como um primeiro passo em direção a uma consideração mais completa dos estados de tensões planas nos capítulos finais.

O Capítulo 3 está organizado da seguinte forma:

- **3.1** Introdução 164
- **3.2** Deformações de torção de uma barra circular 164
- **3.3** Barras circulares de materiais elásticos lineares 167
- **3.4** Torção não uniforme 177
- **3.5** Tensões e deformações em cisalhamento puro 187
- **3.6** Relação entre os módulos de elasticidade E e G 193
- **3.7** Transmissão de potência por eixos circulares 194
- **3.8** Membros de torção estaticamente indeterminados 198
- **3.9** Energia de deformação em torção e cisalhamento puro 201
  Resumo e revisão do capítulo 208
  Problemas 210

3.1 Introdução

Nos Capítulos 1 e 2, discutimos o comportamento do tipo mais simples de membro estrutural – isto é, uma barra retilínea submetida às cargas axiais. Agora consideraremos um tipo de comportamento um pouco mais complexo, chamado de **torção**. A torção se refere ao giro de uma barra retilínea quando carregada por momentos (ou torques) que tendem a produzir rotação ao redor do eixo longitudinal da barra. Por exemplo, quando você gira uma chave de fenda (Figura 3.1a), sua mão aplica um torque T no cabo (Figura 3.1b) e gira a haste da chave de fenda. Outros exemplos de barras em torção são eixos motores em automóveis, eixos em geral, eixos propulsores, hastes de direção e brocas de furadeiras.

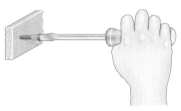

Figura 3.1

Torção de uma chave de fenda devido a um torque T aplicado no cabo

Um caso idealizado de carregamento por torção está ilustrado na Figura 3.2a, que mostra uma barra retilínea apoiada em uma extremidade e carregada por dois pares de forças iguais e opostas. O primeiro par consiste nas forças P_1 agindo próximo do ponto médio da barra e o segundo par consiste nas forças P_2 agindo na extremidade. Cada par de forças forma um **binário** que tende a girar a barra ao redor do seu eixo longitudinal. Como sabemos da estática, o **momento de um binário** é igual ao produto de uma das forças pela distância entre as linhas de ação destas forças; assim, o primeiro binário tem um momento $T_1 = P_1 d_1$ e o segundo tem um momento $T_2 = P_2 d_2$. A unidade SI para o momento é o newton-metro (N·m).

O momento de um conjugado pode ser representado por um **vetor** na forma de uma seta com ponta dupla (Figura 3.2b). A seta é perpendicular ao plano contendo o binário e, por isso, nesse caso ambas as setas são paralelas ao eixo da barra. A direção (ou *sentido*) do momento é indicada pela *regra da mão direita* para vetores de momento – isto é, usando sua mão direita, deixe seus dedos dobrados na direção do momento e seu polegar apontará na direção do vetor.

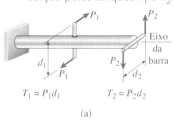

Figura 3.2

Barra circular submetida a torção pelos torques T_1 e T_2

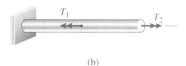

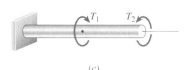

Uma representação alternativa de um momento é uma seta curvada agindo na direção de rotação (Figura 3.2c). Ambas as representações de seta curvada ou vetor são de uso comum e são usadas neste livro. A escolha depende da conveniência e da preferência pessoal.

Momentos que produzem giro da barra, como os momentos T_1 e T_2 na Figura 3.2, são chamados de **torques** ou **momentos torçores**. Membros cilíndricos submetidos a torques e que transmitem potência através de rotação são chamados de **eixos**; por exemplo, o virabrequim de um automóvel ou o eixo propulsor de um navio. A maioria dos eixos tem seções transversais circulares, sólidas ou tubulares.

Neste capítulo, começaremos desenvolvendo fórmulas para as deformações e tensões em barras circulares submetidas a torção. Então analisaremos o estado de tensão conhecido como *cisalhamento puro* e obteremos a relação entre os módulos de elasticidade E e G em tração e cisalhamento, respectivamente. Depois, analisaremos eixos rotativos e determinaremos a potência que eles transmitem.

3.2 Deformações de torção de uma barra circular

Começamos nossa discussão considerando uma barra prismática de seção transversal circular girada por torques T agindo nas extremidades (Figura 3.3a). Uma vez que toda seção transversal da barra é idêntica e que toda seção transversal está submetida ao mesmo torque interno T, dizemos que a barra está em **torção pura**. Das considerações de simetria, pode-se provar que as seções transversais da barra não variam na forma enquanto rotacionam ao redor do eixo longitudinal. Em outras palavras, todas as seções transversais permanecem planas e circulares e todos os raios permanecem retos. Além disso, se o ângulo de rotação entre uma extremidade e outra da barra for pequeno, nem o comprimento da barra nem seu raio irão variar.

Para ajudar a visualizar a deformação da barra, imagine que a extremidade esquerda da barra (Figura 3.3a) esteja fixa. Então, sob a ação do torque T, a extremidade direita vai rotacionar (com relação à extremidade esquerda) através de um pequeno ângulo ϕ, conhecido como **ângulo de torção** (ou *ângulo de rotação*). Por causa dessa rotação, uma linha longitudinal retilínea pq na superfície da barra se tornará uma curva helicoidal pq', em que q' é a posição do ponto q depois que a seção transversal na extremidade rotacionou ao redor do ângulo ϕ (Figura 3.3b).

O ângulo de torção varia ao longo do eixo da barra, e nas seções transversais intermediárias ele terá um valor $\phi(x)$ que está entre zero na extremidade esquerda até ϕ na extremidade direita. Se toda seção transversal da barra tem o mesmo raio e está submetida ao mesmo torque (torção pura), o ângulo $\phi(x)$ varia linearmente entre as extremidades.

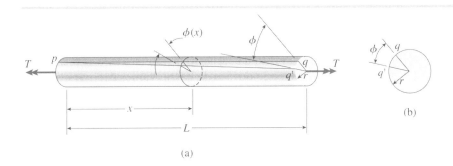

Figura 3.3

Deformações de uma barra circular em torção pura

Deformações de cisalhamento na superfície externa

Considere agora um elemento da barra entre duas seções transversais distantes dx uma da outra (Veja a Figura 3.4a). Esse elemento está ampliado na Figura 3.4b. Em sua superfície externa identificamos um pequeno elemento $abcd$, com lados ab e cd que são inicialmente paralelos ao eixo longitudinal. Durante o giro da barra, a seção transversal direita rotaciona em relação à extremidade esquerda em um pequeno ângulo de torção $d\phi$, de forma que os pontos b e c

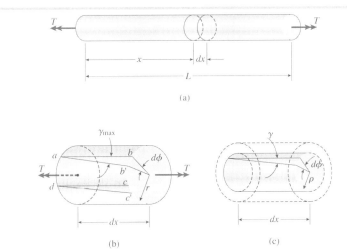

Figura 3.4

Deformação de um elemento de comprimento dx extraído de uma barra em torção

movem-se para b' e c', respectivamente. Os comprimentos dos lados do elemento, que agora é o elemento $ab'c'd$, não variam durante essa pequena rotação.

Entretanto, os ângulos nos cantos do elemento (Figura 3.4b) não são mais iguais a 90°. O elemento, portanto, está em um estado de **cisalhamento puro**, o que significa que o elemento está submetido a deformações de cisalhamento, mas não a deformações normais (veja a Figura 1.28 da Seção 1.4). A grandeza da deformação de cisalhamento γ_{max} é igual à diminuição no ângulo no ponto a, isto é, à diminuição no ângulo bad. Na Figura 3.4b, vemos que a diminuição nesse ângulo é

$$\gamma_{max} = \frac{bb'}{ab} \qquad (3.1)$$

em que γ_{max} é medido em radianos, bb' é o deslocamento do ponto b e ab é o comprimento do elemento (igual a dx). Com r denotando o raio da barra, podemos expressar a distância bb' como $rd\phi$, em que $d\phi$ também é medido em radianos. Dessa forma, a equação anterior fica

$$\gamma_{max} = \frac{rd\phi}{dx} \qquad (3.2)$$

Essa equação relaciona a deformação de cisalhamento na superfície externa da barra ao ângulo de torção.

A quantidade $d\phi/dx$ é a razão da variação do ângulo de torção ϕ em relação à distância x medida ao longo do eixo da barra. Vamos denotar $d\phi/dx$ pelo símbolo θ e nos referiremos a ela como a **razão de torção** ou o **ângulo de torção por unidade de comprimento**:

$$\theta = \frac{d\phi}{dx} \qquad (3.3)$$

Com esta notação, podemos agora escrever a equação para a deformação de cisalhamento na superfície externa (Equação 3.2) da seguinte maneira:

$$\gamma_{max} = \frac{rd\phi}{dx} = r\theta \qquad (3.4)$$

Por conveniência, discutimos uma barra em torção pura ao deduzir as Equações (3.3) e (3.4). Entretanto, ambas as equações são válidas para casos mais gerais de torção, como quando a razão de torção θ não é constante, mas varia com a distância x ao longo do eixo da barra.

No caso especial da torção pura, a razão de torção é igual ao ângulo de torção total ϕ dividido pelo comprimento L, isto é, $\theta = \phi/L$. Por isso, apenas para torção pura, temos

$$\gamma_{max} = r\theta = \frac{r\phi}{L} \qquad (3.5)$$

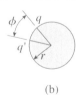

Figura 3.3b (Repetida)

(b)

Esta equação pode ser obtida diretamente a partir da geometria da Figura 3.3a, notando que γ_{max} é o ângulo entre as linhas pq e pq', isto é, γ_{max} é o ângulo qpq'. Portanto, γ_{max} é igual à distância qq' na extremidade da barra. Mas uma vez que a distância qq' também é igual a $r\phi$ (Figura 3.3b), obtemos $r\phi = \gamma_{max}L$, que está de acordo com a Equação (3.3).

Deformações de cisalhamento no interior da barra

As deformações de cisalhamento no interior da barra podem ser encontradas pelo método usado para encontrar a deformação de cisalhamento γ_{max} na superfície. Como os raios nas seções transversais permanecem retos e não distorcidos durante o giro, vemos que a discussão anterior para um elemento $abcd$ na superfície externa (Figura 3.4b) também se aplica a um elemento similar situado na superfície de um cilindro interno de raio ρ (Figura 3.4c). Desta forma, elementos internos também estão em cisalhamento puro com as deformações de cisalhamento correspondentes dadas pela equação (compare com a Equação 3.4):

$$\gamma = \rho\theta = \frac{\rho}{r}\gamma_{max} \qquad (3.6)$$

Esta equação mostra que as deformações de cisalhamento em uma barra circular variam linearmente com a distância radial ρ a partir do centro, com a deformação sendo zero no centro e alcançando o valor máximo γ_{max} na superfície externa.

Tubos circulares

Uma revisão das discussões anteriores mostrará que as equações para as deformações de cisalhamento (Equações 3.2 a 3.4) aplicam-se para **tubos circulares** (Figura 3.5), bem como para barras circulares sólidas. A Figura 3.5 mostra a variação linear na deformação de cisalhamento entre a deformação máxima na superfície externa e a deformação mínima na superfície interna. As equações para essas deformações são as seguintes:

$$\gamma_{max} = \frac{r_2\phi}{L} \qquad \gamma_{min} = \frac{r_1}{r_2}\gamma_{max} = \frac{r_1\phi}{L} \qquad (3.7a,b)$$

em que r_1 e r_2 são os raios interno e externo, respectivamente, do tubo.

Todas as equações anteriores para as deformações em uma barra circular foram baseadas apenas nos conceitos geométricos e não envolvem as propriedades dos materiais. Por isso, as equações são válidas para qualquer material, para comportamento elástico ou inelástico, linear ou não linear. Entretanto, as equações limitam-se a barras submetidas a pequenos ângulos de rotação e deformações pequenas.

3.3 Barras circulares de materiais elásticos lineares

Agora que investigamos as deformações de cisalhamento em uma barra circular em torção (Figuras 3.3 a 3.5), estamos prontos para determinar as direções e as magnitudes das tensões de cisalhamento correspondentes. As direções das tensões podem ser determinadas por observação, como ilustrado na Figura 3.6a. Vemos que o torque T tende a rotacionar a extremidade direita da barra no sentido anti-horário quando vista pela direita. Por isso, as tensões de cisalhamento τ agindo em um elemento de tensão localizado na superfície da barra terão as direções ilustradas na figura.

Para maior clareza, o elemento ilustrado na Figura 3.6a está aumentado na Figura 3.6b, em que tanto a deformação de cisalhamento quanto as tensões de cisalhamento estão representadas. Como explicado anteriormente na Seção 2.6, em geral desenhamos elementos de tensão em duas dimensões, como na Figura 3.6b, mas devemos sempre lembrar que os elementos de tensão são, na realidade, objetos tridimensionais com uma espessura perpendicular ao plano da figura.

As intensidades das tensões de cisalhamento podem ser determinadas a partir das deformações usando a relação de tensão-deformação para o material da barra. Se o material é elástico linear, podemos usar a **lei de Hooke em cisalhamento** (Equação 1.21):

$$\tau = G\gamma \qquad (3.8)$$

em que G é o módulo de elasticidade de cisalhamento e γ é a deformação de cisalhamento em radianos. Combinando essa equação com as equações para as deformações de cisalhamento (Equações 3.2 e 3.4), obtemos

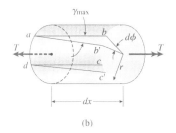

Figura 3.4b (Repetida)

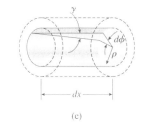

Figura 3.4c (Repetida)

Figura 3.5

Deformações de cisalhamento em um tubo circular

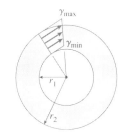

Figura 3.6

Tensões de cisalhamento em uma barra circular em torção

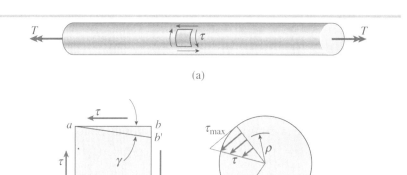

$$\tau_{max} = Gr\theta \qquad \tau = G\rho\theta = \frac{\rho}{r}\tau_{max} \qquad (3.9a,b)$$

em que τ_{max} é a tensão de cisalhamento na superfície externa da barra (raio r), τ é a tensão de cisalhamento em um ponto interior (raio ρ) e θ é a razão de torção (nessas equações, θ tem unidades de radianos por unidade de comprimento).

As Equações 3.9a e 3.9b mostram que as tensões de cisalhamento variam linearmente com a distância do centro da barra, como ilustrado pelo diagrama de tensão triangular na Figura 3.6c. Essa variação linear de tensão é uma consequência da lei de Hooke. Se a relação tensão-deformação é não linear, as tensões irão variar não linearmente e outros métodos de análise serão necessários.

As tensões de cisalhamento agindo num plano transversal são acompanhadas pelas tensões de cisalhamento de mesma intensidade agindo em planos longitudinais (Figura 3.7). Essa conclusão segue do fato de que tensões de cisalhamento iguais sempre existem em planos mutuamente perpendiculares, como explicado na Seção 1.7. Se o material da barra é mais frágil em cisalhamento em planos longitudinais que em planos transversais, como é típico da madeira quando os veios correm paralelamente ao eixo da barra, as primeiras trincas devido à torção aparecerão na superfície na direção longitudinal.

Figura 3.7

Tensões de cisalhamento longitudinal e transversal em uma barra circular submetida a torção

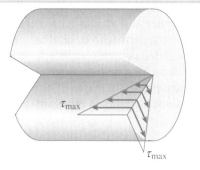

Figura 3.8

Tensões de compressão e tração agindo em um elemento de tensão orientado a 45° do eixo longitudinal

O estado de cisalhamento puro na superfície de uma barra (Figura 3.6b) é equivalente a iguais tensões de compressão e tração agindo sobre um elemento orientado num ângulo de 45°, como será explicado mais adiante, na Seção 3.5. Por isso, um elemento retangular com lados a 45° do eixo será submetido a tensões de compressão e tração, como ilustrado na Figura 3.8. Se uma barra de torção é feita de um material mais frágil em tração que em cisalhamento, a falha ocorrerá em tração ao longo de uma hélice a 45° do eixo, como você pode verificar torcendo um pedaço de giz.

A fórmula de torção

O próximo passo em nossa análise é determinar a relação entre as tensões de cisalhamento e o torque T. Feito isso, seremos capazes de calcular as tensões e as deformações em uma barra devido a qualquer conjunto de torques aplicados.

A distribuição das tensões de cisalhamento agindo em uma seção transversal é representada nas Figuras 3.6c e 3.7. Como essas tensões agem continuamente ao redor da seção transversal, têm uma resultante na forma de um momento – um momento igual ao torque T agindo na barra. Para determinar essa resultante, consideremos um elemento de área dA localizado à distância radial ρ do eixo da barra (Figura 3.9). A força cortante agindo nesse elemento é igual a $\tau\, dA$, em que τ é a tensão de cisalhamento no raio ρ. O momento dessa força sobre o eixo da barra é igual à força vezes a sua distância ao centro, ou $\tau\rho dA$. Substituindo para a tensão de cisalhamento τ da Equação (3.9b), podemos expressar esse momento elementar como

$$dM = \tau\rho dA = \frac{\tau_{\max}}{r}\rho^2 dA$$

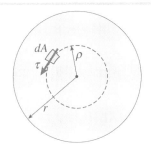

Figura 3.9

Determinação da resultante das tensões de cisalhamento agindo em uma seção transversal

O momento resultante (igual ao torque T) é a soma de todos os momentos elementares sobre a área de seção transversal:

$$T = \int_A dM = \frac{\tau_{\max}}{r}\int_A \rho^2 dA = \frac{\tau_{\max}}{r} I_P \quad (3.10)$$

em que

$$I_P = \int_A \rho^2 dA \quad (3.11)$$

é o **momento de inércia polar** da seção transversal circular.

Para um **círculo** de raio r e diâmetro d, o momento de inércia polar é

$$I_P = \frac{\pi r^4}{2} = \frac{\pi d^4}{32} \quad (3.12)$$

como dado no Apêndice A, Número 9. Note que os momentos de inércia têm unidades de comprimento na quarta potência.

Uma expressão para a tensão de cisalhamento máxima pode ser obtida rearranjando-se a Equação 3.10 da seguinte maneira:

$$\tau_{\max} = \frac{Tr}{I_P} \quad (3.13)$$

Essa equação, conhecida como **fórmula de torção**, mostra que a tensão de cisalhamento máxima é proporcional ao torque aplicado T e inversamente proporcional ao momento de inércia polar I_P.

As **unidades** a seguir são tipicamente usadas com a fórmula de torção. No SI, o torque T é usualmente expresso em newton-metros (N·m), o raio r, em metros (m), o momento de inércia polar I_p, em metros na quarta potência (m⁴) e a tensão de cisalhamento τ, em pascals (Pa).

Substituindo $r = d/2$ e $I_P = \pi d^4/32$ na fórmula de torção, obtemos a equação a seguir para a tensão máxima:

$$\tau_{max} = \frac{16T}{\pi d^3} \qquad (3.14)$$

Essa equação aplica-se apenas para barras de *seção transversal circular maciça*, enquanto a fórmula de torção (Equação 3.13) aplica-se tanto para barras sólidas quanto para tubos circulares, como explicado mais adiante. A Equação 3.14 mostra que a tensão de cisalhamento é inversamente proporcional ao cubo do diâmetro. Dessa forma, se o diâmetro for duplicado, a tensão será reduzida por um fator de oito.

A tensão de cisalhamento à distância ρ do centro da barra é

$$\tau = \frac{\rho}{r}\tau_{max} = \frac{T\rho}{I_P} \qquad (3.15)$$

que é obtida combinando-se a Equação 3.9b com a fórmula de torção (Equação 3.13). A Equação 3.15 é uma *fórmula de torção generalizada*, e vemos mais uma vez que as tensões de cisalhamento variam linearmente com a distância radial a partir do centro da barra.

Ângulo de torção

O ângulo de torção de uma barra de material elástico linear pode ser agora relacionado ao torque aplicado T. Combinando a Equação 3.9a com a fórmula de torção, obtemos

$$\theta = \frac{T}{GI_P} \qquad (3.16)$$

em que θ é dado em radianos por unidade de comprimento. Essa equação mostra que a razão de torção θ é diretamente proporcional ao torque T e inversamente proporcional ao produto GI_P, conhecido como **rigidez de torção** da barra.

Para uma barra em **torção pura**, o ângulo de torção total θ, igual à razão de torção vezes o comprimento da barra (isto é, $\phi = \theta L$), é

$$\phi = \frac{TL}{GI_P} \qquad (3.17)$$

em que ϕ é medido em radianos. O uso das equações anteriores, tanto na análise quanto no dimensionamento, é demonstrado nos Exemplos 3.1 e 3.2.

A quantidade GI_P/L, chamada de **rigidez à torção linear** da barra, é o torque necessário para produzir um ângulo de rotação unitário. A **flexibilidade à torção** é a recíproca de rigidez, ou L/GI_P, e é definida como o ângulo de rotação produzido por um torque unitário. Dessa forma, temos as seguintes expressões:

$$k_T = \frac{GI_P}{L} \qquad f_T = \frac{L}{GI_P} \qquad (3.18a,b)$$

Essas quantidades são análogas à rigidez axial $k = EA/L$ e à flexibilidade axial $f = L/EA$ de uma barra em tração ou compressão (compare com as Equações 2.4a e 2.4b). Rigidez e flexibilidade têm papel importante na análise estrutural.

A equação para o ângulo de torção (Equação 3.17) fornece uma maneira conveniente para determinar o módulo de elasticidade de cisalhamento G para um material. Conduzindo um teste de torção em uma barra circular, podemos medir o ângulo de torção ϕ produzido por um torque conhecido T. Então o valor de G pode ser calculado a partir da Equação 3.17.

Tubos circulares

Tubos circulares são mais eficientes que barras sólidas para resistir a cargas de torção. Como sabemos, as tensões de cisalhamento em uma barra circular sólida são máximas nas fronteiras externas da seção transversal e nulas no centro. Por isso, a maioria do material num eixo sólido é tensionada de forma significativa abaixo da tensão de cisalhamento máxima. Além disso, as tensões perto do centro da seção transversal têm um braço de momento ρ menor para se usar na determinação do torque (veja a Figura 3.9 e a Equação 3.10).

Em contraste, em um tubo vazado típico, a maior porção do material está próxima à fronteira externa da seção transversal em que tanto as tensões de cisalhamento quanto os braços de momento têm o maior valor (Figura 3.10). Dessa forma, se a redução de peso e a economia de material forem importantes, é aconselhável usar um tubo circular. Por exemplo, grandes eixos de direção, eixos de propulsão e eixos geradores geralmente têm seção transversal circular vazada.

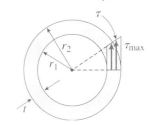

Figura 3.10

Tubo circular em torção

A análise de torção de um tubo circular é quase idêntica àquela de uma barra sólida. As mesmas expressões básicas para as tensões de cisalhamento podem ser usadas (por exemplo, as Equações 3.9a e 3.9b). Logicamente, a distância radial ρ está limitada ao intervalo r_1 até r_2, em que r_1 é o raio interno e r_2 é o raio externo da barra (Figura 3.10).

A relação entre o torque T e a tensão máxima é dada pela Equação 3.10, mas os limites na integral para o momento de inércia polar (Equação 3.11) são $\rho = r_1$ e $\rho = r_2$. Por isso, o momento de inércia polar da área de seção transversal do tubo é

$$I_P = \frac{\pi}{2}(r_2^4 - r_1^4) = \frac{\pi}{32}(d_2^4 - d_1^4) \tag{3.19}$$

As expressões anteriores também podem ser escritas da seguinte forma:

$$I_P = \frac{\pi r t}{2}(4r^2 + t^2) = \frac{\pi d t}{4}(d^2 + t^2) \tag{3.20}$$

em que r é o *raio médio* do tubo, igual a $(r_1 + r_2)/2$; d é o *diâmetro médio*, igual a $(d_1 + d_2)/2$ e t é a *espessura* (Figura 3.10), igual a $r_2 - r_1$. Logicamente, as Equações 3.19 e 3.20 dão os mesmos resultados, mas algumas vezes a terceira é mais conveniente.

Se o tubo é relativamente fino, de forma que a espessura t seja pequena se comparada ao raio médio r, podemos desconsiderar os termos t^2 na Equação 3.20. Com essa simplificação, obtemos a *fórmula aproximada* a seguir para o momento de inércia polar:

$$I_P \approx 2\pi r^3 t = \frac{\pi d^3 t}{4} \tag{3.21}$$

Essas expressões são fornecidas no Número 22 do Apêndice A.

Lembretes: Nas Equações 3.20 e 3.21, as quantidades r e d são o raio e o diâmetro médios, e não os máximos. As Equações 3.19 e 3.20 são exatas; a Equação 3.21 é aproximada.

A fórmula de torção (Equação 3.13) pode ser usada para um tubo circular de material elástico linear desde que I_P seja calculado de acordo com a Equação 3.19, Equação 3.20 ou, se apropriado, Equação 3.21. O mesmo comentário aplica-se à equação geral para tensão de cisalhamento (Equação 3.15), às equações para razão e ângulo de torção (Equações 3.16 e 3.17) e às equações para rigidez e flexibilidade (Equações 3.18a e b).

A distribuição de tensão de cisalhamento num tubo é ilustrada na Figura 3.10. Da figura, vemos que a tensão média em um tubo fino é quase tão grande quanto a tensão máxima. Isso significa que uma barra vazada é mais eficiente do ponto de vista de utilização de material do que uma barra sólida, como explicado anteriormente e demonstrado mais adiante nos Exemplos 3.2 e 3.3.

Ao dimensionar um tubo circular para transmissão de torque, devemos assegurar que a espessura t seja suficientemente grande para prevenir empenamentos ou enrugamentos da parede do tubo. Por exemplo, um valor máximo do raio em relação à espessura $(r_2/t)_{max} = 12$ deve ser especificado. Outras considerações de dimensionamento incluem fatores ambientais e de durabilidade, que também podem impor exigências quanto à espessura da parede. Esses tópicos são discutidos em cursos e livros-texto de projeto mecânico.

Limitações

As equações deduzidas nesta seção são limitadas a barras de seção transversal circular (sólidas ou vazadas) que se comportam de maneira elástica linear. Em outras palavras, as cargas devem ser de tal forma que as tensões não excedam o limite de proporcionalidade do material. Além disso, as equações para tensões são válidas apenas em partes da barra distantes de concentrações de tensão (como furos e outras variações abruptas na forma) e distantes de seções transversais em que cargas sejam aplicadas.

Finalmente, é importante enfatizar que as equações para a torção de barras circulares e tubos não podem ser usadas para barras de outros formatos. Barras não circulares, como barras retangulares e barras de perfil I, comportam-se de maneira bem diferente das barras circulares. Por exemplo, suas seções transversais *não* permanecem planas e suas tensões máximas *não* estão localizadas nas maiores distâncias a partir dos pontos médios da seção transversal. Dessa forma, essas barras necessitam de métodos mais avançados de análise, como aqueles apresentados em livros de teoria de elasticidade e mecânica dos materiais avançada.* (Uma breve visão geral de torção de eixos prismáticos não circulares é apresentada na Seção 3.10)

• • • Exemplo 3.1

Uma barra de aço sólida de seção transversal circular (Figura 3.11) tem diâmetro $d = 40$ mm, comprimento $L = 1,3$ m e módulo de elasticidade $G = 80$ GPa. A barra está submetida a torques T agindo nas extremidades.

(a) Se os torques têm intensidade $T = 340$ N · m, qual é a tensão de cisalhamento máxima na barra? Qual é o ângulo de torção entre as extremidades?

(b) Se a tensão de cisalhamento admissível é de 42 MPa e o ângulo de torção admissível é 2,5°, qual é o torque máximo permitido?

Figura 3.11

Exemplo 3.1: Barra em torção pura

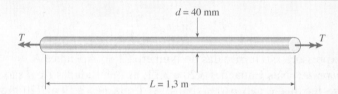

Solução

(a) *Tensão de cisalhamento e ângulo de torção máximos.* Como a barra tem uma seção transversal circular maciça, podemos encontrar a tensão de cisalhamento máxima a partir da Equação (3.14), da seguinte maneira:

$$\tau_{max} = \frac{16T}{\pi d^3} = \frac{16(340 \text{ N} \cdot \text{m})}{\pi (0,04 \text{ m})^3} = 27,1 \text{ MPa}$$

---

* A teoria de torção para barras circulares originou-se do trabalho do famoso cientista francês C. A. de Coulomb (1736-1806); aperfeiçoamentos posteriores foram feitos por Thomas Young e A. Duleau. A teoria geral de torção (para barras de qualquer forma) foi descrita por Barré de Saint-Venant (1797-1886).

Exemplo 3.1 Continuação

De maneira similar, o ângulo de torção é obtido a partir da Equação (3.17) com o momento de inércia polar dado pela Equação (3.12):

$$I_P = \frac{\pi d^4}{32} = \frac{\pi (0{,}04 \text{ m})^4}{32} = 2{,}51 \times 10^{-7} \text{ m}^4$$

$$\phi = \frac{TL}{GI_P} = \frac{(340 \text{ N} \cdot \text{m})(1{,}3 \text{ m})}{(80 \text{ GPa})(2{,}51 \times 10^{-7} \text{ m}^4)} = 0{,}02198 \text{ rad} = 1{,}26°$$

Dessa forma, a análise da barra sob a ação do torque dado está completa.

(b) *Torque máximo permitido*. O torque máximo permitido é determinado ou pela tensão de cisalhamento admissível ou pelo ângulo de torção permitido. Começando com a tensão de cisalhamento, rearranjamos a Equação (3.14) e calculamos da seguinte maneira:

$$T_1 = \frac{\pi d^3 \tau_{adm}}{16} = \frac{\pi}{16}(0{,}04 \text{ m})^3(42 \text{ MPa}) = 528 \text{ N} \cdot \text{m}$$

Qualquer torque maior que esse valor resultará em uma tensão de cisalhamento que excede a tensão admissível de 42 MPa.

Usando uma equação rearranjada (3.17), calculamos agora o torque baseado no ângulo de torção:

$$T_2 = \frac{GI_P \phi_{adm}}{L} = \frac{(80 \text{ GPa})(2{,}51 \times 10^{-7} \text{ m}^4)(2{,}5°)(\pi \text{rad}/180°)}{1{,}3 \text{ m}}$$

$$= 674 \text{ N} \cdot \text{m}$$

Qualquer torque maior que T_2 resultará no ângulo de torção admissível sendo excedido.

O torque máximo permitido é o menor entre T_1 e T_2:

$$T_{max} = 528 \text{ N} \cdot \text{m}$$

Nesse exemplo, a tensão de cisalhamento admissível fornece a condição limitante.

Exemplo 3.2

(© culture-images GmbH/Alamy)

Um eixo de aço deve ser fabricado com uma barra circular sólida ou com um tubo circular (Figura 3.12). O eixo deve transmitir um torque de 1.200 N · m sem exceder uma tensão de cisalhamento admissível de 40 MPa nem uma razão de torção de 0,75°/m. (O módulo de elasticidade de cisalhamento do aço é de 78 GPa.)

(a) Determine o diâmetro necessário d_0 do eixo maciço.
(b) Determine o diâmetro externo necessário d_2 do eixo vazado se a espessura t do eixo estiver especificada em um décimo do diâmetro externo.
(c) Determine a razão dos diâmetros (isto é, a razão d_2/d_0) e a razão dos pesos dos eixos maciço e vazado.

Solução

(a) *Eixo maciço*. O diâmetro exigido d_0 é determinado a partir da tensão de cisalhamento admissível ou da razão de torção admissível. No caso da tensão de cisalhamento admissível, rearranjamos a Equação (3.14) e obtemos

$$d_0^3 = \frac{16T}{\pi \tau_{adm}} = \frac{16(1200 \text{ N} \cdot \text{m})}{\pi (4 \text{ MPa})} = 152{,}8 \times 10^{-6} \text{ m}^3$$

da qual obtemos

Exemplo 3.2 Continuação

Figura 3.12
Exemplo 3.2: Torção de um eixo de aço

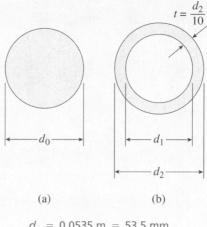

(a)   (b)

$$d_0 = 0{,}0535 \text{ m} = 53{,}5 \text{ mm}$$

No caso da razão de torção admissível, começamos encontrando o momento de inércia polar necessário (veja a Equação 3.16):

$$I_P = \frac{T}{G\theta_{adm}} = \frac{1200 \text{ N} \cdot \text{m}}{(78 \text{ GPa})(0{,}75°/\text{m})(\pi\text{rad}/180°)} = 1175 \times 10^{-9} \text{ m}^4$$

Uma vez que o momento de inércia polar é igual a $\pi d^4/32$, o diâmetro exigido é

$$d_0^4 = \frac{32 I_P}{\pi} = \frac{32(1175 \times 10^{-9} \text{ m}^4)}{\pi} = 11{,}97 \times 10^{-6} \text{ m}^4$$

ou

$$d_0 = 0{,}0588 \text{ m} = 58{,}8 \text{ mm}$$

Comparando os dois valores de d_0, vemos que a razão de torção governa o dimensionamento, e o diâmetro necessário do eixo sólido é

$$d_0 = 58{,}8 \text{ mm} \qquad \leftarrow$$

Em um dimensionamento prático, selecionaríamos um diâmetro um pouco maior que o valor calculado de d_0; por exemplo, 60 mm.

(b) *Eixo vazado*. Novamente, o diâmetro exigido é baseado na tensão de cisalhamento admissível ou na razão de torção admissível. Começamos notando que o diâmetro externo da barra é d_2 e o diâmetro interno é

$$d_1 = d_2 - 2t = d_2 - 2(0{,}1 d_2) = 0{,}8 d_2$$

Dessa forma, o momento de inércia polar (Equação 3.19) é

$$I_P = \frac{\pi}{32}(d_2^4 - d_1^4) = \frac{\pi}{32}\left[d_2^4 - (0{,}8d_2)^4\right] = \frac{\pi}{32}(0{,}5904 d_2^4) = 0{,}05796 d_2^4$$

No caso da tensão de cisalhamento admissível, usamos a fórmula de torção (Equação 3.13) da seguinte maneira:

$$\tau_{adm} = \frac{Tr}{I_P} = \frac{T(d_2/2)}{0{,}05796 d_2^4} = \frac{T}{0{,}1159 d_2^3}$$

Rearranjando, obtemos

• • Exemplo 3.2 *Continuação*

$$d_2^3 = \frac{T}{0{,}1159\tau_{adm}} = \frac{1200 \text{ N} \cdot \text{m}}{0{,}1159(40 \text{ MPa})} = 258{,}8 \times 10^{-6} \text{ m}^3$$

Resolvendo para d_2, temos

$$d_2 = 0{,}0637 \text{ m} = 63{,}7 \text{ mm}$$

que é o diâmetro externo necessário baseado na tensão de cisalhamento.

No caso da razão de torção admissível, usamos a Equação (3.16), com θ substituído por θ_{adm} e I_P substituído pela expressão obtida anteriormente; dessa forma

$$\theta_{adm} = \frac{T}{G(0{,}05796d_2^4)}$$

da qual

$$d_2^4 = \frac{T}{0{,}05796G\theta_{adm}}$$

$$= \frac{1200 \text{ N} \cdot \text{m}}{0{,}05796(78 \text{ GPa})(0{,}75°/\text{m})(\pi\text{rad}/180°)} = 20{,}28 \times 10^{-6} \text{ m}^4$$

Resolvendo para d_2, temos

$$d_2 = 0{,}0671 \text{ m} = 67{,}1 \text{ mm}$$

que é o diâmetro necessário baseado na razão de torção.

Comparando os dois valores de d_2, vemos que a razão de torção governa o dimensionamento, e o diâmetro externo do eixo vazado é

$$d_2 = 67{,}1 \text{ mm} \quad \leftarrow$$

O diâmetro interno d_1 é igual a $0{,}8d_2$, ou $53{,}7$ mm (como valores práticos podemos escolher $d_2 = 70$ mm e $d_1 = 0{,}8d_2 = 56$ mm).

(c) *Razão dos diâmetros e pesos*. A razão do diâmetro externo do eixo vazado em relação ao diâmetro do eixo sólido (usando os valores calculados) é

$$\frac{d_2}{d_0} = \frac{67{,}1 \text{ mm}}{58{,}8 \text{ mm}} = 1{,}14 \quad \leftarrow$$

Uma vez que os pesos dos eixos são proporcionais às suas áreas de seção transversal, podemos expressar a razão do peso do eixo vazado em relação ao peso do eixo sólido da seguinte maneira:

$$\frac{W_H}{W_S} = \frac{A_H}{A_S} = \frac{\pi(d_2^2 - d_1^2)/4}{\pi d_0^2/4} = \frac{d_2^2 - d_1^2}{d_0^2}$$

$$= \frac{(67{,}1 \text{ mm})^2 - (53{,}7 \text{ mm})^2}{(58{,}8 \text{ mm})^2} = 0{,}47 \quad \leftarrow$$

Esses resultados mostram que um eixo vazado usa apenas 47% da quantidade de material que o eixo sólido, enquanto seu diâmetro externo é apenas 14% maior.

Observação: Esse exemplo ilustra como determinar os tamanhos necessários tanto de barras sólidas como de tubos circulares quando as tensões e as razões de torção admissíveis são conhecidas. Também ilustra o fato de que tubos circulares são mais eficientes do que barras circulares sólidas na utilização de material.

• • • Exemplo 3.3

Um eixo vazado e um eixo sólido construídos do mesmo material têm o mesmo comprimento e o mesmo raio externo R (Figura 3.13). O raio interno do eixo vazado é $0,6R$.

(a) Considerando que ambos os eixos estão submetidos ao mesmo torque, compare suas tensões de cisalhamento, seus ângulos de torção e seus pesos.
(b) Determine as razões de peso-resistência para ambos os eixos.

Figura 3.13

Exemplo 3.3: Comparação de eixos sólidos e vazados

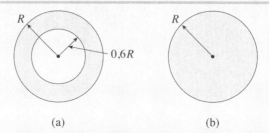

(a)   (b)

Solução

(a) *Comparações de tensões de cisalhamento.* As tensões de cisalhamento máximas, dadas pela fórmula de torção (Equação 3.13), são proporcionais a $1/I_P$ uma vez que os torques e os raios são os mesmos. Para o eixo vazado, obtemos

$$I_P = \frac{\pi R^4}{2} - \frac{\pi(0,6R)^4}{2} = 0,4352\pi R^4$$

e para o eixo sólido:

$$I_P = \frac{\pi R^4}{2} = 0,5\pi R^4$$

Por isso, a razão β_1 da máxima tensão de cisalhamento no eixo vazado em relação àquela no eixo sólido é

$$\beta_1 = \frac{\tau_H}{\tau_S} = \frac{0,5\pi R^4}{0,4352\pi R^4} = 1,15 \quad \leftarrow$$

em que os subscritos H e S referem-se ao eixo vazado e ao eixo sólido, respectivamente.

Comparação dos ângulos de torção. Os ângulos de torção (Equação 3.17) também são proporcionais a $1/I_P$, porque os torques T, os comprimentos L e os módulos de elasticidade G são os mesmos para ambos os eixos. Por isso, sua razão é a mesma obtida para as tensões de cisalhamento:

$$\beta_2 = \frac{\phi_H}{\phi_S} = \frac{0,5\pi R^4}{0,4352\pi R^4} = 1,15 \quad \leftarrow$$

Comparação de pesos. Os pesos dos eixos são proporcionais às suas áreas de seção transversal. Consequentemente, o peso do eixo sólido é proporcional a πR^2, e o peso do eixo vazado é proporcional a

$$\pi R^2 - \pi(0,6R)^2 = 0,64\pi R^2$$

Por isso, a razão do peso do eixo vazado em relação ao peso do eixo sólido é

$$\beta_3 = \frac{W_H}{W_S} = \frac{0,64\pi R^2}{\pi R^2} = 0,64 \quad \leftarrow$$

Exemplo 3.3 Continuação

Pelas razões anteriores, vemos novamente a vantagem inerente dos eixos vazados. Nesse exemplo, o eixo vazado tem uma tensão máxima 15% maior que o eixo sólido e um ângulo de torção 15% maior que o eixo sólido, porém apresenta 36% de peso a menos.

(b) *Razões de resistência-peso.* A eficiência relativa de uma estrutura é algumas vezes medida por sua *razão de resistência-peso*, que é definida para uma barra em torção como o torque admissível dividido pelo peso. O torque admissível para o eixo vazado da Figura 3.13a (da fórmula de torção) é

$$T_H = \frac{\tau_{max} I_P}{R} = \frac{\tau_{max}(0,4352\pi R^4)}{R} = 0,4352\pi R^3 \tau_{max}$$

e para o eixo sólido é

$$T_S = \frac{\tau_{max} I_P}{R} = \frac{\tau_{max}(0,5\pi R^4)}{R} = 0,5\pi R^3 \tau_{max}$$

Os pesos dos eixos são iguais às áreas de seção transversal vezes o comprimento L vezes o peso específico γ do material:

$$W_H = 0,64\pi R^2 L \gamma \qquad W_S = \pi R^2 L \gamma$$

Dessa forma, as razões de peso-resistência S_H e S_S para as barras sólida e vazada, respectivamente, são

$$S_H = \frac{T_H}{W_H} = 0,68 \frac{\tau_{max} R}{\gamma L} \qquad S_S = \frac{T_S}{W_S} = 0,5 \frac{\tau_{max} R}{\gamma L}$$

Neste exemplo, a razão de resistência-peso do eixo vazado é 36% maior que a razão de resistência-peso para o eixo sólido, demonstrando mais uma vez a eficiência relativa dos eixos vazados. Para um eixo mais fino, essa porcentagem vai aumentar; para um eixo mais espesso, vai diminuir.

3.4 Torção não uniforme

Como explicado na Seção 3.2, a *torção pura* refere-se à torção de uma barra prismática submetida a torques agindo apenas nas extremidades. A **torção não uniforme** difere da torção pura porque a barra não precisa ser prismática e os torques aplicados podem agir em qualquer lugar ao longo do eixo da barra. Barras em torção não uniforme podem ser analisadas aplicando as fórmulas de torção pura para os segmentos individuais da barra e somando-se os resultados, ou aplicando as fórmulas para elementos diferenciais da barra e então integrando-os.

Para ilustrar esses procedimentos, vamos considerar três casos de torção não uniforme. Outros casos podem ser tratados por técnicas similares àquelas discutidas aqui.

Caso 1. *Barra consistindo de segmentos prismáticos com torque constante ao longo de cada segmento* (Figura 3.14). A barra ilustrada na parte (a) da figura tem dois diâmetros diferentes e está carregada por torques agindo nos pontos A, B, C e D. Consequentemente, dividimos a barra em segmentos de tal forma que cada segmento seja prismático e esteja submetido a um torque constante. Neste exemplo, existem três desses segmentos, AB, BC e CD. Cada segmento está em torção pura e, por isso, todas as fórmulas deduzidas na seção anterior podem ser aplicadas a cada parte separadamente.

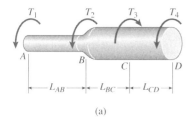
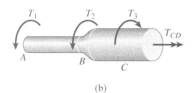
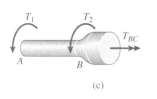

Figura 3.14

Barra em torção não uniforme (Caso 1)

(a)
(b)
(c)
(d)

O primeiro passo na análise é determinar a magnitude e a direção do torque interno em cada segmento. Usualmente, os torques podem ser determinados por inspeção, mas, se necessário, podem ser encontrados dividindo-se a barra em seções, desenhando diagramas de corpo livre e resolvendo equações de equilíbrio. Esse processo é ilustrado nas partes (b), (c) e (d) da figura. O primeiro corte é feito em qualquer lugar no segmento CD, expondo, dessa forma, o torque interno T_{CD}. Do diagrama de corpo livre (Figura 3.14b), vemos que T_{CD} é igual a $-T_1 - T_2 + T_3$. Do diagrama seguinte vemos que T_{BC} é igual a $-T_1 - T_2$, e do último diagrama vemos que T_{AB} é igual a $-T_1$. Dessa maneira

$$T_{CD} = -T_1 - T_2 + T_3 \quad T_{BC} = -T_1 - T_2 \quad T_{AB} = -T_1 \quad (3.22a,b,c)$$

Cada um desses torques é constante ao longo do comprimento de seu segmento.

Para encontrar as tensões de cisalhamento em cada segmento, precisamos apenas das magnitudes desses torques internos, uma vez que as direções das tensões não são de interesse. Entretanto, para encontrar o ângulo de torção para toda a barra, temos que saber a direção de torção em cada segmento, de forma que combine os ângulos de torção corretamente. Por isso, estabelecemos uma *convenção de sinal* para os torques internos. Uma regra conveniente em muitos casos é a seguinte: *Um torque interno é positivo quando seu vetor aponta para fora da seção cortada e negativo quando seu vetor aponta em direção à seção*. Dessa forma, todos os torques internos ilustrados nas Figuras 3.14b, c e d são ilustrados nas suas direções positivas. Se o torque calculado (da Equação 3.22a, b ou c) tiver um sinal positivo, significa que o torque age na direção assumida; se o torque tiver um sinal negativo, ele age na direção oposta.

A máxima tensão de cisalhamento em cada segmento da barra é prontamente obtida a partir da fórmula de torção (Equação 3.13) usando-se as dimensões de seção transversal apropriadas e o torque interno. Por exemplo, a tensão máxima no segmento BC (Figura 3.14) é encontrada usando o diâmetro desse segmento e o torque T_{BC} calculado a partir da Equação (3.22b). A tensão máxima em toda a barra é a maior tensão entre as tensões calculadas para cada um dos três segmentos.

O ângulo de torção para cada segmento é obtido a partir da Equação (3.17), novamente usando-se as dimensões apropriadas e o torque. O ângulo de torção total de uma extremidade da barra em relação a outra é então obtido através de soma algébrica, da seguinte maneira:

$$\phi = \phi_1 + \phi_2 + \ldots + \phi_n \quad (3.23)$$

em que ϕ_1 é o ângulo de torção para o segmento 1, ϕ_2 é o ângulo para o segmento 2, e assim por diante, e n é o número total de segmentos. Uma vez que cada ângulo de torção é obtido a partir da Equação (3.17), podemos escrever a fórmula geral

$$\phi = \sum_{i=1}^{n} \phi_i = \sum_{i=1}^{n} \frac{T_i L_i}{G_i (I_P)_i} \quad (3.24)$$

Figura 3.15

Barra em torção não uniforme (Caso 2)

em que o subscrito i é um índice numérico para os vários segmentos. Para um segmento i da barra, T_i é o torque interno (encontrado a partir do equilíbrio, como ilustrado na Figura 3.14), L_i é o comprimento, G_i é o módulo de cisalhamento e $(I_P)_i$ é o momento de inércia polar. Alguns dos torques (e os ângulos de torção correspondentes) podem ser positivos e outros negativos. Somando *algebricamente* os ângulos de torção para todos os segmentos, obtemos o ângulo de torção total ϕ entre as extremidades da barra. O processo é ilustrado mais adiante, no Exemplo 3.4.

Caso 2. *Barra com seções transversais variando continuamente e com torque constante* (Figura 3.15). Quando o torque é constante, a tensão de cisalhamento máxima sempre ocorre na seção transversal tendo o menor diâmetro, como ilustrado pela Equação (3.14). Além disso, essa observação usualmente se mantém para barras tubulares. Se esse é o caso, precisamos apenas investigar a menor seção transversal para calcular a tensão de cisalhamento máxima. Por outro lado, pode ser necessário calcular as tensões em mais de um local para obter o valor máximo.

Para encontrar o ângulo de torção, consideramos um elemento de comprimento dx à distância x de uma extremidade da barra (Figura 3.15). O ângulo de rotação diferencial $d\phi$ para esse elemento é

$$d\phi = \frac{Tdx}{GI_P(x)} \quad (3.25)$$

em que $I_P(x)$ é o momento de inércia polar da seção transversal à distância x da extremidade. O ângulo de torção para toda a barra é a soma dos ângulos de rotação diferenciais:

$$\phi = \int_0^L d\phi = \int_0^L \frac{Tdx}{GI_P(x)} \quad (3.26)$$

Se a expressão para o momento de inércia polar $I_P(x)$ não for muito complexa, essa integral pode ser calculada analiticamente. Caso contrário, ela deverá ser calculada numericamente.

Caso 3. *Barra com variação contínua de seção transversal e de torque* (Figura 3.16). A barra ilustrada na parte (a) da figura está submetida a um *torque distribuído* de intensidade t por unidade de distância ao longo do eixo da barra. Como resultado, o torque interno $T(x)$ varia continuamente ao longo do eixo (Figura 3.16b). O torque interno pode ser calculado com a ajuda de um diagrama de corpo livre e uma equação de equilíbrio. Como no Caso 2, o momento de inércia polar $I_P(x)$ pode ser calculado a partir das dimensões da seção transversal da barra.

Conhecendo tanto o torque quanto o momento de inércia polar como funções de x, podemos usar a fórmula de torção para determinar como a tensão de cisalhamento varia ao longo do eixo da barra. A seção transversal com tensão de cisalhamento máxima pode então ser identificada, e a tensão de cisalhamento máxima pode ser determinada.

O ângulo de torção para a barra da Figura 3.16a pode ser encontrado da mesma maneira descrita para o Caso 2. A única diferença é que o torque, como o momento de inércia polar, também varia ao longo do eixo. Consequentemente, a equação para o ângulo de torção fica

Figura 3.16

Barra em torção não uniforme (Caso 3)

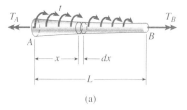

(a)

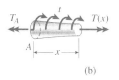

(b)

$$\phi = \int_0^L d\phi = \int_0^L \frac{T(x)dx}{GI_P(x)} \quad (3.27)$$

Essa integral pode ser calculada analiticamente em alguns casos, mas, em geral, deve ser calculada numericamente.

Limitações

As análises descritas nesta seção são válidas para barras feitas de materiais elásticos lineares com seções transversais circulares (sólidas ou vazadas). Também as tensões determinadas a partir da fórmula de torção são válidas em regiões da barra *distantes* de concentrações de tensão, que são altas tensões localizadas que ocorrem em qualquer lugar em que o diâmetro varie abruptamente e em qualquer lugar em que os torques concentrados sejam aplicados. Entretanto, concentrações de tensão têm efeito relativamente pequeno no ângulo de torção e, por isso, as equações para ϕ geralmente são válidas.

Finalmente, devemos manter em mente que a fórmula de torção e as fórmulas para ângulo de torção foram deduzidas para barras prismáticas. com seção circular (veja a Seção 3.10 para uma breve discussão de barras não circulares em torção). Podemos aplicá-las seguramente para barras com seções transversais variáveis apenas quando as variações no diâmetro forem pequenas e graduais.

Como método empírico, as fórmulas dadas aqui são satisfatórias enquanto o ângulo de afilamento (o ângulo entre os lados da barra) for menor que 10°.

• • • Exemplo 3.4

(© Bigjoker/Alamy)

Um eixo sólido de aço ABCDE (Figura 3.17), tendo diâmetro $d = 30$ mm, gira livremente em mancais nos pontos A e E. O eixo é acionado pela engrenagem em C, que aplica um torque $T_2 = 450$ N·m na direção ilustrada na figura. As engrenagens em B e D são giradas pelo eixo e têm torques resistentes $T_1 = 275$ N·m e $T_3 = 175$ N·m, respectivamente, agindo no sentido oposto ao torque T_2. Os segmentos BC e CD têm comprimentos $L_{BC} = 500$ mm e $L_{CD} = 400$ mm, respectivamente, e o módulo de cisalhamento $G = 80$ GPa.

Determine a tensão de cisalhamento máxima em cada parte do eixo e o ângulo de torção entre as engrenagens B e D.

Figura 3.17
Exemplo 3.4: Eixo de aço em torção

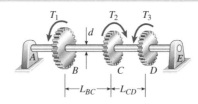

Solução

Cada segmento da barra é prismático e está submetido a um torque constante (Caso 1). Por isso, o primeiro passo na análise é determinar os torques agindo nos segmentos; então, podemos encontrar as tensões de cisalhamento e os ângulos de torção. (lembre que desenhamos diagramas de corpo livre e, em seguida, aplicamos as leis da estática para encontrar os momentos de torção reativos e internos em um eixo orientado no Exemplo 1.3 na Seção 1.2)

Torques agindo nos segmentos. Os torques nos segmentos extremos (AB e DE) são nulos uma vez que estamos desconsiderando qualquer atrito nos mancais dos apoios. Por isso, os segmentos extremos não têm tensões nem ângulos de torção.

O torque T_{CD} no segmento CD é encontrado cortando-se a seção através do segmento e construindo um diagrama de corpo livre, como na Figura 3.18a. O torque é assumido positivo e, por isso, seu vetor aponta para fora da seção cortada. Do equilíbrio do corpo livre, obtemos

Figura 3.18
Diagramas de corpo livre para o Exemplo 3.4

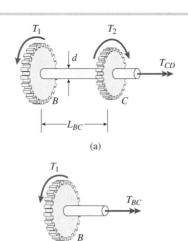

Exemplo 3.4 Continuação

$$T_{CD} = T_2 - T_1 = 450 \text{ N} \cdot \text{m} - 275 \text{ N} \cdot \text{m} = 175 \text{ N} \cdot \text{m}$$

O sinal positivo no resultado significa que T_{CD} age na direção positiva assumida.

O torque no segmento *BC* é encontrado de maneira similar, usando-se o diagrama de corpo livre da Figura 3.18b:

$$T_{BC} = -T_1 = -275 \text{ N} \cdot \text{m}$$

Note que esse torque tem um sinal negativo, o que significa que sua direção é oposta à direção ilustrada na figura.

Tensões de cisalhamento. As tensões de cisalhamento máxima nos segmentos *BC* e *CD* são encontradas a partir da forma modificada da fórmula de torção (Equação 3.14); desse modo,

$$\tau_{BC} = \frac{16 T_{BC}}{\pi d^3} = \frac{16(275 \text{ N} \cdot \text{m})}{\pi (30 \text{ mm})^3} = 51,9 \text{ MPa}$$

$$\tau_{CD} = \frac{16 T_{CD}}{\pi d^3} = \frac{16(175 \text{ N} \cdot \text{m})}{\pi (30 \text{ mm})^3} = 33,0 \text{ MPa}$$

Uma vez que as direções das tensões de cisalhamento não são de interesse neste exemplo, apenas valores absolutos dos torques foram usados nos cálculos anteriores.

Ângulos de torção. O ângulo de torção ϕ_{BD} entre as engrenagens *B* e *D* é a soma algébrica dos ângulos de torção para os segmentos intermediários da barra, como dado pela Equação (3.23); dessa forma,

$$\phi_{BD} = \phi_{BC} + \phi_{CD}$$

Para calcular os ângulos de torção individuais, precisamos do momento de inércia da seção transversal:

$$I_P = \frac{\pi d^4}{32} = \frac{\pi (30 \text{ mm})^4}{32} = 79.520 \text{ mm}^4$$

Agora podemos determinar os ângulos de torção da seguinte maneira:

$$\phi_{BC} = \frac{T_{BC} L_{BC}}{G I_P} = \frac{(-275 \text{ N} \cdot \text{m})(500 \text{ mm})}{(80 \text{ GPa})(79.520 \text{ mm}^4)} = -0,0216 \text{ rad}$$

e

$$\phi_{CD} = \frac{T_{CD} L_{CD}}{G I_P} = \frac{(175 \text{ N} \cdot \text{m})(400 \text{ mm})}{(80 \text{ GPa})(79.520 \text{ mm}^4)} = 0,0110 \text{ rad}$$

Note que nesse exemplo os ângulos de torção têm sentidos opostos. Somando algebricamente, obtemos o ângulo de torção total:

$$\phi_{BD} = \phi_{BC} + \phi_{CD} = -0,0216 + 0,0110 = -0,0106 \text{ rad} = -0,61°$$

O sinal negativo significa que a engrenagem *D* rotaciona no sentido horário (quando vista da extremidade direita do eixo) em relação à engrenagem *B*. No entanto, para a maioria das finalidades, apenas o valor absoluto do ângulo de torção é necessário e, por isso, é suficiente dizer que o ângulo de torção entre as engrenagens *B* e *D* é 0,61°. O ângulo de torção entre as duas extremidades de um eixo é algumas vezes chamado de *giro*.

Observações: Os procedimentos ilustrados nesse exemplo podem ser usados para eixos com segmentos de diferentes diâmetros ou de diferentes materiais, desde que as dimensões e as propriedades permaneçam constantes dentro de cada segmento.

Apenas os efeitos de torção são considerados nesse exemplo e em problemas no final do capítulo. Efeitos de flexão são considerados mais adiante, começando no Capítulo 4.

Exemplo 3.5

Dois segmentos (*AB*, *BC*) de tubo de perfuração de aço, unidas por flanges parafusadas em *B*, estão sendo testadas para avaliar a adequação tanto da tubulação como da ligação parafusada (ver Figura 3.19). No teste, a estrutura tubular está fixada em *A* e um torque concentrado $2T_0$ é aplicado em $x = 2L/5$ e um torque de intensidade uniformemente distribuída $t_0 = 3T_0/L$ é aplicado na tubulação *BC*.

(a) Encontre expressões para torques internos $T(x)$ ao longo do comprimento da estrutura tubular.
(b) Encontre a máxima tensão de cisalhamento τ_{max} nas tubulações e sua localização. Suponha a carga variável $T_0 = 226$ kN·m. Seja $G = 81$ GPa e considere que ambos os tubos tenham o mesmo diâmetro interno, $d = 250$ mm. O tubo *AB* tem uma espessura $t_{AB} = 19$ mm, enquanto o tubo *BC* tem uma espessura $t_{BC} = 16$ mm.
(c) Encontre expressões para as rotações de torção $\phi(x)$ ao longo do comprimento da estrutura tubular. Se a torção máxima permitida da estrutura de tubo é $\phi_{adm} = 0{,}5°$, encontre o valor máximo admissível de carga variável T_0 (kN·m). Deixe $L = 3$ m.
(d) Use T_0 proveniente da parte (c) para encontrar o número de parafusos de diâmetro $d_b = 22$ mm no raio $r = 380$ mm necessários na conexão flangeada em *B*. Suponha que a tensão de cisalhamento admissível para os parafusos seja $\tau_a = 190$ MPa.

Figura 3.19

Exemplo 3.5: Dois tubos em torção não uniforme

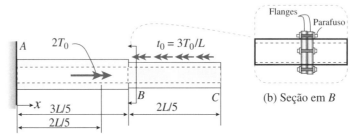

(a) Tubulação não prismática

(b) Seção em *B*

(Cortesia de Subsea Riser Products)

Solução

(a) *Torques internos T(x)*. Em primeiro lugar, temos de encontrar o torque reativo em *A*, usando a estática (ver a Seção 1.2, Exemplo 1.3). Somando momentos de torção em torno do eixo *x* da estrutura, encontramos:

$$\Sigma M_x = 0 \quad R_A + 2T_0 - t_0\left(\frac{2L}{5}\right) = 0$$

então $\quad R_A = -2T_0 + \left(\dfrac{3T_0}{L}\right)\left(\dfrac{2L}{5}\right) = \dfrac{-4T_0}{5}$ \hfill (a)

A reação R_A é negativa, o que significa que o vetor do momento de torção reativo está na direção ($-x$), baseado na *convenção de sinais de estática*. Podemos agora desenhar *diagramas de corpo livre* (DCL) de segmentos de tubo para encontrar momentos de torção interna $T(x)$ ao longo do comprimento do tubo.

A partir do DCL do segmento 1 (Figura 3.20a), vemos que o momento de torção interna é constante e igual ao torque reativo R_A. O torque $T_1(x)$ é positivo, porque o vetor do momento de torção aponta para longe da seção cortada do tubo; referimo-nos a isso pela *convenção de sinais de deformação*.

$$T_1(x) = \frac{4}{5}T_0 \quad 0 \leq x \leq \frac{2}{5}L \hfill \text{(b)}$$

Exemplo 3.5 Continuação

Figura 3.20

Exemplo 3.5: (a) DCL do segmento 1;
(b) DCL do segmento 2; e
(c) DCL do segmento 3

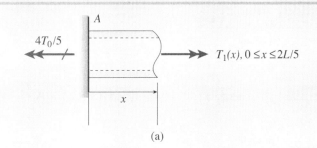

(a)

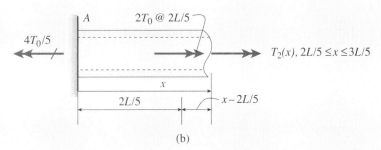

(b)

Em seguida, o DCL do segmento 2 da estrutura do tubo (Figura 3.20b) dá:

$$T_2(x) = \frac{4}{5}T_0 - 2T_0 = \frac{-6}{5}T_0 \quad \frac{2}{5}L \leq x \leq \frac{3}{5}L \quad \text{(c)}$$

onde $T_2(x)$ também é constante e o sinal de menos significa que $T_2(x)$ realmente aponta na direção x negativa.
Finalmente, o DCL do segmento 3 da estrutura do tubo (Figura 3.20c) proporciona a seguinte expressão para o momento de torção interna $T_3(x)$:

$$T_3(x) = \frac{4}{5}T_0 - 2T_0 + t_0\left(x - \frac{3}{5}L\right) = 3T_0\left(\frac{x}{L} - 1\right) \quad \frac{3}{5}L \leq x \leq L \quad \text{(d)}$$

Figura 3.20 (Continuação)

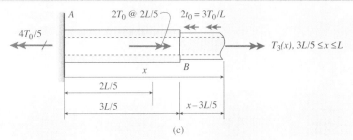

(c)

Avaliando a Equação (d) em B e em C, vemos que em B, temos:

$$T_3\left(\frac{3}{5}L\right) = 3T_0\left(\frac{3}{5} - 1\right) = \frac{-6}{5}T_0$$

e em C, temos:

$$T_3(L) = 3T_0(1 - 1) = 0$$

Agora podemos traçar as Equações (b), (c) e (d) para obter um *diagrama de momento de torção* (Figura 3.21) (DMT), que mostra a variação do momento de torção interno ao longo do comprimento da estrutura tubular ($x = 0$ a $x = L$).

Exemplo 3.5 *Continuação*

Figura 3.21

Exemplo 3.5: Diagrama de momento de torsão (DMT)

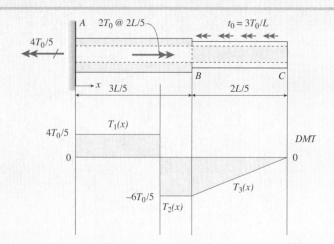

(b) *Tensão máxima de cisalhamento no tubo* τ_{max}. Usaremos a fórmula de torção [Equação (3.13)] para calcular a tensão de cisalhamento no tubo. A tensão máxima de cisalhamento está sobre a superfície do tubo. O momento de inércia polar de cada tubo é calculado como:

$$I_{pAB} = \frac{\pi}{32}\left[(d + 2t_{AB})^4 - (d)^4\right]$$

$$= \frac{\pi}{32}\left[[250\text{ mm} + 2(19\text{ mm})]^4 - (250\text{ mm})^4\right] = 2{,}919 \times 10^{-4}\text{ m}^4$$

e

$$I_{pBC} = \frac{\pi}{32}\left[(d + 2t_{BC})^4 - (d)^4\right]$$

$$= \frac{\pi}{32}\left[[250\text{ mm} + 2(16\text{ mm})]^4 - (250\text{ mm})^4\right] = 2{,}374 \times 10^{-4}\text{ m}^4$$

O módulo de cisalhamento G é constante, de modo que a rigidez de torção de AB é 1,23 vezes a BC. A partir do DMT (Figura 3.21), vemos que os momentos máximos de torção, tanto em AB como em BC (ambos iguais a $6T_0/5$) estão perto da junção B. Aplicando a fórmula de torção de tubos em AB e BC perto de B, temos:

$$\tau_{max\ AB} = \frac{\left(\frac{6}{5}T_0\right)\left(\frac{d + 2t_{AB}}{2}\right)}{I_{pAB}}$$

$$= \frac{\left(\frac{6}{5}226\text{ kN}\cdot\text{m}\right)\left[\frac{250\text{ mm} + 2(19\text{ mm})}{2}\right]}{2{,}919 \times 10^{-4}\text{ m}^4} = 133{,}8\text{ MPa}$$

$$\tau_{max\ BC} = \frac{\left(\frac{6}{5}T_0\right)\left(\frac{d + 2t_{BC}}{2}\right)}{I_{pBC}}$$

$$= \frac{\left(\frac{6}{5}226\text{ kN}\cdot\text{m}\right)\left[\frac{250\text{ mm} + 2(16\text{ mm})}{2}\right]}{2{,}374 \times 10^{-4}\text{ m}^4} = 161{,}1\text{ MPa}$$

Assim, a tensão máxima de cisalhamento no tubo está um pouco para a direita da conexão da chapa de ligação na junção B. "Um pouco à direita" significa que devemos mover uma distância apropriada da cone-

Exemplo 3.5 Continuação

xão para evitar quaisquer efeitos de concentração de tensão no ponto de fixação dos dois tubos de acordo com o princípio de St. Venant (ver a Seção 3.12).

(c) *Rotações de torção* $\phi(x)$. Em seguida, usamos a *relação torque-deslocamento*, Equações (3.24) até (3.27), para encontrar a variação da rotação de torção ϕ ao longo do comprimento da estrutura tubular. O suporte A é fixo, de modo que $\phi_A = \phi(0) = 0$. O torque interno de $x = 0$ e $x = 2L/5$ (segmento 1) é constante, por isso, utilize a Equação (3.24) para encontrar a rotação de torção $\phi_1(x)$ que varia linearmente de $x = 0$ para $x = 2L/5$:

$$\phi_1(x) = \frac{T_1(x)(x)}{GI_{pAB}} = \frac{\left(\dfrac{4T_0}{5}\right)(x)}{GI_{pAB}} = \frac{4T_0 x}{5GI_{pAB}} \qquad 0 \leq x \leq \frac{2L}{5} \qquad \text{(e)}$$

Avaliando a Equação (e) em $x = 2L/5$, encontramos a rotação de torção no ponto de aplicação do torque $2T_0$ como sendo:

$$\phi_1\left(\frac{2L}{5}\right) = \frac{T_1\left(\dfrac{2L}{5}\right)\left(\dfrac{2L}{5}\right)}{GI_{pAB}} = \frac{\left(\dfrac{4T_0}{5}\right)\left(\dfrac{2L}{5}\right)}{GI_{pAB}} = \frac{8T_0 L}{25 GI_{pAB}} = \frac{0{,}32 T_0 L}{GI_{pAB}} \qquad \text{(f)}$$

Em seguida, encontramos uma expressão para a variação do ângulo de torção $\phi_2(x)$ de $x = 2L/5$ para $x = 3L/5$ (ponto B). Como com $\phi_1(x)$, a torção $\phi_2(x)$ varia linearmente ao longo do segmento 2, porque o torque $T_2(x)$ é constante (Figura 3.21). Usando a Equação (3.24), temos:

$$\phi_2(x) = \phi_1\left(\frac{2L}{5}\right) + \frac{T_2(x)\left(x - \dfrac{2L}{5}\right)}{GI_{pAB}} = \frac{8T_0 L}{25 GI_{pAB}} + \frac{\left(\dfrac{-6}{5} T_0\right)\left(x - \dfrac{2L}{5}\right)}{GI_{pAB}}$$

$$= \frac{2T_0(2L - 3x)}{5 GI_{pAB}} \qquad \frac{2L}{5} \leq x \leq \frac{3L}{5} \qquad \text{(g)}$$

Finalmente, desenvolvemos uma expressão para a torção sobre o segmento 3 (ou tubo BC). Vemos que o momento de torção interna agora tem uma variação linear (Figura 3.21), então é necessária uma fórmula integral da relação torque-deslocamento [Equação (3.27)]. Inserimos a expressão para $T_3(x)$ a partir da Equação (d) e adicionamos o deslocamento de torção em B obtendo a fórmula para a variação de torção em BC

$$\phi_3(x) = \phi_2\left(\frac{3L}{5}\right) + \int_{\frac{3L}{5}}^{x} \frac{\left[3T_0\left(\dfrac{\zeta}{L} - 1\right)\right]}{GI_{pBC}} d\zeta$$

$$= \frac{2T_0\left[2L - 3\left(\dfrac{3L}{5}\right)\right]}{5 GI_{pAB}} + \int_{\frac{3L}{5}}^{x} \frac{\left[3T_0\left(\dfrac{\zeta}{L} - 1\right)\right]}{GI_{pBC}} d\zeta$$

O torque $T_3(x)$ tem uma variação linear, de modo que a avaliação dos rendimentos integrais é uma expressão quadrática da variação de torção em BC:

$$\phi_3(x) = \frac{2LT_0}{25 GI_{pAB}} + \frac{3T_0(21L^2 - 50Lx + 25x^2)}{50 GI_{pBC} L} \qquad \frac{3L}{5} \leq x \leq L \qquad \text{(h)}$$

Substituindo $x = 3L/5$, obtemos a torção em B:

$$\phi_3\left(\frac{3L}{5}\right) = \frac{2LT_0}{25 GI_{pAB}}$$

Exemplo 3.5 Continuação

Com $x = L$, temos a torção em C:

$$\phi_3(L) = \frac{2LT_0}{25GI_{pAB}} - \frac{6LT_0}{25GI_{pBC}} = -0{,}215\frac{T_0L}{GI_{pAB}}$$

Se considerarmos que $I_{pAB} = 1{,}23\, I_{pBC}$ (aqui com base nas propriedades numéricas), podemos representar graficamente a variação de torção ao longo do comprimento da estrutura do tubo (Figura 3.22), notando que ϕ_{max} ocorre em $x = 2L/5$ [ver Equação (f)].

Finalmente, se restringirmos ϕ_{max} até o valor permitido de 0,5°, podemos resolver para o valor máximo admissível de carga variável T_0 (kN·m) usando as propriedades numéricas dadas anteriormente:

$$T_{0\,max} = \frac{GI_{pAB}}{0{,}32L}(\phi_{adm}) = \frac{(81\text{ GPa})(2{,}919 \times 10^{-4}\text{ m}^4)}{0{,}32(3\text{m})}(0{,}5°)$$

$$= 215\,\text{kN}\cdot\text{m} \quad \Longleftarrow \text{(i)}$$

Figura 3.22

Exemplo 3.5: Diagrama de deslocamento de torção (DDT)

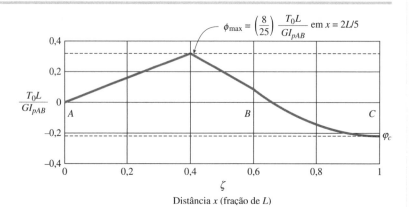

Distância x (fração de L)

(© Can Stock Photo Inc./ Nostalgie)

(d) *Número de parafusos necessários na conexão flangeada.* Agora usamos $T_{0,max}$ da Equação (i) para encontrar o número necessário de parafusos com diâmetro $d_b = 22$ mm no raio $r = 380$ mm na conexão flangeada de emenda em B. A tensão de cisalhamento admissível nos parafusos é $\tau_a = 190$ MPa. Assumimos que cada parafuso carrega uma parte igual do torque em B, então cada um dos n parafusos carrega uma força de cisalhamento F_b a uma distância r do centro da seção transversal (Figura 3.23). A força máxima de cisalhamento F_b por parafuso é τ_a vezes a área transversal do parafuso A_b, e o torque total em B é $6T_{0,max}/5$ (ver DMT na Figura 3.21), assim encontramos:

$$nF_br = \frac{6}{5}T_{0\,max} \quad \text{ou} \quad n = \frac{\frac{6}{5}T_{0\,max}}{\tau_a A_b r} = \frac{\frac{6}{5}(215\text{ kN}\cdot\text{m})}{(190\text{ MPa})\left[\frac{\pi}{4}(22\text{ mm})^2\right](380\text{ mm})}$$

$$= 9{,}4 \quad \Longleftarrow$$

Use **dez** parafusos de 22 mm de diâmetro no raio de 380 mm na flange em B.

Figura 3.23

Exemplo 3.5: Parafusos da flange em B

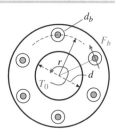

3.5 Tensões e deformações em cisalhamento puro

Quando uma barra circular, sólida ou vazada, é submetida a torção, tensões de cisalhamento agem sobre as seções transversais e em planos longitudinais, como ilustrado previamente na Figura 3.7. Vamos examinar em detalhes as tensões e as deformações produzidas durante a torção da barra.

Começamos considerando um elemento de tensão *abcd* cortado entre duas seções transversais de uma barra em torção (Figuras 3.24a e b). Esse elemento está em estado de **cisalhamento puro**, porque as únicas tensões agindo nele são as tensões de cisalhamento τ nas quatro faces laterais (veja a discussão de tensões de cisalhamento na Seção 1.7).

As direções dessas tensões de cisalhamento dependem das direções dos torques aplicados *T*. Nessa discussão, consideramos que os torques rotacionam a extremidade direita da barra no sentido horário, quando visto da direita (Figura 3.24a); dessa forma, as tensões de cisalhamento agindo no elemento têm as direções ilustradas na figura. Esse mesmo estado de tensão existe para um elemento similar cortado do interior da barra, porém, as magnitudes das tensões de cisalhamento são menores porque a distância radial até o elemento é menor.

Os sentidos dos torques ilustrados na Figura 3.24a são intencionalmente escolhidos de forma que as tensões de cisalhamento resultantes (Figura 3.24b) sejam positivas, de acordo com a **convenção de sinal** para tensões de cisalhamento descrita na Seção 1.7, mas que repetimos a seguir.

Uma tensão de cisalhamento agindo em uma face positiva de um elemento é positiva se age na direção positiva de um dos eixos coordenados e negativa se age na direção negativa de um eixo. Por outro lado, uma tensão de cisalhamento agindo em uma face negativa de um elemento é positiva se age na direção negativa de um dos eixos coordenados e negativa se age na direção positiva de um eixo.

Aplicando essa convenção de sinal para as tensões de cisalhamento agindo no elemento de tensão da Figura 3.24b, vemos que todas as quatro tensões de cisalhamento são positivas. Por exemplo, a tensão na face direita (que é uma face positiva, porque o eixo *x* é direcionado para a direita) age na direção positiva do eixo *y*; por isso, ela é uma tensão de cisalhamento positiva. A tensão na face esquerda (que é uma face negativa) age na direção negativa do eixo *y*; por isso, ela é uma tensão de cisalhamento positiva. Comentários análogos aplicam-se às tensões remanescentes.

Tensões em planos inclinados

Agora estamos prontos para determinar as tensões agindo em *planos inclinados* cortados de elementos de tensão em cisalhamento puro. Vamos seguir a mesma sistemática usada na Seção 2.6 para investigar as tensões em um estado de tensão uniaxial.

Uma vista bidimensional do elemento de tensão é ilustrada na Figura 3.25a. Como explicado anteriormente na Seção 2.6, em geral desenhamos uma vista bidimensional por conveniência, mas sempre devemos nos lembrar de que o elemento tem uma terceira dimensão (espessura) perpendicular ao plano da figura.

Agora vamos cortar um elemento de tensão em forma de cunha (ou "triangular") do elemento, com uma face orientada em um ângulo θ em relação ao eixo *x* (Figura 3.25b). Tensões normais σ_θ e tensões de cisalhamento τ_θ agem sobre essa face inclinada e são ilustradas na figura em suas direções positivas. A **convenção de sinal** para tensões σ_θ e τ_θ foi descrita anteriormente na Seção 2.6 e é repetida a seguir.

Tensões normais σ_θ são positivas em tração e tensões de cisalhamento τ_θ são positivas quando tendem a produzir uma rotação no sentido anti-horário

Figura 3.24

Tensões agindo em um elemento de tensão cortado de uma barra em torção (cisalhamento puro)

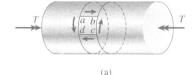

(a)

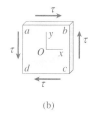

(b)

do material. (Observe que essa convenção de sinal para a tensão de cisalhamento τ_θ agindo em um plano inclinado é diferente da convenção de sinal para tensões de cisalhamentos comuns τ que agem nos lados de elementos retangulares orientados em um conjunto de eixos xy.)

As faces verticais e horizontais de um elemento triangular (Figura 3.25b) têm tensões de cisalhamento positivas τ agindo nelas, e as faces frontais e posteriores do elemento estão livres de tensão. Por isso, todas as tensões agindo no elemento são visíveis nessa figura.

As tensões σ_θ e τ_θ agora podem ser determinadas a partir do equilíbrio do elemento triangular. As *forças* agindo nessas três faces laterais podem ser obtidas multiplicando-se as tensões pelas áreas sobre as quais elas agem. Por exemplo, a força na face esquerda é igual a τA_0, em que A_0 é a área da face vertical. Essa força age na direção negativa de y e é ilustrada no *diagrama de corpo livre* da Figura 3.25c. Como a espessura do elemento na direção z é constante, vemos que a área da face inferior é A_0 tg θ e a área da face inclinada é A_0 sec θ. Multiplicar as tensões agindo nessas faces pelas áreas correspondentes nos possibilita obter as forças remanescentes e, dessa forma, completar o diagrama de corpo livre (Figura 3.25c).

Figura 3.25

Análise de tensões em planos inclinados: (a) elemento em cisalhamento puro; (b) tensões agindo em um elemento de tensão triangular' e (c) forças agindo no elemento de tensão triangular (diagrama de corpo livre)

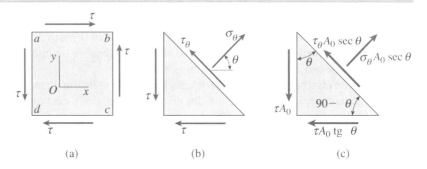

Agora estamos prontos para escrever duas equações de equilíbrio para o elemento triangular, uma na direção de σ_θ e outra na direção de τ_θ. Ao escrever essas equações, as forças agindo nas faces esquerda e inferior devem ser desmembradas em componentes nas direções de σ_θ e τ_θ. Dessa forma, a primeira equação, obtida somando-se as forças na direção de σ_θ, é

$$\sigma_\theta A_0 \sec \theta = \tau A_0 \sen \theta + \tau A_0 \tg \theta \cos \theta$$

ou

$$\sigma_\theta = 2\tau \sen \theta \cos \theta \qquad (3.28a)$$

A segunda equação é obtida com a soma das forças na direção de τ_θ:

$$\tau_\theta A_0 \sec \theta = \tau A_0 \cos \theta - \tau A_0 \tg \theta \sen \theta$$

ou

$$\tau_\theta = \tau(\cos^2\theta - \sen^2\theta) \qquad (3.28b)$$

Essas equações podem ser expressas em formas mais simples introduzindo-se as seguintes identidades trigonométricas:

$$\sen 2\theta = 2 \sen \theta \cos \theta \qquad \cos 2\theta = \cos^2\theta - \sen^2\theta$$

Então as equações para σ_θ e τ_θ ficam

$$\sigma_\theta = \tau \sen 2\theta \qquad \tau_\theta = \tau \cos 2\theta \qquad (3.29a,b)$$

As Equações (3.29a e b) fornecem as tensões normal e de cisalhamento agindo em qualquer plano inclinado em termos das tensões de cisalhamento τ agindo nos planos *x* e *y* (Figura 3.25a) e do ângulo θ definindo a orientação do plano inclinado (Figura 3.25b).

A maneira como as tensões σ_θ e τ_θ variam conforme a orientação do plano inclinado é ilustrada pelo gráfico na Figura 3.26, que é uma representação das Equações (3.29a e b). Vemos que, para $\theta = 0$, que é a face direita do elemento de tensão na Figura 3.25a, o gráfico fornece $\sigma_\theta = 0$ e $\tau_\theta = \tau$. Esse último resultado é esperado porque a tensão de cisalhamento τ age na direção anti-horária do elemento e, por isso, produz uma tensão de cisalhamento positiva τ_θ.

Para a face superior do elemento ($\theta = 90°$), obtemos $\sigma_\theta = 0$ e $\tau_\theta = -\tau$. O sinal negativo para τ_θ indica que ela age no sentido horário do elemento, isto é, para a direita na face *ab* (Figura 3.25a), o que é consistente com a direção da tensão de cisalhamento τ. Note que as tensões de cisalhamento numericamente maiores ocorrem nos planos para os quais $\theta = 0°$ e $90°$, bem como nas faces opostas ($\theta = 180°$ e $270°$).

Do gráfico, vemos que a tensão normal σ_θ atinge um valor máximo em $\theta = 45°$. Neste ângulo, a tensão é positiva (tração) e igual numericamente à tensão de cisalhamento τ. Similarmente, σ_θ tem seu valor mínimo (que é de compressão) em $\theta = -45°$. Em ambos os ângulos de 45°, a tensão de cisalhamento τ_θ é igual a zero. Essas condições estão representadas na Figura 3.27, que mostra elementos de tensão orientados a $\theta = 0$ e $\theta = 45°$. O elemento a 45° está solicitado por tensões de tração e compressão iguais em direções perpendiculares, sem tensões de cisalhamento.

Figura 3.26

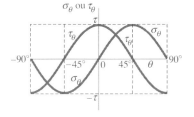

Gráfico de tensões normais σ_θ e tensões de cisalhamento τ_θ em relação ao ângulo θ do plano inclinado

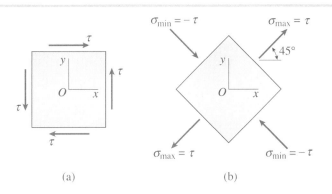

Figura 3.27

Elementos de tensão orientados a $\theta = 0$ e $\theta = 45°$ para cisalhamento puro

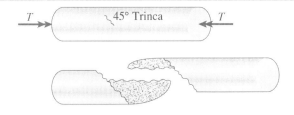

Figura 3.28

Falha por torção de um material frágil por trinca de tração ao longo de uma superfície helicoidal a 45°

Observe que as tensões normais agindo no elemento a 45° (Figura 3.27b) correspondem a um elemento submetido a tensões de cisalhamento τ agindo nas direções ilustradas na Figura 3.27a. Se as tensões de cisalhamento agindo no elemento da Figura 3.27a tiverem suas direções invertidas, as tensões normais agindo nos planos de 45° também terão variações nas direções.

Se um elemento de tensão é orientado em qualquer outro ângulo que não o de 45°, as tensões normal e de cisalhamento vão agir nas faces inclinadas (veja as Equações 3.29a e b e a Figura 3.26). Elementos de tensão submetidos a essas condições mais gerais são discutidos em detalhes no Capítulo 7.

As equações deduzidas nesta seção são válidas para um elemento de tensão em cisalhamento puro independentemente do fato de o elemento ser cortado de uma barra em torção ou de qualquer outro elemento estrutural. Uma vez que as Equações (3.29) foram deduzidas apenas do equilíbrio, elas são válidas para qualquer material, independentemente de se comportarem de maneira elástica linear ou não.

A existência de tensões de cisalhamento máximas nos planos a 45° do eixo *x* (Figura 3.27b) explica por que barras em torção feitas de materiais frágeis e fracos em tração falham, quebrando ao longo de uma superfície helicoidal a 45° (Figura 3.28). Como mencionado na Seção 3.3, esse tipo de falha é prontamente demonstrado torcendo-se um pedaço de giz.

Deformações em cisalhamento puro

Vamos considerar as deformações que existem num elemento em cisalhamento puro. Por exemplo, considere o elemento em cisalhamento puro ilustrado na Figura 3.27a. As deformações de cisalhamento correspondentes são ilustradas na Figura 3.29a, em que as deformações estão bem exageradas. A deformação de cisalhamento γ é a variação no ângulo entre duas linhas que eram originalmente perpendiculares uma à outra, como já discutido na Seção 1.7. Dessa forma, a diminuição no ângulo no canto esquerdo inferior do elemento é a deformação de cisalhamento γ (medida em radianos). Essa mesma variação ocorre no canto superior direito, em que o ângulo diminui, e nos outros dois cantos, em que os ângulos aumentam. Entretanto, os comprimentos dos lados do elemento, incluindo a espessura perpendicular ao plano do papel, não variam quando essas deformações de cisalhamento ocorrem. Por isso, a forma do elemento varia de um paralelepípedo retangular (Figura 3.27a) para um paralelepípedo oblíquo (Figura 3.29a). Essa variação na forma é chamada de **distorção de cisalhamento**.

Se o material é elástico linear, a deformação de cisalhamento para o elemento orientado $\theta = 0°$ (Figura 3.29a) está relacionada à tensão de cisalhamento pela lei de Hooke em cisalhamento:

$$\gamma = \frac{\tau}{G} \tag{3.30}$$

em que, como de costume, o símbolo G representa o módulo de elasticidade de cisalhamento.

Considere agora as deformações que ocorrem em um elemento orientado a $\theta = 45°$ (Figura 3.29b). As tensões de tração agindo a 45° tendem a alongar o elemento nessa direção. Por causa do coeficiente de Poisson, elas também tendem a encurtar na direção perpendicular (a direção onde $\theta = 135°$ ou $-45°$). De forma similar, as tensões de compressão agindo a 135° tendem a encurtar o elemento nessa direção e alongá-lo na direção de 45°. Essas variações dimensionais são ilustradas na Figura 3.29b, em que as linhas tracejadas mostram o elemento deformado. Uma vez que não há distorções de cisalhamento, o elemento permanece um paralelepípedo retangular, mesmo que suas dimensões tenham mudado.

Se o material é elástico linear e segue a lei de Hooke, podemos obter uma equação relacionando deformação com tensão para o elemento a $\theta = 45°$ (Figura 3.29b). A tensão de tração σ_{max} agindo $\theta = 45°$, produz uma deformação normal positiva nessa direção igual a σ_{max}/E. Uma vez que $\sigma_{max} = \tau$, também podemos expressar essa deformação como τ/E. A tensão σ_{max} também produz uma deformação negativa na direção perpendicular igual a $-\nu\tau/E$, em que ν é o coeficiente de Poisson. De forma similar, a tensão $\sigma_{min} = -\tau$ (em $\theta = 135°$) produz uma deformação negativa igual a $-\tau/E$ nessa direção e uma deformação positiva na direção perpendicular (a direção de 45°) igual a $\nu\tau/E$. Por isso, a deformação normal na direção de 45° é

$$\varepsilon_{max} = \frac{\tau}{E} + \frac{\nu\tau}{E} = \frac{\tau}{E}(1 + \nu) \tag{3.31}$$

que é positiva, representando alongamento. A deformação na direção perpendicular é uma deformação negativa de mesma quantidade. Em outras palavras, o cisalhamento puro produz alongamento na direção de 45° e encurtamento na direção de 135°. Essas deformações são consistentes com a forma do elemento deformado da Figura 3.29a, porque a diagonal a 45° alongou-se e a diagonal a 135° encurtou-se.

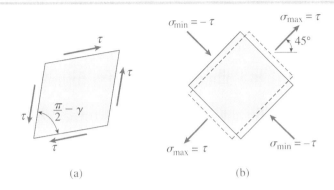

Figura 3.29

Deformações em cisalhamento puro: (a) distorção de cisalhamento de um elemento orientado $\theta = 0$; e (b) distorção de um elemento orientado a $\theta = 45°$

Na próxima seção, vamos usar a geometria do elemento deformado para relacionar a deformação de cisalhamento γ (Figura 3.29a) com a deformação normal ε_{max} na direção de 45° (Figura 3.29b). Fazendo isso, deduziremos a relação a seguir:

$$\varepsilon_{max} = \frac{\gamma}{2} \qquad (3.32)$$

Essa equação, junto com a Equação (3.30), pode ser usada para calcular as deformações de cisalhamento máximas e as deformações normais máximas em torção pura quando a tensão de cisalhamento τ é conhecida.

Exemplo 3.6

Um tubo circular com diâmetro externo de 80 mm e interno de 60 mm está submetido a um torque $T = 4,0$ kN · m (Figura 3.30). O tubo é feito de uma liga de alumínio 7075-T6.

(a) Determine as tensões de cisalhamento, tração e compressão máximas no tubo e mostre estas tensões em esboços de elementos de tensão orientados adequadamente.
(b) Determine as deformações máximas correspondentes no tubo e mostre estas deformações em esboços dos elementos deformados.
(c) Qual é o torque máximo admissível T_{max} se a deformação normal admissível é $\varepsilon_a = 0,9 \times 10^{-3}$?
(d) Se $T = 4.0$ kN · m e $\varepsilon_a = 0,9 \times 10^{-3}$, qual novo diâmetro externo é necessário para que o tubo possa suportar o torque requerido T (assumindo que o diâmetro interno do tubo permanece em 60 mm)?

Figura 3.30

Exemplo 3.6: Tubo circular em torção

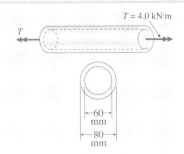

Continua

Exemplo 3.6 Continuação

Solução

(a) *Tensões máximas.* Os valores máximos de todas as três tensões (cisalhamento, tração e compressão) são iguais numericamente, embora ajam em planos diferentes. As magnitudes são encontradas a partir da fórmula de torção:

$$\tau_{max} = \frac{Tr}{I_p} = \frac{(4000 \text{ N} \cdot \text{m})(0{,}040 \text{ m})}{\frac{\pi}{32}\left[(0{,}080 \text{ m})^4 - (0{,}060 \text{ m})^4\right]} = 58{,}2 \text{ MPa}$$

As tensões de cisalhamento máximas agem em planos transversais e longitudinais, como ilustrado pelo elemento de tensão na Figura 3.31a, em que o eixo *x* é paralelo ao eixo longitudinal do tubo.

As tensões de tração e compressão máximas são

$$\sigma_t = 58{,}2 \text{ MPa} \qquad \sigma_c = -58{,}2 \text{ MPa}$$

Essas tensões agem nos planos a 45° do eixo (Figura 3.31b).

(b) *Deformações máximas.* A deformação de cisalhamento máxima no tubo é obtida a partir da Equação (3.30). O módulo de elasticidade de cisalhamento é obtido a partir da Tabela B.2, do Apêndice B, sendo $G = 27$ GPa. Por isso, a deformação de cisalhamento máxima é

$$\gamma_{max} = \frac{\tau_{max}}{G} = \frac{58{,}2 \text{ MPa}}{27 \text{ GPa}} = 0{,}0022 \text{ rad}$$

O elemento de deformação é ilustrado pelas linhas tracejadas na Figura 3.28c.

A magnitude das deformações normais máximas (da Equação 3.32) é

$$\varepsilon_{max} = \frac{\gamma_{max}}{2} = 0{,}0011$$

Dessa forma, as deformações de tração e compressão máximas são

$$\varepsilon_t = 0{,}0011 \qquad \varepsilon_c = -0{,}0011$$

O elemento deformado é ilustrado pelas linhas tracejadas na Figura 3.31d para um elemento com lados unitários.

Figura 3.31

Elementos de tensão e deformação para o tubo do Exemplo 3.6: (a) tensões de cisalhamento máximas; (b) tensões de tração e compressão máximas; (c) deformações de cisalhamento máximas; e (d) deformações de tração e compressão máximas

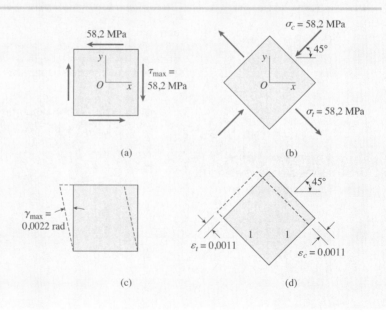

> **Exemplo 3.6** *Continuação*

(c) *Torque máximo permissível*. O tubo está em cisalhamento puro, de modo que a deformação de cisalhamento admissível é o dobro da deformação normal permitida [ver Equação (3.32)]:

$$\gamma_a = 2\varepsilon_a = 2(0,9 \times 10^{-3}) = 1,8 \times 10^{-3}$$

A partir da fórmula de cisalhamento [Equação 3.13)], temos:

$$\tau_{max} = \frac{T\left(\dfrac{d_2}{2}\right)}{I_p} \quad \text{então} \quad T_{max} = \frac{\tau_a I_p}{\left(\dfrac{d_2}{2}\right)} = \frac{2(G\gamma_a)I_p}{d_2}$$

onde d_2 é o diâmetro externo. Substituindo valores numéricos temos:

$$T_{max} = \frac{2(27\ \text{GPa})(1,8 \times 10^{-3})\left[\dfrac{\pi}{32}\left[(0,08\ \text{m})^4 - (0,06\ \text{m})^4\right]\right]}{0,08\ \text{m}}$$

$$= 3,34\ \text{kN} \cdot \text{m} \quad \blacktriangleleft$$

(d) *Novo diâmetro externo do tubo*. Podemos usar a equação anterior, mas com T = 4.0 kN·m para encontrar o diâmetro externo exigido d_2:

$$\frac{I_p}{d_2} = \frac{T}{2G\gamma_a} \quad \text{ou} \quad \frac{d_2^4 - (0,06\ \text{m})^4}{d_2} = \frac{\left(\dfrac{32}{\pi}\right)4\ \text{kN} \cdot \text{m}}{2(27\ \text{GPa})(1,8 \times 10^{-6})} = 0,41917\ \text{m}^3$$

Resolvendo para o diâmetro externo exigido d_2 numericamente, obtemos:

$$d_2 = 83,2\ \text{mm} \quad \blacktriangleleft$$

3.6 Relação entre os módulos de elasticidade *E* e *G*

Uma relação importante entre os módulos de elasticidade *E* e *G* pode ser obtida a partir das equações deduzidas na seção anterior. Para esse fim, considere o elemento de tensão *abcd* ilustrado na Figura 3.32a. A face frontal do elemento é considerada quadrada, com o comprimento de cada lado denotado por *h*. Quando esse elemento é submetido a cisalhamento puro por tensões τ, a face frontal se distorce para um losango (Figura 3.32b) com lados de comprimento *h* e com deformação de cisalhamento $\gamma = \tau/G$. Por causa da distorção, a diagonal *bd* é alongada e a diagonal *ac* é encurtada. O comprimento da diagonal *bd* é igual ao seu comprimento inicial $\sqrt{2}h$ vezes o fator $1 + \varepsilon_{max}$, em que ε_{max} é a deformação normal na direção de 45°; dessa forma,

$$L_{bd} = \sqrt{2}h(1 + \varepsilon_{max}) \tag{3.33}$$

Esse comprimento pode ser relacionado com a deformação de cisalhamento γ, considerando a geometria do elemento deformado.

Para obter as relações geométricas necessárias, considere o triângulo *abd* (Figura 3.32c), que representa a metade do losango ilustrado na Figura 3.32b. O lado *bd* desse triângulo tem comprimento L_{bd} (Equação 3.33) e os outros lados têm comprimento *h*. O ângulo *adb* do triângulo é igual à metade do ângulo *adc* do losango, ou $\pi/4 - \gamma/2$. O ângulo *abd* no triângulo é o mesmo.

Por isso, o ângulo *dab* do triângulo é igual a $\pi/2 + \gamma$. Agora, usando a lei dos cossenos para o triângulo *abd*, obtemos

$$L_{bd}^2 = h^2 + h^2 - 2h^2 \cos\left(\frac{\pi}{2} + \gamma\right)$$

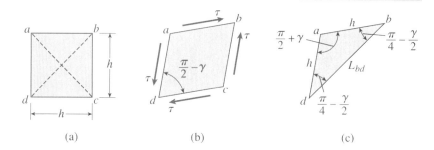

Figura 3.32

Geometria de um elemento deformado em cisalhamento puro

Substituindo para L_{bd} da Equação (3.33) e simplificando, obtemos

$$(1 + \varepsilon_{max})^2 = 1 - \cos\left(\frac{\pi}{2} + \gamma\right)$$

Expandindo o termo no lado esquerdo e também observando que $\cos(\pi/2 + \gamma) = -\operatorname{sen}\gamma$, obtemos

$$1 + 2\varepsilon_{max} + \varepsilon_{max}^2 = 1 + \operatorname{sen}\gamma$$

Como ε_{max} e γ são deformações bem pequenas, podemos desconsiderar ε_{max}^2 em comparação com $2\varepsilon_{max}$ e podemos substituir $\operatorname{sen}\gamma$ por γ. A expressão resultante é

$$\varepsilon_{max} = \frac{\gamma}{2} \qquad (3.34)$$

que estabelece a relação já apresentada na Seção 3.5 com a Equação (3.32).

A deformação de cisalhamento γ que aparece na Equação (3.34) é igual a τ/G pela lei de Hooke (Equação 3.30) e a deformação normal ε_{max} é igual a $\tau(1 + \nu)/E$ pela Equação (3.31). Fazendo ambas as substituições na Equação (3.34), temos

$$G = \frac{E}{2(1 + \nu)} \qquad (3.35)$$

Vemos que E, G e ν não são propriedades independentes de um material elástico linear. Em vez disso, se duas delas são conhecidas, a terceira pode ser calculada a partir da Equação (3.35).

Valores típicos de E, G e ν estão listados na Tabela B.2, Apêndice B.

3.7 Transmissão de potência por eixos circulares

A utilidade mais importante de eixos rotativos é transmitir potência mecânica de um dispositivo ou máquina para outro, como virabrequim de automóvel, eixo propulsor de navio ou eixo de bicicleta. A potência é transmitida através de um movimento rotatório do eixo, e a quantidade de potência transmitida depende da magnitude do torque e da velocidade de rotação. Um problema comum de dimensionamento é determinar o tamanho necessário de um eixo de forma que ele transmita uma quantidade específica de potência numa velocidade de rotação especificada, sem exceder as tensões admissíveis para o material.

Vamos supor que um eixo de um motor (Figura 3.33) esteja rotacionando a uma velocidade angular ω, medida em radianos por segundo (rad/s). O eixo transmite um torque T para um dispositivo (não mostrado na figura) que está realizando trabalho útil. O torque aplicado pelo eixo ao dispositivo externo tem o mesmo sentido que a velocidade angular ω, isto é, seu vetor aponta para a esquerda. No entanto, o torque ilustrado na figura é o torque exercido *no eixo* pelo dispositivo e, dessa forma, seu vetor aponta no sentido oposto.

Em geral, o trabalho W realizado por um torque de intensidade constante é igual ao produto do torque pelo ângulo através do qual ele rotaciona, isto é,

$$W = T\psi \tag{3.36}$$

em que ψ é o ângulo de rotação em radianos.

Potência é a *taxa* em que o trabalho é feito ou

$$P = \frac{dW}{dt} = T\frac{d\Psi}{dt} \tag{3.37}$$

em que P é o símbolo para potência e t representa o tempo. A taxa de variação $d\psi/dt$ do deslocamento angular ψ é a velocidade angular ω e, por isso, a equação anterior fica

$$P = T\omega \quad (\omega = \text{rad/s}) \tag{3.38}$$

Essa fórmula, familiar da física elementar, fornece a potência transmitida por um eixo em rotação que transmite um torque constante T.

As **unidades** a serem usadas na Equação (3.38) são as seguintes: se o torque T for expresso em newton-metros, então a potência será expressa em watts (W). Um watt é igual a um newton-metro por segundo (ou um joule por segundo). Se T é expresso em libras-pés, então a potência é expressa em libras-pés por segundo.

A velocidade angular é muitas vezes expressa como a frequência de rotação f, que é o número de revoluções por unidade de tempo. A unidade de frequência é o hertz (Hz), igual a uma revolução por segundo (s^{-1}). Visto que uma revolução é igual a 2π radianos, obtemos

$$\omega = 2\pi f \quad (\omega = \text{rad/s}, f = \text{Hz} = s^{-1}) \tag{3.39}$$

A expressão para a potência (Equação 3.38) então fica

$$P = 2\pi f T \quad (f = \text{Hz} = s^{-1}) \tag{3.40}$$

Outra unidade usada com frequência é o número de revoluções por minuto (rpm), denotada pela letra n. Por isso, também temos as seguintes relações:

$$n = 60f \tag{3.41}$$

e

$$P = \frac{2\pi n T}{60} \quad (n = \text{rpm}) \tag{3.42}$$

Nas Equações (3.40) e (3.42), as quantidades P e T têm as mesmas unidades que na Equação (3.38); isto é, P tem unidades de watts se T tem unidades de newton-metros, e P tem unidades de libras-pés por segundo se T tem unidades de libras-pés.

Figura 3.33

Eixo transmitindo um torque constante T e uma velocidade angular ω

Na prática de engenharia nos Estados Unidos, a potência é algumas vezes expressa em cavalos (hp), uma unidade igual a 550 lb-pés/s. Por isso, a potência expressa em cavalos H, transmitida por um eixo em rotação, é

$$H = \frac{2\pi n T}{60(550)} = \frac{2\pi n T}{33.000} \quad (n = \text{rpm}, T = \text{lb-pés}, H = \text{hp}) \quad (3.43)$$

Um cavalo tem aproximadamente 746 watts.

As equações anteriores relacionam o torque agindo em um eixo com a potência transmitida pelo eixo. Uma vez que o torque é conhecido, podemos determinar as tensões de cisalhamento, as deformações de cisalhamento, os ângulos de torção e outras quantidades desejadas pelos métodos descritos nas Seções 3.2 a 3.5.

Os exemplos a seguir ilustram alguns dos procedimentos para analisar eixos em rotação.

Exemplo 3.7

Um motor rotacionando um eixo circular maciço de aço transmite 30 kW para uma engrenagem em B (Figura 3.34). A tensão de cisalhamento admissível no aço é de 42 MPa.

(a) Qual é o diâmetro d necessário do eixo se ele é operado a 500 rpm?
(b) Qual é o diâmetro d necessário se ele é operado a 4.000 rpm?

Figura 3.34
Exemplo 3.7: Eixo de aço em torção

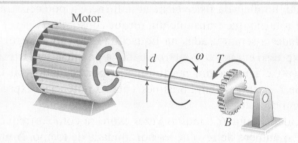

Solução

(a) *Motor operando a 500 rpm.* Conhecendo a potência e a velocidade de rotação, podemos encontrar o torque T agindo no eixo usando a Equação (3.43). Resolvendo essa equação para T, obtemos

$$T = \frac{60\,P}{2\pi n} = \frac{60(30 \text{ kW})}{2\pi(500 \text{ rpm})} = 573 \text{ N} \cdot \text{m}$$

Esse torque é transmitido pelo eixo do motor à engrenagem.

A tensão de cisalhamento máxima no eixo pode ser obtida a partir da fórmula de torção modificada (Equação 3.14):

$$\tau_{max} = \frac{16T}{\pi d^3}$$

Resolvendo essa equação para o diâmetro d e também substituindo τ_{adm} por τ_{max}, obtemos

$$d^3 = \frac{16T}{\pi \tau_{adm}} = \frac{16(573 \text{ N} \cdot \text{m})}{\pi(42 \text{ MPa})} = 69{,}5 \times 10^{-6} \text{ m}^3$$

que gera

$$d = 41{,}1 \text{ mm}$$

O diâmetro do eixo deve ser, no mínimo, desse tamanho para que a tensão admissível não seja excedida.

Exemplo 3.7 Continuação

(b) *Motor operando a 4.000 rpm.* Seguindo o mesmo procedimento da parte (a), obtemos

$$T = \frac{60\,P}{2\pi n} = \frac{60(30\text{ kW})}{2\pi(4000\text{ rpm})} = 71{,}6\text{ N} \cdot \text{m}$$

$$d^3 = \frac{16T}{\pi\tau_{adm}} = \frac{16(71{,}6\text{ N} \cdot \text{m})}{\pi(42\text{ MPa})} = 8{,}68 \times 10^{-6}\text{ m}^3$$

$$d = 20{,}6\text{ mm}$$

que é menor que o diâmetro encontrado na parte (a).

Esse exemplo ilustra que, quanto maior a velocidade de rotação, menor o tamanho necessário do eixo (para mesma potência e mesma tensão admissível).

Exemplo 3.8

Um eixo maciço de aço *ABC* de 50 mm de diâmetro (Figura 3.35a) é acionado em *A* por um motor que transmite 50 kW ao eixo a 10 Hz. As engrenagens *B* e *C* acionam maquinários que necessitam de potência igual a 35 kW e 15 kW, respectivamente.

Calcule a tensão de cisalhamento máxima τ_{max} no eixo e o ângulo de torção ϕ_{AC} entre o motor em *A* e a engrenagem em *C* (use *G* = 80 GPa).

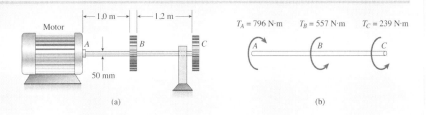

Figura 3.35
Exemplo 3.8: Eixo de aço em torção

Solução

Torques agindo no eixo. Começamos a análise determinando os torques aplicados ao eixo pelo motor e pelas duas engrenagens. Uma vez que o motor fornece 50 kW a 10 Hz, ele gera um torque T_A na extremidade *A* do eixo (Figura 3.35b) que podemos calcular a partir da Equação (3.40):

$$T_A = \frac{P}{2\pi f} = \frac{50\text{ kW}}{2\pi(10\text{ Hz})} = 796\text{ N} \cdot \text{m}$$

De maneira similar, podemos calcular os torques T_B e T_C aplicados pelas engrenagens ao eixo:

$$T_B = \frac{P}{2\pi f} = \frac{35\text{ kW}}{2\pi(10\text{ Hz})} = 557\text{ N} \cdot \text{m}$$

$$T_C = \frac{P}{2\pi f} = \frac{15\text{ kW}}{2\pi(10\text{ Hz})} = 239\text{ N} \cdot \text{m}$$

Esses torques são ilustrados no diagrama de corpo livre do eixo (Figura 3.35b). Note que os torques aplicados pelas engrenagens são opostos em direção ao torque aplicado pelo motor (se imaginarmos T_A como a "carga" aplicada ao eixo pelo motor, então os torques T_B e T_C serão as "reações" das engrenagens).

Os torques internos nos dois segmentos do eixo serão agora encontrados (por inspeção) a partir do diagrama de corpo livre da Figura 3.35b:

$$T_{AB} = 796\text{ N} \cdot \text{m} \qquad T_{BC} = 239\text{ N} \cdot \text{m}$$

> **Exemplo 3.8** *Continuação*
>
> Ambos os torques internos agem na mesma direção e, por isso, os ângulos de torção nos segmentos *AB* e *BC* são somados ao encontrar o ângulo de torção total (para ser específico, ambos os torques são positivos de acordo com a convenção de sinal adotada na Seção 3.4).
>
> *Tensões de cisalhamento e ângulos de torção.* A tensão de cisalhamento e o ângulo de torção no segmento *AB* do eixo são encontrados na maneira usual a partir das Equações (3.14) e (3.17):
>
> $$\tau_{AB} = \frac{16 T_{AB}}{\pi d^3} = \frac{16(796 \text{ N} \cdot \text{m})}{\pi (50 \text{ mm})^3} = 32,4 \text{ MPa}$$
>
> $$\phi_{AB} = \frac{T_{AB} L_{AB}}{G I_P} = \frac{(796 \text{ N} \cdot \text{m})(1,0 \text{ m})}{(80 \text{ GPa})\left(\dfrac{\pi}{32}\right)(50 \text{ mm})^4} = 0,0162 \text{ rad}$$
>
> As quantidades correspondentes para o segmento *BC* são
>
> $$\tau_{BC} = \frac{16 T_{BC}}{\pi d^3} = \frac{16(239 \text{ N} \cdot \text{m})}{\pi (50 \text{ mm})^3} = 9,7 \text{ MPa}$$
>
> $$\phi_{BC} = \frac{T_{BC} L_{BC}}{G I_P} = \frac{(239 \text{ N} \cdot \text{m})(1,2 \text{ m})}{(80 \text{ GPa})\left(\dfrac{\pi}{32}\right)(50 \text{ mm})^4} = 0,0058 \text{ rad}$$
>
> Dessa forma, a tensão de cisalhamento máxima no eixo ocorre no segmento *AB* e é
>
> $$\tau_{max} = 32,4 \text{ MPa}$$
>
> O ângulo de torção total entre o motor em *A* e a engrenagem em *C* é
>
> $$\phi_{AC} = \phi_{AB} + \phi_{BC} = 0,0162 \text{ rad} + 0,0058 \text{ rad} = 0,0220 \text{ rad} = 1,26°$$
>
> Como explicado anteriormente, ambas as partes do eixo giram na mesma direção e, por isso, os ângulos de torção são adicionados.

3.8 Membros de torção estaticamente indeterminados

As barras e os eixos descritos nas seções anteriores deste capítulo são *estaticamente determinados* porque todos os torques internos e as reações podem ser obtidos a partir de diagramas de corpo livre e equações de equilíbrio. Entretanto, se restrições adicionais, como engastamentos, forem adicionadas às barras, as equações de equilíbrio não serão mais adequadas para determinar os torques. As barras são então classificadas como **estaticamente indeterminadas**. Membros de torção desse tipo podem ser analisados suplementando-se as equações de equilíbrio com equações de compatibilidade pertencentes aos deslocamentos rotacionais. Assim, o método geral para analisar membros de torção estaticamente indeterminados é o mesmo descrito na Seção 2.4 para barras estaticamente indeterminadas com cargas axiais.

O primeiro passo na análise é escrever as **equações de equilíbrio** obtidas a partir de diagramas de corpo livre da situação física dada. As quantidades desconhecidas nas equações de equilíbrio são os torques, tanto internos quanto de reação.

O segundo passo na análise é formular as **equações de compatibilidade**, baseadas nas condições físicas relativas ao ângulo de torção. Como consequência, as equações de compatibilidade têm os ângulos de torção como incógnitas.

O terceiro passo é relacionar os ângulos de torção aos torques pelas **relações de torque-deslocamento**, como $\phi = TL/GI_p$. Depois de introduzir essas relações nas equações de compatibilidade, elas também se tornam equações, tendo torques como incógnitas. Por isso, o último passo é obter os torques desconhecidos resolvendo simultaneamente as equações de equilíbrio e de compatibilidade.

Para ilustrar o método de solução, vamos analisar a barra composta AB ilustrada na Figura 3.36a. A barra está presa a um engastamento na extremidade A e carregada por um torque T na extremidade B. Além disso, a barra consiste em duas partes: uma barra sólida e um tubo (Figuras 3.36b e c), ambos unidos a uma placa rígida na extremidade B.

Por conveniência, vamos identificar a barra sólida e o tubo (e suas propriedades) pelos números 1 e 2, respectivamente. Por exemplo, o diâmetro da barra sólida é denotado por d_1 e o diâmetro externo do tubo é denotado por d_2. Existe uma pequena folga entre a barra e o tubo e, por isso, o diâmetro interno do tubo é ligeiramente maior que o diâmetro d_1 da barra.

Quando o torque T é aplicado à barra composta, a placa na extremidade rotaciona em um pequeno ângulo ϕ (Figura 3.36c) e os torques T_1 e T_2 são desenvolvidos na barra sólida e no tubo, respectivamente (Figuras 3.36d e e). Do equilíbrio sabemos que a soma desses torques é igual à carga aplicada e, dessa forma, a *equação de equilíbrio* é

$$T_1 + T_2 = T \qquad (3.44)$$

Como essa equação contém duas incógnitas (T_1 e T_2), reconhecemos que a barra composta é estaticamente indeterminada.

Para obter uma segunda equação, devemos considerar os deslocamentos de rotação tanto da barra sólida quanto do tubo. Vamos denotar o ângulo de torção da barra sólida (Figura 3.36d) por ϕ_1 e o ângulo de torção do tubo por ϕ_2 (Figura 3.36e). Esses ângulos de torção devem ser iguais, porque a barra e o tubo estão unidos firmemente à placa na extremidade e rotacionam com ela; consequentemente, a *equação de compatibilidade* é

$$\phi_1 = \phi_2 \qquad (3.45)$$

Os ângulos ϕ_1 e ϕ_2 estão relacionados ao torque T_1 e T_2 pelas *relações de torque-deslocamento*, que, no caso de materiais elásticos lineares, são obtidas a partir da equação $\phi = TL/GI_p$. Dessa forma,

$$\phi_1 = \frac{T_1 L}{G_1 I_{P1}} \qquad \phi_2 = \frac{T_2 L}{G_2 I_{P2}} \qquad (3.46a,b)$$

em que G_1 e G_2 são os módulos de elasticidade de cisalhamento dos materiais e I_{P1} e I_{P2} são os momentos de inércia polar das seções transversais.

Quando as expressões anteriores para ϕ_1 e ϕ_2 são substituídas na Equação (3.45), a equação de compatibilidade fica

$$\frac{T_1 L}{G_1 I_{P1}} = \frac{T_2 L}{G_2 I_{P2}} \qquad (3.47)$$

Agora temos duas equações (Equações 3.44 e 3.47) com duas incógnitas, de forma que podemos resolvê-las para os torques T_1 e T_2. Os resultados são

$$T_1 = T\left(\frac{G_1 I_{P1}}{G_1 I_{P1} + G_2 I_{P2}}\right) \qquad T_2 = T\left(\frac{G_2 I_{P2}}{G_1 I_{P1} + G_2 I_{P2}}\right) \qquad (3.48a,b)$$

Com esses torques conhecidos, a parte essencial da análise estaticamente indeterminada está completa. Todas as outras quantidades, como tensões e ângulos de torção, podem agora ser encontradas a partir dos torques.

A discussão anterior ilustra a metodologia geral para analisar um sistema estaticamente indeterminado em torção. No exemplo a seguir, essa mesma sis-

Figura 3.36

Barra estaticamente indeterminada em torção

(a)

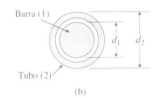

(b)

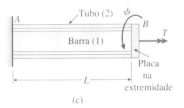

(c)

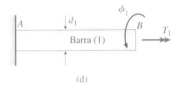

(d)

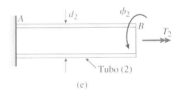

(e)

temática é usada para analisar uma barra que está fixa contra rotação em ambas as extremidades. No exemplo e nos problemas, consideramos que as barras são feitas de materiais elásticos lineares. Entretanto, a metodologia geral é também aplicada a barras de materiais não uniformes – a única mudança está nas relações de torque-deslocamento.

• • • Exemplo 3.9

Figura 3.37

Exemplo 3.9: Barra estaticamente indeterminada em torção

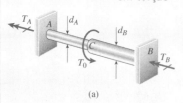

(a)

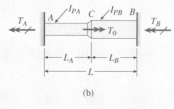

(b)

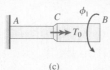

(c)

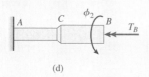

(d)

A barra *ACB* apresentada nas Figuras 3.37a e b está fixa em ambas as extremidades e carregada por um torque T_0 no ponto *C*. Os segmentos *AC* e *CB* da barra têm diâmetros d_A e d_B, comprimentos L_A e L_B e momentos de inércia polar I_{PA} e I_{PB}, respectivamente. O material da barra é o mesmo ao longo de ambos os segmentos.

Obtenha fórmulas para (a) os torques de reação T_A e T_B nas extremidades, (b) as tensões de cisalhamento máximas τ_{AC} e τ_{CB} em cada segmento da barra e (c) o ângulo de rotação ϕ_C na seção transversal em que a carga T_0 é aplicada.

Solução

Equação de equilíbrio. A carga T_0 produz reações T_A e T_B nas extremidades fixas da barra, como ilustram as Figuras 3.37a e b. Dessa forma, do equilíbrio da barra, obtemos

$$T_A + T_B = T_0 \tag{f}$$

Como há duas incógnitas nessa equação (e nenhuma outra equação de equilíbrio útil), a barra é estaticamente indeterminada.

Equação de compatibilidade. Agora separamos a barra de seu suporte na extremidade *B* e obtemos uma barra que está fixa na extremidade *A* e livre na extremidade *B* (Figuras 3.37c e d). Quando a carga T_0 age sozinha (Figura 3.37c), produz um ângulo de torção na extremidade *B* que denotamos por ϕ_1. De forma similar, quando o torque de reação T_B age sozinho, produz um ângulo ϕ_2 (Figura 3.37d). O ângulo de torção na extremidade *B* na barra original, igual à soma de ϕ_1 e ϕ_2, é zero. Por isso, a equação de compatibilidade é

$$\phi_1 + \phi_2 = 0 \tag{g}$$

Note que ϕ_1 e ϕ_2 são considerados positivos na direção ilustrada na figura.

Equações de torque-deslocamento. Os ângulos de torção ϕ_1 e ϕ_2 podem ser expressos em termos dos torques T_0 e T_B, referindo-se às Figuras 3.37c e d e usando a equação $\phi = TL/GI_P$. As equações são as seguintes:

$$\phi_1 = \frac{T_0 L_A}{GI_{pA}} \qquad \phi_2 = -\frac{T_B L_A}{GI_{pA}} - \frac{T_B L_B}{GI_{pB}} \tag{h,i}$$

Os sinais negativos aparecem na Equação (i) porque T_B produz uma rotação que é oposta em direção à direção positiva de ϕ_2 (Figura 3.37d).

Agora substituímos os ângulos de torção (Equações h e i) na equação de compatibilidade (Equação g) e obtemos

$$\frac{T_0 L_A}{GI_{pA}} - \frac{T_B L_A}{GI_{pA}} - \frac{T_B L_B}{GI_{pB}} = 0$$

ou

$$\frac{T_B L_A}{I_{pA}} + \frac{T_B L_B}{I_{pB}} = \frac{T_0 L_A}{I_{pA}} \tag{j}$$

Solução das equações. A equação anterior pode ser resolvida para o torque T_B, que então pode ser substituído na equação de equilíbrio (Equação f) para obter o torque T_A. Os resultados são

➡

▼ • • Exemplo 3.9 *Continuação*

$$T_A = T_0\left(\frac{L_B I_{pA}}{L_B I_{pA} + L_A I_{pB}}\right) \quad T_B = T_0\left(\frac{L_A I_{pB}}{L_B I_{pA} + L_A I_{pB}}\right) \quad \text{(3.49a,b)}$$

Dessa forma, os torques de reação nas extremidades da barra foram encontrados e a parte estaticamente indeterminada da análise está completa.

Como um caso especial, note que, se a barra é prismática ($I_{pA} = I_{pB} = I_p$), os resultados anteriores são simplificados para

$$T_A = \frac{T_0 L_B}{L} \quad T_B = \frac{T_0 L_A}{L} \quad \text{(3.50a,b)}$$

em que L é o comprimento total da barra. Essas equações são análogas àquelas para as reações de uma barra carregada axialmente com extremidades engastadas (veja as Equações (2.13a) e (2.13b)).

Tensões de cisalhamento máximas. As tensões de cisalhamento máximas em cada parte da barra são obtidas diretamente a partir da fórmula de torção:

$$\tau_{AC} = \frac{T_A d_A}{2 I_{pA}} \quad \tau_{CB} = \frac{T_B d_B}{2 I_{pB}}$$

Substituindo as Equações (3.49a) e (3.49b), temos

$$\tau_{AC} = \frac{T_0 L_B d_A}{2(L_B I_{pA} + L_A I_{pB})} \quad \tau_{CB} = \frac{T_0 L_A d_B}{2(L_B I_{pA} + L_A I_{pB})} \quad \text{(3.51a,b)}$$

Comparando o produto $L_B d_A$ com o produto $L_A d_B$, podemos imediatamente determinar qual segmento da barra tem maior tensão.

Ângulo de rotação. O ângulo de rotação ϕ_C na seção C é igual ao ângulo de torção de cada segmento da barra, uma vez que ambos os segmentos rotacionam através do mesmo ângulo na seção C. Por isso, obtemos

$$\phi_C = \frac{T_A L_A}{G I_{pA}} = \frac{T_B L_B}{G I_{pB}} = \frac{T_0 L_A L_B}{G(L_B I_{pA} + L_A I_{pB})} \quad \text{(3.52)}$$

No caso especial de uma barra prismática ($I_{pA} = I_{pB} = I_p$), o ângulo de rotação na seção em que a carga é aplicada é

$$\phi_C = \frac{T_0 L_A L_B}{G L I_p} \quad \text{(3.53)}$$

Esse exemplo ilustra não apenas a análise de uma barra estaticamente indeterminada, mas também as técnicas para encontrar tensões e ângulos de rotação. Além disso, note que os resultados obtidos nesse exemplo são válidos para uma barra que consiste em segmentos sólidos ou tubulares.

3.9 Energia de deformação em torção e cisalhamento puro

Quando uma carga é aplicada a uma estrutura, há trabalho realizado pela carga e energia de deformação desenvolvida na estrutura, como descrito em detalhes na Seção 2.7, para uma barra submetida a cargas axiais. Nesta seção, usaremos os mesmos conceitos básicos para determinar a energia de deformação de uma barra em torção.

Considere uma barra prismática AB em **torção pura** sob a ação de um torque T (Figura 3.38). Quando a carga é aplicada estaticamente, a barra gira e a extremidade livre rotaciona através de um ângulo ϕ. Se considerarmos que o material da barra é elástico linear e que segue a lei de Hooke, então a relação

Figura 3.38
Barra prismática em torção pura

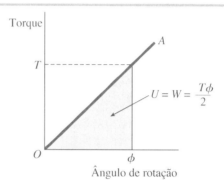

Figura 3.39
Diagrama torque-rotação para uma barra em torção pura (material elástico linear)

entre o torque aplicado e o ângulo de torção também será linear, como ilustrado pelo diagrama de torque-rotação da Figura 3.39 e dado pela equação $\phi = TL/GI_P$.

O trabalho W realizado pelo torque enquanto ele rotaciona através do ângulo ϕ é igual à área abaixo da linha de torque-rotação OA, isto é, igual à área do triângulo sombreado na Figura 3.39. Além disso, do princípio de conservação de energia sabemos que a energia de deformação da barra é igual ao trabalho feito pela carga, desde que nenhuma energia seja ganha ou perdida na forma de calor. Por isso, obtemos a equação a seguir para a energia de deformação U da barra:

$$U = W = \frac{T\phi}{2} \quad (3.54)$$

Essa equação é análoga à equação $U = W = P\delta/2$ para uma barra submetida a uma carga axial (veja a Equação 2.37).

Usando a equação $\phi = TL/GI_P$, podemos expressar a energia de deformação nas seguintes formas:

$$U = \frac{T^2L}{2GI_P} \quad U = \frac{GI_P\phi^2}{2L} \quad (3.55a,b)$$

A primeira expressão está em termos da carga e a segunda está em termos do ângulo de torção. Novamente, observe a analogia com as equações correspondentes para uma barra com uma carga axial (veja as Equações 2.39a e b).

A unidade SI tanto para o trabalho quanto para a energia é o joule (J), que é igual a um newton-metro (1 J = 1 N · m).

Torção não uniforme

Se uma barra está submetida a torção não uniforme (descrita na Seção 3.4), precisamos de fórmulas adicionais para a energia de deformação. Nos casos em que a barra consiste em segmentos prismáticos com torque constante em cada segmento (veja a Figura 3.14a da Seção 3.4), podemos determinar a energia de deformação de cada segmento e então somar para obter a energia total da barra:

$$U = \sum_{i=1}^{n} U_i \quad (3.56)$$

em que U_i é a energia de deformação do segmento i e n é o número de segmentos. Por exemplo, se usarmos a Equação (3.55a) para obter as energias de deformação individuais, a equação anterior fica

$$U = \sum_{i=1}^{n} \frac{T_i^2 L_i}{2G_i(I_P)_i} \qquad (3.57)$$

em que T_i é o torque interno no segmento i, e L_i, G_i e $(I_P)_i$ são as propriedades de torção do segmento.

Se a seção transversal da barra ou o torque interno variarem ao longo do eixo, como ilustrado nas Figuras 3.15 e 3.16 da Seção 3.4, podemos obter a energia de deformação total determinando primeiro a energia de deformação de um elemento e então integrando ao longo do eixo. Para um elemento de comprimento dx, a energia de deformação é (veja a Equação 3.55a)

$$dU = \frac{[T(x)]^2 dx}{2GI_P(x)}$$

em que $T(x)$ é o torque interno agindo no elemento e $I_P(x)$ é o momento de inércia polar da seção transversal no elemento. Por isso, a energia de deformação total da barra é

$$U = \int_0^L \frac{[T(x)]^2 dx}{2GI_P(x)} \qquad (3.58)$$

Mais uma vez, as similaridades das expressões para energia de deformação em torção e carga axial devem ser notadas (compare as Equações (3.57) e (3.58) com as Equações (2.42) e (2.43) da Seção 2.7).

O uso das equações anteriores para torção não uniforme é ilustrado nos exemplos que seguem. No Exemplo 3.10, a energia de deformação é encontrada para uma barra em torção pura com segmentos prismáticos, e nos Exemplos 3.11 e 3.12, a energia de deformação é encontrada para barras com torques e dimensões de seção transversal variantes.

Além disso, o Exemplo 3.12 mostra como, sob condições bem limitadas, o ângulo de torção de uma barra pode ser determinado a partir de sua energia de deformação (para uma discussão mais detalhada desse método, incluindo suas limitações, veja a subseção "Deslocamentos causados por uma única carga", na Seção 2.7).

Limitações

Ao calcular a energia de deformação, devemos manter em mente que as equações deduzidas nesta seção aplicam-se apenas a barras de materiais elásticos lineares com pequenos ângulos de torção. Também devemos lembrar a importante observação feita na Seção 2.7, isto é, que *a energia de deformação de uma estrutura que suporta mais do que uma carga não pode ser obtida somando-se as energias de deformação obtidas para as cargas individuais agindo separadamente.* Esta observação é demonstrada no Exemplo 3.10.

Densidade de energia de deformação em cisalhamento puro

Como os elementos individuais de uma barra em torção são tensionados em cisalhamento puro, é útil obter expressões para a energia de deformação associada com as tensões de cisalhamento. Começamos a análise considerando um pequeno elemento de material submetido a tensões de cisalhamento τ em suas faces laterais (Figura 3.40a). Por conveniência, vamos considerar que a face frontal do elemento é quadrada, e cada lado tem comprimento h. Embora a figura mostre apenas uma vista bidimensional do elemento, lembremos que este é na verdade tridimensional, com espessura t perpendicular ao plano da figura.

Sob a ação das tensões de cisalhamento, o elemento é distorcido, de forma que as faces frontais formam um losango, como ilustrado na Figura 3.40b. A variação no ângulo em cada vértice do elemento é a deformação de cisalhamento γ.

Figura 3.40

Elemento em cisalhamento puro

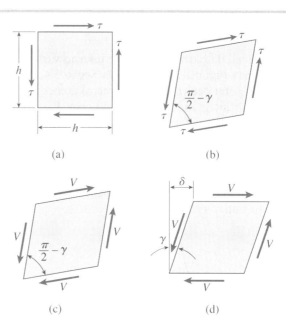

As forças cortantes V, agindo nas faces laterais do elemento (Figura 3.40c), são encontradas multiplicando-se as tensões pelas áreas ht sobre as quais elas agem:

$$V = \tau h t \tag{3.59}$$

Essas forças produzem trabalho uma vez que o elemento sofre deformação de sua forma inicial (Figura 3.36a) para sua forma distorcida (Figura 3.40b). Para calcular esse trabalho, precisamos determinar as distâncias relativas através das quais as forças cortantes se movem. Essa tarefa é mais facilmente executada se o elemento na Figura 3.40c for rotacionado como um corpo rígido até que duas de suas faces sejam horizontais, como na Figura 3.40d. Durante a rotação do corpo rígido, o trabalho resultante realizado pelas forças V é zero, porque as forças ocorrem em pares que formam dois binários iguais e opostos.

Como pode ser visto na Figura 3.40d, a face superior do elemento é deslocada horizontalmente através de uma distância δ (relativa à face inferior) à medida que a força cortante é gradualmente aumentada de zero para seu valor final V. O deslocamento δ é igual ao produto da deformação de cisalhamento γ (que é um pequeno ângulo) pela dimensão vertical do elemento:

$$\delta = \gamma h \tag{3.60}$$

Se considerarmos que o material é elástico linear e segue a lei de Hooke, então o trabalho feito pelas forças V é igual a $V\delta/2$, que também é a energia de deformação armazenada no elemento:

$$U = W = \frac{V\delta}{2} \tag{3.61}$$

Note que as forças agindo nas faces laterais do elemento (Figura 3.40d) não se movem ao longo de suas linhas de ação – dessa forma elas não realizam trabalho.

Substituindo as Equações (3.59) e (3.60) na Equação (3.61), obtemos a energia de deformação total do elemento:

$$U = \frac{\tau\gamma h^2 t}{2}$$

Como o volume do elemento é $h^2 t$, a **densidade de energia de deformação** u (isto é, a energia de deformação por unidade de volume) é

$$u = \frac{\tau\gamma}{2} \qquad (3.62)$$

Finalmente, substituímos a lei de Hooke em cisalhamento ($\tau = G\gamma$) e obtemos as seguintes equações para densidade de energia de deformação em cisalhamento puro:

$$u = \frac{\tau^2}{2G} \qquad u = \frac{G\gamma^2}{2} \qquad (3.63\text{a,b})$$

Essas equações são similares na forma àquelas para tensão uniaxial (veja as Equações 2.46a e b da Seção 2.7).

A unidade SI para densidade de energia de deformação é o joule por metro cúbico (J/m³). Uma vez que essas unidades são as mesmas que aquelas para tensão, podemos também expressar a densidade de energia de deformação em pascals (Pa).

Na próxima seção (Seção 3.11), usaremos a equação para densidade de energia de deformação em termos da tensão de cisalhamento (Equação 3.63a) para determinar o ângulo de torção de um tubo de pequena espessura de seção transversal arbitrária.

• • • Exemplo 3.10

Figura 3.41

Exemplo 3.10: Energia de deformação produzida por duas cargas

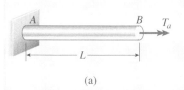
(a)

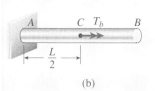
(b)

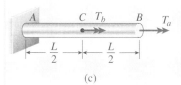
(c)

Uma barra circular sólida AB de comprimento L está engastada em uma das extremidades e livre na outra (Figura 3.41). Três condições de carregamento distintas devem ser consideradas: (a) torque T_a agindo na extremidade livre; (b) torque T_b agindo no ponto médio da barra e (c) torques T_a e T_b agindo simultaneamente.

Para cada caso de carregamento, obtenha uma fórmula para a energia de deformação armazenada na barra. Então calcule a energia de deformação para os dados a seguir: $T_a = 100$ N · m, $T_b = 150$ N · m, $L = 1,6$ m, $G = 80$ GPa e $I_p = 79{,}52 \times 10^3$ mm⁴.

Solução

(a) *Torque T_a agindo na extremidade livre (Figura 3.41a).* Nesse caso, a energia de deformação é obtida diretamente a partir da Equação (3.55a):

$$U_a = \frac{T_a^2 L}{2GI_p} \qquad \Longleftarrow \text{(a)}$$

(b) *Torque T_b agindo no ponto médio (Figura 3.41b).* Quando o torque age no ponto médio, aplicamos a Equação (3.55a) para o segmento AC da barra:

$$U_b = \frac{T_b^2(L/2)}{2GI_p} = \frac{T_b^2 L}{4GI_p} \qquad \Longleftarrow \text{(b)}$$

(c) *Torques T_a e T_b agindo simultaneamente (Figura 3.41c).* Quando ambas as cargas agem na barra, o torque no segmento CB é T_a e o torque no segmento AC é $T_a + T_b$. Dessa forma, a energia de deformação (da Equação 3.57) é

$$U_c = \sum_{i=1}^{n} \frac{T_i^2 L_i}{2G(I_p)_i} = \frac{T_a^2(L/2)}{2GI_p} + \frac{(T_a + T_b)^2(L/2)}{2GI_p}$$

Exemplo 3.10 Continuação

$$= \frac{T_a^2 L}{2GI_p} + \frac{T_a T_b L}{2GI_p} + \frac{T_b^2 L}{4GI_p} \qquad (c)$$

Uma comparação das Equações (a), (b) e (c) mostra que a energia de deformação produzida pelas duas cargas agindo simultaneamente *não* é igual à soma das energias de deformação produzidas pelas cargas separadamente. Como levantado na Seção 2.7, a razão é que a energia de deformação é uma função quadrática das cargas, e não uma função linear.

(d) *Resultados numéricos*. Substituindo os dados fornecidos na Equação (a), obtemos

$$U_a = \frac{T_a^2 L}{2GI_p} = \frac{(100\ \text{N}\cdot\text{m})^2(1{,}6\ \text{m})}{2(80\ \text{GPa})(79{,}52 \times 10^3\ \text{mm}^4)} = 1{,}26\ \text{J}$$

Lembre-se de que um joule é igual a um newton-metro (1 J = 1 N · m). Procedendo da mesma maneira para as Equações (b) e (c), encontramos

$$U_b = 1{,}41\ \text{J}$$

$$U_c = 1{,}26\ \text{J} + 1{,}89\ \text{J} + 1{,}41\ \text{J} = 4{,}56\ \text{J}$$

Note que o termo do meio, que envolve o produto das duas cargas, contribui significativamente para a energia de deformação e não pode ser desconsiderado.

Exemplo 3.11

Uma barra prismática *AB*, engastada em uma extremidade e livre na outra, é carregada por um torque distribuído de intensidade *t* constante por unidade de comprimento ao longo do eixo da barra (Figura 3.42).

(a) Deduza uma fórmula para a energia de deformação da barra.
(b) Calcule a energia de deformação de um eixo vazado usado para perfurar o solo para os seguintes dados:

$t = 2100\ \text{N}\cdot\text{m/m}$, $L = 3{,}7\ \text{m}$, $G = 80\ \text{GPa}$ e $I_p = 7{,}15 \times 10^{-6}\ \text{m}^4$

Figura 3.42

Exemplo 3.11: Energia de deformação produzida por um torque distribuído

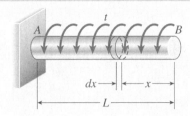

Solução

(a) *Energia de deformação da barra.* O primeiro passo na solução é determinar o torque interno *T(x)* agindo a uma distância *x* da extremidade livre da barra (Figura 3.42). Esse torque interno é igual ao torque total agindo no segmento da barra entre $x = 0$ até $x = x$. Esse último torque é igual à intensidade *t* do torque multiplicado pela distância *x* sobre a qual ele atua:

Exemplo 3.11 *Continuação*

$$T(x) = tx \quad \text{(a)}$$

Substituindo na Equação (3.58), obtemos

$$U = \int_0^L \frac{[T(x)]^2 dx}{2GI_p} = \frac{1}{2GI_p}\int_0^L (tx)^2 dx = \frac{t^2 L^3}{6GI_p} \quad \text{(3.64)}$$

Esta expressão fornece a energia de deformação total armazenada na barra.

(b) *Resultados numéricos*. Para calcular a energia de deformação do eixo vazado, substituímos os dados fornecidos na Equação (3.64):

$$U = \frac{t^2 L^3}{6GI_p} = \frac{(2100 \text{ N}\cdot\text{m/m})^2 (3{,}7 \text{ m})^3}{6(80 \text{ GPa})(7{,}15 \times 10^{-6} \text{ m}^4)} = 65{,}1 \text{ N}\cdot\text{m}$$

Este exemplo ilustra o uso da integração para calcular a energia de deformação de uma barra submetida a um torque distribuído.

Exemplo 3.12

Figura 3.43

Exemplo 3.12: Barra afilada em torção

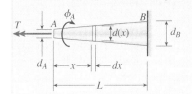

Uma barra afilada *AB* de seção transversal circular é sustentada na extremidade do lado direito e carregada por um torque *T* na outra extremidade (Figura 3.43). O diâmetro da barra varia linearmente de d_A na extremidade do lado esquerdo até d_B na extremidade do lado direito.

Determine o ângulo de rotação ϕ_A na extremidade *A* da barra, equacionando a energia de deformação para o trabalho realizado pela carga.

Solução

Pelo princípio da conservação de energia, sabemos que o trabalho feito pelo torque aplicado é igual à energia de deformação da barra, ou seja, $W = U$. O trabalho é dado pela equação

$$W = \frac{T\phi_A}{2} \quad \text{(a)}$$

e a energia de deformação *U* pode ser encontrada a partir da Equação (3.58).

Para usar a Equação (3.58), precisamos de expressões para o torque $T(x)$ e o momento de inércia polar $I_p(x)$. O torque é constante ao longo do eixo da barra e igual à carga *T*, e o momento de inércia polar é

$$I_p(x) = \frac{\pi}{32}\left[d(x)\right]^4$$

em que $d(x)$ é o diâmetro da barra a uma distância *x* da extremidade *A*. Da geometria da figura, vemos que

$$d(x) = d_A + \frac{d_B - d_A}{L}x \quad \text{(b)}$$

e por isso

$$I_p(x) = \frac{\pi}{32}\left(d_A + \frac{d_B - d_A}{L}x\right)^4 \quad \text{(c)}$$

Agora podemos substituir os dados na Equação (3.58) da seguinte maneira:

$$U = \int_0^L \frac{[T(x)]^2 dx}{2GI_p(x)} = \frac{16T^2}{\pi G}\int_0^L \frac{dx}{\left(d_A + \dfrac{d_B - d_A}{L}x\right)^4}$$

••• Exemplo 3.12 *Continuação*

A integral nessa expressão pode ser calculada com a ajuda de uma tabela de integrais.

$$\int_0^L \frac{dx}{\left(d_A + \dfrac{d_B - d_A}{L}x\right)^4} = \frac{L}{3(d_B - d_A)}\left(\frac{1}{d_A^3} - \frac{1}{d_B^3}\right)$$

Por isso, a energia de deformação da barra afilada é

$$U = \frac{16T^2L}{3\pi G(d_B - d_A)}\left(\frac{1}{d_A^3} - \frac{1}{d_B^3}\right) \tag{3.65}$$

Igualando a energia de deformação ao trabalho do torque (Equação a) e resolvendo para ϕ_A, obtemos

$$\phi_A = \frac{32TL}{3\pi G(d_B - d_A)}\left(\frac{1}{d_A^3} - \frac{1}{d_B^3}\right) \tag{3.66}$$

Esta equação dá o ângulo de rotação na extremidade de uma barra afunilada. [Nota: Este é o mesmo ângulo de torção da expressão obtida na solução do Problema 3.4-8 (a).]

Note especialmente que o método usado nesse exemplo para encontrar o ângulo de rotação é adequado apenas quando a barra é submetida a uma única carga, e então apenas quando o ângulo desejado corresponde a essa carga. De outra forma, devemos encontrar os deslocamentos angulares através dos métodos usuais descritos nas Seções 3.3, 3.4 e 3.8.

RESUMO E REVISÃO DO CAPÍTULO

No Capítulo 3, investigamos o comportamento de barras e tubos ocos que recebem torques concentrados ou distribuídos, bem como efeitos de pré-tensão. Desenvolvemos as relações de força-deslocamento para uso no cálculo das mudanças no comprimento de barras sob condições uniformes (isto é, força de torção constante sobre seu comprimento total) e não uniformes (isto é, torções e, por vezes, também momento de inércia polar variam no comprimento da barra). Depois, foram desenvolvidas as equações de equilíbrio e compatibilidade para estruturas estaticamente indeterminadas em um procedimento de sobreposição, levando à solução de todas as forças desconhecidas, torques, tensões etc. Desenvolvemos equações para tensões normais e de cisalhamento em seções inclinadas a partir de um estado de tensão pura em elementos alinhados ao eixo das barras. Os conceitos mais importantes apresentados no capítulo são os seguintes:

1. Para barras e tubos circulares, a **tensão** (τ) e **deformação** (γ) de **cisalhamento** variam linearmente com a distância radial a partir do centro da seção transversal.

$$\tau = (\rho/r)\tau_{max} \qquad \gamma = (\rho/r)\gamma_{max}$$

2. A **fórmula de torção** define a relação entre a tensão de cisalhamento e o momento de torção. A tensão de cisalhamento máxima τ_{max} ocorre na

superfície externa da barra ou tubo e depende do momento de torção T, da distância radial r e do momento de inércia da seção transversal I_p, conhecido como momento de inércia polar para seções transversais circulares. Verifica-se que tubos de paredes finas são mais eficientes na torção, pois o material disponível é tensionado de maneira mais uniforme que as barras circulares sólidas.

$$\tau_{max} = \frac{Tr}{I_P}$$

3. O ângulo de torção ϕ de barras circulares prismáticas sujeitas a momento(s) de torção é proporcional ao torque T e ao comprimento da barra L, e inversamente proporcional à rigidez de torção (GI_p) da barra; essa relação é chamada **relação torque-deslocamento**.

$$\phi = \frac{TL}{GI_P}$$

4. O ângulo de torção por unidade de comprimento de uma barra é conhecido como sua **flexibilidade de torção** (f_T) e a relação inversa é a **rigidez** de torção ($k_T = 1/f_T$) da barra ou eixo.

$$k_T = \frac{GI_P}{L} \qquad f_T = \frac{L}{GI_P}$$

5. A soma das deformações de torção de segmentos individuais de um eixo não prismático é igual à torção de toda a barra (ϕ). Diagramas de corpo livre são utilizados para encontrar os momentos de torção (T_i) em cada segmento i.

$$\phi = \sum_{i=1}^{n} \phi_i = \sum_{i=1}^{n} \frac{T_i L_i}{G_i (I_P)_i}$$

Se os momentos de torção e/ou as propriedades da seção transversal (I_p) variam continuamente, uma expressão integral é necessária.

$$\phi = \int_0^L d\phi = \int_0^L \frac{T(x)dx}{GI_P(x)}$$

6. Se a estrutura da barra é **estaticamente indeterminada**, equações adicionais são necessárias para resolver momentos desconhecidos. **Equações de compatibilidade** são usadas para relacionar as rotações da barra às condições do apoio e, através disso, produzir relações adicionais entre as incógnitas. É conveniente utilizar a **sobreposição** de estruturas "aliviadas" (ou estaticamente determinadas) para representar a estrutura da barra estaticamente indeterminada real.

7. **Desajustes** e **pré-deformações** induzem momentos de torção apenas em eixos e barras estaticamente indeterminadas.

8. Um eixo circular é submetido ao **cisalhamento puro** devido a momentos de torção. As **tensões normais** e **de cisalhamento máximas** podem ser obtidas através da consideração de um elemento de tensão inclinado. A tensão de cisalhamento máxima ocorre em um elemento alinhado ao eixo da barra, mas a tensão normal máxima ocorre em uma inclinação de 45° em relação ao eixo da barra. A tensão normal máxima é igual à tensão de cisalhamento máxima.

$$\sigma_{max} = \tau$$

Também podemos encontrar uma relação entre as tensões máximas de cisalhamento e normais para o caso de cisalhamento puro:

$$\varepsilon_{max} = \gamma_{max}/2$$

9. Eixos circulares são comumente usados para transmitir potência mecânica a partir de um dispositivo ou máquina para outra. Se o torque T é

expresso em Nm e n é o número de rotações do eixo, a potência P é expressa em watts como:

$$P = \frac{2\pi nT}{60}$$

Em unidades EU habitual, torque T é dado em ft-lb e poder pode ser dada em cavalos (hp), H, como:

$$H = \frac{2\pi nT}{33.000}$$

PROBLEMAS – CAPÍTULO 3

Deformações de torção

3.2-1 Uma haste de cobre de comprimento $L = 460$ mm deve ser torcida por torques T (veja a figura) até que o ângulo de rotação entre as extremidades da haste seja 3,0°.

(a) Se a deformação de cisalhamento admissível no cobre for 0,0006 rad, qual será o máximo diâmetro permitido da haste?

(b) Se o diâmetro da haste for de 12,5 mm, qual será o comprimento mínimo admissível da haste?

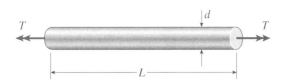

PROB. 3.2-1

3.2-2 Um tubo de alumínio circular submetido à torção pura por torques T (veja a figura) tem um raio externo r_2 igual a 1,5 vezes o raio interno r_1.

(a) Se a deformação de cisalhamento máxima no tubo for medida como 400×10^{-6} rad, qual será o valor da deformação de cisalhamento γ_1 na superfície interna?

(b) Se a máxima razão de torção permitida for de 0,125 grau por metro e a máxima deformação de cisalhamento deve ser mantida em 400×10^{-6} rad ajustando-se o torque T, qual será o raio externo mínimo exigido $(r_2)_{min}$?

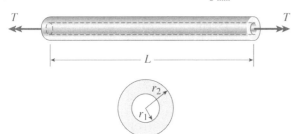

PROB. 3.2-2

Barras e tubos circulares

3.3-1 Um mineiro usa uma alavanca manual (veja a figura) para levantar um balde de minério. O eixo da alavanca é uma haste de aço de diâmetro $d = 15$ mm. A distância do centro do eixo até o centro da corda de suspensão é $b = 100$ mm.

(a) Se o peso do balde carregado for $W = 400$ N, qual será a máxima tensão de cisalhamento no eixo devido à torção?

(b) Se a carga máxima do balde é de 510 N e a tensão de cisalhamento admissível no eixo é de 65 MPa, qual é o diâmetro do eixo mínimo permitido?

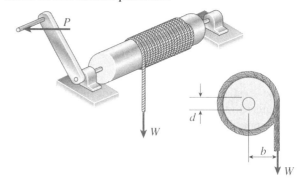

PROB. 3.3-1

3.3-2 Uma barra de alumínio de seção transversal circular é torcida por torques T agindo nas extremidades (veja a figura). As dimensões e o módulo de elasticidade de cisalhamento são os seguintes: $L = 1,4$ m, $d = 32$ mm e $G = 28$ GPa.

(a) Determine a rigidez à torção da barra.

(b) Se o ângulo de rotação da barra for 5°, qual será a máxima tensão de cisalhamento? Qual será a máxima deformação de cisalhamento (em radianos)?

(c) Se um orifício de diâmetro de $d/2$ é perfurado longitudinalmente através da barra, qual é a relação entre a rigidez de torção das barras vazadas e sólidas? Qual é a razão entre as suas tensões máximas de cisalhamento, se ambas estiverem acionadas pelo mesmo torque?

(d) Se o diâmetro do furo permanece em $d/2$, qual novo diâmetro externo d_2 vai resultar com rigidezes iguais das barras vazadas e sólidas?

PROB. 3.3-2

3.3-3 Um tubo circular de alumínio é submetido à torção por torques T aplicados nas extremidades (veja a figura). A barra tem 0,75 m de comprimento, e os diâmetros interno e externo têm 28 mm e 45 mm, respectivamente. Foi determinado através de medições que o ângulo de rotação é de 4° quando o torque é igual a 700 N · m.

(a) Calcule a tensão de cisalhamento máxima τ_{max} no tubo, o módulo de elasticidade de cisalhamento G e a máxima deformação de cisalhamento γ_{max} (em radianos).

(b) Se a deformação máxima de cisalhamento no tubo é limitada a $2,2 \times 10^{-3}$ e o diâmetro interno é aumentado até 35 mm, qual é o torque máximo admissível?

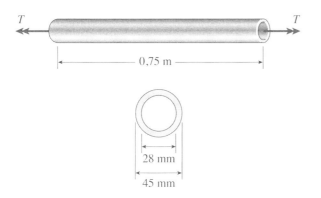

PROB. 3.3-3

3.3-4 Uma barra de latão maciça de diâmetro $d = 30$ mm está submetida a torques T_1, como ilustrado na parte (a) da figura. A tensão de cisalhamento admissível no latão é de 80 mPa.

(a) Qual é o valor máximo permitido dos torques T_1?

(b) Se um furo de diâmetro 15 mm for perfurado longitudinalmente através da barra, como ilustrado na parte (b) da figura, qual será o valor máximo permitido dos torques T_2?

(c) Qual é a diminuição percentual no torque e no peso devido ao furo?

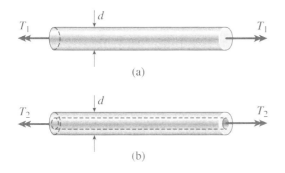

PROB. 3.3-4

Torção não uniforme

3.4-1 Um eixo escalonado ABC, consistindo em dois segmentos circulares maciços, está submetido aos torques T_1 e T_2 agindo nas direções opostas, como ilustrado na figura. O maior segmento do eixo tem diâmetro $d_1 = 58$ mm e comprimento $L_1 = 760$ mm; o menor segmento tem diâmetro $d_2 = 45$ mm e comprimento $L_2 = 510$ mm. O material é o aço, com módulo de cisalhamento $G = 76$ GPa, e os torques são $T_1 = 2.300$ N · m e $T_2 = 900$ N · m.

(a) Calcule a tensão de cisalhamento máxima τ_{max} no eixo e o ângulo de rotação ϕ_C (em graus) na extremidade C.

(b) Se a deformação máxima de cisalhamento em BC tem de ser a mesma que em AB, qual é o diâmetro exigido do segmento BC? Qual é a torção resultante no extremo C?

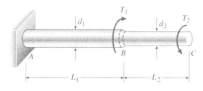

PROB. 3.4-1

3.4-2 Um eixo escalonado $ABCD$, consistindo em segmentos circulares sólidos, está submetido a três torques, como ilustrado na figura. Os torques têm magnitudes 3.000 N · m, 2.000 N · m e 800 N · m. O comprimento de cada segmento é 0,5 m e os diâmetros dos segmentos são 80 mm, 60 mm e 40 mm. O material é o aço, com módulo de elasticidade de cisalhamento $G = 80$ GPa.

(a) Calcule a máxima tensão de cisalhamento τ_{max} no eixo e o ângulo de rotação ϕ_D (em graus) na extremidade D.

(b) Se cada um dos segmentos deve ter a mesma tensão de cisalhamento, encontrar o diâmetro necessário de cada segmento na parte (a), de modo que os três segmentos tenham a tensão de cisalhamento τ_{max} da parte (a). Qual é o ângulo resultante da torção em D?

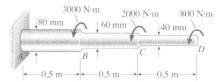

PROB. 3.4-2

3.4-3 Um tubo uniformemente afilado AB, de seção transversal circular vazada, está representado na figura. O tubo tem espessura de parede constante t e comprimento L. Os diâmetros médios nas extremidades são d_A e $d_B = 2d_A$. O momento de inércia polar pode ser representado pela fórmula aproximada $I_P \approx \pi d^3 t/4$ (veja a Equação 3.21).

Deduza uma fórmula para o ângulo de torção ϕ do tubo quando ele está submetido a torques T agindo nas extremidades.

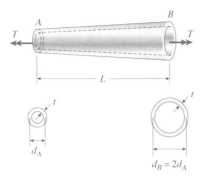

PROB. 3.4-3

Cisalhamento puro

3.5-1 Um eixo de alumínio vazado (como o da figura) tem diâmetro externo $d_2 = 100$ mm e diâmetro interno $d_1 = 50$ mm. Quando torcido por torques T, o eixo tem um ângulo de torção por unidade de comprimento igual a 2°/m. O módulo de elasticidade de cisalhamento do alumínio é $G = 27,5$ GPa.

(a) Determine a tensão de tração máxima σ_{max} no eixo.
(b) Determine a grandeza dos torques aplicados T.

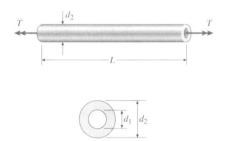

PROBS. 3.5-1

3.5-2 A deformação normal na direção de 45° na superfície de um tubo circular (veja a figura) é de 880×10^{-6} quando o torque $T = 85$ N·m. O tubo é feito de liga de cobre com $G = 42$ GPa e $\nu = 0,35$.

(a) Se o diâmetro externo d_2 do tubo é 20 mm, qual é o diâmetro interno d_1?
(b) Se a tensão normal admissível no tubo é de 96 MPa, qual é o máximo permitido dentro do diâmetro d_1?

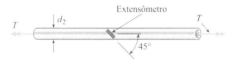

PROB. 3.5-22

Transmissão de potência

3.7-1 Um eixo de gerador numa pequena usina hidroelétrica gira a 120 rpm e fornece 38 kW (veja a figura).

(a) Se o diâmetro do eixo é $d = 75$ mm, qual é a máxima tensão de cisalhamento τ_{max} no eixo?
(b) Se a tensão de cisalhamento está limitada em 28 MPa, qual deve ser o diâmetro mínimo admissível d_{min} do eixo?

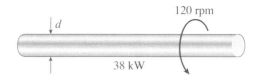

PROB. 3.7-1

*3.7-2 Um motor transmite 200 kW a 1.000 rpm à extremidade de um eixo (veja a figura). As engrenagens em B e C transmitem 90 e 110 kW, respectivamente.

Determine o diâmetro d necessário do eixo se a tensão de cisalhamento admissível for de 50 MPa e o ângulo de torção entre o motor e a engrenagem C for limitado a 1,5°. (Considere $G = 80$ GPa, $L_1 = 1,8$ m e $L_2 = 1,2$ m.)

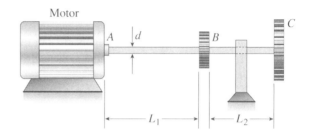

PROBS. 3.7-2

Membros de torção estaticamente indeterminados

3.8-1 Uma barra circular maciça $ABCD$ com extremidades engastadas é solicitada por torques T_0 e $2T_0$ nos locais indicados na figura.

(a) Obtenha uma fórmula para o máximo ângulo de torção ϕ_{max} da barra. (*Sugestão*: Use as Equações 3.50a e b do Exemplo 3.9 para obter os torques de reação.)
(b) Qual é ϕ_{max} se o torque aplicado T_0 a B é revertido em direção?

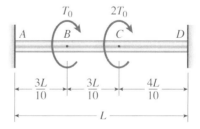

PROB. 3.8-1

3.8-2 Um eixo escalonado ACB, com seção transversal circular maciça com dois diferentes diâmetros, está fixo contra rotação nas extremidades (veja a figura).

(a) Se a tensão de cisalhamento admissível no eixo for de 42 MPa, qual é o torque máximo $(T_0)_{max}$ que poderá ser aplicado na seção C? (*Sugestão*: Use as Equações 3.45a e b do Exemplo 3.9 para obter os torques de reação.)
(b) Encontre $(T_0)_{max}$, se o ângulo máximo de torção está limitado a 0,55°. Seja $G = 73$ GPa.

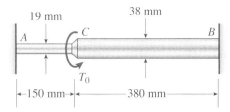

PROB. 3.8-2

Energia de deformação em torção

3.9-1 Uma barra circular maciça de aço ($G = 80$ GPa) com comprimento $L = 1,5$ m e diâmetro $d = 75$ mm está submetida à torção pura por torques T agindo nas extremidades (conforme a figura).

(a) Calcule a quantidade de energia de deformação U armazenada na barra quando a tensão de cisalhamento máxima for de 45 MPa.

(b) A partir da energia de deformação, calcule o ângulo de torção ϕ (em graus).

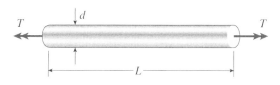

PROBS. 3.9-1

3.9-2 Obtenha uma fórmula para a energia de deformação U da barra circular estaticamente indeterminada ilustrada na figura. A barra tem suportes fixos nas extremidades A e B e está carregada por torques $2T_0$ e T_0 nos pontos C e D, respectivamente. (*Sugestão*: Use as Equações 3.50a e b do Exemplo 3.9 para obter os torques de reação.)

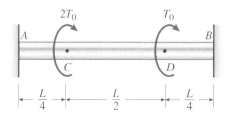

PROB. 3.9-2

CAPÍTULO 4

Forças cortantes e momentos fletores

VISÃO GERAL DO CAPÍTULO

O Capítulo 4 começa com uma revisão da viga bidimensional e de análises estruturais que você aprendeu em seus primeiros estudos de mecânica, sobre **estática**. Primeiramente, vários tipos de vigas, carregamentos e condições de apoio são definidos para estruturas típicas, como vigas simples e engastadas. As **cargas aplicadas** podem ser concentradas (tanto uma força como um momento) ou distribuídas. As **condições de apoio** incluem engastamento, apoio de rolete, de pino e deslizante. O número e a disposição dos apoios devem produzir um modelo de estrutura estável que seja estaticamente determinado ou indeterminado. Estudaremos vigas de estruturas estaticamente determinadas neste capítulo e, mais adiante, consideraremos as vigas estaticamente indeterminadas, no Capítulo 10.

O foco deste capítulo são as **resultantes das tensões internas** (axial N, força cortante V e momento M) em qualquer ponto da estrutura. Em algumas estruturas, "alívios" internos são introduzidos em pontos específicos para controlar a grandeza de N, V ou M em certos membros e devem ser incluídos no modelo analítico. Nesses pontos de alívio, N, V ou M podem ser considerados como tendo valor zero. A exibição de gráficos ou **diagramas** que mostram a variação de N, V e M sobre toda a estrutura é muito útil no dimensionamento de vigas e estruturas (como veremos no Capítulo 5), porque tais diagramas identificam rapidamente locais e valores de máxima força axial, força cortante e de momento necessários para o dimensionamento.

O Capítulo 4 está organizado da seguinte forma:

4.1 Introdução 216
4.2 Tipos de vigas, cargas e reações 216
4.3 Forças cortantes e momentos fletores 222
4.4 Relações entre cargas, forças cortantes e momentos fletores 231
4.5 Diagramas de força cortante e momento fletor 234
Resumo e revisão do capítulo 246
Problemas 247

4.1 Introdução

Peças estruturais são usualmente classificadas de acordo com o tipo de carga que suportam. Por exemplo, uma *barra carregada axialmente* suporta forças cujos vetores são direcionados ao longo de seu eixo, e uma *barra em torção* suporta torques (ou binários) que têm seus vetores de momento direcionados ao longo do eixo. Neste capítulo, começamos nossos estudos de **vigas** (Figura 4.1), que são peças estruturais submetidas a esforços laterais, ou seja, forças ou momentos que têm seus vetores perpendiculares ao eixo da barra.

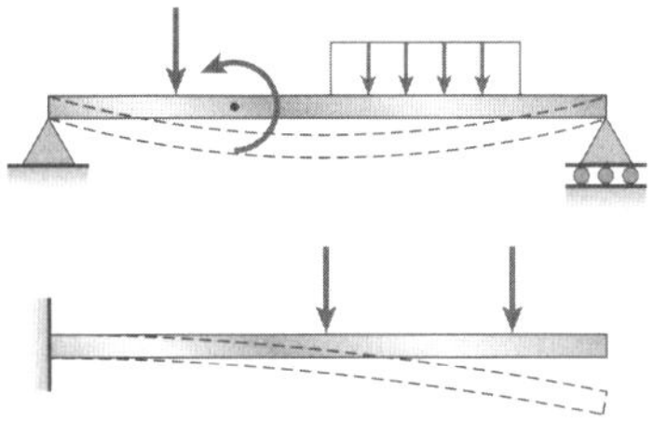

As vigas mostradas na Figura 4.1 são classificadas como *estruturas planas* porque se situam em um único plano. Se todas as cargas agirem no mesmo plano, e se todos os deslocamentos (explicitados pelas linhas tracejadas) ocorrerem nele, então nos referimos a ele como **plano de flexão**.

Neste capítulo, discutiremos forças cortantes e momentos fletores em vigas e mostraremos como essas grandezas estão relacionadas entre si e em relação ao carregamento. Encontrar as forças cortantes e os momentos fletores é um passo essencial para o dimensionamento de qualquer viga. Normalmente precisamos saber não apenas os máximos valores dessas quantidades, mas também a forma como elas variam ao longo do eixo. Uma vez que as forças cortantes e os momentos fletores são conhecidos, podemos encontrar tensões, deformações e deslocamentos, de acordo com o que será discutido posteriormente nos Capítulos 5, 6 e 9.

Figura 4.1

Exemplos de vigas submetidas a esforços laterais

4.2 Tipos de vigas, cargas e reações

Vigas são usualmente classificadas pela maneira como estão apoiadas. Por exemplo, uma viga com um apoio de pino, ou articulação, em uma extremidade e um apoio de rolete na outra (Figura 4.2a) é chamada de **viga simplesmente apoiada** ou **viga simples**. A principal característica de um **apoio de pino** é que ele evita a translação na extremidade da viga, mas não restringe sua rotação. Assim, a extremidade A da viga da Figura 4.2a não pode se mover nem horizontal nem verticalmente, mas o eixo da viga pode girar no plano da figura. Consequentemente, um apoio de pino exerce uma força de reação com componentes horizontais e verticais (H_A e R_A), mas não produz uma reação de momento.

Na extremidade B da viga (Figura 4.2a), o **apoio de rolete** evita a translação no sentido vertical, mas não no sentido horizontal, portanto esse apoio oferece resistência a uma força vertical (R_B), mas não a uma força horizontal. É claro que o eixo da viga está livre para girar em B, assim como está livre em A. As reações verticais nos apoios de roletes e nos apoios de pinos podem ser tanto para cima quanto para baixo, e a reação horizontal no apoio de pino pode ser tanto para a direita quanto para a esquerda. Nas figuras, as reações são indicadas pelos vetores com cortes sobre as setas para diferenciá-las dos vetores de carregamentos, conforme explicado anteriormente na Seção 1.9.

A viga mostrada na Figura 4.2b, que tem uma das extremidades fixa e a outra livre, é chamada **viga engastada** ou **em balanço**. No **engastamento** (ou *apoio engastado*), a viga não translada nem tem rotação, ao passo que na extremidade livre ela pode ter ambos os movimentos. Consequentemente, ambas as reações de força e de momento podem ocorrer na extremidade engastada.

O terceiro exemplo na figura é uma **viga simples em balanço** (Figura 4.2c), que tem apoio simples nos pontos A e B (isto é, a viga tem um apoio fixo no ponto A e um apoio móvel no ponto B, mas ela se estende além do apoio no ponto B). O segmento prolongado BC é similar à viga em balanço, exceto que o eixo pode girar no ponto B.

Quando desenhamos rascunhos de vigas, identificamos os apoios através de **símbolos convencionados**, assim como os apresentados na Figura 4.2. Esses símbolos indicam a forma segundo a qual a viga é restrita e, portanto, também indicam a natureza das forças de reação e de momento. Entretanto, *os símbolos não*

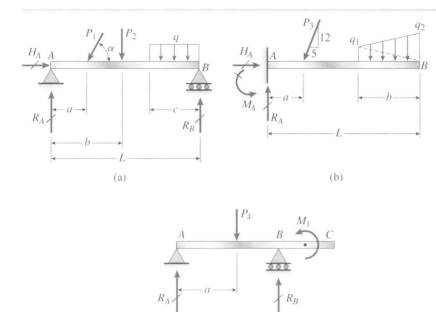

Figura 4.2

Tipos de vigas: (a) viga simples, (b) viga engastada e (c) viga simples com balanço

representam a verdadeira forma de construção física dos apoios. Por exemplo, observe os exemplos mostrados na Figura 4.3. A parte (a) da figura mostra uma viga de flange largo apoiada em uma parede de concreto, presa por meio de parafusos que passam por furos com ranhuras no flange inferior da viga. Essa conexão restringe os movimentos verticais de viga (tanto para cima quanto para baixo), mas não evita movimentos horizontais. Qualquer restrição à rotação do eixo longitudinal da viga é pequena e normalmente pode ser desprezada. Consequentemente, esse tipo de apoio é normalmente representado pelo rolete, conforme explicitado na parte (b) da figura.

O segundo exemplo (Figura 4.3c) é uma conexão viga-coluna em que a viga está fixa no flange da coluna através de mãos francesas (veja a foto). Esse tipo de apoio é normalmente tido como um apoio que restringe movimentos horizontais e verticais na viga, mas não oferece restrição ao movimento de rotação (a restrição à rotação é pequena porque tanto as mãos francesas quanto a coluna podem se dobrar). Assim, esse tipo de conexão é normalmente representado como um apoio de pino para a viga (Figura 4.3d).

O último exemplo (Figura 4.3e) é uma coluna de metal soldada a uma placa de apoio fixada em uma base de concreto profundamente encravada no solo. Uma vez que essa extremidade da viga está completamente restringida em relação à translação e à rotação, esse tipo de apoio é representado pelo engastamento (Figura 4.3f).

A tarefa de representar uma estrutura real por um **modelo idealizado**, conforme ilustrado pelas vigas da Figura 4.2, é um aspecto importante do trabalho de engenharia. O modelo deve ser simples para facilitar a análise matemática, porém complexo o suficiente para representar o comportamento real da estrutura com razoável acurácia. É claro que qualquer modelo é uma aproximação da realidade. Por exemplo, os apoios reais de uma viga nunca são perfeitamente rígidos, e então sempre haverá uma pequena translação em um apoio de pino e uma pequena rotação em um suporte engastado. Também os apoios nunca são completamente sem atrito, então sempre haverá uma pequena restrição à translação em um apoio de rolete. Na maior parte das vezes, especialmente para vigas estaticamente determinadas, essas diferenças em relação às condições ideais têm apenas pequena influência no comportamento da viga e, portanto, podem ser desprezadas.

Figura 4.3

Viga apoiada em uma parede: (a) construção real, (b) representação como apoio sobre rolete. Conexão viga-coluna: (c) construção real (d) representação como apoio de pivo. Poste chumbado a uma pilastra: (e) construção real, e (f) representação como um apoio engastado

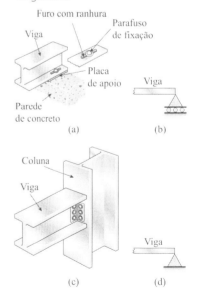

Ligação viga-pilar com uma viga ligada à flange do pilar e outra ligada à coluna de teia. (Joe Gough/Shutterstock)

Figura 4.3 (Continuação)

Tipos de alívios de membros internos para viga bidimensional e membros da estrutura

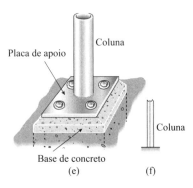

Tipos de carregamentos

Diversos tipos de carregamentos que atuam sobre vigas estão representados na Figura 4.2. Quando um carregamento é aplicado sobre uma área muito pequena, pode ser idealizado como uma **carga concentrada**, que é uma força simples. Os exemplos estão nas cargas P_1, P_2, P_3 e P_4 na figura. Quando um carregamento está distribuído pelo eixo da viga, é representado como um **carregamento distribuído**, tal qual o carregamento q na parte (a) da figura. Carregamentos distribuídos são medidos pela sua **intensidade**, que é expressa em unidades de forças por unidades de distância (por exemplo, newtons por metro ou libras por polegada). Um **carregamento uniformemente distribuído**, ou **carregamento uniforme**, tem intensidade constante q por unidade de distância (Figura 4.2a). Um carregamento variável tem intensidade que muda com a distância ao longo do eixo; por exemplo, o **carregamento com variação linear** da Figura 4.2b tem intensidade que varia linearmente de q_1 a q_2. Outro tipo de carregamento é o **binário**, ilustrado pelo momento M_1, que atua sobre o balanço da viga (Figura 4.2c).

Conforme mencionado na Seção 4.1, assumimos nesta discussão que os carregamentos atuam no plano da figura, o que significa que todas as forças devem ter seus vetores no plano da figura e todos os binários devem ter seus vetores de momento perpendiculares ao plano da figura. Além disso, a própria viga deve ser simétrica em relação a esse plano, o que significa que todas as seções transversais da viga devem ter um eixo vertical de simetria. Sob essas condições, a viga vai se deformar apenas no *plano de flexão* (o plano da figura).

Reações

Encontrar as reações normalmente é o primeiro passo para fazer a análise de uma viga. Uma vez que as reações são conhecidas, as forças cortantes e os momentos fletores podem ser encontrados, conforme será descrito posteriormente neste capítulo. Caso uma viga seja apoiada de forma estaticamente determinada, todas as reações podem ser encontradas utilizando o diagrama de corpo livre e as equações de equilíbrio.

Em alguns casos, pode ser necessário adicionar alívios internos no modelo da viga ou da estrutura para representar melhor as condições reais de construção que podem ter um efeito importante no comportamento da estrutura geral. Por exemplo, o vão interno da viga mestra da ponte, indicado na Figura 4.4, é apoiado em ambas as extremidades sobre apoios de rolete que, por sua vez, permanecem apoiados em travessas (ou estruturas) de concreto armado, mas detalhes de construção foram inseridos na viga mestra em ambas as extremidades para garantir que a força e o momento axial nesses dois locais sejam nulos. Esses detalhes também permitem que a laje da ponte se expanda ou contraia sob mudanças de temperatura, evitando grandes tensões térmicas induzidas na estrutura. Para representar esses alívios no modelo da viga, uma articulação (ou alívios de momento interno, representado como um círculo sólido em cada extremidade) e um alívio de força axial (representado como um suporte em forma de "C") foram incluídos no modelo da viga para mostrar que tanto a força axial (N) quanto o momento fletor (M), mas não a força cortante (V), são nulos nesses dois pontos ao longo da viga (representações dos tipos possíveis de alívios para vigas bidimensionais e membros de torção são mostradas abaixo da foto da página anterior). Como os exemplos a seguir mostram, se **alívios** axiais, cortantes ou de momento estiverem presentes no modelo da estrutura, a estrutura deve ser decomposta em diagramas de corpo livre separados, cortando-se através do alívio; uma equação adicional de equilíbrio então estará disponível para o uso na resolução de reações de apoio desconhecidas incluídas neste DCL.

Como exemplo, vamos encontrar as reações da **viga simples** AB da Figura 4.2a. Essa viga está carregada pela força inclinada P_1, pela força vertical P_2 e por um carregamento uniformemente distribuído de intensidade q. Começamos

Figura 4.4

Tipos de alívios de membros internos para viga bidimensional e membros da estrutura (Cortesia da National Information Service for Earthquake Engineering EERC, University of California, Berkeley)

observando que a viga tem três reações desconhecidas: uma força horizontal H_A no apoio de pino, uma força vertical R_A, também no apoio de pino, e uma força vertical R_B no apoio de rolete. Para uma estrutura plana como essa viga, sabemos, pela estática, que podemos escrever três equações de equilíbrio independentes. Assim, como existem três reações incógnitas e três equações, a viga é estaticamente determinada.

A equação de equilíbrio horizontal é:

$$\Sigma F_{\text{horiz}} = 0 \quad H_A - P_1 \cos \alpha = 0$$

da qual obtemos:

$$H_A = P_1 \cos \alpha$$

Esse resultado é tão óbvio através de uma observação da viga que, normalmente, sequer nos preocuparíamos em escrever a equação de equilíbrio.

Para encontrar as reações verticais R_A e R_B, escrevemos equações de equilíbrio para o momento nos pontos B e A, respectivamente, considerando positivo o momento na direção anti-horária:

$$\Sigma M_B = 0 \quad -R_A L + (P_1 \operatorname{sen} \alpha)(L - a) + P_2(L - b) + qc^2/2 = 0$$
$$\Sigma M_A = 0 \quad R_B L - (P_1 \operatorname{sen} \alpha)(a) - P_2 b - qc(L - c/2) = 0$$

Figura 4.2a (Repetida)

Viga simples

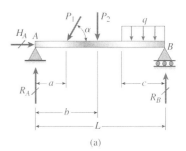

Resolvendo para R_A e para R_B, temos:

$$R_A = \frac{(P_1 \operatorname{sen} \alpha)(L - a)}{L} + \frac{P_2(L - b)}{L} + \frac{qc^2}{2L}$$
$$R_B = \frac{(P_1 \operatorname{sen} \alpha)(a)}{L} + \frac{P_2 b}{L} + \frac{qc(L - c/2)}{L}$$

Para confirmar os resultados, podemos escrever a equação do equilíbrio para a direção vertical e verificar que reduz a uma identidade.

Se a estrutura da viga na Figura 4.2a for modificada para a substituição do apoio de roletes em B por um apoio de pino, ela estará agora a um grau estaticamente indeterminado. No entanto, se um alívio de força axial for inserido no modelo, como mostra a Figura 4.5, logo à esquerda do ponto de aplicação da carga P_1, a viga ainda poderá ser analisada utilizando-se unicamente as leis da estática, pois o alívio fornece uma equação de equilíbrio adicional. A viga deve ser cortada no alívio para expor as tensões internas resultantes N, V e M; mas, agora, com $N = 0$ no alívio, então as reações são $H_A = 0$ e $H_B = P_1 \cos \alpha$.

Como segundo exemplo, consideremos a **viga engastada** da Figura 4.2b. O carregamento é composto por uma força inclinada P_3 e uma carga linearmente distribuída. Esta última é representada por um diagrama trapezoidal, com a intensidade da carga variando de q_1 a q_2. As reações no suporte engastado são a força horizontal H_A, a força vertical R_A e o momento M_A. O equilíbrio de forças na direção horizontal é:

$$H_A = \frac{5P_3}{13}$$

e o equilíbrio na direção vertical é:

$$R_A = \frac{12P_3}{13} + \left(\frac{q_1 + q_2}{2}\right)b$$

Para encontrar esta reação, usamos o fato de que a força resultante da carga distribuída é igual à área do diagrama de carga trapezoidal.

A reação de momento M_A no apoio engastado é encontrada pela equação de equilíbrio dos momentos. Neste exemplo, faremos a somatória dos momentos no ponto A para assim eliminarmos as reações H_A e R_A da equação de momento. Para que possamos encontrar o momento gerado pela carga distribuída, também dividiremos o trapezoide em dois triângulos, como mostrado pela linha pontilhada na Figura 4.2b. Cada um desses carregamentos triangulares pode ser substituído pela sua resultante, que é uma força cuja intensidade é igual à área do triângulo e cuja posição é o centroide do triângulo. Assim, o momento sobre o ponto A exercido pela parte triangular inferior do carregamento é:

$$\left(\frac{q_1 b}{2}\right)\left(L - \frac{2b}{3}\right)$$

na qual $q_1 b/2$ é a força resultante (igual à área do diagrama de carregamento triangular) e $L - 2b/3$ é o braço do momento (sobre o ponto A) da resultante.

O momento exercido pela parte triangular superior do carregamento é obtido de forma similar, e a equação final de equilíbrio do momento (considerando positivo o sentido anti-horário) é:

$$\Sigma M_A = 0 \quad M_A - \left(\frac{12P_3}{13}\right)a - \frac{q_1 b}{2}\left(L - \frac{2b}{3}\right) - \frac{q_2 b}{2}\left(L - \frac{b}{3}\right) = 0$$

da qual

$$M_A = \frac{12P_3 a}{13} + \frac{q_1 b}{2}\left(L - \frac{2b}{3}\right) + \frac{q_2 b}{2}\left(L - \frac{b}{3}\right)$$

Como esta equação gera um resultado positivo, o momento reativo M_A atua na direção presumida, ou seja, direção anti-horária (as expressões para R_A e M_A podem ser verificadas tomando-se momentos da extremidade B da viga e confirmando que a equação de equilíbrio resultante se reduz a uma identidade).

Se a estrutura da viga engastada na Figura 4.2b for modificada para a adição de um apoio de roletes em B, ela será agora referida como viga engastada "escorada" a um grau estaticamente indeterminado. No entanto, se um alívio de momento for inserido no modelo, como mostra a Figura 4.6 logo à direita do ponto de aplicação da carga P_3, a viga ainda poderá ser analisada utili-

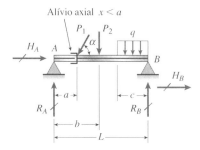

Figura 4.5

Viga simples com alívio axial

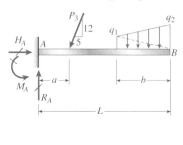

Figura 4.2b (Repetida)

Viga engastada

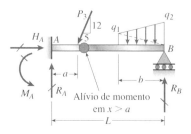

Figura 4.6

Viga engastada escorada com alívio de momento (rótula)

zando-se unicamente as leis da estática, pois o alívio fornece uma equação de equilíbrio adicional. A viga deve ser cortada no alívio para expor as tensões internas resultantes N, V e M; agora com $M = 0$ no alívio, então a reação R_B pode ser calculada pela soma de momentos no diagrama de corpo livre do lado direito. Uma vez que se conhece R_B, as reações R_A podem novamente ser calculadas através da soma das forças verticais, e os momentos de reação M_A podem ser obtidos somando-se os momentos sobre o ponto A. Os resultados estão resumidos na Figura 4.6. Observe que a reação H_A não se modifica em relação àquela já mostrada para a estrutura original da viga engastada na Figura 4.2b.

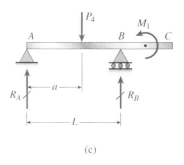

Figura 4.2c (Repetida)

Viga simples em balanço

$$R_B = \frac{\frac{1}{2} q_1 b\left(L - a - \frac{2}{3}b\right) + \frac{1}{2} q_2 b\left(L - a - \frac{b}{3}\right)}{L - a}$$

$$R_A = \frac{12}{13} P_3 + \left(\frac{q_1 + q_2}{2}\right)(b) - R_B$$

$$R_A = \frac{1}{78} \frac{-72 P_3 L + 72 P_3 a - 26 q_1 b^2 - 13 q_2 b^2}{-L + a}$$

$$M_A = \frac{12}{13} P_3 a + q_1 \frac{b}{2}\left(L - \frac{2}{3}b\right) + q_2 \frac{b}{2}\left(L - \frac{b}{3}\right) - R_B L$$

$$M_A = \frac{1}{78} a \frac{-72 P_3 + 72 P_3 a - 26 q_1 b^2 - 13 q_2 b^2}{-L + a}$$

A **viga simples em balanço** (Figura 4.2c) recebe uma força vertical P_4 e um momento M_1. Uma vez que não existe força horizontal atuando sobre a viga, a reação horizontal no apoio fixo é nula e não precisamos mostrá-la no diagrama de corpo livre. Para chegar a essa conclusão, utilizamos a equação de equilíbrio de forças na direção horizontal. Consequentemente, restam apenas duas equações de equilíbrio independentes – ou duas equações de equilíbrio de momento, ou então uma equação de equilíbrio de momento e uma equação de equilíbrio de forças na direção vertical.

Vamos arbitrariamente escolher escrever duas equações de equilíbrio de momento, a primeira para momentos no ponto B e a segunda para momentos no ponto A (momento positivo no sentido anti-horário):

$$\Sigma M_B = 0 \qquad -R_A L + P_4(L - a) + M_1 = 0$$
$$\Sigma M_A = 0 \qquad -P_4 a + R_B L + M_1 = 0$$

Figura 4.7

Viga modificada com alívio de cortante e balanço adicionado

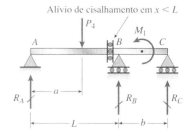

Portanto, as reações são:

$$R_A = \frac{P_4(L - a)}{L} + \frac{M_1}{L} \qquad R_B = \frac{P_4 a}{L} - \frac{M_1}{L}$$

Novamente, a somatória de forças no sentido vertical permite a verificação dos resultados.

Se a estrutura da viga com um balanço na Figura 4.2c é modificada para que se adicione um apoio de rolete em C, ela é agora uma viga de dois vãos com grau de indeterminação igual a um. Entretanto, se um alívio de cisalhamento for inserido no modelo, como mostrado na Figura 4.7, logo à esquerda do suporte B, a viga poderá ser analisada apenas através das leis da estática, pois o alívio fornece uma equação de equilíbrio adicional. A viga deve ser cortada no alívio para expor as resultantes de tensão interna N, V e M. Agora, com $V = 0$ no alívio, então a reação R_A pode ser calculada através da soma das forças no diagrama de corpo livre da parte esquerda. Vemos facilmente que R_A é igual a P_4. Uma vez que conhecemos R_A, a reação R_C pode ser calculada através da soma dos momentos na junta B e a reação R_B pode ser obtida pela soma das forças verticais. Os resultados estão resumidos a seguir.

$$R_A = P_4$$
$$R_C = \frac{P_4 a - M_1}{b}$$
$$R_B = P_4 - R_A - R_C$$
$$R_B = \frac{M_1 - P_4 a}{b}$$

A discussão prévia ilustra como as reações de vigas estaticamente determinadas são calculadas por meio de equações de equilíbrio. Foram intencionalmente utilizados exemplos simbólicos, em vez de exemplos numéricos, para mostrar como cada passo é realizado.

Figura 4.8

Força cortante V e momento fletor M em uma viga

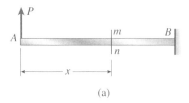
(a)

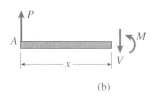
(b)

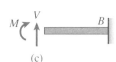
(c)

4.3 Forças cortantes e momentos fletores

Quando uma viga sofre a ação de forças ou momentos, são criadas tensões e deformações em seu interior. Para determinar essas tensões e deformações, primeiro devemos encontrar as forças e os momentos internos que atuam nas seções transversais da viga.

Para exemplificar como esses valores internos são encontrados, considere uma viga em balanço AB que sofre a ação de uma força P na sua extremidade livre (Figura 4.8a). Cortemos a viga na seção transversal mn localizada a uma distância x da extremidade livre e isolemos o segmento esquerdo da viga como um corpo livre (Figura 4.8b). O corpo livre é mantido em equilíbrio pela força P e pelas tensões que agem sobre a seção transversal de corte. Estas tensões representam a ação da parte direita da viga sobre a parte esquerda. Neste momento, ainda não sabemos como é a distribuição das tensões que agem sobre a seção transversal; tudo o que sabemos é que a resultante dessas tensões tem de ser tal que o equilíbrio do corpo livre seja mantido.

A estática nos ensina que a resultante das tensões agindo na seção transversal pode ser reduzida a uma **força cortante** V e a um **momento fletor** M (Figura 4.8b). Como o carregamento P é transversal ao eixo da viga, a força axial na seção transversal é nula. Tanto a força cortante quanto o momento fletor atuam no plano da viga, ou seja, o vetor da força cortante está no plano da figura e o vetor do momento fletor é perpendicular ao plano da figura.

Forças cortantes e momentos fletores, assim como forças axiais em barras e torques internos em eixos, são resultantes de tensões distribuídas sobre a seção transversal. Portanto, esses valores são conhecidos genericamente como **resultantes de tensões**.

As resultantes de tensões de uma viga estaticamente determinada podem ser calculadas a partir das equações de equilíbrio. No caso da viga em balanço da Figura 4.8a, utilizamos o diagrama de corpo livre da Figura 4.8b. Fazendo a somatória de forças na direção vertical e dos momentos na seção de corte, temos:

$$\Sigma F_{\text{vert}} = 0 \qquad P - V = 0 \quad \text{ou} \quad V = P$$
$$\Sigma M = 0 \qquad M - Px = 0 \quad \text{ou} \quad M = Px$$

em que *x* é a distância da extremidade livre da viga até a seção transversal em que *V* e *M* serão determinados. Assim, usando um diagrama de corpo livre e duas equações de equilíbrio, podemos calcular a força cortante e o momento fletor sem muita dificuldade.

Convenções de sinais

Vamos agora observar as convenções de sinais para as forças cortantes e os momentos fletores. É usual assumir que forças cortantes e momentos fletores são positivos quando atuam nas direções indicadas na Figura 4.8b. Repare que a força cortante tende a girar o sólido no sentido horário e o momento fletor tende a comprimir a parte superior da viga e a alongar a parte inferior. Também, neste caso, a força cortante age para baixo e o momento fletor atua no sentido anti-horário.

A ação destas *mesmas* tensões resultantes contra a porção direita da barra é ilustrada na Figura 4.8c. As direções de ambos os valores estão agora invertidas – a força cortante atua para cima e o momento fletor atua no sentido horário. Entretanto, a força cortante ainda tende a girar o material no sentido horário e o momento fletor ainda tende a comprimir a parte superior e a alongar a parte inferior da viga.

Portanto, deve-se observar que o sinal algébrico de uma tensão resultante é determinado pelo modo como ela deforma o material em que atua, em vez de ser determinado pela sua direção no espaço. No caso de uma viga, *uma força cortante positiva tende a girar o material no sentido horário* (Figuras 4.8b e c) *e uma força cortante negativa tende a girar o material no sentido anti-horário. Além disso, um momento fletor positivo comprime a parte superior da viga* (Figuras 4.8b e c) *e um momento fletor negativo comprime a parte inferior.*

Para esclarecer essas convenções, ambos os sinais das forças cortantes e dos momentos fletores, negativo e positivo, são ilustrados na Figura 4.9. As forças e os momentos são exibidos atuando sobre um elemento de viga cortado entre duas seções transversais que estão a uma pequena distância uma da outra.

As *deformações* de um elemento, causadas tanto pelas forças cortantes quanto pelos momentos fletores positivos e negativos, são esboçadas na Figura 4.10. Podemos observar que uma força cortante positiva tende a deformar o elemento, fazendo com que a face direita deste se mova para baixo em relação à face esquerda e, conforme mencionado previamente, o momento fletor positivo comprime a parte superior da viga e alonga a parte inferior.

Convenções de sinais para tensões resultantes são chamadas de **convenções de sinais para deformação**, porque são baseadas em como o material é deformado. Por exemplo, anteriormente, utilizamos uma convenção de sinais para deformação para lidar com forças axiais em uma barra. Estabelecemos que uma força axial produzindo alongamento (ou tração) em uma barra é positiva e uma força axial produzindo diminuição (ou compressão) em uma barra é negativa. Assim, o sinal de uma força axial depende de como ela deforma o material e não de sua direção no espaço.

Todavia, quando escrevemos as equações de equilíbrio, usamos a **convenção de sinais da estática**, segundo a qual as forças são positivas ou negativas de acordo com sua direção em relação aos eixos de coordenadas. Por exemplo, se estamos fazendo uma somatória de forças na direção *y*, as forças que atuam na direção positiva do eixo *y* são consideradas positivas e as forças que atuam na direção negativa do eixo *y* são consideradas negativas.

Considere a Figura 4.8b, que é um diagrama de corpo livre de uma parte de uma viga em balanço. Vamos supor que fazemos uma somatória de forças na direção vertical e que o eixo *y* seja positivo para cima. A carga *P* tem sinal positivo na equação de equilíbrio porque aponta para cima. Entretanto, a força cortante *V* (que é uma força cortante *positiva*) tem sinal negativo porque está direcionada para baixo (ou seja, a direção negativa do eixo *y*). Esse exem-

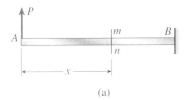

Figura 4.8 (Repetida)

(a)

(b)

(c)

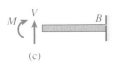

Figura 4.9

Convenção de sinais para força cortante *V* e momento fletor *M*

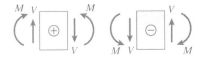

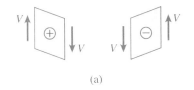

Figura 4.10

Deformações (extremamente exageradas) de uma viga causadas por (a) forças cortantes e (b) momentos fletores

(a)

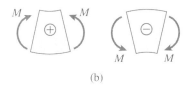

(b)

plo ilustra a diferença entre a convenção de sinais para deformação utilizada para a força cortante e a convenção de sinais da estática utilizada para a equação de equilíbrio.

Os próximos exemplos ilustram as técnicas para utilizar as convenções de sinais e determinar forças cortantes e momentos fletores em vigas. O procedimento genérico é fazer um diagrama de corpo livre e resolver as equações de equilíbrio.

• • • Exemplo 4.1

Uma viga *AB* simplesmente apoiada suporta duas cargas, uma força *P* e um momento M_0, agindo conforme a Figura 4.11a.

Encontre a força cortante *V* e o momento fletor *M* na viga nas seções transversais localizadas a: a) uma pequena distância à esquerda do ponto médio da viga; b) uma pequena distância à direita do ponto médio da viga.

Figura 4.11

Exemplo 4.1: Forças cortantes e momentos fletores em uma viga simples

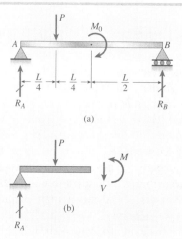

Solução

Reações. O primeiro passo na análise dessa barra é encontrar as reações R_A e R_B nos apoios. Considerando os momentos nas extremidades *B* e *A* da viga, temos duas equações de equilíbrio, com as quais encontramos, respectivamente,

$$R_A = \frac{3P}{4} - \frac{M_0}{L} \qquad R_B = \frac{P}{4} + \frac{M_0}{L} \qquad \text{(a)}$$

(a) *Força cortante e momento fletor à esquerda do ponto médio.* Cortamos a viga em uma seção transversal um pouco à esquerda do ponto médio e desenhamos um diagrama de corpo livre de uma metade qualquer da viga. Neste exemplo, escolhemos a metade esquerda da viga como o corpo livre (Figura 4.11b). Este corpo livre é mantido em equilíbrio pela carga *P*, pela reação R_A e pelas duas resultantes de tensões desconhecidas – a força cortante *V* e o momento fletor *M*, ambos mostrados na sua direção positiva (veja a Figura 4.9). O momento M_0 não atua sobre o corpo livre porque a viga foi cortada à esquerda de seu ponto de aplicação.

A somatória de forças na direção vertical (positivo para cima) é:

$$\Sigma F_{vert} = 0 \qquad R_A - P - V = 0$$

da qual obtemos a força cortante:

$$V = R_A - P = -\frac{P}{4} - \frac{M_0}{L} \qquad \text{(b)}$$

Exemplo 4.1 Continuação

Figura 4.11 (continuação)

Exemplo 4.1: Forças cortantes e momentos fletores em uma viga simples [parte (b) repetida]

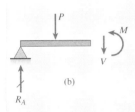

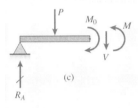

Esse resultado mostra que, quando P e M_0 atuam conforme as direções mostradas na Figura 4.11a, a força cortante (na posição escolhida) é negativa e atua na direção oposta à direção assumida como positiva na Figura 4.11b.

Considerando os momentos em relação a um eixo na seção transversal em que a viga foi cortada (veja a Figura 4.11b), temos:

$$\Sigma M = 0 \quad -R_A\left(\frac{L}{2}\right) + P\left(\frac{L}{4}\right) + M = 0$$

onde momentos no sentido anti-horário são positivos. Resolvendo para o momento fletor M, temos:

$$M = R_A\left(\frac{L}{2}\right) - P\left(\frac{L}{4}\right) = \frac{PL}{8} - \frac{M_0}{2} \quad \text{(c)}$$

O momento fletor M pode ser tanto positivo como negativo, dependendo dos valores das cargas P e M_0. Caso seja positivo, o momento fletor atua na direção apresentada na figura; caso seja negativo, atua na direção oposta.

(b) *Força cortante e momento fletor à direita do ponto médio.* Neste caso, cortamos a viga em uma seção transversal logo à direita do ponto médio e novamente desenhamos um diagrama de corpo livre da parte da viga à esquerda da seção de corte (Figura 4.11c). A diferença entre este diagrama e o anterior é que agora o momento M_0 atua sobre o corpo livre.

A partir de duas equações de equilíbrio, a primeira para forças na direção vertical e a segunda para momentos em relação a um eixo na seção transversal, obtemos:

$$V = -\frac{P}{4} - \frac{M_0}{L} \quad M = \frac{PL}{8} + \frac{M_0}{2} \quad \text{(d,e)}$$

Esses resultados mostram que, quando a seção transversal é deslocada da esquerda para a direita do momento M_0, a força cortante não muda (porque as forças verticais atuando no corpo livre não mudam), mas o momento fletor aumenta algebricamente um valor igual a M_0 (compare as Equações c e e).

Exemplo 4.2

Uma viga de comprimento L é submetida a uma carga distribuída de variação linear de intensidade $q(x) = (x/L)q_0$. Três diferentes condições de suporte devem ser consideradas (ver Figura 4.12): (a) viga como escora saliente, (b) viga simplesmente apoiada e (c) viga com suporte de rolete em A e suporte deslizante em B. Para cada viga, encontrar expressões para a força cortante $V(x)$ e momento fletor $M(x)$ a uma distância x do ponto A na viga.

• • • Exemplo 4.2 *Continuação*

Figura 4.12

Exemplo 4.2: Força cortante e momento fletor em três vigas atuadas por carga distribuída de variação linear

(a) Viga em balanço

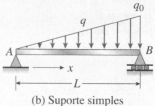
(b) Suporte simples

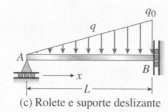
(c) Rolete e suporte deslizante

Solução

Estática. Começamos por encontrar reações nos suportes através da aplicação de *equações de equilíbrio estático* (ver Seção 1.2) para *diagramas de corpo livre* (DCL) de cada uma das três vigas (Figura 4.13). Note que estamos usando uma convenção de sinais estática para reações de apoios.

Figura 4.13

Exemplo 4.2: Reações de apoio das vigas: (a) viga em balanço; (b) simplesmente apoiada; e (c) de roletes e suportes deslizantes

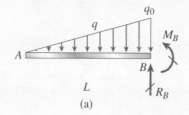
(a)

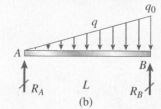
(b)

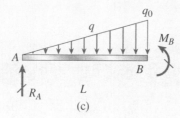
(c)

Viga em balanço.

$$\Sigma F_y = 0 \qquad R_B = \frac{1}{2}(q_0)L \qquad \text{(a)}$$

$$\Sigma M_B = 0 \qquad M_B + \frac{1}{2}(q_0 L)\left(\frac{L}{3}\right) = 0$$

$$M_B = \frac{-q_0 L^2}{6} \qquad \text{(b)}$$

O uso da convenção de sinais de estática revela que o momento de reação M_B é, de fato, dos ponteiros do relógio, não anti-horário, como se mostra no DCL.

• • • Exemplo 4.2 *Continuação*

Viga simplesmente apoiada.

$$\Sigma F_y = 0 \quad R_A + R_B - \frac{1}{2} q_0 L = 0$$

$$\Sigma M_A = 0 \quad R_B L - \frac{1}{2}(q_0 L)\left(\frac{2}{3}L\right) = 0$$

$$R_B = \frac{1}{3} q_0 L \tag{c}$$

Substituindo R_B na primeira equação dá:

$$R_A = -R_B + \frac{1}{2} q_0 L = \frac{1}{6} q_0 L \tag{d}$$

A reação em A carrega 1/3 da carga aplicada e em B carrega 2/3 da carga. Note que a reação na direção x no pino A é zero por inspeção, porque não é aplicado nenhum componente de carga ou carga horizontal.

Viga com rolete em A e suporte deslizante em B.

$$\Sigma F_y = 0 \quad R_A = \frac{1}{2} q_0 L \tag{e}$$

$$\Sigma M_A = 0 \quad M_B = \frac{1}{2}(q_0 L)\left(\frac{2}{3}L\right)$$

$$M_B = \frac{q_0 L^2}{3} \tag{f}$$

A reação em A carrega toda a carga distribuída, porque não existe força de reação disponível na junção B e o momento em B tem o dobro da magnitude e um sinal oposto comparado com a da viga de escora saliente.

Força cortante V(x) e momento fletor M(x). Agora que todas as reações de apoio são conhecidas, podemos cortar as vigas a alguma distância x da junção A para encontrar expressões para a força cortante interna V e o momento fletor M nesta seção (Figura 4.14). Vamos agora aplicar as leis da estática para os DCL's na porção da estrutura da viga à esquerda da seção do corte, embora resultados idênticos fossem obtidos se o DCL para a direita da seção do corte for usado em seu lugar. É comum (embora não seja necessário) agora mudar para a convenção de sinais de deformação em que V é positivo se agir para baixo sobre a face do lado esquerdo do DCL e o momento fletor M é positivo se produzir compressão na parte superior da viga.

Viga em balanço (Figura 4.14a).

$$\Sigma F_y = 0 \quad V(x) = \frac{-1}{2}\left(\frac{x}{L} q_0\right)(x) = \frac{-q_0 x^2}{2L} \tag{g}$$

$$\Sigma M = 0 \quad M(x) + \frac{1}{2}\left[\frac{x}{L} q_0(x)\right]\left(\frac{x}{3}\right) = 0$$

$$M(x) = \frac{-q_0 x^3}{6L} \tag{h}$$

Somamos os momentos em torno da seção cortada para obter M(x) e vemos agora que ambos, V e M são zero quando x = 0 (na junção A), enquanto que ambos, V e M são numericamente maior em x = L (junção B). Os sinais de menos mostram que ambos, V e M atuam em direções opostas a partir do que se mostra na Figura 4.14a:

$$V_{max} = \frac{-q_0 L}{2} \quad M_{max} = \frac{-q_0 L^2}{6} \tag{i,j}$$

Exemplo 4.2 Continuação

Figura 4.14

Exemplo 4.2: Seções da viga: (a) balanço; (b) simplesmente apoiada; e (c) de roletes e suportes deslizantes

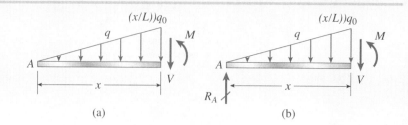

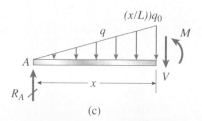

Viga simplesmente suportada (Figura 4.14b).

$$\Sigma F_y = 0 \qquad V(x) = R_A - \frac{1}{2}\left(\frac{x}{L}q_0\right)(x)$$

$$V(x) = \frac{q_0 L}{6} - \frac{1}{2}\left(\frac{x}{L}q_0\right)(x)$$

$$V(x) = \frac{q_0(L^2 - 3x^2)}{6L} \qquad (k)$$

$$\Sigma M = 0 \qquad M(x) = R_A x - \frac{1}{2}\left[\frac{x}{L}q_0(x)\right]\left(\frac{x}{3}\right)$$

$$= \left(\frac{q_0 L}{6}\right)x - \frac{1}{2}\left[\frac{x}{L}q_0(x)\right]\left(\frac{x}{3}\right) = \frac{q_0 x(L^2 - x^2)}{6L} \qquad (l)$$

Agora, quando $x = 0$, $V(0) = R_A$ e $M(0) = 0$ na junção A. Quando $x = L$, $V(L) = R_B$ e mais uma vez $M(L) = 0$, porque nenhum momento é aplicado no suporte de roletes em B. O cisalhamento numericamente maior está em B, onde R_B é o dobro do valor de R_A:

$$V_{max} = \frac{-q_0 L}{3} \qquad (m)$$

Não é facilmente perceptível onde o momento máximo ocorre ao longo da viga. No entanto, se diferenciamos a expressão $M(x)$, igualando-a a zero, e resolver para x, vamos encontrar o ponto (x_m) em que uma máxima ou mínima local ocorre na função $M(x)$. Resolvendo para x_m e, em seguida, substituindo x_m para a expressão do momento dá:

$$\frac{d}{dx}(M(x)) = \frac{d}{dx}\left[\frac{q_0 x(L^2 - x^2)}{6L}\right] = \frac{q_0(L^2 - 3x^2)}{6L} = 0$$

Este resultado em:

$$x_m = \frac{L}{\sqrt{3}}$$

e então:

$$M_{max} = M(x_m) = \frac{\sqrt{3}}{27}q_0 L^2 \qquad (n)$$

Exemplo 4.2 Continuação

Notamos que a expressão que resulta de $d/dx(M(x))$ é a mesma que para $V(x)$ na Equação (k). Exploraremos as relações entre $V(x)$ e $M(x)$ na Seção 4.4.

Viga com roletes em A e suporte deslizante em B (Figura 4.14c).

$$\Sigma F_y = 0 \quad V(x) = R_A - \frac{1}{2}\left(\frac{x}{L}q_0\right)(x)$$

$$V(x) = \frac{q_0 L}{2} - \frac{1}{2}\left(\frac{x}{L}q_0\right)(x)$$

$$V(x) = \frac{q_0(L^2 - x^2)}{2L} \tag{o}$$

$$\Sigma M = 0 \quad M(x) = R_A x - \frac{1}{2}\left[\frac{x}{L}q_0(x)\right]\left(\frac{x}{3}\right)$$

$$= \left(\frac{q_0 L}{2}\right)x - \frac{1}{2}\left[\frac{x}{L}q_0(x)\right]\left(\frac{x}{3}\right) = \frac{-q_0 x(x^2 - 3L^2)}{6L} \tag{p}$$

Agora, quando $x = 0$, $V(0) = R_A$ e $M(0) = 0$ na junção A. Quando $x = L$, $V(L) = 0$ no suporte deslizante e, mais uma vez, $M(L) = M_B$ em B. O cisalhamento é numericamente maior em A e é igual ao valor de R_A:

$$V_{max} = \frac{q_0 L}{2} \tag{q}$$

O momento máximo ocorre em $x = L$, então:

$$M_{max} = M_B = \frac{q_0 L^2}{3} \tag{r}$$

Exemplo 4.3

Uma viga simples em balanço está apoiada nos pontos A e B (Figura 4.15a). Um carregamento uniforme de intensidade $q = 6$ kN/m atua em todo o comprimento da viga e uma carga concentrada $P = 28$ kN atua em um ponto a 3 m do apoio esquerdo. O vão livre tem um comprimento de 8 m e o comprimento do balanço é de 2 m.

Calcule a força cortante V e o momento fletor M na seção transversal D localizada a 5 m do apoio esquerdo. (Ver figura na página seguinte).

Solução

Reações. Começamos por calcular as reações R_A e R_B a partir das equações de equilíbrio, considerando a viga como um corpo livre. Assim, calculando os momentos em relação aos apoios B e A, respectivamente, encontramos:

$$R_A = 40 \text{ kN} \quad R_B = 48 \text{ kN}$$

Força cortante e momento fletor na seção D. Vamos fazer agora um corte na seção D e construir o diagrama de corpo livre para a parte esquerda da viga (Figura 4.15b). Quando traçamos esse diagrama, assumimos as resultantes de tensões desconhecidas V e M como positivas.

As equações de equilíbrio para o corpo livre são as seguintes:

$$\Sigma F_{vert} = 0 \quad 40 \text{ kN} - 28 \text{ kN} - (6 \text{ kN/m})(5 \text{ m}) - V = 0$$

$$\Sigma M_D = 0 \ - (40 \text{ kN})(5 \text{ m}) + (28 \text{ kN})(2 \text{ m}) + (6 \text{ kN/m})(5 \text{ m})(2,5 \text{ m}) + M = 0$$

Exemplo 4.3 Continuação

Figura 4.15
Exemplo 4.3: Força cortante e momento fletor de uma viga simples em balanço

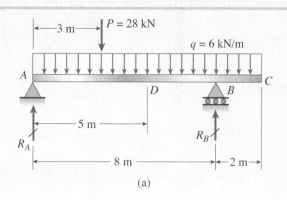

(a)

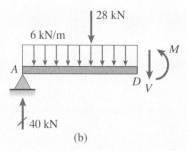

(b)

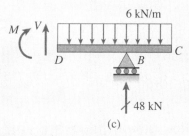

(c)

em que forças para cima são consideradas positivas na primeira equação e momentos no sentido anti-horário são considerados positivos na segunda equação. Resolvendo essas equações, temos:

$$V = -18 \text{ kN} \qquad M = 69 \text{ kN} \cdot \text{m}$$

O sinal de menos para V indica que a força cortante é negativa, isto é, sua direção é contrária à apresentada na Figura 4.15b. O sinal positivo de M indica que o momento fletor atua na mesma direção mostrada na figura.

Diagrama de corpo livre alternativo. Outro método de solução é obter V e M por meio do diagrama de corpo livre da parte direita da viga (Figura 4.15c). Quando traçamos esse diagrama de corpo livre, vamos assumir novamente que os valores da força cortante e do momento fletor são positivos. As duas equações de equilíbrio são:

$$\Sigma F_{\text{vert}} = 0 \qquad V + 48 \text{ kN} - (6 \text{ kN/m})(5 \text{ m}) = 0$$

$$\Sigma M_D = 0 \qquad -M + (48 \text{ kN})(3 \text{ m}) - (6 \text{ kN/m})(5 \text{ m})(2{,}5 \text{ m}) = 0$$

a partir da qual:

$$V = -18 \text{ kN} \qquad M = 69 \text{ kN} \cdot \text{m}$$

assim como antes. Como frequentemente ocorre, a escolha entre os diagramas de corpo livre é uma questão de conveniência e preferência pessoal.

4.4 Relações entre cargas, forças cortantes e momentos fletores

Obteremos agora algumas importantes relações entre cargas, forças cortantes e momentos fletores em vigas. Estas relações serão muito práticas quando investigarmos as forças cortantes e os momentos fletores ao longo de todo o comprimento da viga e serão especialmente úteis para construir diagramas de força cortante e de momento fletor (Seção 4.5).

Como uma forma de obter as relações, consideremos um elemento de uma viga cortada por duas seções transversais com uma distância dx entre elas (Figura 4.16). A carga que atua na parte superior do elemento pode ser uma carga distribuída, uma carga concentrada ou um momento, conforme mostram as Figuras 4.16a, b e c, respectivamente. As **convenções de sinais** para esses carregamentos são: *cargas distribuídas e concentradas são positivas quando atuam para baixo na viga e negativas quando atuam para cima. Um momento, agindo como um carregamento em uma viga, é positivo quando no sentido anti-horário e negativo quando no sentido horário.* Caso outras convenções de sinais sejam utilizadas, podem ocorrer mudanças nos sinais dos termos das equações a serem expressas nesta seção.

As forças cortantes e os momentos fletores que atuam nos lados do elemento são ilustrados em seus sentidos positivos na Figura 4.10. Em geral, as forças cortantes e os momentos fletores variam ao longo do eixo da viga. Portanto, seus valores no lado direito do elemento podem ser diferentes dos seus valores no lado esquerdo.

No caso de cargas distribuídas (Figura 4.16a), os incrementos em V e M são infinitesimais e, por isso, são denotados por dV e dM, respectivamente. Então, as resultantes de tensão correspondentes no lado direito são $V + dV$ e $M + dM$.

No caso de uma carga concentrada (Figura 4.16b) ou de um momento (Figura 4.16c), os incrementos são finitos e, assim, são denominados V_1 e M_1. Então, as resultantes de tensão correspondentes no lado direito são $V + V_1$ e $M + M_1$.

Para cada tipo de carregamento, podemos escrever duas equações de equilíbrio para o elemento – uma equação para o equilíbrio de forças na direção vertical e uma para o equilíbrio de momentos. A primeira dessas equações fornece as relações entre carga e força cortante, e a segunda fornece a relação entre a força cortante e o momento fletor.

Carregamentos distribuídos (Figura 4.16a)

O primeiro tipo é o carregamento distribuído de intensidade q, como o ilustrado pela Figura 4.16a. Vamos primeiro analisar sua relação com a força cortante e depois sua relação com o momento fletor.

Força cortante. O equilíbrio de forças na direção vertical (forças com sentido para cima são positivas) fornece:

$$\Sigma F_{vert} = 0 \qquad V - q\,dx - (V + dV) = 0$$

ou

$$\frac{dV}{dx} = -q \tag{4.1}$$

A partir dessa equação, podemos observar que a taxa de variação da força cortante em qualquer ponto do eixo da viga é igual à intensidade da carga distribuída, mas com o sinal negativo, no mesmo ponto. (*Observação*: Se a convenção de sinais para carregamentos distribuídos estiver invertida, de tal forma que q seja positivo para cima em vez de ser para baixo, então o sinal negativo deverá ser omitido dessa equação.)

Figura 4.16

Elemento de viga utilizado para encontrar as relações entre cargas, forças cortantes e momentos fletores (Todas as cargas e tensões resultantes são mostradas nas suas direções positivas.)

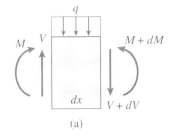

(a)

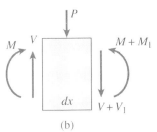

(b)

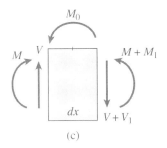

(c)

Algumas relações úteis ficam óbvias observando-se a Equação (4.4). Por exemplo, caso não haja carga distribuída no segmento da viga (ou seja, caso $q = 0$), então $dV/dx = 0$ e a força cortante será constante nesse pedaço da viga. Também, caso o carregamento seja uniforme em uma parte da viga (q = constante), então dV/dx também será constante e a força cortante variará linearmente nessa parte da viga.

Como uma demonstração da Equação (4.1), vamos analisar a viga em balanço com um carregamento distribuído que varia linearmente, tal qual discutido no Exemplo 4.2 da seção anterior (veja a Figura 4.12). O carregamento na viga (da Equação 4.1) é:

$$q = \frac{q_0 x}{L}$$

que é positivo, porque é para baixo. Também a força cortante é:

$$V = -\frac{q_0 x^2}{2L}$$

Tomando a derivada dV/dx, temos:

$$\frac{dV}{dx} = \frac{d}{dx}\left(-\frac{q_0 x^2}{2L}\right) = -\frac{q_0 x}{L} = -q$$

que confere com a Equação (4.1).

Uma relação útil correspondente à força cortante em duas seções transversais distintas de uma viga pode ser obtida integrando a Equação (4.1) ao longo do eixo da viga. Para obter essa relação, multiplicamos ambos os lados da Equação (4.1) por dx e então integramos entre dois pontos A e B quaisquer localizados ao longo do eixo da viga; assim:

$$\int_A^B dV = -\int_A^B q\, dx \quad (4.2)$$

em que assumimos que x aumenta do ponto A para o ponto B. O lado esquerdo dessa equação iguala a diferença ($V_B - V_A$) da força cortante em B e A. A integral do lado direito representa a área do diagrama de carregamento entre A e B, que, por sua vez, é igual à magnitude da resultante da carga distribuída que atua entre os pontos A e B. Assim, da Equação (4.2), temos:

$$V_B - V_A = -\int_A^B q\, dx$$
$$= - (\text{área do diagrama de carregamento entre } A \text{ e } B) \quad (4.3)$$

Em outras palavras, a variação da força cortante entre dois pontos do eixo da viga é igual à carga total para baixo entre esses dois pontos, mas com sinal invertido. A área do diagrama de carregamento pode ser positiva (se q for para baixo) ou negativa (se q for para cima).

Como a Equação (4.1) é proveniente de um elemento de viga submetido *apenas* a carregamento distribuído (ou a nenhum carregamento), não podemos utilizar a Equação (4.1) para um ponto em que uma carga concentrada esteja atuando (porque a intensidade do carregamento não foi definida para uma carga concentrada). Pela mesma razão, não podemos utilizar a Equação (4.3) caso uma carga concentrada P atue na viga entre os pontos A e B.

Momento fletor. Vamos agora analisar o equilíbrio de momento no elemento de viga mostrado na Figura 4.16a. Somando os momentos atuando sobre um eixo do lado esquerdo do elemento (o eixo é perpendicular ao plano da figura) e assumindo momentos no sentido anti-horário como positivos, temos:

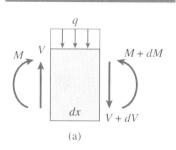

Figura 4.16a (Repetida)

$$\Sigma M = 0 \qquad -M - q\,dx\left(\frac{dx}{2}\right) - (V + dV)dx + M + dM = 0$$

Desconsiderando os produtos de diferenciais (porque são desprezíveis quando comparados aos demais termos), obtemos a seguinte relação:

$$\frac{dM}{dx} = V \qquad (4.4)$$

Essa equação mostra que a taxa de variação do momento fletor em qualquer ponto do eixo de uma viga é igual à força cortante nesse mesmo ponto. Por exemplo, caso a força cortante seja zero em uma região da viga, então o momento fletor será constante nessa mesma região.

A Equação (4.4) vale apenas para regiões em que cargas distribuídas (ou uma carga nula) atuam sobre a viga. No ponto em que atua uma carga concentrada, ocorre uma mudança repentina (ou uma descontinuidade) na força cortante e a derivada dM/dx nesse ponto é indefinida.

Novamente usando a viga em balanço da Exemplo 4.2, o momento fletor é:

$$M = -\frac{q_0 x^3}{6L}$$

Portanto a derivada dM/dx é:

$$\frac{dM}{dx} = \frac{d}{dx}\left(-\frac{q_0 x^3}{6L}\right) = -\frac{q_0 x^2}{2L}$$

que é igual à força cortante na viga.

Integrando a Equação (4.4) entre os dois pontos A e B no eixo da viga, temos:

$$\int_A^B dM = \int_A^B V\,dx \qquad (4.5)$$

A integral do lado esquerdo da equação é igual à diferença $(M_B - M_A)$ dos momentos fletores nos pontos B e A. Para interpretar a integral do lado direito da equação, é preciso considerar V como uma função de x e visualizar o diagrama de força cortante mostrando a variação de V em relação a x. Então podemos ver que a integral do lado direito da equação representa a área do diagrama de força cortante entre os pontos A e B. Portanto, podemos expressar a Equação (4.5) da seguinte maneira:

$$M_B - M_A = \int_A^B V\,dx$$
$$= \text{(área do diagrama de força cortante entre } A \text{ e } B\text{)} \qquad (4.6)$$

Essa equação é válida inclusive quando cargas concentradas agem sobre a viga entre os pontos A e B. Entretanto, ela não é válida caso um momento concentrado esteja atuando entre A e B. Um momento concentrado produz uma mudança repentina no momento fletor, e o lado esquerdo da Equação (4.5) não pode ser integrado com tal descontinuidade.

Figura 4.16b (Repetida)

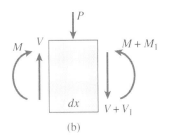

Cargas concentradas (Figura 4.16b)

Vamos agora considerar uma carga concentrada P atuando sobre o elemento da viga (Figura 4.16b). Pelo equilíbrio de forças na direção vertical, temos:

$$V - P - (V + V_1) = 0 \quad \text{ou} \quad V_1 = -P \qquad (4.7)$$

Esse resultado mostra que uma mudança abrupta na força cortante ocorre em qualquer ponto em que atua uma carga concentrada. Quando passamos da esquerda para a direita do ponto de aplicação da carga, a força cortante diminui em um valor igual à intensidade da carga para baixo P.

A partir do equilíbrio dos momentos em relação ao lado esquerdo do elemento de viga (Figura 4.16b), temos:

$$-M - P\left(\frac{dx}{2}\right) - (V + V_1)dx + M + M_1 = 0$$

ou

$$M_1 = P\left(\frac{dx}{2}\right) + V\,dx + V_1\,dx \tag{4.8}$$

Uma vez que o comprimento dx do elemento é infinitesimamente pequeno, esta equação nos diz que o aumento M_1 no momento fletor também o é. *Assim, o momento fletor não muda quando passamos pelo ponto de aplicação de uma carga concentrada.*

Apesar de o momento fletor M não mudar com uma carga concentrada, sua taxa de variação dM/dx sofre uma mudança abrupta. No lado esquerdo do elemento (Figura 4.16b), a taxa de variação do momento fletor (veja a Equação 4.4) é $dM/dx = V$. No lado direito, a taxa de variação é $dM/dx = V + V_1 = V - P$. Portanto, no ponto de aplicação de uma carga concentrada P, a taxa de variação dM/dx do momento fletor diminui abruptamente por um valor igual a P.

Carregamentos na forma de momentos concentrados (Figura 4.16c)

O último caso a ser considerado é o carregamento na forma do momento M_0 (Figura 4.16c). A partir do equilíbrio do elemento na direção vertical, temos $V_1 = 0$, o que mostra que *a força cortante não varia no ponto de aplicação de um momento.*

O equilíbrio de momentos em relação ao lado esquerdo do elemento resulta em:

$$-M + M_0 - (V + V_1)dx + M + M_1 = 0$$

Desconsiderando os termos que contenham diferenciais (porque são desprezíveis quando comparados aos termos finitos), temos

$$M_1 = -M_0 \tag{4.9}$$

Essa equação mostra que o momento fletor diminui em M_0 quando nos movemos da esquerda para a direita do ponto de aplicação da carga. *Assim, o momento fletor varia abruptamente no ponto de aplicação do momento concentrado.*

As Equações (4.1) a (4.9) serão úteis quando for feita uma análise completa das forças cortantes e dos momentos fletores da viga, conforme será discutido na próxima seção.

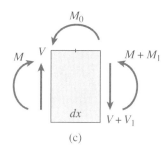

Figura 4.16c (Repetida)

4.5 Diagramas de força cortante e momento fletor

Quando dimensionamos uma viga, normalmente precisamos saber de que forma as forças cortantes e os momentos fletores variam ao longo de seu comprimento. Têm também uma importância especial os valores máximos e mínimos dessas variáveis. Informações desse tipo são normalmente obtidas por meio de gráficos em que a força cortante e o momento fletor são traçados no eixo das ordenadas e a distância x ao longo do eixo da viga é traçada como abscissa. Tais gráficos são conhecidos como **diagramas de força cortante e momento fletor**.

Para claro entendimento desses diagramas, explicaremos em detalhes como eles são construídos e interpretados para três tipos básicos de carregamentos – um carregamento com uma única carga concentrada, um carregamento uniforme e um carregamento com diversas cargas concentradas. Além disso, os Exemplos 4.4 a 4.7, ao final da seção, mostram em detalhes técnicas para lidar com diversos tipos de carregamentos, incluindo o caso de um momento concentrado atuando como carga em uma viga.

Carga concentrada

Vamos começar com uma viga simples AB submetida a uma carga concentrada P (Figura 4.17a). A carga P está a uma distância a do apoio esquerdo e a uma distância b do apoio direito. Considerando a viga toda como um corpo livre, podemos rapidamente encontrar as reações da barra a partir do equilíbrio; os resultados são:

$$R_A = \frac{Pb}{L} \quad R_B = \frac{Pa}{L} \quad (4.10a,b)$$

Agora cortamos a barra em uma seção transversal à esquerda da carga P a uma distância x do apoio em A. Então desenhamos um diagrama de corpo livre da parte esquerda da viga (Figura 4.17b). A partir das equações de equilíbrio desse corpo livre, obtemos a força cortante V e o momento fletor M a uma distância x do apoio:

$$V = R_A = \frac{Pb}{L} \quad M = R_A x = \frac{Pbx}{L} \quad (0 < x < a) \quad (4.11a,b)$$

Essas expressões são válidas apenas para a parte da viga à esquerda do carregamento P.

Depois cortamos a viga à direita do carregamento P (ou seja, na região $a < x < L$) e novamente desenhamos um diagrama de corpo livre para a parte esquerda da viga (Figura 4.17c). A partir das equações de equilíbrio desse corpo livre, obtemos as seguintes expressões para a força cortante e o momento fletor:

$$V = R_A - P = \frac{Pb}{L} - P = -\frac{Pa}{L} \quad (a < x < L) \quad (4.12a)$$

e

$$M = R_A x - P(x - a) = \frac{Pbx}{L} - P(x - a)$$

$$= \frac{Pa}{L}(L - x) \quad (a < x < L) \quad (4.12b)$$

Note que essas equações são válidas apenas para a parte direita da viga.

As equações para as forças cortantes e momentos fletores (Equações 4.11 e 4.12) são traçadas sob o desenho da viga. A Figura 4.17d é o *diagrama de força cortante* e a Figura 4.17e é o *diagrama de momento fletor*.

Pelo primeiro diagrama, observamos que a força cortante na extremidade A da viga ($x = 0$) é igual à reação R_A. Ela então se mantém constante até o ponto de aplicação da carga P. Neste ponto, a força cortante diminui abruptamente por um montante igual a P. Na parte direita da viga, a força cortante também é constante, mas de valor numérico igual ao da reação em B.

Como ilustrado no segundo diagrama, o momento fletor na parte esquerda da viga aumenta linearmente de zero no ponto de apoio até Pab/L na carga concentrada ($x = a$). Na parte direita da viga, o momento fletor é novamente uma função linear de x, mudando de Pab/L em $x = a$ até zero no apoio ($x = L$). Assim, o momento fletor máximo é:

Figura 4.17

Diagramas de força cortante e momento fletor para uma viga simples comum submetida a carga concentrada

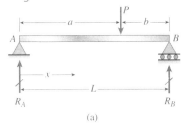
(a)

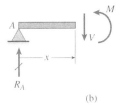
(b)

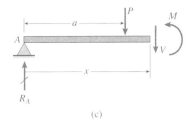
(c)

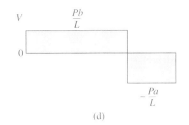
(d)

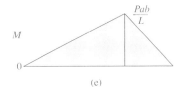
(e)

$$M_{max} = \frac{Pab}{L} \tag{4.13}$$

que ocorre onde atua a carga concentrada.

Quando deduzimos as expressões para a força cortante e momento fletor à direita da carga P (Equações 4.12a e b), equilibramos a parte esquerda da viga (Figura 4.17c). Esse corpo livre está submetido às forças R_A e P, além de V e M. Neste exemplo, é um pouco mais simples considerarmos a parte direita da viga como um corpo livre, porque apenas a força R_B aparece nas equações de equilíbrio (além de V e M). Naturalmente, o resultado final não muda.

Algumas características dos diagramas de força cortante e momento fletor (Figuras 4.17d e e) podem agora ser observadas. Notemos primeiro que a inclinação dV/dx do diagrama de força cortante é zero nas regiões $0 < x < a$ e $a < x < L$, o que está de acordo com a expressão $dV/dx = -q$ (Equação 4.1). Também nessas mesmas regiões, a derivada dM/dx do diagrama de momento fletor é igual a V (Equação 4.4). À esquerda da carga P, a inclinação do diagrama de momento é positiva e igual a Pb/L; à direita, é negativa e igual a $-Pa/L$. Assim, no ponto de aplicação da carga P, existe uma mudança abrupta no diagrama de força cortante (igual à magnitude da carga P) e uma mudança correspondente na inclinação do diagrama de momento fletor.

Consideremos agora a *área* do diagrama de força cortante. Quando vamos de $x = 0$ para $x = a$, a área do diagrama de força cortante é $(Pb/L)a$ ou Pab/L. Esse valor representa o aumento do momento fletor entre esses mesmos dois pontos (veja a Equação 4.6). De $x = a$ até $x = L$, a área do diagrama de força cortante é igual a $-Pab/L$, o que significa que, nessa região, o momento fletor diminui por esse valor. Consequentemente, o momento fletor é igual a zero na extremidade B, como esperado.

Se o momento fletor em ambas as extremidades da viga é zero, como é normalmente o caso para uma viga simples, então a área do diagrama de força cortante entre as duas extremidades da viga deverá ser zero, desde que nenhum momento concentrado atue na viga (veja a discussão na Seção 4.4, seguindo a Equação 4.6).

Como mencionamos anteriormente, os valores de máximo e de mínimo da força cortante e do momento fletor são necessários quando fazemos o dimensionamento de vigas. Para uma viga simples com uma carga concentrada, a força cortante máxima acontece na extremidade da viga mais próxima da carga concentrada e o máximo momento fletor ocorre sob a própria carga.

Carregamento uniforme

Uma viga simples com um carregamento uniformemente distribuído de intensidade constante q está representada na Figura 4.18a. Como a viga e seu carregamento são simétricos, vemos imediatamente que cada reação (R_A e R_B) é igual a $qL/2$. Assim, a força cortante e o momento fletor a uma distância x da extremidade esquerda são:

$$V = R_A - qx = \frac{qL}{2} - qx \tag{4.14a}$$

e

$$M = R_A x - qx\left(\frac{x}{2}\right) = \frac{qLx}{2} - \frac{qx^2}{2} \tag{4.14b}$$

Essas equações, que são válidas para toda a extensão da viga, foram traçadas como diagrama de força cortante e de momento fletor nas Figuras 4.18b e c, respectivamente.

O diagrama de força cortante é feito por uma linha reta inclinada que tem o valor de suas ordenadas em $x = 0$ e $x = L$ numericamente igual ao valor das reações. A inclinação da linha é $-q$, como esperado devido à Equação (4.1). O diagrama de momento fletor é uma curva parabólica que é simétrica ao ponto

Figura 4.18

Diagramas de força cortante e momento fletor para uma viga simples com carregamento uniforme

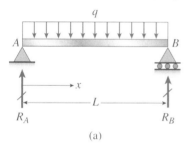
(a)

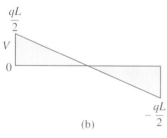
(b)

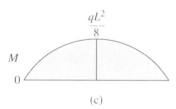
(c)

médio da viga. Em cada seção transversal, a inclinação do diagrama de momento fletor é igual à força cortante (veja a Equação 4.4):

$$\frac{dM}{dx} = \frac{d}{dx}\left(\frac{qLx}{2} - \frac{qx^2}{2}\right) = \frac{qL}{2} - qx = V$$

O valor de máximo do momento fletor ocorre no ponto médio da viga, em que tanto dM/dx como a força cortante V são iguais a zero. Assim, substituindo $x = L/2$ na expressão para M, temos:

$$M_{max} = \frac{qL^2}{8} \qquad (4.15)$$

conforme ilustrado pelo diagrama de momento fletor.

O diagrama da intensidade de carga (Figura 4.18a) tem área qL e, de acordo com a Equação (4.3), a força cortante V deve ser diminuída desse valor quando nos movemos da extremidade A para a extremidade B. Podemos ver que, de fato, esse é o caso, uma vez que a força cortante diminui de $qL/2$ para $-qL/2$.

A área no diagrama de força cortante entre $x = 0$ e $x = L/2$ é $qL^2/8$, e vemos que esta área representa o aumento no momento fletor entre esses mesmos dois pontos (Equação 4.6). De maneira similar, o momento fletor diminui de $qL^2/8$ na região $x = L/2$ até $x = L$.

Várias cargas concentradas

Caso várias cargas concentradas atuem sobre uma viga simples (Figura 4.19a), as expressões para forças cortantes e momentos fletores devem ser encontradas para cada segmento da viga entre os pontos de aplicação de carga. Fazendo novamente o diagrama de corpo livre da parte esquerda da viga e considerando x a distância desde a extremidade A, obtemos a seguinte equação para o primeiro segmento da viga:

$$V = R_A \qquad M = R_A x \qquad (0 < x < a_1) \qquad (4.16a,b)$$

Para o segundo segmento, temos:

$$V = R_A - P_1 \qquad M = R_A x - P_1(x - a_1) \qquad (a_1 < x < a_2) \qquad (4.17a,b)$$

Para o terceiro segmento da viga, é vantajoso considerarmos o lado direito da viga em vez do esquerdo, porque menos cargas atuam sobre o correspondente corpo livre. Assim, obtemos:

$$V = -R_B + P_3 \qquad (4.18a)$$

$$M = R_B(L - x) - P_3(L - b_3 - x) \qquad (a_2 < x < a_3) \qquad (4.18b)$$

Finalmente, para o quarto segmento da viga, temos:

$$V = -R_B \qquad M = R_B(L - x) \qquad (a_3 < x < L) \qquad (4.19a,b)$$

Figura 4.19

Diagramas de força cortante e momento fletor para uma viga simples com várias cargas concentradas

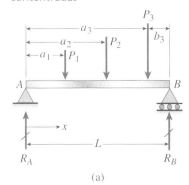

(a)

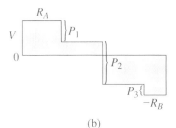

(b)

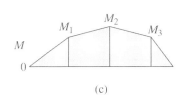

(c)

As Equações (4.16) até (4.19) podem ser usadas para construirmos os diagramas de força cortante e de momento fletor (Figuras 4.19b e c).

A partir do diagrama de força cortante podemos notar que a força cortante é constante em cada segmento da viga e muda abruptamente em cada ponto de carga, com o valor de cada variação sendo igual ao da carga. Além disso, o momento fletor em cada segmento é uma função linear de x e, portanto, a parte correspondente do diagrama de momento fletor é uma linha reta inclinada. Para ajudar a desenhar essas linhas, obtemos os momentos fletores sob os carregamentos concentrados substituindo $x = a_1$, $x = a_2$ e $x = a_3$ nas

Equações (4.16b), (4.17b) e (4.18b), respectivamente. Dessa maneira, obtemos os seguintes momentos fletores:

$$M_1 = R_A a_1 \quad M_2 = R_A a_2 - P_1(a_2 - a_1) \quad M_3 = R_B b_3 \quad (4.20\text{a,b,c})$$

Conhecendo esses valores, podemos prontamente construir o diagrama de momento fletor apenas conectando esses pontos com linhas retas.

A cada descontinuidade da força cortante, ocorre uma mudança correspondente na inclinação dM/dx do diagrama de momento fletor. Além disso, a variação de momento fletor entre dois pontos de carga é igual à área do diagrama de força cortante entre esses mesmos dois pontos (veja a Equação 4.6). Por exemplo, a variação do momento fletor entre os carregamentos P_1 e P_2 é $M_2 - M_1$. Substituindo nas Equações (4.20a) e (4.20b), temos:

$$M_2 - M_1 = (R_A - P_1)(a_2 - a_1)$$

que é igual à área do diagrama de força cortante retangular entre os pontos $x = a_1$ e $x = a_2$.

O ponto de máximo valor de momento fletor em uma viga que tem apenas cargas concentradas ocorre sempre sob uma das cargas ou reações. Para mostrar isso, recordemos que a inclinação do diagrama de momento fletor é igual à força cortante. Portanto, onde quer que o momento fletor tenha um valor de máximo ou de mínimo, a derivada dM/dx (e, portanto, a força cortante) deve trocar de sinal. Entretanto, em uma viga submetida apenas a cargas concentradas, a força cortante só pode trocar de sinal sob uma carga.

Se, conforme prosseguimos ao longo do eixo da viga x, a força cortante muda de positiva para negativa (como na Figura 4.19b), então a inclinação do diagrama de momento fletor também muda de positiva para negativa. Assim, devemos ter um valor máximo do momento fletor nessa seção transversal. Analogamente, uma mudança no sinal da força cortante de negativo para positivo indica um ponto de mínimo momento fletor. Teoricamente, o diagrama de força cortante pode cruzar o eixo horizontal em diversos pontos, embora isso seja muito pouco provável. A cada ponto de interseção corresponde um valor no diagrama de momento fletor de máximo ou de mínimo local. Os valores de todos os pontos de máximos e de mínimos locais devem ser determinados para que se possa encontrar o valor de máximo momento fletor positivo e negativo de uma viga.

Comentários gerais

Nas nossas discussões, frequentemente utilizamos os termos "máximo" e "mínimo" com seus significados usuais de "maior" e "menor". Consequentemente, referimo-nos ao "momento fletor máximo de uma viga" independentemente de o diagrama de momento fletor ser descrito por uma função suave e contínua (como na Figura 4.18c) ou por uma série de linhas (como na Figura 4.19c).

Além do mais, frequentemente temos de distinguir entre valores positivos ou negativos. Portanto, utilizamos expressões como "máximo momento positivo" e "máximo momento negativo". Em ambos os casos, as expressões referem-se aos maiores valores numéricos, ou seja, o termo "máximo momento negativo" na verdade significa "momento negativo numericamente maior". Comentários análogos aplicam-se às demais variáveis da viga, como forças cortantes e deformações.

Os momentos fletores máximos positivos e negativos em uma viga podem ocorrer nos seguintes locais: (1) em uma seção transversal em que uma carga concentrada é aplicada e a força cortante muda de sinal (veja as Figuras 4.17 e 4.19), (2) em uma seção transversal em que a força cortante é igual a zero (veja a Figura 4.18), (3) em um ponto de apoio em que existe uma reação vertical e

(4) em uma seção transversal em que um momento é aplicado. As discussões anteriores e os próximos exemplos ilustram todas essas possibilidades.

Quando várias cargas atuam em uma viga, os diagramas de força cortante e de momento fletor podem ser obtidos por superposição (ou somatória) dos diagramas obtidos para cada carga atuando separadamente. Por exemplo, o diagrama de força cortante da Figura 4.19b é na verdade a soma de três diagramas distintos, cada um do tipo mostrado na Figura 4.17d para uma única carga concentrada. Podemos fazer um comentário análogo para o diagrama de momento fletor da Figura 4.19c. A superposição dos diagramas de força cortante e de momento fletor é possível porque a força cortante e o momento fletor em barras estaticamente determinadas são funções lineares dos carregamentos aplicados.

Programas de computadores que traçam diagramas de força cortante e de momento fletor já existem. Uma vez que você desenvolveu um entendimento de como funcionam os diagramas construindo-os manualmente, deveria se sentir seguro para utilizar programas de computador para traçar os diagramas e obter resultados numéricos. Por conveniência referencial, as relações diferenciais usadas na elaboração de desenhos de cisalhamento-força e diagramas de momentos de flexão estão resumidos no Resumo e Revisão do Capítulo 4 seguindo o Exemplo 4.7.

• • • Exemplo 4.4

Figura 4.20

Exemplo 4.4: Viga simples com carregamento uniforme sobre parte do vão

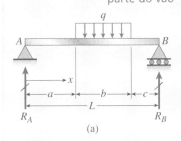
(a)

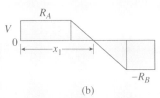
(b)

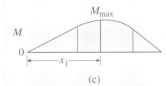
(c)

Desenhe os diagramas de força cortante e de momento fletor para uma viga simples com um carregamento uniforme de intensidade q atuando sobre uma parte do vão (Figura 4.20a).

Solução

Reações. Começamos a análise determinando as reações da viga por meio do diagrama de corpo livre para toda a viga (Figura 4.20a). Os resultados são

$$R_A = \frac{qb(b + 2c)}{2L} \qquad R_B = \frac{qb(b + 2a)}{2L} \qquad (4.21a,b)$$

Forças cortantes e momentos fletores. Para obter as forças cortantes e os momentos fletores para a viga inteira, precisamos considerar os três segmentos da viga separadamente. Para cada segmento, cortamos a viga para expormos a força cortante V e o momento fletor M. Então desenhamos um diagrama de corpo livre em que V e M são as variáveis desconhecidas. Finalmente, fazemos a somatória de forças na direção vertical para obter a força cortante e tomamos os momentos na seção de corte para obter o momento fletor. Os resultados dos três segmentos são:

$$V = R_A \qquad M = R_A x \qquad (0 < x < a) \qquad (4.22a,b)$$

$$V = R_A - q(x - a) \qquad M = R_A x - \frac{q(x - a)^2}{2} \qquad (a < x < a + b) \qquad (4.23a,b)$$

$$V = -R_B \qquad M = R_B(L - x) \qquad (a + b < x < L) \qquad (4.24a,b)$$

Essas equações fornecem a força cortante e o momento fletor em todas as seções transversais da viga. Como uma forma parcial de conferir esses resultados, podemos aplicar a Equação (4.1) para as forças cortantes e a Equação (4.4) para os momentos fletores e verificar que essas equações foram satisfeitas.

Agora construiremos os diagramas de força cortante e de momento fletor (Figuras 4.20b e c) das Equações (4.22) até (4.24). O diagrama de força

Exemplo 4.4 Continuação

Figura 4.20 (repetida)

Exemplo 4.4: Viga simples com carregamento uniforme sobre parte do vão

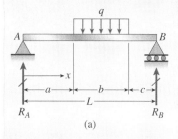
(a)

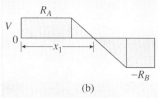
(b)

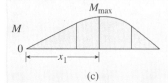
(c)

cortante consiste em linhas horizontais nas regiões em que a viga não está submetida a cargas distribuídas e uma linha reta com inclinação negativa na região submetida ao carregamento, como esperado pela equação $dV/dx = -q$.

O diagrama de momento fletor consiste em duas linhas retas inclinadas nas regiões da viga que não estão submetidas a cargas e uma curva parabólica na região submetida ao carregamento. As linhas inclinadas têm inclinações iguais a R_A e $-R_B$, respectivamente, como esperado pela equação $dM/dx = V$. Além disso, ambas as retas inclinadas são tangentes à parábola nos pontos em que encontram a curva. Essa conclusão vem do fato de que não há uma mudança abrupta na intensidade das forças cortantes nesses pontos. Assim, a partir da equação $dM/dx = V$, observamos que a inclinação do diagrama de momento fletor não sofre mudança abrupta nesses pontos. Note que, com a convenção de sinais de deformação, o diagrama de momento fletor é representado no lado de compressão da viga. Assim, toda a superfície do topo da viga AB está em compressão como esperado

Máximo momento fletor. O máximo momento fletor ocorre onde a força cortante é igual a zero. Esse ponto pode ser encontrado igualando-se a força cortante V a zero (da Equação 4.23a) e resolvendo para x, o qual denotaremos x_1. O resultado é:

$$x_1 = a + \frac{b}{2L}(b + 2c) \qquad (4.25)$$

Agora substituímos x_1 na expressão para o momento fletor (Equação 4.23b) e resolvemos para o momento máximo. O resultado é:

$$M_{max} = \frac{qb}{8L^2}(b + 2c)(4aL + 2bc + b^2) \qquad (4.26)$$

O máximo momento fletor sempre ocorre na região de carregamento uniforme, como mostrado na Equação 4.25.

Casos especiais. Caso o carregamento uniforme esteja situado simetricamente na viga ($a = c$), então obtemos os seguintes resultados simplificados das Equações (4.25) e (4.26):

$$x_1 = \frac{L}{2} \qquad M_{max} = \frac{qb(2L - b)}{8} \qquad (4.27\text{a,b})$$

Caso o carregamento uniforme se estenda ao longo de todo o vão, então $b = L$ e $M_{max} = qL^2/8$, o que está de acordo com a Figura 4.18 e a Equação (4.15).

Exemplo 4.5

Desenhe os diagramas de força cortante e de momento fletor para a viga em balanço com duas cargas concentradas (Figura 4.21a).

Figura 4.21

Exemplo 4.5: Viga em balanço com duas cargas concentradas

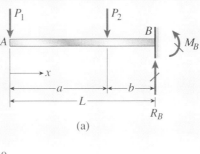
(a)

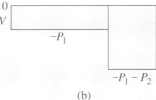
(b)

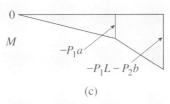
(c)

Solução

Reações. A partir do diagrama de corpo livre da viga inteira, encontramos a reação R_B (positiva quando para cima) e o momento de reação M_B (positivo quando no sentido horário):

$$R_B = P_1 + P_2 \quad M_B = -(P_1 L + P_2 b) \qquad \textbf{(4.28a,b)}$$

Forças cortantes e momentos fletores. Obtemos as forças cortantes e os momentos fletores cortando a viga em cada um dos dois segmentos, desenhando os diagramas de corpo livre correspondentes e resolvendo as equações de equilíbrio. Novamente, considerando x a distância a partir da extremidade esquerda da viga, temos: (usando o sinal de deformação convencionado, ver Figura 4.9):

$$V = -P_1 \quad M = -P_1 x \quad (0 < x < a) \qquad \textbf{(4.29a,b)}$$

$$V = -P_1 - P_2 \quad M = -P_1 x - P_2(x - a) \quad (a < x < L) \qquad \textbf{(4.30a,b)}$$

Os diagramas de força cortante e de momento fletor correspondentes são mostrados nas Figuras 4.21b e c. A força cortante é constante entre as cargas e atinge seu valor numérico máximo no apoio, onde é numericamente igual à reação vertical R_B (Equação 4.28a).

O diagrama de momento fletor é constituído de duas linhas retas inclinadas, cada uma delas tendo uma inclinação igual ao valor da força cortante no segmento de viga correspondente. O momento fletor máximo acontece no engastamento e tem seu valor numérico igual ao valor da reação M_B (Equação 4.28b). Também é igual à área total do diagrama de força cortante, como esperado pela Equação (4.6).

• • • Exemplo 4.6

No **Exemplo 4.2**, consideramos uma viga de comprimento L com uma carga distribuída de variação linear de intensidade $q(x) = (x/L)q_0$. Encontramos expressões para reações dos suportes e equações para força cortante $V(x)$ e momento fletor $M(x)$ como funções de distância x ao longo da viga para três casos de suportes diferentes: (a) escora saliente, (b) viga simplesmente apoiada e (c) viga com um suporte de roletes em A e um suporte deslizante em B.

Neste exemplo, vamos traçar os *diagramas de força cortante e momento fletor* para estas três vigas (Figura 4.22) usando as expressões desenvolvidas no Exemplo 4.2.

Figura 4.22

Exemplo 4.6: Diagramas de cortante e de momento para três vigas do Exemplo 4.2: (a) escora saliente, (b) simplesmente apoiada e (c) de roletes e suportes deslizantes

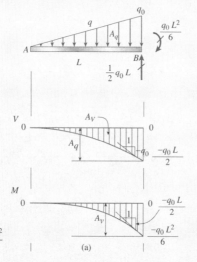

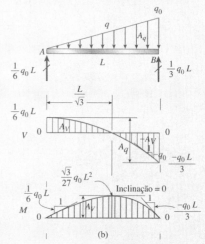

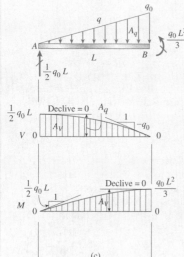

Solução

Viga em balanço. Um diagrama de corpo livre da viga em balanço do Exemplo 4.2 é mostrado na Figura 4.22a. As expressões para as reações R_B e M_B vêm das Eqs. (a, b) do Exemplo 4.2. Os diagramas de força cortante e momento fletor são obtidos desenhando as expressões para $V(x)$ [Equação (g)] e $M(x)$ [Equação (h)]. Note que o declive do diagrama de força de cisalhamento em qualquer ponto x ao longo da viga é igual a $-q(x)$ [ver Equação (4.1)] e o declive do diagrama de momento fletor, em qualquer ponto x é igual a V [ver Equação (4.4)]. Os valores máximos da força cortante e do momento fletor ocorrem no suporte fixo, onde $x = L$ [ver Equações (i) e (j) no Exemplo 4.2]. Estes valores são consistentes com os valores para as reações R_B e M_B.

Solução alternativa. Em vez de usar diagramas de corpo livre e equações de equilíbrio, podemos determinar as forças cortantes e momentos fletores, integrando as relações diferenciais entre carga, força cortante e momento fletor. A força cortante V na distância x da extremidade livre em A é obtida a partir da carga por integração Equação (4.3) na forma de:

$$V - V_A = V - 0 = V = -\int_0^x q(x)dx \quad \text{(a)}$$

Se integrarmos ao longo de todo o comprimento da viga, a mudança no cisalhamento a partir de A até B é igual ao valor negativo da área sob o diagrama de distribuição de carga $(-A_q)$, como mostrado na Figura 4.22a. Além disso, a inclinação da tangente no diagrama de cisalhamento em qualquer ponto x é igual ao negativo da ordenada correspondente nesse mesmo ponto na curva de distribuição da carga. Uma vez que a curva da carga é linear, o diagrama de cisalhamento é quadrático.

Exemplo 4.6 *Continuação*

Obtemos o momento fletor *M* na distância *x* do ponto A integrando a partir da força cortante na Equação (4.6):

$$M - M_A = M - 0 = M = \int_0^x V\,dx \qquad \text{(b)}$$

Se integrarmos ao longo de todo o comprimento da viga, a mudança no momento a partir de *A* até *B* é igual ao valor da área sob o diagrama de força cortante (A_V), como mostrado na Figura 4.22a. Além disso, a inclinação da tangente no diagrama de momento em qualquer ponto *x* é igual ao valor da ordenada correspondente no mesmo ponto no diagrama de força cortante. Uma vez que o diagrama de força cortante é quadrático, o diagrama de momento fletor é cúbico. Por conveniência, estas relações diferenciais são sintetizadas no Resumo e Revisão do Capítulo 4.

Devemos notar que a integração das relações diferenciais é bastante simples neste exemplo porque o padrão de carregamento é linear e contínuo e não há cargas concentradas ou binárias nas regiões de integração. Se as cargas concentradas ou binárias estivessem presentes, existiriam descontinuidades nos diagramas *V* e *M* e não poderíamos integrar Equação (4.3) através de uma carga concentrada nem poderíamos integrar Equação (4.6) através de um binário (ver Seção 4.4).

Viga simplesmente apoiada. Um diagrama de corpo livre de uma viga simplesmente apoiada do Exemplo 4.2 é mostrado na Figura 4.22b; as expressões para as reações R_A e R_B vêm das Eqs. (c, d) do Exemplo 4.2. Os diagramas de força cortante e momento fletor são obtidos desenhando as expressões do Exemplo 4.2 para *V(x)* [Equação (k)] e *M(x)* [Equação (l)]. Tal como acontece com a viga em balanço tratada anteriormente, o declive no diagrama de força cortante em qualquer ponto *x* ao longo da viga é igual a $-q(x)$ [ver Equação (4.1)] e o declive no diagrama de momento fletor em qualquer ponto *x* é igual a *V* [ver Equação (4.4)]. O valor máximo da força cortante ocorre no suporte *B*, onde $x = L$ [ver Equação (m) do Exemplo 4.2] e o valor máximo do momento ocorre no ponto em que $V = 0$. O ponto do momento máximo pode ser localizado definindo a expressão *V(x)* [Equação (k) no Exemplo 4.2] igual a zero, em seguida, resolvendo para $x_m = L/\sqrt{3}$. Resolvendo para $M(x_m)$ a [Equação (l) no Exemplo 4.2] fornece a expressão para M_{max} mostrada na Figura 4.22b.

Mais uma vez, podemos utilizar a abordagem da solução alternativa descrita acima na viga em balanço: a mudança na cortante a partir de *A* até *B* é igual ao valor negativo da área sob o diagrama de distribuição de carga ($-A_q$), como mostrado na Figura 4.22b e a mudança no momento de A até B é igual ao valor da área sob o diagrama de força cortante (A_V).

Viga com suportes deslizantes e de roletes. Na Figura 4.22c é mostrado um diagrama de corpo livre dessa viga do Exemplo 4.2; as expressões para as reações R_A e M_B vêm das Equações (e, f) do Exemplo 4.2. Os diagramas de força cortante e momento fletor são obtidos desenhando as expressões do Exemplo 4.2 para *V(x)* [Equação (o)] e *M(x)* [Equação (p)]. Tal como acontece com a viga em escora saliente e a viga simplesmente suportada apresentadas anteriormente, o declive do diagrama de força cortante em qualquer ponto x ao longo da viga é igual a $-q(x)$ [ver Equação (4.1)] e o declive do diagrama de momento fletor, em qualquer ponto *x* é igual a *V* [ver Equação (4.4)]. O valor máximo da força cortante ocorre no suporte *A*, onde $x = 0$ [ver Equação (q) do Exemplo 4.2] e o valor máximo do momento fletor ocorre no suporte *B*, onde $V = 0$.

Mais uma vez, podemos usar a abordagem da solução alternativa descrita acima para as vigas em escora saliente e a simplesmente apoiada; a mudança na força cortante a partir de A até B é igual ao valor negativo da área sob o diagrama de distribuição de carga ($-A_q$) como mostrado na Figura 4.22c e a mudança no momento fletor a partir de *A* até *B* é igual ao valor da área sob o diagrama de força cortante (A_V).

Exemplo 4.7

Uma viga ABC com uma parte em balanço do lado esquerdo é ilustrada na Figura 4.23a. A viga está submetida a um carregamento uniforme de intensidade $q = 1,0$ kN/m na parte livre AB e um momento $M_0 = 12,0$ kN·m no sentido anti-horário agindo no ponto médio entre os apoios B e C.

Desenhe o diagrama de força cortante e de momento fletor para a viga.

Figura 4.23
Exemplo 4.7: Viga com balanço

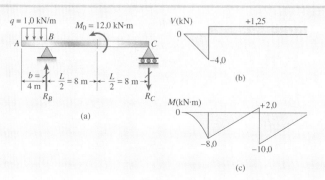

Solução

Reações. Podemos rapidamente calcular as reações R_B e R_C do diagrama de corpo livre de toda a viga (Figura 4.23a). Dessa forma, descobrimos que R_B é para cima e R_C é para baixo, como ilustrado na figura. Seus valores numéricos são:

$$R_B = 5,25 \text{ kN} \qquad R_C = 1,25 \text{ kN}$$

Forças cortantes. A força cortante é igual a zero na extremidade livre da viga e é igual a $-qb$ (ou $-4,0$ kN) logo à esquerda do apoio B. Uma vez que o carregamento está uniformemente distribuído (ou seja, q é constante), a inclinação do diagrama de força cortante é constante e igual a $-q$ (da Equação 4.1). Portanto, o diagrama de força cortante é uma linha reta com inclinação negativa na região que vai de A até B (Figura 4.23b).

Como não há carregamentos concentrados ou distribuídos entre os apoios, o diagrama de força cortante é horizontal nessa região. A força cortante é igual à reação R_C ou 1,25 kN, conforme ilustra a figura (repare que a força cortante não muda no ponto de aplicação do momento M_0).

O valor numérico máximo da força cortante ocorre logo à esquerda do apoio B e é igual a $-4,0$ kN.

Momentos fletores. O momento fletor é zero na extremidade livre e diminui algebricamente (mas aumenta numericamente) quando nos movemos para a direita até que o suporte B seja alcançado. A inclinação do diagrama de momento fletor, igual ao valor da força cortante (da Equação 4.4), é zero na extremidade livre e $-4,0$ kN logo à esquerda do apoio B. O diagrama é parabólico (de segundo grau) nessa região, com o vértice no final da viga. O momento no ponto B é:

$$M_B = -\frac{qb^2}{2} = -\frac{1}{2}(1,0 \text{ kN/m})(4,0 \text{ m})^2 = -8,0 \text{ kN·m}$$

o que também é igual à área do diagrama de força cortante entre os pontos A e B (veja a Equação 4.6).

A inclinação do diagrama de momento fletor de B para C é igual à força cortante, ou 1,25 kN. Portanto, o momento fletor logo à esquerda do momento concentrado M_0 é:

$$-8,0 \text{ kN·m} + (1,25 \text{ kN})(8,0 \text{ m}) = 2,0 \text{ kN·m}$$

como ilustrado pelo diagrama. É claro que podemos obter o mesmo resultado cortando a viga logo à esquerda do momento concentrado, dese-

Exemplo 4.7 Continuação

nhando o diagrama de corpo livre e resolvendo a equação de equilíbrio dos momentos.

O momento fletor sofre uma mudança abrupta no ponto de aplicação do momento concentrado M_0, conforme explicado anteriormente junto com a Equação (4.9). Como o momento concentrado atua no sentido anti-horário, o momento diminui um valor igual a M_0. Assim, o momento logo à direita de M_0 é:

$$2,0 \text{ kN} \cdot \text{m} - 12,0 \text{ kN} \cdot \text{m} = -10,0 \text{ kN} \cdot \text{m}$$

A partir desse ponto até o apoio C, o diagrama é novamente uma linha reta com uma inclinação igual a 1,25 k. Assim, o momento fletor no apoio é:

$$-10,0 \text{ kN} \cdot \text{m} + (1,25 \text{ kN})(8,0 \text{ m}) = 0$$

como esperado.

Valores máximos e mínimos para o momento fletor ocorrem onde a força cortante muda de sinal e onde um momento é aplicado. Comparando os vários pontos altos e baixos no diagrama de momento, vemos que o momento fletor numericamente maior é igual a $-10,0$ kN·m e ocorre logo à direita do momento M_0. Recordemos que o diagrama de momento fletor está representado do lado de compressão da viga, de modo que, exceto para um pequeno segmento um pouco à esquerda do meio vão de BC, toda a superfície do topo da viga está em tensão.

Se um apoio de roletes for adicionado à junta A e um alívio de cortante for inserido logo à direita da junta B (Figura 4.23d), as reações do apoio devem ser recalculadas. A viga é dividida em dois diagramas de corpo livre, AB e BC, cortando-se através do alívio de cortante (em que $V = 0$) e encontra-se o valor 4 kN da reação R_A através da soma das forças verticais no diagrama de corpo livre da esquerda. Então, somando os momentos e forças de toda a estrutura, $R_B = -R_C = 0,25$ kN. Por fim, os diagramas de momento e de força cortante podem ser traçados para a estrutura modificada. Adicionando o suporte de roletes em A e liberando o cisalhamento perto de B resulta numa alteração substancial nos diagramas de força cortante e momento fletor em comparação com a viga original. Por exemplo, os primeiros 12 m da viga agora tem uma tensão de compressão em vez de tração sobre a superfície do topo.

Figura 4.23 (Continuação)

Exemplo 4.7(d):Viga com balanço modificada com a adição de um alívio cortante

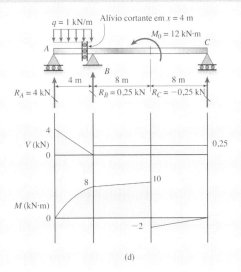

RESUMO E REVISÃO DO CAPÍTULO

No Capítulo 4, revisamos a análise de vigas estaticamente determinadas e estruturas simples para encontrar as reações de apoio e as resultantes de tensões internas (N, V e M), então traçamos diagramas de força axial, força cortante e momento fletor para mostrar a variação destas quantidades por toda a estrutura. Consideramos apoios de roletes, de pino, deslizantes e engastamentos e os carregamentos concentrados e distribuídos nos modelos de montagem de uma variedade de estruturas com diferentes condições de apoio. Em alguns casos, alívios internos foram incluídos no modelo para representar locais conhecidos para valores nulos de N, V, ou M. Alguns dos principais conceitos apresentados neste capítulo foram:

1. Se a estrutura é **estaticamente determinada** e estável, as leis da estática são suficientes para a determinação de todos os valores dos momentos e forças de reação dos apoios, assim como da magnitude da força axial (N), força cortante (V) e momento fletor (M), em qualquer local da estrutura.

2. Se **alívios** de momento, de cortante ou axiais são apresentados no modelo da estrutura, esta deve ser quebrada em diagramas de corpo livre (DCL) separados cortando-se através do alívio; uma equação adicional de equilíbrio estará então disponível para o uso na determinação de reações de apoio desconhecidas mostradas nesse DCL.

3. A exibição de gráficos ou **diagramas** que mostram a variação de N, V e M sobre a estrutura é útil, pois mostram facilmente a localização dos valores máximos de N, M e V necessários no **dimensionamento** (a ser considerado para vigas no Capítulo 5). Note que, com a convenção de sinais de deformação, o diagrama de momento é representado no lado de compressão de um membro estrutural ou de uma parte de um membro.

4. As **regras para desenhar diagramas de momento fletor e de força cortante** podem ser resumidas da seguinte forma:

   a. A ordenada da curva de carga distribuída (q) é igual ao negativo da inclinação no diagrama de força cortante.

   $$\frac{dV}{dx} = -q$$

   b. A diferença em valores de cisalhamento entre quaisquer dois pontos no diagrama de força cortante é igual à área ($-$) sob a curva de carga distribuída entre estes mesmos dois pontos.

   $$\int_A^B dV = -\int_A^B q\, dx$$

   $$V_B - V_A = -\int_A^B q\, dx$$

   $$= -(\text{área da carga no diagrama entre } A \text{ e } B)$$

   c. A ordenada no diagrama de força cortante (V) é igual à inclinação no diagrama de momento fletor.

   $$\frac{dM}{dx} = V$$

d. A diferença nos valores entre quaisquer dois pontos no diagrama de momento é igual à área sob o diagrama de força cortante entre estes mesmos dois pontos.

$$\int_A^B dM = \int_A^B V\,dx$$

$$M_B - M_A = \int_A^B V\,dx$$

= (área da força cortante no diagrama entre A e B)

e. Nos pontos em que a curva de cisalhamento cruza o eixo de referência (isto é, $V = 0$), o valor do momento no diagrama de momento é um máximo ou mínimo local.

f. A ordenada no diagrama de força axial (N) é igual a zero em um alívio de força axial; a ordenada no diagrama de força cortante (V) é zero em um alívio de cortante; e a ordenada no diagrama de momento (M) é zero em um alívio de momento.

PROBLEMAS – CAPÍTULO 4

Forças cortantes e momentos fletores

4.3-1 Calcule a força cortante V e o momento fletor M em uma seção transversal logo à esquerda da carga 7,0 kN atuando sobre a viga simples AB mostrada na figura.

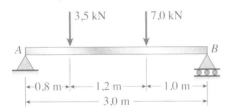

PROB. 4.3-1

4.3-2 Determine a força cortante V e o momento fletor M no ponto médio C da viga simples AB mostrada na figura.

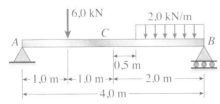

PROB. 4.3-2

4.3-3 Uma viga AB simplesmente apoiada é submetida a um carregamento distribuído trapezoidal (veja a figura). A intensidade do carregamento varia linearmente de 50 kN/m no apoio A até 25 kN/m no apoio B.

Calcule a força cortante V e o momento fletor M no ponto médio da viga.

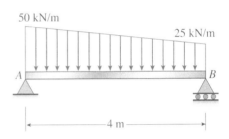

PROB. 4.3-3

Diagramas de força cortante e momento fletor

4.5-1 A viga $ABCD$ tem apoios simples em B e C e tem ambas as extremidades em balanço (veja a figura). O vão tem comprimento L e cada balanço tem comprimento igual a $L/3$. Um carregamento uniforme de intensidade q atua sobre todo o comprimento da viga.

Desenhe os diagramas de momento fletor e de força cortante para a viga.

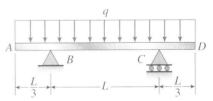

PROB. 4.5-1

4.5-2 Desenhe os diagramas de força cortante e momento fletor de uma viga em escora saliente AB sendo atuada por dois casos de carga diferentes.

(a) Uma carga distribuída com variação linear e intensidade máxima q_0 (ver parte a da figura)

(b) Uma carga distribuída com variação parabólica e intensidade máxima q_0 (ver parte b da figura).

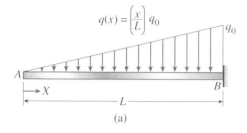

(a)

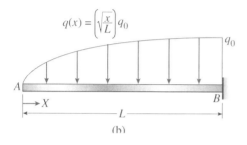

(b)

PROB. 4.5-2

4.5-3 A viga engastada apresentada na figura sustenta uma carga concentrada e um segmento de carga uniforme.

Desenhe os diagramas de momento fletor e de força cortante para esta viga engastada.

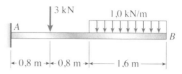

PROB. 4.5-3

CAPÍTULO 5

Tensões em vigas (tópicos básicos)

VISÃO GERAL DO CAPÍTULO

O Capítulo 5 trata das tensões e deformações em vigas que têm cargas aplicadas no plano xy, um plano de simetria da seção transversal, resultando em deflexão da viga no mesmo plano, conhecido como **plano de flexão**. Tanto a **flexão pura** (flexão da viga sob momento fletor constante) como a flexão **não uniforme** (flexão na presença de forças cortantes) serão discutidas (Seção 5.2). Veremos que as tensões e deformações nas vigas estão diretamente relacionadas à **curvatura** κ da curva de deflexão (Seção 5.3). Uma **relação de deformação-curvatura** será desenvolvida a partir da consideração de deformações longitudinais desenvolvidas na viga durante a flexão; estas deformações variam linearmente com a distância da superfície neutra da viga (Seção 5.4). Quando a lei de Hooke (que se aplica a materiais elásticos lineares) é combinada com a relação de deformação-curvatura, descobrimos que a linha neutra passa através do centroide da seção transversal. Como resultado, os eixos x e y são eixos principais. Através da consideração do momento resultante das tensões normais que atuam sobre a seção transversal, deduziremos em seguida a **relação de momento-curvatura**, que relaciona a curvatura (κ) ao momento (M) e à rigidez de flexão (EI). Isso levará à equação diferencial da curva elástica da viga, tópico a ser considerado no Capítulo 7, quando discutiremos as deflexões de viga em detalhes. De interesse imediato aqui, entretanto, são as tensões da viga, e a relação de momento-curvatura será utilizada para desenvolver a **fórmula de flexão** (Seção 5.5). A **fórmula de flexão** mostra que as tensões normais (σ_x) variam linearmente com a distância (y) a partir da superfície neutra e dependem do momento fletor (M) e do momento de inércia (I) da seção transversal. Em seguida, o módulo de seção (S) da seção transversal da viga será definido e então utilizado no **dimensionamento** de vigas, na Seção 5.6. No dimensionamento de vigas, utilizamos o momento fletor máximo (M_{max}), obtido a partir do diagrama de momento fletor (Seção 4.5), e a tensão normal admissível para o material (σ_{adm}) a fim de calcular o módulo de seção necessário e então selecionar uma viga adequada de aço ou de madeira. Se a viga é não prismática (Seção 5.7), a fórmula de flexão ainda se aplica, contanto que as modificações nas dimensões da seção transversal sejam graduais. No entanto, não podemos assumir que as tensões máximas ocorrem na seção transversal com o maior momento de curvatura.

Para vigas em flexão não uniforme, tensões normais e de cisalhamento são desenvolvidas e precisam ser consideradas no dimensionamento e análise das vigas. Tensões normais são calculadas utilizando-se a **fórmula de flexão**, como observado antes, e a **fórmula de cisalhamento** deve ser utilizada para calcular tensões de cisalhamento (τ) que variam sobre a altura da viga (Seções 5.8 e 5.9). As tensões normais e de cisalhamento máximas não ocorrem no mesmo local ao longo da viga, mas, na maioria dos casos, as tensões normais máximas regem o dimensionamento das vigas. Atenção especial deve ser dada às tensões de cisalhamento em vigas com flanges (por exemplo, formas de W e C [Seção 5.10]). **Vigas construídas**, feitas de duas ou mais partes de material, devem ser dimensionadas como se fossem formadas por apenas uma peça, e então as **conexões** entre as partes (por exemplo, pregos, parafusos, solda e cola) devem ser projetadas para garantir que as conexões sejam fortes o suficiente para transmitir as forças cortantes horizontal que atuam entre as partes da viga (Seção 5.11). Se membros estruturais estão submetidos à ação simultânea de cargas axiais e de flexão e não são tão delgados a ponto de sofrerem flambagem, as tensões combinadas podem ser obtidas através da sobreposição das tensões de flexão e axiais (Seção 5.12). Por fim, para vigas com elevadas tensões localizadas, devido a furos, entalhes ou outras modificações abruptas em suas dimensões, **concentrações de tensão** devem ser consideradas, em especial para vigas de materiais frágeis ou sujeitas a cargas dinâmicas (Seção 5.13).

O Capítulo 5 está organizado da seguinte forma:

5.1 Introdução 250
5.2 Flexão pura e flexão não uniforme 250
5.3 Curvatura de uma viga 251
5.4 Deformações longitudinais em vigas 253
5.5 Tensões normais em vigas (materiais elásticos lineares) 257
5.6 Projetos de vigas para tensões de flexão 269
5.7 Vigas não prismáticas 277
5.8 Tensões de cisalhamento em vigas de seção transversal retangular 280
5.9 Tensões de cisalhamento em vigas de seção transversal circular 288
5.10 Tensões de cisalhamento em almas de vigas com flanges 291
*5.11 Vigas construídas e fluxo de cisalhamento 297
*5.12 Vigas com carregamentos axiais 301
*5.13 Concentração de tensões em flexão 306
Resumo e revisão do capítulo 309
Problemas 311

5.1 Introdução

No capítulo anterior, pudemos observar como cargas atuando sobre uma viga criam solicitações internas (ou *tensões resultantes*) na forma de forças cortantes e de momentos fletores. Neste capítulo, iremos um passo adiante e investigaremos as *tensões* e as *deformações* associadas às forças cortantes e aos momentos fletores. Conhecendo as tensões e deformações, poderemos analisar vigas submetidas a uma gama de condições de carga.

As cargas que atuam na viga a fazem fletir (ou *curvar*), e assim deformar seu eixo em uma curva. Como exemplo, considere a viga engastada AB, submetida a uma carga P em sua extremidade livre (Figura 5.1a). O eixo que estava inicialmente reto é então flexionado em uma curva (Figura 5.1b), chamada **curva de deflexão** da viga.

Para obter uma referência, fazemos um sistema de **eixos coordenados** (Figura 5.1b) com a origem localizada em um ponto apropriado no eixo longitudinal da viga. Neste exemplo colocamos a origem n0 suporte fixo. O eixo horizontal x tem sentido positivo para a direita e o eixo vertical y tem sentido positivo para cima. O eixo z, que não é mostrado na figura, tem direção perpendicular ao plano da página, com sentido positivo para fora (ou seja, na direção do observador), de tal forma que os três eixos formam um sistema de coordenadas seguindo a regra da mão direita.

As vigas consideradas neste capítulo (tais como aquelas do Capítulo 4) são assumidas como simétricas em relação ao plano xy, o que significa que o eixo y é um eixo de simetria da seção transversal. Além disso, todas as cargas devem atuar no plano xy. Consequentemente, a deflexão da viga ocorre nesse mesmo plano, conhecido como **plano de flexão**. Assim, a curva de deflexão mostrada na Figura 5.1b é uma curva plana contida no plano de flexão.

A **deflexão** da viga em qualquer ponto ao longo de seu eixo é o *deslocamento* desse ponto em relação à sua posição original, medida na direção de y. A deflexão é denotada pela letra v, para distingui-la da própria coordenada y (veja a Figura 5.1b).*

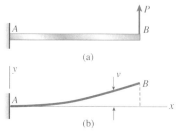

Figura 5.1

Flexão em uma viga engastada: (a) viga com carregamento e (b) curva de deflexão

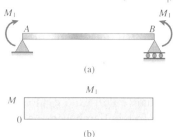

Figura 5.2

Viga simples em flexão pura ($M = M_1$)

5.2 Flexão pura e flexão não uniforme

Na análise de vigas, frequentemente é necessário distinguir entre a flexão pura e a flexão não uniforme. **Flexão pura** refere-se à flexão na viga submetida a um momento fletor constante. Portanto, a flexão pura ocorre apenas em regiões da viga em que a força cortante é zero (porque $V = dM/dx$; veja a Equação 4.6).

---

* Na mecânica aplicada, os símbolos tradicionais para deslocamentos nas direções x, y e z são, respectivamente, u, v e w.

Em contrapartida, a **flexão não uniforme** refere-se à flexão na presença de forças cortantes, o que significa que o momento fletor varia conforme nos movemos ao longo do eixo da viga.

Como exemplo de uma flexão pura, considere a viga simples AB carregada por dois momentos M_1 de mesma magnitude, mas em direções opostas (Figura 5.2a). Essas cargas produzem um momento fletor constante $M = M_1$ ao longo do eixo da viga, como ilustrado pelo diagrama de momento fletor na parte (b) da Figura 5.12. Note que a força cortante V é zero em todas as seções transversais da viga.

Outro exemplo de flexão pura é dado pela Figura 5.3a, em que uma viga engastada AB é submetida flexão dupla no sentido horário M_2 na extremidade livre. Não existem forças cortantes nessa viga, e o momento fletor M é constante ao longo de seu comprimento. O momento fletor é negativo ($M = -M_2$), conforme ilustrado pelo diagrama de momento fletor na parte (b) da Figura 5.3.

A viga simples simetricamente carregada da Figura 5.4a é um exemplo de viga que tem uma parte em flexão pura e outra em flexão não uniforme, como pode ser visto nos diagramas de momento fletor e de força cortante (Figura 5.4b e 5.4c). A região central da viga está em flexão pura, porque a força cortante é zero e o momento fletor é constante. As partes da viga próximas às extremidades estão em flexão não uniforme, porque as forças cortantes estão presentes e o momento fletor varia.

Nas próximas duas seções, investigaremos as tensões e deformações nas vigas submetidas somente à flexão pura. Felizmente, com frequência podemos utilizar os resultados obtidos para flexão pura, mesmo quando forças cortantes estão presentes, como será explicado posteriormente (veja o último parágrafo na Seção 5.8).

Figura 5.3

Viga engastada em flexão pura ($M = -M_2$)

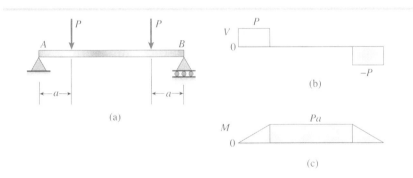

Figura 5.4

Viga simples com a região central em flexão pura e os extremos em flexão não uniforme

5.3 Curvatura de uma viga

Quando cargas são aplicadas a uma viga, seu eixo longitudinal é deformado em uma curva, como mostrado anteriormente na Figura 5.1. As tensões e deformações resultantes na viga estão diretamente relacionadas à **curvatura** da curva de deflexão.

Para ilustrar o conceito de curvatura, considere novamente uma viga engastada submetida a um carregamento P atuando na extremidade livre (Figura 5.5a na próxima página). A curva de deflexão dessa viga é dada na Figura 5.5b. Para fazer a análise, identificamos dois pontos m_1 e m_2 na curva de deflexão. O ponto m_1 foi escolhido em uma distância arbitrária x do eixo y e o ponto m_2 está localizado a uma pequena distância ds mais adiante ao longo da curva. Em cada um desses dois pontos, desenhamos uma linha normal à *tangente* da curva de deflexão, ou seja, normal à própria curva. Essas normais se interceptam em um ponto O', que é o **centro de curvatura** da curva de deflexão. Devido ao fato de que a maior parte das vigas tem deflexões muito pequenas e curvas de deflexões quase planas, o ponto O' normalmente localiza-se muito mais distante da viga do que o indicado na figura.

A distância $m_1 O'$ da curva ao centro de curvatura é chamada de **raio de curvatura** ρ (letra grega ro), e a **curvatura** κ (letra grega capa) é definida como o inverso do raio de curvatura. Assim,

$$\kappa = \frac{1}{\rho} \tag{5.1}$$

Figura 5.5

Curvatura da viga fletida: (a) viga com carregamento e (b) curva de deflexão

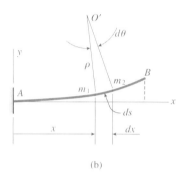

a curvatura é uma medida de quão intensamente a viga é flexionada. Se a carga na viga for pequena, a viga será praticamente reta, o raio de curvatura será muito grande e a curvatura será muito pequena. Se a carga for aumentada, a flexão total será aumentada – o raio de curvatura se tornará menor e a curvatura será maior.

A partir da geometria do triângulo $O' m_1 m_2$ (Figura 5.5b), obtemos

$$\rho \, d\theta = ds \tag{5.2}$$

em que $d\theta$ (medido em radianos) é o ângulo infinitesimal entre as normais e ds é a distância infinitesimal ao longo da curva entre m_1 e m_2. Combinando a Equação (a) com a Equação (5.1), temos que

$$\kappa = \frac{1}{\rho} = \frac{d\theta}{ds} \tag{5.3}$$

Essa equação para **curvatura** é desenvolvida em livros-texto de cálculo e vale para qualquer curva, independentemente da intensidade da curvatura. Caso a curvatura seja constante ao longo do comprimento da viga, o raio de curvatura também será *constante* e a curva será um arco de um círculo.

As deflexões em vigas são usualmente muito pequenas quando comparadas aos seus comprimentos (considere, por exemplo, a deflexão de uma coluna estrutural de um carro ou de uma viga em um prédio). Pequenas deflexões significam que a curva de deflexão é quase plana. Consequentemente, a distância ds ao longo da curva pode ser considerada igual à sua projeção horizontal dx (veja a Figura 5.5b). Sob estas condições especiais de **pequenas deflexões**, a equação para a curvatura torna-se

$$\kappa = \frac{1}{\rho} = \frac{d\theta}{dx} \tag{5.4}$$

Tanto a curvatura como o raio de curvatura são funções da distância x medida ao longo do eixo x. Segue que a posição O' do centro da curvatura também depende da distância x.

Na Seção 5.5, veremos que a curvatura em um ponto particular no eixo de uma viga depende do momento fletor naquele ponto e das propriedades da viga (forma da seção transversal e material da viga). Portanto, se a viga for prismática e o material for homogêneo, a curvatura variará apenas com o momento fletor. Consequentemente, uma viga em *flexão pura* terá uma curvatura constante, e uma viga em *flexão não uniforme* terá uma curvatura variável.

A **convenção de sinais para curvatura** depende da orientação dos eixos coordenados. Caso o eixo x seja positivo para a direita, e o eixo y, positivo para cima, como mostra a Figura 5.6, então a curvatura é positiva quando a viga é fletida com a concavidade para cima e o centro de curvatura está acima da viga. De forma análoga, a curvatura é negativa quando a viga é fletida com a concavidade virada para baixo e o centro de curvatura está abaixo da viga.

Na próxima seção, veremos como as deformações longitudinais em uma viga flexionada são determinadas a partir de sua curvatura e, no Capítulo 7, veremos como a curvatura está relacionada às deflexões nas vigas.

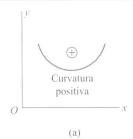
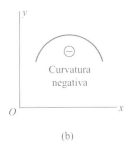

Figura 5.6

Convenção de sinal para curvatura

5.4 Deformações longitudinais em vigas

As deformações longitudinais em uma viga podem ser encontradas analisando-se a curvatura da viga e as deformações associadas. Com esse propósito, vamos considerar uma parte AB de uma viga em flexão pura, submetida a momentos fletores positivos M (Figura 5.7a). Assumimos que a viga inicialmente tem o eixo longitudinal reto (o eixo x da figura), e sua seção transversal é simétrica em relação ao eixo y, como mostra a Figura 5.7b.

Sob a ação dos momentos fletores, a viga se deflexiona no plano xy (o plano de flexão) e seu eixo longitudinal é flexionado em uma curva circular (curva ss na Figura 5.7c). A viga é flexionada com a concavidade para cima, que é uma curvatura positiva (Figura 5.6a).

Seções transversais da viga, tais como as seções mn e pq na Figura 5.7a, permanecem planas e normais ao seu eixo longitudinal (Figura 5.7c). O fato de as seções transversais da viga na flexão pura permanecerem planas é tão fundamental para a teoria da viga que é frequentemente chamado de hipótese assumida. Entretanto, também poderíamos chamá-lo de teorema, porque pode ser rigorosamente provado usando apenas argumentos racionais baseados em simetria. O ponto básico é que a simetria da viga e de seu carregamento (Figuras 5.7a e b) significa que todos os elementos da viga (tal qual o elemento $mpqn$) devem se deformar de forma idêntica, o que somente é possível caso as seções transversais permaneçam planas durante a flexão (Figura 5.7c). Essa

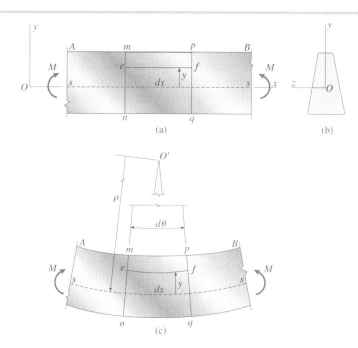

Figura 5.7

Deformações em uma viga em flexão pura: (a) visão lateral da viga, (b) seção transversal da viga e (c) viga deformada

conclusão é válida para vigas de qualquer material, seja ele elástico ou inelástico, linear ou não linear. É claro que as propriedades dos materiais, assim como as dimensões, devem ser simétricas em relação ao plano de flexão. (*Observação:* Mesmo que a seção transversal plana de uma viga permaneça plana em flexão pura, ainda pode haver deformações no próprio plano. Tais deformações são devidas aos efeitos do coeficiente de Poisson, como se explica ao final dessa discussão.)

Devido às deformações causadas pela flexão mostradas na Figura 5.7c, seções transversais *mn* e *pq* giram em relação umas às outras sobre eixos perpendiculares ao plano *xy*. Linhas longitudinais na parte inferior da viga são alongadas, enquanto aquelas na parte superior são diminuídas. Assim, a parte inferior da viga está tracionada e a parte superior está comprimida. Em algum lugar entre o topo e a base da viga está uma superfície em que as linhas longitudinais não mudam de comprimento. Essa superfície, indicada pela linha pontilhada *ss* nas Figuras 5.7a e c, é chamada de **superfície neutra** da viga. Sua interseção com qualquer plano de seção transversal é chamada de **linha neutra** da seção transversal; por exemplo, o eixo *z* é a linha neutra da seção transversal ilustrada na Figura 5.7b.

Os planos contendo as seções transversais *mn* e *pq* na viga deformada (Figura 5.7c) interceptam-se em uma linha que passa pelo centro de curvatura O'. O ângulo entre esses planos é chamado de $d\theta$ e a distância de O' para a superfície neutra *ss* é o raio de curvatura ρ. A distância inicial dx entre os dois planos (Figura 5.7a) não é alterada na superfície neutra (Figura 5.7c), assim, $\rho d\theta = dx$. Entretanto, todas as outras linhas longitudinais entre os dois planos ou alongam-se ou encurtam-se, criando assim **deformações normais** ε_x.

Para obter essas deformações normais, considere uma linha longitudinal *ef* localizada entre os planos *mn* e *pq* (Figura 5.7a). Identificamos a linha *ef* pela sua distância *y* da superfície neutra na viga inicialmente reta. Assim, estamos assumindo que o eixo *x* está ao longo da superfície neutra na viga *não deformada*. É claro que, quando a viga é fletida, a superfície neutra se move com a viga, mas o eixo *x* permanece na mesma posição. Todavia, a linha longitudinal *ef* na viga flexionada (Figura 5.7c) ainda está localizada à mesma distância *y* da superfície neutra. Assim, o comprimento L_1 da linha *ef* depois que a flexão ocorre é:

$$L_1 = (\rho - y)d\theta = dx - \frac{y}{\rho}dx$$

em que substituímos $d\theta = dx/\rho$.

Uma vez que o comprimento original da linha *ef* é dx, segue que seu alongamento é $L_1 - dx$, ou $-y\,dx/\rho$. A *deformação longitudinal* correspondente é igual ao alongamento dividido pelo comprimento inicial dx; portanto a **relação deformação-curvatura** é:

$$\varepsilon_x = -\frac{y}{\rho} = -\kappa y \tag{5.5}$$

em que κ é a curvatura (veja a Equação 5.1).

A equação anterior mostra que as deformações longitudinais na viga são proporcionais à sua curvatura e variam linearmente com a distância y para a superfície neutra. Quando o ponto considerado está acima da superfície neutra, a distância y é positiva. Caso a curvatura também seja positiva (como mostra a Figura 5.7c), então ε_x será uma deformação negativa, representando um encurtamento. Por outro lado, se o ponto considerado estiver abaixo da superfície neutra, a distância y será negativa e, caso a curvatura seja positiva, a deformação ε_x será positiva, representando um alongamento. Note que a **convenção de sinais** para ε_x foi a mesma utilizada para deformações normais nos capítulos anteriores, isto é, um alongamento é positivo e um encurtamento é negativo.

A Equação (5.5) para deformações normais em uma viga foi obtida a partir apenas da geometria de uma viga deformada – as propriedades dos materiais não entraram na discussão. Portanto, *as deformações em uma viga em flexão pura variam linearmente com a distância em relação à superfície neutra, independentemente da forma da curva de tensão-deformação do material.*

O próximo passo em nossa análise, que é encontrar as tensões causadas pelas deformações, requer o uso de curva de tensão-deformação. Na próxima seção, esse passo é descrito para materiais de elasticidade linear e, na Seção 6.10, para materiais elastoplásticos.

As deformações longitudinais em uma viga são acompanhadas por *deformações transversais* (ou seja, deformações normais nas direções y e z) devido ao efeito do coeficiente de Poisson. Entretanto, não são acompanhadas por tensões transversais porque as vigas são livres para se deformar lateralmente. Essa condição de tensão é análoga àquela da viga prismática em tração ou compressão e, portanto, *elementos longitudinais em uma viga em flexão pura estão em um estado de tensão uniaxial.*

• • • Exemplo 5.1

Uma viga de ferro *AB* simplesmente apoiada (Figura 5.8a), de comprimento $L = 4,9$ m e altura $h = 300$ mm, é flexionada pelos momentos M_0 em um arco circular com uma deflexão para baixo δ no ponto médio (Figura 5.8b). A deformação normal longitudinal (alongamento) na superfície inferior da viga é de 0,00125 e a distância da superfície inferior da viga para a superfície neutra é de 150 mm.

Determine o raio de curvatura ρ, a curvatura κ e a deflexão δ da viga.

Observação: Essa viga tem uma deflexão relativamente grande porque seu comprimento é grande em relação à sua altura ($L/h = 16,33$) e a deformação de 0,00125 também é grande (é mais ou menos a mesma deformação admitida para o aço estrutural comum).

Exemplo 5.1 Continuação

Figura 5.8

Exemplo 5.1: Viga em flexão pura: (a) viga com carregamentos e (b) curva de deflexão

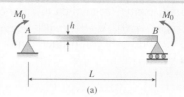

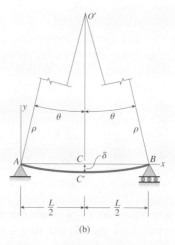

Solução

Curvatura. Uma vez que sabemos a deformação longitudinal na superfície inferior da viga ($\varepsilon_x = 0{,}00125$) e a distância da superfície neutra para a superfície inferior ($y = -150$ mm), podemos usar a Equação (5.5) para calcular tanto o raio de curvatura como a curvatura. Rearranjando a Equação (5.5) e substituindo os valores conhecidos, temos:

$$\rho = -\frac{y}{\varepsilon_x} = -\frac{-150 \text{ mm}}{0{,}00125} = 120 \text{ m} \qquad \kappa = \frac{1}{\rho} = 8{,}33 \times 10^{-3} \text{ m}^{-1}$$

Esses resultados mostram que o raio de curvatura é extremamente grande se comparado ao comprimento da viga, mesmo quando a deformação no material é grande. Se, como usualmente encontrado, a deformação for menor, o raio de curvatura será ainda maior.

Deflexão. Conforme apontado na Seção 5.3, um momento fletor constante (flexão pura) produz uma curvatura constante ao longo do comprimento de uma viga. Portanto, a curva de deflexão é um arco circular. A partir da Figura 5.8b, vemos que a distância do centro de curvatura O' para o ponto médio C' da viga flexionada é o raio de curvatura ρ, e a distância do ponto O' para o ponto C no eixo x é $\rho \cos \theta$, sendo θ o ângulo $BO'C$. Isso nos leva à seguinte expressão para a deflexão no ponto médio da viga:

$$\delta = \rho(1 - \cos \theta) \tag{5.6}$$

Para uma curva praticamente plana, podemos assumir que a distância entre os apoios é o próprio comprimento da viga. Assim, do triângulo $BO'C$, temos

$$\operatorname{sen} \theta = \frac{L/2}{\rho} \tag{5.7}$$

Substituindo os valores conhecidos, obtemos:

$$\operatorname{sen} \theta = \frac{4{,}9 \text{ m}}{2(120 \text{ m})} = 0{,}0200$$

e

$$\theta = 0{,}0200 \text{ rad} = 1{,}146°$$

> ### Exemplo 5.1 Continuação
>
> Repare que, para fins práticos, podemos aproximar sen θ por θ (radianos) como sendo numericamente iguais, porque θ é um ângulo muito pequeno. Agora substituímos na Equação (5.6) para a deflexão e obtemos:
>
> $$\delta = \rho(1 - \cos\theta) = (120\text{ m})(1 - 0,999800) = 24\text{ mm}$$
>
> Essa deflexão é muito pequena se comparada ao comprimento da viga, como mostrado pela razão do comprimento do vão pela deflexão:
>
> $$\frac{L}{\delta} = \frac{4,9\text{ m}}{24\text{ mm}} = 204$$
>
> Assim, concluímos que a curva de deflexão da viga é praticamente plana, mesmo com a presença de grandes deformações. É claro que, na Figura 5.8b, a deflexão da viga está exagerada para melhor visualização.
>
> *Observação:* O propósito deste exemplo é mostrar as magnitudes relativas do raio de curvatura, comprimento da viga e deflexão da viga. Entretanto, o método utilizado para encontrar a deflexão tem pouco valor prático, porque é limitado à flexão pura, que produz uma deflexão em forma circular. Métodos mais úteis para calcular a deflexão de uma viga serão apresentados no Capítulo 9.

5.5 Tensões normais em vigas (materiais elásticos lineares)

Na seção anterior, investigamos as deformações longitudinais ε_x em uma viga em flexão pura (veja a Equação 5.5 e a Figura 5.7). Uma vez que elementos longitudinais em uma viga estão submetidos apenas à tração ou à compressão, podemos utilizar a **curva de tensão-deformação** do material para determinar as tensões a partir das deformações. As tensões atuam sobre toda a seção transversal da viga e variam de intensidade, dependendo da forma da curva de tensão-deformação e das dimensões de sua seção transversal. Como a direção x é longitudinal (Figura 5.7a), utilizamos o símbolo σ_x para denominar essas tensões.

A relação de tensão-deformação mais comum encontrada na engenharia é a equação de **material elástico linear**. Para tais materiais, substituímos a lei de Hooke para tensões uniaxiais ($\sigma = E\varepsilon$) na Equação (5.5) e obtemos:

$$\sigma_x = E\varepsilon_x = -\frac{Ey}{\rho} = -E\kappa y \qquad (5.8)$$

Essa equação mostra que a tensão normal agindo na seção transversal varia linearmente com a distância y da superfície neutra. Esta distribuição de tensão é ilustrada na Figura 5.9a para o caso em que o momento fletor M é positivo e a viga flexiona-se com uma curvatura positiva.

Quando a curvatura é positiva, as tensões σ_x são negativas (compressão) acima da superfície neutra e positivas (tração) abaixo dela. Na figura, tensões de compressão são indicadas por setas apontando em direção a para a seção transversal e tensões de tração são indicadas por setas apontando para fora da seção transversal.

Para que a Equação (5.8) tenha valor prático, temos de posicionar a origem das coordenadas de tal forma que a distância y possa ser determinada. Em outras palavras, precisamos localizar a linha neutra da seção transversal. Também precisamos encontrar a relação entre a curvatura e o momento fletor – de tal forma que possamos substituir na Equação (5.8) e obter uma equação relacionando as tensões e o momento fletor. Esses dois objetivos podem ser alcançados determinando-se a resultante das tensões σ_x agindo na seção transversal.

Figura 5.9

Tensões normais em uma viga de material elástico linear: (a) vista lateral da viga mostrando a distribuição das tensões normais e (b) seção transversal da viga mostrando o eixo z como a linha neutra da seção transversal

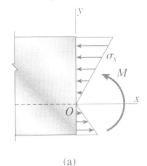

(a)

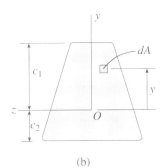

(b)

No caso geral, a **resultante de tensões normais** consiste em duas tensões resultantes: (1) uma força atuando na direção x e (2) um momento fletor agindo em relação ao eixo z. Entretanto, a força axial será zero quando a viga estiver submetida a flexão pura. Portanto, podemos escrever as seguintes equações da estática: (1) a força resultante na direção x é igual a zero e (2) a resultante de momento é igual ao momento fletor M. A primeira equação dá a localização do eixo central e a segunda, a relação momento-curvatura.

Localização da linha neutra

Para obter a primeira equação da estática, consideramos um elemento de área dA na seção transversal (Figura 5.9b). O elemento está localizado a uma distância y da linha neutra, portanto a tensão σ_x agindo no elemento é dada pela Equação (5.8). A *força* agindo sobre o elemento é igual a $\sigma_x dA$ e é de compressão quando y é positivo. Por não haver força resultante agindo na seção transversal, a integral de $\sigma_x dA$ sobre a área A de toda a seção transversal deve ser nula. Assim, a *primeira equação da estática* é:

$$\int_A \sigma_x dA = -\int_A E\kappa y dA = 0 \tag{5.9a}$$

Devido ao fato de a curvatura κ e o módulo de elasticidade E serem constantes não nulas em qualquer seção transversal da viga flexionada, eles não estão envolvidos na integração da área de seção transversal. Portanto podemos descartá-los da equação e obter:

$$\int_A y\, dA = 0 \tag{5.9b}$$

Essa equação estabelece que o primeiro momento de área da seção transversal, determinado em relação ao eixo z, é zero. Em outras palavras, o eixo z deve passar pelo centroide da seção transversal.

Uma vez que o eixo z é também a linha neutra, chegamos à seguinte conclusão importante: *A linha neutra passa através do centroide da área da seção transversal quando o material segue a lei de Hooke e não existem forças axiais agindo na seção transversal*. Essa observação torna relativamente simples determinar a posição da linha neutra.

Como explicado na Seção 5.1, nossa discussão está limitada a vigas em que o eixo y seja um eixo de simetria. Consequentemente, o eixo y também passa através do centroide. Portanto, temos a seguinte conclusão adicional: *A origem O das coordenadas (Figura 5.9b) está localizada no centroide da área da seção transversal*.

Devido ao fato de o eixo y ser um eixo de simetria da seção transversal, segue que o eixo y é um *eixo principal*. Uma vez que o eixo z é perpendicular ao eixo y, ele também é um eixo principal. Assim, quando uma viga de material elástico linear é submetida a uma flexão pura, *o eixo y e o eixo z são eixos centrais*.

Relação momento-curvatura

A *segunda equação da estática* expressa o fato de que o momento resultante da tensão normal σ_x agindo sobre a seção transversal é igual ao momento fletor M (Figura 5.9a). O elemento de força $\sigma_x dA$ agindo no elemento de área dA (Figura 5.9b) está na direção positiva do eixo x quando σ_x é positivo e na direção negativa quando σ_x é negativo. Uma vez que o elemento dA está localizado acima da linha neutra, uma tensão positiva σ_x agindo nesse elemento produz um momento elementar igual a $\sigma_x y\, dA$. Esse momento elementar atua na direção oposta à do momento fletor positivo M mostrado na Figura 5.9a. Portanto, o momento elementar é

$$dM = -\sigma_x y \, dA$$

A integral de todos esses momentos elementares em toda a área da seção transversal A deve ser igual ao momento fletor:

$$M = -\int_A \sigma_x y \, dA \tag{5.10a}$$

ou, com a substituição de σ_x da Equação (5.9),

$$M = \int_A \kappa E y^2 \, dA = \kappa E \int_A y^2 \, dA \tag{5.10b}$$

Essa equação relaciona a curvatura da viga ao momento fletor M.

Uma vez que a integral na equação anterior é uma propriedade da área de seção transversal, é conveniente reescrever a equação na seguinte forma:

$$M = \kappa E I \tag{5.11}$$

em que

$$I = \int_A y^2 \, dA \tag{5.12}$$

Essa integral é o **momento de inércia** da área da seção transversal em relação ao eixo z (ou seja, em relação à linha neutra). Momentos de inércia são sempre positivos e têm dimensões de comprimento elevadas à quarta potência; por exemplo, uma unidade típica do SI é mm⁴ ao fazer cálculos para vigas.

A Equação (5.11) pode ser rearranjada agora para expressar a curvatura em termos do momento fletor na viga:

$$\kappa = \frac{1}{\rho} = \frac{M}{EI} \tag{5.13}$$

Conhecida como **equação momento-curvatura**, a Equação (5.13) mostra que a curvatura é diretamente proporcional ao momento fletor M e inversamente proporcional ao produto EI, que é chamado de **rigidez de flexão** da viga. A rigidez de flexão é uma medida da resistência da viga à flexão ao momento, ou seja, quanto maior for a rigidez de flexão, menor será a curvatura para um dado momento fletor.

Comparando-se a **convenção de sinais** para momentos fletores (Figura 4.5) com o (sinal) da curvatura (Figura 5.6), vemos que *um momento fletor positivo produz uma curvatura positiva e um momento fletor negativo produz uma curvatura negativa* (Figura 5.10).

Fórmula de flexão

Agora que localizamos a linha neutra e encontramos a relação momento-curvatura, podemos determinar as tensões em termos do momento fletor. Substituindo a expressão da curvatura (Equação 5.13) na expressão para tensão σ_x (Equação 5.8), temos

$$\sigma_x = -\frac{My}{I} \tag{5.14}$$

Essa equação, chamada de **fórmula de flexão**, mostra que as tensões são diretamente proporcionais ao momento fletor M e inversamente proporcionais ao momento de inércia I da seção transversal. Além disso, as tensões variam linearmente com a distância y da linha neutra, como observado anteriormente.

Figura 5.10

Relações entre sinais de momentos fletores e sinais de curvaturas

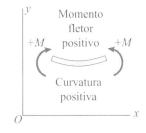

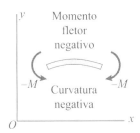

Tensões calculadas a partir da fórmula de flexão são chamadas de **tensões fletoras** ou **tensões de flexão**.

Caso o momento fletor na viga seja positivo, as tensões de flexão serão positivas (tração) na parte da seção transversal em que y é negativo, ou seja, na parte inferior da viga. As tensões na parte superior da viga serão negativas (compressão). Caso o momento fletor seja negativo, as tensões terão os sinais invertidos. Essas relações são mostradas na Figura 5.11.

Figura 5.11

Relações entre os sinais dos momentos fletores e as direções das tensões normais: (a) momento fletor positivo e (b) momento fletor negativo

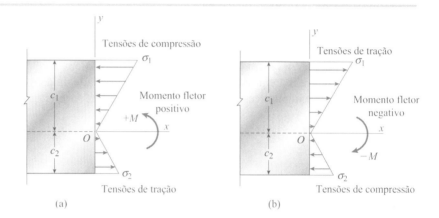

Máximas tensões na seção transversal

As máximas tensões fletoras de tração ou de compressão em qualquer seção transversal ocorrem nos pontos mais distantes da linha neutra. Vamos denominar c_1 e c_2 as distâncias da linha neutra para os elementos extremos nas direções y positiva e negativa, respectivamente (veja a Figura 5.9b e a Figura 5.11). Então as **tensões normais máximas** correspondentes σ_1 e σ_2 (provenientes da fórmula de flexão) são

$$\sigma_1 = -\frac{Mc_1}{I} = -\frac{M}{S_1} \qquad \sigma_2 = \frac{Mc_2}{I} = \frac{M}{S_2} \qquad (5.15a,b)$$

em que

$$S_1 = \frac{I}{c_1} \qquad S_2 = \frac{I}{c_2} \qquad (5.16a,b)$$

Os valores S_1 e S_2 são conhecidos como **módulos de seção** ou módulos de resistência, ou ainda módulos resistentes da seção transversal. Das Equações (5.15a e b), vemos que cada módulo da seção possui dimensões de comprimento elevadas à terceira potência (por exemplo, mm³). Repare que as distâncias c_1 e c_2 ao topo e à base da viga são sempre valores positivos.

As vantagens de se expressar as tensões máximas em termos de módulos de seção vêm do fato de que cada módulo de seção combina as propriedades relevantes da seção transversal da viga em um valor singular. Esse valor pode ser então listado em tabelas e manuais como uma propriedade da viga, o que é mais conveniente para projetistas (o projeto de vigas usando módulos de seção será explicado na próxima seção).

Formas duplamente simétricas

Caso a seção transversal da viga seja simétrica em relação ao eixo z e também em relação ao eixo y (*seção transversal duplamente simétrica*), então $c_1 = c_2 = c$ e as máximas tensões de tração e de compressão são numericamente iguais:

$$\sigma_1 = -\sigma_2 = -\frac{Mc}{I} = -\frac{M}{S} \qquad \text{ou} \qquad \sigma_{max} = \frac{M}{S} \qquad (5.17a,b)$$

em que:

$$S = \frac{I}{c} \quad (5.18)$$

é o único módulo de seção da seção transversal.

Para uma viga com **seção transversal retangular** de largura b e altura h (Figura 5.12a), o momento de inércia e o módulo da seção são:

$$I = \frac{bh^3}{12} \qquad S = \frac{bh^2}{6} \quad (5.19a,b)$$

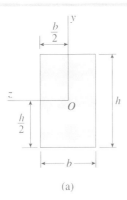

Figura 5.12
Formas de seção transversal duplamente simétricas

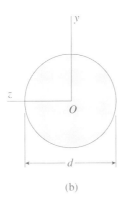

Para uma viga com **seção transversal circular** de diâmetro d (Figura 5.12b), essas propriedades são

$$I = \frac{\pi d^4}{64} \qquad S = \frac{\pi d^3}{32} \quad (5.20a,b)$$

Propriedades de outras formas duplamente simétricas, como tubos ocos (tanto retangulares como circulares) e formas com flanges amplos, podem ser prontamente obtidas a partir das fórmulas anteriores.

Propriedades das seções transversais de vigas

Para outras formas de seção transversal, podemos determinar a localização da linha neutra, do momento de inércia e dos módulos de seção fazendo cálculos diretos. Esse procedimento é ilustrado mais adiante no Exemplo 5.4.

Limitações

As análises apresentadas nesta seção são para flexões puras em vigas prismáticas compostas de materiais homogêneos e elásticos lineares. Caso a viga esteja submetida a uma flexão não uniforme, a força cortante gerará um empenamento (ou distorção fora do plano) das seções transversais. Assim, uma seção transversal que era plana antes da flexão não o será depois da flexão. O empenamento devido às deformações de cisalhamento complica muito o comportamento da viga. Entretanto, uma análise cautelosa revela que as tensões normais calculadas a partir da fórmula de flexão não são significativamente alteradas pela presença de forças cortantes e seu empenamento associado. Assim, podemos justificadamente utilizar a teoria da flexão pura para calcular tensões normais em vigas submetidas a flexão não uniforme.*

A fórmula de flexão fornece resultados precisos apenas nas regiões da viga onde as distribuições de tensões não são perturbadas pela forma da viga ou por descontinuidades no carregamento. Por exemplo, a fórmula de flexão não é aplicável próximo aos apoios da viga ou próximo a uma carga concentrada. Tais irregularidades produzem tensões localizadas, ou *concentrações de tensão*, que são muito maiores que as tensões obtidas pela fórmula de flexão (veja a Seção 5.13).

• • • Exemplo 5.2

Um cabo de aço de alta resistência, de diâmetro d, é flexionado em torno de um tambor cilíndrico de raio R_0 (Figura 5.13).

Determine o momento fletor máximo M e a tensão de flexão máxima σ_{max} no cabo, assumindo $d = 4$ mm e $R_0 = 0,5$ m (o cabo de aço tem módulo de elasticidade $E = 200$ GPa e limite de proporcionalidade $\sigma_{pl} = 1.200$ MPa).

Figura 5.13

Exemplo 5.2: Cabo flexionado em torno de um tambor

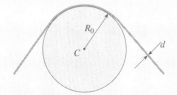

Solução

O primeiro passo neste exemplo é determinar o raio de curvatura ρ do cabo flexionado. Então, conhecendo ρ, podemos encontrar o momento fletor e as tensões máximas.

Raio de curvatura. O raio de curvatura do cabo flexionado é a distância do centro do tambor até a linha neutra da seção transversal do cabo:

$$\rho = R_0 + \frac{d}{2} \quad (5.21)$$

Momento fletor. O momento fletor no cabo pode ser encontrado através da relação momento-curvatura (Equação 5.13):

$$M = \frac{EI}{\rho} = \frac{2EI}{2R_0 + d} \quad (5.22)$$

em que I é o momento de inércia da área da seção transversal do cabo. Substituindo I em termos do diâmetro d do cabo (Equação 5.20), temos

$$M = \frac{\pi E d^4}{32(2R_0 + d)} \quad (5.23)$$

---

* A teoria das vigas começou com Galileu Galilei (1564 – 1642), que estudou o comportamento de diversos tipos de vigas. Seu trabalho na mecânica dos materiais está em seu famoso livro Duas Novas Ciências, publicado primeiramente em 1638. Apesar de Galileu ter feito muitas descobertas importantes a respeito de vigas, não encontrou a distribuição de tensão como utilizamos hoje em dia. Os progressos posteriores na teoria das vigas foram feitos por Mariote, Jacob Bernoulli, Euler, Parent, Saint-Venant e outros.

Exemplo 5.2 Continuação

Esse resultado foi obtido sem levar em consideração o *sinal* do momento fletor, uma vez que a direção da flexão é óbvia a partir da figura.

Tensões fletoras máximas. As tensões de tração e de compressão máximas, que são numericamente iguais, são obtidas pela fórmula de flexão conforme fornecido pela Equação (5.17b):

$$\sigma_{max} = \frac{M}{S}$$

em que S é o módulo da seção para uma seção transversal circular. Substituindo para M, a partir da Equação (5.23), e para S, a partir da Equação (5.20b), temos:

$$\sigma_{max} = \frac{Ed}{2R_0 + d} \tag{5.24}$$

Esse mesmo resultado pode ser obtido diretamente da Equação (5.8) trocando y por $d/2$ e substituindo por ρ na Equação (5.21).

Por meio da inspeção da Figura 5.13, verifica-se que a tensão é de compressão na parte inferior (ou interna) do cabo e de tração na parte superior (ou externa).

Resultados numéricos. Substituímos agora os dados numéricos fornecidos Equações (5.23) e (5.24) e obtemos os seguintes resultados:

$$M = \frac{\pi E d^4}{32(2R_0 + d)} = \frac{\pi (200 \text{ GPa})(4 \text{ mm})^4}{32[2(0,5 \text{ m}) + 4 \text{ mm}]} = 5,01 \text{ N} \cdot \text{m} \quad \Longleftarrow$$

$$\sigma_{max} = \frac{Ed}{2R_0 + d} = \frac{(200 \text{ GPa})(4 \text{ mm})}{2(0,5 \text{ m}) + 4 \text{ mm}} = 797 \text{ MPa} \quad \Longleftarrow$$

Note que σ_{max} é menor que o limite proporcional do cabo de aço e, portanto, os cálculos são válidos.

Observação: Devido ao raio do tambor ser grande em relação ao diâmetro do cabo, podemos, com segurança, desconsiderar d em comparação com $2R_0$ nos denominadores das expressões para M e para σ_{max}. Então as Equações (5.23) e (5.24) produzem os seguintes resultados:

$$M = 5,03 \text{ N} \cdot \text{m} \qquad \sigma_{max} = 800 \text{ MPa}$$

Esses resultados são mais conservativos e diferem menos de 1% dos valores mais precisos.

Exemplo 5.3

Uma viga simples AB, com um vão de comprimento $L = 6,7$ m (Figura 5.14a), sustenta um carregamento uniforme de intensidade $q = 22$ kN/m e uma carga concentrada $P = 50$ kN. O carregamento uniforme inclui uma margem para o peso da viga. A carga concentrada age em um ponto a 2,5 m da extremidade esquerda da viga. A viga é feita de madeira laminada colada e tem uma seção transversal de largura $b = 220$ mm e altura $h = 700$ mm (Figura 5.14b).

(a) Determine as tensões de tração e compressão máximas na viga devido à flexão.
(b) Se a carga q não muda, encontre o valor máximo admissível da carga P se a tensão normal permitida em tração e compressão é $\sigma_a = 13$ Mpa.

• • • **Exemplo 5.3** *Continuação*

Figura 5.14

Exemplo 5.3: Tensões em uma viga simples

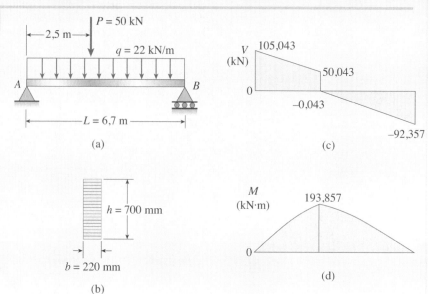

Solução

(a) *Reações, forças cortantes e momentos fletores.* Começamos a análise calculando as reações nos apoios *A* e *B*, utilizando as técnicas descritas no Capítulo 4. Os resultados são:

$$R_A = 105 \text{ kN} \qquad R_B = 92{,}4 \text{ kN}$$

Conhecendo as reações, podemos construir o diagrama de força cortante ilustrado na Figura 5.14c. Repare que a força cortante muda de positiva para negativa à direita da carga concentrada *P*, que está a uma distância de 2,5 m do apoio esquerdo.

Em seguida desenhamos o diagrama de momento fletor (Figura 5.14d) e determinamos o momento fletor máximo, que ocorre sob a carga concentrada, onde a força cortante muda de sinal. O momento máximo é:

$$M_{max} = 193{,}9 \text{ kN} \cdot \text{m}$$

As tensões de flexão máximas em uma viga ocorrem na seção transversal onde o momento máximo é encontrado.

Módulo de seção. O módulo de seção da área da seção transversal é calculado a partir da Equação (5.19b), como segue:

$$S = \frac{bh^2}{6} = \frac{1}{6}(0{,}22 \text{ m})(0{,}7 \text{ m})^2 = 0{,}01797 \text{ m}^3 \qquad \text{(a)}$$

Tensões máximas. As tensões de tração e de compressão máximas σ_t e σ_c, respectivamente, são obtidas a partir da Equação (5.17a):

$$\sigma_t = \sigma_2 = \frac{M_{max}}{S} = \frac{193{,}9 \text{ kN} \cdot \text{m}}{0{,}01797 \text{ m}^3} = 10{,}8 \text{ MPa} \qquad ⬅$$

$$\sigma_c = \sigma_1 = -\frac{M_{max}}{S} = -10{,}8 \text{ MPa} \qquad ⬅ \text{(b)}$$

Devido ao fato de o momento fletor ser positivo, a tensão de tração máxima ocorre na parte mais baixa da viga e a tensão de compressão máxima ocorre na parte mais alta.

Exemplo 5.3 Continuação

(b) *Carga máxima admissível P.* As tensões σ_1 e σ_2 são apenas ligeiramente inferior à tensão normal permitida $\sigma_a = 13$ MPa, por isso, não espere que P_{max} seja muito maior que a carga aplicada $P = 50$ kN na parte (a). Portanto, o momento máximo M_{max} ocorrerá no local da carga aplicada P_{max} (apenas a 2,5 m à direita do suporte A no ponto em que a força de cisalhamento é zero). Se deixarmos a variável $a = 2,5$ m, podemos encontrar a seguinte expressão de M_{max} nos termos de carga e dimensões variáveis:

$$M_{max} = \frac{a(L-a)(2P+Lq)}{2L} \qquad (c)$$

onde $L = 6,7$ m e $q = 22$ kN/m. Igualamos então M_{max} a $\sigma_a \times S$ [ver Equação (b), onde $S = 0,01797$ m³ [da Equação (a)] e então resolver para P_{max}:

$$P_{max} = \sigma_a S \left[\frac{L}{a(L-a)}\right] - \frac{qL}{2}$$

$$= (13 \text{ MPa})(0,01797 \text{ m}^3)\left[\frac{6,7 \text{ m}}{2,5 \text{ m}(6,7 \text{ m} - 2,5 \text{ m})}\right] - 22\frac{\text{kN}}{\text{m}}\left(\frac{6,7 \text{ m}}{2}\right)$$

$$= 75,4 \text{ kN} \qquad \leftarrow (d)$$

Exemplo 5.4

A viga *ABC* representada na Figura 5.15a tem apoios simples *A* e *B* e uma extremidade em balanço de *B* até *C*. O comprimento do vão é de $L = 3,0$ m e o comprimento da extremidade em balanço é de $L/2 = 1,5$ m. Um carregamento uniforme de intensidade $q = 3,2$ kN/m atua ao longo de todo o comprimento da viga (4,5 m).

A viga tem uma seção transversal na forma de canal com largura $b = 300$ mm e altura $h = 80$ mm (Figura 5.16a). A espessura da alma é $t = 12$ mm, bem como a espessura média nos flanges. Ao calcular as propriedades da seção transversal, assuma que a seção transversal consiste em três retângulos, conforme ilustrado na Figura 5.16b.

(a) Determine as tensões de tração e de compressão máximas na viga devido ao carregamento uniforme.
(b) Encontre o valor máximo admissível da carga uniforme q (em kN/m) se as tensões admissíveis em tração e compressão são $\sigma_{aT} = 110$ Mpa e $\sigma_{aC} = 92$ Mpa, respectivamente.
(Ver Figura 5.15)

Solução

(a) *Tração máxima e tensões compressivas Reações, forças cortantes e momentos fletores* são calculados na análise desta viga. Começamos a análise da viga calculando as reações nos apoios *A* e *B*, utilizando as técnicas descritas no Capítulo 4. Os resultados são

$$R_A = \frac{3}{8}qL = 3,6 \text{ kN} \qquad R_B = \frac{9}{8}qL = 10,8 \text{ kN}$$

A partir desses valores, construímos o diagrama de força cortante (Figura 5.15b). Repare que a força cortante muda de valor e é igual a zero em dois locais: (1) à distância de 1,125 m do apoio esquerdo e (2) na reação do apoio direito.

Exemplo 5.4 Continuação

Figura 5.15
Exemplo 5.4: Tensões em uma viga com trecho em balanço

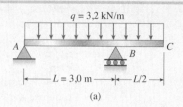

(a)

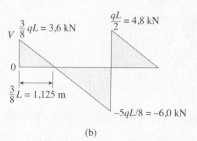

(b)

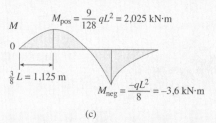

(c)

Em seguida, desenhamos o diagrama de momento fletor na Figura 5.15c. Ambos os momentos fletores, máximo positivo e máximo negativo, ocorrem nas seções transversais em que a força cortante muda de sinal. Esses momentos máximos são:

$$M_{pos} = \frac{9}{128} qL^2 = 2{,}025 \text{ kN} \cdot \text{m} \quad M_{neg} = \frac{-qL^2}{8} = -3{,}6 \text{ kN} \cdot \text{m}$$

respectivamente.

Linha neutra da seção transversal (Figura 5.16b). A origem O das coordenadas yz é colocada no centroide da área da seção transversal, e portanto o eixo z torna-se a linha neutra da seção transversal.

Primeiro, dividimos a área em três retângulos (A_1, A_2 e A_3). Depois, estabelecemos o eixo de referência Z-Z através da borda superior da seção transversal e consideramos y_1 e y_2 como as distâncias do eixo Z-Z aos centroides das áreas A_1 e A_2, respectivamente. Então, os cálculos para localizar o centroide de toda a seção do canal (distâncias c_1 e c_2) são os seguintes:

Área 1: $\quad y_1 = t/2 = 6 \text{ mm}$
$\qquad\qquad A_1 = (b - 2t)(t) = (276 \text{ mm})(12 \text{ mm}) = 3312 \text{ mm}^2$

Área 2: $\quad y_2 = h/2 = 40 \text{ mm}$
$\qquad\qquad A_2 = ht = (80 \text{ mm})(12 \text{ mm}) = 960 \text{ mm}^2$

Área 3: $\quad y_3 = y_2 \quad A_3 = A_2$

$$c_1 = \frac{\sum y_i A_i}{\sum A_i} = \frac{y_1 A_1 + 2y_2 A_2}{A_1 + 2A_2}$$

$$= \frac{(6 \text{ mm})(3312 \text{ mm}^2) + 2(40 \text{ mm})(960 \text{ mm}^2)}{3312 \text{ mm}^2 + 2(960 \text{ mm}^2)} = 18{,}48 \text{ mm}$$

$$c_2 = h - c_1 = 80 \text{ mm} - 18{,}48 \text{ mm} = 61{,}52 \text{ mm}$$

• • Exemplo 5.4 *Continuação*

Assim, a posição da linha neutra (o eixo z) foi determinada.

Figura 5.16

Seção transversal da viga discutida no Exemplo 5.4: (a) Forma real; e (b) forma idealizada utilizada para análise (A espessura da viga está exagerada para melhor visualização.)

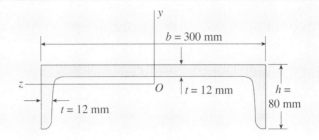

(a)

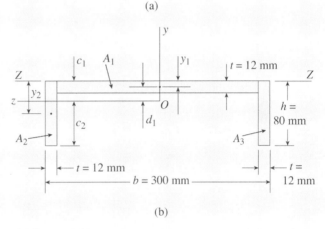

(b)

Momento de inércia. Para calcular as tensões a partir da fórmula de flexão, devemos determinar o momento de inércia da área da seção transversal em relação à linha neutra. Esses cálculos exigem o uso do teorema dos eixos paralelos.

Começando com a área A_1, obtemos seu momento de inércia $(I_z)_1$ em relação ao eixo z a partir da equação

$$(I_z)_1 = (I_c)_1 + A_1 d_1^2 \qquad \text{(a)}$$

Nessa equação, $(I_c)_1$ é o momento de inércia da área A_1 em relação a seu próprio eixo centroidal:

$$(I_c)_1 = \frac{1}{12}(b - 2t)(t)^3 = \frac{1}{12}(276 \text{ mm})(12 \text{ mm})^3 = 39.744 \text{ mm}^4$$

e d_1 é a distância do eixo centroidal da área A_1 para o eixo z:

$$d_1 = c_1 - t/2 = 18,48 \text{ mm} - 6 \text{ mm} = 12,48 \text{ mm}$$

Portanto, o momento de inércia da área A_1 em relação ao eixo z (a partir da Equação a) é

$$(I_z)_1 = 39.744 \text{ mm}^4 + (3.312 \text{ mm}^2)(12,48 \text{ mm})^2 = 555.600 \text{ mm}^4$$

Fazendo o mesmo procedimento para as áreas A_2 e A_3, temos

$$(I_z)_2 = (I_z)_3 = 956.600 \text{ mm}^4$$

Assim, o momento de inércia centroidal I_z da área de seção transversal toda é:

$$I_z = (I_z)_1 + (I_z)_2 + (I_z)_3 = 2,469 \times 10^6 \text{ mm}^4$$

Módulos de seção. Os módulos de seção para o ponto extremo superior e para o ponto extremo inferior da viga são, respectivamente,

Exemplo 5.4 Continuação

$$S_1 = \frac{I_z}{c_1} = 133.600 \text{ mm}^3 \quad S_2 = \frac{I_z}{c_2} = 40.100 \text{ mm}^3$$

(veja as Equações 5.16a e b). Com as propriedades da seção transversal determinadas, podemos agora fazer o procedimento para calcular as tensões máximas a partir das Equações (5.15a e b).

Tensões máximas. Na seção transversal de momento fletor máximo positivo, a tensão de tração máxima ocorre na parte de baixo da viga (σ_2) e a tensão de compressão máxima ocorre no topo (σ_1). Assim, a partir das Equações (5.15b) e (5.15a), respectivamente, obtemos

$$\sigma_t = \sigma_2 = \frac{M_{pos}}{S_2} = \frac{2{,}025 \text{ kN} \cdot \text{m}}{40.100 \text{ mm}^3} = 50{,}5 \text{ MPa}$$

$$\sigma_c = \sigma_1 = -\frac{M_{pos}}{S_1} = -\frac{2{,}025 \text{ kN} \cdot \text{m}}{133.600 \text{ mm}^3} = -15{,}2 \text{ MPa}$$

De forma similar, as tensões máximas para a área da seção transversal de momento fletor máximo negativo são:

$$\sigma_t = \sigma_1 = -\frac{M_{neg}}{S_1} = -\frac{-3{,}6 \text{ kN} \cdot \text{m}}{133.600 \text{ mm}^3} = 26{,}9 \text{ MPa}$$

$$\sigma_c = \sigma_2 = \frac{M_{neg}}{S_2} = \frac{-3{,}6 \text{ kN} \cdot \text{m}}{40.100 \text{ mm}^3} = -89{,}8 \text{ MPa}$$

Uma comparação entre essas quatro tensões mostra que a tensão de tração máxima na viga é de 50,5 MPa e ocorre na parte inferior da viga na seção transversal de momento fletor máximo positivo; assim,

$$(\sigma_t)_{max} = 50{,}5 \text{ MPa}$$

A tensão de compressão máxima é – 89,8 MPa e ocorre na parte inferior da viga na seção transversal de momento máximo negativo:

$$(\sigma_c)_{max} = -89{,}8 \text{ MPa}$$

Assim, determinamos as tensões de flexão máximas devido ao carregamento uniforme da viga.

(b) *Valor máximo admissível de uma carga uniforme q.* Em seguida, queremos encontrar q_{max} com base nas tensões normais admissíveis fornecidas, que são diferentes para tensão e compressão. A tensão de compressão admissível σ_{aC} é menor do que a de tração, σ_{aT}, contando com a possibilidade de flambagem das chapas em forma de C (se estiverem em compressão).

Usaremos a fórmula de flexão para calcular valores potenciais de q_{max} em quatro locais: na parte superior e inferior da viga no local do máximo momento positivo (M_{pos}) e na parte superior e inferior da viga no local do máximo momento negativo (M_{neg}). Em cada caso, devemos estar seguros de usar o valor apropriado de tensão admissível. Assumimos que a forma em C é usada na orientação mostrada na Figura 5.16 (isto é, abas para abaixo), assim, na localização de M_{pos}, notamos que a parte superior da viga está em compressão e a parte inferior está em tração, enquanto o oposto é verdadeiro no ponto B. Usando as expressões de M_{pos} e M_{neg} e igualando cada uma ao produto apropriado de tensão admissível e seção modular, podemos resolver para valores possíveis de q_{max} como dados aqui.

No segmento AB, na *parte superior da viga*,

$$M_{pos} = \frac{9}{128} q_1 L^2 = \sigma_{aC} S_1 \quad \text{então} \quad q_1 = \frac{128}{9L^2}(\sigma_{aC} S_1) = 19{,}42 \text{ kN/m}$$

No segmento AB, na *parte inferior da viga*,

$$M_{pos} = \frac{9}{128} q_2 L^2 = \sigma_{aT} S_2 \quad \text{então} \quad q_2 = \frac{128}{9L^2}(\sigma_{aT} S_2) = 6{,}97 \text{ kN/m}$$

Continua

••• Exemplo 5.4 *Continuação*

Na junção *B*, na *parte superior da viga*,

$$M_{pos} = \frac{1}{8} q_3 L^2 = \sigma_{aT} S_1 \quad \text{então} \quad q_3 = \frac{8}{L^2}(\sigma_{aT} S_1) = 13{,}06 \text{ kN/m}$$

Na junção *B*, na *parte inferior da viga*,

$$M_{pos} = \frac{1}{8} q_4 L^2 = \sigma_{aC} S_2 \quad \text{então} \quad q_4 = \frac{8}{L^2}(\sigma_{aC} S_2) = 3{,}28 \text{ kN/m}$$

A partir desses cálculos, vemos que na parte inferior da viga perto da junção *B* (onde as pontas das abas estão em compressão) de fato se controla o valor máximo admissível da carga uniforme *q*. Portanto,

$$q_{max} = 3{,}28 \text{ kN/m}$$

5.6 Projetos de vigas para tensões de flexão

O processo de projetar uma viga requer que muitos fatores sejam considerados, incluindo o tipo de estrutura (avião, automóvel, ponte, edifício etc.), os materiais a serem utilizados, as cargas a que serão submetidos, as condições a serem encontradas no ambiente e os custos. Entretanto, do ponto de vista da resistência, a tarefa enfim se reduzirá a escolher a forma e um tamanho de viga tal que as tensões na viga não excedam as tensões admissíveis para o material. Nesta seção, vamos considerar apenas as tensões de flexão (ou seja, as tensões obtidas através da fórmula de flexão, Equação 5.14). Mais tarde, consideraremos os efeitos das forças cortantes (Seções 5.8, 5.9 e 5.10) e das concentrações de tensão (Seção 5.13).

Quando se projeta uma viga para resistir a tensões de flexão, normalmente se começa pelo cálculo de qual é o **módulo de seção exigido**. Por exemplo, caso a viga tenha uma seção transversal duplamente simétrica e as tensões admissíveis sejam as mesmas tanto para tração como para compressão, podemos calcular o módulo exigido dividindo o momento fletor máximo pela tensão de flexão admissível para o material (veja a Equação 5.17):

$$S = \frac{M_{max}}{\sigma_{adm}} \quad (5.25)$$

A tensão admissível está baseada nas propriedades dos materiais e no fator de segurança desejado. Para garantir que essa tensão não será excedida, devemos escolher uma viga que tenha um módulo de seção pelo menos tão grande quanto o obtido a partir da Equação (5.25).

Caso a seção transversal não seja duplamente simétrica, ou caso suas tensões admissíveis sejam diferentes para a tração e para a compressão, normalmente precisamos determinar dois módulos de seção – um baseado na tração e o outro baseado na compressão. Devemos então estabelecer uma viga que satisfaça ambos os critérios.

Para reduzir o peso e economizar material, em geral selecionamos uma viga com a menor área de seção transversal que ainda cumpra os módulos de seção requeridos (e que também satisfaça qualquer outro requerimento do projeto que possa ter sido imposto).

Vigas são construídas de várias formas e tamanhos para se adequarem a um incontável número de aplicações. Por exemplo, vigas de aço muito grandes são fabricadas por soldagem (Figura 5.17), vigas de alumínio são extrudadas em tubos redondos ou retangulares, vigas de madeira são cortadas e coladas para se

Figura 5.17

Solda de três grandes chapas de aço em uma única seção sólida (Cortesia de AISC)

adequarem a necessidades especiais e vigas de concreto reforçadas são modeladas em qualquer forma desejada através da construção apropriada das formas.

Além disso, vigas de aço, alumínio, plástico e madeira podem ser solicitadas em diferentes **formas e tamanhos padrão** em catálogos de revendedores e de fabricantes. Formas prontamente encontráveis incluem vigas com flange largo, vigas em I, cantoneiras (vigas em L), canais (vigas em U), vigas retangulares e tubos.

Vigas de tamanhos e formas padronizadas

As dimensões e as propriedades de diversos tipos de viga então sistematizadas em guias e manuais de engenharia. Por exemplo, no Reino Unido, a British Constructional Steelwork Association publica o *National Structural Steelwork Specification*, e nos Estados Unidos as formas e tamanhos de vigas de aço estruturais são padronizadas pelo American Institute of Steel Construction (AISC). O AISC publica o *Steel Construction Manual*, que lista suas propriedades tanto em unidades USCS como SI. As tabelas desses manuais fornecem as dimensões da seção transversal e propriedades como massa, área da seção transversal, momento de inércia e módulo de seção. Propriedades de perfis de aço estruturais usadas em outras partes do mundo são facilmente encontradas online. Na Europa, o dimensionamento para estruturas de aço é controlado pelo *Eurocode 3*.

Propriedades de vigas de alumínio são tabeladas de maneira similar e estão disponíveis em publicações da Aluminum Association (veja o *Aluminum Design Manual, Parte 6*, para propriedades de seção e das dimensões). Na Europa, o dimensionamento de estruturas de alumínio é controlado pelo *Eurocode 9* e as propriedades das formas disponíveis podem ser encontradas online nos sites dos fabricantes. Por fim, o dimensionamento de vigas de madeira na Europa é coberto no *Eurocode 5*. Nos Estados Unidos, utiliza-se o *National Design Specification for Wood Construction* (*ASD/LRFD*).

Seções estruturais de aço têm nomenclatura como HE 600A, o que significa que a seção tem a forma de flange largo, com uma profundidade nominal de 600 mm. Sua largura é de 300 mm, sua área de seção transversal é de 226,5 cm^2 e sua massa é de 178 quilogramas por metro de comprimento. Todas as seções de aço de padrão europeu descritas acima são manufaturadas por *laminação*, processo em que uma barra de aço quente é passada indo e vindo entre rolos até que se atinja a forma desejada.

Seções estruturais de alumínio são normalmente feitas através do processo de *extrusão*, em que uma barra é empurrada, ou extrudada, através de uma matriz. Uma vez que matrizes são relativamente fáceis de serem fabricadas e o material é trabalhável, vigas de alumínio podem ser extrudadas em quase qualquer forma desejada. Formas padrão de flanges largos, vigas em I, canais, ângulos, tubos e outras seções são listadas na Parte 6 do *Aluminum Design Manual* e formas de alumínio estrutural disponíveis na Europa podem ser encontradas online. Além disso, formas personalizadas podem ser encomendadas.

A maior parte das **vigas de madeira** tem seção transversal retangular e é designada pelas dimensões nominais, como 50 × 10 mm. Essas dimensões representam o tamanho da viga cortada. As dimensões acabadas (ou dimensões reais) de uma viga de madeira são menores que as dimensões nominais caso os lados da viga de madeira bruta tenham sido polidos, ou *aplainados*, para serem suavizados. Assim, uma viga de madeira 50 × 10 mm tem dimensões reais de 47 × 72 mm após ser aplainada. É claro que as dimensões acabadas da viga de madeira aplainada é que devem ser utilizadas em todos os cálculos de engenharia.

Eficiência relativa de várias formas de vigas

Um dos objetivos quando se projeta uma viga é utilizar o material tão eficientemente quanto possível dentro das limitações impostas pela função, aparência, custos de manufatura e afins. Sob o ponto de vista das resistências apenas, a eficiência para a flexão depende primariamente da forma da seção transversal. Em particular, a viga mais eficiente é aquela em que o material está localizado tão longe quanto possível da linha neutra. Quanto mais longe dada quantidade de material estiver da linha neutra, maior será o módulo da seção – e quanto maior for o módulo da seção, maior será a resistência ao momento fletor (para dada tensão admissível).

Para ilustrar, considere a seção transversal na forma **retangular** de largura b e altura h (Figura 5.18a). O módulo de seção (a partir da Equação 5.19b) é

$$S = \frac{bh^2}{6} = \frac{Ah}{6} = 0{,}167Ah \tag{5.26}$$

em que A é área da seção transversal. Essa equação mostra que a seção transversal retangular de uma dada área torna-se mais eficiente quando a altura h é aumentada (e a largura b diminuída, para manter a área constante). É claro que existe um limite prático para se aumentar a altura, porque a viga se torna lateralmente instável quando a razão altura por largura torna-se muito grande. Assim, uma viga com uma seção retangular muito estreita falharia (lateralmente) devido à flambagem em vez de falhar devido à falta de resistência do material.

Agora, vamos comparar uma **seção transversal circular sólida** de diâmetro d (Figura 5.18b) com uma seção transversal quadrada de mesma área. O lado h do quadrado, tendo a mesma área do círculo, é $h = (d/2)\sqrt{\pi}$. Os módulos de seção correspondentes (a partir das Equações 5.19b e 5.20b) são:

$$S_{\text{quadrado}} = \frac{h^3}{6} = \frac{\pi\sqrt{\pi}d^3}{48} = 0{,}1160d^3 \tag{5.27a}$$

$$S_{\text{círculo}} = \frac{\pi d^3}{32} = 0{,}0982d^3 \tag{5.27b}$$

dos quais obtemos

$$\frac{S_{\text{quadrado}}}{S_{\text{círculo}}} = 1{,}18 \tag{5.28}$$

Esse resultado mostra que a viga de seção transversal quadrada é mais eficiente para suportar flexões que uma viga circular com a mesma área. A razão, claro, é porque o círculo tem relativamente maior quantidade de material localizado próximo à linha neutra. Esse material sofre menos tensões e, portanto, não contribui tanto para a resistência da viga.

A **forma ideal da seção transversal** de uma viga com dada área de seção transversal A e altura h poderia ser obtida colocando metade da área a uma distância $h/2$ acima da linha neutra e a outra metade a uma distância $h/2$ abaixo da linha neutra, como mostrado na Figura 5.18c. Para essa forma ideal, obtemos

$$I = 2\left(\frac{A}{2}\right)\left(\frac{h}{2}\right)^2 = \frac{Ah^2}{4} \qquad S = \frac{I}{h/2} = 0{,}5Ah \tag{5.29a,b}$$

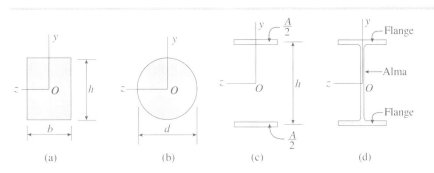

Figura 5.18

Perfis de seção transversal de vigas

Esses limites teóricos, na prática, são aproximados por seções de flanges largos e seções em I, que têm a maior concentração de material nos flanges (Figura 5.18d). Assim, para vigas padrão de flange largo, o módulo da seção é aproximadamente

$$S \approx 0{,}35Ah \tag{5.30}$$

que é menor que o ideal, mas muito maior que o módulo da seção de uma viga com seção transversal retangular com a mesma área e altura (veja a Equação 5.26).

Outra característica desejável em uma viga de flange largo é sua grande largura e, portanto, sua maior estabilidade em relação à flambagem, quando comparada a uma viga retangular com a mesma altura e módulo de seção. Por outro lado, existem limites práticos para a espessura mínima da parte central de vigas de flange largo. Caso a parte central seja muito fina, estará suscetível à flambagem localizada ou será submetida a demasiada tensão de cisalhamento, tópico que será discutido na Seção 5.10.

Os quatro exemplos seguintes ilustram o processo de selecionar uma viga baseado nas tensões admissíveis. Nestes exemplos, apenas os efeitos das tensões de flexão (obtidos a partir da fórmula de flexão) serão considerados.

Observação: Quando resolvemos problemas que exigem a seleção de vigas de aço ou de metal, utilizamos a seguinte regra: *Caso muitas escolhas estejam disponíveis em uma tabela, selecione a viga mais leve que providencie o módulo de seção necessário.*

• • Exemplo 5.5

Uma viga de madeira simplesmente apoiada tem um vão com comprimento $L = 3$ m e é submetida a um carregamento uniforme $q = 4$ kN/m (Figura 5.19). A tensão de flexão permitida é de 12 MPa, a madeira pesa aproximadamente 5,4 kN/m³ e a viga é apoiada lateralmente, evitando flambagem e inclinação. Selecione um tamanho apropriado.

Figura 5.19

Exemplo 5.5: Projeto de uma viga de madeira simplesmente apoiada

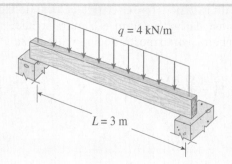

Solução

Como não sabemos de antemão quanto pesa a viga, vamos proceder por tentativa e erro, da seguinte forma: (1) Calcular o módulo de seção exigido baseado no carregamento uniforme dado. (2) Selecionar um tamanho de viga para tentativa. (3) Adicionar o peso da viga ao carregamento uniforme

• • • Exemplo 5.5 Continuação

e calcular o novo módulo de seção exigido. (4) Verificar se a viga selecionada ainda é satisfatória. Caso não seja, selecionar uma viga maior e repetir o processo.

(1) O momento fletor máximo na viga ocorre no ponto médio (veja a Equação 4.15):

$$M_{max} = \frac{qL^2}{8} = \frac{(4 \text{ kN/m})(3 \text{ m})^2}{8} = 4,5 \text{ kN} \cdot \text{m}$$

O módulo de seção exigido (Equação 5.25) é:

$$S = \frac{M_{max}}{\sigma_{adm}} = \frac{4,5 \text{ kN} \cdot \text{m}}{12 \text{ MPa}} = 0,375 \times 10^6 \text{ mm}^3$$

(2) O carregamento uniforme na viga agora é de 4,077 kN/m, e o módulo de seção exigido correspondente é:

$$S = (0,375 \times 10^6 \text{ mm}^3)\left(\frac{4,077}{4,0}\right) = 0,382 \times 10^6 \text{ mm}^3$$

(3) A viga selecionada anteriormente tem um módulo de seção de $0,456 \times 10^6 \text{ mm}^3$, ou seja, maior que o módulo exigido de $0,382 \times 10^6 \text{ mm}^3$. Portanto, uma viga de 75×200 mm é satisfatória.

• • • Exemplo 5.6

Um poste vertical de 2,5 metros de altura deve suportar um carregamento lateral $P = 12$ kN em sua extremidade superior (Figura 5.20). Duas alternativas são propostas – uma coluna de madeira sólida e um tubo oco de alumínio.

(a) Qual será o mínimo diâmetro d_1 exigido para o poste de madeira se a tensão de flexão permitida na madeira for 15 MPa?
(b) Qual será o mínimo diâmetro externo exigido d_2 para o tubo de alumínio se a espessura de sua parede deve ser um oitavo do diâmetro externo e a tensão de flexão permitida para o alumínio for 50 MPa?

Figura 5.20

Exemplo 5.6: (a) Poste de madeira sólido e (b) Tubo de alumínio

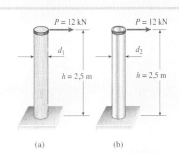

Continua

Exemplo 5.6 Continuação

Solução

Momento fletor máximo. O momento máximo ocorre na base do poste e é igual ao carregamento P vezes a altura h; assim

$$M_{max} = Ph = (12\text{ kN})(2{,}5\text{ m}) = 30\text{ kN}\cdot\text{m}$$

(a) *Poste de madeira.* O módulo de seção S_1 exigido para a coluna de madeira (veja as Equações 5.20b e 5.25) é

$$S_1 = \frac{\pi d_1^3}{32} = \frac{M_{max}}{\sigma_{adm}} = \frac{30\text{ kN}\cdot\text{m}}{15\text{ MPa}} = 0{,}0020\text{ m}^3 = 2\times 10^6\text{ mm}^3$$

Resolvendo para o diâmetro, temos

$$d_1 = 273\text{ mm}$$

O diâmetro selecionado da coluna de madeira deve ser maior ou igual a 273 mm caso não se queira exceder a tensão permitida.

(b) *Tubo de alumínio.* Para determinar o módulo de seção S_2 para o tubo, primeiramente precisamos encontrar o momento de inércia I_2 da seção transversal. A espessura da parede do tubo é $d_2/8$ e, portanto, o diâmetro interno é $d_2 - d_2/4$, ou $0{,}75d_2$. Assim, o momento de inércia (Equação 5.20a) é

$$I_2 = \frac{\pi}{64}[d_2^4 - (0{,}75d_2)^4] = 0{,}03356 d_2^4$$

O módulo de seção do tubo é agora obtido a partir da Equação (5.18) como segue:

$$S_2 = \frac{I_2}{c} = \frac{0{,}03356 d_2^4}{d_2/d} = 0{,}06712 d_2^3$$

O módulo de seção exigido é obtido a partir da Equação (5.25):

$$S_2 = \frac{M_{max}}{\sigma_{adm}} = \frac{30\text{ kN}\cdot\text{m}}{50\text{ MPa}} = 0{,}0006\text{ m}^3 = 600\times 10^3\text{ mm}^3$$

Equacionando as duas expressões anteriores para o módulo de seção, podemos resolver para o diâmetro externo exigido:

$$d_2 = \left(\frac{600\times 10^3\text{ mm}^3}{0{,}06712}\right)^{1/3} = 208\text{ mm}$$

O diâmetro interno correspondente é $0{,}75(208\text{ mm})$, ou 156 mm.

Exemplo 5.7

Uma viga simples AB, com um vão de comprimento igual a 7 m, deve suportar um carregamento uniforme $q = 60$ kN/m, distribuído ao longo da viga na forma ilustrada pela Figura 5.21a.

Considerando tanto o carregamento uniforme como o peso da viga, e também utilizando uma tensão de flexão admissível de 110 MPa, selecione uma viga de aço estrutural de flange largo que sustente os carregamentos.

Solução

Neste exemplo, vamos proceder da seguinte forma: (1) Determinar o momento fletor máximo na viga devido ao carregamento uniforme. (2) Conhecendo o momento máximo, encontrar o módulo de seção exigido. (3) Selecionar uma possível viga de flange largo e obter o peso dessa viga. (4) Conhecendo o peso, calcular um novo valor do momento fletor e um novo valor do módulo de seção. (5) Determinar se a viga selecionada ainda é satisfatória. Caso não seja, selecionar um novo tamanho de viga e repetir o processo até que uma viga de tamanho satisfatório seja encontrada.

••• Exemplo 5.7 Continuação

Figura 5.21
Exemplo 5.7: Projeto de uma viga simples com cargas uniformes parciais

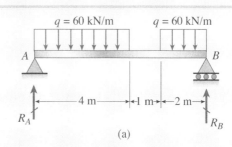

(a)

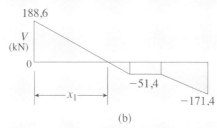

(b)

Momento máximo fletor. Para ajudar a encontrar a seção transversal de momento fletor máximo, construímos o diagrama de força cortante (Figura 5.21b) utilizando os métodos descritos no Capítulo 4. Como parte desse processo, determinamos as reações nos apoios:

$$R_A = 188{,}6 \text{ kN} \quad R_B = 171{,}4 \text{ kN}$$

A distância x_1 do apoio da extremidade esquerda para a seção transversal de força cortante igual a zero é obtida a partir da equação

$$V = R_A - qx_1 = 0$$

que é válida para o intervalo $0 \le x \le 4$ m. Resolvendo para x_1, temos

$$x_1 = \frac{R_A}{q} = \frac{188{,}6 \text{ kN}}{60 \text{ kN/m}} = 3{,}14 \text{ m}$$

que é menor que 4 m e, portanto, os cálculos são válidos.

O momento fletor máximo ocorre na seção transversal em que a força cortante é nula. Desta forma,

$$M_{max} = R_A x_1 - \frac{qx_1^2}{2} = 296{,}3 \text{ kN} \cdot \text{m}$$

Módulo de seção exigido. O módulo de seção exigido (baseado apenas no carregamento q) é obtido a partir da Equação (5.25)

$$S = \frac{M_{max}}{\sigma_{adm}} = \frac{296{,}3 \times 10^6 \text{ N} \cdot \text{mm}}{110 \text{ MPa}} = 2{,}694 \times 10^6 \text{ mm}^3$$

Teste de vigas. Selecionamos a mais leve viga de flange largo que tenha módulo de seção maior que 2.694 cm³. A viga mais leve que possui esse módulo de seção é HE 450 A, com $S = 2.896$ cm³. Essa viga pesa 140 kg/m.

Agora recalculamos as reações, o momento fletor máximo e o módulo de seção exigido para a viga submetida ao carregamento tanto do carregamento uniforme q quanto do seu próprio peso. As reações sob esses dois carregamentos combinados são

$$R_A = 193{,}4 \text{ kN} \quad R_B = 176{,}2 \text{ kN}$$

e a distância para a seção transversal de cisalhamento zero torna-se

$$x_1 = 3{,}151 \text{ m}$$

Exemplo 5.7 Continuação

O momento fletor máximo aumenta para 304,7 kN · m, e o novo módulo de seção exigido é

$$S = \frac{M_{max}}{\sigma_{adm}} = \frac{304,7 \times 10^6 \text{ N} \cdot \text{mm}}{110 \text{ MPa}} = 2770 \text{ cm}^3$$

Assim, vemos que a viga HE 450A com um módulo de seção $S = 2.896 \text{ cm}^3$ ainda é satisfatória.

Observação: Caso o novo módulo de seção requerido excedesse o módulo da viga HE 450A, uma nova viga com maior módulo de seção seria selecionada e o processo, repetido.

Exemplo 5.8

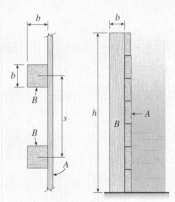

Figura 5.22

Exemplo 5.8: Barragem de madeira com tábuas horizontais A suportadas por postes verticais B

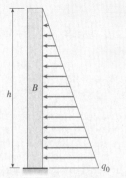

(a) Vista superior   (b) Vista lateral

(c) Diagrama de carregamento

Uma barragem de madeira temporária é construída com tábuas horizontais A apoiadas em colunas verticais de madeira B, fincadas no solo de tal forma que atuem como vigas engastadas (Figura 5.22). As colunas têm seções transversais quadradas (dimensões $b \times b$) e estão espaçadas a uma distância $s = 0,8$ m, de centro a centro. Assuma que o nível da água atrás da barragem esteja em sua altura máxima, $h = 2,0$ m.

Determine a dimensão mínima exigida b das colunas se a tensão de flexão admissível na madeira for de $\sigma_{adm} = 8,0$ MPa.

Solução

Diagrama de carregamento. Cada coluna é submetida a carregamentos triangularmente distribuídos produzidos pela pressão da água agindo sobre as tábuas. Consequentemente, o diagrama de carregamento para cada coluna é triangular (Figura 5.22c). A máxima intensidade q_0 nas colunas é igual à pressão da água na altura h vezes o espaçamento s das colunas:

$$q_0 = \gamma h s \qquad (a)$$

em que γ é o peso específico da água. Observe que q_0 é dado em unidades de força por unidade de distância, γ é dado em unidades de força por unidade de volume e h e s são dados em unidades de comprimento.

Módulo da seção. Uma vez que cada coluna é uma viga engastada, o momento fletor máximo ocorre na base e é dado pela seguinte expressão:

$$M_{max} = \frac{q_0 h}{2}\left(\frac{h}{3}\right) = \frac{\gamma h^3 s}{6} \qquad (b)$$

Portanto, o módulo de seção exigido (Equação 5.25) é

$$S = \frac{M_{max}}{\sigma_{adm}} = \frac{\gamma h^3 s}{6 \sigma_{adm}} \qquad (c)$$

Para uma viga de seção transversal quadrada, o módulo de seção é $S = b^3/6$ (veja a Equação 5.19b). Substituindo essa expressão para S na Equação (c), determinamos uma fórmula para o cubo da dimensão mínima b das colunas:

$$b^3 = \frac{\gamma h^3 s}{\sigma_{adm}} \qquad (d)$$

Valores numéricos. Substituímos agora valores conhecidos na Equação (d) e obtemos

Continua

> **Exemplo 5.8** *Continuação*
>
> $$b^3 = \frac{(9{,}81 \text{ kN/m}^3)(2{,}0 \text{ m})^3(0{,}8 \text{ m})}{8{,}0 \text{ MPa}} = 0{,}007848 \text{ m}^3 = 7{,}848 \times 10^6 \text{ mm}^3$$
>
> a partir da qual:
>
> $$b = 199 \text{ mm} \qquad \leftarrow$$
>
> Assim, a mínima dimensão exigida *b* das colunas é de 199 mm. Qualquer dimensão maior, como 200 mm, assegurará que a tensão real de flexão seja menor que a tensão admissível.

5.7 Vigas não prismáticas

As teorias de vigas descritas neste capítulo foram desenvolvidas para vigas prismáticas, ou seja, vigas retas com a mesma seção transversal ao longo de seus comprimentos. Entretanto, vigas não prismáticas são comumente utilizadas para reduzir o peso e melhorar a aparência. Essas vigas são encontradas em automóveis, aviões, mecanismos, pontes, edifícios, ferramentas e muitas outras aplicações (Figura 5.23). Felizmente, a fórmula de flexão (Equação 5.13) fornece valores razoavelmente precisos para tensões de flexão em vigas não prismáticas quando as mudanças nas dimensões da seção transversal são graduais, como nos exemplos mostrados na Figura 5.23.

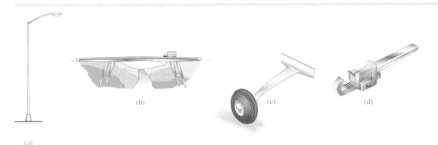

Figura 5.23

Exemplos de vigas não prismáticas: (a) poste de rua, (b) pontes com vigas leves que se afunilam, (c) escora da roda em um pequeno avião e (d) chave inglesa

A forma segundo a qual a tensão de flexão varia ao longo do eixo de uma viga não prismática não é a mesma de uma viga prismática. Em uma viga prismática, o módulo de seção S é constante e, portanto, as tensões variam de forma diretamente proporcional ao momento fletor (porque $\sigma = M/S$). Entretanto, em uma viga não prismática, o módulo de seção também varia ao longo do eixo. Consequentemente, não podemos assumir que as tensões máximas ocorrem na seção transversal de momento fletor máximo – algumas vezes, as tensões máximas ocorrem em qualquer outro lugar, conforme será ilustrado no Exemplo 5.9.

Vigas plenamente tensionadas

Para minimizar a quantidade de material, e assim ter a viga mais leve possível, podemos variar as dimensões das seções transversais de tal forma que se tenha a máxima tensão de flexão permitida em todas as seções. Uma viga nessas condições é chamada de **viga plenamente tensionada**, ou *viga de resistência constante*.

Tais condições ideais, porém, são raramente alcançadas, devido a problemas práticos na construção da viga e à possibilidade de os carregamentos serem diferentes daqueles assumidos no projeto. Conhecer as propriedades de uma viga plenamente tensionada, entretanto, pode ser de grande valia ao engenheiro ao projetar estruturas para um mínimo peso. Exemplos cotidianos de estruturas projetadas para se manterem próximas às tensões máximas constantes são feixes de mola em automóveis, longarinas afuniladas de pontes e as demais estruturas mostradas na Figura 5.23.

A determinação da forma de uma viga plenamente tensionada é ilustrada pelo Exemplo 5.10.

• • Exemplo 5.9

Uma viga engastada afilada *AB* com uma seção transversal circular está submetida a uma carga *P* em sua extremidade livre (Figura 5.24). O diâmetro d_B na extremidade maior é o dobro do diâmetro d_A na extremidade menor:

$$\frac{d_B}{d_A} = 2$$

Determine a tensão de flexão σ_B no apoio fixo e a tensão de flexão máxima σ_{max}.

Figura 5.24

Exemplo 5.9: Viga engastada afilada com seção transversal circular

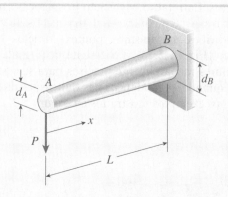

Solução

Caso o ângulo de afilamento da viga seja pequeno, as tensões de flexões obtidas a partir da fórmula de flexão serão apenas um pouco diferentes dos valores reais. Para termos noção no que diz respeito à precisão, observemos que, caso o ângulo entre a linha *AB* (Figura 5.24) e o eixo longitudinal da viga seja em torno de 20°, o erro nos cálculos das tensões normais a partir da fórmula de flexão será ao redor de 10%. É claro que, quando o ângulo de afilamento diminui, o erro diminui.

Módulo de seção. O módulo de seção de qualquer seção transversal da viga pode ser expresso como uma função da distância *x* medida ao longo do eixo da viga. Uma vez que o módulo de seção depende do diâmetro, primeiramente devemos expressar o diâmetro em termos de *x*, como segue:

$$d_x = d_A + (d_B - d_A)\frac{x}{L} \quad (5.31)$$

em que d_x é o diâmetro a uma distância *x* da extremidade livre. Portanto, o módulo de seção a uma distância *x* da extremidade livre (Equação 5.20b) é

$$S_x = \frac{\pi d_x^3}{32} = \frac{\pi}{32}\left[d_A + (d_B - d_A)\frac{x}{L}\right]^3 \quad (5.32)$$

Tensões de flexão. Uma vez que o momento fletor é igual a *Px*, a tensão normal máxima em qualquer seção transversal é dada pela equação:

$$\sigma_1 = \frac{M_x}{S_x} = \frac{32Px}{\pi[d_A + (d_B - d_A)(x/L)]^3} \quad (5.33)$$

Através da inspeção na viga podemos observar que a tensão σ_1 é de tração no topo da viga e de compressão na base.

• • Exemplo 5.9 *Continuação*

Note que as Equações (5.31), (5.32) e (5.33) são válidas para quaisquer valores de d_A e d_B, desde que o ângulo de afilamento seja pequeno. Na discussão seguinte, vamos considerar apenas o caso em que $d_B = 2d_A$.

Tensões máximas no apoio engastado. A tensão máxima na seção de momento fletor máximo (extremidade B da viga) pode ser encontrada a partir da Equação (5.33) substituindo $x = L$ e $d_B = 2d_A$; o resultado é

$$\sigma_B = \frac{4PL}{\pi d_A^3} \quad \blacktriangleleft \text{ (a)}$$

Tensões máximas na viga. A tensão máxima em uma seção transversal a uma distância x da extremidade (Equação 5.33) para o caso em que $d_B = 2d_A$ é

$$\sigma_1 = \frac{32Px}{\pi d_A^3 (1 + x/L)^3} \quad \text{(b)}$$

Para determinar a localização da seção transversal que tem a tensão de flexão máxima na viga, precisamos encontrar o valor de x que faça de σ_1 um máximo. Determinando a derivada $d\sigma_1/dx$ e igualando-a a zero, podemos encontrar o valor de x que faz σ_1 um máximo; o resultado é

$$x = \frac{L}{2} \quad \text{(c)}$$

A tensão máxima correspondente, obtida substituindo $x = L/2$ na Equação (b), é

$$\sigma_{max} = \frac{128PL}{27\pi d_A^3} = \frac{4{,}741PL}{\pi d_A^3} \quad \blacktriangleleft \text{ (d)}$$

Neste exemplo em particular, a tensão máxima ocorre no ponto médio da viga e é 19% maior que a tensão σ_B na extremidade engastada.

Observação: Caso o afilamento da viga seja reduzido, a seção transversal de tensão máxima normal move-se do ponto médio em direção ao apoio fixo. Para ângulos pequenos de afilamento, a tensão máxima ocorre na extremidade B.

• • Exemplo 5.10

Uma viga AB de comprimento L, com uma extremidade livre e a outra engastada, está sendo projetada para suportar uma carga concentrada P em sua extremidade livre (Figura 5.25). As seções transversais da viga são retangulares, com largura constante b e altura variável h. Para ajudá-los no projeto da viga, os projetistas gostariam de saber como a altura de uma viga idealizada deveria variar para que a tensão normal máxima em toda seção transversal fosse igual à tensão admissível σ_{adm}.

Considerando apenas as tensões de flexão obtidas a partir da fórmula de flexão, determine a altura da viga plenamente tensionada.

Figura 5.25

Exemplo 5.10: Viga plenamente tensionada com tensão máxima normal constante (forma teórica com tensão de cisalhamento desprezada)

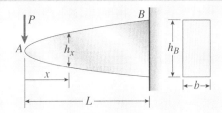

> **• • Exemplo 5.10** *Continuação*

Solução
O momento fletor e o módulo de seção a uma distância *x* da extremidade livre da viga são

$$M = Px \qquad S = \frac{bh_x^2}{6}$$

em que h_x é a altura da viga a uma distância *x*. Substituindo na fórmula de flexão, obtemos

$$\sigma_{adm} = \frac{M}{S} = \frac{Px}{bh_x^2/6} = \frac{6Px}{bh_x^2} \qquad (a)$$

Resolvendo para a altura da viga, temos

$$h_x = \sqrt{\frac{6Px}{b\sigma_{adm}}} \qquad \Longleftarrow (b)$$

Na extremidade engastada da viga ($x = L$), a altura h_B é

$$h_B \sqrt{\frac{6PL}{b\sigma_{adm}}} \qquad (c)$$

e, portanto, podemos expressar a altura h_x da seguinte forma

$$h_x = h_B \sqrt{\frac{x}{L}} \qquad \Longleftarrow (d)$$

Esta última equação mostra que a altura da viga plenamente tensionada varia com a raiz quadrada de *x*. Consequentemente, a viga idealizada tem a forma parabólica ilustrada na Figura 5.25.

Observação: Na extremidade carregada da viga ($x = 0$), a altura teórica é zero porque não há momento fletor naquele ponto. É claro que uma viga com essa forma não é prática, porque é incapaz de suportar forças cortantes próximas à extremidade da viga. Todavia, a forma idealizada fornece um ponto inicial útil para um projeto real em que tensões de cisalhamento e outros efeitos sejam levados em consideração.

5.8 Tensões de cisalhamento em vigas de seção transversal retangular

Quando uma viga está em *flexão pura*, os únicos esforços resultantes são os momentos fletores e as únicas tensões são as normais agindo nas seções transversais. A maior parte das vigas, entretanto, está submetida a carregamentos que produzem tanto momentos fletores como forças cortantes (*flexões não uniformes*). Nesses casos, a viga apresenta tensões normais e de cisalhamento. As tensões normais são calculadas a partir da fórmula de flexão (veja a Seção 5.5) desde que a viga seja construída de um material elástico linear. As tensões de cisalhamento são discutidas nesta e nas próximas duas seções.

Tensões de cisalhamento verticais e horizontais

Considere uma viga com uma seção transversal retangular (largura *b* e altura *h*) submetida a uma força cortante positiva *V* (Figura 5.26a). É razoável admitir que as tensões de cisalhamento τ agindo sobre a seção transversal são paralelas à força cortante, ou seja, paralelas aos lados verticais da seção transversal. Também é razoável assumir que as tensões de cisalhamento são uniformemente distribuídas sobre a largura da viga, ainda que possam variar ao longo da altura. Utilizando essas duas hipóteses, podemos determinar a intensidade da tensão de cisalhamento em qualquer ponto da seção transversal.

Para esta análise, isolamos um pequeno elemento *mn* da viga (Figura 5.26a), fazendo um corte entre duas seções transversais adjacentes e dois planos horizontais. De acordo com nossas hipóteses, as tensões de cisalhamento τ agindo na face frontal desse elemento são verticais e uniformemente distribuídas de um lado da viga ao outro. Além disso, a partir da discussão das tensões de cisalhamento na Seção 1.7, sabemos que as tensões de cisalhamento agindo em um lado do elemento são acompanhadas de tensões de cisalhamento de igual intensidade agindo sobre faces perpendiculares do elemento (veja as Figuras 5.26b e c). Assim, existem tensões de cisalhamento horizontais agindo entre camadas horizontais da viga e também tensões de cisalhamento verticais agindo sobre as seções transversais. Em qualquer ponto da viga, essas tensões de cisalhamento complementares são iguais em termos de intensidade.

A igualdade das tensões de cisalhamento verticais e horizontais agindo sobre um elemento nos leva a uma importante conclusão a respeito das tensões de cisalhamento na parte de cima e de baixo da viga. Se imaginarmos que um elemento *mn* (Figura 5.26a) está localizado em cima ou embaixo, vemos que as tensões de cisalhamento horizontais devem desaparecer, porque não existem esforços nas superfícies externas da viga. Segue-se que as tensões de cisalhamento verticais também devem desaparecer nesses locais, em outras palavras, $\tau = 0$ para $y = \pm h/2$.

A existência das tensões de cisalhamento horizontais em uma viga pode ser demonstrada através de um experimento simples. Coloque duas vigas retangulares idênticas sobre apoios simples e submeta-as a uma força *P*, conforme ilustrado na Figura 5.27a. Caso o atrito entre as duas vigas seja pequeno, elas vão fletir independentemente (Figura 5.27b). Cada viga será comprimida acima de sua própria linha neutra e tracionada abaixo de sua linha neutra e, portanto, a superfície inferior da viga superior deslizará em relação à superfície superior da viga inferior.

Vamos supor agora que as duas vigas estejam coladas ao longo da superfície de contato, de tal forma que se tornem uma viga única e sólida. Quando essa viga for carregada, as tensões de cisalhamento horizontais se desenvolverão ao longo da superfície colada para evitar o escorregamento mostrado na Figura 5.27b. Devido à presença dessas tensões de cisalhamento, uma viga única e sólida é muito mais rígida e forte que duas vigas separadas.

Dedução da fórmula de cisalhamento

Estamos agora prontos para deduzir a fórmula para a tensão de cisalhamento τ de uma viga retangular. Entretanto, em vez de determinar as tensões de cisalhamento verticais agindo sobre a seção transversal, é mais fácil determinar as tensões de cisalhamento horizontais agindo entre camadas da viga. É claro que as tensões de cisalhamento verticais têm as mesmas intensidades das tensões de cisalhamento horizontais.

Com esse procedimento em mente, consideremos uma viga submetida a uma flexão não uniforme (Figura 5.28a). Tomemos duas seções transversais adjacentes *mn* e $m_1 n_1$, distantes *dx* uma da outra, e consideremos um **elemento** $mm_1 n_1 n$. O momento fletor e a força cortante agindo na face esquerda deste elemento são denominados *M* e *V*, respectivamente. Uma vez que tanto o momento fletor como a força cortante podem variar quando nos movemos ao longo do eixo da viga, os valores correspondentes na face direita (Figura 5.28a) são denominados $M + dM$ e $V + dV$.

Devido à presença dos momentos fletores e das forças cortantes, o elemento mostrado na Figura 5.28a está submetido a tensões normais e de cisalhamento em ambas as faces das seções transversais. Entretanto, apenas as tensões normais são necessárias para o desenvolvimento seguinte e, portanto, apenas as

Figura 5.26

Tensões de cisalhamento em uma viga com seção transversal retangular

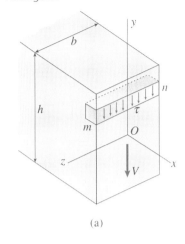

(a)

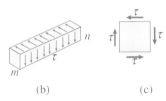

(b)   (c)

Figura 5.27

Flexão em duas vigas separadas

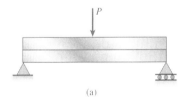

(a)

(b)

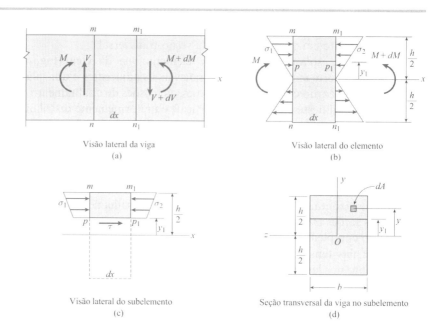

Figura 5.28

Tensões de cisalhamento em uma viga com seção transversal retangular

(a) Visão lateral da viga
(b) Visão lateral do elemento
(c) Visão lateral do subelemento
(d) Seção transversal da viga no subelemento

tensões normais estão representadas na Figura 5.28b. Nas seções transversais mn e $m_1 n_1$ as tensões normais são, respectivamente,

$$\sigma_1 = -\frac{My}{I} \quad \text{e} \quad \sigma_2 = -\frac{(M + dM)y}{I} \quad (5.34\text{a,b})$$

conforme dados pela fórmula de flexão (Equação 5.14). Nessas expressões, y é a distância a partir da linha neutra e I é o momento de inércia da área da seção transversal em relação à linha neutra.

Em seguida, isolamos o **subelemento** $mm_1 p_1 p$ fazendo passar um plano horizontal pp_1 através do elemento $mm_1 n_1 n$ (Figura 5.28b). O plano pp_1 está a uma distância y_1 da superfície neutra da viga. O subelemento é ilustrado separadamente na Figura 5.28c. Notamos que a face do topo é uma parte da superfície superior da viga e, assim, está livre de tensões. Sua face de baixo (que é paralela à superfície neutra e distante y_1 desta) é submetida a tensões de cisalhamento horizontais τ existentes nesse nível da viga. Suas faces da seção transversal mp e $m_1 p_1$ estão submetidas às tensões de flexão σ_1 e σ_2, respectivamente, produzidas pelos momentos fletores. Tensões de cisalhamento verticais também agem nas faces das seções transversais; entretanto, essas tensões não afetam o equilíbrio do subelemento na direção horizontal (direção x), por isso não são mostradas na Figura 5.28c.

Caso os momentos fletores nas seções transversais mn e $m_1 n_1$ (Figura 5.28b) sejam iguais (isto é, se a viga estiver em flexão pura), as tensões normais σ_1 e σ_2 agindo sobre os lados mp e $m_1 p_1$ do subelemento (Figura 5.28c) também serão iguais. Nessas condições o subelemento estará em equilíbrio somente sob a ação das tensões normais e, portanto, as tensões de cisalhamento τ agindo na face da base pp_1 serão nulas. Essa conclusão é óbvia, visto que uma viga em flexão pura não tem força cortante e, assim, não tem tensões de cisalhamento.

Caso os momentos fletores variem ao longo do eixo x (flexão não uniforme), podemos determinar a tensão de cisalhamento τ agindo na face de baixo do subelemento (Figura 5.28c), considerando o equilíbrio do subelemento na direção x.

Para começar, identificamos o elemento de área dA na seção transversal a uma distância y da linha neutra (Figura 5.28d). A força agindo nesse elemento é σdA, em que σ é a tensão normal obtida a partir da fórmula de flexão. Caso o elemento de área esteja localizado na face esquerda mp do subelemento (em que o momento fletor é M), a tensão normal é dada pela Equação (5.34a), e portanto o elemento de força é

$$\sigma_1 dA = \frac{My}{I} dA$$

Observe que estamos utilizando apenas valores absolutos nas equações porque as direções dessas tensões são óbvias ao analisar a Figura 5.28. A somatória desses elementos de força sobre a área da face *mp* do subelemento dá a força horizontal F_1 total agindo nessa face:

$$F_1 = \int \sigma_1 dA = \int \frac{My}{I} dA \qquad (5.35a)$$

Note que essa integração é feita sobre a área da parte sombreada da seção transversal mostrada na Figura 5.28d, ou seja, sobre a área da seção transversal de $y = y_1$ até $y = h/2$.

A força F_1 é mostrada na Figura 5.29 em um diagrama de corpo livre parcial do subelemento (forças verticais foram omitidas).

De forma similar, descobrimos que a força total F_2 agindo na face direita $m_1 p_1$ do subelemento (Figuras 5.29 e 5.28c) é

$$F_2 = \int \sigma_2 dA = \int \frac{(M + dM)y}{I} dA \qquad (5.35b)$$

Conhecendo as forças F_1 e F_2, podemos agora determinar a força horizontal F_3 agindo na face da base do subelemento.

Uma vez que o subelemento está em equilíbrio, podemos somar as forças na direção *x* e obter

$$F_3 = F_2 - F_1 \qquad (5.35c)$$

Figura 5.29

Diagrama de corpo livre parcial do subelemento mostrando todas as forças horizontais (Compare com a Figura 5.28c)

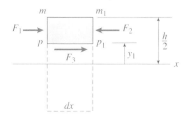

ou

$$F_3 = \int \frac{(M + dM)y}{I} dA - \int \frac{My}{I} dA = \int \frac{(dM)y}{I} dA$$

Os valores *dM* e *I* no último termo podem ser movidos para fora do sinal da integral, porque são constantes em qualquer seção transversal e não estão envolvidos na integração. Assim, a expressão para a força F_3 torna-se

$$F_3 = \frac{dM}{I} \int y \, dA \qquad (5.36)$$

Se as tensões de cisalhamento τ são uniformemente distribuídas ao longo da largura *b* da viga, a força F_3 é também igual a:

$$F_3 = \tau b \, dx \qquad (5.37)$$

em que *b dx* é a área da face de baixo do subelemento.

Combinando as Equações (5.36) e (5.37) e resolvendo para a tensão de cisalhamento τ, temos

$$\tau = \frac{dM}{dx}\left(\frac{1}{Ib}\right) \int y \, dA \qquad (5.38)$$

O valor *dM/dx* é igual à força cortante *V* (veja a Equação 4.6) e, portanto, a equação anterior torna-se

$$\tau = \frac{V}{Ib} \int y \, dA \qquad (5.39)$$

Figura 5.28d (Repetida)

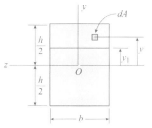

Seção transversal da viga no subelemento
(d)

A integral dessa equação é determinada sobre a área sombreada da seção transversal (Figura 5.28d), conforme já explicado. Assim, a integral é o primeiro momento da área sombreada em relação à linha neutra (o eixo *z*). Em outras palavras, *a integral é o primeiro momento, ou momento estático, da área da seção transversal acima do nível em que a tensão de cisalhamento τ foi calculada.* Esse primeiro momento é usualmente denominado pelo símbolo Q:

$$Q = \int y \, dA \qquad (5.40)$$

Com essa notação, a equação para a tensão de cisalhamento torna-se:

$$\tau = \frac{VQ}{Ib} \qquad (5.41)$$

Esta equação, conhecida como **fórmula de cisalhamento**, pode ser utilizada para calcular a tensão de cisalhamento τ em qualquer ponto na seção transversal de uma viga retangular. Note que, para uma seção transversal específica, a força cortante V, o momento de inércia I e a largura b são constantes. O primeiro momento Q (e, assim, a tensão de cisalhamento τ), contudo, varia com a distância y_1 em relação à linha neutra.

Cálculo do primeiro momento Q

Se o nível em que a tensão de cisalhamento deve ser determinada está acima da linha neutra, como mostra a Figura 5.28d, é natural obter Q calculando-se o primeiro momento da área da seção transversal *acima* daquele nível (a área sombreada na figura). Como alternativa, entretanto, podemos calcular o primeiro momento da área remanescente da seção transversal, ou seja, a área *abaixo* da área sombreada. Seu primeiro momento é igual ao negativo de Q.

A explicação está no fato de que o primeiro momento de toda a área da seção transversal em relação à linha neutra é igual a zero (porque a linha neutra passa através do centroide). O valor de Q para a área abaixo do nível y_1 é, portanto, o negativo de Q para a área acima desse nível. Por conveniência, normalmente utilizamos a área acima do nível y_1 quando o ponto em que estamos encontrando a tensão de cisalhamento estiver na parte de superior da viga e utilizamos a área abaixo de y_1 quando o ponto estiver na parte inferior da viga.

Além do mais, normalmente não nos importamos com a convenção de sinais para V e para Q. Em vez disso, tratamos todos os termos da fórmula de cisalhamento como valores positivos e determinamos as direções das tensões de cisalhamento por inspeção, uma vez que as tensões atuam na mesma direção que a própria força cortante V. Este procedimento para determinar as tensões de cisalhamento será ilustrado mais adiante no Exemplo 5.11.

Distribuição das tensões de cisalhamento em uma viga retangular

Estamos, agora, prontos para determinar a distribuição das tensões de cisalhamento em uma viga com seção transversal retangular (Figura 5.30a). O primeiro momento Q da parte sombreada da área da seção transversal é obtido multiplicando a área pela distância do seu próprio centroide à linha neutra:

$$Q = b\left(\frac{h}{2} - y_1\right)\left(y_1 + \frac{h/2 - y_1}{2}\right) = \frac{b}{2}\left(\frac{h^2}{4} - y_1^2\right) \qquad (5.42a)$$

É claro que o mesmo resultado pode ser obtido integrando a Equação (5.40):

$$Q = \int y \, dA = \int_{y_1}^{h/2} yb \, dy = \frac{b}{2}\left(\frac{h^2}{4} - y_1^2\right) \qquad (5.42b)$$

Substituindo a expressão para Q na fórmula de cisalhamento (Equação 5.41), temos

$$\tau = \frac{V}{2I}\left(\frac{h^2}{4} - y_1^2\right) \qquad (5.43)$$

Essa equação mostra que as tensões de cisalhamento em uma viga retangular variam quadraticamente com a distância y_1 a partir da linha neutra. Assim, quando mostradas em um gráfico ao longo da altura da viga, τ varia conforme ilustrado na Figura 5.30b. Note que a tensão de cisalhamento é zero quando $y_1 = \pm h/2$.

O valor máximo da tensão de cisalhamento ocorre na linha neutra ($y_1 = 0$) em relação à qual o primeiro momento Q tem seu valor máximo. Substituindo $y_1 = 0$ na Equação (5.43), temos:

$$\tau_{max} = \frac{Vh^2}{8I} = \frac{3V}{2A} \tag{5.44}$$

em que $A = bh$ é a área da seção transversal. Assim, a tensão de cisalhamento máxima em uma viga de seção transversal retangular é 50% maior que a tensão de cisalhamento média V/A.

Mais uma vez, repare que as equações anteriores para as tensões de cisalhamento podem ser utilizadas para calcular tanto as tensões de cisalhamento verticais agindo nas seções transversais quanto as tensões de cisalhamento horizontais agindo entre as camadas horizontais da viga.*

Figura 5.30

Distribuição das tensões de cisalhamento em uma viga de seção transversal retangular: (a) seção transversal da viga e (b) diagrama mostrando a distribuição parabólica das tensões de cisalhamento sobre a altura da viga

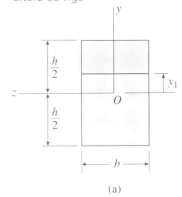

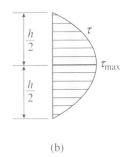

Limitações

As fórmulas para tensões de cisalhamento apresentadas nesta seção estão submetidas às mesmas restrições que a fórmula de flexão da qual elas são derivadas. Assim, elas são válidas apenas para materiais elásticos lineares com pequenas deflexões.

No caso de vigas retangulares, a precisão da fórmula de cisalhamento depende da razão entre altura e largura da seção transversal. A fórmula pode ser considerada exata para vigas bem estreitas (altura h muito maior que largura b). Entretanto, sua precisão diminui quando b aumenta em relação a h. Por exemplo, quando a viga é quadrada ($b = h$), a tensão de cisalhamento máxima verdadeira é aproximadamente 13% maior que o valor fornecido pela Equação (5.44).

Um erro comum é aplicar a fórmula de cisalhamento (Equação 5.41) a formas de seções transversais em que ela não é aplicável. Por exemplo, não é aplicável a seções de forma triangular ou semicircular. Para evitar o uso errado da fórmula, devemos manter em mente as seguintes hipóteses em que seu desenvolvimento foi baseado: (1) As arestas da seção transversal devem ser paralelas ao eixo y (de tal forma que as tensões de cisalhamento ajam paralelamente ao eixo y) e (2) as tensões de cisalhamento devem ser uniformes ao longo da largura da seção transversal. Essas hipóteses são completamente atendidas apenas em certos casos, como esses discutidos nesta e nas próximas duas seções.

Finalmente, a fórmula de cisalhamento aplica-se apenas a vigas prismáticas. Se a viga é não prismática (por exemplo, se a viga for afilada), as tensões de cisalhamento são muito diferentes daquelas previstas pelas fórmulas dadas aqui.

Efeitos das deformações de cisalhamento

Como as tensões de cisalhamento τ podem variar parabolicamente ao longo da altura de uma viga retangular, segue que a deformação de cisalhamento $\gamma = \tau/G$ também varia parabolicamente. Como resultado dessas deformações de cisalhamento, seções transversais da viga que originalmente eram planas tornam-se distorcidas. Essa deformação é mostrada na Figura 5.31, em que seções transversais mn e pq, originalmente planas, tornaram-se superfícies curvas m_1n_1 e p_1q_1, com a máxima deformação de cisalhamento ocorrendo na

---

*A análise da tensão de cisalhamento apresentada nesta seção foi desenvolvida pelo engenheiro russo D. J. Jourawski.

superfície neutra. Nos pontos m_1, p_1, n_1 e q_1, a deformação de cisalhamento é zero e, portanto, as curvas m_1n_1 e p_1q_1 são perpendiculares às superfícies superior e inferior da viga.

Figura 5.31

Distorções das seções transversais de uma viga devido às deformações de cisalhamento

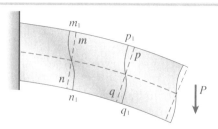

Se a força cortante V é constante ao longo do eixo da viga, a deformação é a mesma em toda seção transversal. Portanto, o alongamento e o encurtamento de elementos longitudinais devido aos momentos fletores não são afetados por conta das tensões de cisalhamento, e a distribuição das tensões normais é a mesma da flexão pura. Além disso, investigações detalhadas utilizando métodos avançados de análise mostram que a distorção das seções transversais devido às tensões de cisalhamento não afeta substancialmente as tensões longitudinais, mesmo quando a força cortante varia continuamente ao longo do comprimento. Assim, sob a maior parte das condições, é justificável o uso da fórmula de flexão (Equação 5.14) para flexão não uniforme, apesar de a fórmula ter sido desenvolvida para flexão pura.

••• Exemplo 5.11

Figura 5.32

Exemplo 5.11: (a) Viga simples com carregamento uniforme, (b) seção transversal da viga e (c) elemento de tensão mostrando as tensões normais e de cisalhamento no ponto C

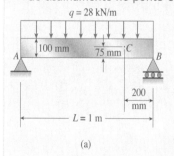

(a)

Uma viga de metal, com um vão $L = 1$ m, tem apoio simples nos pontos A e B (Figura 5.32a). O carregamento uniforme na viga (incluindo seu próprio peso) é $q = 28$ kN/m. A seção transversal da viga é retangular (Figura 5.32b), com largura $b = 25$ mm e altura $h = 100$ mm. A viga está adequadamente apoiada contra flambagem lateral.

Determine a tensão normal σ_C e a tensão de cisalhamento τ_C no ponto C, que está localizado 25 mm abaixo do topo da viga e 200 mm do apoio direito. Mostre essas tensões em um esboço de um elemento de tensão no ponto C.

Solução

Força cortante e momento fletor. A força cortante V_C e o momento fletor M_C na seção transversal através do ponto C são encontrados pelos métodos descritos no Capítulo 4. Os resultados são

$$M_C = 2{,}22 \text{ kN·m} \qquad V_C = -8{,}4 \text{ kN}$$

Os sinais desses valores são baseados na convenção de sinais padrão para momentos fletores e forças cortantes (veja a Figura 4.5).

Momento de inércia. O momento de inércia da seção transversal em relação à linha neutra (o eixo z na Figura 5.32b) é

$$I = \frac{bh^3}{12} = \frac{1}{12}(25 \text{ mm})(100 \text{ mm})^3 = 2083 \times 10^3 \text{ mm}^4$$

Tensão normal no ponto C. A tensão normal no ponto C é encontrada a partir da fórmula de flexão (Equação 5.14) com a distância y da linha neutra igual a 25 mm; assim,

• • • Exemplo 5.11 *Continuação*

Figura 5.32 (continuação)

Exemplo 5.11: (a) Viga simples com carregamento uniforme, (b) seção transversal da viga e (c) elemento de tensão mostrando as tensões normais e de cisalhamento no ponto C

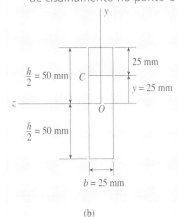

$$\sigma_C = -\frac{My}{I} = -\frac{(2{,}24 \times 10^6 \text{ N} \cdot \text{mm})(25 \text{ mm})}{2083 \times 10^3 \text{ mm}^4} = -26{,}9 \text{ MPa}$$

O sinal de menos indica que a tensão é compressiva, conforme o esperado.

Tensão de cisalhamento no ponto C. Para obter a tensão de cisalhamento no ponto C, precisamos calcular o primeiro momento Q_C da área da seção transversal acima do ponto C (Figura 5.32b). O primeiro momento é igual ao produto da área e a distância de seu centroide (denominada y_C) ao eixo z, assim,

$$A_C = (25 \text{ mm})(25 \text{ mm}) = 625 \text{ mm}^2 \quad y_C = 37{,}5 \text{ mm} \quad Q_C = A_C y_C = 23.440 \text{ mm}^3$$

Agora substituímos os valores conhecidos na fórmula de cisalhamento (Equação 5.41) e obtemos a magnitude da tensão de cisalhamento:

$$\tau_C = \frac{V_C Q_C}{Ib} = \frac{(8.400 \text{ N})(23.440 \text{ mm}^3)}{(2.083 \times 10^3 \text{ mm}^4)(25 \text{ mm})} = 3{,}8 \text{ MPa}$$

A direção da tensão pode ser encontrada por inspeção, pois ela age na mesma direção da força cortante. Neste exemplo, a força cortante age para cima na parte à esquerda do ponto C e para baixo na parte à direita do ponto C. A melhor forma de mostrar as direções das tensões normais e de cisalhamento é desenhar o elemento de tensão, como na Figura 5.32c.

Elemento de tensão no ponto C. O elemento de tensão ilustrado na Figura 5.32c é cortado a partir do lado da viga no ponto C (Figura 5.32a). Tensões de compressão $\sigma_C = 26{,}9$ MPa atuam sobre as faces da seção transversal do elemento, e as tensões de cisalhamento $\tau_C = 3{,}8$ MPa atuam tanto nas faces de cima e de baixo quanto nas faces da seção transversal.

• • • Exemplo 5.12

Uma viga de madeira AB submetida a duas cargas concentradas P (Figura 5.33a) tem uma seção transversal retangular de largura $b = 100$ mm e altura $h = 150$ mm (Figura 5.33b). A distância de cada extremidade da viga até a carga mais próxima é $a = 0{,}5$ m.

Determine o valor máximo admissível P_{max} das cargas se a tensão admissível na flexão é $\sigma_{adm} = 11$ MPa (para tração e compressão) e a tensão admissível para cisalhamento horizontal é $\tau_{adm} = 1{,}2$ MPa. (Desconsidere o próprio peso da viga.)

Observação: Vigas de madeiras são muito mais fracas em cisalhamento horizontal (cisalhamento paralelo às fibras longitudinais da madeira) do que em cisalhamento transversal às linhas da fibra (cisalhamento nas seções transversais). Consequentemente, a tensão admissível para o cisalhamento horizontal normalmente tem de ser levada em consideração no projeto.

Solução

A força cortante máxima ocorre nos apoios e o momento fletor máximo ocorre ao longo da região entre as cargas. Seus valores são

$$V_{max} = P \quad M_{max} = Pa$$

O módulo de seção S e a área da seção transversal A são

$$S = \frac{bh^2}{6} \quad A = bh$$

As tensões normais e de cisalhamento máximas na viga são obtidas a partir das fórmulas de flexão e de cisalhamento (Equações 5.17 e 5.44):

Exemplo 5.12 Continuação

Figura 5.33

Exemplo 5.12: Viga de madeira com cargas concentradas

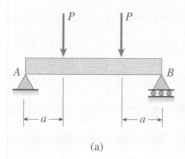

(a)

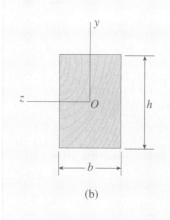

(b)

$$\sigma_{max} = \frac{M_{max}}{S} = \frac{6Pa}{bh^2} \qquad \tau_{max} = \frac{3V_{max}}{2A} = \frac{3P}{2bh}$$

Portanto, os máximos valores admissíveis para a carga P na flexão e no cisalhamento são, respectivamente,

$$P_{flexão} = \frac{\sigma_{adm}bh^2}{6a} \qquad P_{cisalhamento} = \frac{2\tau_{adm}bh}{3}$$

Substituindo nessas fórmulas os valores conhecidos, temos:

$$P_{flexão} = \frac{(11 \text{ MPa})(100 \text{ mm})(150 \text{ mm})^2}{6(0,5 \text{ m})} = 8,25 \text{ kN}$$

$$P_{cisalhamento} = \frac{2(1,2 \text{ MPa})(100 \text{ mm})(150 \text{ mm})}{3} = 12,0 \text{ kN}$$

Assim, as tensões de flexão governam o projeto, e a carga máxima admissível é:

$$P_{max} = 8,25 \text{ kN}$$

Uma análise mais completa dessa viga exigiria que o peso da viga fosse levado em consideração, reduzindo assim a carga admissível.

Observações:

(1) Neste exemplo, as tensões normais máximas e as tensões de cisalhamento máximas não ocorrem nos mesmos lugares da viga – as tensões normais são máximas na região média da viga em cima e embaixo da seção transversal, e a tensão de cisalhamento é máxima próxima aos apoios, na linha neutra da seção transversal.

(2) Para a maior parte das vigas, as tensões de flexão (não as tensões de cisalhamento) definem a carga admissível, assim como neste exemplo.

(3) Apesar de a madeira não ser um material homogêneo e frequentemente distanciar-se do comportamento de um material elástico linear, ainda podemos aproximar os resultados das fórmulas de flexão e de cisalhamento. Esses resultados aproximados são em geral adequados para projetar vigas de madeira.

5.9 Tensões de cisalhamento em vigas de seção transversal circular

Quando uma viga tem uma **seção transversal circular** (Figura 5.34), não podemos mais assumir que as tensões de cisalhamento atuem paralelamente ao eixo y. Por exemplo, podemos facilmente provar que, no ponto m (na fronteira da seção transversal), a tensão de cisalhamento τ deve agir de forma *tangente* à fronteira. Essa observação vem do fato de que a superfície externa da viga é livre de tensão e, portanto, a tensão de cisalhamento agindo na seção transversal não pode ter nenhum componente na direção radial.

Apesar de não haver uma forma simples de encontrar as tensões de cisalhamento atuando em toda a seção transversal, podemos rapidamente determinar

Figura 5.34

Tensões de cisalhamento agindo na seção transversal da viga circular

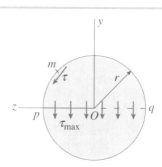

as tensões de cisalhamento na linha neutra (sob a qual as tensões são as maiores), fazendo algumas hipóteses razoáveis em relação à distribuição de tensão. Vamos assumir que as tensões atuem paralelamente ao eixo y e tenham intensidade constante ao longo da largura da viga (do ponto p ao ponto q na Figura 5.34). Uma vez que essas hipóteses são as mesmas daquelas utilizadas no desenvolvimento da fórmula de cisalhamento $\tau = VQ/Ib$ (Equação 5.41), podemos utilizar a fórmula de cisalhamento para calcular as tensões na linha neutra.

Para utilizar a fórmula de flexão, precisamos das seguintes propriedades da seção transversal circular de raio r:

$$I = \frac{\pi r^4}{4} \quad Q = A\bar{y} = \left(\frac{\pi r^2}{2}\right)\left(\frac{4r}{3\pi}\right) = \frac{2r^3}{3} \quad b = 2r \quad (5.45a,b)$$

A expressão para o momento de inércia I provém do Caso 9 do Apêndice A, e a expressão para o primeiro momento Q baseia-se nas fórmulas para o semicírculo (Caso 10, Apêndice A). Substituindo essas expressões na fórmula de cisalhamento, obtemos

$$\tau_{max} = \frac{VQ}{Ib} = \frac{V(2r^3/3)}{(\pi r^4/4)(2r)} = \frac{4V}{3\pi r^2} = \frac{4V}{3A} \quad (5.46)$$

em que $A = \pi r^2$ é a área da seção transversal. Essa equação mostra que a tensão de cisalhamento máxima em uma viga circular é igual a 4/3 vezes a tensão de cisalhamento vertical média V/A.

Caso a viga tenha uma **seção transversal circular vazada** (Figura 5.35), podemos novamente assumir, com uma precisão razoável, que as tensões de cisalhamento na linha neutra são paralelas ao eixo y e uniformemente distribuídas na seção. Consequentemente, podemos novamente utilizar a fórmula de cisalhamento para encontrar as tensões máximas. As propriedades exigidas para uma seção circular vazada são

$$I = \frac{\pi}{4}(r_2^4 - r_1^4) \quad Q = \frac{2}{3}(r_2^3 - r_1^3) \quad b = 2(r_2 - r_1) \quad (5.47a,b,c)$$

em que r_1 e r_2 são os raios internos e externos da seção transversal. Assim, a tensão máxima é

$$\tau_{max} = \frac{VQ}{Ib} = \frac{4V}{3A}\left(\frac{r_2^2 + r_2 r_1 + r_1^2}{r_2^2 + r_1^2}\right) \quad (5.48)$$

em que

$$A = \pi(r_2^2 - r_1^2)$$

é a área da seção transversal. Note que, se $r_1 = 0$, a Equação (5.48) se reduz à Equação (5.46) para uma viga circular sólida.

Apesar de a teoria precedente para tensões de cisalhamento em vigas com seção transversal circular ser aproximada, os resultados fornecidos variam apenas um pequeno percentual daqueles obtidos utilizando a exata teoria da elasticidade. Consequentemente, as Equações (5.46) e (5.48) podem ser utilizadas para determinar as tensões de cisalhamento máximas em vigas circulares sob condições normais.

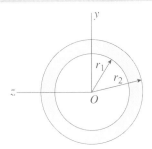

Figura 5.35

Seção transversal circular vazada

Exemplo 5.13

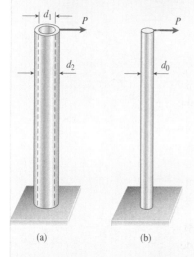

Figura 5.36

Exemplo 5.13: Tensões de cislhamento em vigas com seção transversal circular

Uma haste vertical, constituída de um tubo circular de diâmetro externo d_2 = 100 mm e diâmetro interno d_1 = 80 mm, está carregado por uma força horizontal P = 6.675 N (Figura 5.36a).

(a) Determine a tensão de cisalhamento máxima na haste.
(b) Para a mesma carga P e a mesma tensão de cisalhamento máxima, qual é o diâmetro d_0 de uma haste circular sólida (Figura 5.36b)?

Solução

(a) *Tensão de cisalhamento máxima.* Para uma haste com uma seção transversal circular vazada (Figura 5.36a), utilizamos a Equação (5.48) com a força cortante V substituída pela carga P e a área da seção transversal substituída pela expressão $\pi(r_2^2 - r_1^2)$; assim,

$$\tau_{max} = \frac{4P}{3\pi}\left(\frac{r_2^2 + r_2 r_1 + r_1^2}{r_2^4 - r_1^4}\right) \tag{a}$$

Depois substituímos os valores conhecidos

$$P = 6675 \text{ N} \qquad r_2 = d_2/2 = 50 \text{ mm} \qquad r_1 = d_1/2 = 40 \text{ mm}$$

e obtemos:

$$\tau_{max} = 4{,}68 \text{ MPa} \qquad \leftarrow$$

que é a tensão de cisalhamento máxima na haste.

(b) *Diâmetro da haste circular sólida.* Para uma haste com uma seção transversal circular sólida (Figura 5.36b), utilizamos a Equação (5.46), com V substituído por P e r substituído por $d_0/2$:

$$\tau_{max} = \frac{4P}{3\pi(d_0/2)^2} \tag{b}$$

Resolvendo para d_0, obtemos:

$$d_0^2 = \frac{16P}{3\pi\tau_{max}} = \frac{16(6675 \text{ N})}{3\pi(4{,}68 \text{ MPa})} = 2{,}42 \times 10^{-3} \text{ m}^2$$

a partir da qual temos

$$d_0 = 49{,}21 \text{ mm} \qquad \leftarrow$$

Neste exemplo em particular, a haste circular sólida tem um diâmetro de aproximadamente metade do da haste tubular.

Observação: As tensões de cisalhamento raramente determinam o projeto tanto das vigas circulares quanto das retangulares feitas de metais como aço e alumínio. Nesses tipos de materiais, as tensões de cisalhamento admissíveis são normalmente na faixa de 25% a 50% da tensão de tração admissível. No caso da haste tubular deste exemplo, a tensão de cisalhamento máxima é de apenas 4,68 MPa. Em contrapartida, a tensão de flexão máxima obtida a partir da fórmula de flexão é de 69 MPa para uma haste relativamente curta de comprimento 60 mm. Assim, quando o carregamento aumenta, a tensão de tração admissível será alcançada muito antes que a tensão de cisalhamento admissível seja alcançada.

A situação é bem diferente para materiais fracos em cisalhamento, como a madeira. Para uma viga de madeira típica, a tensão admissível no cisalhamento horizontal está na faixa de 4% a 10% da tensão de flexão admissível. Consequentemente, apesar de a tensão de cisalhamento máxima ter um valor relativamente baixo, ela às vezes governa o projeto.

5.10 Tensões de cisalhamento em almas de vigas com flanges

Quando uma viga com perfil de flange largo (Figura 5.37a) está submetida tanto a forças cortantes quanto a momentos fletores (flexão não uniforme), as tensões normais e de cisalhamento desenvolvem-se nas seções transversais. A distribuição das tensões de cisalhamento em uma viga de flange largo é mais complicada que em uma viga retangular. Por exemplo, as tensões de cisalhamento nos flanges da viga atuam em ambas as direções, vertical e horizontal (as direções y e z), conforme ilustrado pelas pequenas setas na Figura 5.37b. As tensões de cisalhamento horizontais, que são muito maiores que as tensões de cisalhamento verticais nos flanges, serão discutidas mais tarde na Seção 6.7.

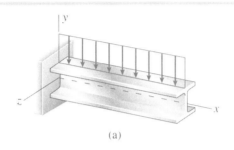

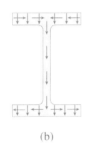

Figura 5.37

(a) Viga em forma de flange largo e (b) direções das tensões de cisalhamento agindo na seção transversal

As tensões de cisalhamento na alma da viga de flange largo atuam apenas na direção vertical e são maiores que as tensões nos flanges. Essas tensões podem ser encontradas através das mesmas técnicas utilizadas para encontrar tensões de cisalhamento em vigas retangulares.

Tensões de cisalhamento na alma

Vamos começar a análise determinando as tensões de cisalhamento na linha ef na alma da viga de flange largo (Figura 5.38a). Faremos as mesmas hipóteses que fizemos para uma viga retangular, ou seja, vamos assumir que as tensões de cisalhamento atuam paralelamente ao eixo y e são uniformemente distribuídas ao longo da espessura da alma da viga. A fórmula de cisalhamento $\tau = VQ/Ib$ ainda é válida. Entretanto, a largura b é agora a espessura t da alma, e a área utilizada para calcular o primeiro momento Q é a área entre a linha ef e a aresta do topo da seção transversal (indicado pela área sombreada na Figura 5.38a).

Ao encontrar o primeiro momento Q da área sombreada, desprezaremos os efeitos dos pequenos filetes na junção da alma e do flange (pontos b e c na Figura 5.38a). O erro ao se ignorar as áreas desses filetes é muito pequeno. Vamos então dividir a área sombreada em dois retângulos. O primeiro retângulo é o próprio flange superior, que tem área

$$A_1 = b\left(\frac{h}{2} - \frac{h_1}{2}\right) \qquad (5.49a)$$

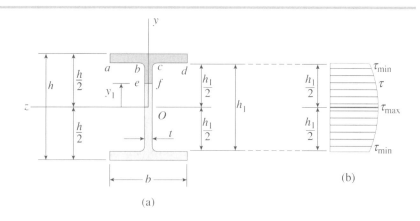

Figura 5.38

Tensões de cisalhamento na alma de uma viga de flange largo. (a) Seção transversal da viga e (b) distribuição vertical das tensões de cisalhamento na alma

em que b é a largura do flange, h é a altura total da viga e h_1 é a distância entre as partes internas dos flanges. O segundo retângulo é a parte da alma entre ef e o flange, ou seja, o retângulo $efcb$, que tem área

$$A_2 = t\left(\frac{h_1}{2} - y_1\right) \quad (5.49b)$$

em que t é a espessura da alma e y_1 é a distância da linha neutra à linha ef.

Os primeiros momentos das áreas A_1 e A_2, obtidos em relação à linha neutra, são conseguidos pela multiplicação dessas áreas pelas distâncias de seus respectivos centroides ao eixo z. Somando esses momentos, temos o primeiro momento Q das áreas combinadas:

$$Q = A_1\left(\frac{h_1}{2} + \frac{h/2 - h_1/2}{2}\right) + A_2\left(y_1 + \frac{h_1/2 - y_1}{2}\right)$$

Substituindo A_1 e A_2 das Equações (5.49a) e (5.49b) na equação acima e simplificando, temos

$$Q = \frac{b}{8}(h^2 - h_1^2) + \frac{t}{8}(h_1^2 - 4y_1^2) \quad (5.50)$$

Portanto, a tensão de cisalhamento τ da alma da viga a uma distância y_1 da linha neutra é

$$\tau = \frac{VQ}{It} = \frac{V}{8It}\left[b(h^2 - h_1^2) + t(h_1^2 - 4y_1^2)\right] \quad (5.51)$$

em que o momento de inércia da seção transversal é

$$I = \frac{bh^3}{12} - \frac{(b-t)h_1^3}{12} = \frac{1}{12}(bh^3 - bh_1^3 + th_1^3) \quad (5.52)$$

Uma vez que todos os valores na Equação (5.51) são constantes, exceto y_1, vemos imediatamente que τ varia quadraticamente ao longo da altura da alma, conforme ilustrado pelo gráfico na Figura 5.38b. Note que o gráfico é traçado apenas para a alma e não inclui os flanges. A razão é suficientemente simples – a Equação (5.51) não pode ser utilizada para determinar as tensões de cisalhamento verticais nos flanges da viga (veja a discussão intitulada "Limitações", mais adiante nesta seção).

Tensões de cisalhamento máximas e mínimas

A tensão de cisalhamento máxima em almas de vigas de flange largo ocorre na linha neutra, em que $y_1 = 0$. A tensão de cisalhamento mínima ocorre onde a alma encontra os flanges ($y_1 = \pm h_1/2$). Essas tensões, encontradas a partir da Equação (5.51), são

$$\tau_{max} = \frac{V}{8It}(bh^2 - bh_1^2 + th_1^2) \qquad \tau_{min} = \frac{Vb}{8It}(h^2 - h_1^2) \quad (5.53a,b)$$

Tanto τ_{max} como τ_{min} estão especificadas no gráfico da Figura 5.38b. Para uma típica viga de flange largo, a tensão máxima na alma é de 10% a 60% maior que a tensão mínima.

Apesar de não ser aparente na discussão anterior, a tensão τ_{max} fornecida pela Equação (5.53a) não só é a maior tensão de cisalhamento na alma, como também é a maior tensão de cisalhamento em qualquer parte da seção transversal.

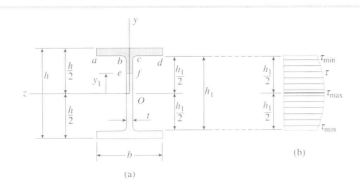

Figura 5.38 (repetida)

Tensões de cisalhamento na malha de uma viga com aba larga: (a) corte transversal da viga, e (b) distribuição das tensões verticais de cisalhamento na malha

Força cortante na alma

A força cortante vertical carregada pela alma sozinha pode ser determinada multiplicando a área do diagrama de tensão de cisalhamento (Figura 5.38b) pela espessura t da alma. O diagrama de tensão de cisalhamento constitui-se de duas partes, um retângulo de área $h_1 \tau_{min}$ e um segmento parabólico de área

$$\frac{2}{3}(h_1)(\tau_{max} - \tau_{min})$$

Somando essas duas áreas, multiplicando pela espessura t da alma, e então combinando os termos, temos a força cortante total na alma:

$$V_{alma} = \frac{th_1}{3}(2\tau_{max} + \tau_{min}) \qquad (5.54)$$

Para vigas com proporções típicas, a força cortante na alma é de 90% a 98% da força cortante total V atuando na seção transversal; a diferença é suportada pela tensão nos flanges.

Uma vez que a alma resiste à maior parte da força cortante, os projetistas frequentemente calculam um valor aproximado da tensão de cisalhamento máxima pela divisão da força cortante total pela área da alma. O resultado é a tensão de cisalhamento média na alma, assumindo que a alma suporta *toda* a força cortante:

$$\tau_{média} = \frac{V}{th_1} \qquad (5.55)$$

Para vigas de flange largo típicas, a tensão média calculada dessa forma está na faixa de 10% (para mais ou para menos) da tensão de cisalhamento máxima calculada a partir da Equação (5.53a). Assim, a Equação (5.55) fornece uma maneira simples de estimar a tensão de cisalhamento máxima.

Limitações

A teoria de cisalhamento elementar apresentada nesta seção serve para determinar as tensões de cisalhamento verticais na alma de uma viga de flange largo. Entretanto, ao analisar as tensões de cisalhamento verticais nos flanges, não podemos mais assumir que as tensões de cisalhamento são constantes ao longo da largura da seção, ou seja, ao longo da largura b dos flanges (Figura 5.38a). Assim, não podemos utilizar a fórmula de cisalhamento para determinar essas tensões.

Para enfatizar esse ponto, consideremos a junção da alma com o flange superior ($y_1 = h_1/2$), onde a largura da seção varia abruptamente de t para b. As tensões de cisalhamento nas superfícies livres ab e cd (Figura 5.38a) devem ser zero, enquanto a tensão de cisalhamento ao longo da alma na linha bc é igual a τ_{min}. Essas observações indicam que a distribuição das tensões de cisalhamento da alma com o flange é bastante complexa e não pode ser investigada através de métodos elementares. A análise de tensões é bem mais complexa utilizando filetes e cantos com reentrâncias (cantos b e c). Os filetes são necessários para evitar que as tensões fiquem perigosamente grandes, mas eles também alteram a distribuição de tensão na alma.

Concluímos assim que a fórmula de cisalhamento não pode ser utilizada para calcular as tensões de cisalhamento verticais nos flanges. Entretanto, a fórmula de cisalhamento fornece bons resultados para as tensões de cisalhamento *horizontais* nos flanges (Figura 5.37b), conforme será discutido mais tarde na Seção 6.8.

O método descrito para determinar as tensões de cisalhamento nas almas de vigas com flange largo também pode ser utilizado para outras seções que tenham almas finas. Como se verá, o Exemplo 5.15 ilustra o procedimento para uma viga em T.

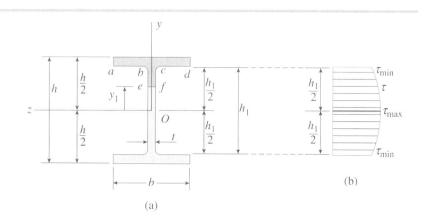

Figura 5.38 (Repetida)

Tensões de cisalhamento na alma de uma viga de flange largo: (a) seção transversal da viga e (b) distribuição vertical das tensões de cisalhamento na alma

• • Exemplo 5.14

Uma viga de flange largo (Figura 5.39a) é submetida a uma força cortante vertical $V = 45$ kN. As dimensões da seção transversal da viga são $b = 165$ mm, $t = 7{,}5$ mm, $h = 320$ mm e $h_1 = 290$ mm.

Determine a tensão de cisalhamento máxima, a tensão de cisalhamento mínima e a força cortante total na alma (desconsidere as áreas dos filetes quando fizer os cálculos).

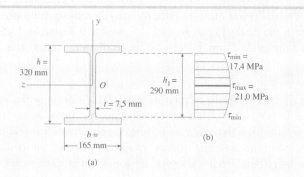

Figura 5.39

Exemplo 5.14: Tensões de cisalhamento na alma de uma viga de flange largo

• • • Exemplo 5.14 *Continuação*

Solução

Tensões de cisalhamento máxima e mínima. As tensões de cisalhamento máxima e mínima na alma da viga são dadas pelas Equações (5.53a) e (5.53b). Antes de fazer as substituições nessas equações, vamos calcular o momento de inércia da área da seção transversal a partir da Equação (5.52):

$$I = \frac{1}{12}(bh^3 - bh_1^3 + th_1^3) = 130{,}45 \times 10^6 \text{ mm}^4$$

Agora substituímos o valor para *I*, assim como os valores conhecidos para a força cortante *V* e as dimensões da seção transversal, nas Equações (5.53a) e (5.53b):

$$\tau_{max} = \frac{V}{8It}(bh^2 - bh_1^2 + th_1^2) = 21{,}0 \text{ MPa} \quad \Leftarrow$$

$$\tau_{min} = \frac{Vb}{8It}(h^2 - h_1^2) = 17{,}4 \text{ MPa} \quad \Leftarrow$$

Nesse caso, a razão de τ_{max} por τ_{min} é 1,21, ou seja, a tensão máxima na alma é 21% maior que a tensão mínima. A variação das tensões de cisalhamento em relação à altura h_1 da alma é mostrada na Figura 5.39b.

Força cortante total. A força cortante na alma é calculada a partir da Equação (5.49) como segue:

$$V_{alma} = \frac{th_1}{3}(2\tau_{max} + \tau_{min}) = 43{,}0 \text{ kN} \quad \Leftarrow$$

A partir desse resultado, vemos que a alma dessa viga em particular resiste a 96% da força cortante total.

Observação: A tensão de cisalhamento média na alma da viga (a partir da Equação 5.55) é

$$\tau_{média} = \frac{V}{th_1} = 20{,}7 \text{ MPa}$$

que é apenas 1% menor que a tensão máxima.

• • • Exemplo 5.15

Uma viga com seção transversal em forma de T (Figura 5.40a) é submetida a uma força cortante vertical $V = 45$ kN. As dimensões da seção transversal são $b = 100$ mm, $t = 24$ mm, $h = 200$ mm e $h_1 = 176$ mm.

Determine a tensão de cisalhamento τ_1 na parte de cima da alma (nível *nn*) e a tensão de cisalhamento máxima τ_{max} (desconsidere as áreas dos filetes).

Solução

Localização da linha neutra. A linha neutra da viga em T é localizada calculando as distâncias c_1 e c_2 do topo e da base da viga ao centroide da seção transversal (Figura 5.40a). Primeiramente dividimos a seção transversal em dois retângulos, o flange e a alma (veja a linha pontilhada na Figura 5.40a). Então calculamos o primeiro momento Q_{aa} desses dois retângulos em relação à linha *aa* na base da viga. A distância c_2 é igual a Q_{aa} dividido pela área *A* de toda a seção transversal (veja o Capítulo 12, Seção 12.3, para métodos de localização de centroides em áreas compostas). Os cálculos são:

$$A = \Sigma A_i = b(h - h_1) + th_1 = 6624 \text{ mm}^2$$

• • • Exemplo 5.15 *Continuação*

Figura 5.40

Exemplo 5.15: Tensões de cisalhamento na alma da viga em T

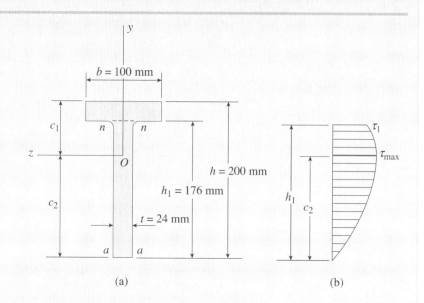

$$Q_{aa} = \Sigma y_i A_i = \left(\frac{h + h_1}{2}\right)(b)(h - h_1) + \frac{h_1}{2}(th_1) = 822.912 \text{ mm}^3$$

$$c_2 = \frac{Q_{aa}}{A} = \frac{822.912 \text{ mm}^3}{6624 \text{ mm}^2} = 124{,}23 \text{ mm} \qquad c_1 = h - c_2 = 75{,}77 \text{ mm}$$

Momento de inércia. O momento de inércia I de toda a área da seção transversal (em relação à linha neutra) pode ser encontrado determinando o momento de inércia I_{aa} em relação à linha aa na base da viga e então utilizando o teorema do eixo paralelo (veja a Seção 12.5):

$$I = I_{aa} - Ac_2^2$$

Esses cálculos são como seguem:

$$I_{aa} = \frac{bh^3}{3} - \frac{(b-t)h_1^3}{3} = 128{,}56 \times 10^6 \text{ mm}^4 \qquad Ac_2^2 = 102{,}23 \times 10^6 \text{ mm}^4$$

$$I = 26{,}33 \times 10^6 \text{ mm}^4$$

Tensão de cisalhamento no topo da alma. Para encontrar a tensão de cisalhamento τ_1 no topo da alma (ao longo da linha nn), precisamos calcular o primeiro momento Q_1 da área acima do nível nn. Esse primeiro momento é igual à área do flange vezes a distância da linha neutra ao centroide do flange

$$Q_1 = b(h - h_1)\left(c_1 - \frac{h - h_1}{2}\right)$$

$$= (100 \text{ mm})(24 \text{ mm})(75{,}77 \text{ mm} - 12 \text{ mm}) = 153{,}0 \times 10^3 \text{ mm}^3$$

É claro que teríamos obtido o mesmo resultado se tivéssemos calculado o primeiro momento da área *abaixo* do nível nn:

$$Q_1 = th_1\left(c_2 - \frac{h_1}{2}\right) = (24 \text{ mm})(176 \text{ mm})(124{,}33 \text{ mm} - 88 \text{ mm})$$

$$= 153 \times 10^3 \text{ mm}^3$$

• • • Exemplo 5.15 *Continuação*

Substituindo, na fórmula de cisalhamento, encontramos

$$\tau_1 = \frac{VQ_1}{It} = \frac{(45 \text{ kN})(153 \times 10^3 \text{ mm}^3)}{(26,33 \times 10^6 \text{ mm}^4)(24 \text{ mm})} = 10,9 \text{ MPa}$$

Essas tensões existem ambas como tensão de cisalhamento vertical agindo na seção transversal e tensão de cisalhamento horizontal agindo no plano horizontal entre o flange e a alma.

Tensão de cisalhamento máxima. A tensão de cisalhamento máxima ocorre na alma na linha neutra. Portanto, calculamos o primeiro momento Q_{max} da área da seção transversal abaixo da linha neutra:

$$Q_{max} = tc_2\left(\frac{c_2}{2}\right) = (24 \text{ mm})(124,23 \text{ mm})\left(\frac{124,23}{2}\right) = 185 \times 10^3 \text{ mm}^3$$

Conforme indicado previamente, teríamos chegado ao mesmo resultado se tivéssemos calculado o primeiro momento da área acima da linha neutra, entretanto esses cálculos seriam um pouco mais longos.

Substituindo na fórmula de cisalhamento, obtemos

$$\tau_{max} = \frac{VQ_{max}}{It} = \frac{(45 \text{ kN})(185 \times 10^3 \text{ mm}^3)}{(26,33 \times 10^6 \text{ mm}^4)(24 \text{ mm})} = 13,2 \text{ MPa}$$

que é a tensão de cisalhamento máxima na viga.

A distribuição parabólica das tensões de cisalhamento na alma é ilustrada na Figura 5.40b.

*5.11 Vigas construídas e fluxo de cisalhamento

Vigas construídas são fabricadas a partir de dois ou mais pedaços de material unidos para formar uma viga simples. Tais vigas podem ser construídas em uma grande variedade de formas para satisfazer necessidades arquitetônicas ou estruturais especiais e prover seções transversais maiores do que as comumente disponíveis.

A Figura 5.41 mostra algumas seções transversais típicas de vigas construídas. A parte (a) da figura mostra uma **viga em caixa** construída de duas placas de madeira, que servem de flanges, e duas partes centrais de compensado. Os pedaços são unidos com pregos, parafusos ou cola, de tal maneira que a viga toda aja como uma unidade única. Vigas de caixa também são construídas de outros materiais, incluindo aços, plásticos e compósitos.

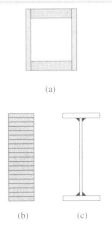

Figura 5.41

Seções transversais típicas de vigas construídas: (a) viga em caixa de madeira, (b) viga "glulam" e (c) viga mestra de chapa

O segundo exemplo é uma viga laminada colada (chamada de **viga "glulam"**), feita a partir de tábuas coladas juntas para formar uma viga muito maior do que poderia ser cortado de uma árvore como um único membro. Vigas desse tipo são muito utilizadas na construção de pequenos edifícios.

O terceiro exemplo é uma **viga mestra de chapa** de aço, do tipo comumente utilizado em pontes e grandes edifícios. Essas vigas mestras, constituídas de três chapas de aço juntadas por solda, podem ser fabricadas em tamanhos bem maiores que os disponíveis em flanges largos ou vigas I comuns.

Vigas construídas devem ser projetadas de tal forma que se comportem como uma única viga. Consequentemente, os cálculos do projeto envolvem duas fases. No primeiro passo, a viga é projetada como se fosse constituída de um pedaço apenas, levando em consideração as tensões de cisalhamento e fletora. Na segunda fase, as *conexões* entre as partes (tais como pregos, parafusos, soldas e colas) são projetadas para assegurar que a viga comporte-se de fato como uma entidade única. Em particular, essas conexões devem ser suficientemente fortes para transmitir as forças cortantes horizontais agindo entre as partes da viga. Para obter essas forças, utilizamos o conceito de *fluxo de cisalhamento*.

Fluxo de cisalhamento

Para obter a fórmula das forças cortantes horizontais agindo entre as partes da viga, vamos retornar ao desenvolvimento da fórmula de cisalhamento (veja as Figuras 5.28 e 5.29 da Seção 5.8). Nesse desenvolvimento, cortamos um elemento mm_1n_1n de uma viga (Figura 5.42a) e investigamos o equilíbrio horizontal do subelemento mm_1p_1p (Figura 5.42b). A partir do equilíbrio horizontal do subelemento, determinamos a força F_3 (Figura 5.42c) agindo sobre sua superfície inferior:

$$F_3 = \frac{dM}{I} \int y \, dA \tag{5.56}$$

Essa equação repete a Equação (5.36) da Seção 5.8.

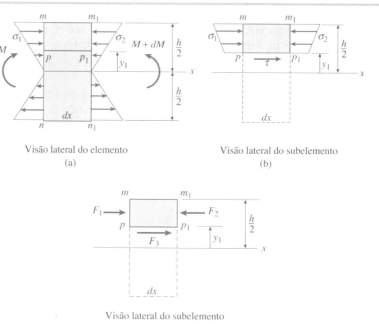

Figura 5.42

Tensões de cisalhamento horizontais e forças cortantes em uma viga (*Observação*: Essas figuras são repetições das Figuras 5.28 e 5.29)

Vamos agora definir uma nova grandeza, chamada **fluxo de cisalhamento** f. O fluxo de cisalhamento é a *força cortante horizontal por unidade de distância ao longo do eixo longitudinal da viga*. Uma vez que a força F_3 age ao longo da distância dx, a força cortante por unidade de distância é igual a F_3 dividido por dx. Assim,

$$f = \frac{F_3}{dx} = \frac{dM}{dx}\left(\frac{1}{I}\right)\int y\, dA$$

Substituindo dM/dx pela força cortante V e denominando a integral de Q, obtemos a seguinte **fórmula de fluxo de cisalhamento**:

$$f = \frac{VQ}{I} \tag{5.57}$$

Esta equação fornece o fluxo de cisalhamento agindo no plano horizontal pp_1, mostrado na Figura 5.42a. Os termos V, Q e I têm os mesmos significados que na fórmula de cisalhamento (Equação 5.41).

Caso as tensões de cisalhamento no plano pp_1 estejam uniformemente distribuídas, como assumimos para vigas retangulares e vigas de flange largo, o fluxo de cisalhamento f será igual a τb. Nesse caso, a fórmula de fluxo de cisalhamento se reduz à fórmula de cisalhamento. Entretanto, o desenvolvimento da Equação (5.56) para a força F_3 não envolve nenhuma hipótese em relação à distribuição das tensões de cisalhamento na viga. Em vez disso, a força F_3 é encontrada unicamente a partir do equilíbrio horizontal do subelemento (Figura 5.42c). Podemos, portanto, interpretar o subelemento e a força F_3 de forma mais genérica do que anteriormente.

O subelemento pode ser *qualquer* bloco prismático de material entre as seções mn e m_1n_1 (Figura 5.42a), não sendo necessário que ele seja obtido fazendo um corte horizontal simples (como pp_1) através da viga. Além disso, uma vez que a força F_3 é a força cortante horizontal total agindo entre o subelemento e o resto da viga, ela pode se distribuir em qualquer lugar sobre os lados do subelemento, não apenas na sua superfície inferior. Estes mesmos comentários aplicam-se ao fluxo de cisalhamento f, uma vez que ele é meramente a força F_3 por unidade de distância.

Vamos agora retornar à fórmula de fluxo de cisalhamento $f = VQ/I$ (Equação 5.57). Os termos V e I têm os seus significados usuais e não são afetados pela escolha do subelemento. O primeiro momento Q, entretanto, é uma propriedade da face da seção transversal do subelemento. Para demonstrar como Q é determinado, vamos considerar três exemplos específicos de vigas construídas (Figura 5.43).

Figura 5.43

Áreas utilizadas para calcular o primeiro momento Q

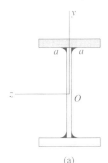

(a)

Áreas utilizadas para calcular o primeiro momento Q

O primeiro exemplo de uma viga construída é uma viga mestra de chapa de aço (Figura 5.43a). As soldas devem transmitir as forças cortantes horizontais que agem entre os flanges e a alma. No flange superior, a força cortante horizontal (por unidade de distância ao longo do eixo da viga) é o fluxo de cisalhamento ao longo da superfície de contato aa. Esse fluxo de cisalhamento pode ser encontrado tomando-se Q como o primeiro momento da área da seção transversal acima da superfície de contato aa. Em outras palavras, Q é o primeiro momento da área do flange (ilustrado pelo sombreado na Figura 5.43a), calculado em relação à linha neutra. Após calcular o fluxo de cisalhamento, podemos facilmente determinar a quantidade de solda necessária para resistir à força cortante, porque a força da solda é usualmente especificada em termos de unidade de força por unidade de distância ao longo da solda.

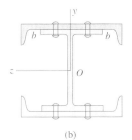

(b)

O segundo exemplo é uma **viga de flange largo**, que é reforçada rebitando-se uma seção de canal em cada flange (Figura 5.43b). A força cortante horizontal, agindo entre cada canal e a viga principal, deve ser transmitida pelos rebites. Essa força é calculada através da fórmula de fluxo de cisalhamento utilizando Q como o primeiro momento de área do canal inteiro (ilustrado pelo sombreado na figura). O fluxo de cisalhamento resultante é a força longitudinal por unidade de distância agindo ao longo da superfície de contato bb, e os rebites devem ter tamanho e espaçamento longitudinal adequados para resistir a esta força.

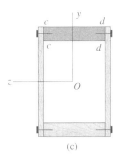

(c)

O último exemplo é uma **viga em caixa de madeira** com dois flanges e duas almas conectados por pregos ou parafusos (Figura 5.43c). A força cortante horizontal total entre o flange superior e as almas é o fluxo de cisalhamento agindo ao longo de *ambas* as superfícies de contato *cc* e *dd*, e portanto o primeiro momento Q é calculado para o flange superior (área sombreada). Em outras palavras, o fluxo de cisalhamento calculado a partir da fórmula $f = VQ/I$ é o fluxo de cisalhamento total ao longo de todas as superfícies de contato que contornam a área em que Q é computado. Nesse caso, o fluxo de cisalhamento f é resistido através da ação combinada de pregos em *ambos* os lados da viga, ou seja, em *cc* e *dd*, como ilustrado no exemplo a seguir.

• • • Exemplo 5.16

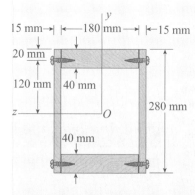

Figura 5.44

Exemplo 5.16: Viga em caixa de madeira

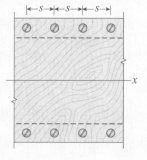

(a) Seção transversal

(b) Vista lateral

Uma viga em caixa de madeira (Figura 5.44) é construída com duas tábuas, cada uma com seção transversal de 40 × 180 mm, que servem como flanges para duas almas de compensado, cada uma com espessura de 15 mm. A altura total da viga é de 280 mm. O compensado é preso aos flanges através de parafusos para madeira que têm uma força cortante admissível de $F = 800$ N cada.

Se a força cortante V agindo na seção transversal é de 10,5 kN, determine o máximo espaçamento longitudinal permissível s dos parafusos (Figura 5.44b).

Solução

Fluxo de cisalhamento. A força cortante horizontal transmitida entre o flange superior e as duas almas pode ser encontrada a partir da fórmula de fluxo de cisalhamento $f = VQ/I$, em que Q é o primeiro momento da área da seção transversal do flange. Para encontrar esse primeiro momento, multiplicamos a área A_f do flange pela distância d_f de seu centroide à linha neutra:

$$A_f = 40 \text{ mm} \times 180 \text{ mm} = 7200 \text{ mm}^2 \quad d_f = 120 \text{ mm}$$

$$Q = A_f d_f = (7200 \text{ mm}^2)(120 \text{ mm}) = 864 \times 10^3 \text{ mm}^3$$

O momento de inércia da área da seção transversal inteira em relação à linha neutra é igual ao momento de inércia do retângulo externo menos o momento de inércia do "furo" (o retângulo interno):

$$I = \frac{1}{12}(210 \text{ mm})(280 \text{ mm})^3 - \frac{1}{12}(180 \text{ mm})(200 \text{ mm})^3$$

$$= 264,2 \times 10^6 \text{ mm}^4$$

Substituindo V, Q e I nas fórmulas de fluxo de cisalhamento (Equação 5.52), obtemos:

$$f = \frac{VQ}{I} = \frac{(10.500 \text{ N})(864 \times 10^3 \text{ mm}^3)}{264,2 \times 10^6 \text{ mm}^4} = 34,3 \text{ N/mm}$$

que é a força cortante horizontal por milímetro de comprimento que deve ser transmitida entre o flange e as duas almas.

Espaçamento dos parafusos. Uma vez que o espaçamento longitudinal dos parafusos é s e que existem duas linhas de parafusos (uma em cada lado do flange), segue que a capacidade de carga dos parafusos é $2F$ pela distância s ao longo da viga. Portanto, a capacidade dos parafusos por unidade de distância ao longo da viga é $2F/s$. Igualando $2F/s$ ao fluxo de cisalhamento f e resolvendo para o espaçamento s, temos:

$$s = \frac{2F}{f} = \frac{2(800 \text{ N})}{34,3 \text{ N/mm}} = 46,6 \text{ mm}$$

Esse valor de s é o máximo espaçamento admissível entre os parafusos, com base na carga permitida por parafuso. Qualquer espaçamento maior que 46,6 mm sobrecarregaria os parafusos. Por conveniência, na fabricação e em favor da segurança, um espaçamento tal como $s = 45$ mm seria selecionado.

*5.12 Vigas com carregamentos axiais

Membros estruturais são frequentemente submetidos a ações simultâneas de carregamentos fletores e carregamentos axiais. Isso acontece, por exemplo, em estruturas de aviões, colunas de prédios, maquinaria, partes de navios e naves espaciais. Caso os membros não sejam demasiadamente esbeltos, tensões combinadas podem ser obtidas por superposição de tensões fletoras e tensões axiais.

Veja como isso acontece, considerando a viga engastada mostrada na Figura 5.45a. A única carga da viga é uma força inclinada P agindo no centroide da seção transversal da extremidade livre. Esse carregamento pode ser decomposto em dois componentes, uma carga lateral Q e uma carga axial S. Essas cargas produzem tensões resultantes em forma de momentos fletores M, forças cortantes V e forças axiais N ao longo da viga (Figura 5.45b). Em uma seção transversal típica, distante x do apoio, as tensões resultantes são

$$M = Q(L - x) \quad V = -Q \quad N = S$$

em que L é o comprimento da viga. As tensões associadas a cada um desses esforços solicitantes podem ser determinadas em qualquer ponto da seção transversal através do uso da fórmula apropriada ($\sigma = -My/I$, $\tau = VQ/Ib$ e $\sigma = N/A$).

Uma vez que a força axial N e o momento fletor M produzem tensões normais, podemos combinar essas duas tensões para obter a distribuição de tensão final. A **força axial** (quando agindo sozinha) produz uma distribuição de tensão uniforme $\sigma = N/A$ sobre a seção transversal inteira, conforme ilustrado pelo diagrama de tensão na Figura 5.45c. Nesse exemplo em particular, a tensão σ é de tração, como indicado pelos sinais positivos indicados no diagrama.

O **momento fletor** produz uma variação linear de tensão $\sigma = -My/I$ (Figura 5.45d) com compressão na parte superior da viga e tração na parte inferior. A distância y é medida a partir do eixo z, que passa pelo centroide da seção transversal.

A distribuição final das tensões normais é obtida pela superposição das tensões produzidas pela força axial e pelo momento fletor. Assim, a equação para as **tensões combinadas** é

$$\sigma = \frac{N}{A} - \frac{My}{I} \quad (5.58)$$

Note que N é positivo quando produz tração e M é positivo de acordo com a convenção de sinal de momento fletor (momento fletor positivo produz compressão na parte superior da viga e tração na parte inferior). Além disso, o eixo y é positivo para cima. Desde que utilizemos essa convenção de sinais na Equação (5.58), a tensão normal σ será positiva para tração e negativa para compressão.

A distribuição final de tensões depende dos valores algébricos relativos dos termos na Equação (5.58). Para o nosso exemplo, as três possibilidades são mostradas nas Figuras 5.45e, f e g. Caso a tensão de flexão no topo da viga (Figura 5.45d) seja numericamente menor que a tensão axial (Figura 5.45c), a seção transversal inteira estará em tração, como mostra a Figura 5.45e. Se a tensão de flexão no topo for igual à tensão axial, a distribuição será triangular (Figura 5.45f), e se a tensão de flexão for numericamente maior que a tensão axial, a seção transversal estará parcialmente em compressão e em tração (Figura 5.45g). Se a força axial for uma força de compressão, ou se o momento fletor estiver na direção reversa, as distribuições de tensão mudarão de acordo.

Sempre que as cargas de flexão e axiais agirem simultaneamente, a linha neutra (ou seja, a linha na seção transversal em que a tensão normal é zero) não mais passa através do centroide da seção transversal. Como mostram as Figuras 5.45e, f e g, respectivamente, a linha neutra pode estar fora da seção transversal, na borda da seção ou dentro da seção transversal.

Figura 5.45

Tensões normais em uma viga engastada submetida a carregamentos fletores e axiais: (a) viga com carga P agindo na extremidade livre, (b) esforços solicitantes N, V e M agindo na seção transversal a uma distância x do apoio, (c) tensões de tração devido à força axial N agindo sozinha, (d) tensões de tração e de compressão devido ao momento fletor M agindo sozinho e (e), (f), (g) distribuições finais de tensão possíveis devido aos efeitos combinados de N e M

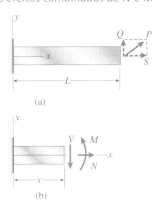

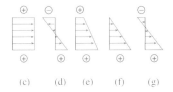

O uso da Equação (5.58) para determinar as tensões em uma viga com carga axial será ilustrado mais adiante, no Exemplo 5.17.

Carregamentos axiais excêntricos

Um **carregamento axial excêntrico** é uma força axial que *não* age através do centroide da seção transversal. Um exemplo é mostrado na Figura 5.46a, em que a viga engastada AB é submetida a uma carga de tração P agindo a uma distância e do eixo x (o eixo x passa através dos centroides das seções transversais). A distância e, chamada de *excentricidade da carga*, é positiva na direção positiva do eixo y.

A carga excêntrica P é estaticamente equivalente a uma força axial P agindo ao longo do eixo x e um momento fletor Pe agindo em relação ao eixo z (Figura 5.46b). Note que o momento Pe é um momento fletor negativo.

Uma vista da seção transversal da viga (Figura 5.46c) mostra os eixos y e z passando através do centroide C da seção transversal. A carga excêntrica P intercepta o eixo y, que é um eixo de simetria.

Uma vez que a força axial N em qualquer seção transversal é igual a P e o momento fletor M é igual a $-Pe$, a **tensão normal** em qualquer ponto na seção transversal (a partir da Equação 5.58) é:

$$\sigma = \frac{P}{A} + \frac{Pey}{I} \qquad (5.59)$$

em que A é a área da seção transversal e I é o momento de inércia em relação ao eixo z. A distribuição de tensão obtida a partir da Equação (5.59), para o caso em que P e e são positivos, é mostrada na Figura 5.46d.

Flexão devido ao peso próprio da viga e compressão causada pela componente horizontal da força de içamento do cabo (Lester Lefkowitz/Getty Images)

Figura 5.46

(a) Viga engastada com uma carga axial excêntrica P, (b) cargas equivalentes P e Pe, (c) seção transversal da viga e (d) distribuição das tensões normais ao longo da seção transversal

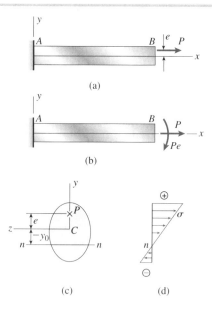

A posição da **linha neutra** nn (Figura 5.46c) pode ser obtida a partir da Equação (5.59), estabelecendo a tensão σ igual a zero e resolvendo para a coordenada y, que denominamos y_0. O resultado é

$$y_0 = -\frac{I}{Ae} \qquad (5.60)$$

A coordenada y_0 é medida a partir do eixo z (que é a linha neutra em flexão pura) para a linha nn de tensão zero (a linha neutra sob carga combinada fletora e axial). Por y_0 ser positiva na direção do eixo y (para cima na Figura 5.46c), ela é denotada $-y_0$ quando está na direção para baixo na figura.

Da Equação (5.60), vemos que a linha neutra está abaixo do eixo z quando e é positivo e acima do eixo z quando e é negativo. Se a excentricidade é reduzida, a distância y_0 aumenta e a linha neutra move-se para longe do centroide. No limite, quando e aproxima-se de zero, a carga atua no centroide, a linha neutra está a uma distância infinita e a distribuição de tensão é uniforme. Se a excentricidade é aumentada, a distância y_0 diminui e a linha neutra move-se em direção ao centroide. No limite, quando e torna-se extremamente grande, a carga atua a uma distância infinita, a linha neutra passa através do centroide e a distribuição de tensão é a mesma que na flexão pura.

Limitações

A análise anterior para vigas com cargas axiais é baseada na hipótese de que os momentos fletores podem ser calculados sem levar em consideração as deflexões das vigas. Em outras palavras, ao determinar o momento fletor M para o uso na Equação (5.58), devemos ser capazes de utilizar as dimensões originais da viga – isto é, as dimensões *antes* de quaisquer deformações ou deflexões ocorrerem. A utilização das dimensões originais é válida desde que as vigas sejam relativamente rígidas na flexão, de modo que as deflexões sejam bem pequenas.

Assim, quando se analisa uma viga com cargas axiais, é importante fazer a distinção entre uma **viga curta**, que é relativamente pequena e, portanto, altamente resistente à flexão, e uma **viga delgada** ou esbelta, que é relativamente comprida e, portanto, muito flexível. No caso de uma viga curta, as deflexões laterais são pequenas demais para terem efeitos significativos na linha de ação das forças axiais. Consequentemente, os momentos fletores não dependerão das deflexões, e as tensões podem ser encontradas a partir da Equação (5.58).

No caso de uma viga delgada, as deflexões laterais (apesar de pequenas em intensidade) são suficientemente grandes para alterar a linha de ação das forças axiais. Quando isso acontece, um momento fletor adicional, igual ao produto da força axial pela deflexão lateral, é criado em todas as seções transversais. Em outras palavras, existe uma interação, ou um acoplamento, entre os efeitos axiais e os efeitos fletores. Esse tipo de comportamento é discutido no Capítulo 11, em relação a **colunas**.

A distinção entre uma viga curta e uma viga delgada não é óbvia nem é precisa. Em geral, a única forma de saber se os efeitos de interação são importantes é analisar a viga com e sem a interação e reparar se os resultados se alteram significativamente. Esse procedimento, entretanto, pode exigir um esforço considerável nos cálculos. Portanto, como guia para uso prático, consideramos uma viga com uma razão de comprimento-altura de 10 ou menos como uma viga curta. Apenas vigas curtas serão consideradas nos problemas pertencentes a esta seção.

• • • Exemplo 5.17

Uma viga tubular ACB de comprimento $L = 1,5$ m é apoiada por pinos em suas extremidades A e B. Um guincho motorizado levanta uma carga W em E, abaixo de C, usando um cabo que passa por uma polia sem fricção na metade do comprimento (ponto D, Figura 5.47a). A distância do centro da polia eixo longitudinal do tubo é $d = 140$ mm. A seção transversal do tubo é quadrada (Figura 5.47b), com dimensão externa $b = 150$ cm^2, área $A = 125$ cm^2 e momento de inércia $I = 3385$ cm^4.

(a) Determine as tensões de tração e de compressão máximas na viga devido ao carregamento $W = 13,5$ kN.
(b) Se a tensão normal permitida no tubo é 24 MPa, encontre a carga máxima admissível W. Assuma que o cabo, a polia e a braçadeira CD são adequados para carregar a carga W_{max}.

Exemplo 5.17 Continuação

Figura 5.47

Exemplo 5.17: Viga tubular sujeita a um carregamento fletor e axial combinado

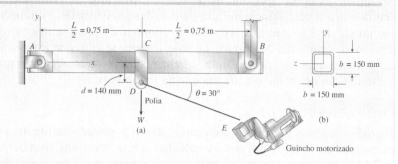

Solução

(a) *Tensões máximas de tração e compressão na viga. Viga e carregamento.* Começamos representando a viga e seu carregamento em uma forma idealizada para propósitos de análise (Figura 5.48a). Uma vez que o apoio na extremidade A resiste a ambos os deslocamentos, horizontal e vertical, ele é representado como uma articulação. O apoio em B previne o deslocamento vertical, mas não oferece resistência ao deslocamento horizontal, então ele é representado como um apoio de rolete.

Podemos substituir as forças do cabo em D com as forças estaticamente equivalentes F_H e F_V, e o momento M_0, todos os quais são aplicados no eixo da viga em C (ver Figura 5.48a):

$$F_H = W \cos(\theta) = 11{,}691 \text{ kN} \qquad F_V = W[1 + \text{sen}(\theta)] = 20{,}25 \text{ kN}$$

$$M_0 W \cos(\theta) d = 1636{,}8 \text{ N} \cdot \text{m}.$$

Reações e tensões resultantes. As reações na viga (R_H, R_A e R_B) são mostradas na Figura 5.48a. Além disso, os diagramas de força axial N, força cortante V e momento fletor M são mostrados nas Figuras 5.48b, c e d, respectivamente. Todas essas grandezas são encontradas a partir do diagrama de corpo livre e das equações de equilíbrio, utilizando as técnicas descritas no Capítulo 4. Por exemplo, usando equações de estática encontraremos que:

$$\Sigma F_H = 0: \quad R_H = -F_H = -W \cos(\theta) = -13{,}5 \text{ kN} \cos(30°) = -11{,}691 \text{ kN} \quad \text{(a)}$$

Figura 5.48

Solução do Exemplo 5.17: (a) Viga idealizada e carregamento, (b) diagrama de força axial, (c) diagrama de força cortante e (d) diagrama do momento fletor

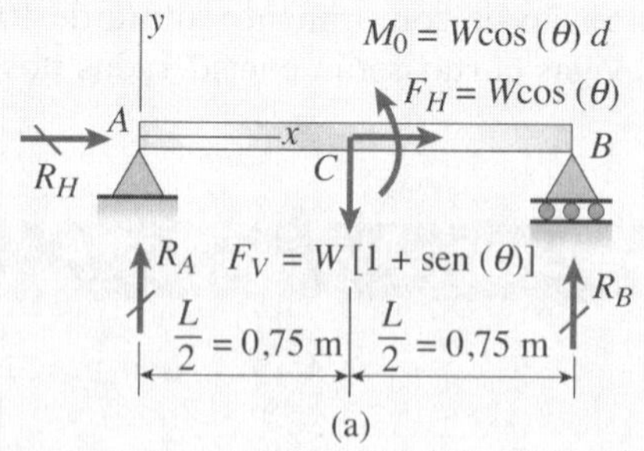

$$\Sigma M_A = 0: \quad R_B = \frac{1}{L}\left(F_V \frac{L}{2} - M_0\right) = \frac{W}{2}[1 + \text{sen}(\theta)] - W\frac{d}{L}[\cos(\theta)] \quad \text{(b)}$$

$$R_B = 13{,}5 \text{ kN}\left[\frac{1 + \text{sen}(30°)}{2} - \left(\frac{140 \text{ mm}}{1{,}5 \text{ m}}\right)\cos(30°)\right] = 9{,}034 \text{ kN}$$

$$\Sigma F_V = 0: \quad R_A = F_V - R_B = (13{,}5 \text{ kN})(1 + \text{sen}(30°)) - 9{,}034 \text{ kN} = 11{,}216 \text{ kN} \quad \text{(c)}$$

Exemplo 5.17 *Continuação*

Figura 5.48 (Continuação)

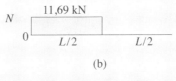

(b)

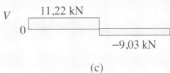

(c)

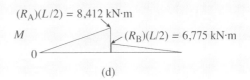

(d)

Em seguida, usaremos os diagramas da força axial (*N*), a força de cisalhamento (*V*) e o momento de flexão (*M*) (das Figuras 5.48b, c e d, respectivamente), para encontrar as tensões combinadas na viga *ACB* usando a Equação (5.58).

Tensões na viga. A **tensão de tração máxima** na viga ocorre na parte de baixo da viga ($y = -75$ mm) logo à esquerda do ponto médio *C*. Chegamos a essa conclusão notando que, nesse ponto da viga, a tensão de tração relativa à força axial se *soma* à tensão de tração produzida pelo maior momento fletor. Assim, da Equação (5.58), temos

$$(\sigma_t)_{max} = \frac{N}{A} - \frac{My}{I} = \frac{11{,}691 \text{ kN}}{125 \text{ cm}^2} - \frac{(8{,}412 \text{ kN} \cdot \text{m})(-75 \text{ mm})}{3385 \text{ cm}^4}$$

$$= 0{,}935 \text{ MPa} + 18{,}638 \text{ MPa} = 19{,}57 \text{ MPa} \quad \leftarrow$$

A **tensão de compressão máxima** ocorre na parte de cima da viga ($y = 75$ mm) à esquerda do ponto *C* ou na parte de cima da viga à direita do ponto *C*. Essas duas tensões são calculadas como seguem:

$$(\sigma_c)_{esq} = \frac{N}{A} - \frac{My}{I} = \frac{11{,}691 \text{ kN}}{125 \text{ cm}^2} - \frac{(8{,}412 \text{ kN} \cdot \text{m})(75 \text{ mm})}{3385 \text{ cm}^4}$$

$$= 0{,}935 \text{ MPa} - 18{,}638 \text{ MPa} = -17{,}7 \text{ MPa}$$

$$(\sigma_c)_{dir} = \frac{N}{A} - \frac{My}{I} = 0 - \frac{(6{,}775 \text{ kN} \cdot \text{m})(75 \text{ mm})}{3385 \text{ cm}^4} = -15{,}01 \text{ MPa}$$

A tensão de compressão máxima é

$$(\sigma_c)_{max} = -17{,}7 \text{ MPa} \quad \leftarrow$$

e ocorre na parte de cima da viga à esquerda do ponto *C*.

(b) *Carga máxima admissível W*. A partir da Equação (a), vemos que a tensão de tração na parte inferior da viga um pouco à esquerda de *C*, (igual a 19,57 MPa para uma carga $W = 13{,}5$ kN), atingirá primeiro a tensão normal admissível $\sigma_a = 24$ MPa e portanto, será o fator determinante para encontrar W_{max}. Usando expressões para as reações [Equações (a), (b) e (c)], encontramos que a força axial de tração no segmento *AC* da viga e no momento positivo um pouco à esquerda de *C* é:

$$N = W\cos(\theta) \qquad M = R_A \frac{L}{2} = W\left(\frac{1 + \text{sen}(\theta)}{2} + \frac{d}{L}\cos(\theta)\right)\left(\frac{L}{2}\right)$$

Da Equação (5.58), encontramos:

> **Exemplo 5.17** *Continuação*

$$\sigma_a = \frac{W\cos(\theta)}{A} - \frac{W\left(\frac{1+\text{sen}(\theta)}{2} + \frac{d}{L}\cos(\theta)\right)\left(\frac{L}{2}\right)\left(\frac{-b}{2}\right)}{I}$$

Resolvendo para $W = W_{max}$, temos:

$$W_{max} = \frac{\sigma_a}{\dfrac{\cos(\theta)}{A} + \dfrac{bL[1+\text{sen}(\theta)]}{8I} + \dfrac{bd\cos(\theta)}{4I}} = 16{,}56 \text{ kN} \;\blacktriangleleft$$

Observação: Este exemplo mostra como as tensões normais na viga relativas ao efeito combinado de carregamentos axial e fletor podem ser determinadas. As tensões de cisalhamento agindo nas seções transversais da viga (devido a forças cortantes *V*) podem ser determinadas independentemente das tensões normais, conforme descrito anteriormente neste capítulo. Mais adiante, no Capítulo 6, veremos como determinar as tensões em planos inclinados quando conhecemos as tensões normal e de cisalhamento agindo nos planos da seção transversal.

*5.13 Concentração de tensões em flexão

As fórmulas de flexão e de cisalhamento discutidas anteriormente neste capítulo são válidas para vigas sem furos, entalhes ou outras mudanças abruptas nas dimensões. Quando tais descontinuidades existem, altas tensões localizadas serão produzidas. Essas **concentrações de tensão** são extremamente importantes quando um membro é constituído de material frágil ou quando é submetido a um carregamento dinâmico. (Veja o Capítulo 2, Seção 2.10, para uma discussão sobre as condições em que as concentrações de tensão são importantes.)

Para propósitos de ilustração, dois casos de concentrações de tensão em viga serão discutidos nesta seção. O primeiro caso é de uma viga com seção transversal retangular com um **furo em sua linha neutra** (Figura 5.49). A viga tem uma altura *h* e uma espessura *b* (perpendicular ao plano da figura) e está em flexão pura sob a ação de momentos fletores *M*.

Quando o diâmetro *d* do furo é pequeno se comparado à altura *h*, a distribuição de tensão na seção transversal através do furo é aproximadamente como a forma mostrada no diagrama na Figura 5.49a. No ponto *B*, na aresta do furo, a tensão é muito maior que a tensão que existiria nesse ponto se o furo não estivesse presente (a linha tracejada na figura mostra a distribuição de tensão sem o furo). Entretanto, quando vamos em direção às beiras externas da viga (em direção ao ponto *A*), a distribuição de tensão varia linearmente com a distância em relação à linha neutra e é apenas um pouco afetada pela presença do furo.

Quando o furo é relativamente grande, o padrão de tensão é aproximadamente como o mostrado na Figura 5.49b. Existe um grande aumento da tensão no ponto *B* e apenas uma pequena mudança na tensão no ponto *A* quando comparado à distribuição de tensão na viga sem o furo (mostrado novamente pela linha pontilhada). A tensão no ponto *C* é maior que em *A*, mas menor que as tensões em *B*.

Investigações extensivas mostram que a tensão na beira do furo (ponto *B*) é aproximadamente o dobro da *tensão nominal* naquele ponto. A tensão nominal é calculada a partir da fórmula de flexão da maneira padrão, ou seja, $\sigma = My/I$, em que *y* é a distância *d*/2 da linha neutra ao ponto *B* e *I* é o momento de inércia total da seção transversal remanescente no furo. Assim, temos a seguinte forma aproximada para a tensão no ponto *B*:

Figura 5.49

Distribuições de tensão na viga em flexão pura com furo circular na linha neutra. (A viga tem uma seção transversal retangular com altura *h* e espessura *b*.)

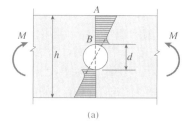
(a)

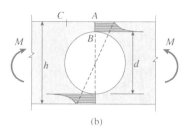
(b)

$$\sigma_B \approx 2\frac{My}{I} = \frac{12Md}{b(h^3 - d^3)} \quad (5.61)$$

Na borda externa da viga (no ponto C), a tensão é aproximadamente igual à tensão *nominal* (não à tensão de fato) no ponto A (em que $y = h/2$):

$$\sigma_C \approx \frac{My}{I} = \frac{6Mh}{b(h^3 - d^3)} \quad (5.62)$$

A partir das últimas duas equações, vemos que a razão σ_B/σ_C é aproximadamente $2d/h$. Concluímos assim que, quando a razão d/h do diâmetro do furo pela altura da viga excede 1/2, a maior tensão acontece em B. Quando d/h é menor que 1/2, a maior tensão está em C.

O segundo caso vai discutir uma **viga retangular com entalhes** (Figura 5.50). A viga mostrada na figura é submetida a flexão pura, tendo altura h e espessura b (perpendicular ao plano da figura). Além disso, a altura final da viga (ou seja, a distância entre as bases dos entalhes) é h_1 e o raio de cada entalhe é R. A tensão máxima nessa viga ocorre na base dos entalhes e pode ser muito maior que a tensão nominal no mesmo ponto. A tensão nominal é calculada a partir da fórmula de flexão com $y = h_1/2$ e $I = bh_1^3/12$); assim

$$\sigma_{nom} = \frac{My}{I} = \frac{6M}{bh_1^2} \quad (5.63)$$

A tensão máxima é igual ao fator de concentração de tensão K multiplicado pela tensão nominal:

$$\sigma_{max} = K\sigma_{nom} \quad (5.64)$$

Esse fator de concentração de tensão K está traçado na Figura 5.50 para alguns valores da razão h/h_1. Note que quando os entalhes tornam-se "mais agudos", ou seja, a razão R/h_1 torna-se menor, o fator de concentração de tensão aumenta.

Os efeitos das concentrações de tensão são restritos a pequenas regiões em torno dos furos e entalhes, como explicado na argumentação do princípio de Saint-Venant na Seção 2.10. A uma distância igual ou maior que h, do furo ou entalhe, o efeito da concentração de tensão é desprezível e fórmulas comuns para tensões podem ser utilizadas.

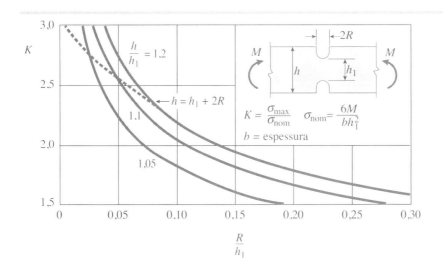

Figura 5.50

Fator de concentração de tensão K para uma viga com entalhe na seção transversal retangular em flexão pura (h = altura da viga, b = espessura da viga, perpendicular ao plano da figura). A linha tracejada é para os entalhes semicirculares ($h = h_1 + 2R$)

• • • Exemplo 5.18

Uma viga simples AB com um corte transversal retangular ($b \times h$) tem um furo de diâmetro d em seu centro e dois entalhes em cada lado e equidistantes do centro da viga. A viga AB está simplesmente apoiada e cargas P são aplicadas em L/5 de cada extremo da viga. Assuma que as dimensões dadas na Figura 5.51 são as seguintes: $L = 4,5$ m, $b = 50$ mm, $h = 144$ mm, $h_1 = 120$ mm, $d = 85$ mm e $R = 10$ mm. Assuma a tensão de flexão admissível $\sigma_a = 150$ MPa.

(a) Encontre o valor máximo admissível da carga aplicada P.
(b) Se $P = 11$ kN, encontre o menor raio aceitável dos entalhes, R_{min}.
(c) Se $P = 11$ kN, encontre o máximo diâmetro aceitável do furo na meia altura da viga.

Figura 5.51

Exemplo 5.18: Viga de aço retangular com entalhes e um furo

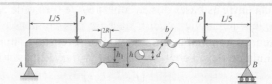

Solução

(a) *Carga máxima admissível P*. A parte central da viga entre as cargas P ($x = L/5$ até $x = 4L/5$) está em flexão pura, e o momento máximo nesta região é $M = PL/5$. Para encontrar P_{max}, devemos comparar a máxima tensão de flexão (no meio do vão ao redor do furo e nas regiões dos entalhes) ao valor admissível de tensão $\sigma_a = 150$ MPa.

Primeiro, checamos as *tensões máximas ao redor do furo*. A proporção diâmetro do furo para profundidade da viga $d/h = 85$ mm/144 mm $= 0,59$ excede ½, por isso sabemos que a tensão em B comandará, ao invés de em C (Figura 5.49). Fazendo σ_B igual a σ_a e substituindo $PL/5$ por M na Equação 5.61, podemos desenvolver a seguinte expressão para P_{max}:

$$M_{max} = \sigma_a\left[\frac{b(h^3 - d^3)}{12d}\right] \quad e \quad P_{max1} = \frac{5}{L}\left\{\sigma_a\left[\frac{b(h^3 - d^3)}{12d}\right]\right\}$$

a partir da qual podemos calcular:

$$P_{max1} = \frac{5}{4,5 \text{ m}}\left\{150 \text{ MPa}\left[\frac{50 \text{ mm}[(144 \text{ mm})^3 - (85 \text{ mm})^3]}{12(85 \text{ mm})}\right]\right\} = 19,378 \text{ kN}$$

Em seguida, checamos os picos de tensões nas bases dos dois entalhes para ter um segundo valor de P_{max}. A proporção do raio do entalhe R para a altura h_1 é igual a 0,083 e a proporção $h/h_1 = 1,2$. Então a partir da Figura 5.50 encontramos que o fator de concentração de tensão K é aproximadamente igual a 2,3 (ver Figura 5.52).

Figura 5.52

Fator de concentração de tensão K nas regiões dos entalhes da viga para a parte (a) do Exemplo 5.18

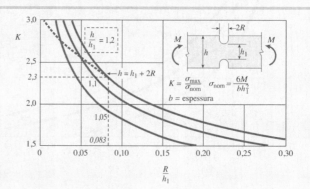

RESUMO E REVISÃO DO CAPÍTULO

No **Capítulo 5**, investigamos o comportamento de vigas com cargas aplicadas e flexões ocorrendo no plano *x-y*, um plano de simetria na seção transversal da viga. Tanto a flexão pura quanto a não uniforme foram consideradas. Observamos que as tensões normais variaram linearmente a partir da superfície neutra de acordo com a **fórmula de flexão**, que mostrou que as tensões são diretamente proporcionais ao momento fletor M e inversamente proporcionais ao momento de inércia/da seção transversal. Em seguida, as propriedades relevantes da seção transversal da viga foram combinadas em uma quantidade única, conhecida como **módulo de seção S** da viga: uma propriedade útil no **dimensionamento da viga**, se o momento máximo (M_{max}) e a tensão normal admissível (σ_{adm}) forem conhecidos. Mostramos também que a fórmula de flexão fornece valores razoavelmente precisos para as tensões de flexão em vigas não prismáticas, contanto que as modificações nas dimensões da seção transversal sejam graduais. Depois, as tensões de cisalhamento verticais e horizontais (τ) foram calculadas pelo uso da **fórmula de cisalhamento** para o caso de flexão não uniforme em vigas, tanto de seção transversal retangular como circular. Os casos especiais de cisalhamento em vigas com flanges e vigas construídas também foram analisados. Por fim, vigas reforçadas com cargas axiais e transversais foram discutidas, seguidas de uma avaliação das tensões localizadas em vigas com mudanças abruptas na seção transversal próximas a furos ou entalhes.

Alguns dos conceitos e descobertas mais importantes apresentados neste capítulo foram:

1. Se o plano xy é um plano de simetria da seção transversal de uma viga e as cargas aplicadas atuam no plano xy, as deflexões de flexão ocorrem no mesmo plano, conhecido como **plano de flexão**.

2. Uma viga em flexão pura tem curvatura constante, e uma viga em flexão não uniforme tem curvatura κ variável. Deformações longitudinais (ε_x) em uma viga curvada são proporcionais à sua curvatura, e as deformações na viga em flexão pura variam linearmente com a distância a partir da superfície neutra, independentemente da forma da curva de tensão-deformação do material de acordo com a Equação (5.5):

$$\varepsilon_x = -\kappa y$$

3. A linha neutra passa através do centroide da área da seção transversal quando o material segue a lei de Hooke e não há força axial atuando na seção transversal. Quando uma viga de material elástico linear é submetida à flexão pura, os eixos y e z são os **eixos de centroide principais**.

4. Se o material de uma viga é elástico linear e segue a lei de Hooke, a **equação de momento-curvatura** mostra que a curvatura é diretamente proporcional ao momento fletor M e inversamente proporcional à quantidade EI, chamada de **rigidez de flexão da viga**. A relação de momento curvatura é dada na Equação (5.13).

$$\kappa = \frac{M}{EI}$$

5. A **fórmula de flexão** mostra que as tensões normais são diretamente proporcionais ao momento fletor M e inversamente proporcionais ao momento de inércia I da seção transversal (ver Equação 5.14).

$$\sigma_x = -\frac{My}{I}.$$

As tensões de flexão de tração e compressão máximas que atuam em qualquer seção transversal fornecida ocorrem em pontos localizados o mais distante da linha neutra.

$$(y = c_1, \ y = -c_2).$$

6. As tensões normais calculadas a partir da fórmula de flexão não são significativamente alteradas pela presença de forças cortantes e a distorção associada da seção transversal para o caso de flexão não uniforme. Entretanto, a fórmula de flexão não é aplicável próxima a apoios de uma viga ou a uma carga concentrada, pois essas irregularidades produzem **concentrações de tensão** que são muito maiores que as tensões obtidas da fórmula de flexão.

7. Para **dimensionar** uma viga para resistir a tensões de flexão, calcula-se o **módulo de seção** necessário a partir do momento máximo e da tensão normal admissível máxima:

$$S = \frac{M_{max}}{\sigma_{adm}}$$

Para reduzir o peso e poupar material, normalmente seleciona-se uma viga com base em um manual de dimensionamento de material que tenha a menor área de seção transversal enquanto fornece ainda o módulo de seção necessário; perfis de flange largo e perfis em forma de *I* têm a maior parte de seus materiais nos flanges e a largura destes ajuda a reduzir a probabilidade de flambagem lateral.

8. Vigas sujeitas a cargas que produzem tanto momentos de flexão (M) como forças cortantes (V) (**flexão não uniforme**) desenvolvem tensões normais e de cisalhamento. As tensões normais são calculadas a partir da **fórmula de flexão** (contanto que a viga seja construída de um material elástico linear) e as forças cortantes são calculadas através da **fórmula de cisalhamento**.

$$\tau = \frac{VQ}{Ib}$$

As tensões de cisalhamento variam de maneira parabólica sobre a altura de uma viga retangular e a deformação de cisalhamento também varia de forma parabólica; essas deformações de cisalhamento distorcem as seções transversais de uma viga que originalmente tinham superfícies planas. Os valores máximos das tensões e deformações de cisalhamento (τ_{max}, γ_{max}) ocorrem na linha neutra e as tensões e deformações de cisalhamento são nulas nas superfícies superior e inferior da viga.

9. A fórmula de cisalhamento se aplica apenas a vigas prismáticas e é válida somente para vigas de materiais elásticos lineares com pequenas deflexões; da mesma forma, as extremidades da seção transversal devem ser **paralelas** ao eixo y. Para vigas retangulares, a precisão da fórmula de cisalhamento depende da relação altura/largura da seção transversal: a fórmula pode ser considerada exata para vigas muito estreitas, mas torna-se menos precisa conforme a largura b aumenta em relação à altura h. Observe que podemos utilizar a fórmula de cisalhamento para calcular as

tensões de cisalhamento apenas na linha neutra de uma viga com seção transversal **circular**.

Para cortes transversais retangulares,

$$\tau_{max} = \frac{3}{2}\frac{V}{A}$$

e para cortes transversais circulares sólidos:

$$\tau_{max} = \frac{4}{3}\frac{V}{A}$$

10. Tensões de cisalhamento raramente regem o dimensionamento de vigas circulares ou retangulares feitas de metais como aço e alumínio, para os quais a tensão de cisalhamento admissível fica em geral na faixa entre 25% e 50% da tensão de tração admissível. Entretanto, para **materiais que são fracos em cisalhamento**, como a madeira, a tensão admissível em cisalhamento horizontal fica na faixa entre 4% e 10% da tensão de flexão admissível e, assim, pode definir o dimensionamento.

PROBLEMAS – CAPÍTULO 5

Deformações longitudinais em vigas

5.4-1 Um fio de aço com um diâmetro $d = 1,6$ mm é dobrado em torno de um tambor cilíndrico com um raio $R = 0,9$ m (veja a figura).

(a) Determine a deformação máxima normal ε_{max}.

(b) Qual é o raio mínimo aceitável do tambor, se a deformação máxima normal deve permanecer abaixo do rendimento máximo? Suponha $E = 210$ GPa e $\sigma_Y = 690$ MPa.

(c) Se $R = 0,9$ m, qual é o diâmetro máximo aceitável do fio se a deformação máxima normal deve permanecer abaixo do rendimento máximo?

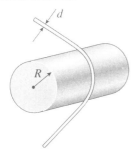

PROB. 5.4-1

5.4-2 Uma viga em balanço AB é carregada por um binário M_0 na sua extremidade livre (ver figura). O comprimento da viga é $L = 2,0$ m m, e a deformação normal longitudinal na parte superior da superfície é $\varepsilon = 0,0010$. A distância entre a superfície de topo da viga à superfície neutra é $c = 85$ mm.

(a) Calcular o raio de curvatura ρ, a curvatura κ, e a deflexão vertical δ no extremo da viga.

(b) Se a deformação admissível é $\varepsilon_a = 0,0008$, qual é a profundidade máxima aceitável da viga? [Suponha que a curvatura não muda na parte (a)].

(c) Se a deformação admissível é $\varepsilon_a = 0,0008$, $c = 85$ mm e $L = 4$ m, qual é a deflexão δ?

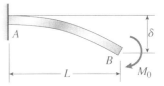

PROB. 5.4-2

Tensões normais em vigas

5.5-1 Uma tira fina de cobre duro ($E = 110$ GPa), com comprimento $L = 2,3$ m e espessura $t = 2,4$ mm, é flexionada na forma de um círculo e presa de forma que suas extremidades apenas se toquem (veja a figura).

(a) Calcule a tensão de flexão máxima σ_{max} na tira.

(b) Em que percentual a tensão aumenta ou diminui quando a espessura da tira é aumentada em 0,8 mm?

(c) Encontre o novo comprimento da tira de modo que a tensão na parte (b) ($t = 3,2$ mm e $L = 2,3$ m) é igual ao da parte (a) ($t = 2,4$ mm e $L = 2,3$ m).

PROB. 5.5-1

5.5-2 Um eixo de vagão de carga AB é carregado aproximadamente como mostra a figura, com as forças P representando as cargas do carro (transmitidas ao eixo através das caixas de eixo) e as forças R representando as cargas dos trilhos (transmitidas ao eixo através das rodas). O diâmetro do eixo é $d = 82$ mm, a distância entre os centros dos trilhos é L e a distância entre as forças P e R é $b = 220$ mm.

Calcule a tensão de flexão máxima σ_{max} no eixo se $P = 50$ kN.

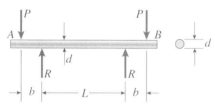

PROB. 5.5-2

Projetos de vigas para tensões de flexão

5.6-1 Um suporte de fibra de vidro $ABCD$ de seção transversal circular sólida tem a forma e as dimensões mostradas na figura. Uma carga vertical $P = 40$ N atua na extremidade livre D.

(a) Determine o diâmetro mínimo admissível d_{min} do suporte, caso a tensão de flexão permitida no material seja de 30 MPa e $b = 37$ mm. (*Observação:* Desconsidere o peso próprio do suporte angular.)

(b) Se $d = 10$ mm, $b = 37$ mm, e $\sigma_{adm} = 30$ MPa, qual é o valor máximo da carga P se a carga vertical P em D é substituída com cargas horizontais P em B e D ?(ver figura da parte b).

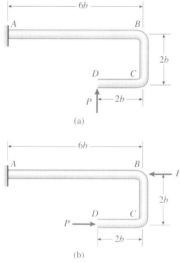

PROB. 5.6-1

5.6-2 Uma viga engastada AB com seção transversal circular e comprimento $L = 750$ mm apoia uma carga $P = 800$ N agindo sobre sua extremidade livre (veja a figura). A viga é feita de aço com uma tensão de flexão permitida de 120 MPa.

(a) Determine o diâmetro mínimo exigido d_{min} da viga, considerando o efeito do próprio peso da viga.

(b) Repita a parte (a) se a viga é oca e com a espessura da parede $t = d/8$ (figura da parte b); compare as áreas de seção transversal dos dois modelos.

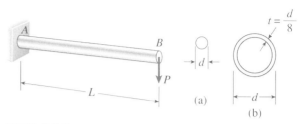

PROB. 5.6-2

5.6-3 Determine as razões dos pesos das três vigas que têm o mesmo comprimento, são feitas do mesmo material, estão submetidas ao mesmo momento fletor máximo e têm a mesma tensão de flexão máxima, se as seções transversais forem (1) um retângulo com altura igual ao dobro da largura, (2) um quadrado, (3) um círculo .e (4) um tubo com o diâmetro exterior d e a espessura da parede $t = d/8$ (veja as figuras).

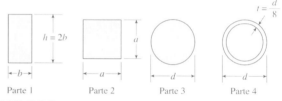

PROB. 5.6-3

5.6-4 Uma viga de aço ABC está simplesmente apoiada em A e em B e tem um segmento suspenso BC de comprimento $L = 150$ mm (veja a figura). A viga suporta um carregamento uniforme de intensidade $q = 4,0$ kN/m ao longo de todo o seu vão AB e $1,5q$ sobre BC.

A seção transversal da viga é retangular com largura b e altura $2b$. A tensão de flexão admissível no aço é $\sigma_{adm} = 60$ MPa e seu peso específico é $\gamma = 77,0$ kN/m³.

(a) Desconsiderando o peso da viga, calcule a largura exigida b da seção transversal retangular.

(b) Levando em consideração o peso da viga, calcule a largura exigida b.

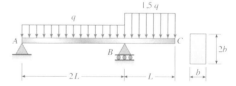

PROB. 5.6-4

Tensão de cisalhamento em vigas retangulares

5.8-1 Calcule a tensão de cisalhamento máxima τ_{max} e a tensão de flexão máxima σ_{max} de uma viga de madeira (veja a figura) suportando um carregamento uniforme de 22,5 kN/m (o qual inclui o peso da viga) se o comprimento é de 1,95 m e a seção transversal é retangular com largura de 150 mm e altura de 300 mm, e a viga é (a) sustentada com um apoio simples (como na parte (a) da figura) e (b) tem um suporte deslizante na direita (como na parte (b) da figura).

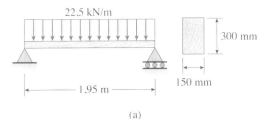

(a)

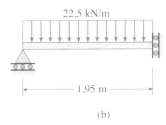

(b)

PROB. 5.8-1

5.8-2 Uma viga de plástico laminada é construída colando-se três tiras, cada uma de 10 mm × 30 mm de seção transversal (veja a figura). A viga tem peso total de 3,6 N e apoios simples com comprimento de vão L = 360 mm.

Considerando o peso da viga (q), calcule o máximo momento M admissível atuando no sentido anti-horário que pode ser aplicado no apoio direito.

(a) Se a tensão de cisalhamento permitida nas juntas coladas for de 0,3 MPa.

(b) Se a tensão de flexão permitida no plástico for de 8 MPa.

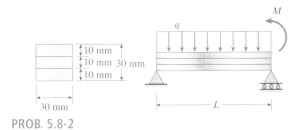

PROB. 5.8-2

Tensões de cisalhamento em vigas circulares

5.9-1 Um poste de madeira de seção transversal circular (d = diâmetro) é submetido a uma força horizontal distribuída triangular com pico de intensidade q_0 = 3,75 kN/m (veja a figura). O comprimento do poste é L = 2 m e as tensões permitidas na madeira são de 13 MPa na flexão e 0,82 MPa no cisalhamento.

Determine o diâmetro mínimo d exigido do poste com base (a) na tensão de flexão permitida e (b) na tensão de cisalhamento permitida.

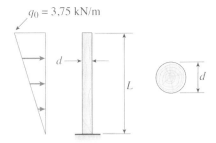

PROB. 5.9-1

5.9-2 Um letreiro de posto de gasolina é suportado por dois tubos de alumínio com seção transversal circular vazada, como ilustrado na figura. Os postes são projetados para resistir à pressão do vento de 3,8 kPa contra toda a área do letreiro. As dimensões dos postes e do letreiro são h_1 = 7 m, h_2 = 2 m e b = 3,5 m. Para prevenir a flambagem das paredes dos postes, a espessura t é especificada como um décimo do diâmetro externo d.

(a) Determine o diâmetro mínimo do poste exigido com base na tensão de flexão permitida de 52 MPa no alumínio.

(b) Determine o diâmetro mínimo do poste exigido com base na tensão de cisalhamento permitida de 14 MPa.

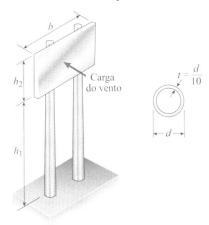

PROB. 5.9-2

CAPÍTULO 6

Análise de tensão e deformação

VISÃO GERAL DO CAPÍTULO

O Capítulo 6 trata da determinação das tensões normais e de cisalhamento que atuam em seções inclinadas cortadas através de um membro, pois estas tensões podem ser maiores que as de um elemento de tensão alinhado com a seção transversal. Em duas dimensões, um elemento de tensão exibe o **estado plano de tensões** em um ponto (tensões normais σ_x, σ_y e tensão de cisalhamento τ_{xy}) (Seção 6.2), e equações de transformação (Seção 6.3) serão necessárias para encontrar as tensões que atuam em um elemento rotacionado em dado ângulo θ a partir daquela posição. As expressões resultantes para tensões normais e de cisalhamento podem ser resumidas àquelas examinadas na Seção 2.6 para tensão uniaxial ($\sigma_x \neq 0$, $\sigma_y = 0$, $\tau_{xy} = 0$) e na Seção 3.5 para cisalhamento puro ($\sigma_x = 0$, $\sigma_y = 0$, $\tau_{xy} \neq 0$). Valores máximos de tensão são necessários para o dimensionamento e as equações de transformação podem ser usadas para encontrar as **tensões principais** e os planos nos quais elas atuam (Seção 6.3). Não há tensões de cisalhamento atuando nos planos principais, mas uma análise separada pode ser feita para encontrar a tensão de cisalhamento máxima (τ_{max}) e o plano inclinado em que ela atua. As **tensões de cisalhamento máximas** são mostradas como iguais à metade da diferença entre as tensões normais principais (σ_1, σ_2). Uma representação gráfica das equações de transformação para estado plano de tensões, conhecida como **círculo de Mohr**, fornece uma maneira conveniente de calcular as tensões em qualquer plano inclinado de interesse e, em especial, as tensões nos planos principais (Seção 6.4). O círculo de Mohr também pode ser usado para representar deformações de cisalhamento (Seção 6.7) e momentos de inércia. Na Seção 6.5, deformações normais e de cisalhamento (ε_x, ε_y, γ_{xy}) serão estudadas e a **lei de Hooke para estado plano de tensões** é deduzida, o que relaciona os módulos de elasticidade E e G e a razão do coeficiente de Poisson v para materiais homogêneos e isotrópicos. As expressões gerais para a lei de Hooke podem ser simplificadas em relações de tensão-deformação para tensão biaxial, uniaxial e cisalhamento puro. Análises aprofundadas de deformações levarão a uma expressão para a mudança de volume da unidade (ou **dilatação** e) assim como para a densidade de energia-deformação em estado plano de tensões (Seção 6.5). Depois disso, a **tensão triaxial** será discutida (Seção 6.6). Casos especiais de tensão triaxial, conhecidos como **tensão esférica** e **tensão hidrostática**, serão então explicados: para tensão esférica, as três tensões normais são iguais e de tração, enquanto para a tensão hidrostática, são iguais e de compressão. Por fim, as equações de transformação para **estado plano de deformações** (Seção 6.7) serão deduzidas, relacionando deformações em seções inclinadas às deformações em direções de eixos de referência, e então comparadas ao **estado plano de tensões**. As **equações de transformação de estado plano de deformações** são necessárias para o cálculo das medidas de deformação obtidas através do uso de medidores de deformação em campo ou em experimentos de laboratório de estruturas reais.

O Capítulo 6 está organizado da seguinte forma:

- **6.1** Introdução 316
- **6.2** Estado plano de tensões 316
- **6.3** Tensões principais e tensões de cisalhamento máximas 323
- **6.4** Círculo de Mohr para estado plano de tensões 330
- **6.5** Lei de Hooke para estado plano de tensões 343
- **6.6** Tensão triaxial 348
- **6.7** Estado plano de deformações 352
  Resumo e revisão do capítulo 364
  Problemas 366
  Alguns problemas de revisão adicionais 372

6.1 Introdução

As tensões normais e de cisalhamento em vigas, eixos e barras podem ser calculadas a partir das fórmulas básicas discutidas nos capítulos anteriores. Por exemplo, as tensões em uma viga são dadas pela fórmula de flexão e pela fórmula de cisalhamento ($\sigma = My/I$ e $\tau = VQ/Ib$), e as tensões nos eixos são dadas pela fórmula de torção ($\tau = T\rho/I_p$). As tensões calculadas a partir dessas fórmulas agem nas seções transversais dos membros, mas tensões maiores podem ocorrer em **seções inclinadas**. Por isso, vamos começar nossa análise de tensões e deformações discutindo métodos para encontrar as tensões normal e de cisalhamento agindo em seções inclinadas cortadas de um membro.

Já deduzimos expressões para as tensões normal e de cisalhamento agindo em seções inclinadas tanto em *tensão uniaxial* quanto em *cisalhamento puro* (veja as Seções 2.6 e 3.5, respectivamente). No caso de tensão uniaxial, vimos que as tensões de cisalhamento máximas ocorrem em planos inclinados a 45° ao eixo, ao passo que as tensões normais máximas ocorrem nas seções transversais. No caso de cisalhamento puro, vimos que as tensões de tração e compressão máximas ocorrem em planos de 45°. De maneira análoga, as tensões em seções inclinadas cortadas de uma viga podem ser maiores que as tensões agindo em uma seção transversal. Para calcular essas tensões, precisamos determiná-las agindo em planos inclinados sob um estado de tensão geral conhecido como **estado plano de tensões** (Seção 6.2).

Em nossas discussões de estado plano de tensões, usaremos **elementos de tensão** para representar o estado das tensões em um ponto no corpo. Esse assunto foi discutido anteriormente em contexto específico (veja as Seções 2.6 e 3.5), mas agora o usaremos de maneira mais formalizada. Vamos começar nossa análise considerando um elemento em que as tensões são conhecidas, e então deduziremos as **equações de transformação** que fornecem as tensões agindo nos lados de um elemento orientado em direção diferente.

Ao trabalhar com elementos de tensão, devemos sempre ter em mente que apenas um **estado de tensão** intrínseco existe em um ponto de um corpo tensionado, independentemente da orientação do elemento usado para ilustrar este estado de tensão. Quando temos dois elementos com diferentes orientações no mesmo ponto de um corpo, as tensões agindo nas faces dos dois elementos são diferentes, mas ainda representam o mesmo estado de tensão, isto é, a tensão no ponto considerado. Essa situação é análoga à representação de um vetor de força por suas componentes – embora as componentes sejam diferentes quando os eixos coordenados são rotacionados para uma nova posição, a força propriamente dita permanece a mesma.

Além disso, devemos também ter em mente que as tensões *não* são vetores. Este fato pode algumas vezes ser confuso, pois estamos acostumados a representar as tensões por setas, da mesma forma que representamos os vetores de força. *Embora as setas usadas para representar as tensões tenham intensidade e direção, elas não são vetores porque não se combinam de acordo com a lei de adição do paralelogramo.* Em vez disso, as tensões são quantidades muito mais complexas do que os vetores e, na matemática, são chamadas de **tensores**. Outras grandezas tensoriais na mecânica são as deformações e os momentos de inércia.

6.2 Estado plano de tensões

As condições de tensão que encontramos nos capítulos anteriores, ao analisarmos barras em tração e compressão, eixos em torção e vigas em flexão, são exemplos de um estado de tensão chamado de **estado plano de tensões**. Para explicar o estado plano de tensões, vamos considerar o elemento de tensão ilustrado na Figura 6.1a. Esse elemento é infinitesimal em tamanho e pode ser esboçado por um cubo ou por um paralelepípedo retangular. Os eixos *xyz* são paralelos às arestas do elemento e as faces do elemento são designadas pelas direções de suas normais, como explicado anteriormente na Seção 1.6. Por exemplo, a face direita do elemento é referida como a face *x* positiva e a face esquerda (invisível para o leitor) é referida como a face *x* negativa. Similarmente, a face superior é a face *y* positiva e a face frontal é a face *z* positiva.

Quando o material está em estado plano de tensões no plano *xy*, apenas as faces *x* e *y* do elemento estão submetidas a tensões, e todas as tensões agem paralelamente aos eixos *x* e *y*, como ilustrado na Figura 6.1a. Essa condição de tensão é muito comum porque existe na superfície de qualquer corpo tensionado, exceto nos pontos em que as cargas externas agem sobre a superfície. Quando o elemento ilustrado na Figura 6.1a está localizado na superfície livre de um corpo, o eixo *z* é normal à superfície e a face *z* está no plano da superfície.

Os símbolos para as tensões ilustradas na Figura 6.1a têm os significados a seguir. Uma **tensão normal** σ tem um subscrito que identifica a face em que a tensão age; por exemplo, a tensão σ_x age na face *x* do elemento e a tensão σ_y age na face *y* do elemento. Uma vez que o elemento é infinitesimal em tamanho, tensões normais iguais agem em faces opostas. A **convenção de sinal para tensões normais** é a habitual, isto é, a tração é positiva e a compressão é negativa.

Uma **tensão de cisalhamento** τ possui dois subscritos – o primeiro denota a face em que a tensão age e o segundo fornece a direção nessa face. Dessa forma, a tensão τ_{xy} age na face *x* na direção do eixo *y* (Figura 6.1a) e a tensão τ_{yx} age na face *y* na direção do eixo *x*.

A **convenção de sinal para tensões de cisalhamento** é a seguinte: uma tensão de cisalhamento é positiva quando age sobre uma face positiva de um elemento na direção positiva de um eixo, e é negativa quando age sobre uma face positiva de um elemento na direção negativa de um eixo. Por isso, as tensões τ_{xy} e τ_{yx} mostradas nas faces positivas *x* e *y* na Figura 6.1a são tensões de cisalhamento positivas. Similarmente, em uma face negativa do elemento, uma tensão de cisalhamento é positiva quando age na direção negativa de um eixo. Assim, as tensões τ_{xy} e τ_{yx} mostradas nas faces negativas *x* e *y* do elemento são também positivas.

Esta convenção de sinal para tensões de cisalhamento é fácil de lembrar se a declararmos da seguinte maneira:

Uma tensão de cisalhamento será positiva quando as direções associadas a seus subscritos forem mais-mais ou menos-menos; e será negativa quando as direções forem mais-menos ou menos-mais.

A convenção de sinal anterior para tensões de cisalhamento é consistente com o equilíbrio do elemento, porque sabemos que as tensões de cisalhamento nas faces opostas de um elemento infinitesimal devem ser iguais em magnitude e opostas em direção. Dessa forma, de acordo com nossa convenção de sinal, uma tensão positiva τ_{xy} age para cima na face positiva (Figura 6.1a) e para baixo na face negativa. De maneira similar, as tensões τ_{yx} agindo nas faces superior e inferior do elemento são positivas, embora tenham direções opostas.

Também sabemos que as tensões de cisalhamento em planos perpendiculares são iguais em magnitude e têm direção tal que ambas as tensões apontem na direção, ou na direção oposta, à linha de interseção das faces. Visto que τ_{xy} e τ_{yx} são positivas nas direções ilustradas na figura, elas são consistentes com essa observação. Por isso, notamos que

$$\tau_{xy} = \tau_{yx} \tag{6.1}$$

Essa relação foi deduzida anteriormente a partir do equilíbrio do elemento (veja a Seção 1.7).

Por conveniência, ao esboçar os elementos de estado plano de tensões, usualmente desenhamos apenas uma visão bidimensional do elemento, como ilustrado na Figura 6.1b. Embora uma figura desse tipo seja adequada para mostrar todas as tensões agindo no elemento, devemos ainda ter em mente

Figura 6.1

Elementos em estado plano de tensões: (a) vista tridimensional de um elemento orientado segundo os eixos *xyz*, (b) vista bidimensional do mesmo elemento e (c) vista bidimensional de um elemento orientado segundo os eixos $x_1 y_1 z_1$

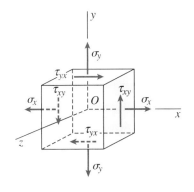

(a)

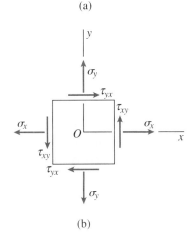

(b)

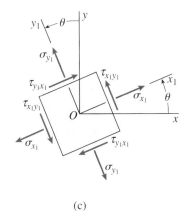

(c)

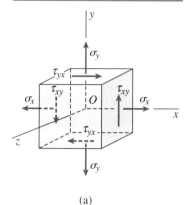
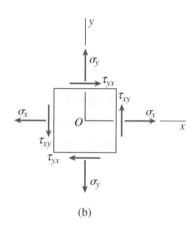
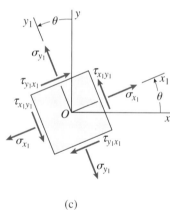

Figura 6.1 (Repetida)

que o elemento é um corpo sólido, com uma espessura perpendicular ao plano da figura.

Tensões em seções inclinadas

Estamos agora prontos para considerar as tensões agindo em seções inclinadas, assumindo que as tensões σ_x, σ_y e τ_{xy} (Figuras 6.1a e b) sejam conhecidas. Para ilustrar as tensões agindo em uma seção inclinada, consideramos um novo elemento de tensão (Figura 6.1c), localizado no mesmo ponto do material que o elemento original (Figura 6.1b). Entretanto, o novo elemento tem faces paralelas e perpendiculares à direção inclinada. Associados a este novo elemento estão os eixos x_1, y_1 e z_1, tal que o eixo z_1 coincide com o eixo z e os eixos $x_1 y_1$ estão rotacionados na direção anti-horária por um ângulo θ em relação aos eixos xy.

As tensões normal e de cisalhamento agindo nesse novo elemento são denotadas por σ_{x1}, σ_{y1}, τ_{x1y1} e τ_{y1x1}, usando as mesmas designações de subscrito e convenções de sinais descritas anteriormente para as tensões agindo no elemento xy. As conclusões anteriores, relacionadas às tensões de cisalhamento, ainda se aplicam, de forma que

$$\tau_{x_1 y_1} = \tau_{y_1 x_1} \tag{6.2}$$

Desta equação e do equilíbrio do elemento, vemos que *as tensões de cisalhamento agindo em todos os quatro lados do elemento em estado plano de tensões serão conhecidas se for determinada a tensão de cisalhamento agindo em qualquer uma dessas faces.*

As tensões agindo no elemento $x_1 y_1$ inclinado (Figura 6.1c) podem ser expressas em termos das tensões no elemento xy (Figura 6.1b) usando as equações de equilíbrio. Para este fim, escolhemos um **elemento de tensão em forma de cunha** (Figura 6.2a), tendo uma face inclinada que é a mesma que a face x_1 do elemento inclinado ilustrado na Figura 6.1c. As outras duas faces laterais da cunha são paralelas aos eixos x e y.

Para escrever equações de equilíbrio para a cunha, precisamos construir um diagrama de corpo livre mostrando as forças que agem nas faces. Vamos denotar a área da face lateral esquerda (isto é, a face x negativa) como A_0. Então as forças normal e de cisalhamento agindo na face são $\sigma_x A_0$ e $\tau_{xy} A_0$, como ilustrado no diagrama de corpo livre da Figura 6.2b. A área da face inferior (ou face y negativa) é $A_0 \, \text{tg} \, \theta$ e a área da face inclinada (ou face x_1 positiva) é $A_0 \sec \theta$. Dessa maneira, as forças normal e de cisalhamento agindo nessas faces têm intensidades e direções ilustradas na Figura 6.2b.

As forças agindo nas faces esquerda e inferior podem ser decompostas em componentes ortogonais agindo nas direções x_1 e y_1. Então, podemos obter duas equações de equilíbrio somando forças naquelas direções. A primeira equação, obtida somando forças na direção x_1, é

$$\sigma_{x_1} A_0 \sec \theta - \sigma_x A_0 \cos \theta - \tau_{xy} A_0 \, \text{sen} \, \theta$$
$$- \sigma_y A_0 \, \text{tg} \, \theta \, \text{sen} \, \theta - \tau_{yx} A_0 \, \text{tg} \, \theta \cos \theta = 0$$

Da mesma maneira, a soma das forças na direção y_1 fornece

$$\tau_{x_1 y_1} A_0 \sec \theta + \sigma_x A_0 \, \text{sen} \, \theta - \tau_{xy} A_0 \cos \theta$$
$$- \sigma_y A_0 \, \text{tg} \, \theta \cos \theta + \tau_{yx} A_0 \, \text{tg} \, \theta \, \text{sen} \, \theta = 0$$

Usando a relação $\tau_{xy} = \tau_{yx}$, e também simplificando e rearranjando, obtemos as duas equações a seguir:

$$\sigma_{x_1} = \sigma_x \cos^2 \theta + \sigma_y \, \text{sen}^2 \, \theta + 2\tau_{xy} \, \text{sen} \, \theta \cos \theta \tag{6.3a}$$

$$\tau_{x_1 y_1} = -(\sigma_x - \sigma_y)\,\text{sen}\,\theta\cos\theta + \tau_{xy}(\cos^2\theta - \text{sen}^2\theta) \qquad (6.3\text{b})$$

As Equações (6.3a) e (b) fornecem as tensões normal e de cisalhamento agindo no plano x_1 em termos do ângulo θ e as tensões σ_x, σ_y e τ_{xy} agindo nos planos x e y.

Para o caso especial $\theta = 0$, notamos que as Equações (6.3a) e (b) fornecem $\sigma_{x1} = \sigma_x$ e $\tau_{x1y1} = \tau_{xy}$, como esperado. Também quando $\theta = 90°$, as equações fornecem $\sigma_{x1} = \sigma_y$ e $\tau_{x1y1} = -\tau_{xy} = -\tau_{yx}$. No último caso, uma vez que o eixo x_1 é vertical quando $\theta = 90°$, a tensão τ_{x1y1} será positiva quando ela age para a esquerda. No entanto, a tensão τ_{yx} age para a direita e, por isso, $\tau_{x1y1} = -\tau_{yx}$.

Equações de transformação para estado plano de tensões

As Equações (6.3a) e (b) para essas tensões em uma seção inclinada podem ser expressas em uma forma mais conveniente, introduzindo-se as identidades trigonométricas a seguir:

$$\cos^2\theta = \frac{1}{2}(1 + \cos 2\theta) \qquad \text{sen}^2\theta = \frac{1}{2}(1 - \cos 2\theta)$$

$$\text{sen}\,\theta\cos\theta = \frac{1}{2}\text{sen}\,2\theta$$

Quando essas substituições são feitas, as equações

$$\sigma_{x_1} = \frac{\sigma_x + \sigma_y}{2} + \frac{\sigma_x - \sigma_y}{2}\cos 2\theta + \tau_{xy}\,\text{sen}\,2\theta \qquad (6.4\text{a})$$

$$\tau_{x_1 y_1} = -\frac{\sigma_x - \sigma_y}{2}\text{sen}\,2\theta + \tau_{xy}\cos 2\theta \qquad (6.4\text{b})$$

Estas equações são usualmente chamadas de **equações de transformação para estado plano de tensões** porque transformam as componentes de tensão a partir de um conjunto de eixos para outro conjunto de eixos. No entanto, como explicado anteriormente, o estado de tensão intrínseco no ponto em consideração é o mesmo se representado pelas tensões agindo no elemento xy (Figura 6.1b) ou pelas tensões agindo no elemento inclinado $x_1 y_1$ (Figura 6.1c).

Uma vez que as equações de transformação foram deduzidas apenas a partir do equilíbrio de um elemento, são aplicáveis a tensões em qualquer tipo de material, linear ou não linear, elástico ou inelástico.

Uma observação importante no que diz respeito às tensões normais pode ser obtida a partir das equações de transformação. Como problema preliminar, notamos que a tensão normal σ_{y1} agindo na face y_1 do elemento inclinado (Figura 6.1c) pode ser obtida a partir da Equação (6.4a), substituindo-se θ por $\theta + 90°$. O resultado é a equação a seguir para σ_{y1}:

$$\sigma_{y_1} = \frac{\sigma_x + \sigma_y}{2} - \frac{\sigma_x - \sigma_y}{2}\cos 2\theta - \tau_{xy}\,\text{sen}\,2\theta \qquad (6.5)$$

Somando as expressões para σ_{x1} e σ_{y1} (Equações 6.4a e 6.5) obtemos a equação a seguir para estado plano de tensões:

$$\sigma_{x_1} + \sigma_{y_1} = \sigma_x + \sigma_y \qquad (6.6)$$

Esta equação mostra que a soma das tensões normais agindo em faces perpendiculares de elementos de estado plano de tensões (em dado ponto de um corpo tensionado) é constante e independente do ângulo θ.

A maneira como as tensões normal e de cisalhamento variam está ilustrada

Figura 6.2

Elemento de tensão em forma de cunha em estado plano de tensões: (a) tensões agindo no elemento e (b) forças agindo no elemento (diagrama de corpo livre)

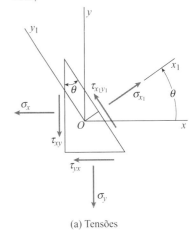

(a) Tensões

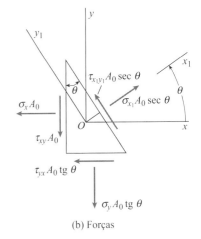

(b) Forças

na Figura 6.3, que é um gráfico de σ_{x_1} e $\tau_{x_1y_1}$ em função do ângulo θ (a partir das Equações 6.4a e b). O gráfico é traçado para o caso particular de $\sigma_y = 0{,}2\sigma_x$ e $\tau_{xy} = 0{,}8\sigma_x$. Vemos a partir do gráfico que as tensões variam continuamente quando a orientação do elemento é mudada. Em certos ângulos, a tensão normal atinge um valor máximo ou mínimo; em outros ângulos, torna-se zero. Similarmente, a tensão de cisalhamento tem valores máximos, mínimos e nulos em certos ângulos. Uma investigação detalhada desses valores máximos e mínimos será feita na Seção 6.3.

Figura 6.3

Gráfico de tensão normal σ_{x_1} e tensão de cisalhamento $\tau_{x_1y_1}$ versus pelo ângulo θ (para $\sigma_y = 0{,}2\sigma_x$ e $\tau_{xy} = 0{,}8\sigma_x$)

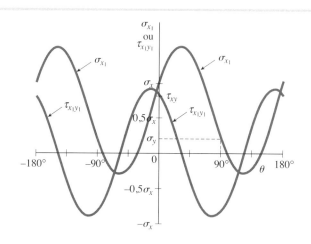

Figura 6.4

Elemento em tensão uniaxial

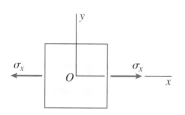

Figura 6.5

Elemento em cisalhamento puro

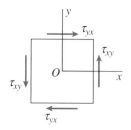

Casos especiais de estado plano de tensões

O caso geral de estado plano de tensões se reduz a estados de tensões mais simples sob condições especiais. Por exemplo, se todas as tensões agindo no elemento xy (Figura 6.1b) são nulas exceto pela tensão normal σ_x, então o elemento está em **tensão uniaxial** (Figura 6.4). As equações de transformação correspondentes, obtidas com σ_y e τ_{xy} igual a zero nas Equações (6.4a) e (b), são

$$\sigma_{x_1} = \frac{\sigma_x}{2}(1 + \cos 2\theta) \qquad \tau_{x_1y_1} = -\frac{\sigma_x}{2}(\operatorname{sen} 2\theta) \qquad (6.7a,b)$$

Essas equações estão de acordo com as equações deduzidas anteriormente na Seção 2.6 (veja as Equações 2.29a e b), exceto que agora estamos usando uma notação mais generalizada para as tensões agindo em um plano inclinado.

Outro caso especial é o **cisalhamento puro** (Figura 6.5), para o qual as equações de transformação são obtidas substituindo-se $\sigma_x = 0$ e $\sigma_y = 0$ nas Equações (6.4a) e (b):

$$\sigma_{x_1} = \tau_{xy} \operatorname{sen} 2\theta \qquad \tau_{x_1y_1} = \tau_{xy} \cos 2\theta \qquad (6.8a,b)$$

Novamente, essas equações correspondem àquelas deduzidas anteriormente (veja as Equações 3.29a e b na Seção 3.5).

Finalmente, notamos o caso especial de **tensão biaxial**, em que o elemento xy está submetido a tensões normais em ambas as direções x e y, mas sem quaisquer tensões de cisalhamento (Figura 6.6). As equações para tensão biaxial são obtidas a partir das Equações (6.4a) e (6.4b), simplesmente anulando-se os termos contendo τ_{xy}, da seguinte maneira:

$$\sigma_{x_1} = \frac{\sigma_x + \sigma_y}{2} + \frac{\sigma_x - \sigma_y}{2} \cos 2\theta \qquad (6.9a)$$

$$\tau_{x_1y_1} = -\frac{\sigma_x - \sigma_y}{2} \operatorname{sen} 2\theta \qquad (6.9b)$$

As tensões biaxiais ocorrem em diversos tipos de estruturas, incluindo vasos de pressão de parede fina (veja as Seções 8.2 e 8.3).

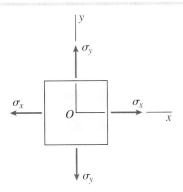

Figura 6.6

Elemento em tensão biaxial

• • • Exemplo 6.1

Figura 6.7

Exemplo 6.1: (a) Vaso de pressão cilíndrico com elementos de tensão em C, (b) elemento C em tensão plana, e (c) elemento C inclinado em um ângulo $\theta = 45°$

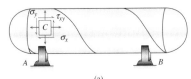

(a)

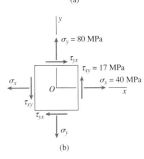

(b)

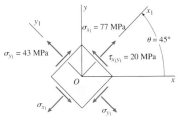

(c)

Um vaso de pressão cilíndrico descansa sobre suportes simples em A e B (ver Figura 6.7). O recipiente está sob pressão interna resultando na tensão longitudinal $\sigma_x = 40$ MPa e tensão circunferencial $\sigma_y = 80$ MPa sobre um elemento de tensão no ponto C na parede do recipiente. Além disso, um assentamento diferenciado depois de um terremoto tem causado a rotação do suporte em B, que aplica um momento de torção ao recipiente levando a uma tensão de cisalhamento $\tau_{xy} = 17$ MPa. Encontre as tensões atuando sobre o elemento em C quando rotacionado até o ângulo $\theta = 45°$.

Solução

Equações de transformação. Para determinar as tensões agindo em um elemento inclinado, usaremos as equações de transformação (Equações 6.4a e b). A partir dos dados numéricos, obtemos os valores a seguir para substituição nessas equações

$$\frac{\sigma_x + \sigma_y}{2} = 60 \text{ MPa} \quad \frac{\sigma_x - \sigma_y}{2} = -20 \text{ MPa} \quad \tau_{xy} = 17 \text{ MPa}$$

$$\text{sen } 2\theta = \text{sen } 90° = 1 \quad \cos 2\theta = \cos 90° = 0$$

Substituindo esses valores nas Equações (6.4a) e (b), obtemos

$$\sigma_{x_1} = \frac{\sigma_x + \sigma_y}{2} + \frac{\sigma_x - \sigma_y}{2} \cos 2\theta + \tau_{xy} \text{sen } 2\theta$$

$$= 60 \text{ MPa} + (-20 \text{ MPa})(0) + (17 \text{ MPa})(1) = 77 \text{ MPa} \quad \Longleftarrow$$

$$\tau_{x_1 y_1} = -\frac{\sigma_x - \sigma_y}{2} \text{sen } 2\theta + \tau_{xy} \cos 2\theta$$

$$= -(-20 \text{ MPa})(1) + (17 \text{ MPa})(0) = 20 \text{ MPa} \quad \Longleftarrow$$

Além disso, a tensão σ_{y_1} pode ser obtida a partir da Equação (6.5):

$$\sigma_{y_1} = \frac{\sigma_x + \sigma_y}{2} - \frac{\sigma_x - \sigma_y}{2} \cos 2\theta - \tau_{xy} \text{sen } 2\theta$$

$$= 60 \text{ MPa} - (-20 \text{ MPa})(0) - (17 \text{ MPa})(1) = 43 \text{ MPa} \quad \Longleftarrow$$

••• Exemplo 6.1 Continuação

Tanques de armazenamento de combustível. (© Barry Goodno)

Elementos de tensão. A partir desses resultados, podemos prontamente obter as tensões agindo em todos os lados de um elemento orientado a $\theta = 45°$, como ilustrado na Figura 6.7c. As setas mostram as direções reais em que as tensões agem. Note especialmente as direções das tensões de cisalhamento, as quais têm a mesma intensidade. Observe também que a soma das tensões normais permanece constante e igual a 120 MPa (veja a Equação 6.6).

Observação: As tensões mostradas na Figura 6.7b representam o mesmo estado de tensão intrínseco que as tensões mostradas na Figura 6.7a. No entanto, as tensões têm diferentes valores porque os elementos sobre os quais elas agem têm diferentes orientações.

••• Exemplo 6.2

Figura 6.8

Exemplo 6.2: (a) Vaso de pressão cilíndrico com elemento de tensão em D, (b) elemento D em tensão plana, e (c) elemento D inclinado em um ângulo $\theta = -35°$

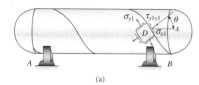

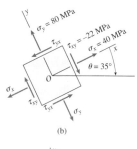

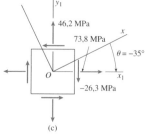

Um vaso de pressão cilíndrico descansa sobre um suporte simples em A e B (ver Figura 6.8). O recipiente tem uma solda helicoidal orientada a $\theta = 35°$ do eixo longitudinal. O recipiente está sob pressão interna e também tem alguma tensão de cisalhamento torcional devido ao assentamento diferenciado do suporte em B. O estado de tensão sobre o elemento em D ao longo e perpendicular à costura da solda é conhecido e está dado na Figura 6.8b. Encontre o estado de tensão equivalente para o elemento em D quando rotacionado em um ângulo $\theta = -35°$ tal que o elemento esteja alinhado com o eixo longitudinal do recipiente.

Solução

As tensões agindo no elemento original (Figura 6.8a) têm os valores a seguir:

$$\sigma_x = 40 \text{ MPa} \quad \sigma_y = 80 \text{ MPa} \quad \tau_{xy} = -22 \text{ MPa}$$

Um elemento orientado a um ângulo de $-35°$ no sentido horário é mostra a Figura 6.8b, onde o eixo x_1 está a um ângulo $\theta = 35°$ em relação ao eixo x.

Equações de transformação de tensão. Podemos prontamente calcular as tensões na face x_1 do elemento orientado a $\theta = -35°$ usando as equações de transformação (Equações 6.4a e b). Os cálculos procedem da seguinte maneira:

$$\frac{\sigma_x + \sigma_y}{2} = 60 \text{ MPa} \qquad \frac{\sigma_x - \sigma_y}{2} = -20 \text{ MPa}$$

$$\text{sen } 2\theta = \text{ sen } (-70°) = -0,94 \qquad \cos 2\theta = \cos(-70°) = 0,342$$

Substituindo os valores nas equações de transformação, obtemos

$$\sigma_{x_1} = \frac{\sigma_x + \sigma_y}{2} + \frac{\sigma_x - \sigma_y}{2} \cos(2\theta) + \tau_{xy} \text{sen}(2\theta)$$

$$= 60 \text{ MPa} + (-20 \text{ MPa})(0,342) + (-22 \text{ MPa})(-0,94) = 73,8 \text{ MPa}$$

$$\tau_{x_1 y_1} = -\left(\frac{\sigma_x - \sigma_y}{2}\right) \text{sen}(2\theta) + \tau_{xy} \cos(2\theta)$$

$$= -(-20 \text{ MPa})(-0,94) + (-22 \text{ MPa})(0,342) = -26,3 \text{ MPa}$$

> • • **Exemplo 6.2** *Continuação*

Tanque de armazenamento de combustível apoiado sobre pedestais. (© Barry Goodno)

A tensão normal agindo na face y_1 (Equação 6.5) é

$$\sigma_{y_1} = \frac{\sigma_x + \sigma_y}{2} - \frac{\sigma_x - \sigma_y}{2} \cos(2\theta) - \tau_{xy} \operatorname{sen}(2\theta)$$

$$= 60 \text{ MPa} - (-20 \text{ MPa})(0{,}342) - (-22 \text{ MPa})(-0{,}94) = 46{,}2 \text{ MPa}$$

Olhando os resultados, notamos que $\sigma_{x_1} + \sigma_{y_1} = \sigma_x + \sigma_y$.

As tensões agindo no elemento inclinado estão ilustradas na Figura 6.8c, em que as setas indicam as verdadeiras direções das tensões. Novamente notamos que ambos os elementos de tensão ilustrados na Figura 6.8 representam o mesmo estado de tensão.

6.3 Tensões principais e tensões de cisalhamento máximas

As equações de transformação para estado plano de tensões mostram que as tensões normais σ_{x1} e as tensões de cisalhamento τ_{x1y1} variam continuamente quando os eixos são rotacionados através do ângulo θ. Essa variação é ilustrada na Figura 6.3 para uma combinação particular de tensões. Da figura, vemos que ambas as tensões, normal e de cisalhamento, atingem valores máximos e mínimos a intervalos de 90°. Não surpreendentemente, esses valores máximos e mínimos são geralmente necessários para fins de dimensionamento. Por exemplo, falhas por fadiga estrutural em máquinas e aviões estão frequentemente associadas às tensões máximas e, dessa forma, suas intensidades e orientações devem ser determinadas como parte do processo de dimensionamento (veja a Figura 6.9).

Tensões principais

As tensões normais máximas e mínimas, chamadas de **tensões principais**, podem ser encontradas a partir da equação de transformação para a tensão normal σ_{x1} (Equação 6.4a). Tomando-se a derivada de σ_{x1} em relação a θ e igualando-a a zero, obtemos uma equação da qual podemos encontrar os valores de θ em que σ_{x1} é um máximo ou um mínimo. A equação para a derivada é

$$\frac{d\sigma_{x_1}}{d\theta} = -(\sigma_x - \sigma_y)\operatorname{sen} 2\theta + 2\tau_{xy}\cos 2\theta = 0 \qquad (6.10)$$

da qual obtemos

$$\operatorname{tg} 2\theta_p = \frac{2\tau_{xy}}{\sigma_x - \sigma_y} \qquad (6.11)$$

O subscrito p indica que o ângulo θ_p define a orientação dos **planos principais**, isto é, os planos em que as tensões principais agem.

Dois valores do ângulo $2\theta_p$ no intervalo de 0 até 360° podem ser obtidos a partir da Equação (6.11). Esses valores diferem por 180°, com um valor entre 0 e 180° e o outro entre 180° e 360°. Por isso, o ângulo θ_p tem dois valores que diferem por 90°, um valor entre 0 e 90° e o outro entre 90° e 180°. Os dois valores de θ_p são conhecidos como os **ângulos principais**. Para um desses ângulos, a tensão normal σ_{x1} é uma tensão principal *máxima*; para o outro, é uma tensão principal *mínima*. Como os ângulos principais diferem por 90°, vemos que *as tensões principais ocorrem em planos mutuamente perpendiculares*.

Figura 6.9

Padrão de franja fotoelástica exibe tensões principais em um modelo de gancho de guindaste. (a) (Franz Lemmens/Getty Images) (b) (Cortesia Eann Patterson)

(a) Foto de um gancho de guindaste

(b) Padrão de franja fotoelástica

Figura 6.10

Representação geométrica da Equação (6.11)

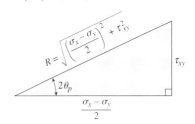

As tensões principais podem ser calculadas substituindo cada um dos dois valores de θ_p na primeira equação de transformação de tensão (Equação 6.4a) e resolvendo para σ_{x1}. Determinando as tensões principais dessa maneira, não apenas obtemos os valores das tensões principais, mas também aprendemos qual tensão principal está associada a cada ângulo principal.

Podemos também obter fórmulas gerais para as tensões principais. Para fazer isso, considere o triângulo retângulo da Figura 6.10, que é construído a partir da Equação (6.11). Note que a hipotenusa do triângulo, obtida a partir do teorema de Pitágoras, é:

$$R = \sqrt{\left(\frac{\sigma_x - \sigma_y}{2}\right)^2 + \tau_{xy}^2} \qquad (6.12)$$

A grandeza R sempre é um número positivo e, como os outros lados do triângulo, tem unidades de tensão. Do triângulo, obtemos duas relações adicionais:

$$\cos 2\theta_p = \frac{\sigma_x - \sigma_y}{2R} \qquad \operatorname{sen} 2\theta_p = \frac{\tau_{xy}}{R} \qquad (6.13a,b)$$

Agora substituímos essas expressões para $\cos 2\theta$ e $\operatorname{sen} 2\theta_p$ na Equação (6.4a) e obtemos o maior valor algébrico das duas tensões principais, denotado por σ_1:

$$\sigma_1 = \sigma_{x_1} = \frac{\sigma_x + \sigma_y}{2} + \frac{\sigma_x - \sigma_y}{2}\cos 2\theta_p + \tau_{xy}\operatorname{sen} 2\theta_p$$

$$= \frac{\sigma_x + \sigma_y}{2} + \frac{\sigma_x - \sigma_y}{2}\left(\frac{\sigma_x - \sigma_y}{2R}\right) + \tau_{xy}\left(\frac{\tau_{xy}}{R}\right)$$

Após substituir R da Equação (6.12) e fazer algumas manipulações algébricas, obtemos:

$$\sigma_1 = \frac{\sigma_x + \sigma_y}{2} + \sqrt{\left(\frac{\sigma_x - \sigma_y}{2}\right)^2 + \tau_{xy}^2} \qquad (6.14)$$

A menor das tensões principais, denotada por σ_2, pode ser encontrada a partir da condição de que a soma das tensões normais em planos perpendiculares é constante (veja a Equação 6.6):

$$\sigma_1 + \sigma_2 = \sigma_x + \sigma_y \qquad (6.15)$$

Substituindo a expressão para σ_1 na Equação (6.15) e resolvendo para σ_2, obtemos:

$$\sigma_2 = \sigma_x + \sigma_y - \sigma_1$$

$$= \frac{\sigma_x + \sigma_y}{2} - \sqrt{\left(\frac{\sigma_x - \sigma_y}{2}\right)^2 + \tau_{xy}^2} \qquad (6.16)$$

Essa equação tem a mesma forma que a equação para σ_1, mas difere pela presença do sinal negativo antes da raiz quadrada.

As fórmulas anteriores para σ_1 e σ_2 podem ser combinadas em uma única fórmula para as **tensões principais**:

$$\sigma_{1,2} = \frac{\sigma_x + \sigma_y}{2} \pm \sqrt{\left(\frac{\sigma_x - \sigma_y}{2}\right)^2 + \tau_{xy}^2} \qquad (6.17)$$

O sinal positivo fornece a tensão principal algebricamente maior e o sinal negativo fornece tensão principal algebricamente menor.

Ângulos principais

Vamos agora denotar os dois ângulos que definem os planos principais como θ_{p1} e θ_{p2}, correspondentes às tensões principais σ_1 e σ_2, respectivamente. Ambos os ângulos podem ser determinados a partir da equação para tg $2\theta_p$ (Equação 6.11). No entanto, não podemos dizer a partir dessa equação qual ângulo é θ_{p1} e qual é θ_{p2}. Um procedimento simples para fazer essa determinação é tomar um desses valores e substituí-lo na equação para σ_{x1} (Equação 6.4a). O valor resultante de σ_{x1} será reconhecido como σ_1 ou σ_2 (assumindo-se que já encontramos σ_1 e σ_2 a partir da Equação 6.17), correlacionando dessa forma os dois ângulos principais com as duas tensões principais.

Outro método para correlacionar os ângulos principais e as tensões principais é usar as Equações (6.13a) e (b) para encontrar θ_p, uma vez que o único ângulo que satisfaz *ambas* as equações é θ_{p1}. Dessa maneira, podemos reescrever essas equações da seguinte forma:

$$\cos 2\theta_{p_1} = \frac{\sigma_x - \sigma_y}{2R} \qquad \text{sen } 2\theta_{p_1} = \frac{\tau_{xy}}{R} \qquad (6.18\text{a,b})$$

Apenas um ângulo existe entre 0 e 360° que satisfaz ambas as equações. Desta forma, o valor de θ_{p1} pode ser determinado unicamente a partir das Equações (6.18a) e (b). O ângulo θ_{p2}, correspondente a σ_2, define um plano perpendicular ao plano definido por θ_{p1}. Por isso, θ_{p2} pode ser tomado como 90° maior ou 90° menor que θ_{p1}.

Tensões de cisalhamento nos planos principais

Uma característica importante dos planos principais pode ser obtida a partir da equação de transformação para as tensões de cisalhamento (Equação 6.4b). Se fizermos τ_{x1y1} igual a zero, obtemos uma equação que é a mesma que a Equação (6.10). Por isso, se resolvermos essa equação para o ângulo 2θ, obtemos a mesma expressão para tg 2θ, como anteriormente (Equação 6.11). Em outras palavras, os ângulos em relação aos planos de tensão de cisalhamento nula são os mesmos que os ângulos em relação aos planos principais.

Dessa forma, podemos fazer a importante observação a seguir: *as tensões de cisalhamento são nulas nos planos principais.*

Casos especiais

Os planos principais para elementos em **tensão uniaxial** e **tensão biaxial** são os próprios planos x e y (Figura 6.11), porque tg $2\theta_p = 0$ (veja a Equação 6.11) e os dois valores de θ_p são 0 e 90°. Também sabemos que os planos x e y são os planos principais do fato de que as tensões de cisalhamento são nulas nesses planos.

Para um elemento em **cisalhamento puro** (Figura 6.12a), os planos principais estão orientados a 45° em relação ao eixo x (Figura 6.12b), porque tg $2\theta_p$ é infinita e os dois valores de θ_p são 45° e 135°. Se τ_{xy} é positivo, as tensões principais são $\sigma_1 = \tau_{xy}$ e $\sigma_2 = -\tau_{xy}$ (veja a Seção 3.5 para uma discussão sobre o cisalhamento puro).

A terceira tensão principal

A discussão anterior de tensões principais refere-se apenas à rotação de eixos no plano xy, isto é, à rotação ao redor do eixo z (Figura 6.13a). Por isso, as duas tensões principais determinadas a partir da Equação (6.17) são chamadas de **tensões principais no plano**. No entanto, não devemos desconsiderar o fato de que o elemento de tensão é, na realidade, tridimensional e tem três (e não duas) tensões principais agindo em três planos mutuamente perpendiculares.

Ao fazer uma análise tridimensional mais completa, pode ser mostrado que os três planos principais para um elemento de estado plano de tensões são os dois planos principais já descritos mais a face z do elemento. Esses planos prin-

Figura 6.11

Elementos em tensão uniaxial e biaxial

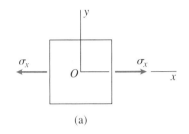

(a)

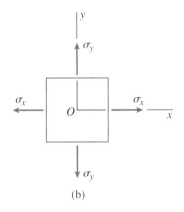

(b)

Figura 6.12

(a) Elemento em cisalhamento puro e (b) tensões principais

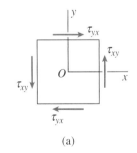

(a)

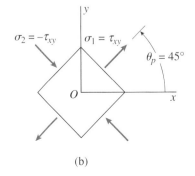

(b)

cipais são ilustrados na Figura 6.13b, onde um elemento de tensão está orientado no ângulo principal θ_{p1}, que corresponde à tensão principal σ_1. As tensões principais σ_1 e σ_2 são dadas pela Equação (6.17), e a terceira tensão principal (σ_3) é igual a zero.

Por definição, σ_1 é algebricamente maior que σ_2, mas σ_3 pode ser algebricamente maior ou menor que as tensões σ_1 e σ_2 ou pode ainda estar entre elas. Logicamente, também é possível que algumas ou todas as tensões principais sejam iguais. Observe mais uma vez que não existem tensões de cisalhamento em qualquer dos planos principais.*

Figura 6.13

Elementos em estado plano de tensões: (a) elemento original e (b) elemento orientado segundo os três planos principais e as três tensões principais

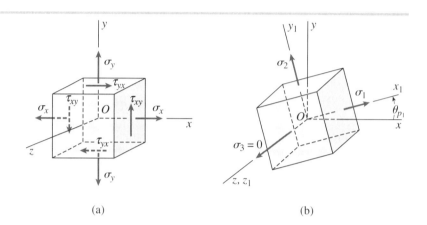

(a) (b)

Tensões de cisalhamento máximas

Ao encontrar as tensões principais e suas direções para um elemento em estado plano de tensões, agora consideramos a determinação das tensões de cisalhamento máximas e os planos em que elas agem. As tensões de cisalhamento τ_{x1y1} agindo nos planos inclinados são dadas pela segunda equação de transformação (Equação 6.4b). Tomando a derivada de τ_{x1y1} com relação a θ e igualando-a a zero, obtemos

$$\frac{d\tau_{x_1y_1}}{d\theta} = -(\sigma_x - \sigma_y)\cos 2\theta - 2\tau_{xy} \operatorname{sen} 2\theta = 0 \qquad (6.19)$$

da qual

$$\operatorname{tg} 2\theta_s = -\frac{\sigma_x - \sigma_y}{2\tau_{xy}} \qquad (6.20)$$

O subscrito s indica que o ângulo θ_s define a orientação dos planos de tensões de cisalhamento máximas positiva e negativa.

A Equação (6.20) fornece um valor para θ_s entre 0 e 90° e outro entre 90° e 180°. Além disso, esses dois valores diferem por 90° e, por isso, as tensões de cisalhamento máximas ocorrem em planos perpendiculares. Como as tensões de cisalhamento em planos perpendiculares são iguais em valor absoluto, as tensões de cisalhamento máximas positiva e negativa diferem apenas em sinal.

---

* A determinação das tensões principais é um exemplo de um tipo de análise matemática conhecido como análise de autovalor, que é descrita em livros de álgebra matricial. As equações de transformação de tensão e o conceito de tensões principais são devidos aos matemáticos franceses A. L. Cauchy (1789–1857) e Barré de Saint-Venant (1797–1886) e ao cientista e engenheiro escocês W. J. M. Rankine (1820–1872).

Comparando a Equação (6.20) para θ_s com a Equação (6.11) para θ_p, vemos que

$$\operatorname{tg} 2\theta_s = -\frac{1}{\operatorname{tg} 2\theta_p} = -\cot 2\theta_p \qquad (6.21)$$

A partir dessas equações, podemos obter uma relação entre os ângulos θ_s e θ_p. Primeiro, reescrevemos a equação anterior na forma

$$\frac{\operatorname{sen} 2\theta_s}{\cos 2\theta_s} + \frac{\cos 2\theta_p}{\operatorname{sen} 2\theta_p} = 0$$

Multiplicando pelos termos no denominador, obtemos

$$\operatorname{sen} 2\theta_s \operatorname{sen} 2\theta_p + \cos 2\theta_s \cos 2\theta_p = 0$$

que é equivalente à seguinte expressão

$$\cos(2\theta_s - 2\theta_p) = 0$$

Por isso,

$$2\theta_s - 2\theta_p = \pm 90°$$

e

$$\theta_s = \theta_p \pm 45° \qquad (6.22)$$

Essa equação mostra que *os planos de tensão de cisalhamento máxima ocorrem a 45° em relação aos planos principais.*

O plano de tensão de cisalhamento máxima positiva τ_{max} está definido pelo ângulo θ_{s1}, para o qual se aplica a equação a seguir:

$$\cos 2\theta_{s_1} = \frac{\tau_{xy}}{R} \qquad \operatorname{sen} 2\theta_{s_1} = -\frac{\sigma_x - \sigma_y}{2R} \qquad (6.23a,b)$$

em que R é dado pela Equação (6.12). O ângulo θ_{s1} está relacionado com o ângulo θ_{p1} (veja as Equações 6.18a e b) da seguinte maneira:

$$\theta_{s_1} = \theta_{p_1} - 45° \qquad (6.24)$$

A tensão de cisalhamento máxima correspondente é obtida substituindo-se as expressões para $\cos 2\theta_{s1}$ e $\operatorname{sen} 2\theta_{s1}$ na segunda equação de transformação (Equação 6.4b), fornecendo

$$\tau_{max} = \sqrt{\left(\frac{\sigma_x - \sigma_y}{2}\right)^2 + \tau_{xy}^2} \qquad (6.25)$$

A tensão de cisalhamento máxima negativa τ_{min} tem a mesma intensidade, mas sinal oposto.

Outra expressão para a tensão de cisalhamento máxima pode ser obtida a partir das tensões principais σ_1 e σ_2, ambas das quais são dadas pela Equação (6.17). Subtraindo a expressão para σ_2 daquela para σ_1, e então comparando com a Equação (6.25), vemos que

$$\tau_{max} = \frac{\sigma_1 - \sigma_2}{2} \qquad (6.26)$$

Dessa forma, *a tensão de cisalhamento máxima é igual à metade da diferença das tensões principais.*

Os planos de tensão de cisalhamento máxima também contêm tensões normais. A **tensão normal** agindo nos planos de tensão de cisalhamento máxima positiva pode ser determinada substituindo as expressões para o ângulo θ_{s1} (Equações 6.23a e b) na equação para σ_{x1} (Equação 6.4a). A tensão resultante é igual à média das tensões normais nos planos x e y:

$$\sigma_{\text{média}} = \frac{\sigma_x + \sigma_y}{2} \qquad (6.27)$$

Essa mesma tensão normal age nos planos de tensão de cisalhamento máxima negativa.

Nos casos particulares de **tensão uniaxial** e **tensão biaxial** (Figura 6.11), os planos de tensão de cisalhamento máxima ocorrem a 45° em relação aos eixos x e y. No caso de cisalhamento puro (Figura 6.12), as tensões de cisalhamento máximas ocorrem nos planos x e y.

Tensões de cisalhamento no plano e fora do plano

A análise anterior de tensões de cisalhamento lidou apenas com **tensões de cisalhamento no plano**, isto é, tensões agindo no plano xy. Para obter as tensões de cisalhamento máximas no plano (Equações 6.25 e 6.26), consideramos elementos que foram obtidos rotacionando os eixos xyz ao redor do eixo z, que é um eixo principal (Figura 6.13a). Descobrimos que as tensões de cisalhamento máximas ocorrem nos planos a 45° em relação aos planos principais. Os planos principais para o elemento da Figura 6.13a são ilustrados na Figura 6.13b, em que σ_1 e σ_2 são as tensões principais. Por isso, as tensões de cisalhamento máximas no plano são encontradas em um elemento obtido rotacionando-se os eixos $x_1 y_1 z_1$ (Figura 6.13b) ao redor do eixo z_1 através de um ângulo de 45°. Essas tensões são dadas pela Equação (6.25) ou Equação (6.26).

Podemos também obter as tensões de cisalhamento máximas através de rotações de 45° ao redor dos outros dois eixos principais (os eixos x_1 e y_1 na Figura 6.13b). Como resultado, obtemos três conjuntos de **tensões de cisalhamento máximas positiva e negativa** (compare com a Equação 6.26):

$$(\tau_{\max})_{x_1} = \pm\frac{\sigma_2}{2} \qquad (\tau_{\max})_{y_1} = \pm\frac{\sigma_1}{2} \qquad (6.28\text{a,b,c})$$

$$(\tau_{\max})_{z_1} = \pm\frac{\sigma_1 - \sigma_2}{2}$$

em que os subscritos indicam os eixos principais sobre os quais as rotações de 45° ocorreram. As tensões obtidas pelas rotações ao redor dos eixos x_1 e y_1 são chamadas de **tensões de cisalhamento fora de plano**.

Os valores algébricos de σ_1 e σ_2 determinam quais das expressões anteriores fornecem a maior tensão de cisalhamento numérica. Se σ_1 e σ_2 têm o mesmo sinal, então uma das primeiras duas expressões é numericamente maior; se elas têm sinais opostos, a última expressão é maior.

Figura 6.13 (Repetida)

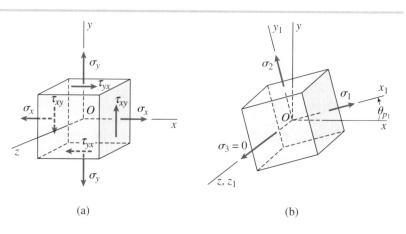

(a) (b)

• • Exemplo 6.3

Figura 6.14

Exemplo 6.3: (a) Estrutura da viga, (b) elemento em C em tensão plana, (c) tensões principais, e (d) tensões máximas de cisalhamento

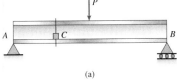

(a)

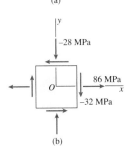

(b)

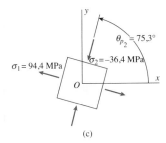

(c)

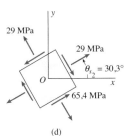

(d)

Uma viga de flange larga simplesmente apoiada tem uma carga concentrada P aplicada no meio do vão (Figura 6.14a). O estado de tensão na malha da viga no elemento C é conhecido (Figura 6.14b) como sendo $\sigma_x = 86$ MPa, $\sigma_y = -28$ MPa e $\tau_{xy} = -32$ MPa.

(a) Determine as tensões principais e mostre-as em um esboço de um elemento adequadamente orientado.
(b) Determine as tensões de cisalhamento máximas e mostre-as em um esboço de um elemento adequadamente orientado (considere apenas as tensões no plano).

Solução

(a) *Tensões principais*. Os ângulos principais θ_p que localizam os planos principais podem ser obtidos a partir da Equação (6.11):

$$\text{tg } 2\theta_p = \frac{2\tau_{xy}}{\sigma_x - \sigma_y} = \frac{2(-32 \text{ MPa})}{86 \text{ MPa} - (-28 \text{ MPa})} = -0{,}5614$$

Resolvendo os ângulos, obtemos os dois conjuntos de valores a seguir:

$$2\theta_p = 150{,}7° \text{ e } \theta_p = 75{,}3°$$
$$2\theta_p = 330{,}7° \text{ e } \theta_p = 165{,}3°$$

As tensões principais podem ser obtidas substituindo os dois valores de $2\theta_p$ na equação de transformação para σ_{x_1} (Equação 7.4a). Como um cálculo preliminar, determinamos as quantias a seguir:

$$\frac{\sigma_x + \sigma_y}{2} = \frac{86 \text{ MPa} - 28 \text{ MPa}}{2} = 29 \text{ MPa}$$

$$\frac{\sigma_x - \sigma_y}{2} = \frac{86 \text{ MPa} + 28 \text{ MPa}}{2} = 57 \text{ MPa}$$

Agora substituímos o primeiro valor de $2\theta_p$ na Equação (6.4a) e obtemos

$$\sigma_{x_1} = \frac{\sigma_x + \sigma_y}{2} + \frac{\sigma_x - \sigma_y}{2} \cos 2\theta + \tau_{xy} \text{sen } 2\theta$$

$$= 29 \text{ MPa} + (57 \text{ MPa})(\cos 150{,}7°) - (32 \text{ MPa})(\text{sen } 150{,}7°)$$

$$= -36{,}4 \text{ MPa}$$

De maneira similar, substituímos o segundo valor de $2\theta_p$ e obtemos $\sigma_{x_1} = 94{,}4$ MPa. Desta forma, as tensões principais e seus ângulos principais correspondentes são

$$\sigma_1 = 94{,}4 \text{ MPa} \quad \text{e} \quad \theta_{p_1} = 165{,}3°$$
$$\sigma_2 = -36{,}4 \text{ MPa} \quad \text{e} \quad \theta_{p_2} = 75{,}3°$$

Perceba que θ_{p_1} e θ_{p_2} diferem por 90° e que $\sigma_1 + \sigma_2 = \sigma_x + \sigma_y$.

As tensões principais são mostradas em um elemento adequadamente orientado na Figura 6.14c. Logicamente, nenhuma tensão de cisalhamento age nos planos principais.

Solução alternativa para as tensões de cisalhamento. As tensões principais podem também ser calculadas diretamente a partir da Equação (6.17):

$$\sigma_{1,2} = \frac{\sigma_x + \sigma_y}{2} \pm \sqrt{\left(\frac{\sigma_x - \sigma_y}{2}\right)^2 + \tau_{xy}^2}$$

$$= 29 \text{ MPa} \pm \sqrt{(57 \text{ MPa})^2 + (-32 \text{ MPa})^2}$$

$$\sigma_{1,2} = 29 \text{ MPa} \pm 65{,}4 \text{ MPa}$$

Exemplo 6.3 *Continuação*

Figura 6.14 c,d (Repetida)

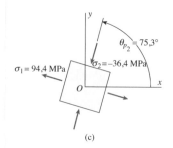

(c)

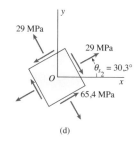

(d)

Por isso,

$$\sigma_1 = 94{,}4 \text{ MPa} \qquad \sigma_2 = -36{,}4 \text{ MPa}$$

O ângulo θ_{p_1} ao plano em que σ_1 age é obtido a partir das Equações (6.18a) e (b):

$$\cos 2\theta_{p_1} = \frac{\sigma_x - \sigma_y}{2R} = \frac{57 \text{ MPa}}{65{,}4 \text{ MPa}} = 0{,}872$$

$$\text{sen } 2\theta_{p_1} = \frac{\tau_{xy}}{R} = \frac{-32 \text{ MPa}}{65{,}4 \text{ MPa}} = -0{,}489$$

em que R é dado pela Equação (6.12) e é igual ao termo da raiz quadrada no cálculo anterior para as tensões principais σ_1 e σ_2.

O único ângulo entre 0 e 360° com seno e cosseno especificados é $2\theta_{p_1} = 330{,}7°$; dessa forma, $\theta_{p_1} = 165{,}3°$. Esse ângulo está associado com a tensão principal algebricamente maior $\sigma_1 = 94{,}4$ MPa. O outro ângulo é 90° maior ou menor que θ_{p1}; dessa forma, $\theta_{p_2} = 75{,}3°$. Este ângulo corresponde à menor tensão principal $\sigma_2 = -36{,}4$ MPa. Note que esses resultados para as tensões principais e ângulos principais estão de acordo com aqueles encontrados anteriormente.

(b) *Tensões de cisalhamento máximas.* As tensões de cisalhamento máximas no plano são dadas pela Equação (6.25):

$$\tau_{max} = \sqrt{\left(\frac{\sigma_x - \sigma_y}{2}\right)^2 + \tau_{xy}^2}$$

$$= \sqrt{(57 \text{ MPa})^2 + (-32 \text{ MPa})^2} = 65{,}4 \text{ MPa}$$

O ângulo θ_{s_1} ao plano com tensão de cisalhamento máxima positiva é calculado a partir da Equação (6.24):

$$\theta_{s_1} = \theta_{p_1} - 45° = 165{,}3° - 45° = 120{,}3°$$

Segue que a tensão de cisalhamento máxima negativa age no plano para o qual $\theta_{s_2} = 120{,}3° - 90° = 30{,}3°$.

As tensões normais agindo nos planos de tensões de cisalhamento máximas são calculadas a partir da Equação (6.27):

$$\sigma_{média} = \frac{\sigma_x + \sigma_y}{2} = 29 \text{ MPa}$$

Finalmente, as tensões de cisalhamento máximas e as tensões normais associadas são mostradas no elemento de tensão da Figura 6.14d.

Como uma aproximação alternativa para encontrar as tensões de cisalhamento máximas, podemos usar a Equação (6.20) para determinar os dois valores dos ângulos θ_s, e então podemos usar a segunda equação de transformação (Equação 6.4b) para obter as tensões de cisalhamento correspondentes.

6.4 Círculo de Mohr para estado plano de tensões

As equações de transformação para estado plano de tensões podem ser representadas na forma gráfica por um diagrama conhecido como **círculo de Mohr**. Esta representação gráfica é extremamente útil porque possibilita visualizar as relações entre as tensões normais e de cisalhamento agindo em vários planos inclinados em um ponto de um corpo tensionado. Ela também fornece meios para calcular tensões principais, tensões de cisalhamento máximas e tensões em planos inclinados. Além disso, o círculo de Mohr é válido não apenas para tensões, mas também para outras grandezas de natureza matemática similar, incluindo deformações e momentos de inércia.*

Equações do círculo de Mohr

A equação do círculo de Mohr pode ser deduzida a partir das equações de transformação para estado plano de tensões (Equações 6.4a e b). As duas equações são repetidas aqui, mas com um ligeiro rearranjo da primeira equação:

$$\sigma_{x_1} - \frac{\sigma_x + \sigma_y}{2} = \frac{\sigma_x - \sigma_y}{2} \cos 2\theta + \tau_{xy} \operatorname{sen} 2\theta \qquad (6.29a)$$

$$\tau_{x_1 y_1} = -\frac{\sigma_x - \sigma_y}{2} \operatorname{sen} 2\theta + \tau_{xy} \cos 2\theta \qquad (6.29b)$$

Da geometria analítica, podemos reconhecer que essas duas equações são de um círculo na forma paramétrica. O ângulo 2θ é o parâmetro e as tensões σ_{x_1} e $\tau_{x_1 y_1}$ são as coordenadas. No entanto, não é necessário reconhecer a natureza das equações nesse estágio – se eliminarmos o parâmetro, o significado das equações ficará aparente.

Para eliminar o parâmetro 2θ, elevamos ao quadrado ambos os lados de cada equação e então adicionamos as duas equações. A equação resultante é

$$\left(\sigma_{x_1} - \frac{\sigma_x + \sigma_y}{2}\right)^2 + \tau_{x_1 y_1}^2 = \left(\frac{\sigma_x - \sigma_y}{2}\right)^2 + \tau_{xy}^2 \qquad (6.30)$$

Essa equação pode ser escrita de maneira mais simples, usando-se a notação a seguir da Seção 6.3 (veja as Equações 6.27 e 6.12, respectivamente):

$$\sigma_{\text{média}} = \frac{\sigma_x + \sigma_y}{2} \qquad R = \sqrt{\left(\frac{\sigma_x - \sigma_y}{2}\right)^2 + \tau_{xy}^2} \qquad (6.31a,b)$$

A Equação (6.30) agora se torna

$$(\sigma_{x_1} - \sigma_{\text{média}})^2 + \tau_{x_1 y_1}^2 = R^2 \qquad (6.32)$$

que é a equação de um círculo na forma algébrica padrão. As coordenadas são σ_{x_1} e $\tau_{x_1 y_1}$, o raio é R e o centro do círculo tem coordenadas $\sigma_{x_1} = \sigma_{\text{média}}$ e $\tau_{x_1 y_1} = 0$.

Duas formas do círculo de Mohr

O círculo de Mohr pode ser traçado a partir das Equações (6.29) e (6.32) em qualquer uma das duas formas. Na primeira forma do círculo de Mohr, traçamos a tensão normal σ_{x_1} positiva para a direita e a tensão de cisalhamento $\tau_{x_1 y_1}$ positiva para baixo, como ilustrado na Figura 6.15a. A vantagem de traçar as tensões de cisalhamento positivas para baixo é que o ângulo 2θ no círculo de Mohr será positivo quando no sentido anti-horário, o que está de acordo com a direção positiva de 2θ na dedução das equações de transformação (veja as Figuras 6.1 e 6.2).

Na segunda forma do círculo de Mohr, $\tau_{x_1 y_1}$ é traçada positiva para cima, mas o ângulo 2θ fica agora positivo no sentido horário (Figura 6.15b), o que é contrário à sua direção positiva usual.

Ambas as formas do círculo de Mohr são matematicamente corretas e qualquer uma pode ser usada. No entanto, é mais fácil visualizar a orientação do

---

* O círculo de Mohr deve seu nome ao famoso engenheiro civil alemão Christian Otto Mohr (1835–1918), que desenvolveu o círculo em 1882.

Figura 6.15

Duas formas do círculo de Mohr: (a) $\tau_{x_1y_1}$ é positivo para baixo e o ângulo 2θ é positivo no sentido anti-horário e (b) $\tau_{x_1y_1}$ é positivo para cima e o ângulo 2θ é positivo no sentido horário (*Observação*: A primeira forma será usada neste livro.)

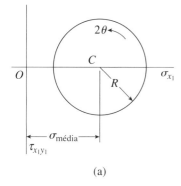

(a)

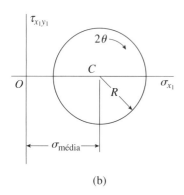

(b)

elemento de tensão se a direção positiva do ângulo 2θ for a mesma no círculo de Mohr que para o elemento propriamente dito. Além disso, uma rotação no sentido anti-horário está de acordo com a costumeira regra da mão direita para rotação.

Por isso, iremos adotar a primeira forma do círculo de Mohr (Figura 6.15a), em que a *tensão de cisalhamento positiva é traçada para baixo e o ângulo 2θ positivo é traçado no sentido anti-horário*.

Construção do círculo de Mohr

O círculo de Mohr pode ser construído em uma variedade de formas, dependendo de quais tensões são conhecidas e quais devem ser encontradas. Para nosso objetivo imediato, que é mostrar as propriedades básicas do círculo, vamos assumir que conhecemos as tensões σ_x, σ_y e τ_{xy} agindo nos planos x e y de um elemento em estado plano de tensões (Figura 6.16a). Como veremos, esta informação é suficiente para construir o círculo. Então, com o círculo desenhado, podemos determinar as tensões σ_{x_1}, σ_{y_1} e $\tau_{x_1y_1}$ agindo em um elemento inclinado (Figura 6.16b). Podemos também obter as tensões principais e tensões de cisalhamento máximas a partir do círculo.

Com σ_x, σ_y e τ_{xy} conhecidas, o **procedimento para construir o círculo de Mohr** é o seguinte (veja a Figura 6.16c):

1. Desenhe um sistema de coordenadas com σ_{x_1} como abscissa (positiva para a direita) e $\tau_{x_1y_1}$ como ordenada (positiva para baixo).

2. Localize o centro C do círculo no ponto tendo coordenadas $\sigma_{x_1} = \sigma_{\text{média}}$ e $\tau_{x_1y_1} = 0$ (veja as Equações 6.31a e 6.32).

3. Localize o ponto A, representando as condições de tensão na face x do elemento ilustrado na Figura 6.16a, traçando suas coordenadas $\sigma_{x_1} = \sigma_x$ e $\tau_{x_1y_1} = \tau_{xy}$. Note que o ponto A no círculo corresponde a $\theta = 0$. Note ainda que a face x do elemento (Figura 6.16a) é chamada de "A" para mostrar sua correspondência com o ponto A no círculo.

4. Localize o ponto B, representando as condições de tensão na face y do elemento ilustrado na Figura 6.16a, traçando suas coordenadas $\sigma_{x_1} = \sigma_y$ e $\tau_{x_1y_1} = -\tau_{xy}$. Note que o ponto B no círculo corresponde a $\theta = 90°$. Além disso, a face y do elemento (Figura 6.16a) é chamada de "B" para mostrar sua correspondência com o ponto B no círculo.

Figura 6.16

Construção do círculo de Mohr para estado plano de tensões

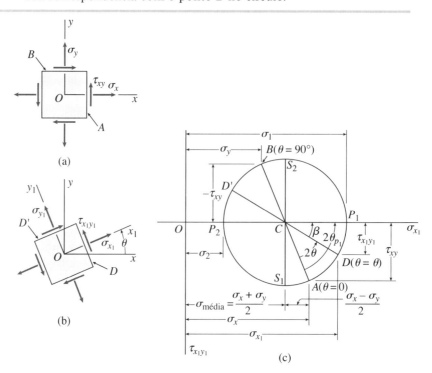

5. Desenhe uma linha do ponto A até o ponto B. Essa linha é um diâmetro do círculo e passa através do centro C. Os pontos A e B, representando as tensões nos planos a 90° a cada um deles (Figura 6.16a), estão em extremidades opostas do diâmetro (e por isso estão 180° separados no círculo).

6. Usando o ponto C como centro, desenhe o círculo de Mohr através dos pontos A e B. O círculo desenhado nessa maneira tem raio R (Equação 6.31b), como ilustrado no próximo parágrafo.

Agora que desenhamos o círculo, podemos verificar através da geometria que as linhas CA e CB são raios e possuem comprimentos iguais a R. Notamos que as abscissas dos pontos C e A são $(\sigma_x + \sigma_y)/2$ e σ_x, respectivamente. A diferença nessas abscissas é $(\sigma_x - \sigma_y)/2$, como dimensionado na figura. A ordenada do ponto A é τ_{xy}. Por isso, a linha CA é a hipotenusa de um triângulo reto tendo um lado de comprimento $(\sigma_x - \sigma_y)/2$ e o outro lado de comprimento τ_{xy}. Tomando a raiz quadrada da soma dos quadrados desses dois lados, encontra-se o raio R:

$$R = \sqrt{\left(\frac{\sigma_x - \sigma_y}{2}\right)^2 + \tau_{xy}^2}$$

que é o mesmo que na Equação (6.31b). Através de um procedimento similar, podemos mostrar que o comprimento da linha CB também é igual ao raio R do círculo.

Tensões em um elemento inclinado

Agora consideraremos as tensões σ_{x_1}, σ_{y_1} e $\tau_{x_1 y_1}$ agindo nas faces de um elemento de estado plano de tensões orientado a um ângulo θ do eixo x (Figura 6.16b). Se o ângulo θ for conhecido, essas tensões podem ser determinadas a partir do círculo de Mohr. O procedimento é descrito a seguir.

No círculo (Figura 6.16c), medimos um ângulo 2θ no sentido anti-horário a partir do raio CA, porque o ponto A corresponde a $\theta = 0$ e é o ponto de referência do qual medimos os ângulos. O ângulo 2θ localiza o ponto D no círculo, que (como ilustrado no próximo parágrafo) tem coordenadas σ_{x_1} e $\tau_{x_1 y_1}$. Por isso, o ponto D representa as tensões na face x_1 do elemento da Figura 6.16b. Consequentemente, esta face do elemento é chamada de "D" na Figura 6.16b.

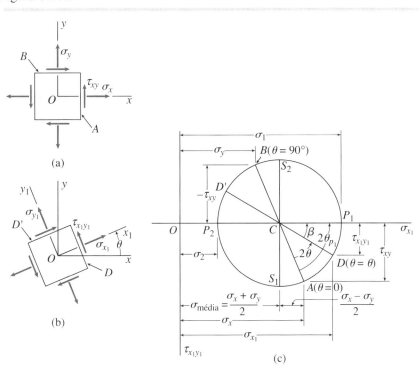

Figura 6.16 (Repetida)

Note que um ângulo 2θ no círculo de Mohr corresponde a um ângulo θ no elemento de tensão. Por exemplo, o ponto D no círculo está a um ângulo 2θ do ponto A, mas a face x_1 do elemento ilustrado na Figura 6.16b (a face chamada de "D") está a um ângulo θ da face x do elemento ilustrado na Figura 6.16a (a face chamada de "A"). De forma similar, os pontos A e B estão separados por 180° no círculo, mas as faces correspondentes do elemento (Figura 6.16a) estão separadas por 90°.

Para mostrar que as coordenadas σ_{x_1} e $\tau_{x_1 y_1}$ do ponto D no círculo são de fato dadas pelas equações de transformação de tensão (Equações 6.4a e b), novamente usamos a geometria do círculo. Seja β o ângulo entre a linha radial CD e o eixo σ_{x_1}. Então, da geometria da figura, obtemos as seguintes expressões para as coordenadas do ponto D:

$$\sigma_{x_1} = \frac{\sigma_x + \sigma_y}{2} + R \cos \beta \qquad \tau_{x_1 y_1} = R \operatorname{sen} \beta \qquad (6.33\text{a,b})$$

Notando que o ângulo entre o raio CA e o eixo horizontal é $2\theta + \beta$, obtemos

$$\cos(2\theta + \beta) = \frac{\sigma_x - \sigma_y}{2R} \qquad \operatorname{sen}(2\theta + \beta) = \frac{\tau_{xy}}{R}$$

Expandindo as expressões de seno e cosseno, temos

$$\cos 2\theta \cos \beta - \operatorname{sen} 2\theta \operatorname{sen} \beta = \frac{\sigma_x - \sigma_y}{2R} \qquad (6.34\text{a})$$

$$\operatorname{sen} 2\theta \cos \beta + \cos 2\theta \operatorname{sen} \beta = \frac{\tau_{xy}}{R} \qquad (6.34\text{b})$$

Multiplicando a primeira dessas equações por $\cos 2\theta$ e a segunda por $\operatorname{sen} 2\theta$, e somando, obtemos

$$\cos \beta = \frac{1}{R}\left(\frac{\sigma_x - \sigma_y}{2} \cos 2\theta + \tau_{xy} \operatorname{sen} 2\theta \right) \qquad (6.34\text{c})$$

Multiplicando a Equação (6.34a) por $\operatorname{sen} 2\theta$ e a Equação (6.34b) por $\cos 2\theta$, e subtraindo, obtemos

$$\operatorname{sen} \beta = \frac{1}{R}\left(-\frac{\sigma_x - \sigma_y}{2} \operatorname{sen} 2\theta + \tau_{xy} \cos 2\theta \right) \qquad (6.34\text{d})$$

Quando essas expressões para $\cos \beta$ e $\operatorname{sen} \beta$ são substituídas nas Equações (6.33a) e (b), obtemos as equações de transformação de tensão para σ_{x_1} e $\tau_{x_1 y_1}$ (Equações 6.4a e b). Dessa forma, mostramos que o ponto D no círculo de Mohr, definido pelo ângulo 2θ, representa as condições de tensão na face x_1 do elemento de tensão definida pelo ângulo θ (Figura 6.16b).

O ponto D', que é diametralmente oposto ao ponto D no círculo, está localizado por um ângulo 2θ (medido a partir da linha CA) que é 180° maior que o ângulo 2θ até o ponto D. Por isso, o ponto D' no círculo representa as tensões em uma face do elemento de tensão (Figura 6.16b) a 90° da face representada pelo ponto D. Desta forma, o ponto D' no círculo fornece as tensões σ_{y_1} e $-\tau_{x_1 y_1}$ na face y_1 do elemento de tensão (a face chamada de "D'" na Figura 6.16b).

A partir dessa discussão, mostramos como as tensões representadas pelos pontos no círculo de Mohr estão relacionadas com as tensões agindo em um elemento. As tensões em um plano inclinado definido pelo ângulo θ (Figura 6.16b) são encontradas no círculo no ponto em que o ângulo no ponto de referência (o ponto A) é 2θ. Dessa forma, ao girarmos os eixos $x_1 y_1$ no sentido anti-horário através de um ângulo θ (Figura 6.16b), o ponto no círculo de Mohr correspondente à face x_1 move-se no sentido anti-horário através de um ângulo 2θ. De forma similar, se girarmos os eixos no sentido horário através de um ângulo, o ponto no círculo se move no sentido horário através de um ângulo duas vezes maior.

Tensões principais

A determinação das tensões principais é provavelmente a aplicação mais importante do círculo de Mohr. Note que, quando nos movemos ao redor do círculo de Mohr (Figura 6.16c), encontramos o ponto P_1, em que a tensão normal atinge seu maior valor algébrico e a tensão de cisalhamento é zero. Dessa forma, o ponto P_1 representa uma **tensão principal** e um **plano principal**. A abscissa σ_1 do ponto P_1 fornece a tensão principal algebricamente maior e seu ângulo $2\theta_{p_1}$ do ponto de referência A (onde $\theta = 0$) fornece a orientação do plano principal. O outro plano principal, associado com a tensão normal algebricamente menor, é representado pelo ponto P_2, diametralmente oposto ao ponto P_1.

Da geometria do círculo, vemos que a tensão principal algebricamente maior é

$$\sigma_1 = OC + \overline{CP_1} = \frac{\sigma_x + \sigma_y}{2} + R$$

que, pela substituição da expressão para R (Equação 6.31b), está de acordo com a equação anterior para essa tensão (Equação 6.14). De maneira similar, podemos verificar a expressão para a tensão principal algebricamente menor σ_2.

O ângulo principal θ_{p_1} entre o eixo x (Figura 6.16a) e o plano de tensão principal algebricamente maior é metade do ângulo $2\theta_{p_1}$, que é o ângulo no círculo de Mohr entre os raios CA e CP_1. O cosseno e o seno do ângulo $2\theta_{p_1}$ podem ser obtidos do círculo através de inspeção:

$$\cos 2\theta_{p_1} = \frac{\sigma_x - \sigma_y}{2R} \qquad \text{sen } 2\theta_{p_1} = \frac{\tau_{xy}}{R}$$

Essas equações estão de acordo com as Equações (6.18a) e (b) e, portanto, mais uma vez, vemos que a geometria do círculo está de acordo com as equações deduzidas anteriormente. No círculo, o ângulo $2\theta_{p2}$ até o outro ponto principal (ponto P_2) é 180° maior que $2\theta_{p1}$; dessa forma, $\theta_{p2} = \theta_{p1} + 90°$, como esperado.

Tensões de cisalhamento máximas

Os pontos S_1 e S_2, representando os planos de tensões de cisalhamento máximas positiva e negativa, respectivamente, estão localizados na parte de baixo e em cima do círculo de Mohr (Figura 6.16c). Esses pontos estão a ângulos $2\theta = 90°$ dos pontos P_1 e P_2, o que está de acordo com o fato de que os planos de tensão de cisalhamento máxima estão orientados a 45° em relação aos planos principais.

As tensões de cisalhamento máximas são numericamente iguais ao raio R do círculo (compare a Equação 6.31b para R com a Equação 6.25 para τ_{max}). As tensões normais nos planos de tensão de cisalhamento máxima são iguais à abscissa do ponto C, que é a tensão normal média $\sigma_{média}$ (veja a Equação 6.31a).

Convenção de sinal alternativa para tensões de cisalhamento

Uma convenção de sinal alternativa para tensões de cisalhamento é algumas vezes usada ao se construir o círculo de Mohr. Nessa convenção, a direção de uma tensão de cisalhamento agindo em um elemento do material é indicada pelo sentido da rotação que ela tende a produzir (Figuras 6.17a e b). Se a tensão de cisalhamento τ tende a girar o elemento de tensão no sentido horário, é chamada de *tensão de cisalhamento horária*, e se tende a girar o elemento no sentido anti-horário, é uma *tensão de cisalhamento anti-horária*. Então, ao construir o círculo de Mohr, tensões de cisalhamento horárias são traçadas para cima e as anti-horárias para baixo (Figura 6.17c).

É importante perceber que *a convenção de sinal alternativa produz um círculo idêntico ao círculo já descrito* (Figura 6.16c). A razão é que uma tensão de cisalhamento positiva $\tau_{x_1 y_1}$ é também uma tensão de cisalhamento anti-horária, e ambas são traçadas para baixo. Uma tensão de cisalhamento negativa $\tau_{x_1 y_1}$ é uma tensão de cisalhamento horária, e ambas são traçadas para cima.

Desta forma, a convenção de sinal alternativa meramente fornece um ponto de vista diferente. Em vez de pensar no eixo vertical como tendo tensões de cisalhamento negativas traçadas para cima e tensões de cisalhamento positivas para baixo (o que é um tanto incômodo), podemos pensar no eixo vertical com tensões de cisalhamento horárias traçadas para cima e tensões de cisalhamento anti-horárias traçadas para baixo (Figura 6.17c).

Figura 6.17

Convenção de sinal alternativa para tensões de cisalhamento: (a) tensão de cisalhamento horária, (b) tensão de cisalhamento anti-horária e (c) eixo para o círculo de Mohr (note que as tensões de cisalhamento horárias estão traçadas para cima e as tensões de cisalhamento anti-horárias estão traçadas para baixo)

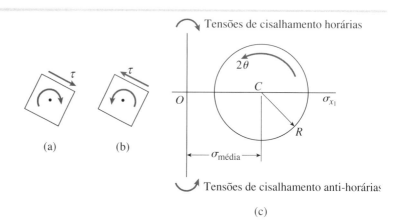

Comentários gerais sobre o círculo

Das discussões anteriores nesta seção, está aparente que podemos encontrar as tensões agindo em qualquer plano inclinado, bem como as tensões principais e as tensões de cisalhamento máximas, a partir do círculo de Mohr. No entanto, apenas rotações de eixos no plano xy (isto é, rotações ao redor do eixo z) são consideradas e, por isso, *todas as tensões no círculo de Mohr são tensões no plano*.

Por conveniência, o círculo da Figura 6.16 foi desenhado com σ_x, σ_y e τ_{xy} como tensões positivas, mas os mesmos procedimentos podem ser seguidos se uma (ou mais) das tensões for negativa. Se uma das tensões normais for negativa, parte de todo o círculo estará localizada à esquerda da origem, como ilustrado no Exemplo 6.6 mais adiante.

O ponto A na Figura 6.16c, representando as tensões no plano $\theta = 0$, pode estar situado em qualquer lugar ao redor do círculo. No entanto, o ângulo 2θ é sempre medido no sentido anti-horário do raio CA, independentemente de onde o ponto A esteja localizado.

Nos casos especiais de *tensão uniaxial*, *tensão biaxial* e *cisalhamento puro*, a construção do círculo de Mohr é mais simples do que no caso geral de estado plano de tensões. Esses casos especiais são ilustrados no Exemplo 6.4 e nos Problemas 6.4-1 e 6.4-2.

Além de usar o círculo de Mohr para obter as tensões em planos inclinados quando as tensões nos planos x e y são conhecidas, podemos também usar o círculo da maneira oposta. Se conhecemos as tensões σ_{x_1}, σ_{y_1} e $\tau_{x_1 y_1}$ agindo em um elemento inclinado orientado em um ângulo conhecido θ, podemos facilmente construir o círculo e determinar as tensões σ_x, σ_y e τ_{xy} para o ângulo $\theta = 0$. O procedimento é localizar os pontos D e D' das tensões conhecidas e então desenhar o círculo usando a linha DD' como um diâmetro. Medindo o ângulo 2θ em um sentido negativo do raio CD, podemos localizar o ponto A, correspondente à face x do elemento. Então, podemos localizar o ponto B construindo um diâmetro a partir de A. Finalmente, podemos determinar as coordenadas dos pontos A e B e dessa forma obter as tensões agindo no elemento para o qual $\theta = 0$.

Se desejado, podemos construir o círculo de Mohr em escala e medir os valores de tensão a partir do desenho. No entanto, é geralmente preferível obter as tensões através de cálculos numéricos, ou diretamente das várias equações ou usando trigonometria e a geometria do círculo.

O círculo de Mohr torna possível visualizar as relações entre as tensões agindo em vários ângulos e também serve como um mecanismo simples de memória para calcular tensões. Embora várias técnicas gráficas não sejam mais usadas na engenharia, o círculo de Mohr permanece valioso porque fornece uma ilustração simples e clara de uma análise por outro lado complicada.

O círculo de Mohr é também aplicável a transformações para estado plano de deformações e momentos de inércia de áreas planas, porque essas quantidades seguem as mesmas leis de transformação que as tensões (veja a Seção 6.7).

• • Exemplo 6.4

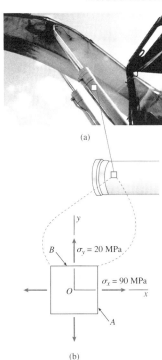

Exemplo 6.4: (a) Cilindro hidráulico no equipamento de construção (©Can Stock Photo Inc./zoomzoom)

Em um ponto na superfície de um êmbolo hidráulico pressurizado de uma peça do equipamento de construção (Figura 6.18a), o material está submetido a tensões biaxiais $\sigma_x = 90$ MPa e $\sigma_y = 20$ MPa, como ilustrado no elemento de tensão da Figura 6.18b. Usando o círculo de Mohr, determine as tensões agindo em um elemento inclinado a um ângulo $\theta = 30°$ (considere apenas as tensões no plano e mostre os resultados em um esboço de um elemento adequadamente orientado).

Solução

Construção do círculo de Mohr. Começamos fixando os eixos para as tensões normais e de cisalhamento, com σ_{x_1} positivo para a direita e $\tau_{x_1 y_1}$ positivo para baixo, como ilustrado na Figura 6.18c. Então posicionamos o centro C do círculo no eixo σ_{x_1} no ponto em que a tensão é igual à tensão normal média (Equação 6.31a):

$$\sigma_{média} = \frac{\sigma_x + \sigma_y}{2} = \frac{90 \text{ MPa} + 20 \text{ MPa}}{2} = 55 \text{ MPa}$$

O ponto A, representando as tensões na face x do elemento ($\theta = 0$), tem coordenadas

$$\sigma_{x_1} = 90 \text{ MPa} \qquad \tau_{x_1 y_1} = 0$$

De forma similar, as coordenadas do ponto B, representando as tensões na face y ($\theta = 90°$), são

$$\sigma_{x_1} = 20 \text{ MPa} \qquad \tau_{x_1 y_1} = 0$$

Agora desenhamos o círculo através dos pontos A e B com centro em C e raio R (veja a Equação 6.31b) igual a

$$R = \sqrt{\left(\frac{\sigma_x - \sigma_y}{2}\right)^2 + \tau_{xy}^2} = \sqrt{\left(\frac{90 \text{ MPa} - 20 \text{ MPa}}{2}\right)^2 + 0} = 35 \text{ MPa}$$

Tensões em um elemento inclinado a $\theta = 30°$. As tensões agindo em um plano orientado a um ângulo $\theta = 30°$ são dadas pelas coordenadas do ponto

Exemplo 6.4 Continuação

Figura 6.18b,c

Exemplo 6.4: (b) elemento do êmbolo hidráulico em tensão plana, e (c) o correspondente círculo de Mohr (Nota: Todas as tensões no círculo estão em unidades de MPa.)

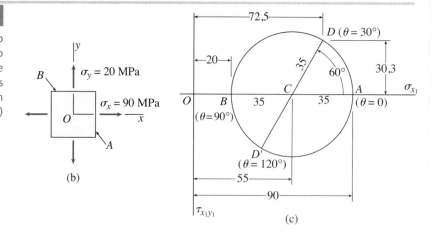

D, que está a um ângulo $2\theta = 60°$ do ponto A (Figura 6.18c). Por inspeção do círculo, vemos que as coordenadas do ponto D são

(Ponto D) $\quad \sigma_{x_1} = \sigma_{\text{média}} + R \cos 60°$

$\qquad = 55 \text{ MPa} + (35 \text{ MPa})(\cos 60°) = 72{,}5 \text{ MPa}$ ⬅

$\tau_{x_1 y_1} = -R \sen 60° = -(35 \text{ MPa})(\sen 60°) = -30{,}3 \text{ MPa}$ ⬅

De maneira similar, podemos encontrar as tensões representadas pelo ponto D', que corresponde a um ângulo $\theta = 120°$ (ou $2\theta = 240°$):

(Ponto D') $\quad \sigma_{x_1} = \sigma_{\text{média}} - R \cos 60°$

$\qquad = 55 \text{ MPa} - (35 \text{ MPa})(\cos 60°) = 37{,}5 \text{ MPa}$ ⬅

$\tau_{x_1 y_1} = R \sen 60° = (35 \text{ MPa})(\sen 60°) = 30{,}3 \text{ MPa}$ ⬅

Esses resultados são ilustrados na Figura 6.19 em um esboço de um elemento orientado a um ângulo $\theta = 30°$, com todas as tensões em suas direções verdadeiras. Note que a soma das tensões normais no elemento inclinado é igual a $\sigma_x + \sigma_y$, ou 110 MPa.

Figura 6.19

Exemplo 6.4 (continuação): Tensões agindo em um elemento orientado a um ângulo $\theta = 30°$

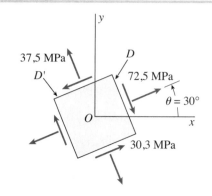

• • • Exemplo 6.5

Figura 6.20a

Exemplo 6.5: (a) Bombas de perfuração de petróleo (Can Stock Photo Inc. ssvaphoto)

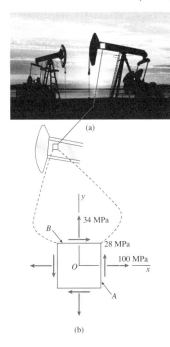

(a)

(b)

Um elemento em estado plano de tensões na superfície de um braço de bomba de perfuração de petróleo (Figura 6.20a) está submetido às tensões $\sigma_x = 100$ MPa, $\sigma_y = 34$ MPa e $\tau_{xy} = 28$ MPa, como ilustrado na Figura 6.20b.

Usando o círculo de Mohr, determine as quantidades a seguir: (a) as tensões agindo em um elemento inclinado a um ângulo $\theta = 40°$, (b) as tensões principais e (c) as tensões de cisalhamento máximas (considere apenas as tensões no plano e mostre todos os resultados em esboços de elementos adequadamente orientados).

Solução

Construção do círculo de Mohr. O primeiro passo na solução é fixar os eixos para o círculo de Mohr, com σ_{x_1} positivo para a direita e $\tau_{x_1y_1}$ positiva para baixo (Figura 6.20c). O centro C do círculo está localizado no eixo σ_{x_1} no ponto em que σ_{x_1} é igual à tensão normal média (Equação 6.31a):

$$\sigma_{média} = \frac{\sigma_x + \sigma_y}{2} = \frac{100 \text{ MPa} + 34 \text{ MPa}}{2} = 67 \text{ MPa}$$

O ponto A, representando as tensões na face x do elemento ($\theta = 0$), tem coordenadas

$$\sigma_{x_1} = 100 \text{ MPa} \qquad \tau_{x_1y_1} = 28 \text{ MPa}$$

De forma similar, as coordenadas do ponto B, representando as tensões na face y ($\theta = 90°$), são

$$\sigma_{x_1} = 34 \text{ MPa} \qquad \tau_{x_1y_1} = -28 \text{ MPa}$$

Figura 6.20b,c

Exemplo 6.5: (a) Elemento em estado plano de tensões e (b) o círculo de Mohr correspondente (Observação: Todas as tensões no círculo são dadas em MPa.)

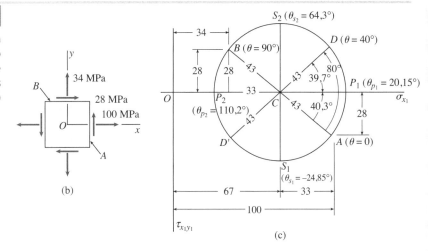

O círculo é agora desenhado através dos pontos A e B com centro em C. O raio do círculo, da Equação (6.31b), é

$$R = \sqrt{\left(\frac{\sigma_x - \sigma_y}{2}\right)^2 + \tau_{xy}^2}$$

$$= \sqrt{\left(\frac{100 \text{ MPa} - 34 \text{ MPa}}{2}\right)^2 + (28 \text{ MPa})^2} = 43 \text{ MPa}$$

(a) *Tensões em um elemento inclinado a $\theta = 40°$.* As tensões agindo em um plano orientado a um ângulo $\theta = 40°$ são dadas pelas coordenadas do ponto D, que está a um ângulo $2\theta = 80°$ do ponto A (Figura 6.20c). Para cal-

Exemplo 6.5 Continuação

Figura 6.21

Exemplo 6.5 (continuação):
(a) Tensões agindo em um elemento orientado a $\theta = 40°$, (b) tensões principais e (c) tensões de cisalhamento máximas

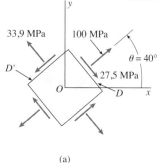

(a)

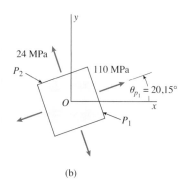

(b)

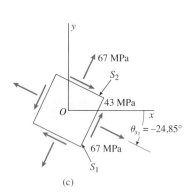

(c)

cular essas coordenadas, precisamos conhecer o ângulo entre a linha *CD* e o eixo σ_{x_1} (isto é, o ângulo DCP_1), que por sua vez exige que conheçamos o ângulo entre a linha *CA* e o eixo σ_{x_1} (ângulo ACP_1). Esses ângulos são encontrados a partir da geometria do círculo da seguinte maneira:

$$\text{tg } \overline{ACP_1} = \frac{28 \text{ MPa}}{33 \text{ MPa}} = 0{,}848 \quad \overline{ACP_1} = 40{,}3°$$

$$\overline{DCP_1} = 80° - \overline{ACP_1} = 80° - 40{,}3° = 39{,}7°$$

Conhecendo esses ângulos, podemos determinar as coordenadas do ponto *D* diretamente da Figura 6.21a:

(Ponto *D*) $\quad \sigma_{x_1} = 67 \text{ MPa} + (43 \text{ MPa})(\cos 39{,}7°) = 100 \text{ MPa}$

$\tau_{x_1 y_1} = -(43 \text{ MPa})(\text{sen } 39{,}7°) = -27{,}5 \text{ MPa}$

De maneira análoga, podemos encontrar as tensões representadas pelo ponto *D'*, que corresponde ao plano inclinado a um ângulo $\theta = 130°$ (ou $2\theta = 260°$):

(Ponto *D'*) $\quad \sigma_{x_1} = 67 \text{ MPa} - (43 \text{ MPa})(\cos 39{,}7°) = 33{,}9 \text{ MPa}$

$\tau_{x_1 y_1} = (43 \text{ MPa})(\text{sen } 39{,}7°) = 27{,}5 \text{ MPa}$

Essas tensões são ilustradas na Figura 6.21a em um esboço de um elemento orientado a um ângulo $\theta = 40°$ (todas as tensões são ilustradas em suas direções verdadeiras). Note ainda que a soma das tensões normais é igual a $\sigma_x + \sigma_y$, ou 134 MPa.

(b) *Tensões principais*. As tensões principais são representadas pelos pontos P_1 e P_2 no círculo de Mohr (Figura 7.20c). A tensão principal algebricamente maior (ponto P_1) é

$$\sigma_1 = 67 \text{ MPa} + 43 \text{ MPa} = 110 \text{ MPa}$$

como visto por inspeção do círculo. O ângulo $2\theta_{p1}$ até o ponto P_1 do ponto *A* é o ângulo ACP_1 no círculo, isto é,

$$\overline{ACP_1} = 2\theta_{p_1} = 40{,}3° \quad \theta_{p_1} = 20{,}15°$$

Dessa forma, o plano de tensão principal algebricamente maior está orientado a um ângulo $\theta_{p_1} = 20{,}15°$, como ilustrado na Figura 6.21b.

A tensão principal algebricamente menor (representada pelo ponto P_2) é obtida a partir do círculo de maneira similar:

$$\sigma_2 = 67 \text{ MPa} - 43 \text{ MPa} = 24 \text{ MPa}$$

O ângulo $2\theta_{p2}$ até o ponto P_2 no círculo é $40{,}3° + 180° = 220{,}3°$; dessa forma, o segundo plano principal é definido pelo ângulo $\theta_{p_2} = 110{,}2°$. As tensões principais e planos principais são mostrados na Figura 6.21b, e novamente observamos que a soma das tensões normais é igual a 134 MPa.

(c) *Tensões de cisalhamento máximas*. As tensões de cisalhamento máximas são representadas pelos pontos S_1 e S_2 no círculo de Mohr; por isso, a tensão de cisalhamento máxima no plano (igual ao raio do círculo) é

$$\tau_{max} = 43 \text{ MPa}$$

O ângulo ACS_1 do ponto *A* até o ponto S_1 é $90° - 40{,}3° = 49{,}7°$ e, por isso, o ângulo $2\theta_{s1}$ para o ponto S_1 é

Exemplo 6.5 Continuação

$$2\theta_{s_1} = -49{,}7°$$

Esse ângulo é negativo porque é medido no sentido horário no círculo. O ângulo correspondente θ_{s1} ao plano de tensão de cisalhamento máxima positiva é metade desse valor, ou θ_{s1} = –24,85°, como ilustrado nas Figuras 6.20c e 6.21c. A tensão de cisalhamento máxima negativa (ponto S_2 no círculo) tem o mesmo valor numérico que a tensão máxima positiva (43 MPa).

As tensões normais agindo nos planos de tensão de cisalhamento máxima são iguais a $\sigma_{\text{média}}$, que é a abscissa do centro C do círculo (67 MPa). Essas tensões são também ilustradas na Figura 6.21c. Note que os planos de tensão de cisalhamento máxima estão orientados a 45° dos planos principais.

Exemplo 6.6

Em um ponto na superfície de um torno, as tensões são σ_x = –50 MPa, σ_y = 10 MPa e τ_{xy} = –40 MPa, como ilustrado na Figura 6.22a.

Usando o círculo de Mohr, determine as quantidades a seguir: (a) as tensões agindo em um elemento inclinado a um ângulo θ = 45°, (b) as tensões principais e (c) as tensões de cisalhamento máximas (considere apenas as tensões no plano e mostre todos os resultados em esboços de elementos orientados adequadamente).

Solução

Construção do círculo de Mohr. Os eixos para as tensões normais e de cisalhamento estão ilustrados na Figura 6.22b, com σ_{x_1} positivo para a direita e $\tau_{x_1 y_1}$ positivo para baixo. O centro C do círculo está localizado no eixo σ_{x_1} no ponto em que a tensão é igual à tensão normal média (Equação 6.31a):

$$\sigma_{\text{média}} = \frac{\sigma_x + \sigma_y}{2} = \frac{-50 \text{ MPa} + 10 \text{ MPa}}{2} = -20 \text{ MPa}$$

O ponto A, representando as tensões na face x do elemento (θ = 0), tem coordenadas

$$\sigma_{x_1} = -50 \text{ MPa} \qquad \tau_{x_1 y_1} = -40 \text{ MPa}$$

De forma similar, as coordenadas do ponto B, representando as tensões na face (θ = 90°), são

$$\sigma_{x_1} = 10 \text{ MPa} \qquad \tau_{x_1 y_1} = 40 \text{ MPa}$$

O círculo agora é desenhado através dos pontos A e B com centro em C e raio R (da Equação 6.31b) igual a

$$R = \sqrt{\left(\frac{\sigma_x - \sigma_y}{2}\right)^2 + \tau_{xy}^2}$$

$$= \sqrt{\left(\frac{-50 \text{ MPa} - 10 \text{ MPa}}{2}\right)^2 + (-40 \text{ MPa})^2} = 50 \text{ MPa}$$

(a) *Tensões em um elemento inclinado a θ = 45°.* As tensões agindo em um plano orientado a um ângulo θ = 45° são dadas pelas coordenadas do ponto D, que está a um ângulo 2θ = 90° do ponto A (Figura 6.22b). Para calcular essas coordenadas, precisamos conhecer o ângulo entre a linha CD e o eixo negativo σ_{x_1} (isto é, o ângulo DCP_2), que por sua vez exige que saibamos o ângulo entre a linha CA e o eixo negativo σ_{x_1} (ângulo ACP_2). Esses ângulos são encontrados através da geometria do círculo, da seguinte maneira

Exemplo 6.6 Continuação

Figura 6.22

Exemplo 6.6: (a) Elemento em estado plano de tensões e (b) o círculo de Mohr correspondente (Observação: Todas as tensões no círculo têm unidades em MPa.)

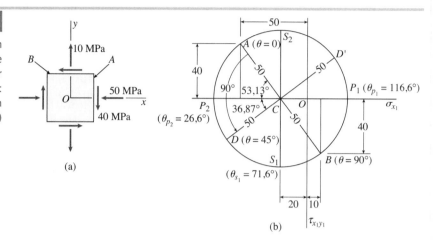

$$\text{tg } \overline{ACP_2} = \frac{40 \text{ MPa}}{30 \text{ MPa}} = \frac{4}{3} \qquad \overline{ACP_2} = 53,13°$$

$$\overline{DCP_2} = 90° - \overline{ACP_2} = 90° - 53,13° = 36,87°$$

Conhecendo esses ângulos, podemos obter as coordenadas do ponto D diretamente da Figura 6.23a:

(Ponto D) $\quad \sigma_{x_1} = -20 \text{ MPa} - (50 \text{ MPa})(\cos 36,87°) = -60 \text{ MPa}$ ⬅

$\tau_{x_1 y_1} = (50 \text{ MPa})(\text{sen } 36,87°) = 30 \text{ MPa}$ ⬅

De maneira análoga, podemos encontrar as tensões representadas pelo ponto D', que corresponde ao plano inclinado a um ângulo $\theta = 135°$ (ou $2\theta = 270°$):

(Ponto D') $\quad \sigma_{x_1} = -20 \text{ MPa} + (50 \text{ MPa})(\cos 36,87°) = 20 \text{ MPa}$ ⬅

$\tau_{x_1 y_1} = (-50 \text{ MPa})(\text{sen } 36,87°) = -30 \text{ MPa}$ ⬅

Essas tensões são ilustradas na Figura 6.23a em um esboço de um elemento orientado a um ângulo $\theta = 45°$ (todas as tensões são ilustradas em suas direções verdadeiras). Note ainda que a soma das tensões normais é igual a $\sigma_x + \sigma_y$, ou -40 MPa.

(b) *Tensões principais*. As tensões principais são representadas pelos pontos P_1 e P_2 no círculo de Mohr. A tensão principal algebricamente maior (representada pelo ponto P_1) é

$$\sigma_1 = -20 \text{ MPa} + 50 \text{ MPa} = 30 \text{ MPa} \quad ⬅$$

Figura 6.23

Exemplo 6.6 (continuação): (a) Tensões agindo em um elemento orientado a $\theta = 45°$, (b) tensões principais e (c) tensões de cisalhamento máximas

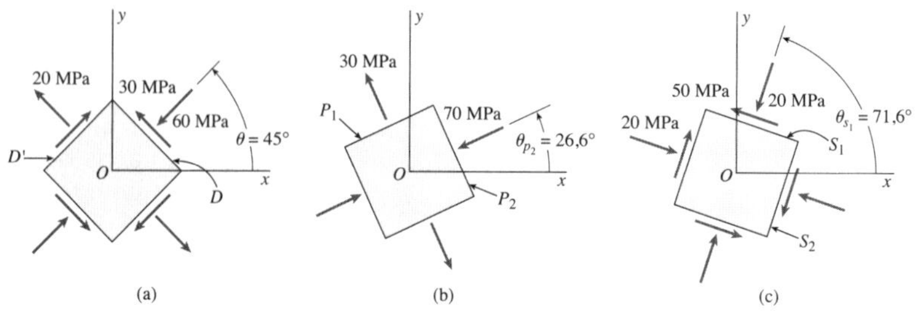

Exemplo 6.6 Continuação

como visto por inspeção do círculo. O ângulo $2\theta_{p1}$ até o ponto P_1 do ponto A é o ângulo ACP_1 medido no sentido anti-horário no círculo, isto é,

$$\overline{ACP_1} = 2\theta_{p_1} = 53{,}13° + 180° = 233{,}13° \qquad \theta_{p_1} = 116{,}6°$$

Dessa forma, o plano de tensão principal algebricamente maior está orientado a um ângulo $\theta_{p1} = 116{,}6°$.

A tensão principal algebricamente menor (ponto P_2) é obtida do círculo de maneira similar:

$$\sigma_2 = -20 \text{ MPa} - 50 \text{ MPa} = -70 \text{ MPa}$$

O ângulo $2\theta_{p2}$ até o ponto P_2 no círculo é 53,13°; dessa forma, o segundo plano principal é definido pelo ângulo $\theta_{p_2} = 26{,}6°$.

As tensões principais e os planos principais são ilustrados na Figura 6.23b e, novamente, notamos que a soma das tensões normais é igual a $\sigma_x + \sigma_y$ ou –40 MPa.

(c) *Tensões de cisalhamento máximas.* As tensões de cisalhamento máximas positiva e negativa são representadas pelos pontos S_1 e S_2 no círculo de Mohr (Figura 6.22b). Suas intensidades, iguais ao raio do círculo, são

$$\tau_{max} = 50 \text{ MPa}$$

O ângulo ACS_1 do ponto A até o ponto S_1 é 90° + 53,13° = 143,13° e, por isso, o ângulo $2\theta_{s1}$ para o ponto S_1 é

$$2\theta_{s_1} = 143{,}13°$$

O ângulo correspondente θ_{s1} até o plano de tensão de cisalhamento máxima positiva é metade desse valor, ou $\theta_{s_1} = 71{,}6°$, como ilustrado na Figura 6.23c. A tensão de cisalhamento máxima negativa (ponto S_2 no círculo) tem o mesmo valor numérico que a tensão positiva (50 MPa).

As tensões normais agindo nos planos de tensão de cisalhamento máxima são iguais a $\sigma_{média}$, que é a coordenada do centro C do círculo (–20 MPa). Essas tensões também são ilustradas na Figura 6.23c. Note que os planos de tensão de cisalhamento máxima estão orientados a 45° aos planos principais.

6.5 Lei de Hooke para estado plano de tensões

As tensões em planos inclinados quando o material é submetido a estado plano de tensões (Figura 6.24) foram discutidas nas Seções 6.2, 6.3 e 6.4. As equações de transformação de tensão deduzidas nessas discussões foram obtidas unicamente a partir do equilíbrio e, por isso, as propriedades dos materiais não foram necessárias. Agora, nesta seção, iremos investigar as *deformações* no material, o que significa que as propriedades do material deverão ser consideradas. No entanto, vamos limitar nossa discussão a materiais que atendam a duas importantes condições: primeiro, *o material deve ser uniforme ao longo do corpo e ter as mesmas propriedades em todas as direções* (material homogêneo e isotrópico) e, segundo, *o material deve seguir a lei de Hooke* (material elástico linear). Nestas condições, podemos prontamente obter as relações entre as tensões e as deformações no corpo.

Vamos começar considerando as **deformações normais** ε_x, ε_y e ε_z em estado plano de tensões. Os efeitos destas deformações estão demostrados na Figura 6.25, que mostra as variações de um pequeno elemento tendo arestas de comprimento a, b e c. Todas as três deformações são mostradas positivas (alonga-

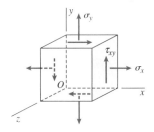

Figura 6.24

Elemento de material em estado plano de tensões ($\sigma_z = 0$)

mento) na figura. As deformações podem ser expressas em termos das tensões (Figura 6.24) pela sobreposição dos efeitos das tensões individuais.

Por exemplo, a deformação ε_x na direção x devida à tensão σ_x é igual a σ_x/E, em que E é o módulo de elasticidade. A deformação ε_x devida à tensão σ_y é igual a $-\nu\sigma_y/E$, em que ν é o coeficiente de Poisson (veja a Seção 1.6). Logicamente, a tensão de cisalhamento τ_{xy} não produz nenhuma deformação normal nas direções x, y e z. Assim, a deformação resultante na direção x é

$$\varepsilon_x = \frac{1}{E}(\sigma_x - \nu\sigma_y) \qquad (6.35a)$$

De maneira similar, obtemos as deformações nas direções y e z:

$$\varepsilon_y = \frac{1}{E}(\sigma_y - \nu\sigma_x) \qquad \varepsilon_z = -\frac{\nu}{E}(\sigma_x + \sigma_y) \qquad (6.35b,c)$$

Essas equações podem ser usadas para encontrar as deformações normais (em estado plano de tensões) quando as tensões são conhecidas.

A tensão de cisalhamento τ_{xy} (Figura 6.24) causa uma distorção do elemento de tal forma que a face z se torna um losango (Figura 6.26). A **deformação de cisalhamento** γ_{xy} é a diminuição no ângulo entre as faces x e y do elemento e está relacionada à tensão de cisalhamento pela lei de Hooke em cisalhamento da seguinte maneira:

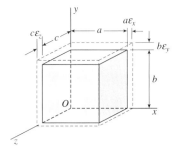

Figura 6.25

Elemento de material submetido a tensões normais ε_x, ε_y, e ε_z

$$\gamma_{xy} = \frac{\tau_{xy}}{G} \qquad (6.36)$$

em que G é o módulo de elasticidade. Note que as tensões normais σ_x e σ_y não têm efeito na deformação de cisalhamento γ_{xy}. Consequentemente, as Equações (6.35) e (6.36) fornecem as deformações (em estado plano de tensões) quando todas as tensões (σ_x, σ_y e τ_{xy}) agem simultaneamente.

As duas primeiras equações (6.35a e b) fornecem as deformações ε_x e ε_y em termos das tensões. Essas equações podem ser resolvidas simultaneamente para as tensões em termos das deformações:

$$\sigma_x = \frac{E}{1-\nu^2}(\varepsilon_x + \nu\varepsilon_y) \qquad \sigma_y = \frac{E}{1-\nu^2}(\varepsilon_y + \nu\varepsilon_x) \qquad (6.37a,b)$$

Complementando, temos a equação a seguir para tensão de cisalhamento em termos da deformação de cisalhamento:

$$\tau_{xy} = G\gamma_{xy} \qquad (6.38)$$

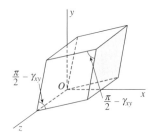

Figura 6.26

Tensão de cisalhamento γ_{xy}

As Equações (6.37) e (6.38) podem ser usadas para encontrar as tensões (em estado plano de tensões) quando as deformações forem conhecidas. Logicamente, a tensão normal σ_z na direção z é igual a zero.

As Equações (6.35) a (6.38) são conhecidas coletivamente como a **lei de Hooke para o estado plano de tensões**. Elas contêm três constantes do material (E, G e ν), mas apenas duas são independentes, por causa da relação

$$G = \frac{E}{2(1+\nu)} \qquad (6.39)$$

que foi deduzida anteriormente, na Seção 3.6.

Casos especiais da lei de Hooke

No caso especial de **tensão biaxial** (Figura 6.11b), temos $\tau_{xy} = 0$ e, por isso, a lei de Hooke para estado plano de tensões é simplificada para

$$\varepsilon_x = \frac{1}{E}(\sigma_x - \nu\sigma_y) \qquad \varepsilon_y = \frac{1}{E}(\sigma_y - \nu\sigma_x)$$

$$\varepsilon_z = -\frac{\nu}{E}(\sigma_x + \sigma_y) \qquad (6.40a,b,c)$$

$$\sigma_x = \frac{E}{1 - \nu^2}(\varepsilon_x + \nu\varepsilon_y) \quad \sigma_y = \frac{E}{1 - \nu^2}(\varepsilon_y + \nu\varepsilon_x) \quad (6.41a,b)$$

Essas equações são as mesmas que as Equações (6.35) e (6.37) porque os efeitos das tensões normais e de cisalhamento são independentes uns dos outros.

Para **tensão uniaxial**, com $\sigma_y = 0$ (Figura 6.11a), as equações da lei de Hooke simplificam ainda mais:

$$\varepsilon_x = \frac{\sigma_x}{E} \quad \varepsilon_y = \varepsilon_z = -\frac{\nu\sigma_x}{E} \quad \sigma_x = E\varepsilon_x \quad (6.42a,b,c)$$

Finalmente, consideramos o **cisalhamento puro** (Figura 6.12a), o que significa que $\sigma_x = \sigma_y = 0$. Então obtemos

$$\varepsilon_x = \varepsilon_y = \varepsilon_z = 0 \quad \gamma_{xy} = \frac{\tau_{xy}}{G} \quad (6.43a,b)$$

Em todos os três casos especiais, a tensão normal σ_z é igual a zero.

Variação de volume

Quando um objeto sólido é submetido a deformações, tanto suas dimensões quanto seu volume irão variar. A variação em volume pode ser determinada se as deformações normais nas três direções perpendiculares forem conhecidas. Para mostrar como isso ocorre, vamos novamente considerar o pequeno elemento de material ilustrado na Figura 6.25. O elemento original é um paralelepípedo retangular tendo lados de comprimentos a, b e c nas direções x, y e z, respectivamente. As deformações ε_x, ε_y e ε_z produzem as variações nas dimensões mostradas pelas linhas tracejadas. Assim, os aumentos nos comprimentos dos lados são $a\varepsilon_x$, $b\varepsilon_y$ e $c\varepsilon_z$.

O volume original do elemento é

$$V_0 = abc \quad (6.44a)$$

e seu volume final é

$$V_1 = (a + a\varepsilon_x)(b + b\varepsilon_y)(c + c\varepsilon_z)$$
$$= abc(1 + \varepsilon_x)(1 + \varepsilon_y)(1 + \varepsilon_z) \quad (6.44b)$$

Referindo-nos à Equação (6.44a), podemos expressar o volume final do elemento (Equação 6.44b) na forma

$$V_1 = V_0(1 + \varepsilon_x)(1 + \varepsilon_y)(1 + \varepsilon_z) \quad (6.45a)$$

Expandindo os termos no lado direito da equação, obtemos a seguinte expressão equivalente:

$$V_1 = V_0(1 + \varepsilon_x + \varepsilon_y + \varepsilon_z + \varepsilon_x\varepsilon_y + \varepsilon_x\varepsilon_z + \varepsilon_y\varepsilon_z + \varepsilon_x\varepsilon_y\varepsilon_z) \quad (6.45b)$$

As equações anteriores para V_1 são válidas tanto para grandes como para pequenas deformações.

Se limitarmos agora nossa discussão para estruturas com apenas pequenas deformações (como é o caso geralmente), podemos desconsiderar os termos na Equação (6.45b) que consistem em produtos de pequenas deformações. Tais produtos são pequenos em comparação com as deformações individuais ε_x, ε_y e ε_z. Então a expressão para o volume é simplificada para

$$V_1 = V_0(1 + \varepsilon_x + \varepsilon_y + \varepsilon_z) \quad (6.46)$$

e a **variação de volume** é

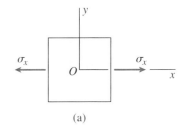

Figura 6.11 (Repetida)

(a)

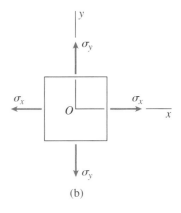

(b)

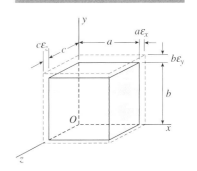

Figura 6.25 (Repetida)

$$\Delta V = V_1 - V_0 = V_0(\varepsilon_x + \varepsilon_y + \varepsilon_z) \tag{6.47}$$

Esta expressão pode ser usada para qualquer volume de material desde que as *deformações sejam pequenas e permaneçam constantes ao longo do volume*. Perceba também que o material não tem de seguir a lei de Hooke. Além disso, a expressão não é limitada para estado plano de tensões, mas é válida para quaisquer condições de tensão (como uma nota final, devemos mencionar que as deformações de cisalhamento não produzem variação no volume).

A **variação de volume por unidade de volume** e, também conhecida como **dilatação volumétrica específica**, é definida como a variação de volume dividida pelo volume original; dessa forma,

$$e = \frac{\Delta V}{V_0} = \varepsilon_x + \varepsilon_y + \varepsilon_z \tag{6.48}$$

Aplicando esta equação para um elemento de volume diferencial, e então integrando, podemos obter a variação em volume de um corpo mesmo quando as deformações normais variam ao longo do corpo.

As equações anteriores para variações de volume aplicam-se tanto para deformações de tração como de compressão, visto que as deformações ε_x, ε_y e ε_z são quantidades algébricas (positivas para alongamento e negativas para encurtamento). Com essa convenção de sinais, valores positivos de ΔV e de e representam aumentos em volume, e valores negativos representam diminuições.

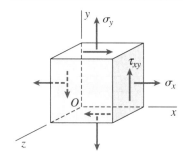

Figura 6.24 (Repetida)

Vamos agora retornar aos materiais que seguem a **lei de Hooke** e estão submetidos apenas ao **estado plano de tensões** (Figura 6.24). Nesse caso, as deformações ε_x, ε_y e ε_z são dadas pelas Equações (6.35a, b e c). Substituindo essas relações na Equação (6.48), obtemos a expressão a seguir para a variação por unidade de volume em termos de tensões:

$$e = \frac{\Delta V}{V_0} = \frac{1 - 2\nu}{E}(\sigma_x + \sigma_y) \tag{6.49}$$

Note que essa equação também se aplica à **tensão biaxial**.

No caso de uma barra prismática em tração, isto é, em **tensão uniaxial**, a Equação (6.49) é simplificada para

$$e = \frac{\Delta V}{V_0} = \frac{\sigma_x}{E}(1 - 2\nu) \tag{6.50}$$

Dessa equação, vemos que o valor máximo possível do coeficiente de Poisson para materiais comuns é 0,5, porque valores maiores implicariam uma diminuição do volume quando o material estivesse em tração, o que é contrário ao comportamento físico comum.

Assim, a densidade da energia de deformação (energia de deformação por unidade de volume) devida às tensões normais e deformações é

$$u_1 = \frac{1}{2}(\sigma_x \varepsilon_x + \sigma_y \varepsilon_y) \tag{6.51a}$$

A densidade da energia de deformação associada com as deformações de cisalhamento (Figura 6.26) foi calculada anteriormente na Seção 3.9 (veja a Equação d dessa seção):

$$u_2 = \frac{\tau_{xy} \gamma_{xy}}{2} \tag{6.51b}$$

Combinando as densidades da energia de deformação com as deformações normal e de cisalhamento, obtemos a seguinte fórmula para a **densidade da energia de deformação em estado plano de tensões**:

$$u = \frac{1}{2}(\sigma_x \varepsilon_x + \sigma_y \varepsilon_y + \tau_{xy} \gamma_{xy}) \tag{6.52}$$

Substituindo as deformações das Equações (6.35) e (6.36), obtemos a densidade da energia de deformação em termos apenas das tensões:

$$u = \frac{1}{2E}(\sigma_x^2 + \sigma_y^2 - 2\nu\sigma_x\sigma_y) + \frac{\tau_{xy}^2}{2G} \quad (6.53)$$

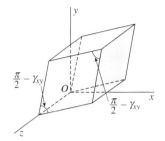

De maneira similar, podemos substituir as tensões das Equações (6.37) e (6.38) e obtemos a densidade da energia de deformação em termos das deformações apenas:

$$u = \frac{E}{2(1-\nu^2)}(\varepsilon_x^2 + \varepsilon_y^2 + 2\nu\varepsilon_x\varepsilon_y) + \frac{G\gamma_{xy}^2}{2} \quad (6.54)$$

Para obter a densidade da energia de deformação, no caso especial de **tensão biaxial**, simplesmente anulamos os termos de cisalhamento nas Equações (6.52), (6.53) e (6.54).

Para o caso especial de **tensão uniaxial**, substituímos os valores a seguir

$$\sigma_y = 0 \quad \tau_{xy} = 0 \quad \varepsilon_y = -\nu\varepsilon_x \quad \gamma_{xy} = 0$$

nas Equações (6.53) e (6.54) e obtemos, respectivamente,

$$u = \frac{\sigma_x^2}{2E} \quad u = \frac{E\varepsilon_x^2}{2} \quad (6.55a,b)$$

Essas equações estão de acordo com as Equações (2.44a) e (2.44b) da Seção 2.7.

Para **cisalhamento puro**, substituímos

$$\sigma_x = \sigma_y = 0 \quad \varepsilon_x = \varepsilon_y = 0$$

nas Equações (6.53) e (6.54) e obtemos

$$u = \frac{\tau_{xy}^2}{2G} \quad u = \frac{G\gamma_{xy}^2}{2} \quad (6.56a,b)$$

Essas equações estão de acordo com as Equações (3.55a) e (3.55b) da Seção 3.9.

• • • Exemplo 6.7

Extensômetros A e B (orientados nas direções x e y respectivamente) são anexados a uma placa de alumínio retangular de uma espessura t = 7 mm. A placa está submetida a tensões normais uniformes σ_x e σ_y, como mostra a Figura 6.27, e as leituras dos sensores para deformações normais são ε_x = −0,00075 (encurtamento, sensor A) e ε_y = 0,00125 (alongamento, sensor B). O módulo de elasticidade é E = 73 GPa, e o coeficiente de Poisson é ν = 0,33. Encontre as tensões σ_x e σ_y e a mudança Δt na espessura da placa. Também, encontre a unidade de mudança de volume (ou dilatação) "e" e a densidade da energia de deformação "u" da placa.

Figura 6.27

Exemplo 6.7: Placa de alumínio retangular com Extensômetros A e B

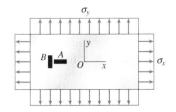

Exemplo 6.7 Continuação

Solução

Para uma placa em *tensão biaxial*, podemos usar as Equações (6.41a) e (6.41b) para encontrar as tensões normais σ_x e σ_y nas direções x e y, respectivamente, baseado na medida de deformações normais ε_x e ε_y:

$$\sigma_x = \frac{E}{1-v^2}(\varepsilon_x + v\varepsilon_y) = \frac{73 \text{ GPa}}{1-0{,}33^2}[-0{,}00075 + (0{,}33)(0{,}00125)]$$
$$= -27{,}6 \text{ MPa}$$

$$\sigma_y = \frac{E}{1-v^2}(\varepsilon_y + v\varepsilon_x) = \frac{73 \text{ Gpa}}{1-0{,}33^2}[0{,}00125 + (0{,}33)(-0{,}00075)]$$
$$= 82{,}1 \text{ MPa}$$

A deformação normal na direção z é calculada da Equação (6.40c) assim:

$$\varepsilon_z = \frac{-v}{E}(\sigma_x + \sigma_y) = \frac{-(0{,}33)}{73 \text{ GPa}}(-27{,}6 \text{ MPa} + 82{,}1 \text{ MPa})$$
$$= -2{,}464 \times 10^{-4}$$

A mudança (isto é, aqui uma diminuição) na espessura da placa é então:

$$\Delta t = \varepsilon_z t = [-2{,}464(10^{-4})](7 \text{ mm}) = -1{,}725 \times 10^{-3} \text{ mm}$$

Usamos a Equação (6.49) para encontrar a dilatação ou a unidade de mudança de volume e da placa como

$$e = \frac{1-2v}{E}(\sigma_x + \sigma_y) = 2{,}538 \times 10^{-4}$$

O signo positivo para e significa que a placa aumentou seu volume (embora o aumento seja muito pequeno). Finalmente, calculamos a densidade da energia de deformação da placa usando a Equação (6.53) (apagando o termo de cisalhamento):

$$u = \frac{1}{2E}(\sigma_x^2 + \sigma_y^2 - 2v\sigma_x\sigma_y)$$
$$= \frac{1}{2(73 \text{ GPa})}[(-27{,}6 \text{ MPa})^2 + (82{,}1 \text{ MPa})^2 - 2(0{,}33)(-27{,}6 \text{ MPa})(82{,}1 \text{ MPa})]$$
$$= 61{,}6 \text{ kPa}$$

6.6 Tensão triaxial

Figura 6.28

Elemento em tensão triaxial

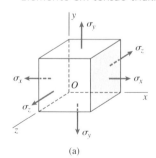
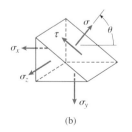

Dizemos que um elemento de material submetido a tensões normais σ_x, σ_y e σ_z agindo em três direções mutuamente perpendiculares está em um estado de **tensão triaxial** (Figura 6.28a). Uma vez que não existem tensões de cisalhamento nas faces x, y e z, as tensões σ_x, σ_y e σ_z são as *tensões principais* no material.

Se um plano inclinado paralelo ao eixo z for cortado através do elemento (Figura 6.28b), as únicas tensões na face inclinada são a tensão normal σ e a tensão de cisalhamento τ, ambas as quais agem paralelamente ao plano xy. Essas tensões são análogas às tensões σ_{x_1} e $\tau_{x_1 y_1}$ encontradas em nossas discussões anteriores sobre estado plano de tensões (veja, por exemplo, a Figura 6.2a). Como as tensões σ e τ (Figura 6.28b) são encontradas a partir das equações de equilíbrio de forças no plano xy, elas são independentes da tensão normal σ_z. Por isso, podemos usar as equações de transformação de estado plano de tensões, bem como o círculo de Mohr para estado plano de tensões, ao determinar as tensões σ e τ em tensão triaxial. A mesma conclusão geral permanece para as tensões de cisalhamento e normais agindo em planos inclinados cortados através do elemento paralelo aos eixos x e y.

Tensões de cisalhamento máximas

Das nossas discussões anteriores sobre estado plano de tensões, sabemos que as tensões de cisalhamento máximas ocorrem em planos orientados a 45° aos planos principais. Por isso, para um material em tensão triaxial (Figura 6.28a), as tensões de cisalhamento máximas ocorrem em elementos orientados por ângulos de 45° aos eixos x, y e z. Por exemplo, considere um elemento obtido por uma rotação de 45° ao redor do eixo z. As tensões de cisalhamento máximas positiva e negativa agindo nesse elemento são

$$(\tau_{max})_z = \pm \frac{\sigma_x - \sigma_y}{2} \qquad (6.57)$$

De forma similar, ao rotacionar ao redor dos eixos x e y através de ângulos de 45°, obtemos as tensões de cisalhamento máximas a seguir:

$$(\tau_{max})_x = \pm \frac{\sigma_y - \sigma_z}{2} \qquad (\tau_{max})_y = \pm \frac{\sigma_x - \sigma_z}{2} \qquad (6.58a,b)$$

A tensão de cisalhamento máxima absoluta é a numericamente maior dentre as tensões determinadas a partir das Equações (6.57, 6.58a e b). Ela é igual à metade da diferença entre a tensão algebricamente maior e a tensão algebricamente menor dentre as três tensões principais.

As tensões agindo em elementos orientados a vários ângulos em relação aos eixos x, y e z podem ser visualizadas com o auxílio dos **círculos de Mohr**. Para elementos orientados por rotações ao redor do eixo z, o círculo correspondente é o A na Figura 6.29. Note que esse círculo é desenhado para o caso em que $\sigma_x > \sigma_y$ e ambas as tensões σ_x e σ_y são de tração.

De maneira similar, podemos construir os círculos B e C para elementos orientados por rotações ao redor dos eixos x e y, respectivamente. Os raios dos círculos representam as tensões de cisalhamento máximas dadas pelas Equações (6.57, 6.58a e b), e a tensão de cisalhamento máxima absoluta é igual ao raio do maior círculo. As tensões normais agindo nos planos de tensões de cisalhamento máximas têm magnitudes dadas pelas abscissas dos centros dos respectivos círculos.

Na discussão anterior sobre tensão triaxial, apenas consideramos as tensões agindo em planos obtidos por rotação ao redor dos eixos x, y e z. Assim, todo plano que consideramos é paralelo a um dos eixos. Por exemplo, o plano inclinado da Figura 6.28b é paralelo ao eixo z, e sua normal é paralela ao plano xy. Claro que podemos também cortar o elemento em **direções arbitrárias**, de forma que os planos inclinados resultantes são inclinados em relação aos três eixos coordenados. As tensões normais e de cisalhamento agindo nesses planos podem ser obtidas através de uma análise tridimensional mais complicada. No entanto, as tensões normais agindo em planos inclinados são intermediárias em valor algébrico entre as tensões principais máxima e mínima, e as tensões de cisalhamento nesses planos são menores (em valor absoluto) do que a tensão de cisalhamento máxima absoluta obtida a partir das Equações (6.57, 6.58a e b).

Lei de Hooke para tensão triaxial

Se o material seguir a lei de Hooke, podemos obter as relações entre as tensões normais e deformações normais usando o mesmo procedimento para estado plano de tensões (veja a Seção 6.5). As deformações produzidas pelas tensões σ_x, σ_y e σ_z agindo independentemente são superpostas para se obter as deformações resultantes. Desta forma, chegamos prontamente às seguintes equações para as **deformações em tensão triaxial**:

$$\varepsilon_x = \frac{\sigma_x}{E} - \frac{\nu}{E}(\sigma_y + \sigma_z) \qquad (6.59a)$$

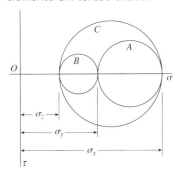

Figura 6.29

Círculos de Mohr para um elemento em tensão triaxial

$$\varepsilon_y = \frac{\sigma_y}{E} - \frac{\nu}{E}(\sigma_z + \sigma_x) \qquad (6.59b)$$

$$\varepsilon_z = \frac{\sigma_z}{E} - \frac{\nu}{E}(\sigma_x + \sigma_y) \qquad (6.59c)$$

Nestas equações, são usadas as convenções de sinais padrão; isto é, tensão de tração σ e deformação de extensão ε são positivas.

As equações anteriores podem ser resolvidas simultaneamente para as **tensões em termos das deformações**:

$$\sigma_x = \frac{E}{(1+\nu)(1-2\nu)}[(1-\nu)\varepsilon_x + \nu(\varepsilon_y + \varepsilon_z)] \qquad (6.60a)$$

$$\sigma_y = \frac{E}{(1+\nu)(1-2\nu)}[(1-\nu)\varepsilon_y + \nu(\varepsilon_z + \varepsilon_x)] \qquad (6.60b)$$

$$\sigma_z = \frac{E}{(1+\nu)(1-2\nu)}[(1-\nu)\varepsilon_z + \nu(\varepsilon_x + \varepsilon_y)] \qquad (6.60c)$$

As Equações (6.59) e (6.60) representam a **lei de Hooke para tensão triaxial**.

No caso especial de **tensão biaxial** (Figura 6.11b), podemos obter as equações da lei de Hooke substituindo $\sigma_z = 0$ nas equações anteriores. As equações resultantes reduzem-se às Equações (6.40) e (6.41) da Seção 6.5.

Variação volumétrica por unidade de volume

A variação volumétrica por unidade de volume (ou *dilatação volumétrica*) para um elemento em tensão triaxial é obtida da mesma maneira que para o estado plano de tensões (veja a Seção 6.5). Se o elemento for submetido às deformações ε_x, ε_y e ε_z, podemos usar a Equação (6.48) para a variação volumétrica por unidade de volume:

$$e = \varepsilon_x + \varepsilon_y + \varepsilon_z \qquad (6.61)$$

Essa equação é válida para qualquer material desde que as deformações sejam pequenas.

Se a lei de Hooke for válida para o material, podemos substituir as tensões ε_x, ε_y e ε_z das Equações (6.59a), (b) e (c) e obter

$$e = \frac{1-2\nu}{E}(\sigma_x + \sigma_y + \sigma_z) \qquad (6.62)$$

As Equações (6.61) e (6.62) fornecem a variação volumétrica por unidade de volume em tensão triaxial em termos das deformações e tensões, respectivamente.

Densidade da energia de deformação

A densidade da energia de deformação para um elemento em tensão triaxial é obtida pelo mesmo método usado para estado plano de tensões. Quando tensões σ_x e σ_y agem sozinhas (tensão biaxial), a densidade da energia de deformação [da Equação (6.52), com o termo de cisalhamento descartado] é

$$u = \frac{1}{2}(\sigma_x \varepsilon_x + \sigma_y \varepsilon_y)$$

Quando o elemento está em tensão triaxial e submetido às tensões σ_x, σ_y e σ_z, a expressão para densidade da energia de deformação se torna

$$u = \frac{1}{2}(\sigma_x \varepsilon_x + \sigma_y \varepsilon_y + \sigma_z \varepsilon_z) \qquad (6.63a)$$

Substituindo as deformações a partir das Equações (6.53a), (b) e (c), obtemos a densidade da energia de deformação em termos das tensões:

$$u = \frac{1}{2E}(\sigma_x^2 + \sigma_y^2 + \sigma_z^2) - \frac{v}{E}(\sigma_x\sigma_y + \sigma_x\sigma_z + \sigma_y\sigma_z) \qquad (6.63b)$$

De maneira similar, porém usando as Equações (6.60a, b e c), podemos expressar a densidade da energia de deformação em termos das deformações:

$$u = \frac{E}{2(1+v)(1-2v)}[(1-v)(\varepsilon_x^2 + \varepsilon_y^2 + \varepsilon_z^2) + 2v(\varepsilon_x\varepsilon_y + \varepsilon_x\varepsilon_z + \varepsilon_y\varepsilon_z)] \qquad (6.63c)$$

Ao calcular a partir dessas expressões, devemos nos certificar de substituir as tensões e deformações com seus sinais algébricos apropriados.

Tensão esférica

Um tipo especial de tensão triaxial, chamada de **tensão esférica**, ocorre sempre que todas as três tensões normais são iguais (Figura 6.30):

$$\sigma_x = \sigma_y = \sigma_z = \sigma_0 \qquad (6.64)$$

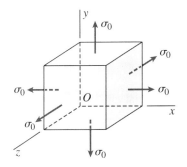

Figura 6.30
Elemento em tensão esférica

Nessas condições, *qualquer* plano cortado através do elemento estará submetido à mesma tensão normal σ_0 e estará livre de tensões de cisalhamento. Portanto, temos tensões normais iguais em cada direção e nenhuma tensão de cisalhamento em qualquer ponto do material. Todo plano é um plano principal e os três círculos de Mohr ilustrados na Figura 6.29 reduzem-se a um único ponto.

As deformações normais em tensão esférica também são as mesmas em todas as direções, desde que o material seja homogêneo e isotrópico. Se a lei de Hooke se aplica, as deformações normais são

$$\varepsilon_0 = \frac{\sigma_0}{E}(1-2v) \qquad (6.65)$$

como obtido a partir das Equações (6.59a, b e c).

Uma vez que não existem deformações de cisalhamento, um elemento no formato de um cubo varia em tamanho, mas permanece um cubo. No geral, qualquer corpo submetido a tensão esférica manterá suas proporções relativas, mas vai expandir ou contrair em volume, dependendo se σ_0 for de tração ou compressão.

A expressão para a variação volumétrica por unidade de volume pode ser obtida a partir da Equação (6.61) substituindo para as deformações a partir da Equação (6.65). O resultado é

$$e = 3\varepsilon_0 = \frac{3\sigma_0(1-2v)}{E} \qquad (6.66)$$

A Equação (6.66) em geral pode ser expressa em uma forma mais compacta introduzindo-se uma nova quantidade K, chamada de **módulo de elasticidade de volume** ou **módulo de elasticidade volumétrico**, que é definida da seguinte maneira:

$$K = \frac{E}{3(1-2v)} \qquad (6.67)$$

Com essa notação, a expressão para a variação por unidade de volume se torna

$$e = \frac{\sigma_0}{K} \qquad (6.68)$$

e o módulo de volume é:

$$K = \frac{\sigma_0}{e} \tag{6.69}$$

Portanto, o módulo de volume pode ser definido como a razão da tensão esférica pela deformação volumétrica, que é análoga à definição do módulo E em tensão uniaxial. Note que as fórmulas anteriores para e e K são baseadas na suposição de que *as deformações são pequenas e que a lei de Hooke é válida para o material.*

Da Equação (6.61) para K vemos que, se o coeficiente de Poisson ν é igual a 1/3, os módulos K e E são numericamente iguais. Se $\nu = 0$, então K tem o valor $E/3$, e se $\nu = 0{,}5$, K fica infinito, o que corresponde a um material rígido não apresentando variação no volume (isto é, o material é incompressível).

As fórmulas anteriores para tensão esférica foram deduzidas para um elemento submetido à tração uniforme em todas as direções, mas obviamente as fórmulas também se aplicam a elementos em compressão uniforme. No caso de compressão uniforme, as tensões e deformações têm sinais negativos. A compressão uniforme ocorre quando o material é submetido à pressão uniforme em todas as direções; por exemplo, um objeto submerso na água ou uma rocha profunda dentro da terra. Esse estado de tensão é chamado com frequência de **tensão hidrostática**.

Embora a compressão uniforme seja relativamente comum, um estado de tração uniforme é difícil de atingir. Isso pode ser percebido através do aquecimento repentino e uniforme de uma esfera metálica sólida, de forma que as camadas externas estejam em uma temperatura maior do que no interior. A tendência à expansão das camadas externas produz tensão uniforme em todas as direções no centro da esfera.

6.7 Estado plano de deformações

As deformações de um ponto em uma estrutura carregada variam de acordo com a orientação dos eixos, em uma maneira similar àquela para tensões. Nesta seção deduziremos as equações de transformação que relacionam as deformações em direções inclinadas com as deformações nas direções de referência. Estas equações de transformação são vastamente usadas em laboratório e investigações de campo envolvendo medidas de deformações.

As deformações são geralmente medidas por *extensômetros*; por exemplo, medidores são colocados em um avião para medir o comportamento estrutural durante o voo, ou colocados em prédios para medir os efeitos de terremotos. Uma vez que cada medidor determina a deformação em uma direção específica, geralmente é necessário calcular as deformações em outras direções por meio das equações de transformação.

Estado plano de deformações versus estado plano de tensões

Vamos começar explicando o significado de estado plano de deformações e como ele está relacionado com o estado plano de tensões. Considere um pequeno elemento de material tendo lados de comprimentos a, b e c nas direções x, y e z, respectivamente (Figura 6.31a). Se as únicas deformações são aquelas no plano xy, então três componentes de deformação podem existir — a deformação normal ε_x na direção x (Figura 6.31b), a deformação normal ε_y na direção y (Figura 6.31c) e a deformação de cisalhamento γ_{xy} (Figura 6.31d). Um elemento de material submetido a essas deformações (e *apenas* essas deformações) está em **estado plano de deformações**.

Segue que um elemento em estado plano de deformações não possui deformação normal ε_z na direção z e não há deformação de cisalhamento γ_{xz} e γ_{yz}

nos planos xz e yz, respectivamente. Portanto, o estado plano de deformações é definido pelas condições a seguir:

$$\varepsilon_z = 0 \qquad \gamma_{xz} = 0 \qquad \gamma_{yz} = 0 \qquad (6.70\text{a,b,c})$$

As deformações restantes (ε_x, ε_y e γ_{xy}) podem ter valores não nulos.

Da definição anterior, vemos que o estado plano de deformações ocorre quando as faces posterior e anterior de um elemento de material (Figura 6.31a) estão totalmente restringidas contra deslocamento na direção z — uma condição idealizada que raramente é atingida em estruturas reais. No entanto, isso não significa que as equações de transformação de estado plano de deformações não sejam úteis. Elas revelam-se extremamente úteis porque também se aplicam às deformações em estado plano de tensões, como será explicado nos próximos parágrafos.

A definição de estado plano de deformações (Equações 6.70a, b e c) é análoga àquela para estado plano de tensões. Em estado plano de tensões, as seguintes tensões devem ser zero:

$$\sigma_z = 0 \qquad \tau_{xz} = 0 \qquad \tau_{yz} = 0 \qquad (6.71\text{a,b,c})$$

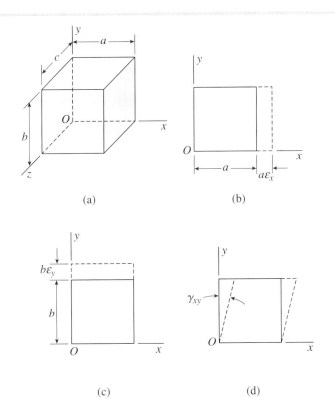

Figura 6.31

Componentes de deformação ε_x, ε_y e γ_{xy} no plano xy (estado plano de deformações)

ao passo que as tensões remanescentes (σ_x, σ_y e τ_{xy}) podem ter valores não nulos. Uma comparação das tensões e deformações em estado plano de tensões e estado plano de deformações é dada na Figura 6.32.

Não deve ser inferido a partir das similaridades nas definições de estado plano de tensões e estado plano de deformações que ambas ocorrem simultaneamente. No geral, um elemento em estado plano de tensões será submetido a uma deformação na direção z (Figura 6.32); dessa forma, ele *não* está em estado plano de deformações. Um elemento em estado plano de deformações usualmente terá tensões σ_z agindo nele por causa da exigência de que $\varepsilon_z = 0$; por isso, ele *não* está em estado plano de tensões. Dessa forma, sob condições normais, o estado plano de tensões e o estado plano de deformações não ocorrem simultaneamente.

Uma exceção ocorre quando um elemento em estado plano de tensões está submetido a tensões normais iguais e opostas (isto é, quando $\sigma_x = -\sigma_y$) e a lei de Hooke é válida para o material. Neste caso especial, não há deformação normal na direção z, como ilustrado pela Equação (6.35c) e, por isso, o elemento está em um estado plano de deformações, bem como em estado plano de tensões. Outro caso especial, embora hipotético, é quando o material possui coeficiente de Poisson igual a zero ($\nu = 0$); então todo elemento de estado plano de tensões também está em estado plano de deformações, porque $\varepsilon_z = 0$ (Equação 6.35c).*

Figura 6.32
Comparação entre estado plano de tensões e estado plano de deformações

	Estado plano de tensões	Estado plano de deformações
Tensões	$\sigma_z = 0$ $\tau_{xz} = 0$ $\tau_{yz} = 0$ σ_x, σ_y e τ_{xy} podem ter valores não nulos	$\tau_{xz} = 0$ $\tau_{yz} = 0$ σ_x, σ_y, σ_z e τ_{xy} podem ter valores não nulos
Deformações	$\gamma_{xz} = 0$ $\gamma_{yz} = 0$ ε_x, ε_y, ε_z e γ_{xy} podem ter valores não nulos	$\varepsilon_z = 0$ $\gamma_{xz} = 0$ $\gamma_{yz} = 0$ ε_x, ε_y e γ_{xy} podem ter valores não nulos

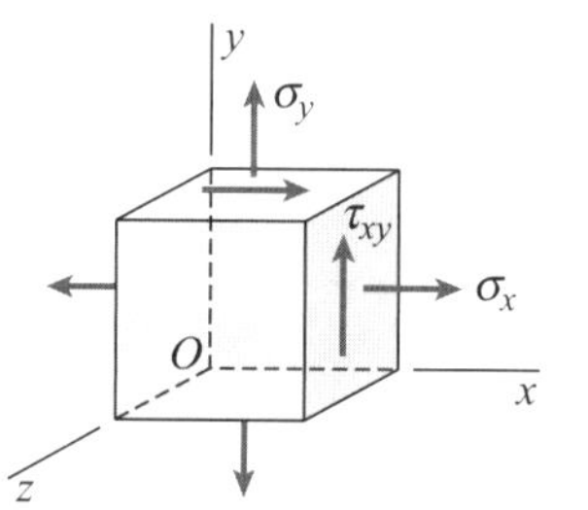

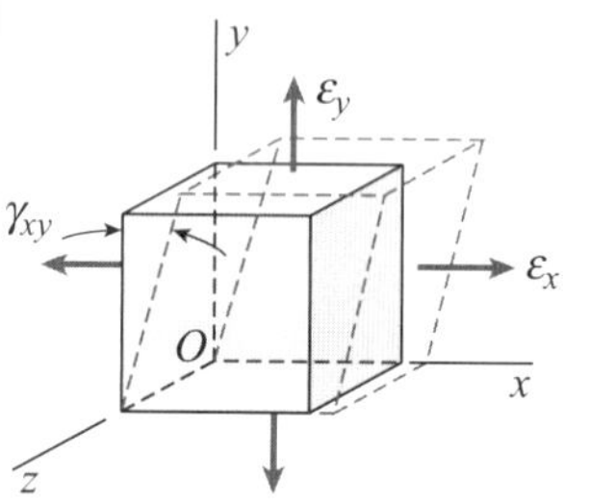

Aplicação das equações de transformação

As equações de transformação de tensão deduzidas para estado plano de tensões no plano xy (Equações 6.4a e b) são válidas mesmo quando uma tensão normal σ_z está presente. A explicação está no fato de que a tensão σ_z não entra nas equações de equilíbrio usadas na dedução das Equações (6.4a) e (6.4b). Por isso, *as equações de transformação para estado plano de tensões podem também ser usadas para as tensões em estado plano de deformações.*

Uma situação análoga existe para estado plano de deformações. Iremos deduzir as equações de transformação de deformação para o caso de estado plano de deformações no plano xy, mas as equações serão válidas mesmo quando uma deformação ε_z existir. A razão é suficientemente simples – a deformação ε_z não afeta as relações geométricas usadas nas deduções. Por isso, *as equações de transformação para estado plano de deformações também podem ser usadas para as deformações em estado plano de tensões.*

Finalmente, devemos lembrar que as equações de transformação para estado plano de tensões foram deduzidas apenas através do equilíbrio e, por isso, são válidas para qualquer material, elástico linear ou não. A mesma con-

---

* Nas discussões deste capítulo, estamos omitindo os efeitos de variações de temperatura e pré-deformações, ambos os quais produzem deformações adicionais que podem alterar algumas de nossas conclusões.

clusão aplica-se às equações de transformação para estado plano de deformações – uma vez que são deduzidas apenas a partir da geometria, elas são independentes das propriedades do material.

Equações de transformação para estado plano de deformações

Na dedução das equações de transformação para estado plano de deformações usaremos os eixos de coordenadas representados na Figura 6.33. Vamos assumir que as deformações normais ε_x e ε_y e a deformação de cisalhamento γ_{xy} associadas aos eixos xy sejam conhecidas (Figura 6.31). Os objetivos de nossa análise são determinar a deformação normal ε_{x_1} e a deformação de cisalhamento $\gamma_{x_1y_1}$ associadas aos eixos x_1y_1, que são rotacionados no sentido anti-horário em um ângulo θ a partir dos eixos xy (não é necessário deduzir uma equação separada para a deformação normal ε_{y_1} porque ela pode ser obtida a partir da equação para ε_{x_1} substituindo-se $\theta + 90°$ para θ).

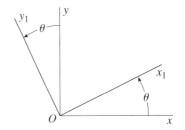

Figura 6.33

Eixos x_1 e y_1 rotacionados em um ângulo θ a partir dos eixos xy

Deformação normal ε_{x_1}. Para determinar a deformação normal ε_{x_1} na direção x_1, consideramos um pequeno elemento de material, selecionado de forma que o eixo x_1 esteja ao longo de uma diagonal da face z do elemento e os eixos x e y estejam ao longo dos lados do elemento (Figura 6.34a). A figura mostra uma visão bidimensional do elemento, com o eixo z na direção do leitor. Obviamente, o elemento é, na realidade, tridimensional, como na Figura 6.30a, com uma dimensão na direção z.

Considere primeiro a deformação ε_x na direção x (Figura 6.34a). Essa deformação produz um alongamento na direção x igual a $\varepsilon_x dx$, em que dx é o comprimento do lado correspondente do elemento. Como resultado desse alongamento, a diagonal do elemento aumenta em comprimento por um valor equivalente a:

$$\varepsilon_x dx \cos\theta \tag{6.72a}$$

como mostra a Figura 6.34a.

Em seguida, considere a deformação ε_y na direção y (Figura 6.33b). Essa deformação produz um alongamento na direção y igual a $\varepsilon_y dy$, em que dy é o comprimento do lado do elemento paralelo ao eixo y. Como resultado desse alongamento, a diagonal do elemento aumenta em comprimento por um valor equivalente a:

$$\varepsilon_y dy \operatorname{sen}\theta \tag{6.72b}$$

que é mostrada na Figura 6.34b.

Finalmente, considere a deformação de cisalhamento γ_{xy} no plano xy (Figura 6.34c). Essa deformação produz uma distorção do elemento de tal forma que o ângulo no canto esquerdo inferior do elemento diminui uma quantidade igual à deformação de cisalhamento. Consequentemente, a face superior do elemento move-se para a direita (com relação à face inferior) uma quantidade $\gamma_{xy}dy$. Essa deformação resulta em um aumento no comprimento da diagonal igual a:

$$\gamma_{xy} dy \cos\theta \tag{6.72c}$$

como ilustrado na Figura 6.34c.

O aumento total Δd no comprimento da diagonal é a soma das três expressões anteriores; assim,

$$\Delta d = \varepsilon_x dx \cos\theta + \varepsilon_y dy \operatorname{sen}\theta + \gamma_{xy} dy \cos\theta \tag{6.73}$$

Figura 6.34

Deformações de um elemento em estado plano de deformações devido à
(a) deformação normal ε_x,
(b) deformação normal ε_y e
(c) deformação de cisalhamento γ_{xy}

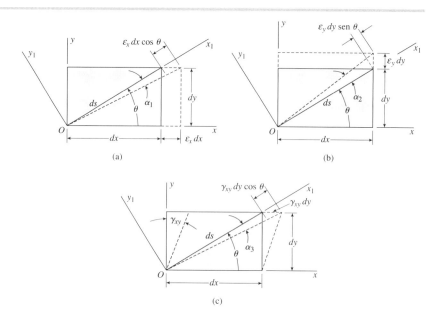

A deformação normal ε_{x_1} na direção x_1 é igual a este aumento no comprimento dividido pelo comprimento inicial ds da diagonal:

$$\varepsilon_{x_1} = \frac{\Delta d}{ds} = \varepsilon_x \frac{dx}{ds} \cos\theta + \varepsilon_y \frac{dy}{ds} \operatorname{sen}\theta + \gamma_{xy} \frac{dy}{ds} \cos\theta \tag{6.74}$$

Observando que $dx/ds = \cos\theta$ e $dy/ds = \operatorname{sen}\theta$, obtém-se a equação a seguir para a **deformação normal**:

$$\varepsilon_{x_1} = \varepsilon_x \cos^2\theta + \varepsilon_y \operatorname{sen}^2\theta + \gamma_{xy} \operatorname{sen}\theta \cos\theta \tag{6.75}$$

Desta forma, obtém-se uma expressão para a deformação normal na direção x_1 em termos das deformações ε_x, ε_y e γ_{xy} associadas aos eixos xy.

Como mencionado anteriormente, a deformação normal ε_{y_1} na direção y_1 é obtida a partir da equação anterior substituindo-se $\theta + 90°$ para θ.

Deformação de cisalhamento $\gamma_{x_1y_1}$. Agora voltamos para a deformação de cisalhamento $\gamma_{x_1y_1}$ associada aos eixos x_1y_1. Essa deformação é igual à diminuição no ângulo entre as linhas no material que estavam inicialmente ao longo dos eixos x_1 e y_1. Para esclarecer essa ideia, considere a Figura 6.35, que mostra ambos os eixos xy e x_1y_1, com o ângulo θ entre eles. Admita que a linha Oa represente uma linha no material *inicialmente* situada ao longo do eixo x_1 (isto é, ao longo da diagonal do elemento na Figura 6.34). Os deslocamentos causados pelas deformações ε_x, ε_y e γ_{xy} (Figura 6.34) fazem a linha Oa girar através de um ângulo α no sentido anti-horário do eixo x_1 até a posição mostrada na Figura 6.35. De forma similar, a linha Ob estava originalmente ao longo do eixo y_1, mas por causa das deformações, ela gira em de um ângulo β no sentido horário. A deformação de cisalhamento $\gamma_{x_1y_1}$ é a diminuição no ângulo entre as duas linhas que estavam inicialmente em ângulos retos; por isso,

$$\gamma_{x_1y_1} = \alpha + \beta \tag{6.76}$$

Desta forma, para encontrar a deformação de cisalhamento $\gamma_{x_1y_1}$, devemos determinar os ângulos α e β.

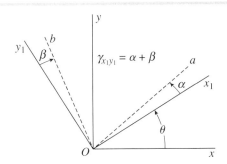

Figura 6.35

Deformação de cisalhamento $\gamma_{x_1 y_1}$ associada aos eixos $x_1 y_1$

O ângulo α pode ser encontrado a partir das deformações ilustradas na Figura 6.34 da maneira a seguir. A deformação ε_x (Figura 6.34a) produz uma rotação no sentido horário da diagonal do elemento. Vamos denotar esse ângulo de rotação como α_1. O ângulo α_1 é igual à distância $\varepsilon_x\, dx\, \text{sen}\, \theta$ dividida pelo comprimento ds da diagonal:

$$\alpha_1 = \varepsilon_x \frac{dx}{ds} \text{ sen } \theta \qquad (6.77a)$$

De forma similar, a deformação ε_y produz uma rotação da diagonal no sentido anti-horário através de um ângulo α_2 (Figura 6.33b). Este ângulo é igual à distância $\varepsilon_y\, dy\, \cos\theta$ dividida por ds:

$$\alpha_2 = \varepsilon_y \frac{dy}{ds} \cos \theta \qquad (6.77b)$$

Finalmente, a deformação γ_{xy} produz uma rotação no sentido horário através de um ângulo α_3 (Figura 6.34c) igual à distância $\gamma_{xy}\, dy\, \text{sen}\, \theta$ dividida por ds:

$$\alpha_3 = \gamma_{xy} \frac{dy}{ds} \text{ sen } \theta \qquad (6.77c)$$

Por isso, a rotação resultante da diagonal no sentido anti-horário (Figura 6.34), igual ao ângulo α ilustrado na Figura 6.35, é

$$\alpha = -\alpha_1 + \alpha_2 - \alpha_3$$

$$= -\varepsilon_x \frac{dx}{ds} \text{ sen } \theta + \varepsilon_y \frac{dy}{ds} \cos \theta - \gamma_{xy} \frac{dy}{ds} \text{ sen } \theta \qquad (6.78)$$

Novamente observando que $dx/ds = \cos\theta$ e $dy/ds = \text{sen}\,\theta$, obtemos

$$\alpha = -(\varepsilon_x - \varepsilon_y) \text{ sen } \theta \cos \theta - \gamma_{xy} \text{ sen}^2 \theta \qquad (6.79)$$

A rotação da linha Ob (Figura 6.35), que inicialmente estava em 90° em relação à linha Oa, pode ser encontrada substituindo-se $\theta + 90°$ para θ na expressão para α. A expressão resultante é anti-horária quando positiva (porque α é anti-horário quando positivo), dessa forma ela é igual ao negativo do ângulo β (porque β é positivo quando horário). Portanto

$$\beta = (\varepsilon_x - \varepsilon_y) \text{ sen } (\theta + 90°) \cos (\theta + 90°) + \gamma_{xy} \text{ sen}^2 (\theta + 90°)$$

$$= -(\varepsilon_x - \varepsilon_y) \text{ sen } \theta \cos \theta + \gamma_{xy} \cos^2 \theta \qquad (6.80)$$

Somando α e β, temos a deformação de cisalhamento $\gamma_{x_1 y_1}$, conforme a Equação (6.76):

$$\gamma_{x_1 y_1} = -2(\varepsilon_x - \varepsilon_y) \text{ sen } \theta \cos \theta + \gamma_{xy}(\cos^2 \theta - \text{ sen}^2 \theta) \qquad (6.81)$$

Tabela 6.1

Variáveis correspondentes nas equações de transformação para estado plano de tensões (Equações 6.4a e b) e estado plano de deformações (Equações 6.71 a e b)

Tensões	Deformações
σ_x	ε_x
σ_y	ε_y
τ_{xy}	$\gamma_{xy}/2$
σ_{x_1}	ε_{x_1}
$\tau_{x_1 y_1}$	$\gamma_{x_1 y_1}/2$

Para colocar a equação em uma forma mais útil, dividimos cada termo por 2:

$$\frac{\gamma_{x_1 y_1}}{2} = -(\varepsilon_x - \varepsilon_y)\operatorname{sen}\theta\cos\theta + \frac{\gamma_{xy}}{2}(\cos^2\theta - \operatorname{sen}^2\theta) \qquad (6.82)$$

Obtemos assim uma expressão para a **deformação de cisalhamento** $\gamma_{x_1 y_1}$ associada aos eixos $x_1 y_1$ em termos das deformações ε_x, ε_y e γ_{xy} associadas aos eixos xy.

Equações de transformação para estado plano de deformações. As equações de transformação para estado plano de deformações (Equações 6.75 e 6.82) podem ser expressas em termos do ângulo 2θ usando as identidades trigonométricas a seguir:

$$\cos^2\theta = \frac{1}{2}(1 + \cos 2\theta) \quad \operatorname{sen}^2\theta = \frac{1}{2}(1 - \cos 2\theta)$$

$$\operatorname{sen}\theta\cos\theta = \frac{1}{2}\operatorname{sen} 2\theta$$

Dessa forma, as equações de transformação para estado plano de deformações se tornam

$$\varepsilon_{x_1} = \frac{\varepsilon_x + \varepsilon_y}{2} + \frac{\varepsilon_x - \varepsilon_y}{2}\cos 2\theta + \frac{\gamma_{xy}}{2}\operatorname{sen} 2\theta \qquad (6.83a)$$

e

$$\frac{\gamma_{x_1 y_1}}{2} = -\frac{\varepsilon_x - \varepsilon_y}{2}\operatorname{sen} 2\theta + \frac{\gamma_{xy}}{2}\cos 2\theta \qquad (6.83b)$$

Essas equações são as contrapartidas das Equações (6.4a) e (b) para estado plano de tensões.

Ao comparar os dois conjuntos de equações, note que ε_{x1} corresponde a σ_{x1}, $\gamma_{x_1 y_1}/2$ corresponde a $\tau_{x_1 y_1}$, ε_x corresponde a σ_x, ε_y corresponde a σ_y e $\gamma_{xy}/2$ corresponde a τ_{xy}. As variáveis correspondentes nos dois conjuntos de equações de transformação estão listadas na Tabela 6.1.

A analogia entre as equações de transformação para estado plano de tensões e aquelas para estado plano de deformações mostram que todas as observações feitas nas Seções 6.2, 6.3 e 6.4 relacionadas a estado plano de tensões, tensões principais, tensões de cisalhamento máximas e círculo de Mohr têm suas contrapartidas na estado plano de deformações. Por exemplo, a soma das deformações normais em direções perpendiculares é uma constante (compare com a Equação 6.6):

$$\varepsilon_{x_1} + \varepsilon_{y_1} = \varepsilon_x + \varepsilon_y \qquad (6.84)$$

Essa igualdade pode ser verificada facilmente substituindo as expressões para ε_{x1} (a partir da Equação 6.83a) e ε_{y1} (da Equação 6.83a com θ substituído por $\theta + 90°$).

Deformações principais

As deformações principais existem em planos perpendiculares com os ângulos principais θ_p calculados a partir da equação a seguir (compare com a Equação 6.11):

$$\operatorname{tg} 2\theta_p = \frac{\gamma_{xy}}{\varepsilon_x - \varepsilon_y} \qquad (6.85)$$

As deformações principais podem ser calculadas a partir da equação

$$\varepsilon_{1,2} = \frac{\varepsilon_x + \varepsilon_y}{2} \pm \sqrt{\left(\frac{\varepsilon_x - \varepsilon_y}{2}\right)^2 + \left(\frac{\gamma_{xy}}{2}\right)^2} \qquad (6.86)$$

que corresponde à Equação (6.17) para tensões principais. As duas deformações principais (no plano xy) podem ser correlacionadas com as duas direções principais usando a técnica descrita na Seção 6.3 para as tensões principais (essa técnica será ilustrada mais adiante, no Exemplo 6.8). Finalmente, note que em estado plano de deformações a terceira deformação principal é $\varepsilon_z = 0$. As deformações de cisalhamento são nulas nos planos principais.

Deformações de cisalhamento máximas

As deformações de cisalhamento máximas no plano xy estão associadas aos eixos a 45° em relação às direções das deformações principais. A deformação de cisalhamento algebricamente máxima (no plano xy) é dada pela equação a seguir (compare com a Equação 6.25):

$$\frac{\gamma_{max}}{2} = \sqrt{\left(\frac{\varepsilon_x - \varepsilon_y}{2}\right)^2 + \left(\frac{\gamma_{xy}}{2}\right)^2} \qquad (6.87)$$

A deformação de cisalhamento mínima tem a mesma intensidade, mas é negativa. Nas direções de deformação de cisalhamento máxima, as deformações normais são

$$\varepsilon_{média} = \frac{\varepsilon_x + \varepsilon_y}{2} \qquad (6.88)$$

que é análoga à Equação (6.27) para tensões. As deformações de cisalhamento máximas fora do plano, isto é, as deformações de cisalhamento nos planos xz e yz, podem ser obtidas a partir de equações análogas à Equação (6.87).

Um elemento em estado plano de tensões que está orientado segundo as direções principais de tensão (veja a Figura 6.13b) não possui tensões de cisalhamento agindo em suas faces. Por isso, a deformação de cisalhamento $\gamma_{x_1 y_1}$ para esse elemento é zero. Segue que as deformações normais nesse elemento são as deformações principais. Dessa forma, em um dado ponto de um corpo tensionado, *as deformações principais e as tensões principais ocorrem nas mesmas direções*.

Círculo de Mohr para estado plano de deformações

O círculo de Mohr para estado plano de deformações é construído da mesma maneira que o círculo para estado plano de tensões, como ilustrado na Figura 6.36. A deformação normal ε_{x_1} é traçada como a abscissa (positiva para a direita) e metade da deformação de cisalhamento ($\gamma_{x_1 y_1}/2$) é traçada como ordenada (positiva para baixo). O centro C do círculo tem uma abscissa igual a $\varepsilon_{média}$ (Equação 6.88).

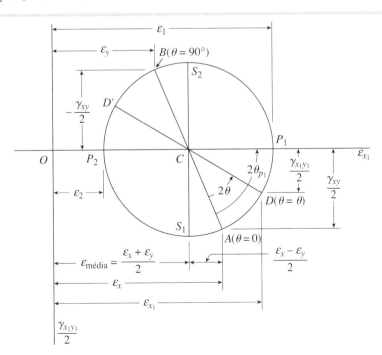

Figura 6.36

Círculo de Mohr para estado plano de deformações

O ponto A, representando as deformações associadas à direção x ($\theta = 0$), tem coordenadas ε_x e $\gamma_{xy}/2$. O ponto B, na extremidade oposta de um diâmetro a partir de A, tem coordenadas ε_y e $-\gamma_{xy}/2$, representando as deformações associadas a um par de eixos rotacionados em um ângulo $\theta = 90°$.

As deformações associadas aos eixos rotacionados em um ângulo θ são dadas pelo ponto D, que é localizado no círculo medindo-se um ângulo 2θ no sentido anti-horário a partir do raio CA. As deformações principais são representadas pelos pontos P_1 e P_2, e as deformações de cisalhamento máximas, pelos pontos S_1 e S_2. Todas essas deformações podem ser determinadas a partir da geometria do círculo ou a partir das equações de transformação.

Medidas de deformação

Um **extensômetro** de resistência elétrica é um dispositivo para medir deformações normais na superfície de um objeto tensionado. Estes medidores são bem pequenos, com comprimentos que variam tipicamente de um oitavo a meia polegada. Os medidores são fixados de forma segura na superfície do objeto, de maneira que eles variam em comprimento em proporção às deformações no próprio objeto.

Cada extensômetro consiste em uma fina malha de metal que é esticada ou encurtada quando o objeto é deformado no ponto em que o medidor está preso. A malha é equivalente a um fio contínuo que vai para trás e para frente e de uma extremidade até a outra da malha, desta forma aumentando efetivamente seu comprimento (Figura 6.37). A resistência elétrica do fio é alterada quando ele estica ou encurta — essa variação na resistência é então convertida em uma medida de deformação. Os medidores são extremamente sensíveis e podem medir deformações da ordem de 1×10^{-6}.

Uma vez que cada medidor mede a deformação normal em apenas uma direção, e que as direções das tensões principais são geralmente desconhecidas, é necessário usar três medidores em combinação, cada um deles medindo a deformação em uma direção diferente. Dessas três medições, é possível calcular as deformações em qualquer direção, como ilustrado no Exemplo 6.9.

Figura 6.37

Três medidores de deformação de resistência elétrica (extensômetros) dispostos como uma roseta de deformação de 45° (vista ampliada). (Cortesia de Micro-Measurements Division of Vishay Precision Group, Raleigh, NC, USA)

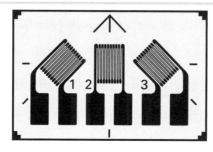
(a) Roseta de três elementos medidores de deformação de 45°

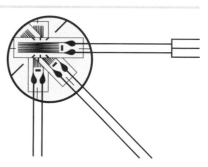
(b) Rosetas medidoras de deformação de três elementos com cabos instalados

Um grupo de três extensômetros arranjados em um padrão particular é chamado de **roseta de deformação** (ou ponte de extensômetro). Como a roseta é montada na superfície do corpo, onde o material está em estado plano de tensões, podemos usar as equações de transformação para estado plano de deformações para calcular as deformações em várias direções (como explicado anteriormente nesta seção, as equações de transformação para estado plano de deformações podem também ser usadas para deformações em estado plano de tensões).

Cálculo de tensões a partir das deformações

As equações de deformação apresentadas neste capítulo são deduzidas apenas a partir da geometria, como já foi dito anteriormente. Por isso, as equações aplicam-se a qualquer material, linear ou não linear, elástico ou não elástico. No entanto, se for desejado determinar as tensões a partir das deformações, as propriedades do material devem ser levadas em conta.

Se o material segue a lei de Hooke, podemos encontrar as tensões usando as equações de tensão-deformação da Seção 6.5 (para estado plano de tensões) ou da Seção 6.6 (para tensão triaxial).

Como primeiro exemplo, suponha que o material esteja em estado plano de tensões e que conhecemos as deformações ε_x, ε_y e γ_{xy}, possivelmente através de medidas de um extensômetro. Então podemos usar as equações de tensão-deformação para estado plano de tensões (Equações 6.37 e 6.38) para obter as tensões no material.

Agora considere um segundo exemplo. Suponha que tenhamos determinado as três deformações principais ε_1, ε_2 e ε_3 para um elemento de material (se o elemento estiver em estado plano de deformações, então $\varepsilon_3 = 0$). Conhecendo essas deformações, podemos encontrar as tensões principais usando a lei de Hooke para tensão triaxial (veja as Equações 6.60a, b e c). Uma vez que as tensões principais sejam conhecidas, podemos encontrar as tensões em planos inclinados usando as equações de transformação para estado plano de tensões (veja a discussão no começo da Seção 6.6).

• • • Exemplo 6.8

Um elemento de material em estado plano de deformações está submetido às seguintes deformações:

$$\varepsilon_x = 340 \times 10^{-6} \quad \varepsilon_y = 110 \times 10^{-6} \quad \gamma_{xy} = 180 \times 10^{-6}$$

Essas deformações são mostradas de forma bem exagerada na Figura 6.38a, que ilustra as deformações de um elemento de dimensões unitárias. Uma vez que as arestas do elemento possuem comprimento unitário, as variações nas dimensões lineares têm as mesmas intensidades que as deformações normais ε_x e ε_y. A deformação de cisalhamento γ_{xy} é a diminuição no ângulo no vértice inferior esquerdo do elemento.

Determine as quantidades a seguir: (a) as deformações para um elemento orientado a um ângulo $\theta = 30°$, (b) as deformações principais e (c) as deformações de cisalhamento máximas (considere apenas as deformações no plano e mostre todos os resultados em esboços dos elementos devidamente orientados).

Figura 6.38

Exemplo 6.8: Elemento de material em estado plano de deformações: (a) elemento orientado segundo os eixos x e y, (b) elemento orientado a um ângulo $\theta = 30°$, (c) deformações principais e (d) deformação de cisalhamento máxima. (*Observação*: as arestas dos elementos possuem comprimentos unitários.)

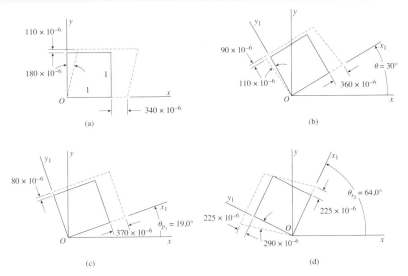

Exemplo 6.8 *Continuação*

Solução

(a) *Elemento orientado a um ângulo $\theta = 30°$.* As deformações para um elemento orientado a um ângulo θ em relação ao eixo x podem ser encontradas a partir das equações de transformação (Equações 6.83a e b). Como passo preliminar, fazemos os seguintes cálculos:

$$\frac{\varepsilon_x + \varepsilon_y}{2} = \frac{(340 + 110)10^{-6}}{2} = 225 \times 10^{-6}$$

$$\frac{\varepsilon_x - \varepsilon_y}{2} = \frac{(340 - 110)10^{-6}}{2} = 115 \times 10^{-6}$$

$$\frac{\gamma_{xy}}{2} = 90 \times 10^{-6}$$

Agora substituindo os cálculos nas Equações (6.83 a) e (6.83b), obtemos

$$\varepsilon_{x_1} = \frac{\varepsilon_x + \varepsilon_y}{2} + \frac{\varepsilon_x - \varepsilon_y}{2}\cos 2\theta + \frac{\gamma_{xy}}{2}\text{sen } 2\theta$$

$$= (225 \times 10^{-6}) + (115 \times 10^{-6})(\cos 60°) + (90 \times 10^{-6})(\text{sen } 60°)$$

$$= 360 \times 10^{-6}$$

$$\frac{\gamma_{x_1 y_1}}{2} = -\frac{\varepsilon_x - \varepsilon_y}{2}\text{sen } 2\theta + \frac{\gamma_{xy}}{2}\cos 2\theta$$

$$= -(115 \times 10^{-6})(\text{sen } 60°) + (90 \times 10^{-6})(\cos 60°)$$

$$= -55 \times 10^{-6}$$

Por isso, a deformação de cisalhamento é

$$\gamma_{x_1 y_1} = -110 \times 10^{-6}$$

A deformação ε_{y_1} pode ser obtida a partir da Equação (6.84), da seguinte maneira:

$$\varepsilon_{y_1} = \varepsilon_x + \varepsilon_y - \varepsilon_{x_1} = (340 + 110 - 360)10^{-6} = 90 \times 10^{-6}$$

As deformações ε_{x_1}, ε_{y_1}, e $\gamma_{x_1 y_1}$ são ilustradas na Figura 6.38b para um elemento orientado a $\theta = 30°$. Note que o ângulo no vértice inferior esquerdo do elemento aumenta porque $\gamma_{x_1 y_1}$ é negativo.

(b) *Deformações principais.* As deformações principais são prontamente determinadas a partir da Equação (6.86), da seguinte maneira:

$$\varepsilon_{1,2} = \frac{\varepsilon_x + \varepsilon_y}{2} \pm \sqrt{\left(\frac{\varepsilon_x - \varepsilon_y}{2}\right)^2 + \left(\frac{\gamma_{xy}}{2}\right)^2}$$

$$= 225 \times 10^{-6} \pm \sqrt{(115 \times 10^{-6})^2 + (90 \times 10^{-6})^2}$$

$$= 225 \times 10^{-6} \pm 146 \times 10^{-6}$$

Dessa forma, as deformações principais são

$$\varepsilon_1 = 370 \times 10^{-6} \qquad \varepsilon_2 = 80 \times 10^{-6}$$

em que ε_1 denota a deformação principal algebricamente maior e ε_2 denota a deformação principal algebricamente menor (lembre-se de que estamos considerando apenas as deformações no plano neste exemplo).

Exemplo 6.8 Continuação

Figura 6.38c,d (Repetida)

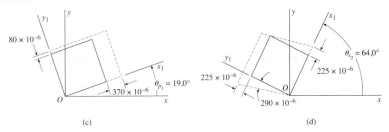

(c)   (d)

Os ângulos das direções principais podem ser obtidos a partir da Equação (6.85)

$$\operatorname{tg} 2\theta_p = \frac{\gamma_{xy}}{\varepsilon_x - \varepsilon_y} = \frac{180}{340 - 110} = 0{,}7826$$

Os valores de $2\theta_p$ entre 0 e 360° são 38,0° e 218,0° e, por isso, os ângulos em relação às direções principais são

$$\theta_p = 19{,}0° \text{ e } 109{,}0°$$

Para determinar o valor de θ_p associado a cada deformação principal, substituímos $\theta_p = 19{,}0°$ na primeira equação de transformação (Equação 6.83a) e resolvemos para as deformações:

$$\varepsilon_{x_1} = \frac{\varepsilon_x + \varepsilon_y}{2} + \frac{\varepsilon_x + \varepsilon_y}{2} \cos 2\theta + \frac{\gamma_{xy}}{2} \operatorname{sen} 2\theta$$

$$= (225 \times 10^{-6}) + (115 \times 10^{-6})(\cos 38{,}0°) + (90 \times 10^{-6})(\operatorname{sen} 38{,}0°)$$

$$= 370 \times 10^{-6}$$

Esse resultado mostra que a maior deformação principal ε_1 está no ângulo $\theta_{p_1} = 19{,}0°$. A menor deformação ε_2 age a 90° a partir dessa direção ($\theta_{p_2} = 109{,}0°$). Portanto,

$$\varepsilon_1 = 370 \times 10^{-6} \quad \text{e} \quad \theta_{p_1} = 19{,}0° \quad \Longleftarrow$$

$$\varepsilon_2 = 80 \times 10^{-6} \quad \text{e} \quad \theta_{p_2} = 109{,}0° \quad \Longleftarrow$$

Note que $\varepsilon_1 + \varepsilon_2 = \varepsilon_x + \varepsilon_y$.

As deformações principais estão ilustradas na Figura 6.38c. Obviamente, não existem deformações por cisalhamento nos planos principais.

(c) *Deformação de cisalhamento máxima*. A deformação de cisalhamento máxima é calculada a partir da Equação (6.87):

$$\frac{\gamma_{max}}{2} = \sqrt{\left(\frac{\varepsilon_x - \varepsilon_y}{2}\right)^2 + \left(\frac{\gamma_{xy}}{2}\right)^2} = 146 \times 10^{-6} \quad \gamma_{max} = 290 \times 10^{-6} \quad \Longleftarrow$$

O elemento com as deformações de cisalhamento máximas está orientado a 45° em relação às direções principais; por isso, $\theta_s = 19{,}0° + 45° = 64{,}0°$ e $2\theta_s = 128{,}0°$. Substituindo esse valor de $2\theta_s$ na segunda equação de transformação (Equação 6.83b), podemos determinar o sinal da deformação de cisalhamento associada a esta direção. Os cálculos são os seguintes:

$$\frac{\gamma_{x_1 y_1}}{2} = -\frac{\varepsilon_x - \varepsilon_y}{2} \operatorname{sen} 2\theta + \frac{\gamma_{xy}}{2} \cos 2\theta$$

$$= -(115 \times 10^{-6})(\operatorname{sen} 128{,}0°) + (90 \times 10^{-6})(\cos 128{,}0°)$$

$$= -146 \times 10^{-6}$$

• • • Exemplo 6.8 Continuação

Esse resultado mostra que um elemento orientado a um ângulo $\theta_{s_2} = 64{,}0°$ possui a deformação de cisalhamento máxima negativa.

Podemos chegar ao mesmo resultado observando que o ângulo θ_{s_1} em relação à direção de deformação de cisalhamento máxima positiva é sempre 45° menor que θ_{p_1}. Dessa forma,

$$\theta_{s_1} = \theta_{p_1} - 45° = 19{,}0° - 45° = -26{,}0°$$

$$\theta_{s_2} = \theta_{s_1} + 90° = 64{,}0°$$

As deformações de cisalhamento correspondentes a θ_{s_1} e θ_{s_2} são $\gamma_{max} = 290 \times 10^{-6}$ e $\gamma_{min} = -290 \times 10^{-6}$, respectivamente.

As deformações normais no elemento tendo as deformações de cisalhamento máximas e mínimas são

$$\varepsilon_{média} = \frac{\varepsilon_x + \varepsilon_y}{2} = 225 \times 10^{-6}$$

Um esboço de um elemento tendo as deformações de cisalhamento máximas no plano é dado na Figura 6.38d.

Neste exemplo, resolvemos para as deformações usando as equações de transformação. No entanto, todos os resultados podem ser obtidos facilmente a partir do círculo de Mohr.

RESUMO E REVISÃO DO CAPÍTULO

No Capítulo 6, investigamos o **estado de tensão** em um ponto de um corpo tensionado e então o exibimos em um elemento de tensão. Em duas dimensões, o **estado plano de tensões** foi discutido e deduzimos equações de transformação que forneceram expressões diferentes, mas não equivalentes, do estado das tensões normais e de cisalhamento naquele ponto. As **tensões normais principais**, a **tensão de cisalhamento máxima** e suas orientações foram vistas como as mais importantes para o dimensionamento. Uma representação gráfica das equações de transformação, o **círculo de Mohr**, foi apresentada como maneira conveniente de explorar várias representações do estado de tensão em um ponto, incluindo as orientações do elemento de tensão no qual as tensões principais e a tensão de cisalhamento máxima ocorrem. Mais adiante, as deformações foram introduzidas e a **lei de Hooke para estados planos de tensões** foi deduzida (para materiais homogêneos e isotrópicos) e depois aprofundada, para obter as relações de tensão-deformação para tensão biaxial, uniaxial e tensão de cisalhamento. O estado de tensão em três dimensões, chamado de tensão triaxial, foi então introduzido, juntamente com a lei de Hooke para a tensão triaxial. Tensão esférica e tensão hidrostática foram definidas como casos especiais de tensão triaxial. Por fim, definiu-se o estado plano de deformações para o uso na análise de tensão experimental e então comparando-o ao estado plano de tensões. Os conceitos mais importantes apresentados neste capítulo podem ser resumidos da seguinte forma:

1. As **tensões nas seções inclinadas** cortadas através de um corpo – por exemplo, uma viga – podem ser maiores que as tensões que atuam em um elemento de tensão alinhado com a seção transversal.

2. Tensões são tensores, e não vetores, portanto usamos o equilíbrio de um elemento de cunha para transformar os componentes de tensão de um

conjunto de eixos em outro. Como as equações de transformação foram deduzidas somente a partir do equilíbrio de um elemento, elas são aplicáveis a tensões em quaisquer tipos de material, sejam eles lineares, não lineares, elásticos ou não elásticos. As equações de **transformação para a tensão plana** são:

$$\sigma_{x_1} = \frac{\sigma_x + \sigma_y}{2} + \frac{\sigma_x - \sigma_y}{2}\cos 2\theta + \tau_{xy}\operatorname{sen} 2\theta$$

$$\tau_{x_1 y_1} = -\frac{\sigma_x - \sigma_y}{2}\operatorname{sen} 2\theta + \tau_{xy}\cos 2\theta$$

$$\sigma_{y_1} = \frac{\sigma_x + \sigma_y}{2} - \frac{\sigma_x - \sigma_y}{2}\cos 2\theta - \tau_{xy}\operatorname{sen} 2\theta$$

3. Se utilizarmos dois elementos com orientações diferentes para exibir o **estado plano de tensões** no mesmo ponto em um corpo, as forças atuando nas faces dos dois elementos serão diferentes, mas ainda representarão o mesmo estado intrínseco de tensão naquele ponto.

4. A partir do equilíbrio, mostramos que as tensões de cisalhamento atuando em todas as quatro faces laterais de um elemento de tensão em estado plano de tensões serão conhecidas se determinarmos a força de cisalhamento que atua em qualquer uma das faces.

5. A soma das tensões normais que atuam nas faces perpendiculares de elementos de estado plano de tensões (em dado ponto de um corpo tensionado) é constante e independente do ângulo θ.

$$\sigma_{x_1} + \sigma_{y_1} = \sigma_x + \sigma_y$$

6. As tensões normais máximas e mínimas (chamadas de **tensões principais** σ_1, σ_2) podem ser encontradas a partir da equação de transformação para tensão normal

$$\sigma_{1,2} = \frac{\sigma_x + \sigma_y}{2} \pm \sqrt{\left(\frac{\sigma_x - \sigma_y}{2}\right)^2 + \tau_{xy}^2}$$

Também podemos encontrar os planos principais orientados em θ_p em que elas atuam. As tensões de cisalhamento são nulas nos planos principais, os planos de tensão de cisalhamento máxima ocorrem a 45° em relação aos planos principais e a tensão de cisalhamento máxima é igual à metade da diferença das tensões principais. A máxima tensão de cisalhamento pode ser calculada a partir das tensões normais e de cisalhamento sobre o elemento original, ou das tensões principais como:

$$\tau_{\max} = \sqrt{\left(\frac{\sigma_x - \sigma_y}{2}\right)^2 + \tau_{xy}^2}$$

$$\tau_{\max} = \frac{\sigma_1 - \sigma_2}{2}$$

7. As equações de transformação para o estado plano de tensões podem ser exibidas em forma de gráfico através de uma forma conhecida como **círculo de Mohr**, que exibe a relação entre as tensões normais e de cisalhamento que atuam em vários planos inclinados em um ponto de um corpo tensionado. Ele também é usado para o cálculo das tensões principais,

tensão de cisalhamento máxima e orientações dos elementos em que elas atuam.

8. **A lei de Hooke para estado plano de tensões** fornece as relações entre tensões e deformações normais para materiais homogêneos e isotrópicos que a seguem. Essas relações contêm três constantes de material (E, G, e μ). Quando as tensões normais nas tensões planas são conhecidas, as deformações normais nas direções x, y e z são:

$$\varepsilon_x = \frac{1}{E}(\sigma_x - \nu\sigma_y)$$

$$\varepsilon_y = \frac{1}{E}(\sigma_y - \nu\sigma_x)$$

$$\varepsilon_z = -\frac{\nu}{E}(\sigma_x + \sigma_y)$$

Estas equações podem ser resolvidas simultaneamente para dar o x e o y das tensões normais em termos das deformações:

$$\sigma_x = \frac{E}{1 - \nu^2}(\varepsilon_x + \nu\varepsilon_y)$$

$$\sigma_y = \frac{E}{1 - \nu^2}(\varepsilon_y + \nu\varepsilon_x)$$

9. A variação **volumétrica por unidade de volume e**, ou a **dilatação** volumétrica específica de um corpo sólido, é definida como a mudança no volume dividida pelo volume original e é igual à soma das deformações normais em três direções perpendiculares.

$$e = \frac{\Delta V}{V_0} = \varepsilon_x + \varepsilon_y + \varepsilon_z$$

PROBLEMAS – CAPÍTULO 6

Estado plano de tensões

6.2-1 As tensões na superfície da parte inferior de um tanque de combustível (parte a da figura) são conhecidas como sendo $\sigma_x = 50$ MPa, $\sigma_y = 8$ MPa e $\tau_{xy} = 6,5$ MPa (parte b da figura).

Determine as tensões atuando sobre um elemento orientado em um ângulo $\theta = 52°$ do eixo x, onde o ângulo θ é positivo quando no sentido anti-horário. Mostre estas tensões sobre um esboço de um elemento orientado no ângulo θ.

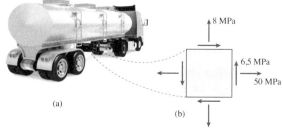

PROB. 6.2-1 ((a) Can Stock Photo Inc./Johan H)

6.2-2 As tensões agindo no elemento B no corpo de uma viga de flange largo são de 100 MPa em compressão na direção horizontal e 17 MPa em compressão na direção vertical (veja a figura). Tensões de cisalhamento de intensidade de 24 MPa agem nas direções ilustradas.

Determine as tensões agindo em um elemento orientado a um ângulo de 36° no sentido anti-horário a partir da horizontal. Mostre essas tensões em um esboço de um elemento orientado nesse ângulo.

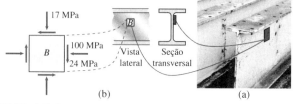

PROB. 6.2-2 ((a) Can Stock Photo Inc./rekemp)

6.2-3 Uma placa retangular de dimensões 75 mm × 125 mm é formada soldando-se duas placas retangulares (veja a figura). A placa está submetida a uma tensão de tração de 3,5

MPa na direção maior e a uma tensão de compressão de 2,5 MPa na direção menor.

Determine a tensão normal σ_w agindo perpendicularmente à linha de solda e a tensão de cisalhamento τ_w agindo paralelamente à solda. (Assuma que a tensão normal σ_w é positiva quando ela age em tração contra a solda e a tensão de cisalhamento τ_w é positiva quando age no sentido anti-horário contra a solda.)

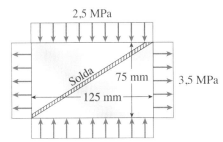

PROB. 6.2-3

Tensões principais e tensões de cisalhamento máximas

6.3-1 Um elemento em estado plano de tensões está submetido às tensões $\sigma_x = 40$ MPa, $\sigma_y = 8$ MPa e $\tau_{xy} = 5$ MPa (veja a figura para o Problema 6.2-1).

Determine as tensões principais e mostre-as em um esboço de um elemento adequadamente orientado.

6.3-2 As tensões atuando no elemento B na alma de uma viga de flange largo são de -97 MPa de compressão na direção horizontal e de -18 MPa de compressão na direção vertical. Além disso, tensões de cisalhamento da grandeza de -26 MPa atuam nas direções mostradas (veja a figura para o Problema 6.2-2).

Determine as tensões de cisalhamento máximas e as tensões normais associadas e mostre-as em um esboço de um elemento adequadamente orientado.

Círculo de Mohr

Os problemas da Seção 6.4 devem ser resolvidos usando o círculo de Mohr. Considere apenas as tensões no plano (as tensões no plano xy).

6.4-1 Um elemento em *tensão uniaxial* está submetido a tensões de tração $\sigma_x = 98$ MPa, como ilustrado na figura. Usando o círculo de Mohr, determine:

(a) As tensões agindo em um elemento orientado em um ângulo anti-horário $\theta = 29°$ a partir do eixo x.

(b) As tensões de cisalhamento máximas e tensões normais associadas.

Mostre todos os resultados em esboços de elementos adequadamente orientados.

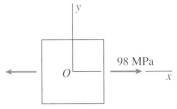

PROB. 6.4-1

6.4-2 Um elemento em *tensão biaxial* está submetido às tensões $\sigma_x = -29$ MPa e $\sigma_y = 57$ MPa, como ilustrado na figura. Usando o círculo de Mohr, determine:

(a) As tensões agindo em um elemento orientado em uma inclinação de 1 por 2,5 (veja a figura).

(b) As tensões de cisalhamento máximas e tensões normais associadas.

Mostre todos os resultados em esboços de elementos orientados adequadamente.

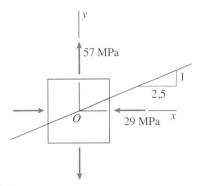

PROB. 6.4-2

Lei de Hooke para estado plano de tensões

Ao resolver os problemas da Seção 6.5, assuma que o material é elástico linear, com módulo de elasticidade E e coeficiente de Poisson v.

6.5-1 Uma placa retangular de aço com espessura $t = 6,5$ mm está submetida a tensões normais uniformes σ_x e σ_y, como ilustrado na figura. Os extensômetros A e B, orientados nas direções x e y, respectivamente, estão fixados à placa. As leituras dos extensômetros fornecem deformações normais $\varepsilon_x = 0,00065$ (alongamento) e $\varepsilon_y = -0,00040$ (encurtamento).

Sabendo que $E = 207$ GPa e $v = 0,3$, determine as tensões σ_x e σ_y e a variação Δt na espessura da placa.

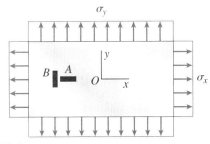

PROB. 6.5-1

6.5-2 Assuma que as deformações normais ε_x e ε_y para um elemento em estado plano de tensões (veja a figura) sejam medidas com extensômetros.

(a) Obtenha uma fórmula para a deformação normal ε_z na direção z em termos de ε_x, ε_y e do coeficiente de Poisson v.

(b) Obtenha uma fórmula para a dilatação e em termos de ε_x, ε_y e do coeficiente de Poisson v.

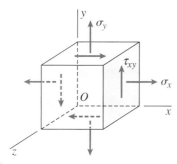

PROB. 6.5-2

6.5-3 Um círculo de diâmetro $d = 200$ mm é desenhado em uma placa de latão (veja a figura). A placa tem dimensões $400 \times 400 \times 20$ mm. Forças são aplicadas à placa, produzindo tensões uniformemente distribuídas $\sigma_x = 59$ MPa e $\sigma_y = -17$ MPa. Calcule as quantidades a seguir: (a) a variação de comprimento Δac do diâmetro ac; (b) a variação de comprimento Δbd do diâmetro bd; (c) a variação Δt na espessura da placa; (d) a variação ΔV no volume da placa e (e) a energia de deformação U armazenada na placa; (f) a espessura máxima admissível da placa quando a energia de deformação U deve ser ao menos $78,4$ J; (g) o valor máximo admissível da tensão normal σ_x quando a mudança no volume da placa não pode exceder de $0,015\%$ do volume original. (assuma $E = 100$ GPa e $\nu = 0,34$).

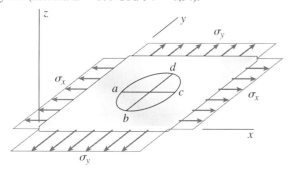

PROB. 6.5-3

Tensão triaxial

Ao resolver os problemas da Seção 6.6, assuma que o material é elástico linear, com módulo de elasticidade E e coeficiente de Poisson ν.

6.6-1 Um elemento de alumínio, na forma de um paralelepípedo retangular (veja a figura) de dimensões $a = 140$ mm, $b = 115$ mm e $c = 90$ mm, está submetido a *tensões triaxiais* $\sigma_x = 86$ MPa, $\sigma_y = -34$ MPa e $\sigma_z = -10$ MPa agindo nas faces x, y e z, respectivamente.

Determine as quantidades a seguir: (a) a tensão de cisalhamento máxima τ_{max} no material; (b) as variações Δa, Δb e Δc nas dimensões do elemento; (c) a variação ΔV no volume e (d) a energia de deformação U armazenada no elemento; (e) o valor máximo de σ_x quando a mudança no volume deve estar limitada a $0,021\%$; e (f) o valor requerido de σ_x quando a energia de deformação deve ser de 102 J. (Assuma que $E = 72$ GPa e $\nu = 0,33$.)

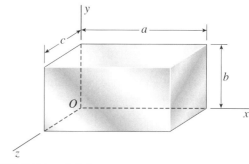

PROBS. 6.6-1 e 6.6-2

6.6-2 Resolva o problema anterior se o elemento for de aço ($E = 200$ GPa, $\nu = 0,30$), com dimensões $a = 300$ mm, $b = 150$ mm e $c = 150$ mm e as tensões forem $\sigma_x = -62$ MPa, $\sigma_y = -45$ MPa e $\sigma_z = -45$ MPa. Para a parte (e), encontre o valor máximo de σ_x se a mudança no volume deve estar limitada em $-0,028\%$. Para a parte (f), encontre o valor requerido de σ_x se a energia de deformação deve ser de 60 J.

6.6-3 Um cubo de ferro fundido com lados de comprimento $a = 100$ mm (veja a figura) é testado em laboratório sob tensão triaxial. Extensômetros montados na máquina de teste mostram que as deformações de compressão no material são $\varepsilon_x = -225 \times 10^{-6}$ e $\varepsilon_y = \varepsilon_z = -37,5 \times 10^{-6}$.

Determine as quantidades a seguir: (a) as tensões normais σ_x, σ_y e σ_z agindo nas faces x, y e z do cubo; (b) a tensão de cisalhamento máxima τ_{max} no material; (c) a variação ΔV no volume do cubo e (d) a energia de deformação U armazenada no cubo; (e) o valor máximo de σ_x quando a mudança no volume deve estar limitada a $0,028\%$; e (f) o valor requerido de ε_x quando a energia de deformação deve ser de $4,3$ J. (Assuma que $E = 96$ GPa e $\nu = 0,25$).

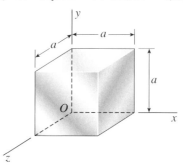

PROBS. 6.6-3 e 6.6-4

6.6-4 Resolva o problema anterior se o cubo for de granito ($E = 80$ GPa, $\nu = 0,25$), com dimensões $a = 89$ mm e deformações de compressão $\varepsilon_x = 690 \times 10^{-6}$ e $\varepsilon_y = \varepsilon_z = 225 \times 10^{-6}$. Para a parte (e), encontre o valor máximo de σ_x quando a mudança no volume deve estar limitada a $0,11\%$. Para a parte (f), encontre o valor requerido de ε_x quando a energia de deformação deve ser de 33 J.

6.6-5 Um elemento de alumínio em *tensão triaxial* (veja a figura)

(a) Encontre o módulo de volume K para o alumínio se os seguintes dados de tensões e deformações são conhecidos:

tensões normais são $\sigma_x = 36$ MPa (tensão), $\sigma_y = -33$ MPa (compressão) e $\sigma_z = -21$ MPa (compressão) e deformações normais nas direções x e y são $\varepsilon_x = 713{,}8 \times 10^{-6}$ (alongamento) e $\varepsilon_y = -502{,}3 \times 10^{-6}$ (encurtamento).

(b) Se o elemento é substituído por um de magnésio, encontre o módulo de elasticidade E e a proporção de Poisson ν se o seguinte dado nos é dado.: módulo de volume $K = 47$ GPa; tensões normais são $\sigma_x = 31$ MPa (tensão), $\sigma_y = -12$ MPa (compressão) e $\sigma_z = -7{,}5$ MPa (compressão); e a deformação normal na direção x é $\varepsilon_x = 900 \times 10^{-6}$ (alongamento).

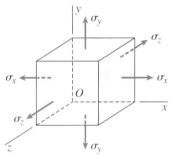

PROBS. 6.6-5

6.6-6 Um cilindro de borracha R, de comprimento L e área de seção transversal A, é comprimido dentro de um cilindro de aço S por uma força F que aplica uma pressão uniformemente distribuída à borracha (veja a figura).

(a) Deduza uma fórmula para a pressão lateral p entre a borracha e o aço (desconsidere o atrito entre a borracha e o aço e assuma que o cilindro de aço é rígido se comparado ao de borracha).

(b) Deduza uma fórmula para o encurtamento δ do cilindro de borracha.

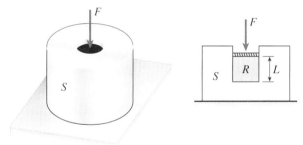

PROB. 6.6-6

6.6-7 Um bloco R de borracha está confinado entre as paredes planas e paralelas de um bloco de aço S (veja a figura). Uma pressão uniformemente distribuída p_0 é aplicada ao topo do bloco de borracha por uma força F.

(a) Deduza uma fórmula para a pressão lateral p entre a borracha e o aço (desconsidere o atrito entre a borracha e o aço e assuma que o bloco de aço é rígido se comparado ao de borracha).

(b) Deduza uma fórmula para a dilatação e da borracha.

(c) Deduza uma fórmula para a densidade de energia de deformação u da borracha.

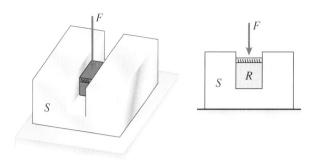

PROB. 6.6-7

6.6-8 Uma bola sólida esférica de liga de magnésio ($E = 45$ GPa, $\nu = 0{,}35$) é baixada para o oceano a uma profundidade de 2400 m. O diâmetro da bola é de 225 mm.

(a) Determine a diminuição Δd no diâmetro, a diminuição ΔV no volume e a energia de deformação U da bola.

(b) A que profundidade a mudança de volume será igual a 0,0324% do volume original?

6.6-9 Uma esfera sólida de aço ($E = 210$ GPa, $\nu = 0{,}3$) está submetida à pressão hidrostática p de tal forma que seu volume esteja reduzido por 0,4%.

(a) Calcule a pressão p.

(b) Calcule o módulo de elasticidade de volume K para o aço.

(c) Calcule a energia de deformação U armazenada na esfera se seu diâmetro for $d = 150$ mm.

6.6-10 Uma esfera de bronze sólida (módulo de elasticidade de volume $K = 100$ GPa) é subitamente aquecida por toda sua superfície externa. A tendência da parte aquecida da esfera de expandir-se produz tração uniforme em todas as direções a partir do centro da esfera.

Se a tensão no centro for de 83 MPa, qual será a deformação? Também calcule a variação volumétrica por unidade de volume e e a densidade de energia de deformação u no centro.

Estado plano de deformações

Ao resolver os problemas da Seção 6.7, considere apenas as deformações no plano (as deformações no plano xy) a menos que seja afirmado o contrário. Use as equações de transformação para estado plano de deformações, exceto quando o círculo de Mohr for especificado (Problemas 6.7-23 a 6.7-28).

6.7-1 Uma placa retangular fina em *tensão biaxial* está sujeita às tensões σ_x e σ_y, como ilustrado na parte (a) da figura. A largura e a altura da placa são $b = 190$ mm e $h = 63$ mm, respectivamente. Medições mostram que as deformações normais nas direções x e y são $\varepsilon_x = 285 \times 10^{-6}$ e $\varepsilon_y = -190 \times 10^{-6}$, respectivamente.

Com referência à parte (b) da figura, que mostra uma vista bidimensional da placa, determine as quantidades a seguir:

(a) o incremento Δd no comprimento da diagonal Od.

(b) a variação $\Delta\phi$ no ângulo ϕ entre a diagonal Od e o eixo x.

(c) a variação $\Delta\psi$ no ângulo ψ entre a diagonal Od e o eixo y.

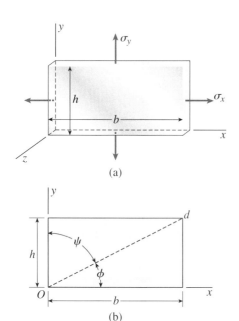

PROBS. 6.7-1 e 6.7-2

6.7-2 Resolva o problema anterior se $b = 180$ mm e $h = 70$ mm, respectivamente. Medições mostram que as deformações normais nas direções x e y são $\varepsilon_x = 390 \times 10^{-6}$ e $\varepsilon_y = -240 \times 10^{-6}$, respectivamente.

6.7-3 Uma placa quadrada fina em *tensão biaxial* está submetida às tensões σ_x e σ_y, como ilustrado na parte (a) da figura. A largura da placa é $b = 300$ mm. Medições mostram que as deformações normais nas direções x e y são $\varepsilon_x = 427 \times 10^{-6}$ e $\varepsilon_y = 113 \times 10^{-6}$, respectivamente.

Com referência à parte (b) da figura, que mostra uma vista bidimensional da placa, determine as quantidades a seguir: (a) o incremento Δd no comprimento da diagonal Od; (b) a variação $\Delta \phi$ no ângulo ϕ entre a diagonal Od e o eixo x e (c) a deformação de cisalhamento γ associada às diagonais Od e cf (isto é, encontre o decremento no ângulo ced).

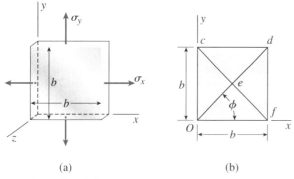

PROBS. 6.7-3 e 6.7-4

6.7-4 Resolva o problema anterior se $b = 225$ mm, $\varepsilon_x = 845 \times 10^{-6}$ e $\varepsilon_y = 211 \times 10^{-6}$.

6.7-5 Um elemento de material submetido ao estado plano de deformações (veja a figura) apresenta as seguintes deformações: $\varepsilon_x = 280 \times 10^{-6}$, $\varepsilon_y = 420 \times 10^{-6}$ e $\gamma_{xy} = 150 \times 10^{-6}$.

Calcule as deformações para um elemento orientado em um ângulo $\theta = 35°$ e mostre essas deformações em um esboço de um elemento adequadamente orientado.

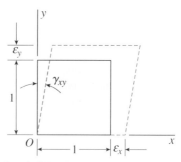

PROBS. 6.7-5 até 6.7-10

6.7-6 Resolva o problema anterior para os dados a seguir: $\varepsilon_x = 190 \times 10^{-6}$, $\varepsilon_y = -230 \times 10^{-6}$, $\gamma_{xy} = 160 \times 10^{-6}$ e $\theta = 40°$.

6.7-7 As deformações para um elemento de material em estado plano de deformações (veja a figura) são as seguintes: $\varepsilon_x = 480 \times 10^{-6}$, $\varepsilon_y = 140 \times 10^{-6}$ e $\gamma_{xy} = -350 \times 10^{-6}$

Determine as deformações principais e deformações de cisalhamento máximas e mostre essas deformações em esboços de elementos orientados adequadamente.

6.7-8 Resolva o problema anterior para as deformações a seguir: $\varepsilon_x = 120 \times 10^{-6}$, $\varepsilon_y = -450 \times 10^{-6}$ e $\gamma_{xy} = -360 \times 10^{-6}$.

6.7-9 Um elemento de material em estado plano de deformações (veja a figura) está submetido às deformações $\varepsilon_x = 480 \times 10^{-6}$, $\varepsilon_y = 70 \times 10^{-6}$ e $\gamma_{xy} = 420 \times 10^{-6}$.

Determine as quantidades a seguir: (a) as deformações para um elemento orientado em um ângulo $\theta = 75°$, (b) as deformações principais e (c) as deformações de cisalhamento máximas. Mostre os resultados em esboços de elementos orientados adequadamente.

6.7-10 Resolva o problema anterior para os dados a seguir: $\varepsilon_x = -1.120 \times 10^{-6}$, $\varepsilon_y = -430 \times 10^{-6}$, $\gamma_{xy} = 780 \times 10^{-6}$ e $\theta = 45°$.

6.7-11 Uma placa de aço com módulo de elasticidade $E = 110$ GPa e coeficiente de Poisson $\nu = 0,34$ está carregada em *tensão biaxial* por tensões normais σ_x e σ_y (veja a figura). Um extensômetro é fixado à placa em um ângulo $\phi = 35°$.

Se a tensão σ_x for de 74 MPa e a deformação medida pelo extensômetro for $\varepsilon = 390 \times 10^{-6}$, qual é a tensão de cisalhamento máxima no plano $(\tau_{max})_{xy}$ e a deformação de cisalhamento $(\gamma_{max})_{xy}$? Qual é o valor da deformação de cisalhamento máxima $(\gamma_{max})_{xz}$ no plano xz? Qual é o valor da deformação de cisalhamento máxima $(\gamma_{max})_{yz}$ no plano yz?

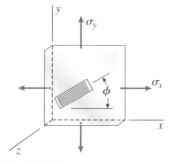

PROBS. 6.7-11 e 6.7-12

6.7-12 Resolva o problema anterior se a placa for feita de alumínio, com $E = 72$ GPa e a proporção de Poisson $\nu = 0{,}33$. A placa está carregada em tensão biaxial com uma tensão normal $\sigma_x = 79$ MPa, ângulo $\phi = 18°$ e a medição da deformação pelo sensor é $\varepsilon = 925 \times 10^{-6}$.

6.7-13 Um elemento em *estado plano de tensões* está sujeito às tensões $\sigma_x = -58$ MPa, $\sigma_y = 7{,}5$ MPa e $\tau_{xy} = -12$ MPa (ver figura). O material é alumínio com módulo de elasticidade $E = 69$ GPa e proporção de Poisson $\nu = 0{,}33$.

Determine as quantidades a seguir: (a) as deformações para um elemento orientado em um ângulo $\theta = 30°$, (b) as deformações principais e (c) as deformações de cisalhamento máximas. Mostre os resultados em esboços de elementos orientados adequadamente.

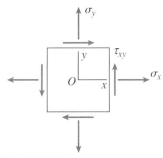

PROBS. 6.7-13 e 6.7-14

6.7-14 Resolva o problema anterior para os dados a seguir: $\sigma_x = -150$ MPa, $\sigma_y = -210$ MPa, $\tau_{xy} = -16$ MPa e $\theta = 50°$. O material é latão com $E = 100$ GPa e $\nu = 0{,}34$.

6.7-15 Durante o teste de uma asa de avião, as leituras de um extensômetro de uma roseta de 45° (veja a figura) são as seguintes: extensômetro A, 520×10^{-6}; extensômetro B, 360×10^{-6}; e extensômetro C, -80×10^{-6}.

Determine as deformações principais e deformações de cisalhamento máximas e mostre-as em esboços de elementos orientados adequadamente.

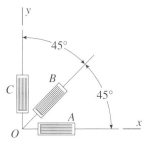

PROBS. 6.7-15 e 6.7-16

6.7-16 Uma roseta de deformação de 45° (veja a figura) montada na superfície de uma carenagem de automóvel fornece as leituras a seguir: extensômetro A, 310×10^{-6}; extensômetro B, 180×10^{-6}; e extensômetro C, 160×10^{-6}.

Determine as deformações principais e deformações de cisalhamento máximas e mostre-as em esboços de elementos orientados adequadamente.

6.7-17 Uma barra circular sólida de diâmetro $d = 32$ mm está submetida a uma força axial P e a um torque T (veja a figura). Os extensômetros A e B montados na superfície da barra fornecem as leituras $\varepsilon_A = 140 \times 10^{-6}$ e $\varepsilon_B = -60 \times 10^{-6}$. A barra é feita de aço tendo $E = 210$ GPa e $\nu = 0{,}29$.

(a) Determine a força axial P e o torque T.

(b) Determine a deformação de cisalhamento máxima γ_{max} e a tensão de cisalhamento máxima τ_{max} na barra.

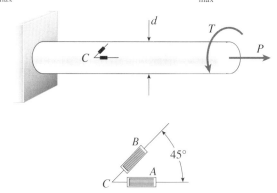

PROB. 6.7-17

6.7-18 Uma viga engastada, de seção transversal retangular (largura $b = 20$ mm, altura $h = 175$ mm), é carregada por uma força P que age à meia altura da viga e está inclinada em um ângulo α em relação à vertical (veja a figura). Dois extensômetros são colocados no ponto C, que também está à meia altura da viga. O extensômetro A mede a deformação na direção horizontal e o extensômetro B mede a deformação em um ângulo $\beta = 60°$ em relação à horizontal. As deformações medidas são $\varepsilon_A = 145 \times 10^{-6}$ e $E_B = -165 \times 10^{-6}$.

Determine a força P e o ângulo α, assumindo que o material é o aço, com $E = 200$ GPa e $\nu = 1/3$.

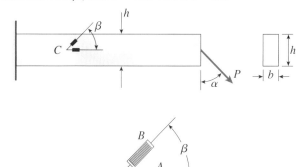

PROBS. 6.7-18 e 6.7-19

6.7-19 Resolva o problema anterior se as dimensões transversais forem $b = 38$ mm e $h = 125$ mm, o ângulo do extensômetro for $\beta = 75°$, as deformações medidas forem $\varepsilon_A = 209 \times 10^{-6}$ e $\varepsilon_B = -110 \times 10^{-6}$ e o material for uma liga de magnésio, com módulo $E = 43$ GPa e o coeficiente de Poisson $\nu = 0{,}35$.

6.7-20 Uma roseta de deformação de 60°, ou *roseta delta*, consiste em três extensômetros de resistência elétrica arranjados como ilustrado na figura. O extensômetro A mede a deformação normal ε_A na direção do eixo x. Os extensômetros B e C medem as deformações ε_B e ε_C nas direções inclinadas mostradas.

Obtenha as equações para as deformações ε_x, ε_y e γ_{xy} associadas aos eixos xy.

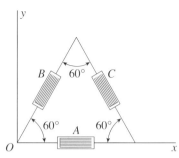

PROB. 6.7-20

6.7-21 Na superfície de um componente estrutural em um veículo espacial, as deformações são monitoradas por meio de três extensômetros como ilustrado na figura. Durante certa manobra, as seguintes deformações foram obtidas: $\varepsilon_a = 1.100 \times 10^{-6}$, $\varepsilon_b = 200 \times 10^{-6}$ e $\varepsilon_c = 200 \times 10^{-6}$.

Determine as deformações principais e as tensões principais no material, que é uma liga de magnésio para a qual $E = 41$ GPa e $\nu = 0,35$ (mostre as deformações principais e as tensões principais em esboços de elementos orientados adequadamente).

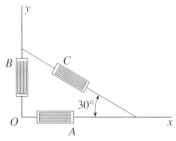

PROB. 6.7-21

6.7-22 As deformações na superfície de um dispositivo experimental feito em alumínio puro ($E = 70$ GPa, $\nu = 0,33$) e testado em um ônibus espacial foram medidas por meio de extensômetros. Os extensômetros foram orientados conforme a figura, e as deformações medidas foram $\varepsilon_A = 1.100 \times 10^{-6}$, $\varepsilon_B = 1.496 \times 10^{-6}$ e $\varepsilon_C = -39,44 \times 10^{-6}$.

Qual é o valor da tensão σ_x na direção x?

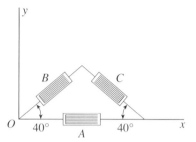

PROB. 6.7-22

6.7-23 Resolva o Problema 6.7-5 usando o círculo de Mohr para estado plano de deformações.

6.7-24 Resolva o Problema 6.7-6 usando o círculo de Mohr para estado plano de deformações.

6.7-25 Resolva o Problema 6.7-7 usando o círculo de Mohr para estado plano de deformações.

6.7-26 Resolva o Problema 6.7-8 usando o círculo de Mohr para estado plano de deformações.

6.7-27 Resolva o Problema 6.7-9 usando o círculo de Mohr para estado plano de deformações.

6.7-28 Resolva o Problema 6.7-10 usando o círculo de Mohr para estado plano de deformações.

ALGUNS PROBLEMAS DE REVISÃO ADICIONAIS: CAPÍTULO 6

R-6.1 Uma placa retangular (a = 120 mm, b = 160 mm) está submetida a tensão compressiva $\sigma_x = -4,5$ MPa e tensão de tração $\sigma_y = 15$ MPa. A proporção da tensão normal atuando perpendicularmente à solda para a tensão de cisalhamento atuando ao longo da solda é aproximadamente:

(A) 0,27
(B) 0,54
(C) 0,85
(D) 1,22

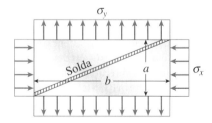

R-6.2 Uma placa retangular em tensão plana é submetida a tensões normais σ_x e σ_y e tensão de cisalhamento τ_{xy}. A tensão σ_x é conhecida como sendo de 15 MPa, mas σ_y e τ_{xy} são desconhecidos. Contudo, a tensão normal é conhecida como sendo de 33 MPa nos ângulos sentido anti-horário de 35° e 75° a partir do eixo x. Com base nisso, a tensão normal σ_y sobre o elemento na figura é aproximadamente:

(A) 14 MPa
(B) 21 MPa
(C) 26 MPa
(D) 43 MPa

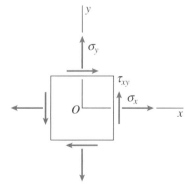

R-6.3 Uma placa retangular em tensão plana é submetida a tensões normais $\sigma_x = 35$ MPa, $\sigma_y = 26$ MPa e tensão de cisa-

lhamento τ_{xy} = 14 MPa. A proporção das magnitudes das tensões principais (σ_1/σ_2) é aproximadamente:
(A) 0,8
(B) 1,5
(C) 2,1
(D) 2,9

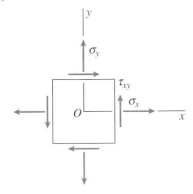

R-6.4 Um eixo de acionamento resiste uma tensão de cisalhamento torcional de 45 MPa e tensão compressiva axial de 100 MPa. A proporção das magnitudes das tensões principais (σ_1/σ_2) é aproximadamente:
(A) 0,15
(B) 0,55
(C) 1,2
(D) 1,9

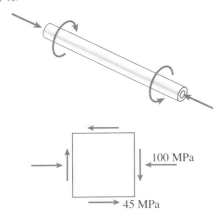

R-6.5 Um eixo de acionamento resiste uma tensão de cisalhamento torcional de 45 MPa e uma tensão compressiva axial de 100 MPa. A tensão de cisalhamento máxima é aproximadamente:
(A) 42 MPa
(B) 67 MPa
(C) 71 MPa
(D) 93 MPa

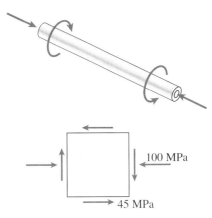

R-6.6 Um eixo de acionamento resiste uma tensão de cisalhamento torcional τ_{xy} = 40 Mpa e uma tensão compressiva axial σ_x = −70 MPa. Uma tensão principal normal é conhecida como sendo de 38 MPa (tração). A tensão σ_y é aproximadamente:
(A) 23 MPa
(B) 35 MPa
(C) 62 MPa
(D) 75 MPa

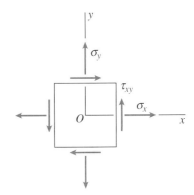

R-6.7 Uma viga de escora saliente com corte transversal retangular (b = 95 mm, h = 300 mm) suporta uma carga P = 160 kN no seu extremo livre. A proporção das magnitudes das tensões principais (σ_1/σ_2) no ponto A (a uma distância c = 0,8 m do extremo livre e a uma distância d = 200 mm a partir do fundo) é aproximadamente:
(A) 5
(B) 12
(C) 18
(D) 25

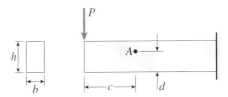

R-6.8 Uma viga simplesmente apoiada ($L = 4{,}5$ m) com corte transversal retangular ($b = 95$ mm, $h = 280$) suporta uma carga uniforme $q = 25$ kN/m. A proporção das magnitudes das tensões principais (σ_1 / σ_2) no ponto $a = 1{,}0$ m do suporte esquerdo e a uma distância $d = 100$ mm a partir do fundo da viga, é aproximadamente:

(A) 9
(B) 17
(C) 31
(D) 41

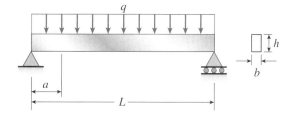

CAPÍTULO 7

Deflexões de vigas

VISÃO GERAL DO CAPÍTULO

No Capítulo 7, serão apresentados métodos para o cálculo de deflexões de vigas. As deflexões de vigas, além das tensões e das deformações discutidas no Capítulo 5, devem fazer parte das considerações básicas em suas análises e dimensionamento. Uma viga pode ser forte o suficiente para carregar uma gama de carregamentos estáticos ou dinâmicos (veja a discussão nas Seções 1.8 e 5.6), mas, se ela se flexiona demais ou vibra sobre carregamentos aplicados, falha no quesito "utilidade", elemento importante de seu dimensionamento geral. O Capítulo 7 cobre uma gama de métodos que poderão ser utilizados para o cálculo de deflexões (de translação ou rotação) **em pontos específicos** ao longo da viga ou no **perfil defletido de toda a viga**. A viga pode ser prismática ou não prismática (Seção 7.7), sofrer a atuação de cargas concentradas ou distribuídas (ou ambas), ou o "carregamento" pode ser uma diferença na temperatura entre suas partes inferior e superior (Seção 7.11). Em geral, presume-se que a viga se comporte de maneira elástica linear e se restrinja a pequenos deslocamentos (isto é, pequenos quando comparados ao seu próprio comprimento). Primeiro, serão discutidos métodos baseados na **integração da equação diferencial da curva elástica** (Seções 7.2 a 7.4). Os resultados das deflexões das vigas para uma grande gama de carregamentos que atuam em vigas engastadas ou simples serão resumidos no Apêndice C e estão disponíveis para o uso no **método de superposição** (Seção 7.5). Depois, será descrito um método baseado na **área do diagrama do momento fletor** (Seção 7.6). Os conceitos de trabalho e **energia de deformação** serão apresentados (Seção 7.8), seguidos de uma aplicação destes princípios para o cálculo das deflexões de viga conhecidas como **teorema de Castigliano**. Por fim, discutiremos o tópico especializado de deflexões de viga devidas ao **impacto** (Seção 7.10).

O Capítulo 7 está organizado da seguinte forma:

7.1 Introdução 376
7.2 Equações diferenciais da curva de deflexão 376
7.3 Deflexões pela integração da equação do momento fletor 381
7.4 Deflexões pela integração da equação da força de cisalhamento e da equação de carregamento 390
7.5 Método da superposição 395
7.6 Método da área do momento 402
7.7 Vigas não prismáticas 410
7.8 Energia de deformação da flexão 414
*__7.9__ Teorema de Castigliano 418
*__7.10__ Deflexões produzidas por impacto 429
*__7.11__ Efeitos da temperatura 431
Resumo e revisão do capítulo 433
Problemas 434

7.1 Introdução

Quando uma viga com um eixo longitudinal reto é carregada por forças laterais, o eixo é deformado em uma curva chamada de **curva de deflexão** da viga. No Capítulo 5, usamos a curvatura da viga flexionada para determinar a deformação e a tensão normais em uma viga. No entanto, não desenvolvemos um método para encontrar a própria curva de deflexão. Neste capítulo, determinaremos a equação da curva de deflexão e também encontraremos deflexões em pontos específicos ao longo do eixo da viga.

O cálculo de deflexões é uma parte importante da análise e do projeto estruturais. Por exemplo, encontrar deflexões é um ingrediente essencial na análise de estruturas estaticamente indeterminadas (Capítulo 8). As deflexões são também importantes nas análises dinâmicas, como na verificação de vibrações de aeronaves ou nas respostas de edifícios aos terremotos.

As deflexões são algumas vezes calculadas para verificar se estão dentro de limites toleráveis. Por exemplo, especificações para o projeto de edifícios usualmente impõem limites superiores às deflexões. Grandes deflexões em edifícios são desagradáveis (e mesmo preocupantes) e podem causar fendas nos tetos e nas paredes. No projeto de máquinas e de aeronaves, as especificações podem limitar as deflexões a fim de evitar vibrações indesejáveis.

7.2 Equações diferenciais da curva de deflexão

A maioria dos procedimentos para encontrar as deflexões de vigas baseia-se em equações diferenciais da curva de deflexão e nas suas relações associadas. Consequentemente, iniciaremos derivando as equações básicas para a curva de deflexão de uma viga.

Para fins de discussão, considere uma viga engastada com um carregamento concentrado atuando para cima na extremidade livre (Figura 7.1a). Sob a ação desse carregamento, o eixo da viga deforma-se em curva, como mostrado na Figura 7.1b. Os eixos de referência têm sua origem na extremidade fixa da viga, com o eixo x direcionado para a direita e o eixo y direcionado para cima. O eixo z está direcionado para fora da figura (em direção ao leitor).

Tal como em nossas discussões prévias sobre flexão de vigas, no Capítulo 5, assumimos que o plano xy seja um plano de simetria da viga e que todos os carregamentos atuem neste plano (*o plano de flexão*).

A **deflexão** v é o deslocamento na direção y de qualquer ponto no eixo da viga (Figura 7.1b). Como o eixo y é positivo para cima, as deflexões são também positivas quando são para cima.*

Para obter a equação da curva de deflexão, precisamos expressar a deflexão v como uma função da coordenada x. Em consequência, vamos agora considerar a curva de deflexão em mais detalhes. A deflexão v em qualquer ponto m_1 na curva de deflexão está representada na Figura 7.2a. O ponto m_1 está localizado à distância x a partir da origem (medida ao longo do eixo x). Um segundo ponto m_2, localizado à distância $x + dx$ a partir da origem, é também mostrado. A deflexão nesse segundo ponto é $v + dv$, em que dv é o incremento na deflexão, conforme nos movemos ao longo da curva desde m_1 até m_2.

Quando a viga é flexionada, não há somente uma deflexão em cada ponto ao longo do eixo, mas também uma rotação. O **ângulo de rotação** θ do eixo da viga é o ângulo entre o eixo x e a tangente à curva de deflexão, como mostrado para o ponto m_1 na vista expandida da Figura 7.2b. Para nossa escolha de eixos

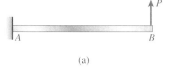

Figura 7.1

Curva de deflexão de uma viga engastada

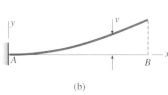

---

* Como mencionado na Seção 5.1, os símbolos tradicionais para os deslocamentos nas direções x, y e z são u, v e w, respectivamente. A vantagem dessa notação é que ela enfatiza a distinção entre uma *coordenada* e um *deslocamento*.

(x positivo para a direita e y positivo para cima), o ângulo de rotação é positivo quando está no sentido anti-horário (outros nomes para o ângulo de rotação são *ângulo de inclinação* e *ângulo de declive*).

O ângulo de rotação no ponto m_2 é $\theta + d\theta$, em que $d\theta$ é o aumento no ângulo conforme nos movemos do ponto m_1 para o ponto m_2. Segue-se que, se construirmos linhas normais às tangentes (Figuras 7.2a e b), o ângulo entre essas normais será $d\theta$. Como discutido anteriormente na Seção 5.3, o ponto de interseção dessas normais é o **centro de curvatura** O' (Figura 7.2a) e a distância de O' à curva é o **raio de curvatura** ρ. Da Figura 7.2a, vemos que

$$\rho\, d\theta = ds \tag{7.1}$$

em que $d\theta$ está em radianos e ds é a distância ao longo da curva de deflexão entre os pontos m_1 e m_2. Consequentemente, a **curvatura** κ (igual ao recíproco do raio de curvatura) é dada pela equação

$$\kappa = \frac{1}{\rho} = \frac{d\theta}{ds} \tag{7.2}$$

A **convenção de sinal** para a curvatura está descrita na Figura 7.3, que repete a Figura 5.6 da Seção 5.3. Note que a curvatura é positiva quando o ângulo de rotação aumenta conforme nos movemos ao longo da viga na direção x positiva.

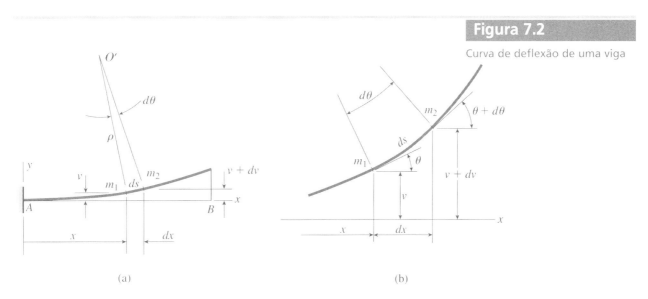

Figura 7.2
Curva de deflexão de uma viga

A **inclinação da curva de deflexão** é a primeira derivada dv/dx da expressão para a deflexão v. Em termos geométricos, a inclinação é o incremento dv na deflexão (conforme vamos do ponto m_1 ao ponto m_2 na Figura 7.2) dividido pelo incremento dx na distância ao longo do eixo x. Uma vez que dv e dx são infinitesimalmente pequenos, a inclinação dv/dx é igual à tangente do ângulo de rotação θ (Figura 7.2b). Assim,

$$\frac{dv}{dx} = \operatorname{tg} \theta \qquad \theta = \operatorname{arctg} \frac{dv}{dx} \tag{7.3a,b}$$

De modo similar, obtemos também as seguintes relações:

$$\cos \theta = \frac{dx}{ds} \qquad \operatorname{sen} \theta = \frac{dv}{ds} \tag{7.4a,b}$$

Note que, quando os eixos x e y têm as direções mostradas na Figura 7.2a, a inclinação dv/dx é positiva quando a tangente à curva inclina-se para cima à direita.

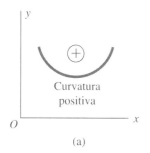
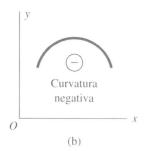

Figura 7.3

Convenção de sinal para a curvatura

(a) Curvatura positiva

(b) Curvatura negativa

As Equações (7.2) a (7.4) estão baseadas somente em considerações geométricas e, em consequência, são válidas para vigas de quaisquer materiais. Além disso, não há restrições sobre as intensidades das inclinações e das deflexões.

Vigas com pequenos ângulos de rotação

As estruturas encontradas no dia a dia, tais como edifícios, automóveis, aeronaves e navios, sofrem variações relativamente pequenas na forma enquanto estão em serviço. As mudanças são tão pequenas que não são percebidas por um observador casual. Consequentemente, as curvas de deflexão da maioria das vigas e das colunas têm ângulos de rotação muito pequenos, deflexões muito pequenas e curvaturas muito pequenas. Nessas condições, podemos fazer algumas aproximações matemáticas que simplificam muito a análise de vigas.

Considere, por exemplo, a curva de deflexão mostrada na Figura 7.2. Se o ângulo de rotação θ é um valor muito pequeno (e por isso a curva de deflexão é quase horizontal), vemos imediatamente que a distância ds ao longo da curva de deflexão é praticamente a mesma que o incremento dx ao longo do eixo x. Essa mesma conclusão pode ser obtida diretamente da Equação (7.4a). Uma vez que $\cos \approx 1$ quando o ângulo θ é pequeno, a Equação (7.4a) dá

$$ds \approx dx \qquad (7.5)$$

Com essa aproximação, a curvatura torna-se (veja a Equação 7.2):

$$\kappa = \frac{1}{\rho} = \frac{d\theta}{dx} \qquad (7.6)$$

Uma vez que tg $\theta \approx \theta$ quando θ é pequeno, podemos fazer a seguinte aproximação para a Equação (7.3a):

$$\theta \approx \text{tg } \theta = \frac{dv}{dx} \qquad (7.7)$$

Assim, se as rotações de uma viga são pequenas, podemos assumir que o ângulo de rotação θ e a inclinação dv/dx são iguais (note que o ângulo de rotação precisa ser medido em radianos).

Tomando a derivada de θ em relação a x na Equação (7.7), obtemos

$$\frac{d\theta}{dx} = \frac{d^2v}{dx^2} \qquad (7.8)$$

Combinando essa equação com a Equação (7.6), obtemos uma relação entre a **curvatura** de uma viga e sua deflexão:

$$\kappa = \frac{1}{\rho} = \frac{d^2v}{dx^2} \qquad (7.9)$$

Essa equação é válida para uma viga de qualquer material, com a condição de que as rotações sejam pequenas.

Se o material de uma viga é **elástico linear** e segue a lei de Hooke, a curvatura (da Equação 5.13, Capítulo 5) é

$$\kappa = \frac{1}{\rho} = \frac{M}{EI} \qquad (7.10)$$

em que M é o momento fletor e EI é a rigidez de flexão da viga. A Equação (7.10) mostra que um momento fletor positivo produz uma curvatura positiva e que um momento fletor negativo produz uma curvatura negativa, como mostrado anteriormente na Figura 5.10.

Combinando a Equação (7.9) com a Equação (7.10), produz-se a **equação diferencial da curva de deflexão** básica de uma viga:

$$\frac{d^2v}{dx^2} = \frac{M}{EI} \qquad (7.11)$$

Essa equação pode ser integrada em cada caso particular para encontrar a deflexão v, com a condição de que o momento fletor M e a rigidez de flexão EI sejam conhecidos como funções de x.

Como lembrete, as **convenções de sinal** a serem usadas com as equações precedentes são aqui repetidas: (1) os eixos x e y são positivos para a direita e para cima, respectivamente, (2) a deflexão v é positiva para cima, (3) a inclinação dv/dx e o ângulo de rotação θ são positivos quando são anti-horários com relação ao eixo x positivo, (4) a curvatura κ é positiva quando a viga é fletida côncava para cima e (5) o momento fletor M é positivo quando produz compressão na parte superior da viga.

Equações adicionais podem ser obtidas a partir das relações entre o momento fletor M, a força de cisalhamento V e a intensidade q da carga distribuída. No Capítulo 4 derivamos as seguintes equações entre M, V e q (veja as Equações 4.4 e 4.6):

$$\frac{dV}{dx} = -q \qquad \frac{dM}{dx} = V \qquad (7.12\text{a,b})$$

As convenções de sinais para essas grandezas são mostradas na Figura 7.4. Diferenciando a Equação (7.11) em relação a x e substituindo, então, as equações precedentes pelo carregamento e pela força de cisalhamento, podemos obter as equações adicionais. Para isso, consideraremos dois casos, vigas não prismáticas e vigas prismáticas.

Figura 7.4

Convenções de sinais para momento fletor M, força de cisalhamento V e intensidade q da carga distribuída

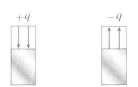

Vigas não prismáticas

No caso de uma viga não prismática, a rigidez de flexão EI é variável e, em consequência, escrevemos a Equação (7.11) na forma

$$EI_x \frac{d^2v}{dx^2} = M \qquad (7.13\text{a})$$

em que o subscrito x é inserido como um lembrete de que a rigidez de flexão pode variar com x. Diferenciando ambos os lados dessa equação e usando as Equações (7.12a) e (7.12b), obtemos

$$\frac{d}{dx}\left(EI_x \frac{d^2v}{dx^2}\right) = \frac{dM}{dx} = V \qquad (7.13\text{b})$$

$$\frac{d^2}{dx^2}\left(EI_x \frac{d^2v}{dx^2}\right) = \frac{dV}{dx} = -q \qquad (7.13\text{c})$$

A deflexão de uma viga não prismática pode ser encontrada resolvendo-se (tanto analítica como numericamente) qualquer uma das três equações precedentes. A escolha depende usualmente de qual equação fornece a solução mais eficiente.

Vigas prismáticas

No caso de uma viga prismática (EI constante), as equações diferenciais tornam-se

$$EI\frac{d^2v}{dx^2} = M \qquad EI\frac{d^3v}{dx^3} = V \qquad EI\frac{d^4v}{dx^4} = -q \qquad (7.14\text{a,b,c})$$

Para simplificar a representação dessas e de outras equações, frequentemente são usados **apóstrofos** para denotar a diferenciação:

$$v' \equiv \frac{dv}{dx} \qquad v'' \equiv \frac{d^2v}{dx^2} \qquad v''' \equiv \frac{d^3v}{dx^3} \qquad v'''' \equiv \frac{d^4v}{dx^4} \qquad (7.15)$$

Usando essa notação, podemos exprimir as equações diferenciais para uma viga prismática nas seguintes formas:

$$EIv'' = M \qquad EIv''' = V \qquad EIv'''' = -q \qquad (7.16a,b,c)$$

Referir-nos-emos a essas equações como a **equação do momento fletor**, a **equação da força de cisalhamento** e a **equação do carregamento**, respectivamente.

Nas duas próximas seções, usaremos as equações precedentes para encontrar deflexões de vigas. O procedimento geral consiste em integrar as equações e então avaliar as constantes de integração a partir de condições de contorno e outras condições pertencentes à viga.

Ao derivarmos as equações diferenciais (Equações 7.13, 7.14 e 7.16), assumimos que o material seguia a lei de Hooke e que as inclinações da curva de deflexão eram muito pequenas. Assumimos também que quaisquer deformações cortantes eram desprezíveis; consequentemente, consideramos somente as deformações devidas à flexão pura. Todas essas hipóteses são satisfeitas pela maioria das vigas usadas comumente.

Expressão exata para a curvatura

Se a curva de deflexão de uma viga tem grandes inclinações, não podemos usar as aproximações dadas pelas Equações (7.5) e (7.7). Em vez disso, precisamos recorrer às expressões exatas para a curvatura e o ângulo de rotação (veja as Equações 7.2 e 7.3b). Combinando aquelas expressões, obtemos

$$\kappa = \frac{1}{\rho} = \frac{d\theta}{ds} = \frac{d(\text{arctg } v')}{dx} \frac{dx}{ds} \qquad (7.17)$$

Da Figura 7.2, vemos que

$$ds^2 = dx^2 + dv^2 \qquad \text{ou} \qquad ds = [dx^2 + dv^2]^{1/2} \qquad (7.18a,b)$$

Dividindo ambos os lados da Equação (7.18b) por dx, temos

$$\frac{ds}{dx} = \left[1 + \left(\frac{dv}{dx}\right)^2\right]^{1/2} = [1 + (v')^2]^{1/2} \qquad \text{ou} \qquad \frac{dx}{ds} = \frac{1}{[1 + (v')^2]^{1/2}}$$

$$(7.18c,d)$$

A diferenciação da função arco tangente resulta em:

$$\frac{d}{dx}(\text{arctg } v') = \frac{v''}{1 + (v')^2} \qquad (7.18e)$$

A substituição das expressões (7.18d e e) na equação para a curvatura (Equação 7.17) produz

$$\kappa = \frac{1}{\rho} = \frac{v''}{[1 + (v')^2]^{3/2}} \qquad (7.19)$$

Comparando essa equação com a Equação (7.9), vemos que a hipótese das pequenas rotações equivale a desprezar $(v')^2$ em relação à unidade. A Equação (7.19) deve ser usada para a curvatura sempre que as inclinações forem grandes.*

Figura 7.5

Condições de contorno em suporte simples

$v_A = 0$ \qquad $v_B = 0$

---

* A relação básica que estabelece que a curvatura de uma viga é proporcional ao momento fletor (Equação 7.10) foi obtida primeiramente por Jacob Bernoulli, embora ele tivesse obtido um valor incorreto para a constante de proporcionalidade. A relação foi usada mais tarde por Euler, que resolveu a equação diferencial da curva de deflexão tanto para grandes deflexões (usando a Equação 7.19) como para pequenas deflexões (usando a Equação 7.11).

7.3 Deflexões pela integração da equação do momento fletor

Estamos agora prontos para resolver as equações diferenciais da curva de deflexão e obter as deflexões de vigas. A primeira equação que vamos usar é a equação do momento fletor (Equação 7.16a). Uma vez que essa equação é de segunda ordem, duas integrações são exigidas. A primeira integração produz a inclinação $v' = dv/dx$ e a segunda produz a deflexão v.

Começamos a análise escrevendo a equação (ou equações) para os momentos fletores na viga. Uma vez que somente vigas estaticamente determinadas serão consideradas neste capítulo, podemos obter os momentos fletores a partir de diagramas de corpo livre e de equações de equilíbrio, usando os procedimentos descritos no Capítulo 4. Em alguns casos, uma expressão do momento fletor simples é válida para todo o comprimento da viga, como ilustrado nos Exemplos 7.1 e 7.2. Em outros casos, o momento fletor modifica-se abruptamente em um ou mais pontos ao longo do eixo da viga. Precisamos, então, escrever expressões de momento fletor separadas para cada região da viga entre os pontos em que as mudanças ocorrem, como ilustrado no Exemplo 7.3.

Independentemente do número de expressões de momento fletor, o procedimento geral para resolver as equações diferenciais é o seguinte: para cada região da viga, substituímos as expressões para M na equação diferencial e integramos para obter a inclinação v'. Cada uma das integrações produz uma constante de integração. A seguir, integramos cada equação da inclinação para obter a deflexão v correspondente. Novamente, cada integração produz uma nova constante. Assim, há duas constantes de integração para cada região da viga. Essas constantes são determinadas a partir de condições conhecidas relativas às inclinações e às deflexões. As condições classificam-se em três categorias: (1) condições de contorno, (2) condições de continuidade e (3) condições de simetria.

As **condições de contorno** são relativas às deflexões e às inclinações nos suportes de uma viga. Por exemplo, em um suporte simples (tanto um pino como um rolete), a deflexão é nula (Figura 7.5) e, em um suporte fixo (engastamento), tanto a deflexão como a inclinação são nulas (Figura 7.6). Cada uma das condições de contorno fornece uma equação que pode ser usada para determinar as constantes de integração.

As **condições de continuidade** ocorrem em pontos em que as regiões de integração se encontram, como o ponto C na viga da Figura 7.7. A curva de deflexão dessa viga é fisicamente contínua no ponto C e, por consequência, a deflexão no ponto C, determinada pela parte esquerda da viga, precisa ser igual à deflexão no ponto C determinada pela parte direita. De forma similar, as inclinações encontradas para cada parte da viga precisam ser iguais ao ponto C. Cada uma dessas condições de continuidade fornece uma equação para determinar as constantes de integração.

As **condições de simetria** podem também ser determinadas. Por exemplo, se uma viga simples suporta uma carga uniforme em todo o seu comprimento, sabemos antecipadamente que a inclinação da curva de deflexão no ponto médio precisa ser zero. Essa condição fornece uma equação adicional, como ilustrado no Exemplo 7.1.

Cada condição de contorno, de continuidade e de simetria leva a uma equação com uma ou mais das constantes de integração. Uma vez que o número de condições *independentes* sempre casa com o número de constantes de integração, podemos sempre resolver essas equações para as constantes. (As condições de contorno e de continuidade somente são suficientes para determinar as constantes. Quaisquer condições de simetria fornecem equações adicionais, mas estas não são independentes das outras equações. A escolha de quais condições usar é uma questão de conveniência.)

Uma vez que as constantes sejam calculadas, elas podem ser substituídas de volta nas expressões de inclinações e de deflexões, produzindo assim as equa-

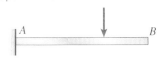

Figura 7.6

Condições de contorno em suporte fixo

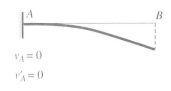

$v_A = 0$
$v'_A = 0$

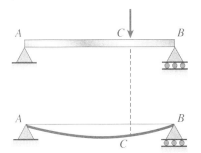

Figura 7.7

Condições de continuidade no ponto C

No ponto C: $(v)_{AC} = (v)_{CB}$
$(v')_{AC} = (v')_{CB}$

ções finais da curva de deflexão. Essas equações podem então ser usadas para obter as deflexões e os ângulos de rotação em pontos específicos ao longo do eixo da viga.

O método precedente para encontrar as deflexões é algumas vezes chamado de **método de integrações sucessivas**. Os exemplos a seguir ilustram este método em detalhes.

Observação: Ao esboçar curvas de deflexão, como aquelas mostradas nos seguintes exemplos e nas Figuras 7.5, 7.6 e 7.7, exageramos muito as deflexões para visualização. No entanto, deve-se sempre ter em mente que as deflexões reais são quantidades muito pequenas.

• • • Exemplo 7.1

Determine a equação da curva de deflexão para uma viga simples AB que suporta um carregamento uniforme de intensidade q atuando por toda a extensão da viga (Figura 7.8a).

Determine também a deflexão máxima δ_{max} no ponto médio da viga e os ângulos de rotação θ_A e θ_B nos suportes (Figura 7.8b). (*Observação*: A viga tem comprimento L e rigidez de flexão EI constante.)

Figura 7.8

Exemplo 7.1: Deflexões de uma viga simples com um carregamento uniforme

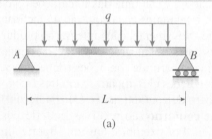

Figura 7.9

Exemplo 7.1: Diagrama de corpo livre usado para determinar o momento fletor M

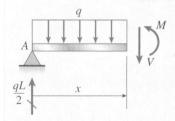

Solução

Momento fletor na viga. O momento fletor em uma seção transversal distante x do suporte esquerdo é obtido a partir do diagrama de corpo livre da Figura 7.9. Uma vez que a reação no suporte é qL/2, a equação para o momento fletor é

$$M = \frac{qL}{2}(x) - qx\left(\frac{x}{2}\right) = \frac{qLx}{2} - \frac{qx^2}{2} \quad (7.20)$$

Equação diferencial da curva de deflexão. Substituindo a expressão para o momento fletor (Equação 7.20) na equação diferencial (Equação 7.16), obtemos

$$EIv'' = \frac{qLx}{2} - \frac{qx^2}{2} \quad (7.21)$$

Essa equação pode agora ser integrada para obter a inclinação e a deflexão da viga.

• • Exemplo 7.1 *Continuação*

Inclinação da viga. Multiplicando ambos os lados da equação diferencial por dx, obtemos a seguinte equação:

$$EIv'' \, dx = \frac{qLx}{2} dx - \frac{qx^2}{2} dx$$

Integrando cada termo, obtemos

$$EI \int v'' \, dx = \int \frac{qLx}{2} dx - \int \frac{qx^2}{2} dx$$

ou

$$EIv' = \frac{qLx^2}{4} - \frac{qx^3}{6} + C_1 \qquad \text{(a)}$$

em que C_1 é uma constante de integração.

Para avaliar a constante C_1, observamos, a partir da simetria da viga e de seu carregamento, que a inclinação da curva de deflexão na metade da extensão é igual a zero. Assim, temos a seguinte condição de simetria:

$$v' = 0 \quad \text{quando} \quad x = \frac{L}{2}$$

Essa condição pode ser expressa mais sucintamente como

$$v'\left(\frac{L}{2}\right) = 0$$

Aplicando essa condição à Equação (a), obtemos

$$0 = \frac{qL}{4}\left(\frac{L}{2}\right)^2 - \frac{q}{6}\left(\frac{L}{2}\right)^3 + C_1 \quad \text{ou} \quad C_1 = -\frac{qL^3}{24}$$

A equação para a inclinação da viga (Equação a) torna-se então:

$$EIv' = \frac{qLx^2}{4} - \frac{qx^3}{6} - \frac{qL^3}{24} \qquad \text{(b)}$$

ou

$$v' = -\frac{q}{24EI}(L^3 - 6Lx^2 + 4x^3) \qquad \textbf{(7.22)}$$

Como esperado, a inclinação é negativa (isto é, sentido horário) na extremidade esquerda da viga ($x = 0$), positiva na extremidade direita ($x = L$) e igual a zero no ponto médio ($x = L/2$).

Deflexão da viga. A deflexão é obtida integrando-se a equação para a inclinação. Assim, multiplicando ambos os lados da Equação (b) por dx e integrando, obtemos

$$EIv = \frac{qLx^3}{12} - \frac{qx^3}{24} - \frac{qL^3x}{24} + C_2 \qquad \text{(c)}$$

A constante de integração C_2 pode ser determinada a partir da condição de que a deflexão da viga no suporte esquerdo é igual a zero; isto é, $v = 0$ quando $x = 0$ ou

$$v(0) = 0$$

Aplicar esta condição à Equação (c) produz $C_2 = 0$; por isso, a equação para a curva de deflexão é

$$EIv = \frac{qLx^3}{12} - \frac{qx^4}{24} - \frac{qL^3x}{24} \qquad \text{(d)}$$

ou

$$v = -\frac{qx}{24EI}(L^3 - 2Lx^2 + x^3) \qquad \textbf{(7.23)}$$

Essa equação dá a deflexão em qualquer ponto ao longo do eixo da viga. Note que a deflexão é zero em ambas as extremidades da viga ($x = 0$ e

Exemplo 7.1 Continuação

$x = L$) e negativa em qualquer outra parte (lembrando que deflexões para baixo são negativas).

Deflexão máxima. Da simetria, sabemos que a deflexão máxima ocorre no ponto médio do comprimento (Figura 7.8b). Assim, fixando x igual a $L/2$ na Equação (7.23), obtemos

$$v\left(\frac{L}{2}\right) = -\frac{5qL^4}{384EI}$$

em que o sinal negativo significa que a deflexão é para baixo (conforme o esperado). Uma vez que δ_{max} representa a magnitude dessa deflexão, obtemos

$$\delta_{max} = \left|v\left(\frac{L}{2}\right)\right| = \frac{5qL^4}{384EI} \qquad \Leftarrow (7.24)$$

Ângulos de rotação. Os ângulos de rotação máximos ocorrem nos suportes da viga. Na extremidade esquerda da viga, o ângulo θ_A, que é um ângulo horário (Figura 7.8b), é igual ao negativo da inclinação v'. Assim, substituindo $x = 0$ na Equação (7.22), encontramos

$$\theta_A = -v'(0) = \frac{qL^3}{24EI} \qquad \Leftarrow (7.25)$$

De maneira similar, podemos obter o ângulo de rotação θ_B na extremidade direita da viga. Uma vez que θ_B é um ângulo anti-horário, ele é igual à inclinação na extremidade:

$$\theta_B = v'(L) = \frac{qL^3}{24EI} \qquad \Leftarrow (7.26)$$

Como a viga e o carregamento são simétricos em relação ao ponto médio, os ângulos de rotação nas extremidades são iguais.

Este exemplo ilustra o processo de estabelecer e de resolver a equação diferencial da curva de deflexão. Ilustra também o processo de encontrar inclinações e deflexões em pontos selecionados ao longo do eixo de uma viga.

Observação: Agora que derivamos fórmulas para a deflexão máxima e ângulos de rotação máximos (veja as Equações 7.24, 7.25 e 7.26), podemos determinar essas quantidades numericamente e observar que as deflexões e os ângulos são de fato pequenos, como a teoria solicita.

Considere uma viga de aço sobre suportes simples com uma extensão $L = 2$ m. A seção transversal é retangular, com largura $b = 75$ mm e altura $h = 150$ mm. A intensidade do carregamento uniforme é $q = 100$ kN/m, que é relativamente grande, porque produz uma força de compressão na viga de 178 MPa (assim, as deflexões e as inclinações são maiores do que se poderia esperar).

Substituindo na Equação (7.24) e usando $E = 210$ GPa, encontramos que a deflexão máxima é $\delta_{max} = 4,7$ mm, que é somente 1/500 da extensão da viga. Da Equação (7.25), encontramos que o ângulo de rotação máximo é $\theta_A = 0,0075$ radiano ou $0,43°$, que é um ângulo muito pequeno.

Assim, nossa hipótese de que as inclinações e as deflexões são pequenas está confirmada.

• • • Exemplo 7.2

Determine a equação da curva de deflexão para uma viga engastada *AB* submetida a um carregamento uniforme de intensidade *q* (Figura 7.10a).
Determine também o ângulo de rotação θ_B e a deflexão δ_B na extremidade livre (Figura 7.10b). (*Observação*: A viga tem comprimento *L* e rigidez de flexão *EI* constante.)

Figura 7.10

Exemplo 7.2: Deflexões de uma viga engastada com um carregamento uniforme

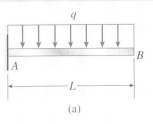

Figura 7.11

Exemplo 7.2: Diagrama de corpo livre usado na determinação do momento fletor *M*

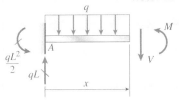

Solução

Momento fletor na viga. O momento fletor à distância *x* do suporte fixo é obtido a partir do diagrama de corpo livre da Figura 7.11. Note que a reação vertical no suporte é igual a *qL* e que o momento reativo é igual a $qL^2/2$. Consequentemente, a expressão para o momento fletor *M* é

$$M = -\frac{qL^2}{2} + qLx - \frac{qx^2}{2} \qquad (7.27)$$

Equação diferencial da curva de deflexão. Quando a expressão precedente para o momento fletor é substituída na equação diferencial (Equação 7.16a), obtemos

$$EIv'' = -\frac{qL^2}{2} + qLx - \frac{qx^2}{2} \qquad (7.28)$$

Agora, integramos ambos os lados dessa equação para obter as inclinações e as deflexões.

Inclinação da viga. A primeira integração da Equação (7.28) dá a seguinte equação para a inclinação:

$$EIv' = -\frac{qL^2 x}{2} + \frac{qLx^2}{2} - \frac{qx^3}{6} + C_1 \qquad \text{(a)}$$

A constante de integração C_1 pode ser obtida a partir da condição de contorno de que a inclinação da viga seja zero no suporte; assim, temos a seguinte condição:

$$v'(0) = 0$$

Quando essa condição é aplicada à Equação (a), obtemos $C_1 = 0$. Em consequência, a Equação (a) torna-se

$$EIv' = -\frac{qL^2 x}{2} + \frac{qLx^2}{2} - \frac{qx^3}{6} \qquad \text{(b)}$$

e a inclinação é

$$v' = -\frac{qx}{6EI}(3L^2 - 3Lx + x^2) \qquad \Longleftarrow (7.29)$$

Exemplo 7.2 Continuação

Como esperado, a inclinação obtida desta equação é zero no suporte ($x = 0$) e negativa (isto é, no sentido horário) por todo o comprimento da viga.

Deflexão da viga. A integração da equação da inclinação (Equação b) produz

$$EIv = -\frac{qL^2x^2}{4} + \frac{qLx^3}{6} - \frac{qx^4}{24} + C_2 \qquad \text{(c)}$$

A constante C_2 é encontrada a partir da condição de contorno de que a deflexão da viga é zero no suporte:

$$v(0) = 0$$

Quando essa condição é aplicada à Equação (g), vemos imediatamente que $C_2 = 0$. Em consequência, a equação para a deflexão v é

$$v = -\frac{qx^2}{24EI}(6L^2 - 4Lx + x^2) \qquad \text{(7.30)}$$

Como esperado, a deflexão obtida desta equação é zero no suporte ($x = 0$) e negativa (isto é, para baixo) em outras partes.

Ângulo de rotação na extremidade livre da viga. O ângulo de rotação θ_B na extremidade B da viga (Figura 7.10b) é igual ao negativo da inclinação naquele ponto. Assim, usando a Equação (7.29), obtemos

$$\theta_B = -v'(L) = \frac{qL^3}{6EI} \qquad \text{(7.31)}$$

Esse é o ângulo de rotação máximo para a viga.

Deflexão na extremidade livre da viga. Uma vez que a deflexão δ_B é para baixo (Figura 7.10b), ela é igual ao negativo da deflexão obtida a partir da Equação (7.30):

$$\delta_B = -v(L) = \frac{qL^4}{8EI} \qquad \text{(7.32)}$$

Essa é a deflexão máxima da viga.

Exemplo 7.3

Uma viga simples AB suporta um carregamento concentrado P atuando nas distâncias a e b dos suportes esquerdo e direito, respectivamente (Figura 7.12a).

Determine as equações da curva de deflexão, os ângulos de rotação θ_A e θ_B nos suportes, a deflexão máxima δ_{max} e a deflexão δ_C no ponto médio C da viga (Figura 7.12b). (*Observação*: A viga tem comprimento L e rigidez de flexão EI constante.)

Solução

Momentos fletores na viga. Neste exemplo, os momentos fletores são expressos por duas equações, uma para cada parte da viga. Usando os diagramas de corpo livre da Figura 7.13, chegamos às seguintes equações

$$M = \frac{Pbx}{L} \quad (0 \leq x \leq a) \qquad \text{(7.33a)}$$

$$M = \frac{Pbx}{L} - P(x - a) \quad (a \leq x \leq L) \qquad \text{(7.33b)}$$

Equações diferenciais da curva de deflexão. As equações diferenciais para as duas partes da viga são obtidas substituindo-se as expressões do momento fletor (Equações 7.33a e b) na Equação (7.16a). Os resultados são

••• Exemplo 7.3 *Continuação*

Figura 7.12

Exemplo 7.3: Deflexões de uma viga simples com um carregamento concentrado

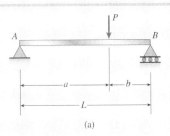

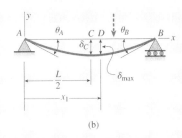

$$EIv'' = \frac{Pbx}{L} \quad (0 \leq x \leq a) \quad \text{(7.34a)}$$

$$EIv'' = \frac{Pbx}{L} - P(x-a) \quad (a \leq x \leq L) \quad \text{(7.34b)}$$

Inclinações e deflexões da viga. A primeira integração das duas equações diferenciais produz as seguintes expressões para as inclinações:

Figura 7.13

Exemplo 7.3: Diagramas de corpo livre usados para determinar os momentos fletores

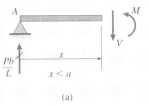

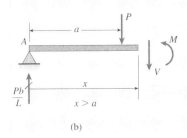

$$EIv' = \frac{Pbx^2}{2L} + C_1 \quad (0 \leq x \leq a) \quad \text{(a)}$$

$$EIv' = \frac{Pbx^2}{2L} - \frac{P(x-a)^2}{2} + C_2 \quad (a \leq x \leq L) \quad \text{(b)}$$

em que C_1 e C_2 são constantes de integração. Um segundo par de integrações fornece as deflexões:

$$EIv = \frac{Pbx^3}{6L} + C_1 x + C_3 \quad (0 \leq x \leq a) \quad \text{(c)}$$

$$EIv = \frac{Pbx^3}{6L} - \frac{P(x-a)^3}{6} + C_2 x + C_4 \quad (a \leq x \leq L) \quad \text{(d)}$$

Essas equações contêm duas constantes de integração adicionais, perfazendo um total de quatro constantes a serem determinadas.

Constantes de integração. As quatro constantes de integração podem ser encontradas a partir das quatro seguintes condições:

1. Em $x = a$, as inclinações v' para as duas partes da viga são as mesmas;
2. Em $x = a$, as deflexões v para as duas partes da viga são as mesmas;
3. Em $x = 0$, a deflexão v é zero;
4. Em $x = L$, a deflexão v é zero.

As duas primeiras condições são condições de continuidade amparadas no fato de que o eixo da viga é uma curva contínua. As condições (3) e (4) são condições de contorno que precisam ser satisfeitas nos suportes.

A condição (1) significa que as inclinações determinadas a partir das Equações (a) e (b) precisam ser iguais quando $x = a$; assim,

$$\frac{Pba^2}{2L} + C_1 = \frac{Pba^2}{2L} + C_2 \quad \text{ou} \quad C_1 = C_2$$

A condição (2) significa que as deflexões encontradas a partir das Equações (c) e (d) precisam ser iguais quando $x = a$; assim,

Exemplo 7.3 Continuação

$$\frac{Pba^3}{6L} + C_1 a + C_3 = \frac{Pba^3}{6L} + C_2 a + C_4$$

Visto que $C_1 = C_2$, essa equação fornece $C_3 = C_4$.

A seguir, aplicamos a condição (3) à Equação (c) e obtemos $C_3 = 0$; assim,

$$C_3 = C_4 = 0 \qquad \text{(e)}$$

Finalmente, aplicamos a condição (4) à Equação (d) e obtemos

$$\frac{PbL^2}{6} - \frac{Pb^3}{6} + C_2 L = 0$$

Em consequência,

$$C_1 = C_2 = -\frac{Pb(L^2 - b^2)}{6L} \qquad \text{(f)}$$

Equações da curva de deflexão. Agora, substituímos as constantes de integração (Equações e e f) nas equações para as deflexões (Equações c e d) e obtemos as equações de deflexões para as duas partes da viga. As equações resultantes, depois de um leve rearranjo, são

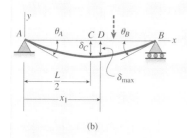

Figura 7.12 (repetida)

Exemplo 7.3: Deflexões de uma viga simples com um carregamento concentrado

$$v = -\frac{Pbx}{6LEI}(L^2 - b^2 - x^2) \qquad (0 \le x \le a) \qquad \blacktriangleleft (7.35a)$$

$$v = -\frac{Pbx}{6LEI}(L^2 - b^2 - x^2) - \frac{P(x-a)^3}{6EI} \qquad (a \le x \le L) \qquad \blacktriangleleft (7.35b)$$

A primeira dessas equações dá a curva de deflexão para a parte da viga à esquerda do carregamento P e a segunda, para a parte da viga à direita do carregamento.

As inclinações para as duas partes da viga podem ser encontradas tanto substituindo os valores de C_1 e C_2 nas Equações (a) e (b) como tomando as primeiras derivadas das equações da deflexão (Equações 7.35a e b). As equações resultantes são

$$v' = -\frac{Pb}{6LEI}(L^2 - b^2 - 3x^2) \qquad (0 \le x \le a) \qquad \blacktriangleleft (7.36a)$$

$$v' = -\frac{Pb}{6LEI}(L^2 - b^2 - 3x^2) - \frac{P(x-a)^2}{2EI} \qquad (a \le x \le L) \blacktriangleleft (7.36b)$$

A deflexão e a inclinação em qualquer ponto ao longo do eixo da viga podem ser calculadas a partir das Equações (7.35) e (7.36).

Ângulos de rotação nos suportes. Para obter os ângulos de rotação θ_A e θ_B nas extremidades da viga (Figura 7.12b), substituímos $x = 0$ na Equação (7.36a) e $x = L$ na Equação (7.36b):

$$\theta_A = -v'(0) = \frac{Pb(L^2 - b^2)}{6LEI} = \frac{Pab(L + b)}{6LEI} \qquad \blacktriangleleft (7.37a)$$

$$\theta_B = v'(L) = \frac{Pb(2L^2 - 3bL + b^2)}{6LEI} = \frac{Pab(L + a)}{6LEI} \qquad \blacktriangleleft (7.37b)$$

Note que o ângulo θ_A é horário e o ângulo θ_B é anti-horário, como mostrado na Figura 7.12b.

Os ângulos de rotação são funções da posição do carregamento e atingem seus maiores valores quando o carregamento está próximo do ponto médio da viga. No caso do ângulo de rotação θ_A, o valor máximo do ângulo é

$$(\theta_A)_{max} = \frac{PL^2\sqrt{3}}{27EI} \qquad (7.38)$$

e ocorre quando $b = L/\sqrt{3} = 0{,}577L$ (ou $a = 0{,}423L$). Esse valor de b é obtido tomando-se a derivada de θ_A com relação a b (usando a primeira das duas expressões para θ_A na Equação 7.37a) e então igualando-a a zero.

Exemplo 7.3 Continuação

Deflexão máxima da viga. A deflexão máxima δ_{max} ocorre no ponto D (Figura 7.12b), em que a curva de deflexão tem uma tangente horizontal. Se o carregamento está à direita do ponto médio, isto é, se $a > b$, o ponto D está na parte da viga à esquerda do carregamento. Podemos localizar esse ponto igualando a inclinação v' da Equação (7.36a) a zero e resolvendo para a distância x, que agora denotamos como x_1. Dessa maneira, obtemos a seguinte fórmula para x_1:

$$x_1 = \sqrt{\frac{L^2 - b^2}{3}} \quad (a \geq b) \quad (7.39)$$

Dessa equação, vemos que, conforme o carregamento P move-se do meio da viga ($b = L/2$) para a extremidade direita ($b = 0$), a distância x_1 varia de $L/2$ para $L/\sqrt{3} = 0{,}577L$. Assim, a deflexão máxima ocorre em um ponto muito próximo ao ponto médio da viga e esse ponto está sempre entre o ponto médio da viga e o carregamento.

A deflexão máxima δ_{max} é encontrada substituindo-se x_1 (da Equação 7.39) na equação de deflexão (Equação 7.35a) e então inserindo um sinal de menos:

$$\delta_{max} = -(v)_{x=x_1} = \frac{Pb(L^2 - b^2)^{3/2}}{9\sqrt{3}\,LEI} \quad (a \geq b) \quad \Longleftarrow (7.40)$$

O sinal de menos é necessário porque a deflexão máxima é para baixo (Figura 7.12b), enquanto a deflexão v é positiva para cima.

A deflexão máxima da viga depende da posição do carregamento P, isto é, da distância b. O valor máximo da deflexão máxima (a deflexão "max--max") ocorre quando $b = L/2$ e o carregamento está no ponto médio da viga. A deflexão máxima é igual a $PL^3/48EI$.

Deflexão no ponto médio da viga. A deflexão δ_C no ponto médio C quando o carregamento está atuando à direita do ponto médio (Figura 7.12b) é obtida substituindo-se $x = L/2$ na Equação (7.35a), como segue:

$$\delta_C = -v\left(\frac{L}{2}\right) = \frac{Pb(3L^2 - 4b^2)}{48EI} \quad (a \geq b) \quad \Longleftarrow (7.41)$$

Como a deflexão máxima sempre ocorre próxima ao ponto médio da viga, a Equação (7.41) produz uma boa aproximação da deflexão máxima. No caso mais desfavorável (quando b se aproxima de zero), a diferença entre a deflexão máxima e a deflexão no ponto médio é inferior a 3% da deflexão máxima, como demonstrado no Problema 7.3-7.

Caso especial (carregamento no ponto médio da viga). Um caso especial importante ocorre quando o carregamento P atua no ponto médio da viga ($a = b = L/2$). Então, obtemos os seguintes resultados das Equações (7.36a), (7.35a), (7.37) e (7.40), respectivamente:

$$v' = -\frac{P}{16EI}(L^2 - 4x^2) \quad \left(0 \leq x \leq \frac{L}{2}\right) \quad (7.42)$$

$$v = -\frac{Px}{48EI}(3L^2 - 4x^2) \quad \left(0 \leq x \leq \frac{L}{2}\right) \quad (7.43)$$

$$\theta_A = \theta_B = \frac{PL^2}{16EI} \quad (7.44)$$

$$\delta_{max} = \delta_C = \frac{PL^3}{48EI} \quad (7.45)$$

Uma vez que a curva de deflexão é simétrica com relação ao ponto médio da viga, as equações para v' e v são dadas somente para a metade esquerda da viga (Equações 7.42 e 7.43). Se necessário, as equações para a metade direita podem ser obtidas das Equações (7.36b) e (7.35b), substituindo $a = b = L/2$.

7.4 Deflexões pela integração da equação da força de cisalhamento e da equação de carregamento

As equações da curva de deflexão em termos da força de cisalhamento V e do carregamento q (Equações 7.16b e c, respectivamente) podem também ser integradas para obter inclinações e deflexões. Uma vez que os carregamentos são valores usualmente conhecidos, enquanto os momentos fletores precisam ser determinados a partir de diagramas de corpo livre e equações de equilíbrio, muitos analistas preferem iniciar pela equação de carregamento. Por essa razão, a maioria dos programas de computador para obter deflexões começa com a equação de carregamento e então realiza integrações numéricas para obter as forças de cisalhamento, os momentos fletores, as inclinações e as deflexões.

Os procedimentos para resolver tanto a equação de carregamento como a equação da força de cisalhamento são similares àqueles para resolver a equação do momento fletor, exceto que mais integrações são exigidas. Por exemplo, se começamos com a equação de carregamento, quatro integrações são necessárias a fim de chegar às deflexões. Assim, quatro constantes de integração são introduzidas para cada equação de carregamento que é integrada. Como antes, essas constantes são obtidas a partir de condições de contorno, de continuidade e de simetria. No entanto, essas condições agora incluem condições sobre as forças de cisalhamento e os momentos fletores, assim como condições sobre as inclinações e as deflexões.

As condições sobre as forças de cisalhamento equivalem às condições sobre a terceira derivada (porque $EIv''' = V$). De maneira similar, condições sobre os momentos fletores equivalem às condições sobre a segunda derivada (porque $EIv'' = M$). Quando as condições de forças de cisalhamento e de momentos fletores são adicionadas àquelas das inclinações e das deflexões, temos sempre suficientes condições independentes para determinar as constantes de integração.

Os seguintes exemplos ilustram detalhadamente as técnicas de análise. O primeiro começa pela equação de carregamento e o segundo, pela equação da força de cisalhamento.

• • • Exemplo 7.4

Determine a equação da curva de deflexão para uma viga engastada AB suportando um carregamento triangularmente distribuído de máxima intensidade q_0 (Figura 7.14a).
Determine também a deflexão δ_B e o ângulo de rotação θ_B na extremidade (Figura 7.14b). Use a equação diferencial de quarta ordem da curva de deflexão (a equação de carregamento). (*Observação*: A viga tem comprimento L e rigidez de flexão EI constante.)

Solução
Equação diferencial da curva de deflexão. A intensidade do carregamento distribuído é dada pela seguinte equação (veja a Figura 7.14a):

$$q = \frac{q_0(L - x)}{L} \tag{7.46}$$

Consequentemente, a equação diferencial de quarta ordem (Equação 7.16c) torna-se

$$EIv'''' = -q = -\frac{q_0(L - x)}{L} \tag{a}$$

Força de cisalhamento na viga. A primeira integração da Equação (a) fornece

Exemplo 7.4 Continuação

Figura 7.14

Exemplo 7.4: Deflexões de uma viga engastada com um carregamento triangular

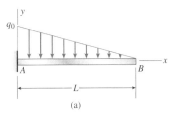

(a)

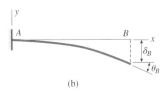

(b)

$$EIv''' = \frac{q_0}{2L}(L - x)^2 + C_1 \quad \text{(b)}$$

O lado direito dessa equação representa a força de cisalhamento V (veja Equação 7.16b). Como a força de cisalhamento é zero em $x = L$, temos a seguinte condição de contorno:

$$v'''(L) = 0$$

Usando essa condição com a Equação (b), obtemos $C_1 = 0$. Consequentemente, a Equação (b) simplifica para

$$EIv''' = \frac{q_0}{2L}(L - x)^2 \quad \text{(c)}$$

e a força de cisalhamento na viga é

$$V = EIv''' = \frac{q_0}{2L}(L - x)^2 \quad \text{(7.47)}$$

Momento fletor na viga. Integrando uma segunda vez, obtemos a seguinte equação da Equação (c):

$$EIv'' = -\frac{q_0}{6L}(L - x)^3 + C_2 \quad \text{(d)}$$

Essa equação é igual ao momento fletor M (veja a Equação 7.16a). Uma vez que o momento fletor é zero na extremidade livre da viga, temos a seguinte condição de contorno:

$$v''(L) = 0$$

Aplicando essa condição à Equação (d), obtemos $C_2 = 0$ e, em consequência, o momento fletor é

$$M = EIv'' = -\frac{q_0}{6L}(L - x)^3 \quad \text{(7.48)}$$

Inclinação e deflexão da viga. A terceira e quarta integrações produzem

$$EIv' = \frac{q_0}{24L}(L - x)^4 + C_3 \quad \text{(e)}$$

$$EIv = -\frac{q_0}{120L}(L - x)^5 + C_3 x + C_4 \quad \text{(f)}$$

As condições de contorno no suporte fixo, em que tanto a inclinação como a deflexão são iguais a zero, são

$$v'(0) = 0 \quad v(0) = 0$$

Aplicando essas condições às Equações (e) e (f), respectivamente, encontramos

$$C_3 = -\frac{q_0 L^3}{24} \quad C_4 = \frac{q_0 L^4}{120}$$

Substituindo essas expressões para as constantes nas Equações (e) e (f), obtemos as seguintes equações para a inclinação e a deflexão da viga:

Parte em balanço de uma estrutura de teto (Cortesia do National Information Service for Earthwake Engineering – EERC University of California, Berkeley).

Exemplo 7.4 Continuação

$$v' = -\frac{q_0 x}{24LEI}(4L^3 - 6L^2 x + 4Lx^2 - x^3) \quad \Leftarrow (7.49)$$

$$v = -\frac{q_0 x^2}{120LEI}(10L^3 - 10L^2 x + 5Lx^2 - x^3) \quad \Leftarrow (7.50)$$

Ângulo de rotação e deflexão na extremidade livre da viga. O ângulo de rotação θ_B e a deflexão δ_B na extremidade livre da viga (Figura 7.14b) são obtidos a partir das Equações (7.49) e (7.50), respectivamente, substituindo-se $x = L$. Os resultados são

$$\theta_B = -v'(L) = \frac{q_0 L^3}{24EI} \qquad \delta_B = -v(L) = \frac{q_0 L^4}{30EI} \quad \Leftarrow (7.51\text{a,b})$$

Assim, determinamos as inclinações e as deflexões exigidas da viga, resolvendo a equação diferencial de quarta ordem da curva de deflexão.

Exemplo 7.5

Uma viga simples AB com um balanço BC suporta um carregamento concentrado P na extremidade do balanço (Figura 7.15a). O vão principal da viga tem comprimento L e o balanço tem comprimento $L/2$.

Determine as equações da curva de deflexão e a deflexão δ_C na extremidade do balanço (Figura 7.15b). Use a equação diferencial de terceira ordem da curva de deflexão (a equação da força de cisalhamento). (*Observação*: A viga tem rigidez de flexão EI constante.)

Figura 7.15

Exemplo 7.5: Deflexões de uma viga com um trecho em balanço

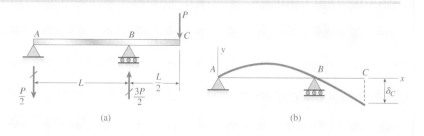

Solução

Equações diferenciais da curva de deflexão. Como as forças reativas atuam nos suportes A e B, precisamos escrever equações diferenciais separadas para as partes AB e BC da viga. Portanto, começamos por encontrar as forças de cisalhamento em cada parte da viga.

A reação para baixo no suporte A é igual a $P/2$, e a reação para cima no suporte B é igual a $3P/2$ (veja a Figura 7.15a). Segue que as forças de cisalhamento nas partes AB e BC são

$$V = -\frac{P}{2} \quad (0 < x < L) \tag{7.52a}$$

$$V = P \quad \left(L < x < \frac{3L}{2}\right) \tag{7.52b}$$

em que x é medido a partir da extremidade A da viga (Figura 7.15b).

As equações diferenciais de terceira ordem para a viga tornam-se agora (veja a Equação 7.16b):

$$EIv''' = -\frac{P}{2} \quad (0 < x < L) \tag{a}$$

$$EIv''' = P \quad \left(L < x < \frac{3L}{2}\right) \tag{b}$$

Exemplo 7.5 Continuação

Viga de ponte com saliência, durante o transporte para canteiro de obras
(Tom Brakefield/ Imagens Getty)

Momentos fletores na viga. A integração das duas equações precedentes produzem as equações do momento fletor:

$$M = EIv'' = -\frac{Px}{2} + C_1 \quad (0 \leq x \leq L) \quad \text{(c)}$$

$$M = EIv'' = Px + C_2 \quad \left(L \leq x \leq \frac{3L}{2}\right) \quad \text{(d)}$$

Os momentos fletores nos pontos A e C são nulos; portanto, temos as seguintes condições de contorno:

$$v''(0) = 0 \quad v''\left(\frac{3L}{2}\right) = 0$$

Usando essas condições com as Equações (c) e (d), obtemos

$$C_1 = 0 \quad C_2 = -\frac{3PL}{2}$$

Em consequência, os momentos fletores são

$$M = EIv'' = -\frac{Px}{2} \quad (0 \leq x \leq L) \quad (7.53a)$$

$$M = EIv'' = -\frac{P(3L - 2x)}{2} \quad \left(L \leq x \leq \frac{3L}{2}\right) \quad (7.53b)$$

Essas equações podem ser verificadas determinando-se os momentos fletores a partir dos diagramas de corpo livre e das equações de equilíbrio.

Inclinações e deflexões da viga. As seguintes integrações produzem as inclinações:

$$EIv' = -\frac{Px^2}{4} + C_3 \quad (0 \leq x \leq L)$$

$$EIv' = -\frac{Px(3L - x)}{2} + C_4 \quad \left(L \leq x \leq \frac{3L}{2}\right)$$

A única condição sobre as inclinações é a condição de continuidade no suporte B. De acordo com essa condição, a inclinação no ponto B, como encontrado para a parte AB da viga, é igual à inclinação no mesmo ponto, como encontrado para a parte BC da viga. Portanto, substituímos $x = L$ em cada uma das equações precedentes para as inclinações e obtemos

$$-\frac{PL^2}{4} + C_3 = -PL^2 + C_4$$

Essa equação elimina uma constante de integração porque podemos expressar C_4 em termos de C_3:

$$C_4 = C_3 + \frac{3PL^2}{4} \quad \text{(e)}$$

A terceira e a última integrações geram

$$EIv = -\frac{Px^3}{12} + C_3 x + C_5 \quad (0 \leq x \leq L) \quad \text{(f)}$$

$$EIv = -\frac{Px^2(9L - 2x)}{12} + C_4 x + C_6 \quad \left(L \leq x \leq \frac{3L}{2}\right) \quad \text{(g)}$$

Para a parte AB da viga (Figura 7.15a), temos duas condições de contorno sobre as deflexões, a saber, a deflexão é nula nos pontos A e B:

$$v(0) = 0 \quad \text{e} \quad v(L) = 0$$

Aplicando essas condições à Equação (f), obtemos:

Exemplo 7.5 Continuação

$$C_5 = 0 \quad C_3 = \frac{PL^2}{12} \quad \text{(h,i)}$$

Substituindo a expressão precedente para C_3 na Equação (e), obtemos:

$$C_4 = \frac{5PL^2}{6} \quad \text{(j)}$$

Para a parte BC da viga, a deflexão é zero no ponto B. Em consequência, a condição de contorno é

$$v(L) = 0$$

Aplicando essa condição à Equação (g) e também substituindo a Equação (j) por C_4, obtemos

$$C_6 = -\frac{PL^3}{4} \quad \text{(k)}$$

Todas as constantes de integração foram agora calculadas.
  As equações de deflexão são obtidas substituindo-se as constantes de integração (Equações h, i, j e k) nas Equações (f) e (g). Os resultados são

$$v = \frac{Px}{12EI}(L^2 - x^2) \quad (0 \le x \le L) \quad \longleftarrow \text{(7.54a)}$$

$$v = -\frac{P}{12EI}(3L^3 - 10L^2x + 9Lx^2 - 2x^3) \quad \left(L \le x \le \frac{3L}{2}\right) \quad \longleftarrow \text{(7.54b)}$$

Note que a deflexão é sempre positiva (para cima) na parte AB da viga (Equação 7.54a) e sempre negativa (para baixo) no balanço BC (Equação 7.54b).
  Deflexão na extremidade do balanço. Podemos encontrar a deflexão δ_C na extremidade do balanço (Figura 7.15b) substituindo $x = 3L/2$ na Equação (7.54b):

$$\delta_C = -v\left(\frac{3L}{2}\right) = \frac{PL^3}{8EI} \quad \longleftarrow \text{(7.55)}$$

Assim, determinamos as deflexões exigidas da viga em balanço (Equações 7.54 e 7.55) resolvendo a equação diferencial de terceira ordem da curva de deflexão.

Figura 7.15 (Repetida)

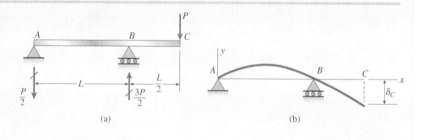

7.5 Método da superposição

O **método da superposição** é uma técnica prática e comumente usada para obter deflexões e ângulos de rotação de vigas. O conceito básico é bastante simples e pode ser estabelecido como a seguir:

Sob condições apropriadas, a deflexão de uma viga produzida por diversos carregamentos diferentes atuando simultaneamente pode ser encontrada superpondo-se as deflexões produzidas pelos mesmos carregamentos atuando separadamente.

Por exemplo, se v_1 representa a deflexão de um ponto particular sobre o eixo de uma viga devida a um carregamento q_1 e se v_2 representa a deflexão no mesmo ponto devida a um diferente carregamento q_2, então a deflexão naquele ponto devida aos carregamentos q_1 e q_2 atuando simultaneamente é $v_1 + v_2$ (as cargas q_1 e q_2 são cargas independentes e podem atuar em qualquer lugar ao longo do eixo da viga).

A justificativa para superpor deflexões encontra-se na natureza das equações diferenciais da curva de deflexão (Equações 7.16a, b e c). Essas equações são equações diferenciais *lineares*, porque todos os termos que contêm a deflexão v e suas derivadas estão elevados à primeira potência. Em consequência, as soluções dessas equações para diversas condições de carregamento podem ser algebricamente somadas ou *superpostas* (as condições para que a superposição seja válida são descritas adiante na subseção "Princípio da superposição").

Como **ilustração** do método de superposição, considere a viga simples ACB mostrada na Figura 7.16a. Essa viga suporta dois carregamentos: (1) um carregamento uniforme de intensidade q atuando por toda a extensão da viga e (2) um carregamento concentrado P atuando no ponto médio. Suponha que queiramos encontrar a deflexão δ_C no ponto médio e os ângulos de rotação θ_A e θ_B nas extremidades (Figura 7.16b). Pelo método da superposição, obtemos os efeitos de cada um dos carregamentos atuando separadamente e então combinamos os resultados.

Para cada carregamento uniforme atuando sozinho, a deflexão no ponto médio e os ângulos de rotação são obtidos a partir das fórmulas do Exemplo 7.1 (veja as Equações 7.24, 7.25 e 7.26).

Figura 7.16

Viga simples com dois carregamentos

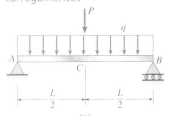

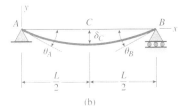

$$(\delta_C)_1 = \frac{5qL^4}{384EI} \qquad (\theta_A)_1 = (\theta_B)_1 = \frac{qL^3}{24EI}$$

em que EI é a rigidez de flexão da viga e L é seu comprimento.

Para o carregamento P atuando sozinho, as quantidades correspondentes são obtidas a partir das fórmulas do Exemplo 7.3 (veja as Equações 7.44 e 7.45):

$$(\delta_C)_2 = \frac{PL^3}{48EI} \qquad (\theta_A)_2 = (\theta_B)_2 = \frac{PL^2}{16EI}$$

Em consequência, a deflexão e os ângulos de rotação devidos ao carregamento combinado (Figura 7.16a) são obtidos pela soma:

$$\delta_C = (\delta_C)_1 + (\delta_C)_2 = \frac{5qL^4}{384EI} + \frac{PL^3}{48EI} \qquad (7.56a)$$

$$\theta_A = \theta_B = (\theta_A)_1 + (\theta_A)_2 = \frac{qL^3}{24EI} + \frac{PL^2}{16EI} \qquad (7.56b)$$

As deflexões e os ângulos de rotação em outros pontos no eixo da viga podem ser encontrados pelo mesmo procedimento. No entanto, o método de superposição não se limita a encontrar deflexões e ângulos de rotação em pontos únicos. O método pode também ser usado para obter as equações gerais para as inclinações e as deflexões de uma viga submetida a mais de uma carga.

Tabelas de deflexões de viga

O método de superposição é útil somente quando fórmulas para as deflexões e as inclinações estão prontamente disponíveis. Para fornecer acesso conveniente a tais fórmulas, tabelas tanto para vigas engastadas como para vigas simples são fornecidas no Apêndice C. Tabelas similares podem ser encontradas nos manuais de engenharia. Usando essas tabelas e o método de superposição, podemos encontrar deflexões e ângulos de rotação para muitas condições de carregamentos diferentes, como ilustrado pelos exemplos no final desta seção.

Carregamentos distribuídos

Algumas vezes encontramos carregamentos distribuídos que não estão incluídos em uma tabela de deflexões de viga. Nesses casos, a superposição pode ainda ser útil. Podemos considerar um elemento de carregamento distribuído como se ele fosse um carregamento concentrado e então podemos encontrar a deflexão requerida integrando toda a região da viga em que o carregamento é aplicado.

Para ilustrar esse processo de integração, considere uma viga simples ACB com um carregamento triangular atuando na metade esquerda (Figura 7.17a). Desejamos obter a deflexão δ_C no ponto médio C e o ângulo de rotação θ_A no suporte esquerdo (Figura 7.17c).

Começamos visualizando um elemento $q\,dx$ de carregamento distribuído como um carregamento concentrado (Figura 7.17b). Note que o carregamento atua à esquerda do ponto médio da viga. A deflexão no ponto médio devida a esse carregamento concentrado é obtida do Caso 5 da Tabela C.2, Apêndice C. A fórmula dada ali para a deflexão do ponto médio (para o caso em que $a \leq b$) é

$$\frac{Pa}{48EI}(3L^2 - 4a^2)$$

Em nosso exemplo (Figura 7.17b), substituímos $q\,dx$ por P e x por a:

$$\frac{(q\,dx)(x)}{48EI}(3L^2 - 4x^2) \tag{7.57}$$

Esta expressão fornece a deflexão no ponto C devida ao elemento $q\,dx$ da carga.

A seguir, notamos que a intensidade do carregamento uniforme (Figuras 7.17a e b) é

$$q = \frac{2q_0 x}{L} \tag{7.58}$$

em que q_0 é a máxima intensidade do carregamento. Com essa substituição para q, a fórmula para a deflexão (Equação 7.57) torna-se

$$\frac{q_0 x^2}{24LEI}(3L^2 - 4x^2)dx$$

Finalmente, integramos por toda a região do carregamento para obter a deflexão δ_C no ponto médio da viga devida ao carregamento triangular inteiro:

$$\delta_C = \int_0^{L/2} \frac{q_0 x^2}{24LEI}(3L^2 - 4x^2)dx$$

$$= \frac{q_0}{24LEI}\int_0^{L/2}(3L^2 - 4x^2)x^2\,dx = \frac{q_0 L^4}{240EI} \tag{7.59}$$

Figura 7.17

Viga simples com um carregamento triangular

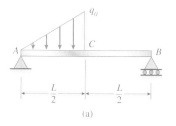
(a)

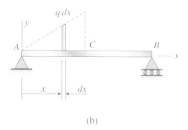
(b)

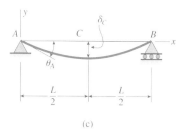
(c)

Por um procedimento similar, podemos calcular o ângulo de rotação θ_A na extremidade esquerda da viga (Figura 7.17c). A expressão para esse ângulo devido ao carregamento concentrado P (veja o Caso 5 da Tabela C.2) é

$$\frac{Pab(L + b)}{6LEI}$$

Substituindo P por $2q_0\, xdx/L$, a por x e b por $L - x$, obtemos

$$\frac{2q_0 x^2(L - x)(L + L - x)}{6L^2 EI}dx \quad \text{ou} \quad \frac{q_0}{3L^2 EI}(L - x)(2L - x)x^2 dx$$

Finalmente, integramos através da região do carregamento:

$$\theta_A = \int_0^{L/2} \frac{q_0}{3L^2 EI}(L - x)(2L - x)x^2 dx = \frac{41 q_0 L^3}{2880 EI} \quad (7.60)$$

Esse é o ângulo de rotação produzido pelo carregamento triangular.

Este exemplo ilustra como podemos usar a superposição e a integração para encontrar deflexões e ângulos de rotação produzidos por carregamentos distribuídos de quase qualquer tipo. Se a integração não pode ser realizada facilmente por meios analíticos, podem ser empregados métodos numéricos.

Princípio da superposição

O método da superposição para encontrar deflexões de vigas é um exemplo de um conceito mais geral conhecido em mecânica como **princípio da superposição**. Esse princípio é válido sempre que a quantidade a ser determinada for uma função linear dos carregamentos aplicados. Nesse caso, a quantidade desejada pode ser encontrada devido a cada carregamento atuando separadamente e, então, esses resultados podem ser superpostos para obter a quantidade desejada devido a todos os carregamentos atuando simultaneamente. Em estruturas comuns, o princípio é usualmente válido para tensões, deformações, momentos fletores e outras quantidades além das deflexões.

No caso particular das **deflexões de viga**, o princípio da superposição é válido sob as seguintes condições: (1) a lei de Hooke é válida para o material, (2) as deflexões e as rotações são pequenas e (3) a presença de deflexões não altera as ações dos carregamentos aplicados. Essas exigências asseguram que as equações diferenciais da curva de deflexão sejam lineares.

Os exemplos a seguir ilustram um pouco mais como o princípio da superposição é usado para calcular deflexões e ângulos de rotação de vigas.

Exemplo 7.6

Uma viga engastada AB suporta um carregamento uniforme de intensidade q atuando sobre parte de seu comprimento e um carregamento concentrado P atuando na extremidade livre (Figura 7.18a).

Determine a deflexão δ_B e o ângulo de rotação θ_B na extremidade B da viga (Figura 7.18b). (*Observação*: A viga tem comprimento L e rigidez de flexão EI constante.)

Solução

Podemos obter a deflexão e o ângulo de rotação na extremidade B da viga combinando os efeitos dos carregamentos que atuam separadamente. Se o carregamento uniforme atua sozinho, a deflexão e o ângulo de rotação (obtidos do Caso 2 da Tabela C.1, Apêndice C) são

Exemplo 7.6 Continuação

Figura 7.18

Exemplo 7.6: Viga engastada com um carregamento uniforme e um carregamento concentrado

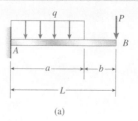

$$(\delta_B)_1 = \frac{qa^3}{24EI}(4L - a) \qquad (\theta_B)_1 = \frac{qa^3}{6EI}$$

Se o carregamento P atua sozinho, as quantidades correspondentes (do Caso 4, Tabela C.1) são

$$(\delta_B)_2 = \frac{PL^3}{3EI} \qquad (\theta_B)_2 = \frac{PL^2}{2EI}$$

Em consequência, a deflexão e o ângulo de rotação devidos ao carregamento combinado (Figura 7.18a) são

$$\delta_B = (\delta_B)_1 + (\delta_B)_2 = \frac{qa^3}{24EI}(4L - a) + \frac{PL^3}{3EI} \quad \longleftarrow (7.61)$$

$$\theta_B = (\theta_B)_1 + (\theta_B)_2 = \frac{qa^3}{6EI} + \frac{PL^2}{2EI} \quad \longleftarrow (7.62)$$

Assim, encontramos as quantidades exigidas usando as fórmulas tabeladas e o método de superposição.

Exemplo 7.7

Uma viga engastada AB com um carregamento uniforme de intensidade q atuando na metade direita da viga é mostrada na Figura 7.19a.
Obtenha as fórmulas para a deflexão δ_B e o ângulo de rotação θ_B na extremidade livre (Figura 7.19c). (*Observação*: A viga tem comprimento L e rigidez de flexão EI constante.)

Solução

Neste exemplo, determinaremos a deflexão e o ângulo de rotação tratando um elemento de um carregamento uniforme como um carregamento concentrado e então integrando (veja a Figura 7.19b). O elemento de carregamento tem intensidade qdx e está localizado à distância x do suporte. A deflexão diferencial $d\delta_B$ e o ângulo de rotação diferencial $d\theta_B$ resultantes na extremidade livre são encontrados a partir das fórmulas correspondentes no Caso 5 da Tabela C.1, Apêndice C, substituindo P por $q\,dx$ e a por x; assim,

$$d\delta_B = \frac{(q\,dx)(x^2)(3L - x)}{6EI} \qquad d\theta_B = \frac{(q\,dx)(x^2)}{2EI}$$

• • • Exemplo 7.7 Continuação

Figura 7.19

Exemplo 7.7: Viga engastada com um carregamento uniforme atuando na metade direita da viga

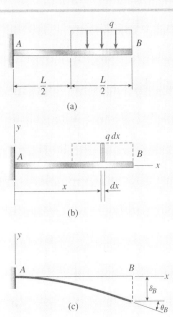

Integrando sobre a região carregada, obtemos

$$\delta_B = \int d\delta_B = \frac{q}{6EI}\int_{L/2}^{L} x^2(3L - x)\, dx = \frac{41qL^4}{384EI} \quad \blacktriangleleft \quad (7.63)$$

$$\theta_B = \int d\theta_B = \frac{q}{2EI}\int_{L/2}^{L} x^2\, dx = \frac{7qL^3}{48EI} \quad \blacktriangleleft \quad (7.64)$$

Observação: Estes mesmos resultados podem ser obtidos usando as fórmulas do Caso 3 da Tabela C.1 e substituindo $a = b = L/2$.

• • • Exemplo 7.8

Uma viga composta ABC tem um suporte rolante em A, uma rótula interna em B e um suporte fixo em C (Figura 7.20a). O segmento AB tem comprimento a e o segmento BC tem comprimento b. Um carregamento concentrado P atua à distância $2a/3$ do suporte A e um carregamento uniforme de intensidade q atua entre os pontos B e C.

Determine a deflexão δ_B na rótula e o ângulo de rotação θ_A no suporte A (Figura 7.20d). (*Observação*: A viga tem rigidez de flexão EI constante.)

Solução

Para propósitos de análise, consideraremos que a viga composta constitui-se de duas vigas individuais: (1) uma viga simples AB de comprimento a e (2) uma viga engastada BC de comprimento b. As duas vigas estão ligadas por um pino de conexão em B.

Se separarmos a viga AB do resto da estrutura (Figura 7.20b), veremos que há uma força vertical F na extremidade B igual a $2P/3$. Essa mesma força atua para baixo na extremidade B da viga engastada (Figura 7.20c). Consequentemente, a viga engastada BC está submetida a dois carregamentos: um carregamento uniforme e um carregamento concentrado. A deflexão na extremidade dessa viga engastada (que é a mesma que a deflexão δ_B da rótula) é prontamente encontrada a partir dos Casos 1 e 4 da Tabela C.1, Apêndice C:

• • • Exemplo 7.8 *Continuação*

Figura 7.20

Exemplo 7.8: Viga composta com uma rótula

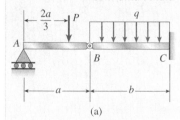

(a)

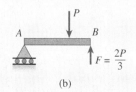

(b)

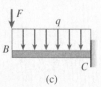

(c)

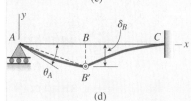

(d)

$$\delta_B = \frac{qb^4}{8EI} + \frac{Fb^3}{3EI}$$

ou, uma vez que $F = 2P/3$,

$$\delta_B = \frac{qb^4}{8EI} + \frac{2Pb^3}{9EI} \quad \longleftarrow (7.65)$$

O ângulo de rotação θ_A no suporte A (Figura 7.20d) consiste em duas partes: (1) um ângulo BAB' produzido pelo deslocamento para baixo da rótula e (2) um ângulo de rotação adicional produzido pela flexão da viga AB (ou viga AB') como uma viga simples. O ângulo BAB' é

$$(\theta_A)_1 = \frac{\delta_B}{a} = \frac{qb^4}{8aEI} + \frac{2Pb^3}{9aEI}$$

O ângulo de rotação na extremidade de uma viga simples com um carregamento concentrado é obtido a partir do Caso 5 da Tabela C.2. A fórmula dada ali é

$$\frac{Pab(L + b)}{6LEI}$$

em que L é o comprimento de uma viga simples, a é a distância a partir do suporte esquerdo até o carregamento e b é a distância a partir do suporte direito até o carregamento. Assim, na notação de nosso exemplo (Figura 7.20a), o ângulo de rotação é

$$(\theta_A)_2 = \frac{P\left(\dfrac{2a}{3}\right)\left(\dfrac{a}{3}\right)\left(a + \dfrac{a}{3}\right)}{6aEI} = \frac{4Pa^2}{81EI}$$

Combinando os dois ângulos, obtemos o ângulo de rotação total no suporte A:

$$\theta_A = (\theta_A)_1 + (\theta_A)_2 = \frac{qb^4}{8aEI} + \frac{2Pb^3}{9aEI} + \frac{4Pa^2}{81EI} \quad \longleftarrow (7.66)$$

Este exemplo ilustra como o método de superposição pode ser adaptado para manusear uma situação aparentemente complexa de maneira relativamente simples.

• • • Exemplo 7.9

Uma viga simples AB de extensão L tem um balanço BC de comprimento a (Figura 7.21a). A viga suporta um carregamento uniforme de intensidade q por todo o seu comprimento.

Obtenha a fórmula para a deflexão δ_C na extremidade do balanço (Figura 7.21c). (*Observação*: A viga tem rigidez de flexão EI constante.)

Solução

Podemos encontrar a deflexão do ponto C imaginando o balanço BC (Figura 7.21a) como uma viga engastada submetida a duas ações. A primeira ação é a rotação do suporte da viga engastada através de um ângulo θ_B, que é o ângulo de rotação da viga ABC no suporte B (Figura 7.21c). (Assumimos que um ângulo θ_B horário seja positivo.) Esse ângulo de rotação causa uma rotação de corpo rígido do balanço BC, resultando em um deslocamento para baixo δ_1 do ponto C.

A segunda ação é a flexão de BC como uma viga engastada suportando um carregamento uniforme. Essa flexão produz um deslocamento para baixo adicional δ_2 (Figura 7.21c). A superposição desses dois deslocamentos dá o deslocamento total δ_C no ponto C.

• • • Exemplo 7.9 *Continuação*

Figura 7.21

Exemplo 7.9: Viga simples com um balanço

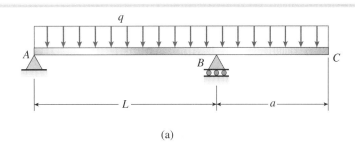

(a)

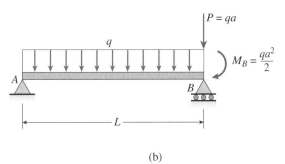

(b)

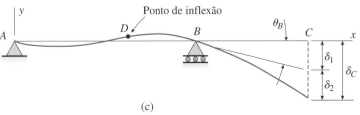

(c)

Viga com balanço carregada pela carga uniforme da gravidade (Cortesia do National Information Service for Earthwake Engineering – EERC, University of California, Berkeley.)

Deflexão δ_1. Vamos começar encontrando a deflexão δ_1 causada pelo ângulo de rotação θ_B no ponto B. Para encontrar esse ângulo, observamos que a parte AB da viga está na mesma condição que uma viga simples (Figura 7.21b) submetida aos seguintes carregamentos: (1) um carregamento uniforme de intensidade q, (2) um binário M_B (igual a $qa^2/2$) e (3) um carregamento vertical P (igual a qa). Somente os carregamentos q e M_B produzem ângulos de rotação na extremidade B dessa viga simples. Esses ângulos são encontrados a partir dos Casos 1 e 7 da Tabela C.2, Apêndice C. Assim, o ângulo θ_B é

$$\theta_B = -\frac{qL^3}{24EI} + \frac{M_B L}{3EI} = -\frac{qL^3}{24EI} + \frac{qa^2 L}{6EI} = \frac{qL(4a^2 - L^2)}{24EI} \quad (7.67)$$

em que um ângulo horário é positivo, como mostrado na Figura 7.21c.

A deflexão para baixo δ_1 do ponto C, devida somente ao ângulo de rotação θ_B, é igual ao comprimento do balanço vezes o ângulo (Figura 7.21c):

$$\delta_1 = a\theta_B = \frac{qaL(4a^2 - L^2)}{24EI} \quad \text{(a)}$$

Deflexão δ_2. A flexão do balanço BC produz uma deflexão adicional para baixo δ_2 no ponto C. Essa deflexão é igual à deflexão de uma viga engastada de comprimento a submetida a um carregamento uniforme de intensidade q (veja o Caso 1 da Tabela C.1)

$$\delta_2 = \frac{qa^4}{8EI} \quad \text{(b)}$$

Deflexão δ_C. A deflexão para baixo total do ponto C é a soma algébrica de δ_1 e δ_2:

> **Exemplo 7.9** Continuação

$$\delta_C = \delta_1 + \delta_2 = \frac{qaL(4a^2 - L^2)}{24EI} + \frac{qa^4}{8EI} = \frac{qa}{24EI}[L(4a^2 - L^2) + 3a^3]$$

ou

$$\delta_C = \frac{qa}{24EI}(a + L)(3a^2 + aL - L^2) \quad \text{(7.68)}$$

Da equação precedente vemos que a deflexão δ_C pode ser para cima ou para baixo, dependendo das grandezas relativas dos comprimentos L e a. Se a é relativamente grande, o último termo na equação (a expressão de três termos entre parênteses) é positivo e a deflexão δ_C é para baixo. Se a é relativamente pequeno, o último termo é negativo e a deflexão é para cima. A deflexão é zero quando o último termo é igual a zero:

$$3a^2 + aL - L^2 = 0$$

ou

$$a = \frac{L(\sqrt{13} - 1)}{6} = 0{,}4343L \quad \text{(c)}$$

Desse resultado, vemos que, se a é maior que $0{,}4343L$, a deflexão do ponto C é para baixo; se a é menor que $0{,}4343L$, a deflexão é para cima.

Curva de deflexão. A forma da curva de deflexão para a viga nesse exemplo é mostrada na Figura 7.21c para o caso em que a é grande o suficiente ($a > 0{,}4343L$) para produzir uma deflexão para baixo em C e pequena o suficiente ($a < L$) para assegurar que a reação em A é para cima. Sob essas condições, a viga tem um momento fletor positivo entre o suporte A e um ponto como D. A curva de deflexão na região AD é côncava para cima (curvatura positiva). De D para C, o momento fletor é negativo e, em consequência, a curva de deflexão é côncava para baixo (curvatura negativa).

Ponto de inflexão. No ponto D, a curvatura da curva de deflexão é zero porque o momento fletor é zero. Um ponto como D, em que a curvatura e o momento fletor *mudam de sinal*, é chamado de **ponto de inflexão** (ou *ponto de contraflexão*). O momento fletor M e a segunda derivada d^2v/dx^2 sempre se anulam em um ponto de inflexão.

No entanto, um ponto em que M e d^2v/dx^2 se igualam a zero não é necessariamente um ponto de inflexão porque é possível para essas quantidades serem iguais a zero sem mudar de sinais nesse ponto; por exemplo, elas podem ter valores máximos ou mínimos.

7.6 Método da área do momento

Nesta seção, descreveremos outro método para encontrar deflexões e ângulos de rotação de vigas. Como o método é baseado em dois teoremas relacionados à *área do diagrama do momento fletor*, é chamado de **método da área do momento**.

As hipóteses utilizadas para derivar os dois teoremas são as mesmas que aquelas usadas na derivação das equações diferenciais da curva de deflexão. Desse modo, o método da área do momento é válido somente para vigas elásticas lineares com pequenas inclinações.

Primeiro teorema da área do momento

Para deduzir o primeiro teorema, considere um segmento AB da curva de deflexão de uma viga em uma região em que a curvatura é positiva (Figura 7.22). Naturalmente, as deflexões e as inclinações na figura estão bastante exageradas, para visualização. No ponto A, a tangente AA' à curva de deflexão está em um ângulo θ_A ao eixo x e, no ponto B, a tangente BB' está em um ângulo θ_B. Essas duas tangentes se encontram no ponto C.

O **ângulo entre as tangentes**, denotado $\theta_{B/A}$, é igual à diferença entre θ_B e θ_A:

$$\theta_{B/A} = \theta_B - \theta_A \qquad (7.69)$$

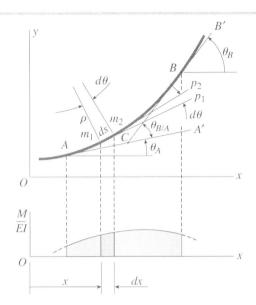

Figura 7.22

Dedução do primeiro teorema da área do momento

Assim, o ângulo $\theta_{B/A}$ pode ser descrito como o ângulo à tangente em B medido relativo à, ou com respeito à tangente em A. Note que os ângulos θ_A e θ_B, que são os ângulos de rotação do eixo da viga nos pontos A e B, respectivamente, são também iguais às inclinações nesses pontos, porque na realidade as inclinações e os ângulos são quantidades muito pequenas.

A seguir, considere dois pontos m_1 e m_2 no eixo defletido da viga (Figura 7.22). Esses pontos estão separados por uma pequena distância ds. As tangentes à curva de deflexão nesses pontos são mostradas na figura como as linhas m_1p_1 e m_2p_2. As normais a essas tangentes se cruzam no centro de curvatura (não mostrado na figura).

O ângulo $d\theta$ entre as normais (Figura 7.22) é dado pela seguinte equação:

$$d\theta = \frac{ds}{\rho} \qquad (7.70a)$$

em que ρ é o raio de curvatura e $d\theta$ é medido em radianos (veja a Equação 7.2). Como as normais e as tangentes (m_1p_1 e m_2p_2) são perpendiculares, segue-se que o ângulo entre as tangentes é também igual a $d\theta$.

Para uma viga com pequenos ângulos de rotação, podemos substituir ds por dx, como explicado na Seção 7.2. Assim,

$$d\theta = \frac{dx}{\rho} \qquad (7.70b)$$

Da Equação (7.10) sabemos também que

$$\frac{1}{\rho} = \frac{M}{EI} \qquad (7.71)$$

e, em consequência,

$$d\theta = \frac{M\,dx}{EI} \qquad (7.72)$$

em que M é o momento fletor e EI é a rigidez de flexão da viga.

A quantidade $M\,dx/EI$ tem uma interpretação geométrica simples. Para ver isso, atente à Figura 7.22, em que desenhamos o diagrama M/EI diretamente abaixo da viga. Em qualquer ponto ao longo do eixo x, a altura desse diagrama é igual ao momento fletor M no ponto dividido pela rigidez de flexão EI nesse ponto. Assim, o diagrama M/EI tem a mesma forma que o diagrama do momento fletor sempre que EI for constante. O termo $M\,dx/EI$ é a área da faixa hachurada de largura dx dentro do diagrama M/EI (note que, uma vez que a curvatura da curva de deflexão na Figura 7.22 é positiva, o momento fletor M e a área do diagrama M/EI são também positivos).

Vamos agora integrar $d\theta$ (Equação 7.72) entre os pontos A e B da curva de deflexão:

$$\int_A^B d\theta = \int_A^B \frac{M\,dx}{EI} \qquad (7.73)$$

Quando avaliada, a integral do lado esquerdo torna-se $\theta_B - \theta_A$, que é igual ao ângulo $\theta_{B/A}$ entre as tangentes em B e A (Equação 7.69).

A integral no lado direito da Equação (7.73) é igual à área do diagrama M/EI entre os pontos A e B (note que a área do diagrama M/EI é uma quantidade algébrica e pode ser positiva ou negativa, dependendo de o momento fletor ser positivo ou negativo).

Agora podemos escrever a Equação (7.73) como se segue:

$$\theta_{B/A} = \int_A^B \frac{M\,dx}{EI}$$

$$= \text{Área do diagrama } M/EI \text{ entre os pontos } A \text{ e } B \qquad (7.74)$$

Esta equação pode ser estabelecida como um teorema:

Primeiro teorema da área do momento: O ângulo $\theta_{B/A}$ entre as tangentes à curva de deflexão em dois pontos A e B é igual à área do diagrama M/EI entre esses pontos.

As convenções de sinais usadas na derivação do teorema anterior são:

1. Os ângulos θ_A e θ_B são positivos quando no sentido anti-horário.
2. O ângulo $\theta_{B/A}$ entre as tangentes é positivo quando o ângulo θ_B é algebricamente maior que o ângulo θ_A. Além disso, note que o ponto B precisa estar à direita do ponto A; isto é, precisa estar mais à frente do eixo da viga conforme nos movemos na direção x.
3. O momento fletor M é positivo de acordo com nossa convenção de sinais; isto é, M é positivo quando produz compressão na parte superior da viga.
4. À área do diagrama M/EI é dado um sinal positivo ou negativo, conforme o momento fletor seja positiva ou negativa. Se parte do diagrama do momento fletor é positiva e parte é negativa, então as partes correspondentes do diagrama M/EI recebem esses mesmos sinais.

As convenções de sinais precedentes para θ_A, θ_B e $\theta_{B/A}$ são frequentemente ignoradas na prática, porque (como será explicado mais adiante) as direções dos ângulos de rotação são em geral óbvias a partir de uma inspeção da viga e de seus carregamentos. Se este for o caso, podemos simplificar os cálculos ignorando os sinais e usando somente valores absolutos quando estivermos aplicando o primeiro teorema da área do momento.

Segundo teorema da área do momento

Agora nos voltamos ao segundo teorema, que está relacionado primariamente às deflexões, em vez dos ângulos de rotação. Considere novamente a curva de deflexão entre os pontos A e B (Figura 7.23). Desenhamos a tangente no ponto A e notamos que sua interseção com uma linha vertical através do ponto B está no ponto B_1. A distância vertical entre os pontos B e B_1 é denotada como $t_{B/A}$ na figura. Essa distância é referida como o **desvio tangencial** de B em relação a A; mais precisamente, a distância $t_{B/A}$ é o desvio vertical do ponto B na curva de deflexão da tangente no ponto A. O desvio tangencial é positivo quando o ponto B está acima da tangente em A.

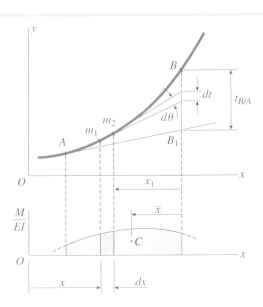

Figura 7.23

Derivação do segundo teorema da área do momento

Para determinar o desvio tangencial, selecionamos novamente dois pontos m_1 e m_2 separados por uma pequena distância na curva de deflexão (Figura 7.23). O ângulo entre as tangentes nesses dois pontos é $d\theta$, e o segmento na linha BB_1 entre essas tangentes é dt. Uma vez que esses ângulos entre as tangentes e o eixo x são, na realidade, muito pequenos, vemos que a distância vertical dt é igual a $x_1 d\theta$, em que x_1 é a distância horizontal do ponto B ao pequeno elemento $m_1 m_2$. Uma vez que $d\theta = M\,dx/EI$ (Equação 7.72), obtemos

$$dt = x_1 d\theta = x_1 \frac{M\,dx}{EI} \tag{7.75}$$

A distância dt representa a contribuição feita pela flexão do elemento $m_1 m_2$ ao desvio tangencial $t_{B/A}$. A expressão $x_1 M\,dx/EI$ pode ser interpretada geometricamente como o primeiro momento da área da faixa hachurada de largura dx dentro do diagrama M/EI. Este primeiro momento é calculado em relação à linha vertical através do ponto B.

Integrando a Equação (7.75) entre os pontos A e B, temos

$$\int_A^B dt = \int_A^B x_1 \frac{M\,dx}{EI} \tag{7.76}$$

A integral no lado esquerdo é igual a $t_{B/A}$, isto é, igual ao desvio do ponto B da tangente em A. A integral no lado direito representa o primeiro momento com relação ao ponto B da área do diagrama M/EI entre A e B. Logo, podemos escrever a Equação (7.76) como segue:

$$t_{B/A} = \int_A^B x_1 \frac{M\,dx}{EI}$$
= Primeiro momento da área do diagrama *M/EI* entre
os pontos *A* e *B*, avaliado com relação a *B* (7.77)

Essa equação representa o segundo teorema:

Segundo teorema da área do momento: o desvio tangencial $t_{B/A}$ entre o ponto *B* da linha elástica e a tangente no ponto *A* é igual ao primeiro momento da área do diagrama *M/EI* entre *A* e *B*, calculado em relação a *B*.

Se o momento fletor é positivo, então o primeiro momento do diagrama *M/EI* é também positivo, com a condição de que o ponto *B* esteja à direita do ponto *A*. Nessas condições, o desvio tangencial $t_{B/A}$ é positivo e o ponto *B* está acima da tangente em *A* (como mostrado na Figura 7.23). Se, conforme nos movemos de *A* para *B* na direção *x*, a área do diagrama *M/EI* é negativa, então o primeiro momento é também negativo e o desvio tangencial é negativo, o que significa que o ponto *B* está abaixo da tangente em *A*.

O primeiro momento da área do diagrama *M/EI* pode ser obtido tomando-se o produto da área do diagrama e a distância $\bar{x}$ do ponto *B* ao centroide *C* da área (Figura 7.23). Esse procedimento é em geral mais conveniente do que integrar, porque o diagrama *M/EI* usualmente consiste em figuras geométricas familiares, tais como retângulos, triângulos e segmentos parabólicos. As áreas e as distâncias centroidais de tais figuras estão tabuladas no Apêndice A.

Como um método de análise, o método da área do momento é viável somente para tipos de vigas relativamente simples. Dessa forma, é em geral óbvio se a viga deflete para cima ou para baixo e se um ângulo de rotação é horário ou anti-horário. Em consequência, raramente é necessário seguir a convenção de sinal formal (e um tanto incômoda) descrita previamente para o desvio tangencial. Em vez disso, podemos determinar as direções por inspeção e usar somente valores absolutos quando estivermos aplicando os teoremas da área do momento.

• • • Exemplo 7.10

Determine o ângulo de rotação θ_B e a deflexão δ_B na extremidade livre *B* de uma viga engastada *AB* suportando um carregamento concentrado *P* (Figura 7.24). (*Observação*: A viga tem comprimento *L* e rigidez de flexão *EI* constante.)

Solução

Ao inspecionar a viga e seu carregamento, sabemos que o ângulo de rotação θ_B é horário e que a deflexão δ_B é para baixo (Figura 7.24). Em consequência, podemos usar valores absolutos ao aplicar os teoremas da área do momento.

Diagrama M/EI. O diagrama do momento fletor é de forma triangular com o momento no suporte igual a $-PL$. Uma vez que a rigidez de flexão *EI* é constante, o diagrama *M/EI* tem a mesma forma que o diagrama do momento fletor, como mostrado na última parte da Figura 7.24.

Ângulo de rotação. Do teorema da área do momento sabemos que o ângulo $\theta_{B/A}$ entre as tangentes nos pontos *B* e *A* é igual à área do diagrama *M/EI* entre esses pontos. Essa área, que vamos denotar como A_1, é determinada como segue:

$$A_1 = \frac{1}{2}(L)\left(\frac{PL}{EI}\right) = \frac{PL^2}{2EI}$$

Repare que estamos usando somente o valor absoluto da área.

• • Exemplo 7.10 Continuação

Figura 7.24

Exemplo 7.10: Viga engastada com um carregamento concentrado

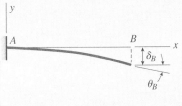

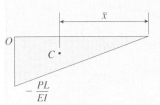

O ângulo de rotação relativo entre os pontos A e B (do primeiro teorema) é

$$\theta_{B/A} = \theta_B - \theta_A = A_1 = \frac{PL^2}{2EI}$$

Uma vez que a tangente à curva de deflexão no suporte A é horizontal ($\theta_A = 0$), obtemos

$$\theta_B = \frac{PL^2}{2EI} \qquad \qquad \leftarrow (7.78)$$

Esse resultado está de acordo com a fórmula para θ_B dada no Caso 4 da Tabela C.1, Apêndice C.

Deflexão. A deflexão δ_B na extremidade livre pode ser obtida a partir do segundo teorema da área do momento. Neste caso, o desvio tangencial $t_{B/A}$ entre o ponto B e a tangente em A é igual à própria deflexão δ_B (veja a Figura 7.24). O primeiro momento de área do diagrama M/EI, calculado com relação ao ponto B, é

$$Q_1 = A_1 \bar{x} = \left(\frac{PL^2}{2EI}\right)\left(\frac{2L}{3}\right) = \frac{PL^3}{3EI}$$

Repare novamente que estamos desprezando os sinais e usando somente valores absolutos.

Do segundo teorema da área do momento, sabemos que a deflexão δ_B é igual ao primeiro momento Q_1. Em consequência,

$$\delta_B = \frac{PL^3}{3EI} \qquad \qquad \leftarrow (7.79)$$

Este resultado também aparece no Caso 4 da Tabela C.1.

• • Exemplo 7.11

Encontre o ângulo de rotação θ_B e a deflexão δ_B na extremidade livre B de uma viga engastada ACB que suporta um carregamento uniforme de intensidade q atuando sobre a metade direita da viga (Figura 7.25). (*Observação:* A viga tem comprimento L e rigidez de flexão EI constante.)

Solução

A deflexão e o ângulo de rotação na extremidade B da viga têm as direções mostradas na Figura 7.25. Uma vez que conhecemos essas direções antecipadamente, podemos escrever as expressões da área do momento usando somente valores absolutos.

Diagrama M/EI. O diagrama do momento fletor consiste em uma curva parabólica na região do carregamento uniforme e uma linha reta na metade esquerda da viga. Uma vez que EI é constante, o diagrama M/EI tem a mesma forma (veja a última parte da Figura 7.25). Os valores de M/EI nos pontos A e C são $-3qL^2/8EI$ e $-qL^2/8EI$, respectivamente.

Ângulo de rotação. Com o propósito de avaliar a área do diagrama M/EI, é conveniente dividir o diagrama em três partes: (1) uma região parabólica de área A_1, (2) um retângulo de área A_2 e (3) um triângulo de área A_3. Essas áreas são

$$A_1 = \frac{1}{3}\left(\frac{L}{2}\right)\left(\frac{qL^2}{8EI}\right) = \frac{qL^3}{48EI} \qquad A_2 = \frac{L}{2}\left(\frac{qL^2}{8EI}\right) = \frac{qL^3}{16EI}$$

Exemplo 7.11 Continuação

Figura 7.25

Exemplo 7.11: Viga engastada sustentando um carregamento uniforme na metade direita da viga

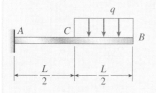

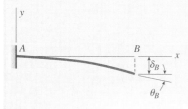

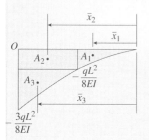

$$A_3 = \frac{1}{2}\left(\frac{L}{2}\right)\left(\frac{3qL^2}{8EI} - \frac{qL^2}{8EI}\right) = \frac{qL^3}{16EI}$$

De acordo com o primeiro teorema da área do momento, o ângulo entre as tangentes nos pontos A e B é igual à área do diagrama M/EI entre esses pontos. Uma vez que o ângulo em A é zero, segue-se que o ângulo de rotação θ_B é igual à área do diagrama; assim,

$$\theta_B = A_1 + A_2 + A_3 = \frac{7qL^3}{48EI} \quad \longleftarrow (7.80)$$

Deflexão. A deflexão δ_B é o desvio tangencial do ponto B com relação à tangente no ponto A (Figura 7.25). Em consequência, pelo segundo teorema da área do momento, δ_B será igual ao primeiro momento do diagrama M/EI, calculado em relação ao ponto B:

$$\delta_B = A_1\bar{x}_1 + A_2\bar{x}_2 + A_3\bar{x}_3 \quad (a)$$

em que $\bar{x}_1$, $\bar{x}_2$ e $\bar{x}_3$ são distâncias do ponto B aos centroides das respectivas áreas. Essas distâncias são

$$\bar{x}_1 = \frac{3}{4}\left(\frac{L}{2}\right) = \frac{3L}{8} \quad \bar{x}_2 = \frac{L}{2} + \frac{L}{4} = \frac{3L}{4} \quad \bar{x}_3 = \frac{L}{2} + \frac{2}{3}\left(\frac{L}{2}\right) = \frac{5L}{6}$$

Substituindo na Equação (g), encontramos

$$\delta_B = \frac{qL^3}{48EI}\left(\frac{3L}{8}\right) + \frac{qL^3}{16EI}\left(\frac{3L}{4}\right) + \frac{qL^3}{16EI}\left(\frac{5L}{6}\right) = \frac{41qL^4}{384EI} \quad (7.81)$$

Este exemplo ilustra como a área e o primeiro momento de um diagrama complexo M/EI podem ser determinados dividindo-se a área em partes com propriedades conhecidas. Os resultados dessa análise (Equações 7.80 e 7.81) podem ser verificados usando-se as fórmulas do Caso 3, Tabela C.1, Apêndice C, e substituindo $a = b = L/2$.

Exemplo 7.12

Uma viga simples ADB suporta um carregamento concentrado P atuando na posição mostrada na Figura 7.26. Determine o ângulo de rotação θ_A no suporte A e a deflexão δ_D sob o carregamento P. (*Observação:* A viga tem comprimento L e rigidez de flexão EI constante.)

Solução

A curva de deflexão, mostrando o ângulo de rotação θ_A e a deflexão δ_D, está esquematizada na segunda parte da Figura 7.26. Uma vez que podemos determinar as direções de θ_A e de δ_D por inspeção, podemos escrever as expressões da área do momento usando somente valores absolutos.

Diagrama M/EI. O diagrama do momento fletor é triangular, com o momento máximo (igual a Pab/L) ocorrendo sob o carregamento. Uma vez que EI é constante, o diagrama M/EI tem a mesma forma que o diagrama do momento (veja a terceira parte da Figura 7.26).

Ângulo de rotação no suporte A. Para encontrar este ângulo, construímos a tangente AB_1 no suporte A. Notamos então que a distância BB_1 é o desvio tangencial $t_{B/A}$ do ponto B da tangente em A. Podemos calcular essa distância avaliando o primeiro momento da área do diagrama M/EI com relação ao ponto B e então aplicando o segundo teorema da área do momento.

A área do diagrama M/EI inteiro é

$$A_1 = \frac{1}{2}(L)\left(\frac{Pab}{LEI}\right) = \frac{Pab}{2EI}$$

••• Exemplo 7.12 *Continuação*

Figura 7.26

Exemplo 7.12: Viga simples com um carregamento concentrado

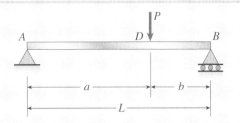

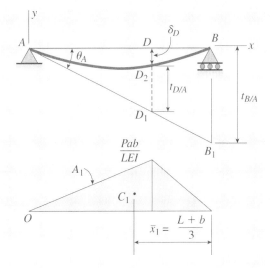

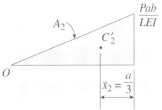

O centroide C_1 dessa área está à distância $\bar{x}_1$ do ponto B (veja a Figura 7.26). Essa distância, obtida do Caso 3 do Apêndice A, é

$$\bar{x}_1 = \frac{L + b}{3}$$

Em consequência, o desvio tangencial é

$$t_{B/A} = A_1 \bar{x}_1 = \frac{Pab}{2EI}\left(\frac{L + b}{3}\right) = \frac{Pab}{6EI}(L + b)$$

O ângulo θ_A é igual ao desvio tangencial dividido pelo comprimento da viga:

$$\theta_A = \frac{t_{B/A}}{L} = \frac{Pab}{6LEI}(L + b) \quad \blacktriangleleft \quad (7.82)$$

Assim, o ângulo de rotação no suporte A foi encontrado.

Deflexão sob o carregamento. Como mostra a segunda parte da Figura 7.26, a deflexão δ_D sob o carregamento P é igual à distância DD_1 menos a distância D_2D_1. A distância DD_1 é igual ao ângulo de rotação θ_A multiplicado pela distância a; assim,

$$DD_1 = a\theta_A = \frac{Pa^2b}{6LEI}(L + b) \quad \text{(a)}$$

A distância D_2D_1 é o desvio tangencial $t_{D/A}$ no ponto D; ou seja, é o desvio entre o ponto D e a tangente em A. Essa distância pode ser encontrada

• • • Exemplo 7.12 Continuação

a partir do segundo teorema da área do momento tomando-se o primeiro momento da área do diagrama M/EI entre os pontos A e D com relação a D (veja a última parte da Figura 7.26). A área dessa parte do diagrama M/EI é

$$A_2 = \frac{1}{2}(a)\left(\frac{Pab}{LEI}\right) = \frac{Pa^2b}{2LEI}$$

e sua distância centroidal do ponto D é

$$\bar{x}_2 = \frac{a}{3}$$

Assim, o primeiro momento dessa área com relação ao ponto D é

$$t_{D/A} = A_2\bar{x}_2 = \left(\frac{Pa^2b}{2LEI}\right)\left(\frac{a}{3}\right) = \frac{Pa^3b}{6LEI} \quad \text{(b)}$$

A deflexão no ponto D é

$$\delta_D = DD_1 - D_2D_1 = DD_1 - t_{D/A}$$

Por substituição das Equações (a) e (b), encontramos

$$\delta_D = \frac{Pa^2b}{6LEI}(L+b) - \frac{Pa^3b}{6LEI} = \frac{Pa^2b^2}{3LEI} \quad \longleftarrow \text{(7.83)}$$

As fórmulas precedentes para θ_A e δ_D (Equações 7.82 e 7.83) podem ser verificadas usando-se as fórmulas do Caso 5, Tabela C.2, Apêndice C.

7.7 Vigas não prismáticas

Os métodos apresentados nas seções precedentes para encontrar deflexões de vigas prismáticas podem também ser usados para encontrar deflexões de vigas com momentos de inércia variáveis. Dois exemplos de vigas não prismáticas são mostrados na Figura 7.27. A primeira viga tem dois momentos de inércia diferentes e a segunda é uma viga afilada com momento de inércia variando continuamente. Em ambos os casos, o objetivo é economizar material, aumentando o momento de inércia em regiões em que o momento fletor é maior.

Embora nenhum novo conceito esteja envolvido, a análise de vigas não prismáticas é mais complexa que a análise de uma viga com momento de inércia constante. Alguns dos procedimentos que podem ser usados são ilustrados nos exemplos que se seguem (Exemplos 7.13 e 7.14).

No primeiro exemplo (uma viga simples com dois diferentes momentos de inércia), as deflexões são encontradas resolvendo-se a equação diferencial da curva de deflexão. No segundo exemplo (uma viga engastada com dois momentos de inércia diferentes), o método de superposição é usado.

Vigas não prismáticas com recortes em suas teias (Malcolm Fife/Imagens Getty)

Figura 7.27

Vigas com momentos de inércia variáveis (veja também a Figura 5.23)

Esses dois exemplos, assim como os problemas para esta seção, envolvem vigas relativamente simples e idealizadas. Quando vigas mais complexas (tais como vigas afiladas) são encontradas, métodos de análises numéricas em geral são exigidos (programas de computador para os cálculos numéricos de deflexões de vigas estão prontamente disponíveis).

• • • Exemplo 7.13

Figura 7.28

Exemplo 7.13: Viga simples com dois momentos de inércia diferentes

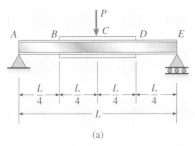

(a)

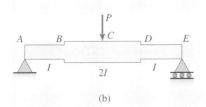

(b)

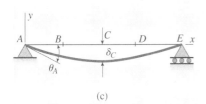

(c)

Uma viga *ABCDE* sobre suporte simples é construída a partir de uma viga de flange largo, soldando-se placas de cobertura na meia posição central da viga (Figura 7.28a). O efeito das placas de cobertura é duplicar o momento de inércia (Figura 7.28b). Um carregamento concentrado *P* atua no ponto médio *C* da viga.

Determine as equações da curva de deflexão, o ângulo de rotação θ_A no suporte esquerdo e a deflexão δ_C no ponto médio (Figura 7.28c).

Solução

Equações diferenciais da curva de deflexão. Neste exemplo, determinaremos as inclinações e as deflexões da viga integrando a equação do momento fletor, isto é, a equação diferencial de segunda ordem da curva de deflexão (Equação 7.16a). Uma vez que a reação em cada suporte é *P*/2, o momento fletor para toda a metade esquerda da viga é

$$M = \frac{Px}{2} \quad \left(0 \leq x \leq \frac{L}{2}\right) \quad \text{(a)}$$

Portanto, as equações diferenciais para a metade esquerda da viga são

$$EIv'' = \frac{Px}{2} \quad \left(0 \leq x \leq \frac{L}{4}\right) \quad \text{(b)}$$

$$E(2I)v'' = \frac{Px}{2} \quad \left(\frac{L}{4} \leq x \leq \frac{L}{2}\right) \quad \text{(c)}$$

Cada uma dessas equações pode ser integrada duas vezes para obter expressões para as inclinações e as deflexões em suas respectivas regiões. Essas integrações produzem quatro constantes de integração, que podem ser determinadas a partir das seguintes condições:

1. Condição de contorno: No suporte *A* (*x* = 0), a deflexão é zero (*v* = 0);
2. Condição de simetria: No ponto *C* (*x* = *L*/2), a inclinação é zero (*v'* = 0);
3. Condição de continuidade: No ponto *B* (*x* = *L*/4), a inclinação obtida da parte *AB* da viga é igual à inclinação obtida da parte *BC* da viga;
4. Condição de continuidade: No ponto *B* (*x* = *L*/4), a deflexão obtida da parte *AB* da viga é igual à deflexão obtida da parte *BC* da viga.

Inclinações da viga. Integrando cada uma das equações diferenciais (Equações b e c), obtemos as seguintes equações para as inclinações na metade esquerda da viga:

$$v' = \frac{Px^2}{4EI} + C_1 \quad \left(0 \leq x \leq \frac{L}{4}\right) \quad \text{(d)}$$

$$v' = \frac{Px^2}{8EI} + C_2 \quad \left(\frac{L}{4} \leq x \leq \frac{L}{2}\right) \quad \text{(e)}$$

Aplicando a condição de simetria (2) à Equação (e), obtemos a constante C_2

$$C_2 = -\frac{PL^2}{32EI}$$

• • • Exemplo 7.13 *Continuação*

Em consequência, a inclinação da viga entre os pontos B e C (da Equação e) é

$$v' = -\frac{P}{32EI}(L^2 - 4x^2) \qquad \left(\frac{L}{4} \leq x \leq \frac{L}{2}\right) \qquad (7.84)$$

Desta equação, podemos encontrar a inclinação da curva de deflexão no ponto B, em que o momento de inércia muda de I para 2I:

$$v'\left(\frac{L}{4}\right) = -\frac{3PL^2}{128EI} \qquad (f)$$

Como a curva de deflexão é contínua no ponto B, podemos usar a condição de continuidade (3) e igualar a inclinação no ponto B, obtida da Equação (d), à inclinação no mesmo ponto dada pela Equação (f). Dessa maneira, podemos encontrar a constante C_1:

$$\frac{P}{4EI}\left(\frac{L}{4}\right)^2 + C_1 = -\frac{3PL^2}{128EI} \quad \text{ou} \quad C_1 = -\frac{5PL^2}{128EI}$$

Em consequência, a inclinação entre os pontos A e B (veja a Equação d) é

$$v' = -\frac{P}{128EI}(5L^2 - 32x^2) \qquad \left(0 \leq x \leq \frac{L}{4}\right) \qquad (7.85)$$

No suporte A, no qual $x = 0$, o ângulo de rotação (Figura 7.28c) é

$$\theta_A = -v'(0) = \frac{5PL^2}{128EI} \qquad \qquad \leftarrow (7.86)$$

Deflexões da viga. Integrando as equações para as inclinações (Equações 7.85 e 7.84), obtemos

$$v = -\frac{P}{128EI}\left(5L^2x - \frac{32x^3}{3}\right) + C_3 \qquad \left(0 \leq x \leq \frac{L}{4}\right) \qquad (g)$$

$$v = -\frac{P}{32EI}\left(L^2x - \frac{4x^3}{3}\right) + C_4 \qquad \left(\frac{L}{4} \leq x \leq \frac{L}{2}\right) \qquad (h)$$

Aplicando a condição de contorno no suporte (condição 1) à Equação (g), obtemos $C_3 = 0$. Por conseguinte, a deflexão entre os pontos A e B (da Equação g) é

$$v = -\frac{Px}{384EI}(15L^2 - 32x^2) \qquad \left(0 \leq x \leq \frac{L}{4}\right) \qquad (7.87)$$

Dessa equação podemos encontrar a deflexão no ponto B:

$$v\left(\frac{L}{4}\right) = -\frac{13PL^3}{1536EI} \qquad (i)$$

Uma vez que a curva de deflexão é contínua no ponto B, podemos usar a condição de continuidade (4) e igualar a deflexão no ponto B, como obtida da Equação (h), à deflexão dada pela Equação (i):

$$-\frac{P}{32EI}\left[L^2\left(\frac{L}{4}\right) - \frac{4}{3}\left(\frac{L}{4}\right)^3\right] + C_4 = -\frac{13PL^3}{1536EI}$$

da qual

• • Exemplo 7.13 *Continuação*

$$C_4 = -\frac{PL^3}{768EI}$$

Em consequência, a deflexão entre os pontos B e C (da Equação h) é

$$v = -\frac{P}{768EI}(L^3 + 24L^2x - 32x^3) \quad \left(\frac{L}{4} \le x \le \frac{L}{2}\right) \quad \blacktriangleleft \quad (7.88)$$

Dessa forma, obtivemos as equações da curva de deflexão para a metade esquerda da viga (as deflexões na metade direita da viga podem ser obtidas por simetria).

Finalmente, obtemos a deflexão no ponto médio C substituindo $x = L/2$ na Equação (7.88):

$$\delta_C = -v\left(\frac{L}{2}\right) = \frac{3PL^3}{256EI} \quad \blacktriangleleft \quad (7.89)$$

Todas as quantidades requeridas foram agora encontradas e a análise da viga não prismática está completa.

Observações: Usar a equação diferencial para encontrar as deflexões é prático somente se o número de equações a serem resolvidas limitar-se a uma ou duas e somente se as integrações forem facilmente realizadas, como neste exemplo. No caso de uma viga afilada (Figura 7.27), pode ser difícil resolver a equação diferencial analiticamente, porque o momento de inércia é uma função contínua de x. Nesse caso, a equação diferencial tem coeficientes variáveis e não constantes, e métodos numéricos de resolução se fazem necessários.

Quando uma viga tem mudanças abruptas nas dimensões da seção transversal, como neste exemplo, há concentrações de tensão nos pontos em que as mudanças ocorrem. No entanto, uma vez que as concentrações de tensões afetam somente uma pequena região da viga, elas não têm efeitos notáveis nas deflexões.

• • Exemplo 7.14

Figura 7.29

Exemplo 7.14: Viga engastada com dois momentos de inércia diferentes

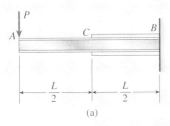
(a)

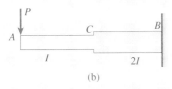
(b)

Uma viga engastada ACB, com comprimento L e dois momentos de inércia diferentes I e 2I, suporta um carregamento concentrado P na extremidade livre A (Figuras 7.29a e b).

Determine a deflexão δ_A na extremidade livre.

Solução

Neste exemplo, usaremos o método de superposição para determinar a deflexão δ_A na extremidade da viga. Começamos reconhecendo que a deflexão consiste em duas partes: a deflexão devida à flexão da parte AC da viga e a deflexão devida à flexão da parte CB. Podemos determinar essas deflexões separadamente e então superpô-las para obter a deflexão total.

Deflexão devida à flexão da parte AC da viga. Imagine que a viga seja mantida rigidamente no ponto C, de modo que ela não deflete nem rotaciona nesse ponto (Figura 7.29c). Podemos facilmente calcular a deflexão δ_1 do ponto A nessa viga. Uma vez que a viga tem comprimento L/2 e momento de inércia I, sua deflexão (veja o Caso 4 da Tabela C.1, Apêndice C) é

$$\delta_1 = \frac{P(L/2)^3}{3EI} = \frac{PL^3}{24EI} \quad (a)$$

Deflexão devida à flexão da parte CB da viga. A parte CB da viga também se comporta como uma viga engastada (Figura 7.29d) e contribui com a deflexão do ponto A. A extremidade dessa viga engastada está submetida

Exemplo 7.14 Continuação

Figura 7.29 (continuação)
Exemplo 7.14: Viga engastada com dois momentos de inércia diferentes

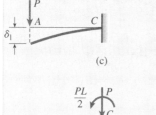

(c)

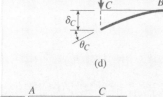

(d)

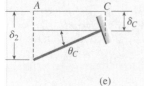

(e)

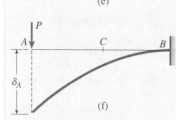

(f)

a um carregamento concentrado P e um momento $PL/2$. Em consequência, a deflexão δ_C e o ângulo de rotação θ_C na extremidade livre (Figura 7.29d) são como a seguir (veja os Casos 4 e 6 da Tabela C.1):

$$\delta_C = \frac{P(L/2)^3}{3(2EI)} + \frac{(PL/2)(L/2)^2}{2(2EI)} = \frac{5PL^3}{96EI}$$

$$\theta_C = \frac{P(L/2)^2}{2(2EI)} + \frac{(PL/2)(L/2)}{2EI} = \frac{3PL^2}{16EI}$$

Essa deflexão e esse ângulo de rotação fazem uma contribuição adicional δ_2 à deflexão na extremidade A (Figura 7.29e). Novamente, visualizamos a parte AC como uma viga engastada, mas agora seu suporte (no ponto C) move-se para baixo pela quantidade δ_C e rotaciona no sentido anti-horário pelo ângulo θ_C (Figura 7.29e). Esses deslocamentos de corpo rígido produzem um deslocamento para baixo na extremidade A igual a:

$$\delta_2 = \delta_C + \theta_C\left(\frac{L}{2}\right) = \frac{5PL^3}{96EI} + \frac{3PL^2}{16EI}\left(\frac{L}{2}\right) = \frac{7PL^3}{48EI} \quad \text{(b)}$$

Deflexão total. A deflexão total δ_A na extremidade livre A da viga engastada original (Figura 7.29f) é igual à soma das deflexões δ_1 e δ_2:

$$\delta_A = \delta_1 + \delta_2 = \frac{PL^3}{24EI} + \frac{7PL^3}{48EI} = \frac{3PL^3}{16EI} \quad \text{(7.90)}$$

Este exemplo ilustra um dos muitos modos como o princípio da superposição pode ser usado para encontrar deflexões de viga.

Figura 7.30
Viga em flexão pura por binários de momento M

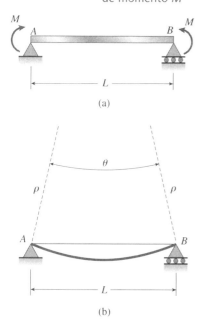

7.8 Energia de deformação da flexão

Os conceitos gerais relativos à energia de deformação foram explicados previamente em nossas discussões de barras submetidas a carregamentos axiais e eixos submetidos à torção (Seções 2.7 e 3.9, respectivamente). Nesta seção, aplicaremos estes mesmos conceitos às vigas. Uma vez que usaremos as equações para curvatura e deflexões derivadas anteriormente neste capítulo, nossa discussão de energia de deformação aplica-se somente às vigas que se comportam de maneira elástica linear. Essa exigência significa que o material precisa seguir a lei de Hooke e que as deflexões e as rotações precisam ser pequenas.

Vamos começar com uma viga simples AB em flexão pura sob a ação de dois binários, cada um com um momento M (Figura 7.30a). A curva de deflexão (Figura 7.30b) é um arco circular quase plano de curvatura constante $\kappa = M/EI$ (veja a Equação 7.10). O ângulo θ compreendido por esse arco é igual a L/ρ, em que L é o comprimento da viga e ρ é o raio de curvatura. Assim,

$$\theta = \frac{L}{\rho} = \kappa L = \frac{ML}{EI} \quad (7.91)$$

Essa relação linear entre os momentos M e o ângulo θ é mostrada graficamente pela linha OA na Figura 7.31. Conforme os binários de flexão aumentam gradualmente em magnitude desde zero até seus valores máximos, eles realizam o trabalho W representado pela área hachurada abaixo da linha OA. Esse trabalho, igual à energia de deformação θ armazenada na viga, é

$$W = U = \frac{M\theta}{2} \tag{7.92}$$

Essa equação é análoga à Equação (2.37) para a energia de deformação de uma barra carregada axialmente.

Combinando as Equações (7.91) e (7.92), podemos expressar a energia de deformação armazenada em uma viga em flexão pura com qualquer uma das equações:

$$U = \frac{M^2 L}{2EI} \qquad U = \frac{EI\theta^2}{2L} \tag{7.93a,b}$$

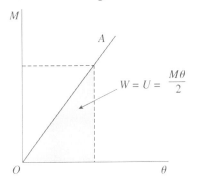

Figura 7.31

Diagrama que mostra a relação linear entre os momentos fletores M e o ângulo θ

A primeira dessas equações expressa a energia de deformação em termos dos momentos M aplicados, e a segunda a expressa em termos do ângulo θ. As equações são similares na forma àquelas para energia de deformação em uma barra axialmente carregada (Equações 2.37a e b).

Se o momento fletor em uma viga varia ao longo de seu comprimento (flexão não uniforme), então podemos obter a energia de deformação aplicando as Equações (7.93a e b) a um elemento da viga (Figura 7.32) e integrando ao longo do comprimento da viga. O comprimento do próprio elemento é dx e o ângulo $d\theta$ entre suas faces laterais pode ser obtido a partir das Equações (7.6) e (7.9), como segue:

$$d\theta = \kappa dx = \frac{d^2 v}{dx^2} dx \tag{7.94a}$$

Dessa forma, a energia de deformação dU do elemento é dada por qualquer uma das seguintes equações (veja as Equações 7.93a e b):

$$dU = \frac{M^2 dx}{2EI} \qquad dU = \frac{EI(d\theta)^2}{2dx} = \frac{EI}{2dx}\left(\frac{d^2 v}{dx^2} dx\right)^2 = \frac{EI}{2}\left(\frac{d^2 v}{dx^2}\right)^2 dx$$

$$\tag{7.94b,c}$$

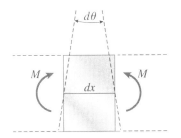

Figura 7.32

Vista lateral de um elemento de uma viga submetida ao momento fletor M

Integrando as equações precedentes em todo o comprimento de uma viga, podemos expressar a energia de deformação armazenada na viga em qualquer uma das seguintes formas:

$$U = \int \frac{M^2 dx}{2EI} \qquad U = \int \frac{EI}{2}\left(\frac{d^2 v}{dx^2}\right)^2 dx \tag{7.95a,b}$$

Observe que M é o momento fletor em uma viga e pode variar em função de x. Usamos a primeira equação quando o momento fletor é conhecido e a segunda, quando a equação da curva de deflexão é conhecida (os Exemplos 7.15 e 7.16 demonstram o uso dessas equações).

Na derivação das Equações (7.95a e b), consideramos somente os efeitos dos momentos fletores. Se forças de cisalhamento também estão presentes, energia de deformação adicional será armazenada na viga. No entanto, a energia de deformação de cisalhamento é relativamente pequena (em comparação com a energia de deformação da flexão) para vigas em que os comprimentos são maiores do que a profundidade (digamos, $L/d > 8$). Por essa razão, na maior parte das vigas, a energia de deformação de cisalhamento pode seguramente ser desprezada.

Deflexões causadas por um carregamento único

Se uma viga suporta um carregamento único, seja um carregamento concentrado P, seja um binário M_0, a deflexão δ ou o ângulo de rotação θ correspondentes, respectivamente, podem ser determinados a partir da energia de deformação da viga.

No caso de uma viga suportando um **carregamento concentrado**, a *deflexão δ correspondente* é a deflexão do eixo da viga no ponto em que o carregamento é aplicado. A deflexão precisa ser medida ao longo da linha de ação do carregamento e é positiva na direção desse carregamento.

No caso de uma viga suportando um binário como um carregamento, o *ângulo de rotação θ correspondente* é o ângulo de rotação do eixo da viga no ponto em que o binário é aplicado.

Uma vez que a energia de deformação de uma viga é igual ao trabalho realizado pelo carregamento e desde que δ e θ correspondam a P e M_0, respectivamente, obtemos as seguintes equações:

$$U = W = \frac{P\delta}{2} \qquad U = W = \frac{M_0\theta}{2} \qquad (7.96\text{a,b})$$

A primeira equação aplica-se a uma viga carregada *somente* por uma força P, e a segunda aplica-se a uma viga carregada *somente* por um binário M_0. Segue-se das Equações (7.96a e b) que

$$\delta = \frac{2U}{P} \qquad \theta = \frac{2U}{M_0} \qquad (7.97\text{a,b})$$

Como explicado na Seção 2.7, este método para encontrar deflexões e ângulos de rotação é extremamente limitado em sua aplicação, porque somente uma deflexão (ou um ângulo) pode ser obtida. Além disso, a única deflexão (ou ângulo) que pode ser obtida é aquela correspondente ao carregamento (ou momento). Entretanto, o método é útil em algumas ocasiões e será demonstrado mais adiante, no Exemplo 7.16.

• • • Exemplo 7.15

Figura 7.33

Exemplo 7.15: Energia de deformação de uma viga

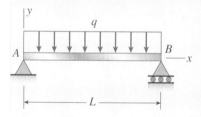

Uma viga simples *AB* de comprimento *L* suporta um carregamento uniforme de intensidade *q* (Figura 7.33). (a) Avalie a energia de deformação da viga a partir do momento fletor na viga. (b) Calcule a energia de deformação da viga a partir da equação da curva de deflexão. (*Observação*: A viga tem rigidez de flexão *EI* constante.)

Solução

(a) *Energia de deformação a partir do momento fletor.* A reação da viga no suporte *A* é $qL/2$ e, consequentemente, a expressão para o momento fletor na viga é

$$M = \frac{qLx}{2} - \frac{qx^2}{2} = \frac{q}{2}(Lx - x^2) \qquad (a)$$

A energia de deformação da viga (a partir da Equação 7.95a) é

$$U = \int_0^L \frac{M^2 dx}{2EI} = \frac{1}{2EI}\int_0^L \left[\frac{q}{2}(Lx - x^2)\right]^2 dx = \frac{q^2}{8EI}\int_0^L (L^2x^2 - 2Lx^3 + x^4)dx \qquad (b)$$

da qual obtemos

$$U = \frac{q^2 L^5}{240 EI} \qquad \leftarrow (7.98)$$

Note que o carregamento *q* aparece na segunda potência, o que corrobora o fato de que a energia de deformação é sempre positiva. Além disso, a Equação (7.98) mostra que a energia de deformação *não* é uma função linear dos carregamentos, mesmo que a própria viga comporte-se de maneira elástica linear.

(b) *Energia de deformação a partir da curva de deflexão.* A equação da curva de deflexão para uma viga simples com um carregamento uniforme é dada no Caso 1 da Tabela C.2, Apêndice C, como segue:

$$v = -\frac{qx}{24EI}(L^3 - 2Lx^2 + x^3) \qquad (c)$$

Exemplo 7.15 Continuação

Realizando duas derivadas dessa equação, obtemos

$$\frac{dv}{dx} = -\frac{q}{24EI}(L^3 - 6Lx^2 + 4x^3) \qquad \frac{d^2v}{dx^2} = \frac{q}{2EI}(Lx - x^2)$$

Substituindo a última expressão na equação para a energia de deformação (Equação 7.95b), obtemos

$$U = \int_0^L \frac{EI}{2}\left(\frac{d^2v}{dx^2}\right)^2 dx = \frac{EI}{2}\int_0^L \left[\frac{q}{2EI}(Lx - x^2)\right]^2 dx$$

$$= \frac{q^2}{8EI}\int_0^L (L^2x^2 - 2Lx^3 + x^4)dx \qquad \text{(d)}$$

Uma vez que a integral final nessa equação é a mesma que a integral final na Equação (b), obtemos o mesmo resultado de antes (Equação 7.98).

Exemplo 7.16

Figura 7.34

Exemplo 7.16: Energia de deformação de uma viga

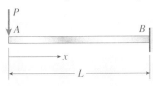
(a)

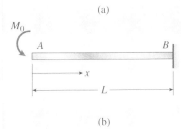
(b)

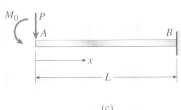
(c)

Uma viga engastada AB (Figura 7.34) é submetida a três diferentes condições de carregamento: (a) um carregamento concentrado P em sua extremidade livre, (b) um binário M_0 em sua extremidade livre e (c) ambos os carregamentos atuando simultaneamente.

Para cada condição de carregamento, determine a energia de deformação da viga. Determine também a deflexão vertical δ_A na extremidade A da viga devida ao carregamento P atuando sozinho (Figura 7.34a) e determine o ângulo de rotação θ_A na extremidade A devido ao momento M_0 atuando sozinho (Figura 7.34b). (*Observação:* A viga tem rigidez de flexão EI constante.)

Solução

(a) *Viga com carregamento concentrado P* (Figura 7.34a). O momento fletor na viga à distância x da extremidade livre é $M = -Px$. Substituindo essa expressão para M na Equação (7.95a), obtemos a seguinte expressão para a energia de deformação da viga:

$$U = \int_0^L \frac{M^2 dx}{2EI} = \int_0^L \frac{(-Px)^2 dx}{2EI} = \frac{P^2L^3}{6EI} \qquad (7.99)$$

Para obter a deflexão vertical δ_A sob o carregamento P, igualamos o trabalho realizado pelo carregamento com a energia de deformação:

$$W = U \quad \text{ou} \quad \frac{P\delta_A}{2} = \frac{P^2L^3}{6EI}$$

da qual

$$\delta_A = \frac{PL^3}{3EI}$$

A deflexão δ_A é a única deflexão que podemos encontrar por esse procedimento, pois é a única que corresponde à carga P.

(b) *Viga com momento M_0* (Figura 7.34b). Neste caso, o momento fletor é constante e igual a $-M_0$. Portanto, a energia de deformação (da Equação 7.95a) é

• • Exemplo 7.16 *Continuação*

$$U = \int_0^L \frac{M^2 dx}{2EI} = \int_0^L \frac{(-M_0)^2 dx}{2EI} = \frac{M_0^2 L}{2EI} \quad \Leftarrow (7.100)$$

O trabalho W feito pelo binário M_0 durante o carregamento da viga é $M_0 \theta_A/2$, em que θ_A é o ângulo de rotação na extremidade A. Em consequência,

$$W = U \quad \text{ou} \quad \frac{M_0 \theta_A}{2} = \frac{M_0^2 L}{2EI}$$

e

$$\theta_A = \frac{M_0 L}{EI} \quad \Leftarrow$$

O ângulo de rotação tem o mesmo sentido que o momento (anti-horário, neste exemplo).

(c) *Viga com carregamentos atuando simultaneamente* (Figura 7.34c). Quando ambos os carregamentos atuam sobre a viga, o momento fletor é

$$M = -Px - M_0$$

Portanto, a energia de deformação é

$$U = \int_0^L \frac{M^2 dx}{2EI} = \frac{1}{2EI} \int_0^L (-Px - M_0)^2 dx$$

$$= \frac{P_2 L^3}{6EI} + \frac{PM_0 L^2}{2EI} + \frac{M_0^2 L}{2EI} \quad \Leftarrow (7.101)$$

O primeiro termo nesse resultado dá a energia de deformação causada por P atuando sozinho (Equação 7.99) e o último termo dá a energia de deformação causada apenas por M_0 (Equação 7.100). No entanto, quando ambos os carregamentos atuam simultaneamente, um termo adicional aparece na expressão para a energia de deformação.

Assim, concluímos que a *energia de deformação em uma estrutura, devida a dois ou mais carregamentos atuando simultaneamente, não pode ser obtida somando-se as energias de deformação devidas aos carregamentos atuando separadamente*. A razão é que a energia de deformação é uma função quadrática dos carregamentos e não uma função linear. Em consequência, *o princípio da superposição não se aplica à energia de deformação*.

Observamos também que não podemos calcular a deflexão para uma viga com dois ou mais carregamentos igualando o trabalho realizado pelos carregamentos com a energia de deformação. Por exemplo, se igualamos o trabalho e a energia para a viga da Figura 7.34c, obtemos

$$W = U \quad \text{ou} \quad \frac{P\delta_{A2}}{2} + \frac{M_0 \theta_{A2}}{2} = \frac{P^2 L^3}{6EI} + \frac{PM_0 L^2}{2EI} + \frac{M_0^2 L}{2EI} \quad \text{(a)}$$

em que δ_{A2} e θ_{A2} representam a deflexão e o ângulo de rotação na extremidade A da viga com dois carregamentos atuando simultaneamente (Figura 7.34c). Embora o trabalho realizado pelos dois carregamentos seja, na verdade, igual à energia de deformação e a Equação (a) esteja correta, não podemos resolver nem para δ_{A2} nem θ_{A2}, porque existem duas variáveis desconhecidas e somente uma equação.

*7.9 Teorema de Castigliano

O **teorema de Castigliano** fornece um meio para encontrar as deflexões de uma estrutura a partir da energia de sua deformação. Para ilustrar o que queremos dizer com essa afirmação, considere uma viga engastada, com um carregamento concentrado P atuando na extremidade livre (Figura 7.35a). A energia de deformação dessa viga é obtida a partir da Equação (7.99) do Exemplo 7.16:

$$U = \frac{P^2 L^3}{6EI} \qquad (7.102a)$$

Tomemos agora a derivada dessa expressão em relação ao carregamento P:

$$\frac{dU}{dP} = \frac{d}{dP}\left(\frac{P^2 L^3}{6EI}\right) = \frac{PL^3}{3EI} \qquad (7.102b)$$

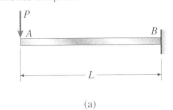

Figura 7.35

Viga suportando um carregamento simples P

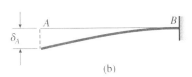

Imediatamente reconhecemos esse resultado como a deflexão δ_A na extremidade livre A da viga (veja a Figura 7.35b). Perceba especialmente que a deflexão δ_A *corresponde* ao próprio carregamento P (lembre que uma deflexão que corresponde a um carregamento concentrado é a deflexão no ponto em que o carregamento concentrado está aplicado. Além disso, a deflexão está na direção do carregamento). Assim, a Equação (7.102b) mostra que *a derivada da energia de deformação em relação ao carregamento é igual à deflexão correspondente ao carregamento*. O teorema de Castigliano é uma afirmação generalizada dessa observação e vamos agora derivá-lo em termos gerais.

Dedução do teorema de Castigliano

Vamos considerar uma viga submetida a qualquer número de carregamentos, digamos n carregamentos $P_1, P_2, ..., P_i, ..., P_n$ (Figura 7.36a). As deflexões da viga correspondentes aos vários carregamentos são denotadas $\delta_1, \delta_2, ..., \delta_i, ..., \delta_n$, como mostra a Figura 7.36b. Como em nossas discussões prévias sobre deflexões e energia de deformação, assumimos que o princípio da superposição é aplicável à viga e a seus carregamentos.

Agora vamos determinar a energia de deformação dessa viga. Quando os carregamentos são aplicados à viga, eles aumentam gradualmente em grandeza, de zero até seus valores máximos. Ao mesmo tempo, cada um dos carregamentos se move através de seus deslocamentos correspondentes e produz trabalho. O trabalho total W realizado pelos carregamentos é igual à energia de deformação U armazenada na viga:

$$W = U \qquad (7.103)$$

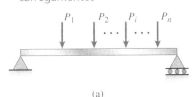

Figura 7.36

Viga suportando n carregamentos

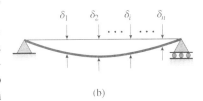

Note que W (e portanto U) é uma função dos carregamentos $P_1, P_2, ..., P_n$ que atuam na viga.

A seguir, vamos supor que um dos carregamentos, digamos o *enésimo carregamento*, seja aumentado levemente pela quantidade dP_i, enquanto os outros carregamentos são mantidos constantes. Esse aumento no carregamento causará um pequeno aumento dU na energia de deformação da viga. Esse aumento na energia de deformação pode ser expresso como a taxa de variação de U com relação a P_i multiplicado pelo pequeno aumento P_i. Assim, o aumento na energia de deformação é

$$dU = \frac{\partial U}{\partial P_i} dP_i \qquad (7.104)$$

em que $\partial U/\partial P_i$ é a taxa de variação de U com relação a P_i (uma vez que U é uma função de *todos* os carregamentos, a derivada com relação a qualquer um dos carregamentos é uma derivada parcial). A energia de deformação da viga é

$$U + dU = U + \frac{\partial U}{\partial P_i} dP_i \qquad (7.105)$$

em que U é a energia de deformação referida na Equação (7.103).

Como o princípio de superposição mantém-se para essa viga, a energia de deformação total independe da ordem em que os carregamentos são aplicados, ou seja, os deslocamentos finais da viga (e o trabalho realizado pelo carregamento para alcançar esses deslocamentos) são os mesmos, independentemente da ordem em que os carregamentos são aplicados. Para chegar à energia de deformação dada pela Equação (7.105), primeiro aplicamos os n carregamentos $P_1, P_2, ..., P_n$, e então aplicamos o carregamento dP_i. No entanto, podemos reverter a ordem de aplicação e aplicar o carregamento dP_i antes, seguido dos carregamentos $P_1, P_2, ..., P_n$. A quantidade final de energia de deformação é a mesma em ambos os casos.

Quando o carregamento dP_i é aplicado primeiro, ele produz energia de deformação igual à metade do produto do carregamento dP_i e seu deslocamento correspondente $d\delta_i$. Assim, a quantidade de energia de deformação devida ao carregamento dP_i é

$$\frac{dP_i d\delta_i}{2} \tag{7.106a}$$

Quando os carregamentos $P_1, P_2, ..., P_n$ são aplicados, produzem os mesmos deslocamentos de antes ($\delta_1, \delta_2, ..., \delta_n$) e realizam a mesma quantidade de trabalho de antes (Equação 7.103). No entanto, durante a aplicação desses carregamentos, a força dP_i automaticamente se move através do deslocamento δ_i. Fazendo isso, ela produz trabalho adicional, igual ao produto da força e da distância através da qual ela se move (observe que o trabalho não tem um fator 1/2, porque a força dP_i atua no valor total por todo esse deslocamento). Assim, o trabalho adicional, igual à energia de deformação adicional, é

$$dP_i \delta_i \tag{7.106b}$$

Em consequência, a energia de deformação final para a segunda sequência de carregamento é

$$\frac{dP_i d\delta_i}{2} + U + dP_i \delta_i \tag{7.106c}$$

Igualando essa expressão para a energia de deformação final à expressão (Equação 7.105) anterior, que foi obtida para a primeira sequência de carregamento, obtemos

$$\frac{dP_i d\delta_i}{2} + U + dP_i \delta_i = U + \frac{\partial U}{\partial P_i} dP_i \tag{7.106d}$$

Podemos descartar o primeiro termo, pois ele contém o produto de dois diferenciais e é infinitesimalmente pequeno se comparado aos demais termos. Obtemos então a seguinte relação:

$$\delta_i = \frac{\partial U}{\partial P_i} \tag{7.107}$$

Esta equação é conhecida como **teorema de Castigliano**.*

Embora tenhamos derivado o teorema de Castigliano usando uma viga como modelo, poderíamos ter usado qualquer outro tipo de estrutura (por exemplo, uma treliça) e quaisquer outros tipos de carregamentos (por exemplo, carregamentos na forma de binários). As exigências importantes são que a estrutura seja elástica linear e que o princípio da superposição seja aplicável. Observe também que a energia de deformação precisa ser expressa como uma função dos carregamentos (e não como uma função dos deslocamentos), uma condição que está implícita no próprio teorema, uma vez que a derivada parcial é tomada em relação a um carregamento. Com essas limitações em mente, podemos estabelecer o teorema de Castigliano em termos gerais da seguinte forma:

---

* O teorema de Castigliano, um dos mais famosos teoremas da análise estrutural, foi descoberto por Carlos Alberto Pio Castigliano (1847-1884), engenheiro italiano. O teorema aqui citado (Equação 7.107) é, na verdade, o segundo de dois teoremas por ele apresentados, e é, apropriadamente, chamado de *segundo teorema de Castigliano*. O primeiro é o inverso do segundo, no sentido de que fornece os carregamentos de uma estrutura em termos das derivadas parciais da energia de deformação com relação aos *deslocamentos*.

A derivada parcial da energia de deformação de uma estrutura em relação a qualquer carregamento é igual ao deslocamento correspondente àquele carregamento.

A energia de deformação de uma estrutura elástica linear é uma função *quadrática* dos carregamentos (por exemplo, veja a Equação 7.102a) e, consequentemente, as derivadas parciais e os deslocamentos (Equação 7.107) são funções *lineares* dos carregamentos (como seria de esperar).

Ao utilizar os termos *carregamento* e *deslocamento correspondente* em conexão com o teorema de Castigliano, entende-se que esses termos são usados em sentido generalizado. O carregamento P_i e o deslocamento δ_i podem ser uma força e uma translação correspondentes, ou um binário e uma rotação correspondentes, ou outro conjunto de quantidades correspondentes.

Aplicação do teorema de Castigliano

Como aplicação do teorema de Castigliano, vamos considerar uma viga engastada AB que suporta um carregamento concentrado P e um binário de momento M_0 atuando na extremidade livre (Figura 7.37a). Queremos determinar a deflexão vertical δ_A e o ângulo de rotação θ_A na extremidade da viga (Figura 7.37b). Note que δ_A é a deflexão correspondente ao carregamento P e θ_A é o ângulo de rotação correspondente ao momento M_0.

A primeira etapa na análise é determinar a energia de deformação da viga. Para este propósito, escrevemos a equação para o momento fletor, como se segue:

$$M = -Px - M_0 \tag{7.108}$$

Figura 7.37

Aplicação do teorema de Castigliano a uma viga

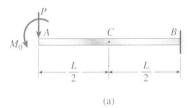

(a)

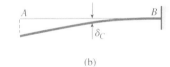

(b)

em que x é a distância da extremidade livre (Figura 7.37a). A energia de deformação é encontrada substituindo essa expressão para M na Equação (7.95a):

$$U = \int_0^L \frac{M^2 dx}{2EI} = \frac{1}{2EI}\int_0^L (-Px - M_0)^2 dx$$

$$= \frac{P^2 L^3}{6EI} + \frac{PM_0 L^2}{2EI} + \frac{M_0^2 L}{2EI} \tag{7.109}$$

em que L é o comprimento da viga e EI é a rigidez de flexão. Perceba que a energia de deformação é uma função quadrática dos carregamentos P e M_0.

Para obter a deflexão vertical δ_A na extremidade da viga, usamos o teorema de Castigliano (Equação 7.107) e tomamos a derivada parcial da energia de deformação com relação a P:

$$\delta_A = \frac{\partial U}{\partial P} = \frac{PL^3}{3EI} + \frac{M_0 L^2}{2EI} \tag{7.110}$$

Essa expressão para a deflexão pode ser verificada comparando-se com as fórmulas dos Casos 4 e 6 da Tabela C.1, Apêndice C.

De maneira similar, podemos encontrar o ângulo de rotação θ_A na extremidade da viga tomando a derivada parcial com relação a M_0:

$$\theta_A = \frac{\partial U}{\partial M_0} = \frac{PL^2}{2EI} + \frac{M_0 L}{EI} \tag{7.111}$$

Essa equação pode também ser verificada comparando-se com as fórmulas dos Casos 4 e 6 da Tabela C.1.

Uso de um carregamento fictício

Os únicos deslocamentos que podem ser encontrados a partir do teorema de Castigliano são aqueles que correspondem aos carregamentos que atuam sobre a estrutura. Se desejarmos calcular um deslocamento em um ponto sobre uma estrutura em que não haja carregamento, então um carregamento fictício *cor-*

respondente ao deslocamento desejado precisará ser aplicado à estrutura. Podemos então determinar o deslocamento calculando a energia de deformação e tomando a derivada parcial com relação ao carregamento fictício. O resultado é o deslocamento produzido pelos carregamentos reais e pelo carregamento fictício atuando simultaneamente. Estabelecendo-se um carregamento fictício igual a zero, obtemos o deslocamento produzido somente pelos carregamentos reais.

Para ilustrar este conceito, suponha que queiramos encontrar a deflexão δ_C no ponto médio C da viga engastada mostrada na Figura 7.38a. Uma vez que a deflexão δ_C é para baixo (Figura 7.38b), o carregamento correspondente à deflexão será uma força vertical para baixo atuando no mesmo ponto. Assim, precisamos fornecer um carregamento fictício Q atuando no ponto C na direção para baixo (Figura 7.39a). Então poderemos usar o teorema de Castigliano para determinar a deflexão $(\delta_C)_0$ no ponto médio dessa viga (Figura 7.39b). Dessa deflexão, podemos obter a deflexão δ_C na viga da Figura 7.38 igualando Q a zero.

Figura 7.38

Viga suportando carregamentos P e M_0

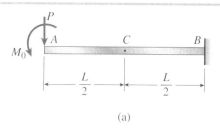

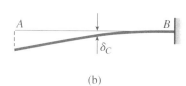

Figura 7.39

Vigas com um carregamento fictício Q

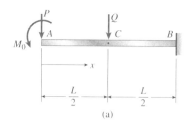

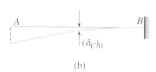

Começamos por encontrar os momentos fletores na viga da Figura 7.39a:

$$M = -Px - M_0 \qquad \left(0 \le x \le \frac{L}{2}\right) \tag{7.112a}$$

$$M = -Px - M_0 - Q\left(x - \frac{L}{2}\right) \qquad \left(\frac{L}{2} \le x \le L\right) \tag{7.112b}$$

A seguir, determinamos a energia de deformação da viga aplicando a Equação (7.95a) a cada uma das metades da viga. Para a metade esquerda da viga (do ponto A ao ponto C), a energia de deformação é

$$U_{AC} = \int_0^{L/2} \frac{M^2 dx}{2EI} = \frac{1}{2EI} \int_0^{L/2} (-Px - M_0)^2 dx$$

$$= \frac{P^2 L^3}{48EI} + \frac{PM_0 L^2}{8EI} + \frac{M_0^2 L}{4EI} \tag{7.113a}$$

Para a metade direita, a energia de deformação é

$$U_{CB} = \int_{L/2}^{L} \frac{M^2 dx}{2EI} = \frac{1}{2EI} \int_{L/2}^{L} \left[-Px - M_0 - Q\left(x - \frac{L}{2}\right)\right]^2 dx$$

$$= \frac{7P^2 L^3}{48EI} + \frac{3PM_0 L^2}{8EI} + \frac{5PQL^3}{48EI} + \frac{M_0^2 L}{4EI} + \frac{M_0 Q^2}{8EI} + \frac{Q^2 L^3}{48EI}$$

$$\tag{7.113b}$$

que exige um processo muito extenso de integração. Adicionando as energias de deformação para as duas partes da viga, obtemos a energia de deformação para a viga inteira (Figura 7.39a):

$$U = U_{AC} + U_{CB}$$
$$= \frac{P^2L^3}{6EI} + \frac{PM_0L^2}{2EI} + \frac{5PQL^3}{48EI} + \frac{M_0^2L}{2EI} + \frac{M_0QL^2}{8EI} + \frac{Q^2L^3}{48EI} \quad (7.114)$$

A deflexão no ponto médio da viga mostrada na Figura 7.39a pode agora ser obtida do teorema de Castigliano:

$$(\delta_C)_0 = \frac{\partial U}{\partial Q} = \frac{5PL^3}{48EI} + \frac{M_0L^2}{8EI} + \frac{QL^3}{24EI} \quad (7.115)$$

Essa equação fornece a deflexão no ponto C produzida pelos três carregamentos que atuam sobre a viga. Para obter a deflexão produzida pelos carregamentos P e M_0 somente, zeramos o carregamento Q na equação anterior. O resultado é a deflexão no ponto médio C para a viga com dois carregamentos (Figura 7.38a):

$$\delta_C = \frac{5PL^3}{48EI} + \frac{M_0L^2}{8EI} \quad (7.116)$$

Assim, a deflexão na viga original pode ser obtida.

Este método é por vezes chamado de *método do carregamento fictício*, devido à introdução de um carregamento fictício ou falso.

Diferenciação sob o símbolo da integral

Como vimos no exemplo anterior, o uso do teorema de Castigliano para determinar as deflexões de vigas pode levar a integrações extensas, especialmente quando mais de dois carregamentos atuam na viga. A razão é clara – encontrar a energia de deformação exige a integração do *quadrado* do momento fletor (Equação 7.95a). Por exemplo, se a expressão do momento fletor tem três termos, seu quadrado pode ter mais de seis termos, cada um dos quais precisa ser integrado.

Efetuadas as integrações e determinada a energia de deformação, diferenciamos a energia de deformação para obter as deflexões. No entanto, podemos abreviar a etapa de encontrar a energia de deformação, diferenciando *antes* de integrar. Esse procedimento não elimina as integrações, mas as torna muito mais simples.

Para derivar esse método, começamos com a equação para a energia de deformação (Equação 7.95a) e aplicamos o teorema de Castigliano (Equação 7.107):

$$\delta_i = \frac{\partial U}{\partial P_i} = \frac{\partial}{\partial P_i} \int \frac{M^2 dx}{2EI} \quad (7.117)$$

Seguindo as regras de cálculo, podemos diferenciar a integral diferenciando sob o símbolo da integral:

$$\delta_i = \frac{\partial}{\partial P_i} \int \frac{M^2 dx}{2EI} = \int \left(\frac{M}{EI}\right)\left(\frac{\partial M}{\partial P_i}\right) dx \quad (7.118)$$

Referir-nos-emos a essa equação como o **teorema modificado de Castigliano**.

Quando estivermos usando o teorema modificado, integramos o produto do momento fletor e de sua derivada. Ao contrário, quando estivermos usando o teorema de Castigliano padrão (veja a Equação 7.117), integramos o quadrado do momento fletor. Uma vez que a derivada é uma expressão menos extensa do que o próprio momento, esse novo procedimento é muito mais simples. Para mostrar isso, vamos agora resolver os exemplos anteriores usando o teorema modificado (Equação 7.118).

Vamos começar com a viga mostrada na Figura 7.37 e lembrar que queremos encontrar a deflexão e o ângulo de rotação na extremidade livre. O momento fletor e suas derivadas (veja a Equação 7.108) são

$$M = -Px - M_0$$
$$\frac{\partial M}{\partial P} = -x \quad \frac{\partial M}{\partial M_0} = -1$$

Da Equação (7.118), obtemos a deflexão δ_A e o ângulo de rotação θ_A:

$$\delta_A = \frac{1}{EI}\int_0^L (-Px - M_0)(-x)dx = \frac{PL^3}{3EI} + \frac{M_0L^2}{2EI} \quad (7.119a)$$

$$\theta_A = \frac{1}{EI}\int_0^L (-Px - M_0)(-1)dx = \frac{PL^2}{2EI} + \frac{M_0L}{EI} \quad (7.119b)$$

Essas equações estão de acordo com os resultados prévios (Equações 7.110 e 7.111). No entanto, os cálculos são menos trabalhosos do que aqueles realizados antes, porque não temos de integrar o quadrado do momento fletor (veja a Equação 7.109).

As vantagens de diferenciar sob o símbolo da integral são ainda mais aparentes quando há mais de dois carregamentos atuando na estrutura, como no exemplo da Figura 7.38. Naquele exemplo, queríamos determinar a deflexão δ_C no ponto médio C da viga devida aos carregamentos P e M_0. Para fazer isso, adicionamos um carregamento fictício Q no ponto médio (Figura 7.39). Prosseguimos então encontrando a deflexão $(\delta_C)_0$ no ponto médio da viga quando todos os três carregamentos (P, M_0 e Q) estavam atuando. Finalmente, fizemos $Q = 0$ para obter a deflexão δ_C causada por P e M_0 sozinhos. A solução foi demorada, porque as integrações foram extremamente trabalhosas. No entanto, se usarmos o teorema modificado e diferenciarmos primeiro, os cálculos serão muito menos extensos.

Com os três carregamentos atuando (Figura 7.39), os momentos fletores e suas derivadas são como a seguir (veja as Equações 7.112 e 7.113):

$$M = -Px - M_0 \quad \frac{\partial M}{\partial Q} = 0 \quad \left(0 \le x \le \frac{L}{2}\right)$$

$$M = -Px - M_0 - Q\left(x - \frac{L}{2}\right) \quad \frac{\partial M}{\partial Q} = -\left(x - \frac{L}{2}\right) \quad \left(\frac{L}{2} \le x \le L\right)$$

Em consequência, a deflexão $(\delta_C)_0$, a partir da Equação (7.118), é

$$(\delta_C)_0 = \frac{1}{EI}\int_0^{L/2} (-Px - M_0)(0)dx$$
$$+ \frac{1}{EI}\int_{L/2}^L \left[-Px - M_0 - Q\left(x - \frac{L}{2}\right)\right]\left[-\left(x - \frac{L}{2}\right)\right]dx$$

Uma vez que Q é um carregamento fictício e que já tínhamos tomado as derivadas parciais, podemos fazer Q igual a zero antes de integrar e obter a deflexão δ_C devida aos dois carregamentos P e M_0, como se segue:

$$\delta_C = \frac{1}{EI}\int_{L/2}^L [-Px - M_0]\left[-\left(x - \frac{L}{2}\right)\right]dx = \frac{5PL^3}{48EI} + \frac{M_0L^2}{8EI}$$

que está de acordo com os resultados prévios (Equação 7.116). Novamente, as integrações são bastante simplificadas diferenciando-se sob o símbolo da integral e usando-se o teorema modificado.

A derivada parcial que aparece no símbolo da integral na Equação (7.118) tem uma interpretação física simples. Ela representa a taxa de variação do momento fletor M com relação ao carregamento P_i, isto é, ela é igual ao momento fletor M produzido por um carregamento P_i de valor unitário. Essa observação leva ao método de encontrar deflexões conhecido como *método do carregamento unitário*. O teorema de Castigliano leva também ao método de análise estrutural conhecido como *método da flexibilidade*. Tanto o método do carregamento unitário como o método da flexibilidade são amplamente usados na análise estrutural e estão descritos em livros-textos com esse enfoque.

Os exemplos a seguir fornecem outros exemplos do uso do teorema de Castigliano para encontrar deflexões de vigas. No entanto, deve ser lembrado que o teorema não está limitado a encontrar deflexões de viga – ele se aplica a qualquer tipo de estrutura elástica linear para o qual o princípio da superposição seja válido.

• • • Exemplo 7.17

Uma viga simples AB suporta um carregamento uniforme de intensidade $q = 20$ kN/m e um carregamento concentrado $P = 25$ kN (Figura 7.40). O carregamento P atua no ponto médio C da viga. A viga tem comprimento $L = 2,5$ m, módulo de elasticidade $E = 210$ GPa e momento de inércia $I = 31,2 \times 10^2$ cm^4.

Determine a deflexão para baixo δ_C no ponto médio da viga pelos seguintes métodos: (1) Obter a energia de deformação da viga e usar o teorema de Castigliano e (2) usar a forma modificada do teorema de Castigliano (diferenciação sob o símbolo da integral).

Solução

Método (1). Uma vez que a viga e seus carregamentos são simétricos em torno do ponto médio, a energia de deformação para a viga inteira é igual a duas vezes a energia de deformação para a metade esquerda da viga. Assim, precisamos analisar somente a metade esquerda da viga.

A reação no suporte esquerdo A (Figura 7.40 e 7.41) é

$$R_A = \frac{P}{2} + \frac{qL}{2}$$

e, em consequência, o momento fletor M é

$$M = R_A x - \frac{qx^2}{2} = \frac{Px}{2} + \frac{qLx}{2} - \frac{qx^2}{2} \quad \text{(a)}$$

em que x é medido a partir do suporte A.

Figura 7.40

Exemplo 7.17: Viga simples com dois carregamentos

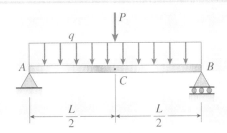

Figura 7.41

Exemplo 7.17: Diagrama de corpo livre para determinar o momento fletor M na metade esquerda da viga

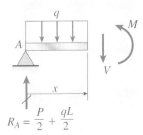

Exemplo 7.17 Continuação

A energia de deformação da viga inteira (da Equação 7.95a) é

$$U = \int \frac{M^2 dx}{2EI} = 2\int_0^{L/2} \frac{1}{2EI}\left(\frac{Px}{2} + \frac{qLx}{2} - \frac{qx^2}{2}\right)^2 dx$$

Após elevar ao quadrado o termo em parênteses e realizar uma longa integração, encontramos

$$U = \frac{P^2 L^3}{96EI} + \frac{5PqL^4}{384EI} + \frac{q^2 L^5}{240EI}$$

Uma vez que a deflexão no ponto médio C (Figura 7.40) corresponde ao carregamento P, podemos encontrar a deflexão usando o teorema de Castigliano (Equação 7.107):

$$\delta_C = \frac{\partial U}{\partial P} = \frac{\partial}{\partial P}\left(\frac{P^2 L^3}{96EI} + \frac{5PqL^4}{384EI} + \frac{q^2 L^5}{240EI}\right) = \frac{PL^3}{48EI} + \frac{5qL^4}{384EI} \quad \Longleftarrow \text{(b)}$$

Método (2). Usando a forma modificada do teorema de Castigliano (Equação 7.118), evitamos a extensiva integração para encontrar a energia de deformação. O momento fletor na metade esquerda da viga já foi determinado (veja a Equação a) e sua derivada parcial com relação ao carregamento P é

$$\frac{\partial M}{\partial P} = \frac{x}{2}$$

Assim, o teorema modificado de Castigliano torna-se

$$\delta_C = \int \left(\frac{M}{EI}\right)\left(\frac{\partial M}{\partial P}\right)dx$$

$$= 2\int_0^{L/2} \frac{1}{EI}\left(\frac{Px}{2} + \frac{qLx}{2} - \frac{qx^2}{2}\right)\left(\frac{x}{2}\right)dx = \frac{PL^3}{48EI} + \frac{5qL^4}{384EI} \quad \Longleftarrow \text{(c)}$$

que está de acordo com o resultado anterior (Equação b), mas exige uma integração muito mais simples.

Solução numérica. Agora que temos uma expressão para a deflexão no ponto C, podemos substituir os valores numéricos, como a seguir:

$$\delta_C = \frac{PL^3}{48EI} + \frac{5qL^4}{383EI}$$

$$= \frac{(25 \text{ kN})(2,5 \text{ m})^3}{48(210 \text{ GPa})(31,2 \times 10^{-6} \text{ m}^4)} + \frac{5(20 \text{ kN/m})(2,5 \text{ m})^4}{384(210 \text{ GPa})(31,2 \times 10^{-6} \text{ m}^4)}$$

$$= 1,24 \text{ mm} + 1,55 \text{ mm} = 2,79 \text{ mm} \quad \Longleftarrow$$

Note que valores numéricos não podem ser substituídos até *depois* que a derivada parcial seja obtida. Se os valores numéricos forem substituídos prematuramente, tanto na expressão para o momento fletor como na expressão para a energia de deformação, pode ser impossível obter a derivada.

• • • Exemplo 7.18

Uma viga simples em balanço suporta um carregamento uniforme de intensidade q na extensão AB e um carregamento concentrado P na extremidade C do balanço (Figura 7.42).

Determine a deflexão δ_C e o ângulo de rotação θ_C no ponto C (use a forma modificada do teorema de Castigliano).

Figura 7.42
Exemplo 7.18: Viga em balanço

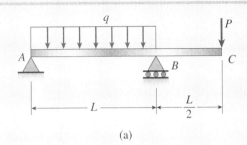

(a)

(b)

Solução

Deflexão δ_C na extremidade do balanço (Figura 7.42b). Uma vez que o carregamento P corresponde a essa deflexão, não é necessário fornecer um carregamento fictício. Em vez disso, podemos começar determinando os momentos fletores por todo o comprimento da viga. A reação no suporte A é

$$R_A = \frac{qL}{2} - \frac{P}{2}$$

Figura 7.43
Exemplo 7.18: Reação no suporte A e coordenadas x_1 e x_2 para a viga

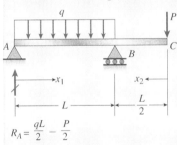

$R_A = \dfrac{qL}{2} - \dfrac{P}{2}$

como mostra a Figura 7.43. Em consequência, o momento fletor na extensão AB é

$$M_{AB} = R_A x_1 - \frac{qx_1^2}{2} = \frac{qLx_1}{2} - \frac{Px_1}{2} - \frac{qx_1^2}{2} \quad (0 \leq x_1 \leq L)$$

em que x_1 é medido a partir do suporte A (Figura 7.43). O momento fletor no balanço é

$$M_{BC} = -Px_2 \quad \left(0 \leq x_2 \leq \frac{L}{2}\right)$$

em que x_2 é medido a partir do ponto C (Figura 7.43).

A seguir, determinamos as derivadas parciais com relação ao carregamento P:

$$\frac{\partial M_{AB}}{\partial P} = -\frac{x_1}{2} \quad (0 \leq x_1 \leq L)$$

$$\frac{\partial M_{BC}}{\partial P} = -x_2 \quad \left(0 \leq x_2 \leq \frac{L}{2}\right)$$

Agora estamos prontos para usar a forma modificada do teorema de Castigliano (Equação 7.118) para obter a deflexão no ponto C:

$$\delta_C = \int \left(\frac{M}{EI}\right)\left(\frac{\partial M}{\partial P}\right) dx$$

$$= \frac{1}{EI}\int_0^L M_{AB}\left(\frac{\partial M_{AB}}{\partial P}\right) dx + \frac{1}{EI}\int_0^{L/2} M_{BC}\left(\frac{\partial M_{BC}}{\partial P}\right) dx$$

Exemplo 7.18 Continuação

Substituindo as expressões para os momentos fletores e derivadas parciais, obtemos

$$\delta_C = \frac{1}{EI}\int_0^L \left(\frac{qLx_1}{2} - \frac{Px_1}{2} - \frac{qx_1^2}{2}\right)\left(-\frac{x_1}{2}\right)dx_1 + \frac{1}{EI}\int_0^{L/2}(-Px_2)(-x_2)dx_2$$

Realizando as integrações e combinando os termos, obtemos a deflexão:

$$\delta_C = \frac{PL^3}{8EI} - \frac{qL^4}{48EI} \qquad (7.119c)$$

Uma vez que o carregamento P atua para baixo, a deflexão δ_C é também positiva para baixo. Em outras palavras, se a equação precedente produz um resultado positivo, a deflexão é para baixo. Se o resultado é negativo, a deflexão é para cima.

Comparando os dois termos na Equação (7.119c), vemos que a deflexão na extremidade do balanço é para baixo quando $P > qL/6$ e para cima quando $P < qL/6$.

Ângulo de rotação θ_C na extremidade do balanço (Figura 7.42b). Uma vez que não há carregamento na viga original (Figura 7.42a) correspondente a este ângulo de rotação, precisamos fornecer um carregamento fictício. Assim, colocamos um binário de momento M_C no ponto C (Figura 7.44). Note que o binário M_C atua no ponto da viga em que o ângulo de rotação deve ser determinado. Além disso, ele tem a mesma direção horária que o ângulo de rotação (Figura 7.42).

Agora seguimos as mesmas etapas de quando determinamos a deflexão em C. Primeiro, notamos que a reação no suporte A (Figura 7.44) é

$$R_A = \frac{qL}{2} - \frac{P}{2} - \frac{M_C}{L}$$

Consequentemente, o momento fletor na extensão AB torna-se

$$M_{AB} = R_A x_1 - \frac{qx_1^2}{2} = \frac{qLx_1}{2} - \frac{Px_1}{2} - \frac{M_C x_1}{L} - \frac{qx_1^2}{2} \quad (0 \le x_1 \le L)$$

O momento fletor no balanço torna-se

$$M_{BC} = -Px_2 - M_C \qquad \left(0 \le x_2 \le \frac{L}{2}\right)$$

As derivadas parciais são tomadas com relação ao momento M_C, que é o carregamento correspondente ao ângulo de rotação. Consequentemente,

$$\frac{\partial M_{AB}}{\partial M_C} = -\frac{x_1}{L} \quad (0 \le x_1 \le L)$$

$$\frac{\partial M_{BC}}{\partial M_C} = -1 \quad \left(0 \le x_2 \le \frac{L}{2}\right)$$

Figura 7.44

Momento fictício M_C atuando na viga do Exemplo 7.18

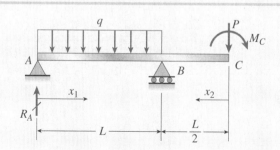

> • • • **Exemplo 7.18** *Continuação*

A seguir, usamos a forma modificada do teorema de Castigliano (Equação 7.118) para obter o ângulo de rotação no ponto C:

$$\theta_C = \int \left(\frac{M}{EI}\right)\left(\frac{\partial M}{\partial M_C}\right)dx$$

$$= \frac{1}{EI}\int_0^L M_{AB}\left(\frac{\partial M_{AB}}{\partial M_C}\right)dx + \frac{1}{EI}\int_0^{L/2} M_{BC}\left(\frac{\partial M_{BC}}{\partial M_C}\right)dx$$

Substituindo as expressões para os momentos fletores e as derivadas parciais, obtemos

$$\theta_C = \frac{1}{EI}\int_0^L \left(\frac{qLx_1}{2} - \frac{Px_1}{2} - \frac{M_C x_1}{L} - \frac{qx_1^2}{2}\right)\left(-\frac{x_1}{L}\right)dx_1$$

$$+ \frac{1}{EI}\int_0^{L/2}(-Px_2 - M_C)(-1)dx_2$$

Uma vez que M_C é um carregamento fictício e que já tomamos a derivada parcial, podemos fazer M_C igual a zero nesse estágio dos cálculos e simplificar as integrações:

$$\theta_C = \frac{1}{EI}\int_0^L \left(\frac{qLx_1}{2} - \frac{Px_1}{2} - \frac{qx_1^2}{2}\right)\left(-\frac{x_1}{L}\right)dx_1 + \frac{1}{EI}\int_0^{L/2}(-Px_2)(-1)\,dx_2$$

Após realizar as integrações e combinar os termos, obtemos

$$\theta_C = \frac{7PL^2}{24EI} - \frac{qL^3}{24EI} \tag{7.120}$$

Se essa equação produz um resultado positivo, o ângulo de rotação é horário. Se o resultado é negativo, o ângulo é anti-horário.

Comparando os dois termos na Equação (7.120), vemos que o ângulo de rotação é horário quando $P > qL/7$ e anti-horário quando $P < qL/7$.

Se dados numéricos estão disponíveis, é agora uma questão de rotina substituir os valores numéricos nas Equações (7.119c) e (7.120) e calcular a deflexão e o ângulo de rotação na extremidade do balanço.

*7.10 Deflexões produzidas por impacto

Nesta seção, discutiremos o impacto de um objeto caindo sobre uma viga (Figura 7.45a). Determinaremos a deflexão dinâmica da viga igualando a energia potencial perdida pela massa que cai à energia de deformação adquirida pela viga. Este método aproximado foi descrito em detalhes na Seção 2.8 para uma massa colidindo com uma barra axialmente carregada; consequentemente, a Seção 2.8 precisa ser totalmente entendida antes de prosseguirmos.

A maioria das hipóteses descritas na Seção 2.8 aplica-se tanto às vigas como às barras axialmente carregadas. Algumas dessas hipóteses são as seguintes: (1) O peso que cai se fixa à viga e move-se com ela, (2) não ocorre perda de energia, (3) a viga comporta-se de maneira elástica linear, (4) a forma defletida da viga é a mesma sob um carregamento dinâmico e sob um carregamento estático e (5) a energia potencial da viga devida à sua mudança de posição é relativamente pequena e pode ser desprezada. Em geral, essas hipóteses são razoáveis se a massa do objeto que cai é muito maior que a massa da viga. Caso contrário, essa análise aproximada não é válida e uma análise mais avançada é exigida. Como exemplo, vejamos a viga simples AB mostrada na Figura 7.45. A viga foi colidida em seu ponto médio por um corpo que cai de massa M e peso W. Baseado nas idealizações precedentes, podemos assumir que toda a energia potencial perdida pelo corpo durante sua queda é transformada em energia de deformação elástica, que é armazenada na viga. Uma vez que a distância através da qual o corpo cai é $h + \delta_{max}$, em que h é a altura inicial acima da viga (Figura 7.45a) e δ_{max} é a deflexão máxima dinâmica da viga (Figura 7.45b), a energia potencial perdida é

$$\text{Energia potencial} = W(h + \delta_{max}) \tag{7.121}$$

Figura 7.45

Deflexão de uma viga atingida por um corpo em queda

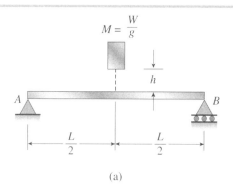

(a)

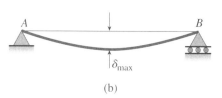

(b)

A energia de deformação adquirida pela viga pode ser determinada a partir da curva de deflexão usando a Equação (7.95b), que é aqui repetida:

$$U = \int \frac{EI}{2}\left(\frac{d^2v}{dx^2}\right)^2 dx \tag{7.122}$$

A curva de deflexão para uma viga simples submetida a um carregamento concentrado atuando no ponto médio (veja o Caso 4 da Tabela C.2, Apêndice C) é

$$v = -\frac{Px}{48EI}(3L^2 - 4x^2) \quad \left(0 \leq x \leq \frac{L}{2}\right) \tag{7.123}$$

A deflexão máxima da viga é

$$\delta_{max} = \frac{PL^3}{48EI} \tag{7.124}$$

Eliminando o carregamento P entre as Equações (7.123) e (7.124), obtemos a equação da curva de deflexão em termos da deflexão máxima:

$$v = -\frac{\delta_{max} x}{L^3}(3L^2 - 4x^2) \quad \left(0 \leq x \leq \frac{L}{2}\right) \tag{7.125}$$

Calculando duas derivadas, encontramos

$$\frac{d^2v}{dx^2} = \frac{24\delta_{max} x}{L^3} \tag{7.126}$$

Finalmente, substituímos a segunda derivada na Equação (7.122) e obtemos a seguinte expressão para a energia de deformação da viga em termos da deflexão máxima:

$$U = 2\int_0^{L/2} \frac{EI}{2}\left(\frac{d^2v}{dx^2}\right)^2 dx = EI\int_0^{L/2}\left(\frac{24\delta_{max}x}{L^3}\right)^2 dx = \frac{24EI\delta_{max}^2}{L^3} \quad (7.127)$$

Igualando a energia potencial perdida pela massa que cai (Equação 7.121) à energia de deformação adquirida pela viga (Equação 7.127), obtemos

$$W(h + \delta_{max}) = \frac{24EI\delta_{max}^2}{L^3} \quad (7.128)$$

Essa equação é quadrática em δ_{max} e pode ser resolvida para sua raiz positiva:

$$\delta_{max} = \frac{WL^3}{48EI} + \left[\left(\frac{WL^3}{48EI}\right)^2 + 2h\left(\frac{WL^3}{48EI}\right)\right]^{1/2} \quad (7.129)$$

Vemos que a deflexão máxima dinâmica aumenta se tanto o peso do objeto que cai quanto a altura da queda são aumentados, e diminui se a rigidez EI/L^3 da viga é aumentada.

Para simplificar a equação anterior, vamos denotar a *deflexão estática* da viga causada pelo peso W como δ_{st}:

$$\delta_{st} = \frac{WL^3}{48EI} \quad (7.130)$$

Então, a Equação (7.129) para a deflexão máxima dinâmica torna-se

$$\delta_{max} = \delta_{st} + (\delta_{st}^2 + 2h\delta_{st})^{1/2} \quad (7.131)$$

Essa equação mostra que a deflexão dinâmica é sempre maior que a deflexão estática.

Se a altura h é igual a zero, o que significa que o carregamento é aplicado repentinamente, mas não por queda livre, a deflexão dinâmica é duas vezes a deflexão estática. Se h é grande, comparado à deflexão, então o termo que contém h na Equação (7.131) predomina e a equação pode ser simplificada em

$$\delta_{max} = \sqrt{2h\delta_{st}} \quad (7.132)$$

Essas observações são análogas àquelas discutidas previamente, na Seção 2.8, para o impacto em uma barra em tensão ou compressão.

A deflexão δ_{max}, calculada a partir da Equação (7.131), geralmente representa um limite superior, porque assumimos que não havia perda de energia durante o impacto. Outros fatores também tendem a reduzir a deflexão, como as deformações localizadas das superfícies de contato, a tendência da massa que cai de quicar para cima e os efeitos inerciais da massa da viga. Assim, vemos que o fenômeno do impacto é bastante complexo e, se uma análise precisa for necessária, livros e artigos voltados especificamente a este assunto deverão ser consultados.

*7.11 Efeitos da temperatura

Nas seções anteriores deste capítulo, consideramos as deflexões das vigas devidas aos carregamentos laterais. Nesta seção, vamos considerar as deflexões causadas por **variações não uniformes de temperatura**. Como assunto preliminar, vamos relembrar que os efeitos de variações *uniformes* de temperatura já foram descritos na Seção 2.5, em que vimos que um aumento uniforme de temperatura leva uma barra ou uma viga não restringida a ter seu comprimento aumentado pela quantidade

$$\delta_T = \alpha(\Delta T)L \tag{7.133}$$

Nessa equação, α é o coeficiente de expansão térmica, ΔT é o aumento uniforme na temperatura e L é o comprimento da barra (veja a Figura 2.20 e a Equação 2.20 no Capítulo 2).

Se uma viga é suportada de tal maneira que a expansão longitudinal fique livre para ocorrer, como no caso de todas as vigas estaticamente determinadas consideradas neste capítulo, então a variação de temperatura uniforme não produzirá quaisquer tensões na viga. Também não haverá deflexões laterais nessas vigas, porque não há tendência à flexão na viga.

O comportamento de uma viga é bastante diferente se a temperatura não for constante por toda a sua altura. Por exemplo, assuma que uma viga simples, inicialmente reta e à temperatura constante T_0, tem sua temperatura mudada para T_1 em sua superfície superior e para T_2 em sua superfície inferior, como mostrado na Figura 7.46a. Supondo que a variação na temperatura seja linear entre o topo e a base da viga, então a *temperatura média* da viga será

$$T_{\text{média}} = \frac{T_1 + T_2}{2} \tag{7.134}$$

e ocorre à altura média. Qualquer diferença entre essa temperatura média e a temperatura inicial T_0 resulta em uma mudança no comprimento da viga, dada pela Equação (7.96), como segue:

$$\delta_T = \alpha(T_{\text{média}} - T_0)L = \alpha\left(\frac{T_1 + T_2}{2} - T_0\right)L \tag{7.135}$$

Além disso, o diferencial de temperatura $T_2 - T_1$ entre a base e o topo da viga produz uma *curvatura* do eixo da viga acompanhado de suas deflexões correspondentes (Figura 7.46b).

Para investigar as deflexões devidas ao diferencial de temperatura, considere um elemento de comprimento dx cortado da viga (Figuras 7.46a e c). As mudanças no comprimento do elemento na base e no topo são $\alpha(T_2 - T_0)dx$ e $\alpha(T_1 - T_0)dx$, respectivamente. Se T_2 é maior que T_1, os lados do elemento vão rotacionar em relação um ao outro através de um ângulo $d\theta$, como mostrado na Figura 7.46c. O ângulo $d\theta$ relaciona-se às mudanças na dimensão pela seguinte equação, obtida da geometria da figura:

$$h\,d\theta = \alpha(T_2 - T_0)dx - \alpha(T_1 - T_0)dx$$

da qual obtemos

$$\frac{d\theta}{dx} = \frac{\alpha(T_2 - T_1)}{h} \tag{7.136}$$

em que h é a altura da viga.

Já vimos que a quantidade $d\theta/dx$ representa a curvatura da curva de deflexão da viga (veja a Equação 7.6). Uma vez que a curvatura é igual a d^2v/dx^2 (Equação 7.9), podemos escrever a seguinte **equação diferencial da curva de deflexão**:

$$\frac{d^2v}{dx^2} = \frac{\alpha(T_2 - T_1)}{h} \tag{7.137}$$

Observe que, quando T_2 é maior que T_1, a curvatura é positiva e a flexão da viga é côncava para cima, como mostra a Figura 7.46b. A quantidade $\alpha(T_2 - T_1)/h$ na Equação (7.100) é a contraparte da quantidade M/EI, que aparece na equação diferencial básica (Equação 7.7).

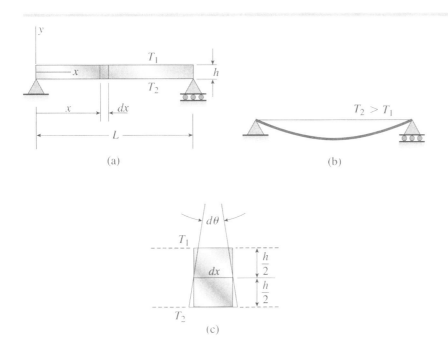

Figura 7.46
Efeito da temperatura sobre a viga

Podemos resolver a Equação (7.100) pelas mesmas técnicas de integração descritas anteriormente para os efeitos dos momentos fletores (veja a Seção 7.3). Podemos integrar a equação diferencial para obter dv/dx e v e podemos usar as condições de contorno ou outras condições para avaliar as constantes de integração. Dessa maneira, podemos obter as equações para as inclinações e as deflexões da viga, como ilustrado pelo Problema 7.11-1 ao final deste capítulo.

Se a viga pode variar em comprimento e fletir livremente, não haverá tensões associadas às variações de temperatura descritas nesta seção. No entanto, se a viga estiver restringida contra expansão longitudinal ou deflexão lateral, ou se as variações de temperatura não variarem linearmente do topo para a base da viga, tensões internas devidas à temperatura serão desenvolvidas. A determinação dessas tensões exige o uso de métodos mais avançados de análise.

RESUMO E REVISÃO DO CAPÍTULO

No Capítulo 7, investigamos o comportamento elástico linear de pequenos deslocamentos em vigas de diferentes tipos, sob diferentes condições de apoio e que sofrem a atuação de uma grande variedade de forças, incluindo impacto e efeitos de temperatura. Estudamos métodos baseados na integração de equações diferenciais de segunda, terceira e quarta ordens da curva de deflexão. Calculamos deslocamentos (de translação e rotação) em pontos específicos ao longo da viga e também encontramos a equação que descreve o perfil flexionado de toda a viga. Utilizando soluções para uma variedade de casos padrão (tabulados no Apêndice C), usamos o poderoso princípio da superposição para resolver problemas de vigas e carregamentos mais complicados combinando as soluções padrão mais simples. Consideramos também um método para o cálculo de deslocamentos de vigas baseado na área do diagrama de momento. Por fim, estudamos um método baseado em energia para calcular o deslocamento de vigas. Os conceitos mais importantes apresentados neste capítulo podem ser resumidos da seguinte forma:

1. Combinando expressões para a curvatura linear ($\kappa = d^2v/dx^2$) e a relação de curvatura do momento ($\kappa = M/EI$), obtivemos a **equação diferencial ordi-**

nária da **curva de deflexão** para uma viga, que é válida apenas para o comportamento elástico linear.

$$EI\frac{d^2v}{dx^2} = M$$

2. A equação diferencial da curva de deflexão pode ser diferenciada, uma vez para que se obtenha a equação de terceira ordem relacionando a força de cisalhamento V e a primeira derivada do momento, dM/dx, ou duas vezes para que se obtenha uma equação de quarta ordem relacionando a intensidade da carga distribuída q e a primeira derivada de cisalhamento, dV/dx:

$$EI\frac{d^3v}{dx^3} = V$$

$$EI\frac{d^4v}{dx^4} = -q$$

A escolha das equações diferenciais de segunda, terceira ou quarta ordem depende de qual seja mais eficiente para um caso de vinculação de viga específico e carregamento aplicado.

3. Devemos escrever expressões para momento (M), cisalhamento (V) ou intensidade de carga (q) para cada região distinta da viga (por exemplo, sempre que q, V, M ou EI variarem) e então aplicar **condições de simetria**, **continuidade** ou **contorno**, conforme seja mais adequado, para encontrar as constantes desconhecidas de integração que surgem quando aplicamos o método de integrações sucessivas; a equação de deflexão da viga, $v(x)$, pode ser calculada para um valor específico de x a fim de se encontrar o deslocamento translacional no ponto; o cálculo de dv/dx no mesmo ponto fornece a inclinação da equação de deflexão.

4. O **método de superposição** pode ser utilizado para resolver deslocamentos e rotações para carregamentos e vigas mais complexos; a viga real precisa primeiro ser decomposta na soma de um número de casos mais simples cujas soluções já sejam conhecidas (veja o Apêndice C); a superposição é apenas aplicável a vigas submetidas a pequenos deslocamentos e que se comportem de maneira elástica linear.

5. O **método da área do momento** é uma abordagem alternativa para encontrar deslocamentos de vigas; ele se baseia em dois teoremas relacionados à área do diagrama de momento fletor.

PROBLEMAS – CAPÍTULO 7

Fórmulas de deflexão

Os Problemas 7.3-1 e 7.3-2 exigem o cálculo das deflexões usando as fórmulas deduzidas nos Exemplos 7.1, 7.2 ou 7.3. Todas as vigas têm rigidez de flexão EI constante.

7.3-1 Uma viga de flange largo (HE 220B) sustenta uma carga uniforme em um vão simples de comprimento $L = 4{,}25$ m (veja a figura).

Calcule a deflexão máxima δ_{max} no ponto médio e os ângulos de rotação θ nos apoios se $q = 26$ kN/m e $E = 210$ GPa. Use as fórmulas do Exemplo 7.1.

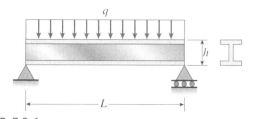

PROB. 7.3-1

7.3-2 Obtenha uma fórmula para a razão δ_C/δ_{max} da deflexão do ponto médio pela deflexão máxima para uma viga simples suportando um carregamento P concentrado (veja a figura).

A partir da fórmula, trace um gráfico de δ_C/δ_{max} em função da razão a/L que define a posição do carregamento ($0{,}5 < a/L < 1$). Que conclusão você tira do gráfico? (*Sugestão:* Use as fórmulas do Exemplo 7.3.)

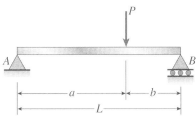

PROB. 7.3-2

Deflexões pela integração da equação do momento fletor

Os problemas seguintes devem ser resolvidos integrando a equação diferencial de segunda ordem da curva de deflexão (a equação do momento fletor). A origem das coordenadas está na extremidade esquerda de cada uma das vigas, e todas elas têm rigidez de flexão EI constante.

7.3-3 Deduza a equação da curva de deflexão para uma viga engastada AB suportando um carregamento P na extremidade livre (veja a figura). Determine também a deflexão δ_B e o ângulo de rotação θ_B na extremidade livre. (*Observação:* Use a equação diferencial de segunda ordem da curva de deflexão.)

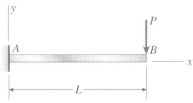

PROB. 7.3-3

7.3-4 A viga engastada AB, suportando um carregamento triangularmente distribuído de intensidade máxima q_0, é mostrada na figura.
Deduza a equação da curva de deflexão e então obtenha as fórmulas para a deflexão δ_B e o ângulo de rotação θ_B na extremidade livre. (*Observação:* Use a equação diferencial de segunda ordem da curva de deflexão.)

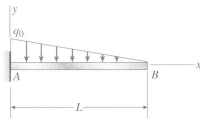

PROB. 7.3-4

7.3-5 Deduza as equações da curva de deflexão para uma viga simples AB carregada por um binário M_0 atuando à distância a do suporte esquerdo (veja a figura). Determine também a deflexão δ_0 no ponto em que o carregamento é aplicado. (*Observação:* Use a equação diferencial de segunda ordem da curva de deflexão.)

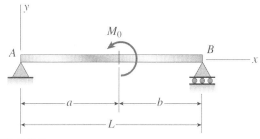

PROB. 7.3-5

7.3-6 A viga mostrada na figura tem um apoio guiado em A e um apoio de roletes em B. O apoio guiado permite o movimento vertical, mas não a rotação. Deduza a equação da curva de deflexão e determine a deflexão δ_A na extremidade A e também δ_C no ponto C devida à carga uniforme de intensidade $q = P/L$ aplicada sobre o segmento CB e a carga P em $x = L/3$. (*Observação:* Use a equação diferencial de segunda ordem da curva de deflexão.)

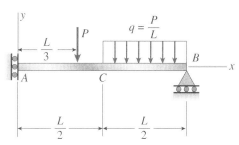

PROB. 7.3-6

Deflexões pela integração da equação da força de cisalhamento e da equação de carregamento

As vigas descritas nos problemas da Seção 7.4 têm rigidez de flexão EI constante. A origem das coordenadas está na extremidade esquerda de cada uma das vigas.

7.4-1 Obtenha a equação da curva de deflexão para uma viga engastada AB quando um binário M_0 atua no sentido anti-horário na extremidade livre (veja a figura). Determine também a deflexão δ_B e a inclinação θ_B na extremidade livre. Use a equação diferencial de terceira ordem da curva de deflexão (a equação da força de cisalhamento).

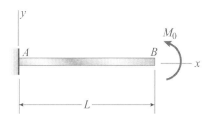

PROB. 7.4-1

7.4-2 Uma viga com um carregamento uniforme tem um apoio guiado em uma extremidade e um apoio de molas na outra. A mola tem uma rigidez $k = 48EI/L^3$. Deduza a equação da curva de deflexão iniciando com a equação diferencial de terceira ordem (a equação da força de cisalhamento). Determine também o ângulo de rotação θ_B no suporte B.

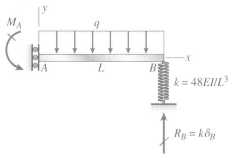

PROB. 7.4-2

Método da superposição

Os problemas da Seção 7.5 devem ser resolvidos pelo método da superposição. Todas as vigas têm rigidez de flexão EI constante.

7.5-1 Uma viga engastada AB suporta três carregamentos concentrados igualmente espaçados, como mostrado na figura. Obtenha as fórmulas para o ângulo de rotação θ_B e a deflexão δ_B na extremidade livre da viga.

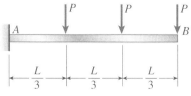

PROB. 7.5-1

7.5-2 Uma viga como escora saliente é submetida a uma carga P no ponto central e a um momento anti-horário M em B (ver figura).

(a) Encontrar uma expressão para o momento M em termos da carga P de modo que o momento de reação em A, M_A, seja igual a zero.

(b) Encontrar uma expressão para o momento M em termos da carga P de modo que a deflexão seja $\delta_B = 0$; ademais, qual é a rotação θ_B?

(c) Encontre uma expressão para o momento M em termos da carga P de modo que o ângulo de rotação $\theta_B = 0$; também, qual é a deflexão δ_B?

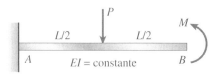

PROB. 7.5-2

7.5-3 Uma viga simples AB suporta uma carga uniforme de intensidade q atuando sobre a região central do vão (ver figura).

Determine o ângulo de rotação θ_A no suporte da esquerda e a deflexão δ_{max} no ponto médio.

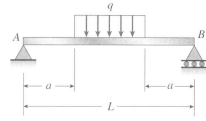

PROB. 7.5-3

Método da área do momento

Os problemas da Seção 7.6 devem ser resolvidos pelo método da área do momento. Todas as vigas têm rigidez de flexão EI constante.

7.6-1 Uma viga engastada AB está submetida a um carregamento uniforme de intensidade q atuando por todo o seu comprimento (veja a figura). Determine o ângulo de rotação θ_B e a deflexão δ_B na extremidade livre.

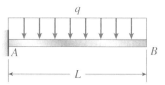

PROB. 7.6-1

7.6-2 Obtenha as fórmulas para o ângulo de rotação θ_A no suporte A e a deflexão δ_{max} no ponto médio em uma viga simples AB com um carregamento uniforme de intensidade q (veja a figura).

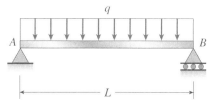

PROB. 7.6-2

7.6-3 Uma viga simples AB é submetida a um carregamento na forma de um binário M_0 atuando na extremidade B (veja a figura).

Determine os ângulos de rotação θ_A e θ_B nos suportes e a deflexão δ no ponto médio.

PROB. 7.6-3

Vigas não prismáticas

7.7-1 A viga engastada ACB mostrada na figura tem momentos de inércia I_2 e I_1 nas partes AC e CB, respectivamente.

(a) Usando o método da superposição, determine a deflexão δ_B na extremidade livre devida ao carregamento P.

(b) Determine a razão r da deflexão δ_B pela deflexão δ_1 na extremidade livre de uma viga engastada prismática com momento de inércia I_1 suportando o mesmo carregamento.

(c) Delineie um gráfico da razão da deflexão r em função da razão I_2/I_1 dos momentos de inércia (faça I_2/I_1 variar de 1 a 5).

PROB. 7.7-1

7.7-2 A viga afilada engastada AB mostrada na figura tem uma seção transversal circular sólida. Os diâmetros nas extremidades A e B são d_A e $d_B = 2d_A$, respectivamente. Assim, o diâmetro d e o momento de inércia I à distância x a partir da extremidade livre são, respectivamente,

$$d = \frac{d_A}{L}(L + x)$$

$$I = \frac{\pi d^4}{64} = \frac{\pi d_A^4}{64 L^4}(L + x)^4 = \frac{I_A}{L^4}(L + x)^4$$

em que I_A é o momento de inércia na extremidade A da viga.

Determine a equação da curva de deflexão e a deflexão δ_A na extremidade livre da viga devidas ao carregamento P.

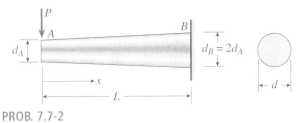

PROB. 7.7-2

Energia de deformação

As vigas descritas nos problemas da Seção 7.8 têm rigidez de flexão EI constante.

7.8-1 Uma viga simples AB uniformemente carregada (veja a figura) de vão de comprimento L e seção transversal retangular (b = largura, h = altura) tem uma tensão de flexão máxima σ_{max} devida ao carregamento uniforme.

Determine a energia de deformação U na viga.

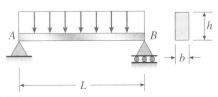

PROB. 7.8-1

7.8-2 Uma viga simples AB de comprimento L suporta um carregamento concentrado P no ponto médio (veja a figura).

(a) Calcule a energia de deformação da viga a partir do momento fletor na viga.

(b) Calcule a energia de deformação da viga a partir da equação da curva de deflexão.

(c) A partir da energia de deformação, determine a deflexão δ sob o carregamento P.

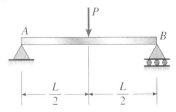

PROB. 7.8-2

Teorema de Castigliano

As vigas descritas nos problemas da Seção 7.9 têm rigidez de flexão EI constante.

7.9-1 Uma viga simples AB de comprimento L está carregada na extremidade esquerda por um binário de momento M_0 (veja a figura).

Determine o ângulo de rotação θ_A no suporte A (obtenha a solução determinando a energia de deformação da viga e então use o teorema de Castigliano).

PROB. 7.9-1

7.9-2 Uma viga em balanço ABC suporta um carregamento concentrado P na extremidade do balanço (veja a figura). A extensão AB tem o comprimento L e o balanço tem comprimento a.

Determine a deflexão δ_C na extremidade do balanço (obtenha a solução determinando a energia de deformação da viga e usando então o teorema de Castigliano).

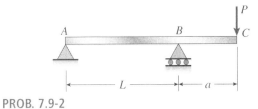

PROB. 7.9-2

7.9-3 A viga engastada mostrada na figura suporta um carregamento triangularmente distribuído de intensidade máxima q_0.

Determine a deflexão δ_B na extremidade livre B (obtenha a solução determinando a energia de deformação da viga e usando então o teorema de Castigliano).

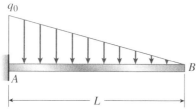

PROB. 7.9-3

Deflexões produzidas por impacto

As vigas descritas nos problemas da Seção 7.10 têm rigidez de flexão EI constante. Despreze os pesos das próprias vigas e considere somente os efeitos dos carregamentos dados.

7.10-1 Um objeto pesado, de peso W, é deixado cair no ponto médio de uma viga simples AB a partir de uma altura h (veja a figura).

Obtenha a fórmula para a tensão de flexão máxima σ_{max} devida ao peso em queda em termos de h, σ_{st} e δ_{st}, em que σ_{st} é a tensão de flexão máxima e δ_{st} é a deflexão no ponto médio quando o peso W atua na viga como um carregamento estaticamente aplicado.

Delineie um gráfico da razão $\sigma_{máx}/\sigma_{st}$ (isto é, a razão da tensão dinâmica pela tensão estática) em função da razão h/δ_{st} (faça h/δ_{st} variar de 0 até 10).

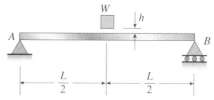

PROB. 7.10-1

Efeitos da temperatura

As vigas descritas nos problemas da Seção 7.11 têm rigidez de flexão EI constante. Em cada problema, a temperatura varia linearmente entre o topo e a base da viga.

7.11-1 Uma viga simples AB de comprimento L e altura h sofre uma variação de temperatura tal que a base da viga está à temperatura T_2 e o topo da viga está à temperatura T_1 (veja a figura).

Determine a equação da curva de deflexão da viga, o ângulo de rotação θ_A no suporte esquerdo e a deflexão δ_{max} no ponto médio.

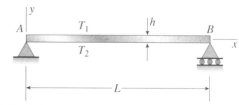

PROB. 7.11-1

8 CAPÍTULO

Vigas estaticamente indeterminadas

VISÃO GERAL DO CAPÍTULO

No Capítulo 8, consideraremos as vigas estaticamente indeterminadas. Aqui, a estrutura da viga tem mais forças de reação desconhecidas que equações disponíveis de equilíbrio estático e, por isso, é chamada de **estaticamente indeterminada**. O número de reações desconhecidas em excesso define seu **grau de indeterminação**. A solução de vigas estaticamente indeterminadas exige que equações adicionais sejam desenvolvidas com base nas deformações da estrutura, além das equações da estática. Primeiro, uma variedade de vigas estaticamente indeterminadas será definida (Seção 8.2), juntamente com a terminologia comum (por exemplo, **estrutura primária, estrutura liberada e redundante**) utilizada na representação das soluções. Então, será apresentada uma abordagem de solução com base na integração das equações da curva elástica e na aplicação das condições de contorno para encontrar as constantes desconhecidas (Seção 8.3). Esse procedimento pode ser aplicado apenas em casos relativamente simples, então uma abordagem mais geral, baseada na superposição, será descrita (Seção 8.4) em seguida, aplicando-se a vigas submetidas a deslocamentos pequenos e que se comportam de maneira elástica linear. Aqui, as **equações de equilíbrio** serão complementadas pelas **equações de compatibilidade**; cargas aplicadas e deflexões da viga resultantes são relacionadas pelas **equações de força-deslocamento** para vigas, deduzidas no Capítulo 7. A abordagem de solução da superposição geral segue aquela introduzida na Seção 2.4 para membros axialmente carregados e, na Seção 3.8, para eixos circulares que sofrem a ação de momentos de torção.

O Capítulo 8 está organizado da seguinte forma:

8.1 Introdução 440
8.2 Tipos de vigas estaticamente indeterminadas 440
8.3 Análises pelas equações diferenciais da curva de deflexão 443
8.4 Método da superposição 449
Resumo e revisão do capítulo 460
Problemas 461

8.1 Introdução

Neste capítulo, analisaremos vigas em que o número de reações excede o número de equações de equilíbrio independentes. Uma vez que as reações dessas vigas não podem ser determinadas pela estática somente, as vigas são chamadas **estaticamente indeterminadas**.

A análise de vigas estaticamente indeterminadas é bastante diferente da de vigas estaticamente determinadas. Quando uma viga é estaticamente determinada, podemos obter todas as reações, forças de cisalhamento e momentos fletores a partir de diagramas de corpo livre e equações de equilíbrio. Então, conhecendo as forças de cisalhamento e os momentos fletores, podemos obter as tensões e as deflexões.

No entanto, quando uma viga é estaticamente indeterminada, as equações de equilíbrio não são suficientes, e equações adicionais se fazem necessárias. O método mais fundamental para analisar uma viga estaticamente indeterminada é resolver as equações diferenciais da curva de deflexão, como descrito posteriormente na Seção 8.3. Embora esse método sirva como ponto inicial em nossa análise, ele é prático somente para os tipos mais simples de vigas estaticamente indeterminadas. Portanto, discutiremos também o método da superposição (Seção 8.4), que é aplicável a uma grande variedade de estruturas. No método da superposição, suplementamos as equações de equilíbrio com equações de compatibilidade e equações de força-deslocamento (este mesmo método foi descrito anteriormente na Seção 2.4, em que analisamos barras estaticamente indeterminadas submetidas à tensão e à compressão).

Embora somente vigas estaticamente indeterminadas sejam discutidas neste capítulo, as ideias fundamentais têm aplicações mais amplas. A maioria das estruturas que encontramos na vida diária, incluindo partes de automóveis, prédios e aeronaves, são estruturas estaticamente indeterminadas. No entanto, elas são muito mais complexas do que as vigas e precisam ser projetadas por técnicas analíticas mais sofisticadas. A maioria dessas técnicas lida com conceitos descritos neste capítulo, que pode ser visto como uma introdução à análise de estruturas estaticamente indeterminadas de todos os tipos.

8.2 Tipos de vigas estaticamente indeterminadas

As vigas estaticamente indeterminadas são usualmente identificadas pelo arranjo de seus suportes. Por exemplo, uma viga que está engastada em uma extremidade e simplesmente apoiada na outra (Figura 8.1a) é chamada de **viga engastada apoiada**. As reações da viga mostrada na figura consistem em forças horizontais e verticais no suporte A, um momento no suporte A e uma força vertical no suporte B. Como existem somente três equações de equilíbrio independentes para esta viga, não é possível calcular todas as quatro reações a partir do equilíbrio somente. O número de reações *em excesso* ao número de equações de equilíbrio é chamado de **grau de indeterminação estática**. Assim, a viga engastada apoiada é estaticamente indeterminada de primeiro grau.

As reações em excesso são chamadas de **redundantes estáticas** e precisam ser selecionadas em cada caso particular. Por exemplo, a reação R_B da viga engastada apoiada mostrada na Figura 8.1a pode ser selecionada como a reação redundante. Uma vez que essa reação está em excesso daquelas necessárias para manter o equilíbrio, ela pode ser liberada da estrutura removendo o suporte em B. Quando o suporte B é removido, somos deixados com uma viga engastada (Figura 8.1b). A estrutura que permanece quando as redundâncias são liberadas é chamada de **estrutura liberada** ou **estrutura primária**. A estrutura liberada precisa ser estável (de modo que seja capaz de suportar carregamentos) e precisa ser estaticamente determinada (de modo que todas as forças reativas possam ser determinadas pelo equilíbrio somente).

Outra possibilidade para a análise da viga engastada apoiada da Figura 8.1a é selecionar o momento reativo M_A como redundante. Então, quando o momento vincular no suporte A é removido, a estrutura liberada é uma viga simples com um suporte de pino em uma extremidade e um suporte de rolete na outra (Figura 8.1c).

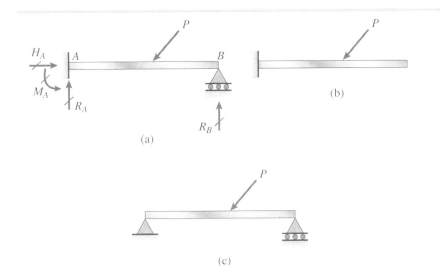

Figura 8.1

Viga engastada apoiada: (a) viga com carregamento e reações, (b) estrutura liberada quando a reação na extremidade B é selecionada como redundante e (c) estrutura liberada quando a reação de momento na extremidade A é selecionada como redundante

Um caso especial surge se todos os carregamentos que atuam sobre a viga são verticais (Figura 8.2). Então, a reação horizontal no suporte A desaparece e três reações permanecem. No entanto, somente duas equações de equilíbrio independentes estão agora disponíveis e, em consequência, a viga é ainda estaticamente indeterminada de primeiro grau. Se a reação R_B é escolhida como a redundante, a estrutura liberada é uma viga engastada; se o momento M_A é escolhido, a estrutura liberada é uma viga simples.

Outro tipo de viga estaticamente indeterminada, conhecida como **viga biengastada**, é mostrado na Figura 8.3a. Esta viga tem suportes fixos em ambas as extremidades, resultando em um total de seis reações desconhecidas (duas forças e um momento em cada suporte). Como há somente três equações de equilíbrio, a viga é estaticamente indeterminada de terceiro grau (outro nome para esse tipo de viga é *viga interna*).

Se selecionamos as três reações na extremidade B da viga como redundantes e se removemos as correspondentes restrições, somos deixados com uma viga engastada como a estrutura liberada (Figura 8.3b). Se liberamos os dois momentos dos engastamentos e uma reação horizontal, a estrutura liberada é uma viga simples (Figura 8.3c).

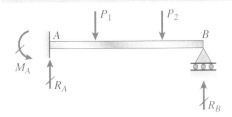

Figura 8.2

Viga engastada apoiada com carregamentos verticais somente

Figura 8.3

Viga biengastada: (a) viga com carregamento e reações, (b) estrutura liberada quando as três reações na extremidade B são selecionadas como redundantes e (c) estrutura liberada quando as duas reações de momento e a reação horizontal na extremidade B são selecionadas como redundantes

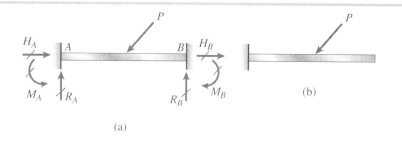

Novamente considerando o caso especial de somente carregamentos verticais (Figura 8.4), encontramos que a viga biengastada agora tem apenas quatro reações diferentes de zero (uma força e um momento em cada suporte). O número de equações de equilíbrio disponíveis é dois e, em consequência, a viga é estaticamente indeterminada de segundo grau. Se as duas reações na extremidade B são selecionadas como redundantes, a estrutura liberada é uma viga engastada; se as duas reações de momento são selecionadas, a estrutura liberada é uma viga simples.

Figura 8.4

Viga biengastada com carregamentos verticais somente

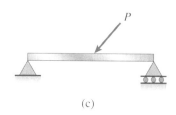

A viga mostrada na Figura 8.5a é um exemplo de **viga contínua**, assim chamada porque tem mais de um vão e é contínua em um suporte intermediário. Esta particular viga é estaticamente indeterminada de primeiro grau porque tem quatro forças reativas e somente três equações de equilíbrio.

Figura 8.5

Figura 8.5 Exemplo de uma viga contínua: (a) viga com carregamentos e reações, (b) estrutura liberada quando a reação no suporte B é selecionada como redundante e (c) estrutura liberada quando a reação na extremidade C é selecionada como redundante

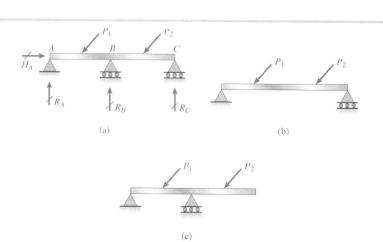

Se a reação R_B no suporte intermediário é selecionada como redundante e se removemos o suporte correspondente da viga, então permanece uma estrutura liberada na forma de viga simples estaticamente determinada (Figura 8.5b). Se a reação R_C é escolhida como redundante, a estrutura liberada é uma viga simples com balanço (Figura 8.5c).

Nas seções seguintes, discutiremos dois métodos para analisar vigas estaticamente indeterminadas. O objetivo em cada caso é determinar as reações redundantes. Uma vez que elas sejam conhecidas, todas as reações restantes (mais as forças de cisalhamento e os momentos fletores) podem ser encontradas a partir das equações de equilíbrio. Com efeito, a estrutura torna-se estaticamente determinada. Em seguida, como etapa final na análise, as tensões e deflexões podem ser encontradas pelos métodos descritos nos capítulos anteriores.

Pontes com vãos livres longos costumam ser construídas com vigas contínuas (Lopatinsky Vladislav/ Shutterstock)

8.3 Análise pelas equações diferenciais da curva de deflexão

As vigas estaticamente indeterminadas podem ser analisadas resolvendo qualquer uma das três equações diferenciais da curva de deflexão: (1) a equação de segunda ordem em termos do momento fletor (Equação 7.16a), (2) a equação de terceira ordem em termos da força de cisalhamento (Equação 7.16b) ou (3) a equação de quarta ordem em termos de intensidade do carregamento distribuído (Equação 7.16c).

O procedimento é essencialmente o mesmo para vigas estaticamente determinadas (veja as Seções 7.2, 7.3 e 7.4) e consiste em escrever a equação diferencial, integrá-la para obter sua solução geral e, então, aplicar as condições de contorno e outras condições para determinar as quantidades desconhecidas. Estas quantidades consistem em reações redundantes, assim como as constantes de integração.

A equação diferencial para a viga pode ser resolvida em termos simbólicos somente quando a viga e seu carregamento forem relativamente simples e descomplicados. As soluções resultantes se apresentam em fórmulas de propósitos gerais. No entanto, em situações mais complexas, as equações diferenciais precisam ser resolvidas numericamente, usando programas de computador desenvolvidos para esse propósito. Nesses casos, os resultados se aplicam somente para problemas numéricos específicos.

Os exemplos a seguir ilustram a análise de vigas estaticamente indeterminadas resolvendo as equações diferenciais em termos simbólicos.

• • Exemplo 8.1

Figura 8.6

Exemplo 8.1. Viga engastada apoiada com um carregamento uniforme

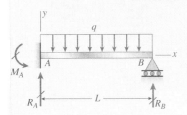

Uma viga engastada apoiada AB de comprimento L suporta um carregamento uniforme de intensidade q (Figura 8.6). Analise esta viga resolvendo a equação diferencial de segunda ordem da curva de deflexão (a equação do momento fletor). Determine as reações, forças de cisalhamento, momentos fletores, rotações e deflexões da viga.

Solução

Uma vez que o carregamento sobre esta viga atua na direção vertical (Figura 8.6), concluímos que não há reação horizontal no engastamento. A viga, portanto, tem três reações desconhecidas (M_A, R_A e R_B). Somente duas equações de equilíbrio estão disponíveis para determinar estas reações e, com isso, a viga é estaticamente indeterminada de primeiro grau.

Continua

Exemplo 8.1 Continuação

Uma vez que iremos analisar esta viga resolvendo a equação de momento fletor, precisamos começar com uma expressão geral para o momento. Esta expressão estará em termos tanto do carregamento como da redundante selecionada.

Reação redundante. Vamos escolher a reação R_B no suporte simples como a redundante. Então, considerando o equilíbrio da viga inteira, podemos expressar as duas outras reações em termos de R_B:

$$R_A = qL - R_B \qquad M_A = \frac{qL^2}{2} - R_B L \qquad \text{(a,b)}$$

Momento fletor. O momento fletor M à distância x a partir do engastamento pode ser expresso em termos das reações como se segue:

$$M = R_A x - M_A - \frac{qx^2}{2} \qquad \text{(c)}$$

Esta equação pode ser obtida pela técnica usual de construir um diagrama de corpo livre de parte da viga e resolver uma equação de equilíbrio.

Substituindo na Equação (c) as Equações (a) e (b), obtemos o momento fletor em termos do carregamento e da reação redundante:

$$M = qLx - R_B x - \frac{qL^2}{2} + R_B L - \frac{qx^2}{2} \qquad \text{(d)}$$

Equação diferencial. A equação diferencial de segunda ordem da equação da deflexão (Equação 7.16a) agora se torna

$$EIv'' = M = qLx - R_B x - \frac{qL^2}{2} + R_B L - \frac{qx^2}{2} \qquad \text{(e)}$$

Após duas integrações sucessivas, obtemos as seguintes equações para as inclinações e deflexões da viga:

$$EIv' = \frac{qLx^2}{2} - \frac{R_B x^2}{2} - \frac{qL^2 x}{2} + R_B L_x - \frac{qx^3}{6} + C_1 \qquad \text{(f)}$$

$$EIv = \frac{qLx^3}{6} - \frac{R_B x^3}{6} - \frac{qL^2 x^2}{4} + \frac{R_B L x^2}{2} - \frac{qx^4}{24} + C_1 x + C_2 \qquad \text{(g)}$$

Estas equações contêm três quantidades desconhecidas (C_1, C_2 e R_B).

Condições de contorno. Três condições de contorno pertinentes às deflexões e às inclinações das vigas ficam aparentes a partir de uma inspeção da Figura 8.6. Estas condições são: (1) a deflexão no engastamento é zero, (2) a inclinação no engastamento é nula e (3) a deflexão no apoio simples é nula. Assim

$$v(0) = 0 \qquad v'(0) = 0 \qquad v(L) = 0$$

Aplicando essas condições às equações para as inclinações e para as deflexões (Equações f e g), encontramos $C_1 = 0$, $C_2 = 0$ e

$$R_B = \frac{3qL}{8} \qquad \qquad \text{(8.1)}$$

Assim, a reação redundante R_B é agora conhecida.

Reações. Com o valor da reação redundante estabelecido, podemos encontrar as reações remanescentes a partir das Equações (a) e (b). Os resultados são

Continua

Exemplo 8.1 Continuação

Figura 8.7

Diagramas de força de cisalhamento e momento fletor para a viga engastada apoiada da Figura 8.6

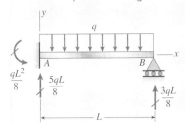
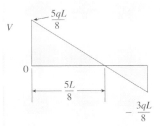
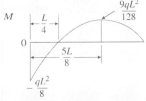

$$R_A = \frac{5qL}{8} \qquad M_A = \frac{qL^2}{8} \qquad (8.2a,b)$$

Conhecendo essas reações, podemos encontrar as forças de cisalhamento e os momentos fletores na viga.

Forças de cisalhamento e momentos fletores. Estas quantidades podem ser obtidas pelas técnicas usuais envolvendo diagramas de corpo livre e equações de equilíbrio. Os resultados são

$$V = R_A - qx = \frac{5qL}{8} - qx \qquad (8.3)$$

$$M = R_A x - M_A - \frac{qx^2}{2} = \frac{5qLx}{8} - \frac{qL^2}{8} - \frac{qx^2}{2} \qquad (8.4)$$

Os diagramas de força de cisalhamento e de momento fletor para a viga podem ser desenhados com o auxílio dessas equações (veja a Figura 8.7).

Dos diagramas, podemos ver que a força de cisalhamento máxima ocorre no engastamento e é igual a

$$V_{max} = \frac{5qL}{8} \qquad (8.5)$$

Os momentos fletores máximos positivo e negativo são

$$M_{pos} = \frac{9qL^2}{128} \qquad M_{neg} = -\frac{qL^2}{8} \qquad (8.6a,b)$$

Finalmente, notamos que o momento fletor é igual a zero à distância $x = L/4$ a partir do suporte fixo.

Inclinações e deflexões da viga. Retornando às Equações (f) e (g) para as inclinações e as deflexões, podemos agora substituir os valores das constantes de integração ($C_1 = 0$ e $C_2 = 0$), assim como a expressão para a reação redundante R_B (Equação 8.1) e obter

$$v' = \frac{qx}{48EI}(-6L^2 + 15Lx - 8x^2) \qquad (8.7)$$

$$v = -\frac{qx^2}{48EI}(3L^2 - 5Lx + 2x^2) \qquad (8.8)$$

Figura 8.8

Curva de deflexão para a viga engastada apoiada da Figura 8.6

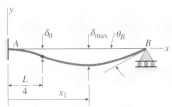

A forma defletida da viga como obtida a partir da Equação (8.8) é mostrada na Figura 8.8.

Para determinar a deflexão máxima da viga, igualamos a inclinação (Equação 8.7) a zero e resolvemos para a distância x_1 no ponto em que essa deflexão ocorre:

$$v' = 0 \quad \text{ou} \quad -6L^2 + 15Lx - 8x^2 = 0$$

da qual

$$x_1 = \frac{15 - \sqrt{33}}{16}L = 0{,}5785L \qquad (8.9)$$

Substituindo esse valor de x na equação para a deflexão (Equação 8.8), e também mudando o sinal, obtemos a deflexão máxima:

$$\delta_{max} = -(v)_{x=x_1} = \frac{qL^4}{65{,}536EI}(39 + 55\sqrt{33})$$

Continua

Exemplo 8.1 Continuação

$$= \frac{qL^4}{184{,}6EI} = 0{,}005416\frac{qL^4}{EI} \quad (8.10)$$

O ponto de inflexão está localizado onde o momento fletor é igual a zero, isto é, onde $x = L/4$. A deflexão correspondente δ_0 da viga (da Equação 8.8) é

$$\delta_0 = -(v)_{x=L/4} = \frac{5qL^4}{2048EI} = 0{,}002441\frac{qL^4}{EI} \quad (8.11)$$

Note que, quando $x < L/4$, tanto a curvatura como o momento fletor são negativos, e quando $x > L/4$, a curvatura e o momento fletor são positivos.

Para determinar o ângulo de rotação θ_B na extremidade simplesmente apoiada da viga, usamos a Equação (8.7), como segue:

$$\theta_B = (v')_{x=L} = \frac{qL^3}{48EI} \quad (8.12)$$

As rotações e as deflexões em outros pontos ao longo do eixo da viga podem ser obtidas por procedimentos similares.

Observação: Neste exemplo, analisamos a viga tomando a reação R_B (Figura 8.6) como a reação redundante. Uma abordagem alternativa é tomar o momento reativo M_A como o redundante. Então, podemos expressar o momento fletor M em termos de M_A, substituir a expressão resultante na equação diferencial de segunda ordem e resolvê-la como antes. Outra abordagem ainda é iniciar com a equação diferencial de quarta ordem, como ilustrado no próximo exemplo.

Exemplo 8.2

A viga biengastada ACB mostrada na Figura 8.9 suporta um carregamento concentrado P no ponto médio. Analise esta viga resolvendo a equação diferencial de quarta ordem da curva de deflexão (a equação do carregamento). Determine as reações, forças de cisalhamento, momentos fletores, inclinações e deflexões da viga.

Figura 8.9

Exemplo 8.2. Viga biengastada com um carregamento concentrado no ponto médio

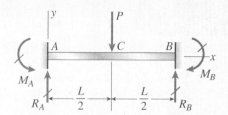

Solução

Uma vez que o carregamento sobre essa viga atua somente na direção vertical, sabemos que não há reações horizontais nos suportes. Consequentemente, a viga tem quatro reações desconhecidas, duas em cada suporte. Como somente duas equações de equilíbrio estão disponíveis, a viga é estaticamente indeterminada de segundo grau.

No entanto, podemos simplificar a análise observando, a partir da simetria da viga e de seu carregamento, que as forças e momentos nos suportes A e B são iguais, isto é,

Continua

• • • Exemplo 8.2 *Continuação*

$$R_A = R_B \quad \text{and} \quad M_A = M_B$$

Uma vez que as reações verticais nos suportes são iguais, sabemos do equilíbrio de forças na direção vertical que cada força é igual a $P/2$:

$$R_A = R_B = \frac{P}{2} \quad\quad\quad (8.13)$$

Assim, as únicas quantidades desconhecidas que permanecem são as reações do momento M_A e M_B. Por conveniência, selecionaremos o momento M_A como a quantidade redundante.

Equação diferencial. Como não há carregamento atuando sobre a viga entre os pontos A e C, a equação diferencial de quarta ordem (Equação 7.16c) para a metade esquerda da viga é

$$EIv'''' = -q = 0 \quad (0 < x < L/2) \quad\quad (a)$$

Integrações sucessivas dessa equação produzem as seguintes equações, que são válidas para a metade esquerda da viga:

$$EIv''' = C_1 \quad\quad (b)$$

$$EIv'' = C_1 x + C_2 \quad\quad (c)$$

$$EIv' = \frac{C_1 x^2}{2} + C_2 x + C_3 \quad\quad (d)$$

$$EIv = \frac{C_1 x^3}{6} + \frac{C_2 x^2}{2} + C_3 x + C_4 \quad\quad (e)$$

Estas equações contêm quatro constantes de integração desconhecidas. Uma vez que agora temos cinco incógnitas (C_1, C_2, C_3, C_4 e M_A), necessitamos de cinco condições de contorno.

Condições de contorno. As condições de contorno aplicáveis à metade esquerda da viga são:

(1) A força de cisalhamento no segmento esquerdo da viga é igual a R_A, ou $P/2$. Consequentemente, da Equação (7.16b) encontramos

$$EIv''' = V = \frac{P}{2}$$

Combinando essa equação com a Equação (b), obtemos $C_1 = P/2$.

(2) O momento fletor no suporte esquerdo é igual a $-M_A$. Consequentemente, a partir da Equação (7.16a), obtemos

$$EIv'' = M = -M_A \quad \text{em} \quad x = 0$$

Combinando essa equação com a Equação (c), obtemos $C_2 = -M_A$.

(3) A inclinação da viga no suporte esquerdo ($x = 0$) é igual a zero. Consequentemente, a Equação (d) produz $C_3 = 0$.

(4) A inclinação da viga no ponto médio ($x = L/2$) é também igual a zero (a partir da simetria). Consequentemente, da Equação (d) encontramos

$$M_A = M_B = \frac{PL}{8} \quad\quad\quad (8.14)$$

Assim, os momentos reativos nas extremidades da viga foram determinados.

(5) A deflexão da viga no suporte esquerdo ($x = 0$) é igual a zero. Consequentemente, da Equação (e) encontramos $C_4 = 0$.

Em resumo, as quatro constantes de integração são

$$C_1 = \frac{P}{2} \quad C_2 = -M_A = -\frac{PL}{8} \quad C_3 = 0 \quad C_4 = 0 \quad (f,g,h,i)$$

Figura 8.10

Diagramas de força de cisalhamento e momento fletor para a viga biengastada da Figura 8.9

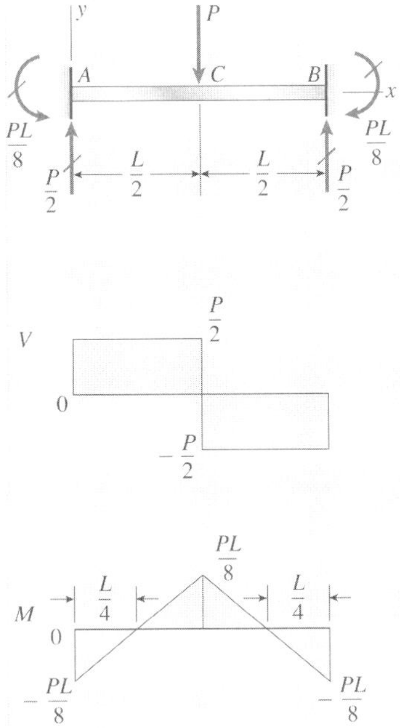

Continua

Exemplo 8.2 Continuação

Forças de cisalhamento e momentos fletores. As forças de cisalhamento e momentos fletores podem ser obtidos substituindo-se as constantes de integração apropriadas nas Equações (b) e (c). Os resultados são

$$EIv''' = V = \frac{P}{2} \quad (0 < x < L/2) \quad \blacktriangleleft \quad (8.15)$$

$$EIv'' = M = \frac{Px}{2} - \frac{PL}{8} \quad (0 \leq x \leq L/2) \quad \blacktriangleleft \quad (8.16)$$

Uma vez que conhecemos as reações da viga, podemos também obter essas expressões diretamente a partir de diagramas de corpo livre e equações de equilíbrio.

Os diagramas de força de cisalhamento e do momento fletor são mostrados na Figura 8.10.

Inclinações e deflexões. As inclinações e as deflexões na metade esquerda da viga podem ser encontradas a partir das Equações (d) e (e), substituindo as expressões para as constantes de integração. Desta maneira, encontramos

$$v' = -\frac{Px}{8EI}(L - 2x) \quad (0 \leq x \leq L/2) \quad \blacktriangleleft \quad (8.17)$$

$$v = -\frac{Px^2}{48EI}(3L - 4x) \quad (0 \leq x \leq L/2) \quad \blacktriangleleft \quad (8.18)$$

A curva de deflexão da viga é mostrada na Figura 8.11.

Para encontrar a deflexão máxima δ_{max}, fazemos x igual a $L/2$ na Equação (8.18) e mudamos o sinal; assim,

$$\delta_{max} = -(v)_{x=L/2} = \frac{PL^3}{192EI} \quad (8.19)$$

O ponto de inflexão na metade esquerda da viga ocorre onde o momento fletor M é igual a zero, isto é, onde $x = L/4$ (veja a Equação 8.16). A deflexão correspondente δ_0 (da Equação 8.18) é

$$\delta_0 = -(v)_{x=L/4} = \frac{PL^3}{384EI} \quad (8.20)$$

que é numericamente igual à metade da deflexão máxima. Um segundo ponto de inflexão ocorre na metade direita da viga à distância $L/4$ da extremidade B.

Observações: Como observamos neste exemplo, o número de condições de contorno e outras condições é sempre suficiente para avaliar não somente as constantes de integração, mas também as reações redundantes.

Algumas vezes é necessário estabelecer equações diferenciais para mais de uma região da viga e usar condições de continuidade entre as regiões, para vigas estaticamente determinadas. Tais análises provavelmente são longas e tediosas por causa do grande número de condições que precisam ser satisfeitas. No entanto, se as deflexões e os ângulos de rotação são necessários somente em um ou dois pontos específicos, o método da superposição pode ser útil (veja a próxima seção).

Figura 8.11

Curva de deflexão para a viga biengastada da Figura 8.9

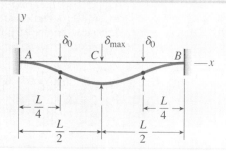

8.4 Método da superposição

O método da superposição é de fundamental importância na análise de barras, treliças, vigas, pórticos e outros tipos de estruturas estaticamente indeterminadas. Já usamos o método da superposição para analisar estruturas estaticamente indeterminadas compostas de barras em tensão e compressão (Seção 2.4) e eixos em torção (Seção 3.8). Nesta seção, aplicaremos o método para vigas.

Começamos a análise anotando o grau de indeterminação estática e selecionando as reações redundantes. Então, tendo identificado as redundantes, podemos escrever **equações de equilíbrio** que relacionam as outras reações desconhecidas às redundantes e aos carregamentos.

A seguir, assumimos que tanto os carregamentos originais como os redundantes atuam sobre a estrutura liberada. Então, encontramos as deflexões na estrutura liberada superpondo as deflexões separadas devido aos carregamentos e aos redundantes. A soma dessas deflexões deve ser igual às deflexões na viga original. No entanto, as deflexões na viga original (nos pontos em que as restrições foram removidas) são nulas ou têm valores conhecidos. Por isso, podemos escrever **equações de compatibilidade** (ou *equações de superposição*) que expressam o fato de que as deflexões da estrutura liberada (nos pontos em que as restrições foram removidas) são as mesmas que na viga original (nesses mesmos pontos).

Uma vez que a estrutura liberada é estaticamente determinada, podemos facilmente determinar suas deflexões usando as técnicas descritas no Capítulo 9. As relações entre os carregamentos e as deflexões da estrutura liberada são chamadas de **relações de força-deslocamento**. Quando essas relações são substituídas nas equações de compatibilidade, obtemos equações em que as redundantes são as quantidades desconhecidas. Portanto, podemos resolver essas equações para as reações redundantes. Então, com as redundantes conhecidas, podemos determinar todas as outras reações a partir das equações de equilíbrio. Além disso, podemos também determinar as forças de cisalhamento e os momentos fletores a partir do equilíbrio.

As etapas descritas em termos gerais nos parágrafos anteriores podem se tornar mais claras considerando um caso particular, a saber, uma viga engastada apoiada suportando um carregamento uniforme (Figura 8.12a). Realizaremos duas análises, a primeira com a força de reação R_B selecionada como redundante e a segunda com a reação de momento M_A como redundante (essa mesma viga foi analisada no Exemplo 8.1 da Seção 8.3, resolvendo a equação diferencial da curva de deflexão).

Análise com R_B como redundante

Nesta primeira ilustração, selecionamos a reação R_B no suporte simples (Figura 8.12a) como redundante. Então as *equações de equilíbrio* que expressam as outras reações desconhecidas em termos da redundante são como seguem:

$$R_A = qL - R_B \qquad M_B = \frac{qL^2}{2} - R_B L \qquad (8.21\text{a,b})$$

Estas equações são obtidas a partir de equações de equilíbrio que se aplicam à viga inteira, tomada como um corpo livre (Figura 8.12a).

A próxima etapa é remover a restrição correspondente à redundante (nesse caso, removemos o suporte na extremidade B). A estrutura liberada que permanece é uma viga engastada (Figura 8.12b). O carregamento uniforme q e a força redundante R_B são agora aplicados como carregamentos na estrutura liberada (Figuras 8.12c e d).

Figura 8.12

Análise de uma viga engastada apoiada pelo método da superposição com a reação R_B selecionada como redundante

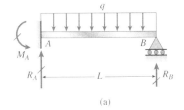

(a)

(b)

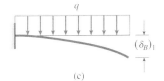

(c)

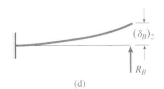

(d)

A deflexão na extremidade B da estrutura liberada devida somente ao carregamento uniforme é denotada $(\delta_B)_1$ e a deflexão no mesmo ponto devida somente ao redundante é denotada $(\delta_B)_2$. A deflexão δ_B no ponto B na estrutura original é obtida superpondo-se estas duas deflexões. Uma vez que a deflexão na viga original é igual a zero, obtemos a seguinte *equação de compatibilidade*:

$$\delta_B = (\delta_B)_1 - (\delta_B)_2 = 0 \qquad (8.22)$$

O sinal de menos aparece nessa equação porque $(\delta_B)_1$ é positivo na direção para baixo, enquanto $(\delta_B)_2$ é positivo para cima.

As *relações de força-deslocamento* que resultam nas deflexões $(\delta_B)_1$ e $(\delta_B)_2$ em termos de carregamento uniforme q e redundante R_B, respectivamente, são encontrados com o auxílio da Tabela C.1 no Apêndice C (veja os casos 1 e 4). Usando as fórmulas dadas na referida tabela, obtemos

$$(\delta_B)_1 = \frac{qL^4}{8EI} \qquad (\delta_B)_2 = \frac{R_B L^3}{3EI} \qquad (8.23\text{a,b})$$

Substituindo essas relações de força-deslocamento na equação de compatibilidade, resulta em

$$\delta_B = \frac{qL^4}{8EI} - \frac{R_B L^3}{3EI} = 0 \qquad (8.23\text{c})$$

que pode ser resolvida para a *reação redundante*:

$$R_B = \frac{3qL}{8} \qquad (8.24)$$

Note que esta equação fornece a redundante em termos dos carregamentos que atuam na viga original.

As reações restantes (R_A e M_A) podem ser encontradas a partir das equações de equilíbrio (Equações 21a e b); os resultados são

$$R_A = \frac{5qL}{8} \qquad M_A = \frac{qL^2}{8} \qquad (8.25\text{a,b})$$

Conhecendo todas as reações, podemos agora obter as forças de cisalhamento e os momentos fletores por toda a viga e traçar os diagramas correspondentes (veja a Figura 8.7 para esses diagramas).

Podemos também determinar as *deflexões e inclinações* da viga original por meio do princípio da superposição. O procedimento consiste em superpor as deflexões da estrutura liberada quando solicitada pelos carregamentos mostrados nas Figuras 8.12c e d. Por exemplo, as equações das curvas de deflexão para esses dois sistemas de carregamento são obtidas dos Casos 1 e 4, respectivamente, da Tabela C.1, Apêndice C:

$$v_1 = -\frac{qx^2}{24EI}(6L^2 - 4Lx + x^2)$$

$$v_2 = \frac{R_B x^2}{6EI}(3L - x)$$

Substituindo R_B da Equação (8.24) e então adicionando as deflexões v_1 e v_2, obtemos a seguinte equação para a curva de deflexão da viga estaticamente indeterminada original (Figura 8.12a):

$$v = v_1 + v_2 = -\frac{qx^2}{48EI}(3L^2 - 5Lx + 2x^2)$$

Esta equação está de acordo com a Equação (8.8) do Exemplo 8.1. Outras quantidades de deflexão podem ser encontradas de maneira análoga.

Análise com M_A como redundante

Iremos agora analisar a mesma viga engastada apoiada selecionando a reação do momento M_A como redundante (Figura 8.13). Nesse caso, a estrutura liberada é uma viga simples (Figura 8.13b). As equações de equilíbrio para as reações R_A e R_B na viga original são:

$$R_A = \frac{qL}{2} + \frac{M_A}{L} \qquad R_B = \frac{qL}{2} - \frac{M_A}{L} \qquad (8.26a,b)$$

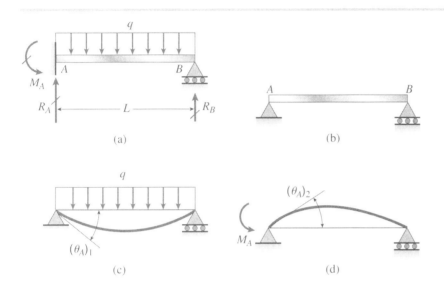

Figura 8.13

Análise de uma viga engastada apoiada pelo método da superposição com a reação de momento M_A selecionada como a redundante

A equação de compatibilidade expressa o fato de que o ângulo de rotação θ_A na extremidade fixa da viga original é igual a zero. Uma vez que esse ângulo é obtido superpondo-se os ângulos de rotação $(\theta_A)_1$ e $(\theta_A)_2$ na estrutura liberada (Figuras 8.13c e d), a *equação de compatibilidade* torna-se

$$\theta_A = (\theta_A)_1 - (\theta_A)_2 = 0 \qquad (8.27a)$$

Nesta equação, o ângulo $(\theta_A)_1$ é assumido como positivo quando no sentido horário e o ângulo $(\theta_A)_2$ é assumido como positivo quando no sentido anti-horário.

Os ângulos de rotação na estrutura liberada são obtidos a partir das fórmulas dadas na Tabela C.2 do Apêndice C (veja os Casos 1 e 7). Assim, as *relações de força-deslocamento* são

$$(\theta_A)_1 = \frac{qL^3}{24EI} \qquad (\theta_A)_2 = \frac{M_A L}{3EI}$$

Substituindo na equação de compatibilidade (Equação 8.27a), obtemos:

$$\theta_A = \frac{qL^3}{24EI} - \frac{M_A L}{3EI} = 0 \qquad (8.27b)$$

Resolvendo essa equação para a redundante, obtemos $M_A = qL^2/8$, que está de acordo com o resultado prévio (Equação 8.25b). As equações de equilíbrio (Equações 26a e b) produzem o mesmo resultado que antes para as reações R_A e R_B (veja as Equações 8.25a e 8.24), respectivamente.

Agora que todas as reações foram encontradas, podemos determinar as forças de cisalhamento, momentos fletores, inclinações e deflexões pelas técnicas já descritas.

Comentários gerais

O método de superposição descrito nesta seção é também chamado de *método da flexibilidade* ou *método dos esforços*. O último nome surge do uso esforços (forças e momentos) como as redundantes; o primeiro nome é usado porque os coeficientes das quantidades desconhecidas na equação de compatibilidade (termos como $L^3/3EI$ na Equação 8.27a e $L/3EI$ na Equação 8.27b) são *flexibilidades* (isto é, deflexões ou ângulos produzidos por um carregamento unitário).

Uma vez que esse método envolve a superposição de deflexões, ele é aplicável somente a estruturas elásticas lineares (lembre que essa mesma limitação aplica-se para todos os tópicos discutidos neste capítulo).

Nos exemplos seguintes e também nos problemas ao final do capítulo, nos preocupamos principalmente em encontrar as reações, pois essa é a etapa chave nas soluções.

• • • Exemplo 8.3

Uma viga contínua de dois vãos ABC suporta um carregamento uniforme de intensidade q, como mostra a Figura 8.14a. Cada vão da viga tem comprimento L. Usando o método da superposição, determine todas as reações para essa viga.

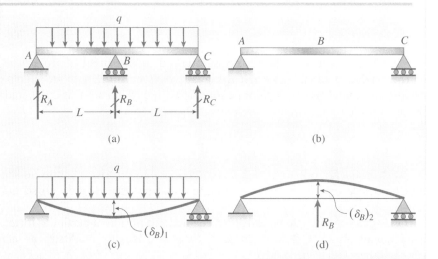

Figura 8.14
Exemplo 8.3: Viga contínua com dois vãos e um carregamento uniforme

Solução

Esta viga tem três reações desconhecidas (R_A, R_B e R_C). Uma vez que existem duas equações de equilíbrio para a viga como um todo, ela é estaticamente indeterminada de primeiro grau. Por conveniência, vamos selecionar a reação R_B no suporte do meio como a redundante.

Equações de equilíbrio. Podemos expressar as reações R_A e R_C em termos da redundante R_B por meio de duas equações de equilíbrio. A primeira equação, que é para o equilíbrio de momentos ao redor do ponto B, mostra que R_A e R_C são iguais. A segunda equação, que é para o equilíbrio na direção vertical, produz o seguinte resultado:

Continua

Exemplo 8.3 Continuação

$$R_A = R_C = qL - \frac{R_B}{2} \qquad (a)$$

Equação da compatibilidade. Como a reação R_B é selecionada como redundante, a estrutura liberada é uma viga simples com suportes em *A* e *C* (Figura 8.14b). As deflexões nos pontos *B* na estrutura liberada devidas ao carregamento uniforme *q* e à redundante R_B são mostradas nas Figuras 8.14c e d, respectivamente. Observe que as deflexões são denotadas $(\delta_B)_1$ e $(\delta_B)_2$. A superposição dessas deflexões precisa produzir a deflexão δ_B na viga original no ponto *B*. Uma vez que a última deflexão é igual a zero, a equação da compatibilidade é

$$\delta_B = (\delta_B)_1 - (\delta_B)_2 = 0 \qquad (b)$$

em que a deflexão $(\delta_B)_1$ é positiva para baixo e a deflexão $(\delta_B)_2$ é positiva para cima.

Relações força-deslocamento. A deflexão $(\delta_B)_1$ causada pelo carregamento uniforme atuando sobre a estrutura liberada (Figura 8.14c) é obtida a partir da Tabela C.2, Caso 1, do Apêndice C.

$$(\delta_B)_1 = \frac{5q(2L)^4}{384EI} = \frac{5qL^4}{24EI}$$

em que 2*L* é o comprimento da estrutura liberada. A deflexão $(\delta_B)_2$ produzida pela redundante (Figura 8.14d) é

$$(\delta_B)_2 = \frac{R_B(2L)^3}{48EI} = \frac{R_B L^3}{6EI}$$

como obtida da Tabela C.2, Caso 4.

Reações. A equação da compatibilidade pertinente à deflexão vertical no ponto *B* (Equação b) torna-se agora:s

$$\delta_B = \frac{5qL^4}{24EI} - \frac{R_B L^3}{6EI} = 0 \qquad (c)$$

a partir da qual encontramos a reação no suporte médio:

$$R_B = \frac{5qL}{4} \qquad \Longleftarrow (8.28)$$

As outras reações são obtidas da Equação (a):

$$R_A = R_C = \frac{3qL}{8} \qquad \Longleftarrow (8.29)$$

Conhecidas as reações, podemos encontrar as forças de cisalhamento, os momentos fletores, as tensões e as deflexões sem dificuldade.

Observação: O propósito deste exemplo é fornecer uma ilustração do método da superposição e, em consequência, descrevemos todas as etapas na análise. No entanto, esta viga em particular (Figura 8.14a) pode ser analisada por inspeção, por causa da simetria da viga e de seu carregamento.

Da simetria, sabemos que a inclinação da viga no suporte médio precisa ser nula e, consequentemente, cada metade da viga está na mesma condição que a viga engastada apoiada com um carregamento uniforme (veja, por exemplo, a Figura 8.6). Assim, todos os nossos resultados prévios para uma viga engastada apoiada com um carregamento uniforme (Equações 8.1 a 8.12) podem ser adaptados imediatamente para a viga contínua da Figura 8.14a.

• • • Exemplo 8.4

Figura 8.15

Exemplo 8.4: Viga biengastada com um carregamento concentrado.

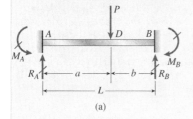
(a)

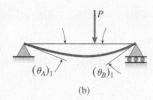
(b)

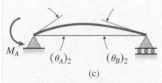
(c)

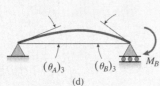
(d)

Uma viga biengastada AB (Figura 8.15a) está carregada por um carregamento P atuando em um ponto intermediário D. Encontre as forças e momentos reativos nas extremidades da viga usando o método da superposição. Determine também a deflexão no ponto D em que o carregamento é aplicado.

Solução

Essa viga tem quatro reações desconhecidas (uma força e um momento em cada suporte), mas somente duas equações de equilíbrio independentes estão disponíveis. Em consequência, a viga é estaticamente indeterminada de segundo grau. Neste exemplo, selecionaremos os momentos reativos M_A e M_B como os redundantes.

Equações de equilíbrio. As duas reações de força desconhecidas (R_A e R_B) podem ser expressas em termos das redundantes (M_A e M_B) com o auxílio de duas equações de equilíbrio. A primeira equação é para momentos ao redor do ponto B e a segunda é para momentos ao redor do ponto A. As expressões resultantes são

$$R_A = \frac{Pb}{L} + \frac{M_A}{L} - \frac{M_B}{L} \qquad R_B = \frac{Pa}{L} - \frac{M_A}{L} + \frac{M_B}{L} \qquad \text{(a,b)}$$

Equações de compatibilidade. Quando ambas as redundantes são liberadas removendo as restrições rotacionais nas extremidades da viga, somos deixados com uma viga simples com estrutura liberada (Figuras 8.15b, c e d). Os ângulos de rotação nas extremidades da estrutura liberada relativos ao carregamento concentrado P são denotados $(\theta_A)_1$ e $(\theta_B)_1$, como mostra a Figura 8.15b. De maneira similar, os ângulos devidos à redundante M_A são denotados $(\theta_A)_2$ e $(\theta_B)_2$, e os ângulos devidos à redundante M_B são denotados $(\theta_A)_3$ e $(\theta_B)_3$.

Uma vez que os ângulos de rotação nos suportes da viga original são nulos, as duas equações de compatibilidade são

$$\theta_A = (\theta_A)_1 - (\theta_A)_2 - (\theta_A)_3 = 0 \qquad \text{(c)}$$

$$\theta_B = (\theta_B)_1 - (\theta_B)_2 - (\theta_B)_3 = 0 \qquad \text{(d)}$$

em que os sinais dos vários termos são determinados por inspeção a partir das figuras.

Relações força-deslocamento. Os ângulos nas extremidades da viga devidos ao carregamento P (Figura 8.15b) são obtidos a partir do Caso 5 da Tabela C.2:

$$(\theta_A)_1 = \frac{Pab(L+b)}{6LEI} \qquad (\theta_B)_1 = \frac{Pab(L+a)}{6LEI}$$

em que a e b são as distâncias dos suportes ao ponto D em que o carregamento está aplicado.

Os ângulos nas extremidades devidos ao momento redundante M_A são (veja o Caso 7 da Tabela C.2):

$$(\theta_A)_2 = \frac{M_A L}{3EI} \qquad (\theta_B)_2 = \frac{M_A L}{6EI}$$

De maneira similar, os ângulos devidos ao momento M_B são

$$(\theta_A)_3 = \frac{M_B L}{6EI} \qquad (\theta_B)_3 = \frac{M_B L}{3EI}$$

Reações. Quando as expressões anteriores para os ângulos são substituídas nas equações de compatibilidade (Equações c e d), chegamos a duas equações simultâneas contendo M_A e M_B como incógnitas:

Continua ➡

Exemplo 8.4 Continuação

$$\frac{M_A L}{3EI} + \frac{M_B L}{6EI} = \frac{Pab(L+b)}{6LEI} \quad \text{(e)}$$

$$\frac{M_A L}{6EI} + \frac{M_B L}{3EI} = \frac{Pab(L+a)}{6LEI} \quad \text{(f)}$$

Resolvendo essas equações para as redundantes, obtemos:

$$M_A = \frac{Pab^2}{L^2} \quad M_B = \frac{Pa^2 b}{L^2} \quad \text{(8.30a,b)}$$

Substituindo essas expressões para M_A e M_B nas equações de equilíbrio (Equações a e b), obtemos as reações verticais:

$$R_A = \frac{Pb^2}{L^3}(L+2a) \quad R_B = \frac{Pa^2}{L^3}(L+2b) \quad \text{(8.31a,b)}$$

Assim, todas as reações para a viga biengastada foram determinadas.

As reações nos suportes de uma viga biengastada são comumente referenciadas como **momentos** e **forças reativos no engastamento**. Elas são amplamente usadas na análise estrutural e fórmulas para essas quantidades são listadas nos manuais de engenharia.

Deflexão no ponto D. Para obter a deflexão no ponto D na viga biengastada original (Figura 8.15a), usamos novamente o princípio da superposição. A deflexão no ponto D é igual à soma de três deflexões: (1) a deflexão para baixo $(\delta_D)_1$ no ponto D na estrutura liberada devida ao carregamento P (Figura 8.15b); (2) a deflexão para cima $(\delta_D)_2$ no mesmo ponto na estrutura liberada devida à redundante M_A (Figura 8.15c) e (3) a deflexão para cima $(\delta_D)_3$ no mesmo ponto na estrutura liberada devida à redundante M_B (Figura 8.15d). Essa superposição de deflexões é expressa pela seguinte equação:

$$\delta_D = (\delta_D)_1 - (\delta_D)_2 - (\delta_D)_3 \quad \text{(g)}$$

em que δ_D é a deflexão para baixo na viga original.

As deflexões que aparecem na Equação (g) podem ser obtidas a partir das fórmulas dadas na Tabela C.2 do Apêndice C (veja os Casos 5 e 7), fazendo as substituições apropriadas e simplificações algébricas. Os resultados dessas manipulações são:

$$(\delta_D)_1 = \frac{Pa^2 b^2}{3LEI} \quad (\delta_D)_2 = \frac{M_A ab}{6LEI}(L+b) \quad (\delta_D)_3 = \frac{M_B ab}{6LEI}(L+a)$$

Substituindo as expressões para M_A e M_B das Equações (8.30a e b) nas duas últimas expressões, obtemos

$$(\delta_D)_2 = \frac{Pa^2 b^3}{6L^3 EI}(L+b) \quad (\delta_D)_3 = \frac{Pa^3 b^2}{6L^3 EI}(L+a)$$

Em consequência, a deflexão no ponto D na viga original, obtida substituindo $(\delta_D)_1$, $(\delta_D)_2$ e $(\delta_D)_3$ na Equação (g) e simplificando, é

$$\delta_D = \frac{Pa^3 b^3}{3L^3 EI} \quad \text{(8.32)}$$

Continua

Exemplo 8.4 Continuação

O método descrito nesse exemplo para encontrar a deflexão δ_D pode ser usado não só para encontrar deflexões nos pontos individuais, mas também para encontrar as equações da curva de deflexão.

Carregamento concentrado atuando no ponto médio da viga. Quando o carregamento P atua no ponto médio C (Figura 8.16), as reações da viga (das Equações 8.30 e 8.31 com $a = b = L/2$) são

$$M_A = M_B = \frac{PL}{8} \qquad R_A = R_B = \frac{P}{2} \qquad (8.33a,b)$$

A deflexão no ponto médio da Equação (8.32) é

$$\delta_C = \frac{PL^3}{192EI} \qquad (8.34)$$

Esta deflexão é somente um quarto da deflexão no ponto médio de uma viga simples com o mesmo carregamento, o que mostra o efeito do enrijecimento ao se fixar as extremidades de uma viga.

Os resultados anteriores para as reações nas extremidades e a deflexão no meio (Equações 8.32 e 8.33) estão de acordo com aqueles encontrados no Exemplo 8.2, resolvendo a equação diferencial da curva de deflexão (veja as Equações 8.13, 8.14 e 8.19)

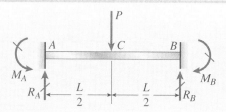

Figura 8.16
Viga biengastada com um carregamento concentrado atuando no ponto médio

Exemplo 8.5

Uma viga biengastada AB suporta um carregamento uniforme de intensidade q atuando sobre parte do vão (Figura 8.17a). Determine as reações dessa viga (isto é, encontre os momentos dos engastamentos e as forças dos engastamentos).

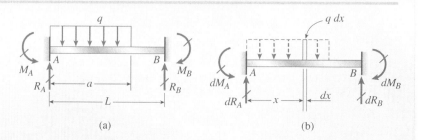

Figura 8.17
Exemplo 8.5. (a) Viga biengastada com um carregamento uniforme sobre parte do vão e (b) Reações produzidas por um elemento q dx do carregamento uniforme

Solução

Procedimento. Podemos encontrar as reações para essa viga usando o princípio da superposição juntamente com os resultados obtidos no exemplo anterior (Exemplo 8.4). Nesse exemplo, encontramos as reações de uma viga biengastada submetida a um carregamento concentrado P a distância a da extremidade esquerda (veja a Figura 8.15a e as Equações 8.30 e 8.31).

A fim de aplicar esses resultados ao carregamento uniforme da Figura 8.17a, trataremos um elemento do carregamento uniforme como um carre-

Continua

Exemplo 8.5 *Continuação*

gamento concentrado de magnitude $q\,dx$ atuando a distância x da extremidade esquerda (Figura 8.17b). Então, usando as fórmulas derivadas no Exemplo 8.4, podemos obter as reações causadas por esse elemento de carregamento. Finalmente, integrando sobre o comprimento a do carregamento uniforme, podemos obter as reações devidas ao carregamento uniforme inteiro.

Momentos dos engastamentos. Vamos começar com as reações de momento, para as quais usamos as Equações (8.30a) e (b) do Exemplo 8.4. Para obter os momentos causados pelo elemento $q\,dx$ do carregamento uniforme (compare a Figura 8.17b com a Figura 8.15a), substituímos P por $q\,dx$, a por x e b por $L - x$. Assim, os momentos dos engastamentos do elemento de carregamento (Figura 8.17b) são

$$dM_A = \frac{qx(L-x)^2\,dx}{L^2} \qquad dM_B = \frac{qx^2(L-x)\,dx}{L^2}$$

Integrando sobre a parte carregada da viga, obtemos os momentos dos engastamentos devidos ao carregamento uniforme inteiro:

$$M_A = \int dM_A = \frac{q}{L^2}\int_0^a x(L-x)^2\,dx = \frac{qa^2}{12L^2}(6L^2 - 8aL + 3a^2) \quad \Longleftarrow \text{(8.35a)}$$

$$M_B = \int dM_B = \frac{q}{L^2}\int_0^a x^2(L-x)\,dx = \frac{qa^3}{12L^2}(4L - 3a) \quad \Longleftarrow \text{(8.35b)}$$

Forças dos engastamentos. Procedendo de maneira similar à utilizada para os momentos dos engastamentos, mas usando as Equações (8.31a e b), obtemos as seguintes expressões para as forças dos engastamentos devidas ao elemento $q\,dx$ de carregamento:

$$dR_A = \frac{q(L-x)^2(L+2x)\,dx}{L^3} \qquad dR_B = \frac{qx^2(3L-2x)\,dx}{L^3}$$

A integração resulta em

$$R_A = \int dR_A = \frac{q}{L^3}\int_0^a (L-x)^2(L+2x)\,dx = \frac{qa}{2L^3}(2L^3 - 2La^2 + a^3) \quad \Longleftarrow \text{(8.36a)}$$

$$R_B = \int dR_B = \frac{q}{L^3}\int_0^a x^2(3L-2x)\,dx = \frac{qa^3}{2L^3}(2L - a) \quad \Longleftarrow \text{(8.36b)}$$

Assim, todas as reações (momentos dos engastamentos e forças dos engastamentos) foram encontradas.

Carregamento uniforme atuando sobre o comprimento inteiro da viga. Quando o carregamento atua sobre a extensão inteira (Figura 8.18), podemos obter as reações substituindo $a = L$ nas equações anteriores, produzindo

$$M_A = M_B = \frac{qL^2}{12} \qquad R_A = R_B = \frac{qL}{2} \qquad \text{(8.37a,b)}$$

Figura 8.18
Viga biengastada com um carregamento uniforme

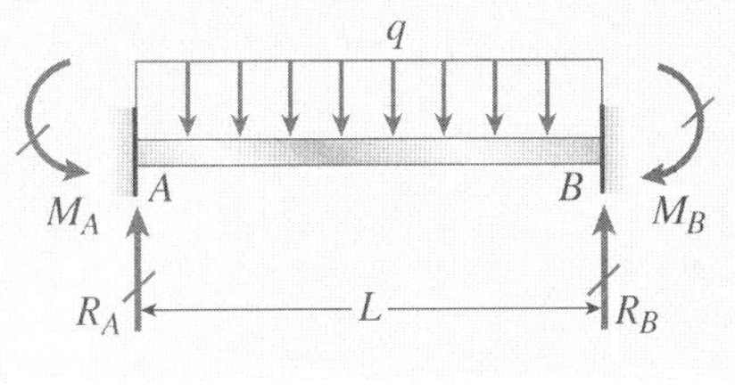

• • • Exemplo 8.5 Continuação

A deflexão no ponto médio de uma viga carregada uniformemente é também de interesse. O procedimento mais simples para obter essa deflexão é usar o método da superposição. A primeira etapa é remover as restrições dos momentos nos suportes e obter uma estrutura liberada na forma de uma viga simples. A deflexão para baixo no ponto médio de uma viga simples devida a um carregamento uniforme (do Caso 1, Tabela C.2) é

$$(\delta_C)_1 = \frac{5qL^4}{384EI} \quad \text{(a)}$$

e a deflexão para cima no ponto médio devida ao momento de extremidade (do Caso 10, Tabela C.2) é

$$(\delta_C)_2 = \frac{M_A L^2}{8EI} = \frac{(qL^2/12)L^2}{8EI} = \frac{qL^4}{96EI} \quad \text{(b)}$$

Assim, a deflexão para baixo final da viga biengastada original (Figura 8.18) é

$$\delta_C = (\delta_C)_1 - (\delta_C)_2$$

Substituindo para as deflexões das Equações (a) e (b), obtemos

$$\delta_C = \frac{qL^4}{384EI} \quad (8.38)$$

Essa deflexão é um quinto da deflexão no ponto médio de uma viga simples com um carregamento uniforme (Equação a), novamente ilustrando o efeito do enrijecimento ao se fixar as extremidades da viga.

• • • Exemplo 8.6

Uma viga ABC (Figura 8.19a) repousa sobre suportes simples nos pontos A e B e é suportada por um cabo no ponto C. A viga tem um comprimento total de $2L$ e sustenta um carregamento uniforme de intensidade q. Antes da aplicação do carregamento uniforme, não há força no cabo nem há qualquer afrouxamento.

Quando o carregamento uniforme é aplicado, a viga deflete para baixo no ponto C e uma força de tração T se desenvolve no cabo. Encontre a intensidade dessa força.

Figura 8.19

Exemplo 8.6: Viga ABC com uma extremidade suportada por um cabo

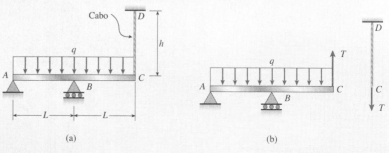

(a) (b)

Solução

Força redundante. A estrutura $ABCD$, consistindo em uma viga e um cabo, tem três reações verticais (nos pontos A, B e D). No entanto, somente duas equações de equilíbrio estão disponíveis a partir de um diagrama de corpo livre da estrutura inteira. Em consequência, a estrutura é estaticamente indeterminada de primeiro grau e precisamos selecionar uma quantidade redundante para propósitos de análise.

Continua

• • Exemplo 8.6 *Continuação*

A força de tração *T* no cabo é uma escolha adequada para a redundância. Podemos liberar essa força removendo a conexão no ponto *C*, assim dividindo a estrutura em duas partes (Figura 8.19b). A estrutura liberada consiste na viga *ABC* e no cabo *CD* como elementos separados, com a força redundante *T* atuando para cima na viga e para baixo no cabo.

Equação de compatibilidade. A deflexão no ponto *C* da viga *ABC* (Figura 8.19b) consiste em duas partes, uma deflexão $(\delta_C)_1$ para baixo, devida ao carregamento uniforme, e uma deflexão $(\delta_C)_2$ para cima, devida à força *T*. Ao mesmo tempo, a extremidade mais baixa *C* do cabo *CD* desloca-se para baixo por uma quantidade $(\delta_C)_3$ igual ao alongamento do cabo devido à força *T*. Em consequência, a *equação de compatibilidade*, que expressa o fato de que a deflexão para baixo da extremidade *C* da viga é igual ao alongamento do cabo, é

$$(\delta_C)_1 - (\delta_C)_2 = (\delta_C)_3 \qquad \text{(a)}$$

Tendo formulado essa equação, voltamos agora à tarefa de avaliar todos os três deslocamentos.

Relações de força-deslocamento. A deflexão $(\delta_C)_1$ na extremidade do balanço (ponto *C* na viga *ABC*) devida ao carregamento uniforme pode ser encontrada a partir dos resultados dados no Exemplo 7.9 da Seção 7.5 (veja Figura 7.21). Usando a Equação (7.68) desse exemplo e substituindo *a* = *L*, obtemos

$$(\delta_C)_1 = \frac{qL^4}{4E_b I_b} \qquad \text{(b)}$$

em que $E_b I_b$ é a rigidez de flexão da viga.

A deflexão da viga no ponto *C* devida à força *T* pode ser tomada da resposta do Problema 7.8-5 ou do Problema 7.9-3. Essas respostas dão a deflexão $(\delta_C)_2$ na extremidade do balanço quando o comprimento do balanço é *a*:

$$(\delta_C)_2 = \frac{Ta^2(L + a)}{3E_b I_b}$$

Substituindo agora *a* = *L*, obtemos a deflexão desejada:

$$(\delta_C)_2 = \frac{2TL^3}{3E_b I_b} \qquad \text{(c)}$$

Finalmente, o alongamento do cabo é

$$(\delta_C)_3 = \frac{Th}{E_c A_c} \qquad \text{(d)}$$

em que *h* é o comprimento do cabo e $E_c A_c$ é sua rigidez axial.

Força no cabo. Substituindo esses deslocamentos (Equações b, c e d) na equação de compatibilidade (Equação a), obtemos

$$\frac{qL^4}{4E_b I_b} - \frac{2TL^3}{3E_b I_b} = \frac{Th}{E_c A_c}$$

Resolvendo para a força *T*, encontramos

$$T = \frac{3qL^4 E_c A_c}{8L^3 E_c A_c + 12h E_b I_b} \qquad \Longleftarrow \quad (8.39)$$

Com a força *T* conhecida, podemos encontrar todas as reações, forças de cisalhamento e momentos fletores por meio de diagramas de corpo livre e equações de equilíbrio.

Este exemplo ilustra como uma força interna (em vez de uma reação externa) pode ser usada como a redundante.

RESUMO E REVISÃO DO CAPÍTULO

No Capítulo 8, investigamos o comportamento de vigas estaticamente indeterminadas que sofrem a atuação tanto de cargas concentradas como de distribuídas, tais como peso próprio. Os efeitos térmicos e o deslocamento longitudinal devidos à redução de curvatura também foram considerados como tópicos especializados no final do capítulo. Desenvolvemos duas abordagens de análise: (1) **integração** da equação da curva elástica usando as condições de contorno disponíveis para determinar constantes desconhecidas de integração e reações redundantes e (2) a abordagem mais geral (usada anteriormente nos Capítulos 2 e 3 para estruturas axiais e de torção, respectivamente) com base na **superposição**. No procedimento de superposição, complementamos as equações de *equilíbrio* da estática com equações de **compatibilidade** para gerar um número suficiente de equações para determinar todas as forças desconhecidas. As **relações de força-deslocamento** foram usadas, juntamente com as equações de compatibilidade, para gerar as equações adicionais necessárias para resolver o problema. O número de equações adicionais necessárias foi visto como dependente do **grau de indeterminação estática** da estrutura da viga. A abordagem da superposição é limitada a estruturas de vigas feitas de materiais elásticos lineares. Os conceitos mais importantes apresentados neste capítulo são:

1. Diversos tipos de estruturas de vigas estaticamente indeterminadas, como engastes, apoios, articulações e vigas contínuas, foram discutidos. O **grau de indeterminação estática** foi determinado para cada tipo de viga e uma estrutura **liberada** foi definida para cada caso através da remoção de diferentes reações **redundantes**.

2. A estrutura liberada deve ser estaticamente determinada e **estável** sob a ação de carregamentos aplicados. Observe que também é possível inserir **rótulas internas** de força axial, cisalhamento e de momento (veja a discussão no Capítulo 4) para produzir a estrutura liberada, assunto tratado em cursos mais avançados de análise estrutural.

3. Para estruturas de vigas simples indeterminadas estaticamente, a **equação diferencial da curva elástica** pode ser escrita como uma equação de segunda, terceira ou quarta ordem em termos de momento, forças de cisalhamento e cargas distribuídas, respectivamente. Aplicando condições de contorno e outras condições, pode-se resolver as constantes de integração e reações redundantes.

4. Uma abordagem de solução mais geral para vigas mais complexas e outros tipos de estruturas é a do **método de superposição** (também conhecido como método da **força** ou **flexibilidade**). Aqui, equações adicionais que descrevem a **compatibilidade** de deslocamentos e incorporam as **relações de força-deslocamento** apropriadas para vigas são utilizadas para complementar as equações de **equilíbrio**. O número de equações de compatibilidade necessário para a solução é igual ao grau de indeterminação estática da estrutura da viga.

5. Na maioria dos casos, há vários caminhos para a mesma solução, dependendo da escolha da reação redundante.

PROBLEMAS – CAPÍTULO 8

Equações Diferenciais de Curva de Deflexão

Os problemas da Seção 8.3 devem ser resolvidos integrando as equações diferenciais da curva de deflexão. Todas as vigas têm rigidez de flexão EI constante. Quando estiver desenhando os diagramas de forças de cisalhamento e momento fletor, tenha certeza de indicar todas as ordenadas críticas, incluindo os valores máximos e mínimos.

8.3-1 Uma viga engastada apoiada AB de comprimento L está carregada por um momento M_0 anti-horário atuando no suporte B (veja a figura).

Começando com a equação diferencial de segunda ordem da curva de deflexão (a equação do momento fletor), obtenha as reações, forças de cisalhamento, momentos fletores, inclinações e deflexões da viga. Construa os diagramas de força de cisalhamento e do momento fletor indicando todas as ordenadas críticas.

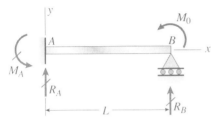

PROB. 8.3-1

8.3-2 Uma viga engastada AB de comprimento L tem um engastamento em A e um suporte de rolete em B (veja a figura). O suporte em B é movido para baixo uma distância δ_B.

Usando a equação diferencial de quarta ordem da curva de deflexão (a equação do carregamento), determine as reações da viga e a equação da curva de deflexão. (*Observação:* Expresse todos os resultados em termos do deslocamento imposto δ_B.)

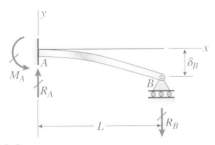

PROB. 8.3-2

Método de superposição

8.4-1 Uma viga com um suporte guiado em B é carregada com uma carga distribuída uniformemente de intensidade q. Use o método de superposição para determinar todas as reações. Desenhe também os diagramas de força de cisalhamento e do momento fletor, indicando todas as ordenadas críticas.

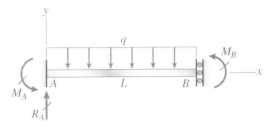

PROB. 8.4-1

8.4-2 Uma viga contínua ABC com dois vãos diferentes, um de comprimento L e outro de comprimento $2L$, suporta um carregamento uniforme de intensidade q (veja a figura). Determine as reações R_A, R_B e R_C para essa viga. Desenhe também os diagramas de força de cisalhamento e do momento fletor, indicando todas as ordenadas críticas.

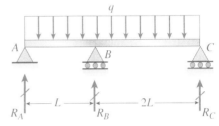

PROB. 8.4-2

8.4-3 A estrutura contínua ABC tem um suporte pinado em A, um suporte guiado em C e uma conexão rígida de canto em B (veja a figura). Os membros AB e BC têm, cada um, comprimento L e rigidez de flexão EI. Uma força horizontal P atua na altura média do membro AB.

(a) Encontre todas as reações da estrutura.

(b) Qual é o maior momento fletor M_{max} na estrutura? (*Observação*: Despreze as deformações axiais nos membros AB e BC e considere somente os efeitos da flexão.)

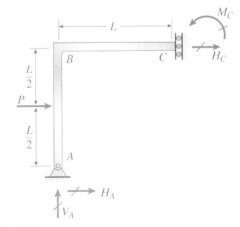

PROB. 8.4-3

Deslocamentos longitudinais nas extremidades das vigas

8.5-1 Assuma que a forma defletida de uma viga AB com suportes pinados *imóveis* (veja a figura) seja dada pela equação $v = -\delta \operatorname{sen} \pi x/L$, em que δ é a deflexão no ponto médio da viga e L é o comprimento. Assuma também que a viga tem rigidez axial constante EA.

(a) Obtenha fórmulas para a força longitudinal H nas extremidades da viga e a correspondente tensão de tração axial σ_t.

(b) Para uma viga de liga de alumínio com $E = 70$ GPa, calcule a tensão de tração σ_t quando a razão da deflexão δ pelo comprimento L é igual a 1/200, 1/400 e 1/600.

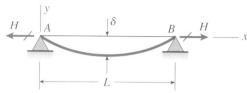

PROB. 8.5-1

9 CAPÍTULO

Colunas

VISÃO GERAL DO CAPÍTULO

O Capítulo 9 trata da flambagem de **colunas delgadas** que suportam cargas de compressão em estruturas. Primeiro, a carga axial crítica que indica o princípio da flambagem será definida e calculada para um número de modelos simples compostos de barras rígidas e molas elásticas (Seção 9.2). Em seguida, as **condições de equilíbrio instáveis, neutras e estáveis** serão descritas para tais estruturas rígidas idealizadas. Depois, a flambagem elástica linear de colunas delgadas com condições de extremidade pinada será considerada (Seção 9.3). A equação diferencial da curva de deflexão será deduzida e resolvida para obter expressões para a **carga de flambagem de Euler** (P_{cr}) e o **perfil flambado** associado para o modo fundamental. A tensão crítica (σ_{cr}) e a **razão de esbeltez** (L/r) serão definidas e os efeitos de grandes deflexões, imperfeições da coluna, comportamento inelástico e perfis ótimos de colunas serão explicados. Cargas críticas e perfis de modos de flambagem serão então calculados para **três casos adicionais de suporte de colunas** – engastado-livre, engastado-engastado e engastado-pinado (Seção 9.4) – e o conceito de **comprimento efetivo** (L_e) será introduzido.

O Capítulo 9 está organizado da seguinte forma:

9.1 Introdução 464
9.2 Flambagem e estabilidade 464
9.3 Colunas com extremidades apoiadas por pinos 471
9.4 Colunas com outras condições de apoio 480
Resumo e revisão do capítulo 489
Problemas 490

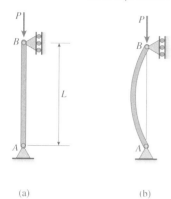

Figura 9.1

Flambagem de uma coluna devida a um carregamento axial de compressão P

9.1 Introdução

Estruturas que sustentam carregamentos podem falhar de várias formas, dependendo do tipo da estrutura, das condições de apoio, dos tipos de carregamentos e dos materiais usados. Por exemplo, um eixo de um veículo pode fraturar repentinamente devido a ciclos repetidos de carregamento, ou uma viga pode defletir excessivamente, de forma que a estrutura fique impossibilitada de realizar suas funções projetadas. Esses tipos de falhas são prevenidos dimensionando-se as estruturas de forma que tensões e deslocamentos máximos permaneçam dentro dos limites toleráveis. Dessa forma, a **resistência** e a **rigidez** são fatores importantes no dimensionamento, como discutido ao longo dos capítulos anteriores.

Outro tipo de falha é a **flambagem**, que é o assunto deste capítulo. Iremos considerar especificamente a flambagem de **colunas**, que são membros longos e esbeltos carregados axialmente em compressão (Figura 9.1a). Se um membro em compressão for relativamente esbelto, ele pode defletir lateralmente e falhar por flexão (Figura 9.1b), em vez de falhar pela compressão direta do material. Você pode demonstrar esse comportamento comprimindo uma régua de plástico ou qualquer outro objeto esbelto. Quando ocorre flexão lateral, dizemos que a coluna *flambou*. Sob um carregamento axial crescente, as deflexões laterais também aumentarão e, por fim, a coluna cederá completamente.

O fenômeno de flambagem não está limitado a colunas. A flambagem pode ocorrer em vários tipos de estruturas e pode tomar muitas formas. Quando você pisa no topo de uma lata de alumínio vazia, as paredes finas e cilíndricas flambam sob seu peso e podem romper. Quando uma grande ponte rompeu alguns anos atrás, investigadores descobriram que a falha foi causada pela flambagem de uma placa de aço fina que dobrou sob tensões de compressão. A flambagem é uma das maiores causas de falhas em estruturas e, por isso, a possibilidade de flambagem deve sempre ser considerada no dimensionamento.

9.2 Flambagem e estabilidade

Para ilustrar os conceitos fundamentais de flambagem e estabilidade, analisaremos a **estrutura idealizada**, ou **modelo de flambagem**, ilustrada na Figura 9.2a. Essa estrutura hipotética consiste em duas barras rígidas AB e BC, com comprimento $L/2$ cada. Elas são unidas em B por um pino e mantidas na posição vertical por uma mola rotacional tendo rigidez β_R.*

Essa estrutura idealizada é análoga à coluna da Figura 9.1a, porque ambas têm apoios simples nas extremidades e são comprimidas por um carregamento axial P. No entanto, a elasticidade da estrutura idealizada está "concentrada" na mola rotacional, ao passo que uma coluna real pode fletir ao longo de todo o seu comprimento (Figura 9.1b).

Na estrutura idealizada, as duas barras estão perfeitamente alinhadas e o carregamento axial P tem sua linha de ação ao longo do eixo longitudinal (Figura 9.2a). Consequentemente, a mola está relaxada e as barras estão em compressão direta.

Agora suponha que a estrutura seja perturbada por alguma força externa que faz o ponto B mover-se lateralmente por uma pequena distância (Figura 9.2b). As barras rígidas giram em pequenos ângulos θ e um momento é desenvolvido na mola. A direção desse momento é de tal forma que tende a retornar a estrutura para sua posição reta original, e por isso ele é chamado de **momento restaurador**. Ao mesmo tempo, entretanto, a tendência da força de compressão

---

*A relação geral para uma mola rotacional é $M = \beta_R \theta_r$, em que M é o momento agindo na mola, β_R é a rigidez rotacional e θ_r é o ângulo através do qual a mola gira. Assim, a rigidez rotacional é dada em unidades de momento pelo ângulo, como lb-pol./rad ou N·m/rad. A relação análoga para uma mola de translação é $F = \beta \delta$, em que F é a força agindo na mola, β é a rigidez de translação da mola (ou constante da mola) e δ é a variação no comprimento da mola. Dessa forma, a rigidez de translação tem unidades de força dividida por comprimento, como lb/pol. ou N/m.

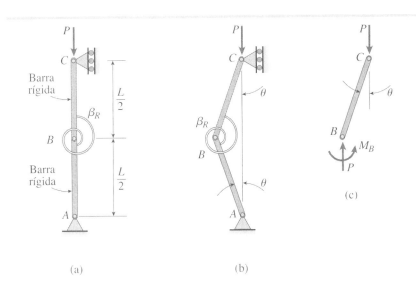

Figura 9.2

Flambagem de uma estrutura idealizada formada por duas barras rígidas e uma mola rotacional

axial é de aumentar o deslocamento lateral. Assim, essas duas ações têm efeitos opostos – o momento restaurador tende a *diminuir* o deslocamento e a força axial tende a *aumentá-lo*.

Agora considere o que ocorre quando a força perturbadora é removida. Se a força axial P for relativamente pequena, a ação do momento restaurador predominará sobre a ação da força axial e a estrutura retornará à sua posição reta inicial. Nessas condições, a estrutura é chamada de **estável**. No entanto, se a força axial P for grande, o deslocamento lateral do ponto B aumentará e as barras girarão em ângulos cada vez maiores até que a estrutura colapse. Nessas condições, a estrutura é chamada de **instável** e falha por flambagem lateral.

Carregamento crítico

A transição entre as condições estável e instável ocorre em um valor especial da força axial conhecido como **carregamento crítico** (denotado pelo símbolo P_{cr}). Podemos determinar o carregamento crítico considerando a estrutura na posição perturbada (Figura 9.2b) e investigando seu equilíbrio.

Primeiramente, consideramos toda a estrutura como um corpo livre e somamos os momentos em relação ao suporte A. Esse passo leva à conclusão de que não há reação horizontal no apoio C. Em seguida, consideramos a barra BC como um corpo livre (Figura 9.2c) e notamos que ela está submetida à ação das forças axiais P e do momento M_B na mola. O momento M_B é igual à rigidez rotacional β_R multiplicado pelo ângulo de 2θ rotação da mola; dessa forma,

$$M_B = 2\beta_R \theta \quad (9.1a)$$

Uma vez que o ângulo θ é uma quantidade pequena, o deslocamento lateral do ponto B é $\theta L/2$. Por isso, obtemos a seguinte equação de equilíbrio somando momentos em relação ao ponto B para a barra BC (Figura 9.2c):

$$M_B - P\left(\frac{\theta L}{2}\right) = 0 \quad (9.1b)$$

ou, substituindo da Equação (9.1a),

$$\left(2\beta_R - \frac{PL}{2}\right)\theta = 0 \quad (9.2)$$

Uma solução dessa equação é $\theta = 0$, que é uma solução trivial e apenas significa que a estrutura está em equilíbrio quando está perfeitamente reta, independentemente da intensidade da força P.

Uma segunda solução é obtida fazendo o termo entre parênteses igual a zero e resolvendo para o carregamento P, que é o carregamento crítico:

$$P_{cr} = \frac{4\beta_R}{L} \quad (9.3)$$

Neste valor crítico do carregamento, a estrutura está em equilíbrio independentemente do tamanho do ângulo θ (desde que o ângulo permaneça pequeno, porque fizemos essa suposição ao deduzir a Equação 9.1b).

Da análise anterior vemos que o carregamento crítico é o *único* para o qual a estrutura estará em equilíbrio na posição perturbada. Neste valor de carregamento, o efeito restaurador do momento na mola apenas se iguala ao efeito de flambagem do carregamento axial. Por isso, o carregamento crítico representa a fronteira entre as condições estável e instável.

Se o carregamento axial for menor que P_{cr}, o efeito do momento na mola predomina e a estrutura retorna à posição vertical após um distúrbio leve; se o carregamento axial for maior que P_{cr}, o efeito da força axial predomina e a estrutura flamba:

Se $P < P_{cr}$, a estrutura é estável
Se $P > P_{cr}$, a estrutura é instável

Da Equação (9.3), vemos que a estabilidade da estrutura é ampliada *pelo aumento de sua rigidez* ou *pela diminuição de seu comprimento*. Posteriormente neste capítulo, quando determinarmos carregamentos críticos para vários tipos de colunas, veremos que se aplicam essas mesmas observações.

Resumo

Vamos resumir o comportamento da estrutura idealizada (Figura 9.2a) à medida que o carregamento axial P aumenta de zero até um valor grande.

Quando o carregamento axial é menor que o carregamento crítico ($0 < P < P_{cr}$), a estrutura está em equilíbrio quando é perfeitamente reta. Como o equilíbrio é *estável*, a estrutura retorna à sua posição inicial após ser perturbada. Portanto, a estrutura está em equilíbrio *apenas* quando é perfeitamente reta ($\theta = 0$).

Quando o carregamento axial é maior que o carregamento crítico ($P > P_{cr}$), a estrutura ainda está em equilíbrio quando $\theta = 0$) (porque ela está em compressão direta e não há momento na mola), mas o equilíbrio é **instável** e não pode ser mantido. O menor distúrbio fará a estrutura flambar.

No carregamento crítico ($P = P_{cr}$), a estrutura está em equilíbrio mesmo quando o ponto B é deslocado lateralmente por uma pequena distância. Em outras palavras, a estrutura está em equilíbrio para *qualquer* ângulo pequeno θ, incluindo $\theta = 0$. No entanto, a estrutura não é nem estável nem instável – ela está na fronteira entre estabilidade e instabilidade. Essa condição é chamada de **equilíbrio neutro**.

As três condições de equilíbrio para a estrutura idealizada são mostradas no gráfico do carregamento axial P pelo ângulo de rotação θ (Figura 9.3). As duas linhas grossas, uma vertical e uma horizontal, representam as condições de equilíbrio. O ponto B, em que o diagrama de equilíbrio se ramifica, é chamado de *ponto de bifurcação*.

A linha horizontal para equilíbrio neutro estende-se para a esquerda e direita do eixo vertical, porque o ângulo θ pode ser horário ou anti-horário. A linha estende-se apenas por uma pequena distância, entretanto, porque nossa análise baseia-se na suposição de que θ seja um ângulo pequeno (essa suposição é bastante válida, porque θ é, de fato, pequeno quando a estrutura acaba de sair de sua posição vertical. Se a flambagem continuar e θ ficar grande, a chamada linha de "equilíbrio neutro" curva-se para cima, como ilustrado mais adiante na Figura 9.12).

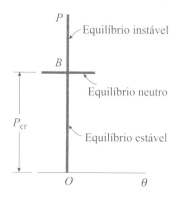

Figura 9.3
Diagrama de equilíbrio para flambagem de uma estrutura idealizada

As três condições de equilíbrio representadas pelo diagrama da Figura 9.3 são análogas àquelas de uma bola colocada sobre uma superfície lisa (Figura 9.4). Se a superfície for côncava, como o interior de um prato, o equilíbrio é estável e a bola sempre retorna para o ponto mais baixo quando perturbada. Se a superfície for convexa, como uma cúpula, a bola pode teoricamente estar em equilíbrio no topo da superfície, mas o equilíbrio é instável e, na realidade,

Figura 9.4

Bola em equilíbrio estável, instável e neutro

a bola sempre rola. Se a superfície for perfeitamente plana, a bola está em equilíbrio neutro e permanece onde for colocada.

Como veremos na próxima seção, o comportamento de uma coluna ideal elástica é análogo àquele do modelo de flambagem ilustrado na Figura 9.2. Além disso, muitos outros tipos de sistemas mecânicos e estruturais ajustam-se a este modelo.

• • • Exemplo 9.1

Duas colunas idealizadas são mostradas na Figura 9.5. Ambas as colunas são inicialmente retas e verticais. A primeira coluna (Estrutura 1, Figura 9.5a) constituída por uma única barra rígida *ABCD* que é fixada em *D* e apoiada lateralmente em *B* por uma mola com rigidez translacional β. A segunda coluna (Estrutura 2, Figura 9.5b) é composta por barras rígidas *ABC* e *CD*, que estão unidas em *C* por uma conexão elástica com rigidez rotacional $\beta_R = (2/5)\beta L^2$. A estrutura 2 está fixa em *D* e tem um suporte de roletes em *B*. Encontre uma expressão para a carga crítica P_{cr} para cada coluna.

Solução

Estrutura 1. Começamos por considerar o equilíbrio da estrutura 1 em uma posição alterada causada por alguma carga externa e definida pelo ângulo de pequena rotação θ_D (Figura 9.5a). Somando momentos em relação a *D*, obtemos a seguinte equação de equilíbrio:

$$\Sigma M_D = 0 \qquad P\Delta_A = H_B\left(\frac{3L}{2}\right) \qquad \text{(a)}$$

onde

$$\Delta_A = \theta_D\left(L + 2\frac{L}{2}\right) = \theta_D(2L) \qquad \text{(b)}$$

e

$$H_B = \beta\Delta_B = \beta\left[\theta_D\left(\frac{3L}{2}\right)\right] \qquad \text{(c)}$$

Uma vez que o ângulo θ_D é pequeno, o deslocamento lateral Δ_A é obtido usando a Equação (b). A força H_B na mola de translação em *B* é o produto da constante β da mola e o pequeno deslocamento horizontal Δ_B. Substituindo a expressão para Δ_A da Equação (b) e a expressão para H_B a partir da Equação (c) na Equação (a) e resolvendo para *P*, descobrimos que a carga crítica P_{cr} para a Estrutura 1 é:

$$P_{cr} = \frac{H_B}{\Delta_A}\left(\frac{3L}{2}\right) = \frac{\beta\theta_D\left(\frac{3L}{2}\right)}{\theta_D(2L)}\left(\frac{3L}{2}\right) = \frac{9}{8}\beta L \qquad \longleftarrow \text{(d)}$$

O formato flambado característico da Estrutura 1, é a posição alterada mostrada na Figura 9.5a.

Estrutura 2. A mola de translação em *B* é agora substituída por um suporte de roletes, e a estrutura é montada usando duas barras rígidas (*ABC* e *CD*), unidas por uma mola rotacional tendo uma rigidez β_R. Se somarmos

Figura 9.5

Exemplo 9.1: Posições flambadas de duas estruturas idealizadas, (a) uma suportada lateralmente por uma mola de translação e (b) a outra suportada por uma conexão elástica rotacional

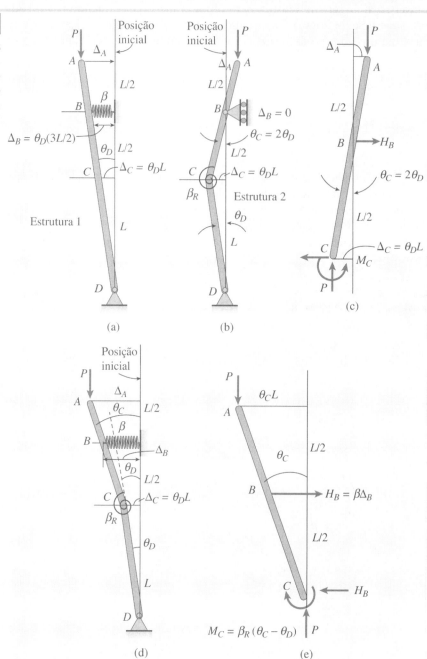

os momentos em relação a *D* com a estrutura *intacta*, concluímos que a reação horizontal H_B é zero. Em seguida, vamos considerar o equilíbrio da estrutura 2 em uma condição alterada, mais uma vez definido por um ângulo de pequena rotação θ_D (Figura 9.5b). Usando um diagrama de corpo livre da barra superior *ABC* (Figura 9.5c) e notando que o momento M_C é igual à rigidez rotacional β_R vezes a rotação relativa total da mola, temos:

$$M_C = \beta_R(\theta_C + \theta_D) = \beta_R(2\theta_D + \theta_D) = \beta_R(3\theta_D) \quad \text{(e)}$$

Vemos que o equilíbrio da barra *ABC* precisa que:

$$\Sigma M_C = 0 \qquad M_C - P(\Delta_A + \Delta_C) = 0 \quad \text{(f)}$$

Substituindo expressões para M_C, Δ_A, e Δ_C na Equação (f), obtemos:

Exemplo 9.1 Continuação

$$P_{cr} = \frac{M_C}{\Delta_A + \Delta_C} = \frac{\beta_R(3\theta_D)}{\theta_C\left(\frac{L}{2}\right) + \theta_D(L)} = \frac{\beta_R(3\theta_D)}{\theta_D(2L)}$$

Assim, a carga crítica P_{cr} para a estrutura 2 é:

$$P_{cr} = \frac{3\beta_R}{2L} \quad \text{ou} \quad P_{cr} = \frac{3}{2L}\left(\frac{2}{5}\beta L^2\right) = \frac{3}{5}\beta L \qquad \longleftarrow \text{(g)}$$

O formato flambado característico da Estrutura 2 é a posição alterada mostrada na Figura 9.5b.

Modelo e análise combinada. Nós podemos criar um modelo mais avançado ou estrutura complexa, combinando as características da estrutura 1 e 2 em uma única estrutura, como mostrado na Figura 9.5d. Esta estrutura idealizada é mostrada na sua posição alterada e agora tem tanto a mola translacional β em *B* como a conexão elástica rotacional β_R na articulação *C* onde as barras rígidas *ABC* e *CD* são unidas. Note que os dois ângulos de rotação, θ_C e θ_D, são agora obrigados a descrever de forma única, qualquer posição arbitrária da estrutura alterada (como alternativa, poderíamos usar translações Δ_B e Δ_C, por exemplo, em vez de θ_C e θ_D). Vamos nos referir à posição dos ângulos θ_C e θ_D como graus de liberdade. Assim, a estrutura combinada tem dois graus de liberdade e, portanto, tem dois possíveis formatos flambados característicos e duas cargas críticas diferentes, cada uma das quais causa a característica de flambagem associada. Em contraste, vemos agora que as estruturas 1 e 2 são estruturas com o grau único de liberdade, porque só é necessário θ_D (ou, alternativamente, Δ_C) para definir o formato flambado de cada estrutura representada nas Figuras. 9.5a e b.

Podemos observar que, se a mola rotacional β_R se torna infinitamente rígida na estrutura combinada (Figura 9.5d) (mas β permanece finito), o modelo combinado dos dois graus de liberdade (2DOF) se reduz ao modelo de um grau de liberdade (SDOF) da Figura 9.5a. Da mesma forma, se a mola translacional β se torna infinitamente rígida na Figura 9.5d (enquanto β_R permanece finito), o suporte elástico em *B* torna-se um suporte de rolete. Concluímos que as soluções de P_{cr} para as estruturas 1 e 2 nas Equações (d) e (g) são simplesmente duas soluções de caso-especial do modelo geral combinado na Figura 9.5d.

Nosso objetivo agora é encontrar uma solução geral para o modelo 2DOF na Figura 9.5d e, em seguida, para mostrar que as soluções de P_{cr} para as Estruturas 1 e 2 podem ser obtidas a partir desta solução geral.

Primeiro, consideremos o equilíbrio de todo o modelo 2DOF na posição alterada mostrada na Figura 9.5d. Somando momentos sobre *D*, temos:

$$\Sigma M_D = 0 \qquad P\Delta_A - H_B\left(\frac{3L}{2}\right) = 0$$

onde

$$\Delta_A = (\theta_C + \theta_D)L$$

e

$$H_B = \beta\Delta_B = \beta\left(\theta_C\frac{L}{2} + \theta_D L\right)$$

Combinando estas expressões, obtemos a seguinte equação em termos dos dois ângulos de posição desconhecidos (θ_C e θ_D) como:

$$\theta_C\left(P - \frac{3}{4}\beta L\right) + \theta_D\left(P - \frac{3}{2}\beta L\right) = 0 \qquad \text{(h)}$$

Podemos obter uma segunda equação que descreve o equilíbrio da estrutura alterada a partir do diagrama de corpo livre da barra *ABC* sozinha

··· Exemplo 9.1 *Continuação*

(Figura 9.5e). O momento em *C* é igual à rigidez da mola rotacional β_R vezes a rotação relativa em *C* e a força da mola H_B é igual à constante β da mola vezes o deslocamento de translação total em *B*:

$$M_C = \beta_R(\theta_C - \theta_D) \quad \text{(i)}$$

e

$$H_B = \beta\Delta_B = \beta\left(\theta_C \frac{L}{2} + \theta_D L\right) \quad \text{(j)}$$

Somando momentos em relação a *C* na Figura 9.5e, ficamos com a segunda equação de equilíbrio para o modelo combinado como:

$$\Sigma M_C = 0 \qquad P(\theta_C L) - M_C - H_B \frac{L}{2} = 0 \quad \text{(k)}$$

Inserindo expressões para M_C usando Equação (i) e H_B usando a Equação (j) na Equação (k) e simplificando dá:

$$\theta_C\left(P - \frac{1}{4}\beta L - \frac{\beta_R}{L}\right) + \theta_D\left(\frac{\beta_R}{L} - \frac{1}{2}\beta L\right) = 0 \quad \text{(l)}$$

Agora temos duas equações algébricas nas Equações (h) e (l) e duas incógnitas (θ_C, θ_D). Estas equações podem ter soluções diferentes de zero (isto é, não trivial) somente se o determinante dos coeficientes de θ_C e θ_D é igual a zero. Substituindo a expressão assumida para β_R ($2/5\beta L^2$) e, em seguida, avaliando o determinante produz a seguinte equação característica para o sistema:

$$P^2 - \left(\frac{41}{20}\beta L\right)P + \frac{9}{10}(\beta L)^2 = 0 \quad \text{(m)}$$

Resolvendo a Equação (m) usando a fórmula quadrática resulta em dois valores possíveis da carga crítica:

$$P_{cr1} = \beta L\left(\frac{41 - \sqrt{241}}{40}\right) = 0{,}637\beta L$$

$$P_{cr2} = \beta L\left(\frac{41 + \sqrt{241}}{40}\right) = 1{,}413\beta L$$

Estes são os valores próprios ou, autovalores, do sistema combinado 2DOF. Normalmente, o valor mais baixo da carga crítica é o de mais interesse, porque a estrutura flambará em primeiro lugar neste valor mais baixo. Se substituirmos P_{cr1} e P_{cr2} volta nas Equações (h) e (l), podemos encontrar o formato flambado característico (ou seja, auto vetor) associado com cada carga crítica.

Aplicação do modelo combinado de Estruturas 1 e 2. Se a rigidez da mola de rotacional β_R vai para o infinito enquanto a rigidez da mola translacional β permanece finita, o modelo combinado (Figura 9.5d) se reduz à Estrutura 1 porque a rotação dos ângulos θ_C e θ_D são iguais, como mostrado na Figura 9.5a. Igualando θ_C e θ_D na Equação (h) e resolvendo para *P* resulta em $P_{cr} = (9/8)\beta L$, que é a carga crítica para a Estrutura 1 [ver Equação (d)].

Se a rigidez da mola rotacional β_R permanece finita, enquanto a rigidez da mola translacional β vai para o infinito, o modelo combinado (Figura 9.5d) se reduz à Estrutura 2. A mola de translação torna-se um suporte de roletes, assim $\Delta_B = 0$, enquanto que o ângulo de rotação $\theta_C = -2\theta_D$ (ou seja, θ_C no sentido horário, de modo negativo, como mostrado na Figura 9.5b). Inserindo $\theta_C = -2\theta_D$ na Equação (l) dá a carga crítica para a Estrutura 2 [ver Equação (g)].

9.3 Colunas com extremidades apoiadas por pinos

Começamos nossa investigação do comportamento da estabilidade de colunas analisando uma coluna esbelta com extremidades apoiadas por pinos (Figura 9.6a). A coluna é carregada por uma força vertical P que é aplicada através do centroide da seção transversal da extremidade. A coluna é perfeitamente reta e feita de um material elástico linear que segue a lei de Hooke. Uma vez que assumimos que a coluna não tem imperfeições, ela é chamada de **coluna ideal**.

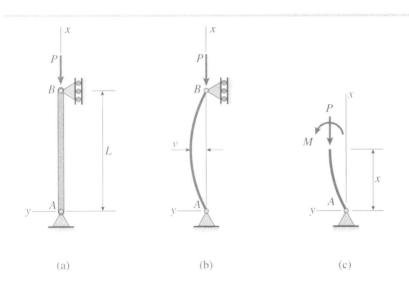

Figura 9.6

Coluna com extremidades apoiadas por pinos: (a) coluna ideal, (b) modo de flambagem e (c) força axial P e momento fletor M agindo na seção transversal

Para fins de análise, construímos um sistema de coordenadas com sua origem no apoio A e com o eixo x ao longo do eixo longitudinal da coluna. O eixo y é direcionado para a esquerda na figura, e o eixo z (não ilustrado) sai do plano da figura em direção ao leitor. Assumimos que o plano xy é um plano de simetria da coluna e que qualquer flexão ocorre nesse plano (Figura 9.6b). O eixo de coordenadas é idêntico àquele usado em nossas discussões anteriores de vigas, como pode ser visto girando-se a coluna em um ângulo de 90°.

Quando o carregamento axial P possui um valor pequeno, a coluna permanece perfeitamente reta e sofre compressão axial direta. As únicas tensões são as de compressão uniformes obtidas a partir da equação $\sigma = P/A$. A coluna está em **equilíbrio estável**, o que significa que ela retorna à posição reta após uma perturbação. Por exemplo, se aplicarmos um pequeno carregamento lateral e fizermos a coluna fletir, a deflexão desaparecerá e a coluna retornará à sua posição inicial quando o carregamento lateral for removido.

À medida que o carregamento axial P é gradualmente aumentado, atingimos uma condição de **equilíbrio neutro** em que a coluna pode ter uma forma fletida. O valor correspondente do carregamento é o **carregamento crítico** P_{cr}. Nesse carregamento, a coluna pode sofrer pequenas deflexões laterais sem variação na força axial. Por exemplo, um pequeno carregamento lateral produzirá um perfil flexionado que não desaparece quando o carregamento é removido. Dessa forma, o carregamento crítico pode manter a coluna em equilíbrio *ou* na posição retilínea *ou* em uma posição levemente flexionada.

Em valores mais altos de carregamento, a coluna é **instável** e pode romper por flambagem, isto é, por flexão excessiva. Para o caso ideal que estamos discutindo, a coluna estará em equilíbrio na posição retilínea mesmo quando a força axial P for maior que o carregamento crítico. Entretanto, uma vez que o equilíbrio é instável, o menor distúrbio imaginável fará com que a coluna sofra deflexão para um dos lados. Uma vez que isso ocorra, as deflexões aumentarão imediatamente e a coluna falhará por flambagem. O comportamento é similar àquele descrito na seção anterior para o modelo de flambagem idealizado (Figura 9.2).

O comportamento de uma coluna ideal comprimida por um carregamento axial P (Figuras 9.6a e b) pode ser resumido da seguinte maneira:

Se $P < P_{cr}$, a coluna está em equilíbrio estável na posição reta.
Se $P = P_{cr}$, a coluna está em equilíbrio neutro tanto na posição retilínea quanto na posição levemente flexionada.
Se $P > P_{cr}$, a coluna está em equilíbrio instável na posição retilínea e flambará sob a menor perturbação.

Naturalmente, uma coluna real não se comporta dessa maneira idealizada, porque imperfeições estão sempre presentes. Por exemplo, a coluna não é *perfeitamente* reta e o carregamento não está *exatamente* no centroide. Todavia, começaremos estudando colunas ideais porque elas fornecem conceitos importantes para a compreensão do comportamento de colunas reais.

Equação diferencial para flambagem de coluna

Para determinar os carregamentos críticos correspondentes às formas defletidas para uma coluna real apoiada por pinos (Figura 9.6a), usamos uma das equações diferenciais da curva de deflexão de uma viga (veja as Equações 9.6a, b e c na Seção 9.2). Essas equações são aplicáveis a uma coluna flambada porque a coluna flete como se fosse uma viga (Figura 9.6b).

Embora ambas as equações diferenciais de quarta ordem (a equação de carregamento) e de terceira ordem (equação da força de cisalhamento) sejam adequadas para analisar colunas, usaremos a equação de segunda ordem (a equação de momento fletor) porque sua solução geral é normalmente a mais simples. A **equação de momento fletor** (Equação 9.16a) é:

$$EIv'' = M \qquad (9.4)$$

em que M é o momento fletor em qualquer seção transversal, v é a deflexão lateral na direção y e EI é a rigidez de flexão para flexão no plano xy.

O momento fletor M a uma distância x a partir da extremidade A da coluna flambada é ilustrado agindo na sua direção positiva na Figura 9.6c. Note que a convenção de sinal de momento fletor é a mesma que a usada em capítulos anteriores, isto é, momento fletor positivo produz curvatura positiva (veja as Figuras 7.3 e 7.4).

A força axial P agindo na seção transversal também é mostrada na Figura 9.5c. Uma vez que não há forças horizontais agindo nos apoios, não há forças de cisalhamento na coluna. Por isso, do equilíbrio de momentos em relação a A, obtemos:

$$M + Pv = 0 \quad \text{ou} \quad M = -Pv \qquad (9.5)$$

em que v é a deflexão na seção transversal.

Essa mesma expressão para o momento fletor é obtida se assumirmos que a coluna flamba para a direita em vez de para a esquerda (Figura 9.7a). Quando a coluna deflete para a direita, a deflexão propriamente dita é $-v$, mas o momento da força axial sobre o ponto A também muda de sinal. Dessa forma, a equação de equilíbrio para os momentos em relação ao ponto A (veja a Figura 9.7b) é

$$M - P(-v) = 0$$

que fornece a mesma expressão para o momento fletor M como antes.

A **equação diferencial da curva de deflexão** (Equação 9.4) agora se torna

$$EIv'' + Pv = 0 \qquad (9.6)$$

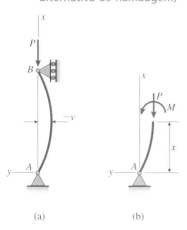

Figura 9.7

Coluna com extremidades apoiadas por pinos (direção alternativa de flambagem)

(a)   (b)

Resolvendo essa equação, que é uma *equação diferencial linear homogênea de segunda ordem com coeficientes constantes*, podemos determinar a magnitude do carregamento crítico e o perfil defletido da coluna flambada.

Note que estamos analisando a flambagem de colunas resolvendo a mesma equação diferencial básica que resolvemos nos Capítulos 7 e 8 ao encontrar deflexões em vigas. Entretanto, há uma diferença fundamental nos dois tipos de análises. No caso de deflexões em vigas, o momento fletor M aparecendo na Equação (9.4) é uma função dos carregamentos apenas – ele não depende das deflexões da viga. No caso da flambagem, o momento fletor é uma função das próprias deflexões (Equação 9.5).

Dessa forma, agora encontramos um novo aspecto da análise de flexão. Em nosso trabalho anterior, o perfil defletido da estrutura não foi considerado, e as equações de equilíbrio foram baseadas na geometria da estrutura *não deformada*. Agora, no entanto, a geometria da estrutura *deformada* é levada em conta ao se escrever as equações de equilíbrio.

Solução da equação diferencial

Por conveniência, ao escrever a solução geral da equação diferencial (Equação 9.6), introduzimos a notação:

$$k^2 = \frac{P}{EI} \quad \text{ou} \quad k = \sqrt{\frac{P}{EI}} \tag{9.7a,b}$$

em que k é sempre tomado como uma quantidade positiva. Note que k tem unidades de recíproco comprimento, e por isso quantidades como kx e kL são adimensionais.

Usando essa notação, podemos reescrever a Equação (9.6) na forma:

$$v'' + k^2 v = 0 \tag{9.8}$$

Pela matemática, sabemos que a **solução geral** dessa equação é:

$$v = C_1 \operatorname{sen} kx + C_2 \cos kx \tag{9.9}$$

em que C_1 e C_2 são constantes de integração (a serem calculadas a partir das condições de contorno, ou condições de extremidade, da coluna). Note que o número de constantes arbitrárias na solução (duas nesse caso) está de acordo com a ordem da equação diferencial. Note também que podemos verificar a solução substituindo a expressão por v (Equação 9.9) na equação diferencial (Equação 9.8) e reduzindo-a a uma identidade.

Para calcular as **constantes de integração** que aparecem na solução (Equação 9.9), usamos as condições de contorno nas extremidades da coluna; isto é, a deflexão é zero quando $x = 0$ e $x = L$ (veja a Figura 9.5b):

$$v(0) = 0 \quad \text{e} \quad v(L) = 0 \tag{9.10a,b}$$

A primeira condição fornece $C_2 = 0$, e por isso:

$$v = C_1 \operatorname{sen} kx \tag{9.10c}$$

A segunda condição fornece:

$$C_1 \operatorname{sen} kL = 0 \tag{9.10d}$$

Dessa equação concluímos que ou $C_1 = 0$ ou sen $kL = 0$. Vamos considerar ambas as possibilidades:

Caso 1. Se a constante C_1 for igual a zero, a deflexão v também será zero (veja a Equação 9.10c), e por isso a coluna permanece reta. Além disso, notamos que quando C_1 for igual a zero, a Equação (9.10d) estará satisfeita para

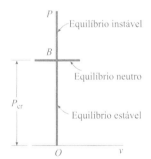

Figura 9.8

Diagrama de carregamento-deflexão para uma coluna ideal, elástica linear *qualquer* valor da quantidade kL. Consequentemente, o carregamento axial P pode também ter qualquer valor (veja a Equação 9.7b). Essa solução da equação diferencial (conhecida em matemática como a *solução trivial*) é representada pelo eixo vertical do diagrama de carregamento-deflexão (Figura 9.8). Ele fornece o comportamento de uma coluna ideal em equilíbrio (estável ou instável) na posição retilínea (sem deflexão) sob a ação do carregamento de compressão P.

Caso 2. A segunda possibilidade para satisfazer a Equação (9.10d) é dada pela equação a seguir, conhecida como **equação de flambagem**:

$$\operatorname{sen} kL = 0 \tag{9.11}$$

Essa equação é satisfeita quando $kL = 0, \pi, 2\pi, \ldots$. No entanto, uma vez que $kL = 0$ significa que $P = 0$, essa solução não é de interesse. Por isso, as soluções que iremos considerar são:

$$kL = n\pi \qquad n = 1, 2, 3, \ldots \tag{9.12}$$

ou (veja a Equação 9.6a):

$$P = \frac{n^2 \pi^2 EI}{L^2} \qquad n = 1, 2, 3, \ldots \tag{9.13}$$

Essa fórmula fornece os valores de P que satisfazem a equação de flambagem e fornece soluções (outras que não a solução trivial) para a equação diferencial.

A equação da **curva de deflexão** (das Equações 9.10c e 9.12) é

$$v = C_1 \operatorname{sen} kx = C_1 \operatorname{sen} \frac{n\pi x}{L} \qquad n = 1, 2, 3, \ldots \tag{9.14}$$

Apenas quando P tem um dos valores dados pela Equação (9.13) é teoricamente possível que a coluna tenha uma forma flexionada (dada pela Equação 9.14). Para todos os outros valores de P, a coluna está em equilíbrio apenas se permanecer reta. Por isso, os valores de P dados pela Equação (9.13) são os **carregamentos críticos** para essa coluna.

Carregamentos críticos

O menor carregamento crítico para uma coluna com extremidades apoiadas por pinos (Figura 9.9a) é obtido quando $n = 1$:

$$P_{\text{cr}} = \frac{\pi^2 EI}{L^2} \tag{9.15}$$

O modo de flambagem correspondente (algumas vezes chamada de *forma modal*) é:

$$v = C_1 \operatorname{sen} \frac{\pi x}{L} \tag{9.16}$$

como ilustra a Figura 9.9b. A constante C_1 representa a deflexão no ponto médio da coluna e pode ter qualquer valor pequeno, tanto positivo quanto negativo. Por isso, a parte do diagrama de carregamento-deflexão correspondendo a P_{cr} é uma linha reta horizontal (Figura 9.8). Dessa forma, a deflexão no carregamento crítico é *indefinida*, embora deva permanecer pequena para que nossas equações sejam válidas. Acima do ponto de bifurcação B, o equilíbrio é instável, e abaixo do ponto B, é estável.

A flambagem de uma coluna apoiada por pinos no primeiro modo é chamada de **caso fundamental** de flambagem de coluna.

O tipo de flambagem descrito nesta seção é chamado de **flambagem de Euler**, e o carregamento crítico para uma coluna elástica ideal é com frequência chamado de **carregamento de Euler**. O famoso Leonhard Euler (1707–1783), geralmente reconhecido como o maior matemático de todos os tempos, foi a primeira

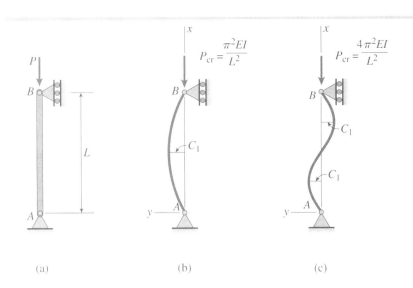

Figura 9.9

Modos de flambagem para uma coluna ideal com extremidades apoiadas por pinos: (a) inicialmente coluna reta, (b) modo de flambagem para $n = 1$ e (c) modo de flambagem para $n = 2$

pessoa a investigar a flambagem de uma coluna esbelta e determinar seu carregamento crítico (Euler publicou seus resultados em 1744).

Tomando-se valores maiores do índice n nas Equações (9.13) e (9.14), obtemos um número infinito de carregamentos críticos e formas modais correspondentes. A forma modal para $n = 2$ apresenta duas meias-ondas, como ilustrado na Figura 9.9c. O carregamento crítico correspondente é quatro vezes maior que o carregamento crítico para o caso fundamental. As intensidades dos carregamentos críticos são proporcionais ao quadrado de n, e o número de meias-ondas no modo de flambagem é igual a n.

Modos de flambagem para os **modos mais altos** frequentemente não são de utilidade prática porque a coluna flamba quando o carregamento axial P atinge seu menor valor crítico. A única forma de obter modos de flambagem mais altos que o primeiro é fornecendo apoio lateral da coluna em pontos intermediários, como no ponto médio da coluna mostrado na Figura 9.9 (veja o Exemplo 9.2 no final desta seção).

Comentários gerais

Da Equação (9.15), vemos que o carregamento crítico de uma coluna é proporcional à rigidez de flexão EI e inversamente proporcional ao quadrado do comprimento. De particular interesse é o fato de que a resistência do material, representada por uma quantidade, como a tensão limite de proporcionalidade ou a tensão de escoamento, não aparece na equação para o carregamento crítico. Por isso, aumentar uma propriedade de resistência não aumenta o carregamento crítico de uma coluna esbelta. Ele pode ser aumentado apenas aumentando a rigidez de flexão, reduzindo o comprimento ou fornecendo apoio lateral adicional.

A *rigidez de flexão* pode ser aumentada usando um material "mais rígido" (isto é, um material com maior módulo de elasticidade E) ou distribuindo o material de maneira a aumentar o momento de inércia I da seção transversal, da mesma forma que uma viga pode se tornar mais rígida aumentando o momento de inércia. O momento de inércia é ampliado distribuindo o material mais distante do centroide da seção transversal. Dessa forma, um membro tubular vazado é geralmente mais econômico para ser usado como uma coluna do que um membro sólido tendo a mesma área de seção transversal.

Reduzir a *espessura* de um membro tubular e ampliar suas dimensões laterais (enquanto se mantém a área de seção transversal constante) também aumenta o carregamento crítico, porque o momento de inércia é ampliado. Esse processo tem um limite prático, no entanto, porque em dado ponto a própria parede ficará instável. Quando isso ocorre, surge flambagem localizada em forma de pequenas ondulações ou rugas nas paredes da coluna. Dessa forma,

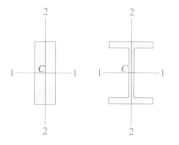

Figura 9.10

Seções transversais de colunas mostrando eixos centroidais principais com $I_1 > I_2$

devemos distinguir entre *flambagem total* de uma coluna, que será discutida neste capítulo, e a *flambagem local* de suas partes. Esta última exige investigações mais detalhadas e está além do escopo deste livro.

Na análise anterior (veja a Figura 9.9), assumimos que o plano xy era um plano de simetria da coluna e que a flambagem ocorria nesse plano. A última suposição será satisfeita se a coluna tiver apoios laterais perpendiculares ao plano da figura, de forma que a coluna esteja restrita para flambar no plano xy. Se a coluna estiver apoiada apenas em suas extremidades e estiver livre para flambar em *qualquer* direção, então a flexão ocorrerá sobre o eixo centroidal principal tendo menor momento de inércia.

Por exemplo, considere a seção transversal retangular e de flanges largos mostrada na Figura 9.10. Em cada caso, o momento de inércia I_1 é maior que o momento de inércia I_2; dessa maneira, a coluna vai flambar no plano 1-1, e o menor momento de inércia I_2 deve ser usado na fórmula para o carregamento crítico. Se a seção transversal for quadrada ou circular, todos os eixos centroidais têm o mesmo momento de inércia e a flambagem pode ocorrer em qualquer plano longitudinal.

Tensão crítica

Após encontrar o carregamento crítico para uma coluna, podemos calcular a **tensão crítica** correspondente dividindo o carregamento pela área de seção transversal. Para o caso fundamental de flambagem (Figura 9.9b), a tensão crítica é

$$\sigma_{cr} = \frac{P_{cr}}{A} = \frac{\pi^2 EI}{AL^2} \qquad (9.17)$$

em que I é o momento de inércia para o eixo principal sobre o qual a flambagem ocorre. Essa equação pode ser escrita de maneira mais usual introduzindo a notação

$$r = \sqrt{\frac{I}{A}} \qquad (9.18)$$

em que r é o **raio de giração** da seção transversal no plano de flexão. Logo, a equação para a tensão crítica se torna

$$\sigma_{cr} = \frac{\pi^2 E}{(L/r)^2} \qquad (9.19)$$

em que L/r é uma razão adimensional chamada de **razão de esbeltez**:

$$\text{Razão de esbeltez} = \frac{L}{r} \qquad (9.20)$$

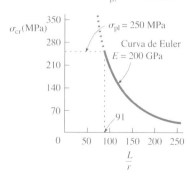

Figura 9.11

Gráfico da curva de Euler (da Equação 9.16) para aço estrutural com $E = 200$ GPa e $\sigma_{pl} = 250$ MPa

Note que a razão de esbeltez depende apenas das dimensões da coluna. Uma coluna longa e esbelta terá uma maior razão de esbeltez e por isso uma baixa tensão crítica. Uma coluna curta e não esbelta terá uma baixa razão de esbeltez e irá flambar em uma alta tensão. Valores típicos da razão de esbeltez para colunas reais estão entre 30 e 150.

A tensão crítica é a tensão de compressão média na seção transversal no instante em que o carregamento atinge seu valor crítico. Podemos traçar um gráfico dessa tensão como função da razão de esbeltez e obter uma curva conhecida como **curva de Euler** (Figura 9.11). A curva ilustrada na figura é traçada para um aço estrutural com $E = 200$ GPa. A curva é válida apenas quando a tensão crítica é menor que o limite de proporcionalidade do aço, porque as equações foram deduzidas usando-se a lei de Hooke. Por isso, desenhamos uma linha horizontal no gráfico no limite de proporcionalidade do aço (assumido como sendo 250 MPa) e terminamos a curva de Euler nesse nível de tensão.*

Efeitos de grandes deflexões, imperfeições e comportamento inelástico

As equações para os carregamentos críticos foram deduzidas para colunas ideais, isto é, colunas para as quais os carregamentos são aplicados precisamente, a construção é perfeita e o material segue a lei de Hooke. Como consequência, concluímos que as magnitudes das pequenas deflexões na flambagem eram indefinidas. Dessa forma, quando $P = P_{cr}$, a coluna pode ter qualquer pequena deflexão, uma condição representada pela linha horizontal chamada de A no diagrama de carregamento-deflexão da Figura 9.12 (nessa figura, mostramos apenas a metade direita do diagrama, mas as duas metades são simétricas em relação ao eixo vertical).**

A teoria para colunas ideais restringe-se a pequenas deflexões porque usamos a segunda derivada v'' para a curvatura. Uma análise mais exata, baseada na expressão exata para curvatura (Equação 7.19 na Seção 7.2), mostra que não há indefinição nas magnitudes das deflexões em flambagem. Em vez disso, para uma coluna ideal e elástica linear, o diagrama de carregamento-deflexão cresce de acordo com a curva B da Figura 9.12. Dessa forma, depois que uma coluna elástica linear começa a flambar, um carregamento crescente é necessário para causar aumento nas deflexões.

Agora suponha que a coluna não seja construída perfeitamente; por exemplo, a coluna pode ter uma imperfeição na forma de uma pequena curvatura inicial, de modo que a coluna descarregada não esteja perfeitamente reta. Tais imperfeições produzem deflexões a partir do começo do carregamento, como mostrado pela curva C na Figura 9.12. Para pequenas deflexões, a curva C aproxima-se da linha A como uma assíntota. Entretanto, à medida que as deflexões se tornam grandes, ela se aproxima da curva B. Quanto maiores as imperfeições, mais a curva C move-se para a direita, distante da linha vertical. De maneira contrária, se a coluna for construída com considerável precisão, a curva C aproxima-se do eixo vertical e da linha horizontal chamada de A. Comparando as linhas A, B e C, vemos que para fins práticos o carregamento crítico representa a máxima capacidade de suportar carregamentos de uma coluna elástica, porque grandes deflexões não são aceitáveis na maioria das aplicações.

Finalmente, considere o que ocorre quando as tensões excedem o limite de proporcionalidade e quando o material não segue mais a lei de Hooke. É claro que o diagrama de carregamento-deflexão não muda até o nível de carregamento em que o limite de proporcionalidade é alcançado. Então a curva para comportamento inelástico (curva D) diverge da curva elástica, continua subindo, atinge um máximo e vira para baixo.

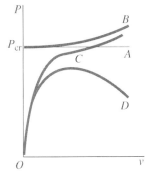

Figura 9.12

Diagrama de carregamento-deflexão para colunas: Linha A, coluna ideal elástica com pequenas deflexões; Curva B, coluna ideal elástica com grandes deflexões; Curva C, coluna elástica com imperfeições; e Curva D, coluna inelástica com imperfeições

Os formatos precisos das curvas na Figura 9.12 dependem das propriedades do material e das dimensões da coluna, mas a natureza geral do comportamento está representada pelas curvas mostradas.

Apenas colunas extremamente esbeltas permanecem elásticas até o carregamento crítico. Colunas mais comuns comportam-se inelasticamente e seguem uma curva como a curva D. Dessa forma, o máximo carregamento que pode ser suportado por uma coluna inelástica pode ser consideravelmente menor que o carregamento de Euler para essa mesma coluna. Além disso, a parte descendente da curva D representa ruptura repentina e catastrófica, porque se tem

---

* A curva de Euler não é uma forma geométrica comum. Algumas vezes ela é erroneamente chamada de hipérbole, mas hipérboles são traçadas por equações polinomiais de segundo grau com duas variáveis, ao passo que a curva de Euler é o traçado de uma equação de terceiro grau com duas variáveis.)

** Na terminologia matemática, resolvemos um *problema de autovalor linear*. O carregamento crítico é um *autovalor* e a forma modal em flambagem correspondente é uma *autofunção*.

carregamentos cada vez menores para desenvolver deflexões cada vez maiores. Em contraste, as curvas de colunas elásticas são bem estáveis, porque elas continuam para cima à medida que as deflexões aumentam e, por isso, elas suportam carregamentos cada vez maiores para causar um aumento na deflexão (a flambagem inelástica é descrita com mais detalhes nas Seções 9.7 e 9.8).

Perfis ótimos de colunas

Membros em compressão frequentemente têm as mesmas seções transversais ao longo de seus comprimentos e, por isso, apenas colunas prismáticas são analisadas neste capítulo. Entretanto, colunas prismáticas não são o perfil ótimo se for desejado um peso mínimo. O carregamento crítico de uma coluna consistindo de uma dada quantidade de material pode ser ampliado variando o perfil, de forma que a coluna tenha maiores seções transversais nas regiões em que os momentos fletores são maiores. Considere, por exemplo, uma coluna de seção transversal circular maciça com extremidades apoiadas por pinos. Uma coluna com o formato mostrado na Figura 9.13a terá maior carregamento crítico do que uma coluna prismática de mesmo material. Como meio de aproximar esse formato ótimo, as colunas prismáticas são algumas vezes reforçadas sobre parte de uma porção de seus comprimentos (Figura 9.13b).

Agora considere uma coluna prismática com extremidades apoiadas por pinos que está livre para flambar em *qualquer* direção lateral (Figura 9.14a). Assuma também que a coluna possui uma seção transversal maciça, como um círculo, quadrado, triângulo, retângulo ou hexágono (Figura 9.14b). Surge uma questão interessante: Para dada seção transversal, qual desses perfis torna a coluna mais eficiente? Ou, em termos mais precisos, qual seção transversal fornece o maior carregamento crítico? Logicamente, estamos assumindo que o carregamento crítico é calculado a partir da fórmula de Euler, $P_{cr} = \pi^2 EI/L^2$, usando o menor momento de inércia para a seção transversal.

Embora uma resposta comum a essa questão seja "o perfil circular", você pode prontamente demonstrar que uma seção transversal no formato de um triângulo equilátero fornece um carregamento crítico 21% maior que uma seção transversal circular de mesma área. O carregamento crítico para um triângulo equilátero também é maior que os carregamentos obtidos para os outros perfis; dessa forma, um triângulo equilátero é a seção transversal ótima (baseado apenas em considerações teóricas). Para uma análise matemática de perfis ótimos de colunas, incluindo colunas com seções transversais variáveis.

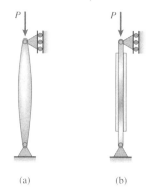

Figura 9.13

Colunas não prismáticas

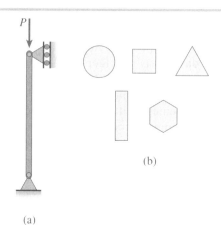

Figura 9.14

Qual é o formato de seção transversal ótimo para uma coluna prismática?

• • • Exemplo 9.2

Uma coluna longa e esbelta ABC é apoiada por pinos nas extremidades e comprimida por um carregamento axial P (Figura 9.14). Um apoio lateral é colocado no ponto médio B no plano da figura. Entretanto, são fornecidos apoios laterais perpendiculares ao plano da figura apenas nas extremidades.

A coluna é construída de uma seção de flange largo de aço IPN 220 com módulo de elasticidade $E = 200$ GPa e limite de proporcionalidade $\sigma_{pl} = 300$ MPa. O comprimento total da coluna é $L = 8$ m.

Determine o carregamento admissível P_{adm} usando um fator de segurança de $n = 2,5$ em relação à flambagem de Euler da coluna.

Figura 9.15

Exemplo 9.2: Flambagem de Euler de uma coluna esbelta

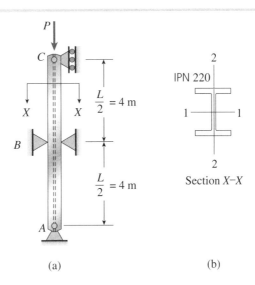

(a)   (b)

Coluna de aço delgado com suporte lateral perto da meia altura (Lester Lefkowitz/Getty Images)

Solução

Por causa da maneira como está escorada, essa coluna pode flambar em qualquer dos dois planos principais de flambagem. Como uma possibilidade, ela pode flambar no plano da figura e, nesse caso, a distância entre os apoios laterais é $L/2 = 4$ m e a flexão ocorre sobre o eixo 2-2 (veja a Figura 9.9c para a forma do modo de flambagem).

Como segunda possibilidade, a coluna pode flambar perpendicularmente ao plano da figura sobre o eixo 1-1. Como o único apoio lateral nessa direção está nas extremidades, a distância entre os apoios laterais é $L = 8$ m (veja a Figura 9.9b para a forma do modo de flambagem).

Propriedades da coluna. Da Tabela D.2, Apêndice D, obtemos os momentos de inércia a seguir e a área de seção transversal para a coluna IPN 220:

$$I_1 = 3060 \text{ cm}^4 \qquad I_2 = 162 \text{ cm}^4 \qquad A = 39,5 \text{ cm}^2$$

Carregamentos críticos. Se a coluna flambar no plano da figura, o carregamento crítico é

$$P_{cr} = \frac{\pi^2 E I_2}{(L/2)^2} = \frac{4\pi^2 E I_2}{L^2}$$

Substituindo valores numéricos, obtemos

$$P_{cr} = \frac{4\pi^2 E I_2}{L^2} = \frac{4\pi^2 (200 \text{ GPa})(162 \text{ cm}^4)}{(8 \text{ m})^2} = 200 \text{ kN}$$

Se a coluna flambar perpendicularmente ao plano da figura, o carregamento crítico é

$$P_{cr} = \frac{\pi^2 E I_1}{L^2} = \frac{\pi^2 (200 \text{ GPa})(3060 \text{ cm}^4)}{(8 \text{ m})^2} = 943,8 \text{ kN}$$

> • • • **Exemplo 9.2** *Continuação*

Por isso, o carregamento crítico para a coluna (o menor dos dois valores anteriores) é

$$P_{cr} = 200 \text{ kN}$$

e a flambagem ocorre no plano da figura.

Tensões críticas. Uma vez que os cálculos para os carregamentos críticos são válidos apenas se o material seguir a lei de Hooke, precisamos verificar se as tensões críticas não excedem o limite de proporcionalidade do material. No caso do maior carregamento crítico, obtemos a tensão crítica a seguir:

$$\sigma_{cr} = \frac{P_{cr}}{A} = \frac{943{,}8 \text{ kN}}{39{,}5 \text{ cm}^2} = 238{,}9 \text{ MPa}$$

Uma vez que essa tensão é menor que o limite de proporcionalidade (σ_{pl} = 300 MPa), ambos os cálculos de carregamento crítico são satisfatórios.

Carregamento admissível. O carregamento axial admissível para a coluna, baseado na flambagem de Euler, é

$$P_{adm} = \frac{P_{cr}}{n} = \frac{200 \text{ kN}}{2{,}5} = 79{,}9 \text{ kN}$$

em que $n = 2{,}5$ é o fator de segurança desejado.

9.4 Colunas com outras condições de apoio

A flambagem de uma coluna com extremidades apoiadas por pinos (descrita na seção anterior) é geralmente considerada o caso mais básico de flambagem. Entretanto, na prática, encontramos muitas outras condições de extremidade, como extremidades engastadas, extremidades livres e apoios elásticos. Os carregamentos críticos para colunas com vários tipos de condições de apoio podem ser determinados a partir da equação diferencial da curva de deflexão, por meio do mesmo procedimento que usamos ao analisar uma coluna apoiada por pinos.

O **procedimento** é o seguinte: primeiro, assumindo que a coluna já está no estado de flambagem, obtemos uma expressão para o momento fletor na coluna; segundo, obtemos a equação diferencial da curva de deflexão, usando a equação de momento fletor ($EIv'' = M$); em terceiro lugar, resolvemos a equação e obtemos sua solução geral, que contém duas constantes de integração além de quaisquer outras quantidades desconhecidas; no quarto passo, aplicamos as condições de contorno pertinentes à deflexão v e à inclinação v' e obtemos um conjunto de equações simultâneas. Finalmente, resolvemos essas equações para obter o carregamento crítico e a forma defletida da coluna flambada.

Este procedimento matemático direto é demonstrado na discussão a seguir sobre três tipos de colunas.

Coluna engastada na base e livre no topo

O primeiro caso que iremos considerar é uma coluna ideal que está engastada na base, livre no topo e submetida a um carregamento axial P (Figura 9.16a)*. O perfil defletido da coluna flambada é ilustrado na Figura 9.16b. A partir dessa figura, vemos que o momento fletor a uma distância x da base é:

Slender concrete columns fixed at the base and free at the top during construction (Digital Vision/Getty Images)

---

* Esta coluna é de especial interesse porque foi a primeira analisada por Euler, em 1744.

$$M = P(\delta - v) \qquad (9.21)$$

em que δ é a deflexão na extremidade livre da coluna. A **equação diferencial** da curva de deflexão então se torna:

$$EIv'' = M = P(\delta - v) \qquad (9.22)$$

em que I é o momento de inércia para flambagem no plano xy.

Usando a notação $k^2 = P/EI$ (Equação 9.7a), podemos rearranjar a Equação (9.22) na forma:

$$v'' + k^2 v = k^2 \delta \qquad (9.23)$$

que é uma equação diferencial linear de segunda ordem com coeficientes constantes. Entretanto, é uma equação mais complicada do que a equação para uma coluna com extremidades apoiadas por pinos (veja a Equação 9.8), porque tem um termo não nulo no lado direito.

A **solução geral** da Equação (9.23) consiste em duas partes: (1) a *solução homogênea*, que é a solução da equação homogênea obtida substituindo o lado direito por zero, e (2) a *solução particular*, que é a solução da Equação (9.25) que produz o termo no lado direito.

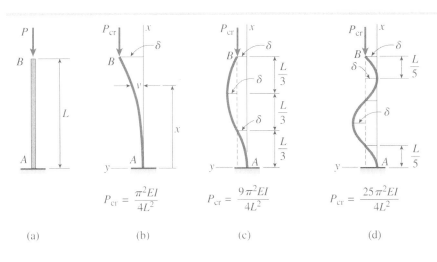

Figura 9.16

Coluna ideal engastada na base e livre no topo: (a) inicialmente uma coluna reta, (b) modo de flambagem para $n = 1$, (c) modo de flambagem para $n = 3$ e (d) modo de flambagem para $n = 5$

A solução homogênea (também chamada de *solução complementar*) é a mesma que a solução da Equação (9.8); portanto,

$$v_H = C_1 \operatorname{sen} kx + C_2 \cos kx \qquad (9.24a)$$

em que C_1 e C_2 são constantes de integração. Note que, quando v_H é substituído no lado esquerdo da equação diferencial (Equação 9.23), ele produz zero.

A solução particular da equação diferencial é:

$$v_P = \delta \qquad (9.24b)$$

Quando v_P é substituído no lado esquerdo da equação diferencial, ele produz o lado direito, isto é, produz o termo $k^2\delta$. Consequentemente, a solução geral da equação, igual à soma de v_H e v_P, é:

$$v = C_1 \operatorname{sen} kx + C_2 \cos kx + \delta \qquad (9.25)$$

Essa equação contém três quantidades desconhecidas (C_1, C_2 e δ) e, por isso, três **condições de contorno** são necessárias para completar a solução.

Na base da coluna, a deflexão e a inclinação são, cada uma, iguais a zero. Por isso, obtemos as condições de contorno a seguir:

$$v(0) = 0 \qquad v'(0) = 0$$

Aplicando a primeira condição à Equação (9.25), encontramos:

$$C_2 = -\delta \tag{9.26}$$

Para aplicar a segunda condição, primeiro diferenciamos a Equação (9.25) para obter a inclinação:

$$v' = C_1 k \cos kx - C_2 k \, \text{sen} \, kx \tag{9.27}$$

Aplicando a segunda condição a essa equação, encontramos $C_1 = 0$.

Agora podemos substituir as expressões para C_1 e C_2 na solução geral (Equação 9.25) e obtemos a equação da curva de deflexão para a coluna flambada:

$$v = \delta(1 - \cos kx) \tag{9.28}$$

Note que esta equação fornece apenas a *forma* da curva de deflexão – a amplitude δ permanece indefinida. Consequentemente, quando a coluna flamba, a deflexão dada pela Equação (9.28) pode ter qualquer magnitude arbitrária, desde que permaneça pequena (porque a equação diferencial é baseada em pequenas deflexões).

A terceira condição de contorno aplica-se à extremidade superior da coluna, em que a deflexão v é igual a δ:

$$v(L) = \delta$$

Usando esta condição com a Equação (9.28), obtemos

$$\delta \cos kL = 0 \tag{9.29}$$

A partir desta equação concluímos que ou $\delta = 0$ ou $\cos kL = 0$. Se $\delta = 0$, não há deflexão da barra (veja a Equação 9.28) e temos a solução trivial – a coluna permanece reta e a flambagem não ocorre. Nesse caso, a Equação (9.29) será satisfeita por qualquer valor da quantidade kL, isto é, para qualquer valor do carregamento P. Tal conclusão é representada pela linha vertical no diagrama de carregamento-deflexão da Figura 9.8.

A outra possibilidade para resolver a Equação (9.29) é:

$$\cos kL = 0 \tag{9.30}$$

que é a **equação de flambagem**. Neste caso, a Equação (9.29) é satisfeita independentemente do valor da deflexão δ. Portanto, como já foi observado, δ é indefinido e pode ter qualquer valor pequeno.

A equação $\cos kL = 0$, que é a *equação de flambagem*, é satisfeita quando:

$$kL = \frac{n\pi}{2} \qquad n = 1, 3, 5, \ldots \tag{9.31}$$

Usando a expressão $k^2 = P/EI$, obtemos a seguinte fórmula para os **carregamentos críticos**:

$$P_{cr} = \frac{n^2 \pi^2 EI}{4L^2} \qquad n = 1, 3, 5, \ldots \tag{9.32}$$

As **formas do modo de flambagem** são obtidas a partir da Equação (9.28):

$$v = \delta\left(1 - \cos\frac{n\pi x}{2L}\right) \qquad n = 1, 3, 5, \ldots \qquad (9.33)$$

O menor carregamento crítico é obtido substituindo-se $n = 1$ na Equação (9.32):

$$P_{cr} = \frac{\pi^2 EI}{4L^2} \qquad (9.34)$$

O modo de flambagem correspondente (da Equação 9.33) é:

$$v = \delta\left(1 - \cos\frac{\pi x}{2L}\right) \qquad (9.35)$$

e está ilustrado na Figura 9.16b.

Tomando valores mais altos do índice n, teoricamente podemos obter um número infinito de carregamentos críticos a partir da Equação (9.32). Os modos correspondentes possuem ondas adicionais. Por exemplo, quando $n = 3$, a coluna flambada tem o perfil ilustrado na Figura 9.16c e P_{cr} é nove vezes maior que para $n = 1$. De forma similar, o modo de flambagem para $n = 5$ possui muito mais ondas (Figura 9.16d) e o carregamento crítico é vinte e cinco vezes maior.

Comprimentos efetivos de colunas

Os carregamentos críticos para colunas com várias condições de apoio podem ser relacionados ao carregamento crítico de uma coluna apoiada por pinos através de um conceito intitulado **comprimento efetivo**. Para mostrar essa ideia, considere a forma defletida de uma coluna engastada na base e livre no topo (Figura 9.17a). Essa coluna flamba em uma curva que é igual a um quarto de uma onda senoidal completa. Se estendermos a curva de deflexão (Figura 9.17b), ela se torna igual à metade de uma onda senoidal completa, que é a curva de deflexão para uma coluna apoiada por pinos.

O comprimento efetivo L_e para qualquer coluna é o comprimento da equivalente coluna apoiada por pinos, isto é, é o comprimento de uma coluna apoiada por pinos tendo uma curva de deflexão que coincide exatamente com toda ou parte da curva de deflexão da coluna original.

Outra forma de expressar esta ideia é dizer que o comprimento efetivo de uma coluna é a distância entre os pontos de inflexão (isto é, pontos de momento zero) em sua curva de deflexão, assumindo que essa curva seja estendida (se necessário) até que os pontos de inflexão sejam alcançados. Assim, para uma coluna engastada e livre (Figura 9.17), o comprimento efetivo será:

$$L_e = 2L \qquad (9.36)$$

Como o comprimento efetivo é o comprimento de uma coluna com extremidades apoiadas por pinos, podemos escrever uma fórmula geral para carregamentos críticos da seguinte maneira:

$$P_{cr} = \frac{\pi^2 EI}{L_e^2} \qquad (9.37)$$

Se conhecermos o comprimento efetivo de uma coluna (não importa o quão complexas sejam as condições da extremidade), podemos substituí-lo na equação anterior e determinar o carregamento crítico. Por exemplo, no caso de uma coluna engastada-livre, podemos substituir $L_e = 2L$ e obter a Equação (9.34).

O comprimento efetivo é expresso com frequência em termos de um **fator de comprimento efetivo** K:

$$L_e = KL \qquad (9.38)$$

em que L é o comprimento real da coluna. Dessa forma, o carregamento crítico é

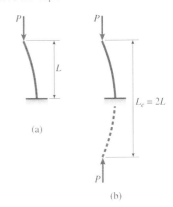

Figura 9.17

Curvas de deflexão mostrando o comprimento efetivo L_e para uma coluna engastada na base e livre no topo

$$P_{cr} = \frac{\pi^2 EI}{(KL)^2} \qquad (9.39)$$

O fator K é igual a 2 para uma coluna engastada na base e livre no topo e igual a 1 para uma coluna apoiada por pinos. O fator de comprimento efetivo é incluído com frequência em fórmulas de dimensionamento de colunas.

Coluna com ambas as extremidades restringidas à rotação

Agora, vamos considerar uma coluna com ambas as extremidades restringidas à rotação (Figura 9.18a). Note que nessa figura usamos o símbolo padrão para o engastamento na base da coluna. Entretanto, uma vez que a coluna está livre para diminuir de tamanho sob um carregamento axial, devemos introduzir um novo símbolo no topo da coluna. Este novo símbolo mostra um bloco rígido que está restringido de maneira que a rotação e o deslocamento horizontal sejam restringidos, mas o movimento vertical possa ocorrer (por conveniência, ao desenhar esboços, frequentemente substituímos esse símbolo mais preciso pelo símbolo padrão para engastamento – veja a Figura 9.18b –, com o entendimento tácito de que a coluna está livre para diminuir de tamanho).

O modo de flambagem da coluna no primeiro modo está ilustrado na Figura 9.18c. Note que a curva de deflexão é simétrica (com inclinação nula no ponto médio) e não possui inclinação nas extremidades. Como a rotação nas extremidades está restringida, momentos reativos M_0 desenvolvem-se nos apoios. Esses momentos, bem como a força reativa na base, estão representados na figura.

Das nossas soluções anteriores da equação diferencial, sabemos que a equação da curva de deflexão envolve funções seno e cosseno. Também sabemos

Figura 9.18

Flambagem de uma coluna com ambas as extremidades restringidas à rotação

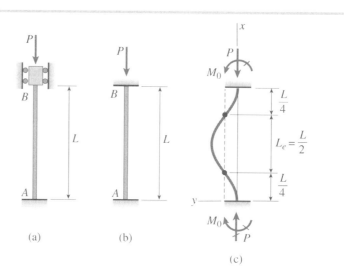

que a curva é simétrica em relação ao ponto médio. Por isso, vemos imediatamente que a curva deve ter pontos de inflexão nas distâncias $L/4$ a partir das extremidades. Segue que a porção do meio da curva de deflexão tem o mesmo formato que a curva de deflexão para uma coluna apoiada por pinos. Portanto, o comprimento efetivo de uma coluna com extremidades engastadas, igual à distância entre os pontos de inflexão, é

$$L_e = \frac{L}{2} \qquad (9.40)$$

Substituindo na Equação (9.37), temos o carregamento crítico:

$$P_{cr} = \frac{4\pi^2 EI}{L^2} \qquad (9.41)$$

Esta fórmula mostra que o carregamento crítico para uma coluna com extremidades engastadas é quatro vezes maior que para uma coluna com extremidades apoiadas por pinos. Tal resultado pode ser verificado resolvendo-se a equação diferencial da curva de deflexão (veja o Problema 9.4-1).

Coluna engastada na base e apoiada por pinos no topo

O carregamento crítico e a forma do modo de flambagem para uma coluna que está engastada na base e apoiada por pinos no topo (Figura 9.19a) podem ser determinados resolvendo-se a equação diferencial da curva de deflexão. Quando a coluna flamba (Figura 9.19b), um momento reativo M_0 se desenvolve na base, porque não pode ocorrer rotação naquele ponto. Então, do equilíbrio de toda a coluna, sabemos que devem existir reações horizontais R em cada extremidade, de forma que:

$$M_0 = RL \qquad (9.42)$$

O momento fletor na coluna engastada, à distância x da base, é:

$$M = M_0 - Pv - Rx = -Pv + R(L - x) \qquad (9.43)$$

e por isso a **equação diferencial** é:

$$EIv'' = M = -Pv + R(L - x) \qquad (9.44)$$

Novamente substituindo $k^2 = P/EI$ e rearranjando, obtemos:

$$v'' + k^2 v = \frac{R}{EI}(L - x) \qquad (9.45)$$

A **solução geral** dessa equação é

$$v = C_1 \operatorname{sen} kx + C_2 \cos kx + \frac{R}{P}(L - x) \qquad (9.46)$$

em que os dois primeiros termos do lado direito constituem a solução homogênea e o último termo é a solução particular. Essa solução pode ser verificada por substituição na equação diferencial (Equação 9.44).

Uma vez que a solução contém três quantidades desconhecidas (C_1, C_2 e R), precisamos de três **condições de contorno**. Elas são:

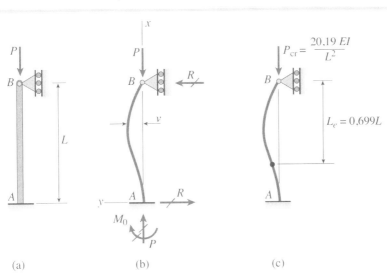

Figura 9.19

Coluna engastada na base e apoiada por pino no topo

$$v(0) = 0 \qquad v'(0) = 0 \qquad v(L) = 0$$

Aplicando essas condições à Equação (9.46), temos:

$$C_2 + \frac{RL}{P} = 0 \qquad C_1 k - \frac{R}{P} = 0$$
$$C_1 \operatorname{tg} kL + C_2 = 0 \qquad \text{(9.47a,b,c)}$$

Todas as três equações são satisfeitas se $C_1 = C_2 = R = 0$ e, nesse caso, temos a solução trivial e a deflexão é igual a zero.

Para obter a solução para a flambagem, devemos resolver as Equações (9.47a, b e c) de uma maneira mais geral. Um método de resolver é eliminar R das duas primeiras equações, o que fornece:

$$C_1 kL + C_2 = 0 \quad \text{ou} \quad C_2 = -C_1 kL \qquad \text{(9.47d)}$$

Em seguida, substituímos essa expressão para C_2 na Equação (9.47c) e obtemos a **equação de flambagem**:

$$kL = \operatorname{tg} kL \qquad \text{(9.48)}$$

A solução dessa equação fornece o carregamento crítico.

Uma vez que a equação de flambagem é uma equação transcendental, ela não pode ser resolvida explicitamente.* Todavia, os valores de kL que satisfazem a equação podem ser determinados numericamente através de um programa de computador para encontrar raízes de equações. O menor valor não nulo de kL que satisfaz a Equação (9.48) é:

$$kL = 4{,}4934 \qquad \text{(9.49)}$$

O **carregamento crítico** correspondente é:

$$P_{\text{cr}} = \frac{20{,}19 EI}{L^2} = \frac{2{,}046 \pi^2 EI}{L^2} \qquad \text{(9.50)}$$

que (como esperado) é maior que o carregamento crítico para uma coluna com extremidades apoiadas por pinos e menor que o carregamento crítico para uma coluna com extremidades engastadas (veja as Equações 9.15 e 9.41).

O **comprimento efetivo** da coluna pode ser obtido comparando as Equações (9.50) e (9.37); dessa forma,

$$L_e = 0{,}699 L \approx 0{,}7 L \qquad \text{(9.51)}$$

Esse comprimento é a distância da extremidade apoiada por pino da coluna até o ponto de inflexão do modo de flambagem (Figura 9.19c).

A equação da **forma do modo de flambagem** é obtida substituindo $C_2 = -C_1 kL$ (Equação 9.47d) e $R/P = C_1 k$ (Equação 9.47b) na solução geral (Equação 9.46):

$$v = C_1[\operatorname{sen} kx - kL \cos kx + k(L - x)] \qquad \text{(9.52)}$$

em que $k = 4{,}4934/L$. O termo entre colchetes fornece a forma do modo para a deflexão da coluna flambada. Entretanto, a amplitude da curva de deflexão é indefinida porque C_1 pode ter qualquer valor (dentro da limitação usual de que as deflexões devem permanecer pequenas).

---

* Em uma equação transcendental, as variáveis estão contidas dentro de funções transcendentais. Uma função transcendental não pode ser expressa por um número finito de operações algébricas; portanto, as funções trigonométricas, logarítmicas, exponenciais e outras são transcendentais.

Limitações

Juntamente com a exigência de deflexões pequenas, a teoria da flambagem de Euler usada nesta seção é válida apenas se a coluna for perfeitamente reta antes de o carregamento ser aplicado, se ela e seus apoios não tiverem imperfeições e se a coluna for feita de um material elástico linear que siga a lei de Hooke. Tais limitações foram explicadas anteriormente, na Seção 9.3.

Resumo dos resultados

Os menores carregamentos críticos e comprimentos efetivos correspondentes para as quatro colunas que analisamos estão resumidos na Figura 9.20.

(a) Coluna apoiada por pinos em ambas as extremidades	(b) Coluna engastada livre	(c) Coluna engastada em ambas as extremidades	(d) Coluna engastada apoiada por pinos
$P_{cr} = \dfrac{\pi^2 EI}{L^2}$	$P_{cr} = \dfrac{\pi^2 EI}{4L^2}$	$P_{cr} = \dfrac{4\pi^2 EI}{L^2}$	$P_{cr} = \dfrac{2{,}046\,\pi^2 EI}{L^2}$
$L_e = L$	$L_e = 2L$	$L_e = 0{,}5L$	$L_e = 0{,}699L$
$K = 1$	$K = 2$	$K = 0{,}5$	$K = 0{,}699$

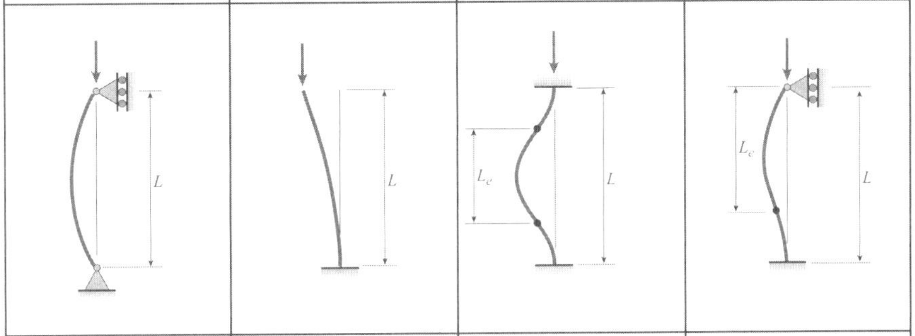

Figura 9.20

Carregamentos críticos, comprimentos efetivos e fatores de comprimento efetivos para colunas ideais

• • • Exemplo 9.3

Uma plataforma de observação em um parque de animais silvestres (Figura 9.21a) está apoiada em uma série de colunas de alumínio de comprimento $L = 3{,}25$ m e diâmetro externo $d = 100$ mm. As bases das colunas estão fixadas em pés de concreto e os topos estão apoiados lateralmente na plataforma. As colunas foram dimensionadas para sustentar carregamentos compressivos de $P = 100$ kN.

Determine a mínima espessura necessária t das colunas (Figura 9.21b), se um fator de segurança $n = 3$ for necessário em relação à flambagem de Euler (para o alumínio, use 72 GPa para o módulo de elasticidade e 480 MPa para o limite de proporcionalidade).

Solução

Carga crítica. Por causa da maneira como as colunas foram construídas, modelaremos cada coluna como uma coluna engastada e apoiada por pinos (veja a Figura 9.20d). Por isso, o carregamento crítico é

$$P_{cr} = \frac{2{,}046\,\pi^2 EI}{L^2} \tag{a}$$

Exemplo 9.3 Continuação

Figura 9.21
Exemplo 9.3: Coluna tubular de alumínio

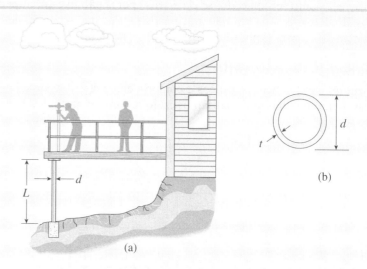

em que I é o momento de inércia da seção transversal tubular:

$$I = \frac{\pi}{64}[d^4 - (d - 2t)^4] \quad \text{(b)}$$

Substituindo $d = 100$ mm (ou 0,1 m), obtemos:

$$I = \frac{\pi}{64}[(0,1 \text{ m})^4 - (0,1 \text{ m} - 2t)^4] \quad \text{(c)}$$

em que t está expressa em metros.

Espessura necessária das colunas. Uma vez que o carregamento por colunas é de 100 kN e o fator de segurança é 3, cada coluna deve ser dimensionada para o seguinte carregamento crítico:

$$P_{cr} = nP = 3(100 \text{ kN}) = 300 \text{ kN}$$

Substituindo esse valor por P_{cr} na Equação (a) e também substituindo I por sua expressão da Equação (c), obtemos:

$$300.000 \text{ N} = \frac{2,046\,\pi^2(72 \times 10^9 \text{ Pa})}{(3,25 \text{ m})^2}\left(\frac{\pi}{64}\right)[(0,1 \text{ m})^4 - (0,1 \text{ m} - 2t)^4]$$

Note que todos os termos nessa equação são expressos em unidades de newtons e metros.

Após multiplicar e dividir, a equação anterior simplifica para:

$$44,40 \times 10^{-6} \text{ m}^4 = (0,1 \text{ m})^4 - (0,1 \text{ m} - 2t)^4$$

ou

$$(0,1 \text{ m} - 2t)^4 = (0,1 \text{ m})^4 - 44,40 \times 10^{-6} \text{ m}^4 = 55,60 \times 10^{-6} \text{ m}^4$$

da qual obtemos:

$$0,1 \text{ m} - 2t = 0,08635 \text{ m} \quad \text{e} \quad t = 0,006825 \text{ m}$$

Por isso, a mínima espessura necessária da coluna para atingir as condições especificadas é:

$$t_{min} = 6,83 \text{ mm}$$

• • • Exemplo 9.3 *Continuação*

Cálculos complementares. Conhecendo o diâmetro e a espessura da coluna, podemos agora calcular seu momento de inércia, área de seção transversal e raio de giração. Usando a mínima espessura de 6,83 mm, obtemos:

$$I = \frac{\pi}{64}[d^4 - (d - 2t)^4] = 2{,}18 \times 10^6 \text{ mm}^4$$

$$A = \frac{\pi}{4}[d^2 - (d - 2t)^2] = 1.999 \text{ mm}^2 \qquad r = \sqrt{\frac{I}{A}} = 33{,}0 \text{ mm}$$

A razão de esbeltez L/r da coluna é aproximadamente 98, que está no intervalo normal para colunas esbeltas, e a razão diâmetro-espessura d/t é aproximadamente 15, que deve ser adequada para prevenir a flambagem local das paredes da coluna.

A tensão crítica na coluna deve ser menor que o limite de proporcionalidade do alumínio se a fórmula para carregamento crítico (Equação a) for válida. A tensão crítica é:

$$\sigma_{cr} = \frac{P_{cr}}{A} = \frac{300 \text{ kN}}{1.999 \text{ mm}^2} = 150 \text{ MPa}$$

que é menor que o limite de proporcionalidade (480 MPa). Por isso, nosso cálculo para o carregamento crítico usando a teoria de flambagem de Euler é satisfatório.

RESUMO E REVISÃO DO CAPÍTULO

No Capítulo 9, investigamos o comportamento elástico e inelástico dos membros axialmente carregados conhecidos como colunas. Primeiro, os conceitos de **flambagem** e **estabilidade** destes elementos de compressão delgados foram discutidos usando o equilíbrio de modelos de colunas simples feitos de barras rígidas e molas elásticas. Depois, colunas elásticas com extremidades pinadas que sofrem a atuação de cargas de compressão centroidais foram consideradas e a equação diferencial da curva de deflexão foi resolvida para a obtenção da **carga de flambagem** (P_{cr}) e do **perfil de modo de flambagem**; o comportamento elástico linear foi assumido. Três casos de apoio foram investigados e a carga de flambagem para cada caso foi expressa em termos do **comprimento efetivo da coluna**, ou seja, o comprimento de uma coluna de extremidade pinada equivalente. O comportamento de colunas de extremidade pinada com **cargas axiais excêntricas** foi discutido e a **fórmula da secante** foi deduzida, o que define a tensão máxima nessas colunas. Por fim, três teorias para a flambagem inelástica de colunas foram apresentadas.

Os conceitos mais importantes apresentados no Capítulo 9 são:

1. A instabilidade da flambagem de colunas delgadas é um modo de falha importante que deve ser considerado em seu dimensionamento (além da força e da rigidez).

2. Uma coluna delgada com extremidades pinadas e comprimento L que sofre uma carga de compressão no centroide da seção transversal e é restrita ao comportamento elástico linear sofrerá a flambagem com a **carga de flambagem de Euler**

$$P_{cr} = \pi^2 EI/L^2$$

no modo fundamental; portanto, a carga de flambagem depende da rigidez de flexão (*EI*) e do comprimento (*L*), mas não da resistência do material.

3. Modificando as condições de apoio, ou fornecendo apoios laterais adicionais, modifica-se a carga de flambagem crítica. Entretanto, a P_{cr} para estes **outros casos de apoio** pode ser obtida através da substituição do comprimento real da coluna (*L*) pelo **comprimento efetivo** (L_e) na fórmula para P_{cr} acima. Os três casos adicionais de apoio estão representados mostrado na Figura 9.20. Podemos expressar o comprimento eficaz L_e em termos de um fator-K de comprimento eficaz como:

$$L_e = KL$$

onde $K = 1$ para uma coluna com a extremidade fixa e $K = 2$ para uma coluna fixa na sua base. A carga crítica P_{cr}, em seguida, é expressa como:

$$P_{cr} = \frac{\pi^2 EI}{(KL)^2}$$

O fator *K* de comprimento eficaz é frequentemente usado em fórmulas de desenho de colunas.

PROBLEMAS – CAPÍTULO 9

Modelos de flambagem idealizada

9.2-1 A figura mostra uma estrutura idealizada consistindo em uma ou mais **barras rígidas** vinculadas por pinos e molas elásticas lineares. A rigidez rotacional é denotada β_R e a rigidez translacional é denotada β.

Determine a carga crítica P_{cr} para a estrutura.

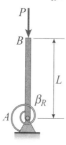

PROB. 9.2-1

9.2-2 A figura mostra uma estrutura idealizada consistindo em uma ou mais **barras rígidas** vinculadas por pinos e molas elásticas lineares. A rigidez rotacional é denotada β_R e a rigidez translacional é denotada β.

Determine a carga crítica P_{cr} para a estrutura.

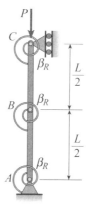

PROB. 9.2-2

Colunas com extremidades apoiada por pinos

9.3-1 Uma treliça *ABC* sustenta a carga *W* na junta *B*, como mostrado na figura. O comprimento L_1 do membro *AB* é fixo, mas o comprimento do esteio *BC* varia conforme o ângulo θ é modificado. A barra *BC* tem uma seção transversal circular sólida. A junta *B* é restrita contra deslocamento perpendicular ao plano da treliça.

Assumindo que o colapso ocorra pela flambagem de Euler da barra, determine o ângulo θ para o peso mínimo da barra.

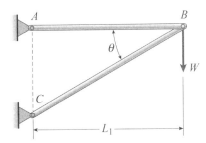

PROB. 9.3-1

Colunas com outras condições de apoio

9.4-1 Determine a carga crítica P_{cr} e a equação do perfil flambado para uma coluna ideal com extremidades fixas contra rotação (veja a figura) resolvendo a equação diferencial da curva de deflexão (veja também a Figura 9.18).

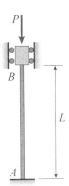

PROB. 9.4-1

Índice remissivo

A

Aço estrutural 36
Aelotrópico, material 49
Alívios 218
Alongamento percentual 38
Amplificadores de tensão 148
Análise 67
Ângulo(s)
  de rotação 376
  de torção (ou ângulo de rotação) 165
  de torção por unidade de comprimento 166
  entre as tangentes 403
  principais 323
Anisotrópico, material 49
Apoio de pino 216
Apoio de rolete 216
Apóstrofos 379
Área de contato 52
Área remanescente 63
Assentamento permanente 41
Atrito 53

B

Barra elástica linear 138
Barra prismática 24, 85
  alongamento 85
  convenção de sinal 85
  elástico linear, material 85
  flexibilidade 86
  rigidez 86
  rigidez axial 85
Binário 164, 218

C

Cabos
  alongamento 87
  área efetiva 86
  área metálica 86
  de arame torcido 86
  módulo efetivo 86
Carga(s) 68
  admissível 62, 63
  cíclicas 146
  concentrada 218
  estática 136
Carregamento
  axial excêntrico 302
  linha neutra 302
  tensão normal 302
  com variação linear 218
  concentrado 415
  crítico 465, 471, 474, 482, 486
  de Euler 474
  distribuído 218
  intensidade 218
  uniformemente distribuído ou uniforme 218
Centro de curvatura 377
Círculo 169
Círculo de Mohr 330, 349
  procedimento para construir 332
Cisalhamento
  direto 54
  duplo 52
  puro 55, 166, 187, 320, 325
  convenção de sinal 187
Coeficiente de dilatação térmica 111
Coluna(s) 303, 464
  com várias condições de apoio
  procedimento 480
  ideal 471
Comportamento mecânico dos materiais 33
Compressão, membros em 139
Comprimento efetivo (da coluna) 483, 486
Comprimento-padrão 34
Concentração de tensão 148, 306
Condições
  de continuidade 381
  de contorno 381, 481, 485
  de simetria 381
Constantes de integração 473
Contração lateral 37, 47
Convenção de sinais da estática 223
Convenções de sinais para deformação 223
Curva
  convencional de tensão-deformação 37
  de deflexão 250, 376, 474
  centro de curvatura 251
  convenção de sinais para curvatura 253

curvatura da 251
curvatura k 252
raio de curvatura 252
de Euler 476
de resistência 147
de tensão-deformação 257
real de tensão-deformação 37
Curvatura 377, 378
convenção de sinal 377

D

Deflexão 250, 376
Deflexões de viga 397
Deformação(ões) 24, 26, 254
de cisalhamento 55, 344
de compressão 26
de tração 26
lateral 48
nominal 35
normal 26, 343
quantidade adimensional 27
plástica 41
residual 41
uniaxial 27
verdadeira 35
Deformações térmicas 110
convenção de sinal 111
Densidade de energia de deformação, 140, 205
em estado plano de tensões 346
unidades 140
Desajustes 120
Desvio tangencial 405
Diagrama(s)
de carga-deslocamento 136
de corpo livre 68
de força cortante 234
de momento fletor 234
de tensão-deformação 36
de tensão-deformação para cisalhamento 56
S-N 147
Dilatação volumétrica específica 346
Dimensionamento 67
Direções arbitrárias 349
Distorção 55
de cisalhamento 190
Dúcteis, metais 38

E

Eixo(s) 164
coordenados, sistema de 250
de seção variável 11
Elasticidade 41
Elástico linear, material 46
Elástico linear, viga 378
Elemento de tensão em forma de cunha 318
Elementos de tensão 316

Energia
de deformação 137
de deformação elástica 137
de deformação inelástica 137
potencial 139
Engastamento (ou apoio engastado) 216
Equação(ões)
da força de cisalhamento 380
de compatibilidade 449
de equilíbrio 449
de flambagem 474, 482, 486
de momento fletor 380, 472
de transformação 316
de transformação para estado plano de tensões 319
diferencial 481, 485
diferencial da curva de deflexão 378, 432, 472, 482
convenções de sinal 379
do carregamento 380
momento-curvatura 259
convenção de sinais 259
para curvatura 252
pequenas deflexões 252
Equilíbrio
estável 466, 471
instável 466, 471
neutro 466, 471
Escoamento 36
Estabilidade (dimensionamento) 67
Estado de tensão 316
Estado plano de deformações 352
deformação de cisalhamento 356, 358
deformação normal 355, 356
equações de transformação para 358
Estado plano de tensões 316, 346
Estricção 37
Estrutura(s) 61
de treliça 10
estaticamente determinada 100, 112, 120
estaticamente indeterminada 101, 112, 121
equação de compatibilidade 101
equação de equilíbrio 101
relações de força-deslocamento 101
estável 465
idealizada ou modelo de flambagem 464
instável 465
liberada ou estrutura primária 440
plana 11
Extensômetro 33, 360

F

Fadiga 146
Fator
de comprimento efetivo 483
de concentração de tensão 150
de segurança 61
Fibras de vidro 39
Filamento reforçado, material de 40

Flambagem, 464
  caso fundamental 474
Flambagem de Euler 474
Flexão não uniforme 251
Flexão pura 250
Flexibilidade à torção 170
Fluência 42
Fluxo de cisalhamento 298
  fórmula 299
Força axial 24, 301
Força cortante 222, 231
Forma do modo de flambagem 482, 486
Forma ideal da seção transversal 271
Fórmula de flexão 259
Fórmula de torção 169
  unidades 169
Frágeis, materiais 39
Fratura progressiva 146

G

Grau de indeterminação estática 440

H

Homogêneo, material 27, 49

I

Inclinação 42
Inclinação da curva de deflexão 377
Isotrópico, material

L

Lei de Hooke
  cisalhamento puro 345, 347
  compressão 47
  deformações em tensão triaxial 349
  em cisalhamento 56, 167
  estado plano de tensões 344, 346
  tensão biaxial 344, 346, 347, 350
  tensão triaxial 350
  tensão uniaxial 345, 346, 347
  tensões em termos das deformações 350
  tração 47
Ligas de alumínio 38
Limite
  de duração 147
  de fadiga 147
  de proporcionalidade 36
  elástico 41

M

Máquina de teste de tração 33
Margem de segurança 62
Material elástico linear, equação de 257

Máxima tensão
  de cisalhamento 129
  em uma barra em tração 129
  normal 129
Mecânica dos materiais 1-71
  tração, compressão e cisalhamento 2-3
Membros carregados axialmente 84
Membros de torção estaticamente indeterminados 198
  equações de equilíbrio 198
  equações de compatibilidade 198
  relações de torque-deslocamento 199
Método
  da área do momento 402
  da superposição 395
  ilustração 395
  de equivalência 38
  de integrações sucessivas 382
Modos mais altos (de flambagem) 475
Módulo(s) de
  elasticidade 36, 47
  elasticidade de volume ou volumétrico 351
  elasticidade para cisalhamento 56
  resiliência 140
  seção exigido 269
  seção ou de resistência 260
  tenacidade 141
  Young 47
Mola
  compliância 85
  comprimento natural 84
  constante da 85
  elástica linear, 84, 138
  espiral 84
  flexibilidade 84
  rigidez 84
Momento restaurador. 464
Momento(s)
  de inércia 259
  de inércia polar 169
  de um binário 164
  fletor 222, 232, 301
  torçores 164

O

Otimização 67

P

Parafuso 122
Parcialmente elástico, material 41
Perfeitamente plástico, material 37
Plano de flexão 216, 250
Plano principal 323, 335
Plasticidade 41
Plásticos 39
Ponto de escoamento 36

Potência em eixos circulares 195
   unidades 195
Pré-deformações 120
Pré-tensionada, estrutura 120
Primeiro teorema da área do momento 404
Princípio da superposição 397
Princípio de Saint-Venant 148
Prova de teste de tração 33

R

Raio de curvatura 377
Raio de giração 476
Razão de esbeltez 476
Razão de Poisson 48
Razão de torção 166
Reações 68
Recuperação (ou encruamento) 37
Redução percentual na área 39
Redundantes estáticas 440
Relação deformação-curvatura 255
   convenção de sinais 255
Relação de temperatura-deslocamento 112
Relações de força-deslocamento 449
Relaxação 42
Resistência 37, 61, 67, 464
   de escoamento 37
   máxima 37
Resultante
   de tensões 222
   convenções de sinais 231
   de tensões normais 258
Rigidez 67, 464
   à torção linear 170
   de flexão 259
   de torção 170
Roseta de deformação 360

S

Seção transversal 24, 253
   circular 261, 288
   circular sólida 271
   circular vazada 289
   retangular 261, 271
   elemento 281
   fórmula de cisalhamento 284
   subelemento 282
Seções
   estruturais de aço 270
   estruturais de alumínio 270
   inclinadas 316
Segundo teorema da área do momento 406
Solução geral 473, 481, 485

T

Tensão(ões) 24
   admissível 62
   biaxial 320, 325, 328
   combinadas 301
   crítica 476
   de cisalhamento 51, 317
   convenção de sinal 317
   unidades 54
   de cisalhamento fora de plano 328
   de cisalhamento máximas negativa 328
   de cisalhamento máximas positiva 328
   de cisalhamento média 53
   de cisalhamento no plano 328
   de compressão 25
   de escoamento 36
   de escoamento equivalente 38
   de esmagamento 51
   de esmagamento média 52
   de tração 25
   em seções inclinadas, 126
   convenção de notação e sinal 128
   de cisalhamento 128
   elemento de tensão 125
   normal 128
   orientação 127
   esférica 351
   fletoras ou de flexão 260
   hidrostática 352
   máxima 62
   nominal 35
   normal 25, 302, 317, 328
   convenção de sinais 25, 317
   unidades 25
   normal máxima 37, 260
   principais no plano 325
   principal 323, 324, 335
   resultantes 301
   térmicas 110, 112
   triaxial 348
   uniaxial 27, 130, 320, 325, 328
   verdadeira 35
Tensor de dupla ação 122
Tensores 316
Teorema de Castigliano 418, 420
Teorema modificado de Castigliano 423
Teste(s)
   dinâmico 34
   estático 34
   de compressão 34
Torção 164
   não uniforme 177
   pura 164, 170, 201

Torques 164
Trabalho 136
   unidades 137
Trabalho interno 137
   unidades 137
Tubos circulares 167

V

Variação de volume 345
Variação de volume por unidade de volume 346
Variações não uniformes de temperatura 431
Vetor 164
Viga(s) 216
   "glulam" 298
   biengastada 441
   com furo em linha neutra 306
   construídas 297
   contínua 442
   curta 303
   de flange largo 299
   de madeira 270
   deformações normais 254
   delgada 303
   em caixa 297
   em caixa de madeira 299
   engastada 220
   engastada apoiada 440
   engastada ou em balanço 216
   estaticamente indeterminadas 440
   estrutura de 10
   formas padrão 270
   linha neutra 254
   mestra 298, 299
   modelo idealizado 217
   plenamente tensionada 277
   retangular com entalhes 307
   seções transversais da 253
   símbolos convencionados 216
   simples 216, 218
   simples em balanço 216, 221
   simplesmente apoiada 216
   superfície neutra 254
   tamanhos padrão 270

Este livro foi impresso na
LIS GRÁFICA E EDITORA LTDA.
Rua Felício Antônio Alves, 370 – Bonsucesso
CEP 07175-450 – Guarulhos – SP
Fone: (11) 3382-0777 – Fax: (11) 3382-0778
lisgrafica@lisgrafica.com.br – www.lisgrafica.com.br